美学与艺术研究

第7辑

主编 邹元江 张贤根

文艺批评·中国美学·西方美学·艺术美学·博士论坛·人物访谈

武汉大学出版社

《美学与艺术研究·第7辑》编委会

学术顾问

刘纲纪　张玉能　陈望衡

学术委员会主任

邹元江

学术委员会成员（按姓氏笔画排序）

王杰泓　王祖龙　向东文　齐志家　邹元江　张　昕
张贤根　肖世孟　李　松　李跃峰　周益民　杨洪林
武星宽　欧阳巨波　范明华　胡亚敏　胡应明　聂运伟
徐勇民　梁艳萍　黄有柱　黄念然　彭富春　彭万荣
彭松乔　彭修银　雷礼锡

主办单位

湖北省美学学会
武汉大学美学研究所

目　录

文艺批评

中国美学

西方美学

艺术美学

博士论坛

人物访谈

文艺批评

西方文论的有效性不应该否定

——与张江教授商榷

张玉能

当代西方文论的根本缺陷在哪里？张江教授认为："'强制阐释'四个字足以概括。这是一个新的概念，用这个概念重新观照西方文论的历史，我们会有一个新的判断和认识。"①张江教授把西方文论的根本缺陷归结为"强制阐释"，并以此怀疑西方文论的有效性。就其主观意愿而言，强制阐释论是为了反对文艺理论研究的全盘西化，提倡从中国文艺的实践出发来建构中国特色的当代文论。但是，由于从总体上否定了西方文论的有效性，在客观效果上势必会产生文化民族主义和形而上学方法的弊病，不利于文艺和文论进一步的深化改革开放。

一、"强制阐释"是历史的必然

何谓强制阐释？按照张江先生的解释，"强制阐释是指，背离文本话语，消解文学指征，以前在立场和模式，对文本和文学作符合论者主观意图和结论的阐释"②。按照这个定义，不仅从古至今的西方文论（包括文学批评）都是"强制阐释"，而且从古至今的中国文论仍然是"强制阐释"的。比如，"诗言志，歌永言，声依永，律和声。八音克谐，无相夺伦，神人以和。"（《尚书·虞书·舜典》）孔子的"《诗》三百，一言以蔽之，曰：'思无邪。'"（《论语·为政》）《毛诗序》说："《关雎》，后妃之德也，风之始也，所以风天下而正夫妇

---

① 毛莉：《当代文论重建路径：由"强制阐释"到"本体阐释"——访中国社会科学院副院长张江教授》，载《社会科学报》，2014年6月16日。以下所引该文均出自此，不再一一注明。

② 张江：《强制阐释论》，载《文学评论》2014年第6期。

也。故用之乡人焉，用之邦国焉。风，风也，教也；风以动之，教以化之。"曹丕《典论·论文》："盖文章，经国之大业，不朽之盛事。年寿有时而尽，荣乐止乎其身，二者必至之常期，未若文章之无穷。是以古之作者，寄身于翰墨，见意于篇籍，不假良史之辞，不托飞驰之势，而声名自传于后。故西伯幽而演《易》，周旦显而制《礼》，不以隐约而弗务，不以康乐而加思。夫然则古人贱尺璧而重寸阴，惧乎时之过已。而人多不强力，贫贱则慑于饥寒，富贵则流于逸乐，遂营目前之务，而遗千载之功。日月逝于上，体貌衰于下，忽然与万物迁化，斯志士之大痛也。"①这些都可以说是一种"强制阐释"的文艺理论和文艺批评。至于马克思、恩格斯的文艺意识形态论，列宁的"列夫·托尔斯泰是俄国革命的镜子"说，毛泽东的"文艺为政治服务，从属于政治"说，邓小平的文艺"为人民服务，为社会主义服务"，一直到今天中国特色社会主义文论的"文艺要高扬社会主义核心价值观"，都应该说是"强制阐释"的文艺理论和文艺批评。这些文艺理论和文艺批评是以一定的世界观和方法论为预设的前提，要求文艺作品的文本话语为其一定的政治道德目的服务的，要符合阐释者的主观意图和结论，并不顾及甚至消解文学指征。例如，孔子把《诗》三百篇归结为"思无邪"，《毛诗序》把《周南·关雎》归结为"后妃之德"，都是背离文本实际的主观判断。毛泽东《在延安文艺座谈会上的讲话》说得非常明白："任何阶级社会中的任何阶级，总是以政治标准放在第一位，以艺术标准放在第二位的。资产阶级对于无产阶级的文学艺术作品，不管其艺术成就怎样高，总是排斥的。无产阶级对于过去时代的文学艺术作品，也必须首先检查它们对待人民的态度如何，在历史上有无进步意义，而分别采取不同态度。有些政治上根本反动的东西，也可能有某种艺术性。内容愈反动的作品而又愈带艺术性，就愈能毒害人民，就愈应该排斥。处于没落时期的一切剥削阶级的文艺的共同特点，就是其反动的政治内容和其艺术的形式之间所存在的矛盾。我们的要求则是政治和艺术的统一，内容和形式的统一，革命的政治内容和尽可能完美的艺术形式的统一。缺乏艺术性的艺术品，无论政治上怎样进步，也是没有力量的。因此，我们既反对政治观点错误的艺术品，也反对只有正确的政治观点而没有艺术力量的所谓'标语口号式'的倾向。"②作为一种阐释的文艺理论和文

---

① 北京大学哲学系美学教研室：《中国美学史资料选编》上册，中华书局 1980 年版，第 11、14 页。

② 《毛泽东选集》第 3 卷，人民出版社 1991 年版，第 869 页。

艺批评，必然会有一些非文学的"前理解"在起作用。

为什么会这样呢？其一，这是因为文学艺术本来就是与人类的全部社会实践密切相关的。文学艺术的概念，在古希腊罗马时代和先秦时代都是指的"技艺"，后来才逐步转移到"按照美的规律来构造"的生产劳动之上，到了18世纪的西方启蒙主义时代才把文学艺术视为"美的艺术"。因此，即使到了18世纪以后文艺逐步要求审美的自律性，然而非审美和非文学的他律依然顽强地进行着"强制阐释"。其二，这是因为在阶级社会中，也就是在迄今为止的文明社会中，非审美和非文学的他律性，仍然是一种驱动"强制阐释"的强大动力，马克思说过："统治阶级的思想在每一时代都是占统治地位的思想。"①文艺理论和文艺批评必须符合统治阶级的思想，否则就肯定要被颠覆和消解，哪怕它再具有文学指征的审美性和文学性。其三，文艺理论和文艺批评的发展是离不开整个人类社会的经济、政治、道德等非审美和非文学的实践的。西方文论，一般说来是以西方哲学为基础，通过西方美学，与西方文学艺术的发展相互关联、相互促进的。因此，西方文论的发展，必然是以西方哲学和西方美学的演变为基础，又以西方文学艺术的发展为根据的，同时还与整个西方社会的经济、政治、文化等各方面的变化密切相关的。这就规定了西方文论的发展，既不可能远离西方社会的历史变迁，也不可能脱离西方哲学、美学和文学艺术的具体演化嬗变。然而，我们过去却由于长期受机械唯物论和教条主义的影响，注重于前者而忽略了后者，在西方文论的研究中往往产生了庸俗社会学的和简单化的错误，致使西方文论的具体发展变化的规律未能得到如实的、细致的揭示，往往成为社会历史一般发展规律的概念化图解。

新时期以来，中国对于西方文论的研究也随着思想解放的进程而逐步达到了注重实事求是的境界，这对我们揭示西方文论的发展及其规律创造了极其有利的条件。② 然而张江的"强制阐释论"却又走到了另一个极端，似乎忘记了文艺理论和文艺批评的发展规律的他律性，并以此来否定西方文论的有效性。其四，这是因为文学的本质规定性不可能由文学指征和文本话语来单向度决定，它是一个多向度的结构整体。按照美国文艺理论家艾布拉姆斯(Abrams)的观点，决定文学的要素至少应该有四个：世界、作者、文本、接受者，而仅仅强调文本话语和文学指征就不可能全面理解文学本质。而西方文论的发展恰

① 《马克思恩格斯文集》第 1 卷，人民出版社 2009 年版，第 550 页。
② 张玉能：《西方文论教程》，华中师范大学出版社 2011 年版，第 1 页。

恰是在这四者之间逐步转移而形成了一个整体的结构。我们看到，西方文论的发展也受制于文艺的内部构成的变化。一般来说，文艺的构成要素主要是社会、作家（艺术家）、作品、阅读者（接受者）。这四个方面的主要的文艺构成要素，在不同的历史时期，由于受注意和研究的程度有所侧重，从而也相应地形成了不同类型的文论研究和文论体系。在从古希腊罗马文论到启蒙主义文论之前，自然本体论和摹仿说使文论家主要注重研究对象本身，因此，社会历史和艺术作品的研究比较受到重视，启蒙主义文论以后，特别是 19 世纪到 20 世纪上半期认识论和表现论的逐步兴起，作家（艺术家）的主体性研究，包括传记性研究就形成了文论的主要方面，弗洛伊德学说和人类学本体论的流行，使得作者的主体性研究大行其道，一些文学史、文艺史，包括马克思主义的文学史、文艺史的编撰，都突出了作家、艺术家本人的经历、个性、人格等方面的研究，也出现了许多优秀成果。20 世纪上半期，随着马克思主义历史唯物主义的广泛流传，社会历史的文论研究曾经成为西方文论中一股不可忽视的思潮，尤其以现实主义和实证主义、自然主义的文论为最突出的代表，它们与苏联、东欧和我国的文论研究中的马列文论共同占据了世界文论的主要地位。20 世纪 60 年代以后，在西方马克思主义的艺术生产和消费理论、解释学美学、语言和话语理论等共同影响下，当时的联邦德国兴起了以研究阅读者、接受者为主要倾向的接受美学及其文论研究。这种接受美学思潮很快由欧洲传到美洲，又形成了读者反应理论。文学研究的重点由社会、艺术家、作品转到了读者。当然这种研究存在着极大的困难，它的研究对象存在复杂性、流动性、不确定性，使得这种研究很难有可操作性，因而具有科学性的成果至今很少，故而人们的研究又不得不回到社会及其历史，这就产生了后殖民主义、女性主义、新历史主义的文论研究。在 20 世纪整个一百年的历史中，由于语言学转向，在社会研究和作家研究的逆反心理式的反抗等原因的影响下，艺术作品的研究成为科学主义文论研究的主要方面，20 世纪 20 年代盛行的俄国形式主义美学的文论，英美新批评流行于 20 世纪 30—50 年代，英国"有意味的形式"论的文论，法国叙事学，结构主义神话研究，符号学文论，等等，一直影响到后现代主义的美学和文论，成为文论研究中的一支不可忽视的力量和思潮。当然，同样也由于形式主义之类文论研究的局限性和片面性，反现代主义的解构主义、后殖民主义、新历史主义、女性主义等文论又由艺术作品的封闭研究转向了社会历史，而文化批评的文论或跨文化的文论研究则明显显示出把这四个主要因素综合起来进行研究的趋向，这应该是文化研究的文论的一个优长之处。不过，文学和艺术的自律本性却不能消失在文化的他律性之中；否则，文论研究又会重新开始分割式的研究。这是我们研究西方文论发展及其规律的一个重要借鉴。①

因此，从整体上来看，不能以"强制阐释"来否定西方文论的有效性。恰恰相反，我们在建构中国特色当代文论时还必须借鉴西方文论，特别是西方当代文论的成功经验和失败教训。

此外，张江的"强制阐释论"还应该有另一层更深的含义，那就是：西方文论从近代以来一直到改革开放新时期对于中国文论(包括文艺批评)的强制性输出，使得西方文论成为中国现当代文论的主导思想和话语模式，形成了人们所谓的"失语症"。

实际上，这种西方文论的"强制阐释"也是历史的必然，是不可抗拒的。其一，这是因为中国自鸦片战争以来的积贫积弱使得中国传统文化成为西方强势文化面前的弱势文化，西方文论也就趁势压倒了中国传统文论思想而成为主导思想和话语模式。这是从古至今文化交流，特别是全球化时代的文化交流发展的规律。其二，这是因为中国文论思想现代化的需要。从五四新文化运动开始，伴随着整个社会及其思想文化的科学化和民主化，白话文运动改变了文学艺术本身的性质和表现形式，中国现当代文论再也不可能运用传统的文论思想的一套理论和话语体系，为了适应整个世界现代化的潮流，中国现当代文论不得不采取了西方文论的理论形态和话语模式。这也是大势所趋，任何人都改变不了的。其三，这是因为中国人民在现代化进程中选择了马克思主义的理论、道路、制度，因而中国现当代文论也就是通过俄苏的列宁主义接受了马克思主义文论，并且逐步把马克思列宁主义文论中国化。在这个过程中，苏联正统马克思主义文论曾经对中国新民主主义和社会主义的文论进行了"强制阐释"，可是，经过了一系列的政治运动，中国的马克思主义文论逐步清醒过来，力求建构中国化马克思主义文论，直到今天，我们力图建构中国特色社会主义文论，就是要以马克思主义文论为指导，以中国传统文论为基础，以西方文论为参照系，来建构中国特色当代文论体系。因此，在这个建构过程中，西方文论的有效性是不应该被否定的。

---

① 张玉能：《西方文论教程》，武汉：华中师范大学出版社2011年版，第5~6页。

二、西方文论的话语特征分析

张江教授所揭示的西方文论的强制阐释的话语特征：场外征用、主观预设、非逻辑证明、反序认识路径，从本质上来看是西方文论的科学性、系统性、完整性的主要表征，也是中国古代文论传统的不足之处，可以作为中国当代文论建设的借鉴。

张江教授把"强制阐释"的话语特征总结为四条：一是场外征用。在文学领域以外，征用其他学科的理论，强制移植于文论场内。场外理论的征用，直接侵袭了文学理论及批评的本体性，文论由此偏离了文论。二是主观预设。批评者的主观意向在前，预定明确立场，强制裁定文本的意义和价值，背离了文本的原意。三是非逻辑证明。在具体批评过程中，一些论证和推理违背了基本的逻辑规则，有的甚至是明显的逻辑谬误。为达到想象的理论目标，无视常识，僭越规则，所得结论失去逻辑依据。四是反序认识路径。理论构建和批评不是从实践出发，从文本的具体分析出发，而是从现成理论出发，从主观结论出发，认识路径出现了颠倒与混乱。

先看场外征用。其一，人类的知识系统最先就是以哲学的形态表现出来的，西方哲学尤其如此，西方的"哲学"本义就是"爱智慧"，所以一切关于世界、宇宙、万事万物的知识都包含在哲学之中，关于文学艺术的知识系统理论是在哲学的世界观和方法论的指导下后来分化出来的。古希腊亚里士多德的《诗学》就是西方文论的确立标志。它的真实模仿说就是反对柏拉图的影子模仿说的结果，是他的四因论、本体论、灵魂论认识论、逻辑学方法论的建构；它的悲剧论、史诗论是古希腊文学艺术实践的总结和概括。它雄霸欧洲文坛一千多年(车尔尼雪夫斯基语)，直到 19 世纪末 20 世纪初才被西方现代主义文论代替。因此，西方文论是自然而然地从西方哲学的母体中分化出来的。它必然受到哲学、政治学、伦理学等其他学科的决定和制约。这应该是西方文论的有效性的一个优势。这样就容易形成一种在一定的世界观和方法论指导下的科学、系统、完整的体系。不像中国传统文论思想那样，就事论事，就诗论诗，或者从伦理(政治、道德)的角度来论说文学作品，即使是像《文心雕龙》那样的鸿篇巨制也还是受到外来佛教思想的影响才组成一个体系；然而，在接受西方文论之前，中国传统文论仍然是以诗话、词话、评点、批注为主要形态，虽然其中也不免哲学思想或者伦理思想的指导，但是直觉感悟和情感体验的话语方式，毕竟使人难以从整体上得到总体印象和直接感受。这样的"场外征用"似乎应该是西方文论的有效性的表征。其实，中国传统文论也是起源于经学的，这已经是一种常识，不过它受到中国传统思维方式的影响没有体系化。

其二，正如张江教授所说的："我们指出场外征用的弊端，并不意味着文学理论要自我封闭，打造学科壁垒。我从来都赞成，跨学科交叉渗透是充满活力的理论生长点。但我更想强调的是，文学理论借鉴场外理论，应该是科学的思维方式和研究方法，而不是现成结论和具体方法的简单翻版。生硬地照搬照抄没有前途。特别是一些数学物理方法的引用，更需要深入辨析。"实际上，西方文论，特别是西方当代文论在跨学科引进时，并不是一种横向移植，而是主要运用了其他领域和场域的思维方式和研究方法。比如，格雷马斯的"符号矩阵"在西方文学符号学中具有很高的地位，绝不是对数学矩阵的幼稚模仿，也不是场外理论的简单征用。我们必须看到，格雷马斯的阐释也是一种可行的阐释方式。现代阐释学不同于古典阐释学的一个重要标志就是，文本的意义并不是单一的、作者赋予的，而可能是多方面的、读者看出来的。所以用数学矩阵读出来的文本意义，其有效性不应该简单否定。反对"场外征用"的结果只能是把文论和文本意义的阐释定于一尊，不可能不封闭自己。即使某些"场外征用"还是不完善的、幼稚的，也应该成为我们建构中国特色当代文论的借鉴，吸取其成功之处，避免其失误之处。比如，弗洛伊德的"性欲升华"学说文论，把欧洲文学史通过《俄狄浦斯王》、《哈姆雷特》、《卡拉马佐夫兄弟》的演绎，说成是"恋母情结"的历史，当然是以偏概全，有失偏颇的，但是，它指出了人类的性欲之类的无意识和潜意识在文学创作和文学研究中的作用，这不是非常英明的、足资借鉴的吗？

其三，中国当代文论建设还必须"场外征用"马克思主义的观点立场方法和马克思主义文论的具体观点理论。很难设想，一种文艺理论和文艺批评可以完全从文学文本的内部建立起来。似乎翻遍古今中外的文艺理论和文艺批评的历史，还没有这样建构起来的东西。中国现当代文论发展史昭示我们，中国特色社会主义文论必须以马克思主义文论为指导，以中国传统文论为基础，以西方文论为参照系。所以，马克思主义的世界观和方法论是必须从"场外征用"的，也许这正是毛泽东《在延安文艺座谈会上的讲话》的核心思想。在当今这样一个各种学科高度发达和交叉融合的时代，建构中国特色社会主义文论不仅要运用马克思主义观点立场方法，而且还要在马克思主义思想指导下进行跨学科的"场外征用"。当然，这种"场外征用"，必须是在马克思主义思想指导下的，而且是符合文学艺术的内在规律(包括自律性和他律性的规律)的"场外征用"。改革开放新时期以来中国化马克思主义文论的实践已经证明，这是可行的、有效的。

再看主观预设。张江认为："主观预设强制裁定了文本的意义和价值。""主观预设的批评，要害是'三个前在'：前在立场、前在模式、前在结论。批评尚未展开，结果早已存在。"其一，按照现代阐释学，任何阐释都是有"先见"(Vorsicht)的理解和解释。现代阐释学的奠基人是海德格尔，他完成了从认识论阐释学到本体论阐释学的转变。他从人的此在性、历史性和人存在于语言之中等观点出发，认为理解并不是人的认识活动和方法，而是人通过理解而存在，理解是人的存在方式。他还提出了"前理解"(Vorverstehen)的概念，包括"先有"(Vorhabe)、"先见"(Vorsicht)、"先把握"(Vorgriff)所组成的理解的"前结构"。这些直接启发了伽达默尔。伽达默尔分析了审美理解的构成条件——客体(艺术文本)必须是一种具有意义统一性的对象；就主体而言，理解总是与理解者的历史境遇密切相关的。他指出，在阐释学所有必要条件中，首要的条件总是一个人自己的先行理解，这种先行理解来自于与同一主体相关联的存在(《真理与方法》二版序言)。这种"先行理解"(或称"前理解"，Vorverstehen)构成了所谓"超越性预期"，也就是处在历史和传统中的主体对艺术文本意义的预觉。因此，理解(Verstehen)是在前理解的传统和历史的框架内进行的。理解者总是带着自己的"先入之见"(偏见)进入理解过程的。审美理解就是"视界融合"。所谓"视界融合"，就是历史视界与现在视界的融合。因此，审美理解"必然包含着历史与正在理解者的现在之间的调解"(《真理与方法》二版序言)。这就表明，审美理解并不是单纯的对审美对象的理解，它必定包含了理解者的参与。审美理解是一种解释者与艺术文本之间的对话。①因此，张江所谓的"三个前在"：前在立场、前在模式、前在结论是任何阐释所不可或缺的。其二，对于文艺批评来说，似乎阐释结论不应该是前在的；可是，对于文艺理论来说，阐释结论似乎应该也是可以预设或者预测的。文艺批评当然要运用一定的文艺理论来对具体的文学文本或者文学现象进行分析和评价，所以文艺批评的阐释结论就应该是文本的视界和批评者的视界的"视界融

---

① 张玉能：《西方文论教程》，华中师范大学出版社 2011 年版，第 346、348、349 页。

合",因而分析和评价的结论看起来不应该是前在的,而是后来得出的。但是,对于一种文艺理论来说,只要它已经确立为一种成型的理论,他就必须有前在立场、前在模式、前在结论。那么,用一种固定的文艺理论去分析和评价一种文学文本或者文学现象,其所能得出的结论也就是可以预设或者预测的,从逻辑上来看也就可以说是一种前在结论。张江教授针对西方女性主义批评发问道:"我们不禁要问:莎士比亚写《哈姆雷特》的目的中,含有轻视和蔑视女性的动机与故意吗?如果没有,女权主义者把她们自己的立场强加给莎士比亚,是一种合理和正当的阐释吗?"这种发问,西方文论家和文学批评家听到了,除了嗤之以鼻,还会有别的反应吗?其三,中国特色社会主义文论还有许多作为"先见"的马克思列宁主义文论、毛泽东思想文论、邓小平理论文论等基本原则和基本原理必须坚持,也就是所谓的"主观预设",或者准确地说"主体预设"。例如,马克思恩格斯的文学生产论、文学意识形态论、文学特殊掌握世界方式论等。① 这些被实践证明了的、与时俱进的马克思主义文论的基本原理和基本原则,理应成为中国特色社会主义文论的理论预设或前提,进入了文论家和批评家的意识以后,也就是所谓的"主观预设"。

再看非逻辑证明。张江教授所谓的"非逻辑证明"指的是:"在具体批评过程中,一些论证和推理违背了基本的逻辑规则,有的甚至是明显的逻辑谬误。为达到想象的理论目标,无视常识,僭越规则,所得结论失去逻辑依据。"

张江列举了西方当代文论逻辑论证上存在的很多问题。这些问题的确存在,但是,它们是理论创新之中的问题,似乎并不影响西方文论的有效性。张江举普洛普的故事学研究来证明所谓的"个案举证"非逻辑证明。他说:"用个别现象和个别事例证明理论,用一个或几个例子推论文学的一般规律。普洛普的神话学研究应该说是比较好的,他从阿法纳西耶夫故事集里的 100 个俄罗斯神话故事中搜罗出 31 个功能项,并将之称为神话故事的基本要素,并被推论这是所有神话及文学的共同规律。对此我们还是要产生这样的疑问:从这 100 个故事中提炼的规律适用于所有的俄罗斯神话吗?其他民族、其他时代的神话故事也概莫如是吗?个别事例无论如何典型,只能做单称判断,不能简单地推向全称。要建立全称意义的判断,必须依靠恰当规则的逻辑演绎或大概率统计归纳。文学理论和批评没有这个意识,许多人把一个例子无约束地推广到全部文学。"这种批评似乎有失公允。普洛普分析了 100 个俄罗斯民间故事,而得

---

① 张玉能:《马克思主义文论教程》,华中师范大学出版社 2010 年版,第 3~28 页。

出故事学的功能性规律。这应该是很有西方实证主义精神了。我们认为，"这种从民间故事的不同形态中寻找大致相同的结构模式和功能系统的方法对法国结构主义文论是一种直接的引导"①。实际上，普洛普并不是单纯用归纳法来形成自己的理论，而是在当时已经非常流行的法国结构主义文论的前提下，即在演绎法的前提下，再以归纳法来构成理论，所以在逻辑上是没有大问题的。当然，实践是检验真理的唯一标准，如果在实际应用过程中发现问题就应该进行修正或补充。而且一般寓于个别之中，一滴水可以反映太阳的光辉，这种一般和个别的辩证法似乎不应该忘记。事实上，中国传统文论最缺乏的就是实证的科学精神，往往是以"我注六经，六经注我"的方式再进行文论的经学注解和阐释，"宗经"、"原道"是根本，至于具体文本是可以裁剪的。《毛诗序》把《周南·关雎》指为"后妃之德"才是"个案举证"，后来成为相当长时期的权威理论，直到朱熹注诗以后才有所改观，然而，《毛诗序》的观点在五四新文化运动之前仍然是一种主流意识形态的"强制阐释"。就在批评了西方文论的强制阐释以后，张江提出了所谓的"本体阐释"来建构中国当代文论，并呼吁建立"文本统计学"，这种文本统计学要统计多少文本才不是"个案举证"呢？101个？就是1001个，也还是一种归纳法理论，随时都可能遇到例外。

张江又以精神分析文论来说明西方当代文论的循环论证。他说："论据是Q，论题是P，因为Q，所以P；因为P，所以Q。弗洛伊德关于恋母情结的假说与古希腊悲剧《俄狄浦斯王》以及莎士比亚悲剧《哈姆雷特》的相互论证就是这样的圈套。两个都未确定为真的判断相互论证，还做出理直气壮的样子。这是'强制阐释'的批评中常见的现象。"事实上，精神分析文论的建构实实在在是科学实证的。弗洛伊德首先是在大量的歇斯底里症的临床诊断基础上提出了"恋母情结"和性欲力比多，然后从古希腊俄狄浦斯王的神话传说中举证，把恋母情结命名为"俄狄浦斯情结"，接着发现了《哈姆雷特》和《卡拉马佐夫兄弟》的例证，从而认为，欧洲文学史就是一部恋母情结的历史，反过来证明他的精神分析理论。从形式上看起来确实是循环论证的。但是，这种论证是以事实为根据的，至少是具有相对真理的。人类文学史上以性欲和恋母情结为题材或主题的文学作品，至少不是个别现象，当然也不是绝对普遍的现象。所以，如果从实质上来看，在循环论证的背后确实潜藏着弗洛伊德及其精神分析文论的实证科学精神。再说，这种形式逻辑的循环论证，在辩证逻辑之中就是可以

① 张玉能：《西方文论教程》，华中师范大学出版社2011年版，第308页。

破解的。就像所谓"解释学循环",在部分与整体之间永远具有形式逻辑的循环论证过程,但是,在辩证逻辑之中这种循环论证就可以化解了,也就是换一个角度即可能得到跨学科的互证。而中国传统文论的循环论证却是缺乏实证精神的,主要就是祖先、先王、先贤、先哲的思想的循环论证,形成了中国传统文论的"滚雪球"式的注解、传注、集解、注疏、疏证的文论体例,最终就是要证明经学的权威性。

张江还批评了西方文论的"以假说证实"。他说:"假说是科学发展的重要形式。根据已有知识和个人经验对文学现象作出解释和判断,是理论和批评行进与发展的必要手段。但是,假说本身并不必然为真,需要经过有效论证,假说才可能为真。以假说承载文学理论和批评,理论和批评的科学性无以立足。"这个问题,以波普的"证伪理论"的角度来看,似乎就不是一个问题。一切科学理论,如果不能证伪,就不是真正的科学理论,而且科学理论也就不可能发展了。文论假说在中外文论史上比比皆是。中国传统诗学中的言志说、缘情说、意象说、意境说、妙悟说、性灵说、神韵说、境界说,西方传统文论的模仿说、镜子说、反映说、再现说、表现说,西方现代主义文论的唯意志论、直觉说、移情说、心理距离说、符号说,后现代主义的文学矩阵说、异延说、视界融合说、文学场论等,都是一些假说,而且实践也只可能证明它们的部分真理性和部分有效性,实际上也不存在全能全智的学说,不然的话,就不会有那么多文学理论学说相继出现,互相补充,相辅相成。西方当代文论的假说同样是在科学实证的精神指导下逐步形成的,特别是那些"场外征用"的心理学、数学、物理学、伦理学、人类学、美学、哲学最新成果而形成的假说,都有着一定的科学实证根据。西方文论史,实质上就是一部不断反思批判旧有文论假说的演化史,可以说是一种"剥洋葱头"式的发展史。到了后现代主义的解构主义异延说,一切都成为不确定的东西,所以"后现代主义之后",西方文论经过了近代的"认识论转向",达到了"社会本体论转向"(包括 19 世纪末到 20 世纪初的"精神本体论转向"和 20 世纪 50 年代的"语言本体论转向"),又走向了"实践转向"的道路,回到了现实生活和生活世界或者日常生活之中。这正是真正的科学理论的存在方式。如果有那么一种被证明了就永远是真理的理论,那么文论的发展和生命就终结了。中国传统文论的式微和现代转型,其契机就在于它的形而上学性质,不能适应时代的发展和中华民族的生存,所以五四新文学运动以后中国的文论家和批评家们就纷纷转向了西方文论的种种有效性假说,建构了中国化的马克思主义文论、中国化的现代主义文论、现代转型的中国传统文论，并且正在整合它们，以建构起中国特色社会主义文论。

再看反序认识路径。张江说："理论构建和批评不是从实践出发，从文本的具体分析出发，而是从现成理论出发，从主观结论出发，认识路径出现了颠倒与混乱。"他还认为："这是因为西方文论在自身构建过程中其认识路径出现了混乱。首先是实践与理论的颠倒。文学理论的生长不是基于文学的实践，而是基于理论自身的膨胀，基于场外理论的简单挪移。批评不是依据文本的实际内容得出结论，而是从抽象的原则出发，用理论肢解文本，让结论服从理论。其次是抽象与具体的错位。抽象可以指导具体，但必须是从具体上升为理论的抽象。在实际批评过程中，抽象应该服从具体，在具体批评中丰富抽象，而不能用抽象消解具体。但很多西方文学理论的生成不是从文学的具体出发，而是从理论的抽象出发，改造肢解具体，造成抽象与具体的错位。最后是局部与全局的分裂。在西方文学理论的建构中，诸多流派和学说，不能将局部与全局有机统一起来，形成一个相对完整、自洽的体系。从局部始，则偏执于一隅，对文本做分子级别的解剖分析，但却仅停留于此并声称文学总体就是如此，以局部充当总体。从全局始，则混沌于总体，对文学总体作大尺度的宏观度量，以宏观取代微观，弃绝微观分析。当然，这里最根本的问题是，西方文论的生成和展开，不是从实践到理论，而是从理论到实践，不是通过实践总结概括理论，而是用理论阉割、碎化实践，这是'强制阐释'的认识论根源。"

张江的这些分析，貌似有理。但是，他忘记了理论的形成并不是经验的直接、简单的归纳和提炼，而是一个复杂得多的直接实践和间接实践的过程。西方文论，特别是西方当代文论的形成，我们都了解得那么全面了吗？它们都是实践与理论的颠倒、抽象与具体的错位、局部与全局的分裂的吗？如果真的是这样，西方文论，特别是西方当代文论也不可能存在这么长的时间，产生这么广泛的影响。笔者主编了一本《西方文论教程》，把西方文论的有效性作了分析和反思，我们觉得张江教授否定西方文论的有效性是不够审慎的。

其一，从实践与理论的关系来看，并非直接的实践就可以生成理论。古今中外的文论家和批评家大部分不是文学艺术实践的直接参加者。他们的文论学说是从哲学和美学的高度，对文学实践的概括和总结，而不是自己的文艺创作的经验总结。文艺创作谈对文论的形成的作用是十分有限的，应该更多的是哲学世界观和方法论、美学观上对文学实践的概括和总结。柏拉图、亚里士多德、普罗提诺、奥古斯丁、托马斯·阿奎那、康德、黑格尔、泰纳、勃兰兑斯、叔本华、尼采、克罗齐、弗洛伊德、荣格、海德格尔、伽达默尔、马尔库塞、本雅明、利奥塔、福柯、德里达等，都不是文学家，但是，他们是哲学家和美学家，他们从哲学和美学的高度概括和总结了文学实践的某一个方面，建构了某一种文论体系，反过来对西方文学实践的发展起到了引导和推动的作用，或者阻碍了某一时代的文学实践，也促进了文学艺术的发展。要求每一种文学理论和文学批评理论，都直接来源于文学创作实践的做法，是一种十足的经验主义认识论，是不可能建构起真正的文艺理论和文艺批评理论的。从这个意义上来看，中国传统文论思想的那种直觉、感悟、体验式的感性化形式，是优劣参半的，必须以西方文论的理论化、体系化、科学化来加以补充。这也就是西方文论的有效性的表现之一，也是建构中国特色社会主义文论必须以西方文论为参照系的理由。

其二，从抽象与具体的关系来看，就文艺理论和文学批评而言，具体文本必须服从抽象理论，抽象理论是分析具体文本的指导原则。任何具体文本分析，都必须把文本的具体形象及其构成因素拆卸为符合一定抽象理论原理和原则的元素，从而评价它们是否符合一定的抽象理论原理和原则，来决定对它们的高下文野、是非曲直的判断。正是从这个意义上来说，文学理论和文学批评，不是一种感性的具体活动及其结果，而是一种知性的抽象活动，或者确切地说，是一种从感性具体到知性抽象，再到理性具体的活动及其结果。因此，中国传统文论和文学批评的那些诗话、词话、曲话、评点、传注等形式的不确定性、模糊性、多义性、玄学化、神秘化、诗意化倾向，还必须借鉴西方文论的抽象的理论化、明确化、科学化来加以克服。中国近代文论对古代传统文论的现代化转型，其中一个重要的方面就是摒弃了一些语义不明确的范畴概念，以西方的文论概念来重新阐释一些可以改造运用的范畴概念，如气、意、风骨、意象、意境、比兴等。然而，中国传统文论的现代转型，至今仍然是一个艰难的任务，必须参照西方文论的有效性才可能逐步完成。如果，仅仅关闭在传统文论的圈子内，中国传统文论的现代转型不可能完成，建构中国特色当代文论的基础也就无法形成。

其三，从局部与全局的关系来看，这是一个如何破解"解释学循环"的问题，必须以唯物辩证法的思维方式才可能做到局部与全局的辩证统一。所谓阐释学的循环是指，我们必须根据局部来理解整体，而又必须根据整体来理解局部。对于这个循环，有不同的理解。施莱尔马赫认为，理解的循环沿着文本来回移动，而当文本被完满地理解时，这种循环就消失了。这时就获得了"顿悟"，解释者就把自己完全置于作者的精神之中，从而消除了一切关于文本的难解之处。然而海德格尔认为，对文本的理解永远是被理解的"前结构"所规定的。因此，完满的理解不是整体与局部的循环的消除，而恰恰是这种循环得到最充分的实现。伽达默尔继承了海德格尔的看法。他认为，阐释学的循环在本质上既不是客观的，也不是主观的，而是传统的运动与解释者的运动的相互作用。这样，支配理解的是一种"前理解"，这种"前理解"来自我们解释者与传统之间的关系。所以，我们靠着"前理解"去理解整体，而对整体的理解又被对组成整体的各个局部和理解规定，从而反过来又校正我们的前理解。这是一个永无完结的过程，而正是这才真正揭示了世界的本体和意义。① 因此，对于文学的整体与局部的阐释，就需要不断调整人们的"前理解"，以前理解为中介来辩证处理局部与全局的关系，而且不断敞开这种关系。也许西方文论和西方当代文论处理这种关系还有所偏颇，比如，西方文论偏向于宏观把握文学，对微观注意不够，像英美新批评那样的"细读"文论还比较少。然而，正是这种偏重宏观的西方文论，可以与偏重于微观的中国传统文论进行互补，建构起比较全面的中国当代文论体系。这同样也表现出西方文论的有效性。

三、"强制阐释论"的形而上学

"强制阐释论"否定西方文论的有效性，是一种形而上学世界观和方法论的表现，它一是视野狭窄，二是以偏概全，三是主观臆断。

其一，建构中国特色当代文论必须视野开阔。西方文论的有效性是不应该否定的，西方文论包括了西方古典文论、马克思主义文论、西方现代主义文论、后现代主义文论，西方文论不仅有科学主义思潮，还有人文主义思潮。"强制阐释论"针对五四新文化运动以来，特别是改革开放新时期以来的"全盘西化"的文论建构倾向，其主观愿望是完全正确的。但是，它从整体上完全否定了西方文论的有效性，除去了建构中国当代文论的西方文论参照系，势必就会局限我们的视野。我们不仅要看到西方文论的组成成分的多样性和多元化特点，还要看到西方文论的优长之处和不足之处是并存的，而且在总体上对中国文论建设是很有启发的。特别是西方现代主义和后现代主义文论，给我们提供了多层次、多角度、开放性的文论视野，给我们跨学科的透视的文论视角，启

---

① 张玉能：《西方文论教程》，武汉：华中师范大学出版社 2011 年版，第 349~350页。

发我们建构起科学、系统、完整的文论体系，克服中国传统文论思想的伦理化、直觉化、神秘化所带来的某些不足之处。为了在 21 世纪建构起中国特色的当代文论，我们就必须认真了解西方后现代主义文化和文论思潮及其与马克思主义实践美学的相互关系。尽管当今中国还不是后工业社会，也不具有西方后现代主义文化和美学的具体境况，但是，随着经济全球化的展开，全球各民族的政治、文化和美学（文论）也必然相互影响，西方后现代主义文化和美学（文论）当然必然成为中国当代文论建构的参照系和背景之一。同时，中国社会当下的现实正处于一个重大转型的时期，前现代、现代和后现代的经济、政治、文化、美学、文论的因素多元共存，相互影响，相互制约，因而后现代主义思潮的历史发展及其特征、规律都必定是重建有中国特色的当代美学（文论）的借鉴。而且中国当代美学（文论）的建构，经过了 20 世纪的曲折历程，在 20 世纪、21 世纪之交初步形成了学术界的共识，即以马克思主义美学（文论）为指导，以中国传统美学（文论）的现代转型为基础，以西方美学（文论）的历史发展为借鉴，融会中西，沟通古今，建构起中国特色的当代美学（文论）。为此，了解西方后现代主义美学与马克思主义实践美学和中国传统文论的相互关系也就刻不容缓了。①

其二，建构中国特色当代文论必须全面审视西方文论的有效性。即使西方文论有着张江教授所说的那些"强制阐释"的问题，我们也应该全面地对待西方文论，不能以偏概全。比如，后现代主义是晚期资本主义时代，后工业社会的文化形式。它兴起于 20 世纪 60 年代，至今仍然处于发展之中。它是对现代主义的反思，是一种"重写现代性"的文化形式，我们可以称之为"文化现代性"。它的旗号是彻底拒斥形而上学，反对二元对立的思维方式，颠覆"逻各斯中心主义"；它的特质在于：彻底消解理性，消解人类主体或人类中心，追求意义的延异流动；它采取的是反元叙事方式，即彻底反对本质主义、基础主义，鼓吹反普遍主义的多元化，追求意义的非确定性；西方后现代哲学主要有：德里达的解构主义（后结构主义），福柯的后结构主义或新历史主义，拉康的后精神分析，利奥塔的、德勒兹的、布迪厄的后现代主义等，杰姆逊的新马克思主义的后现代主义；20 世纪 90 年代前后，后殖民主义、女性主义、新历史主义等也加到后现代主义的重写现代性的"语言游戏"或"文化批判"之中，

---

① 张弓、张玉能：《后现代主义思潮与中国当代文论建设》，北京师范大学出版社 2014 年版，第 1 页。

因此可以称为"文化现代性"。① 对于后现代主义的拒斥形而上学、反对二元对立的思维方式，颠覆"逻各斯中心主义"，彻底消解理性，消解人类主体或人类中心，追求意义的延异流动，反元叙事方式，即彻底反对本质主义、基础主义，鼓吹反普遍主义的多元化，追求意义的非确定性等文论主张，我们必须具体问题具体分析，在历史语境中还原它们的具体论点，分析它们的利弊得失，全面审视它们，做到"洋为中用"，汲取其精华，剔除其糟粕。把它们作为建设中国当代文论的参照系，吸取它们的成功经验，摒弃它们的失败教训。从总体上，完全否定西方文论的有效性，只能是一种形而上学的观点，不利于中国特色的文论的建设。

其三，建构中国特色当代文论必须从当今现实出发。中国当代文论家经过多年的实践，可以说已经有了一个基本的共识：中国当代文论建设必须以马克思主义文论为指导，以中国传统文论为基础，以西方文论为参照系。否定了西方文论的有效性，中国当代文论就不可能建构出科学、系统、完整的现代化文论体系。"强制阐释论"否定西方文论的有效性，实质上是一种主观臆断，因为它那表面上看起来头头是道的分析，并不是实事求是的，它本身就是一种"强制阐释"。我们在《后现代主义思潮与中国当代文论建设》一书中，分别在解释学文论、接受美学的文论、解构主义文论、生存美学的文论、崇高美学的文论、女性主义文论、欲望美学的文论、文学场论文论以及重写现代性、日常生活审美化、文化研究等方面，探讨了中国当代文论建设与后现代主义文论的关系。我们认为，后现代主义美学与实践美学是同步发展的。早在马克思主义实践美学创立之初，实践美学就已经在拒斥启蒙主义美学（文论）的形而上学，走向后形而上学思想，在这一点上，它与后现代主义所重写现代性、反思现代性的历史进程是同步的。当然，由于其根基是完全不同的，即实践美学以实践唯物主义为基础，从而比起西方现代美学，后现代美学更合乎现实地解决了有关美学的理性、主体性、个体性等现代性问题，更有力地消解了旧形而上学的普遍性、永恒性、必然性，为美学（文论）问题中的确定性、普遍有效性、合目的性、必然性等问题提供着实践辩证法的解决。我们可以说，实践美学是最具有建设性的当代美学（文论）形态之一，它将在批判（考察、清理、审查）后

① 张弓、张玉能：《后现代主义思潮与中国当代文论建设》，北京师范大学出版社2014年版，第4~5页。

现代主义美学的基础上为建设中国特色的当代美学(文论)作出应有的贡献。①因此，从当今中国的现实出发，我们仍然坚持主张以马克思主义文论为指导，以中国传统文论思想为基础，以西方文论为参照系，建设中国特色当代文论体系或者中国特色社会主义文论体系。为此，西方文论的有效性是不应该否定的。

（作者单位：华中师范大学文学院）

---

① 张弓、张玉能：《后现代主义思潮与中国当代文论建设》，北京师范大学出版社2014年版，第20页。

自然审美批评基本问题

薛富兴

一、自然审美批评：一个历史性空白

据艾伦·卡尔松(Allen Carlson)，西方自然审美自觉于 17 世纪，然而关于如何恰当地欣赏自然之自然审美批评，至 20 世纪后期始出现。在中国，有文字材料证明之自然审美欣赏，不晚于《诗经》时代，然而关于人们应当如何正确地欣赏自然的问题，古典美学尚未正面提出。古典美学有的是关于自然审美欣赏之朴素记录，以及如何利用自然物象表达诗情画意的诗学。

与之相较，中国古典美学有极为发达的艺术审美批评传统，有发达的关于如何欣赏与评论诗歌、书法与绘画的诗论、书论与画论。魏晋时期，中国古典美学即实现了艺术批评的自觉。如《诗品》(钟嵘)、《古今书评》(袁昂)、《古画品录》(谢赫)。从钟嵘的《诗品》，到司空图的《二十四诗品》，再到刘熙载的《艺概》、金圣叹的小说评点，代表了古代中国持久、发达的艺术批评传统。简言之，古典时代，中国艺术欣赏与艺术批评实现了互动与均衡发展。

然而，中国古典自然审美史则有欣赏而无批评，存在着欣赏与批评之不均衡。成熟、自觉的自然审美应当既有欣赏又有批评，应当出现必要的价值与技术规范，不应当始终处于"自然欣赏怎么都成"、"赞美自然从不会犯错"的局面。中国古典自然审美中所存在的有欣赏而无批评的局面并非理想状态，说明古典自然审美并非真正进入自觉、成熟的状态，说明古典自然审美经验尚未与艺术同步进入精致化阶段，整体而言尚为粗疏，即使据此而产生了精妙诗篇与画作。当代自然审美要实现自觉，进入新境界，需要引入自然审美批评，需要就如何恰当地欣赏自然建立必要的价值与技术规范，需要尝试建构自然审美基本话语系统。

二、客观性：自然审美基本原则

从哲学上说，恰当地欣赏自然的前提是能正确地对待自然。如何使自然审美与利用自然对象产生艺术经验，成全艺术作品；或者利用自然事相表达伦理、宗教与哲学经验从本质上区别开来，实现自然审美之真正独立，客观地对待自然，将自然当自然来对待（to treat nature as nature）是恰当自然审美的首先原则，也是自然美学得以独立的逻辑前提，我们将它称之为自然审美的客观性原则。①

卡尔松反思了西方自然审美欣赏主观、艺术地对待自然的不恰当自然审美——景观模式（landscape model）；薛富兴反思了中国古典自然审美中的主观趣味——借景抒情传统与以自然比德传统。在如何对待自然方面，中国美学家蔡仪与朱光潜的态度迥然相异。蔡仪的自然美观念更接近卡尔松的意见。②

关于自然审美正确的哲学立场——客观地对待自然的态度解决之后，在具体的可操作层面，自然审美批评需要解决又一个基本问题：自然审美到底欣赏什么，即关于自然美内涵问题。根据艾伦·卡尔松自然审美欣赏基本理念，我们整理出一个关于自然美内涵的简约系统，或曰自然美四要素。

（1）物相。自然对象、现象独特、显著的感性表象，可由人的正常耳、目、嗅、触等感官感知到的自然对象、现象之形色、声音、气味、质料等表层物理、化学事实，亦即自然对象、现象呈现于人感官的形式之美。此乃自然美内涵的基础部分，也是古今社会大众自然审美所涉及的基本内容。

（2）物性。各类自然对象自身所具有的内在特性，比如各类动植物的生长，

---

① 见［加］艾伦·卡尔松：《欣赏艺术与欣赏自然》，载《美学与环境》（路特里吉，2000），第 106 页；《自然、审美判断与客观性》，载《美学与艺术评论》1981 年第 40 卷，第 15～27 页；《恰当自然美学的要求》，载《环境哲学》2007 年第 4 卷，第 1～13 页；薛富兴：《卡尔松的科学认知主义》，载《文艺研究》2009 年第 7 期；《自然审美欣赏中的两种客观性原则》，载《文艺研究》2010 年第 4 期。

② 见艾伦·卡尔松：《欣赏艺术与欣赏自然》，载《美学与环境》（路特里吉，2000），第 106 页；薛富兴，《先秦比德观的审美意义》，载《陕西师范大学学报》2009 年第 4 期；薛富兴：《自然审美"恰当性"问题与中国"借景抒情"传统》，载《社会科学》2009 年第 9 期；蔡仪：《新美学》改写本，第二编第三章，中国社会科学出版社 1995 年版，第 256～284 页；朱光潜：《论美是客观与主观的统一》，见《当代美学论文选》，重庆出版社 1984 年版，第324～365 页。

以及各类无机物的物理、化学特性。特性是决定一物之所以为此物的内在要素，是区别于其他对象的本质特征。反思日常自然审美经验，多数人之多数自然欣赏恐仅及于自然物相，鲜有能深入对自然对象内在特性之理解与把握者。真爱自然者当能作自然之知音，乐于深度地了解自然。反之，若满足于大自然色相之美，便未足为自然之知音，其对自然之热爱、真诚程度亦大可存疑。

（3）物史。各类自然对象之物种史、命运史。传统视野下，大部分自然欣赏限于对自然物的静态观照，即把自然对象视为上帝已然完成的作品，欣赏其静态特征。

在地球演化史的洪流中，每一物种之出现与延续均大不易，都是基因持存与环境适应间持久博弈的结果，都经历了大自然进化洪流的严厉考验。因此，每一物种之进化史都值得人类悉心观赏、体验，都是一部可歌可泣的生命传奇。

每一自然个体，不管它处于食物链的哪个位置，其生存均大不易，都要经受诸多严峻考验，其每天的谋生与远祸行为，都要消耗大量体能，需要充分挖掘其所有的生命潜能。处于生存竞争洪流中的每一个体自然，其一生命运与人类极为相似，均可理解为一部艰苦卓绝的奋斗史，因而足以令人肃然起敬。

（4）物功。各类自然对象特性之功能。物性呈现了自然对象的深度事实，物功则揭示特定对象具此事实背后更为深刻的原因——物性之所以然，物性之特定效用。

物功概念实际上属于自然之善，因此物功欣赏乃是对自然之善的感知、理解与体验。人类在欣赏自然时，只有暂时放下对自身的利益考量，即使是对自然对象悦耳目、悦情意之非功利精神性利用，发自内心地悉心感知、体察与欣赏自然自身之善，并只因体察到这种自然之善而生欢悦心，方为真正地欣赏自然之善，而非欣赏自然对人类的善。唯因自然之善而起之欢心方为真正的自然审美愉悦。

上述之物相、物性、物史与物功四者，乃自然美要素，四者合起来，构成自然美由表及里、由浅入深的结构，形成一个较完善的自然特性或自然美内涵体系，它可以具体地指导人们的自然审美欣赏，用以解决自然审美到底欣赏什么的问题。①

---

① 薛富兴：《自然美特性系统》，载《美育学刊》2012 年第 1 期。

三、从观物到格物：自然审美方法

恰当地欣赏自然，除了态度与内容问题，还有方法问题。从欣赏方法的角度看，如何欣赏自然才是恰当的？艾伦卡尔松的回答是求助于自然科学知识之帮助，因此而成就了他的"科学认知主义理论"（scientific cognitivist theory）。立足于中国古典哲学思想资源，我们发现了观物论与格物论。

> 古者包牺氏之王天下也，仰则观象于天，俯则观法于地，观鸟兽之文，与地之宜，近取诸身，远取诸物，于是始作八卦，以通神明之德，以类万物之情。①

"观"者，细察之谓也，既有视觉感知义，又有理性细析义，这里面综合包括了从视觉感官到理性意识，客观地对待对象、冷静细致地辨析对象特性等所有内容；它是中国古代哲人对人类对象观照活动的一种简明概括，既包含一种认识论，也包括一种感知、观照与理解对象的方法。

> 所以谓之观物者，非以目观之也，非观之以目而观之以心也，非观之以心观之以理也。天下之物莫不有理焉，莫不有性焉，莫不有命焉……圣人之所以能一万物之情者，谓其能反观也；所以谓之反观者，不以我观物也。不以我观物者，以物观物之谓也，既能以物观物，又安有我于其间哉？②
>
> 以物观物，性也；以我观物，情也。性公而明，情偏而暗……任我则情，情则蔽，蔽则昏矣。因物则性，性则神，神则明矣。③

邵雍高度概括了人类对待外在对象的两种态度——"以我观物"和"以物观物"。前者任情，故不可能获得关于外在对象的特性认识；后者自觉地克制人的主观性，至少是自觉意识层面的主观性，努力客观地对待外在对象，因而外

---

① 《易传·系辞下》，引自郭彧译注：《周易》，中华书局 2006 年版，第 380 页。
② （北宋）邵雍：《观物内篇》，见《邵雍集》，中华书局 2010 年版，第 49 页。
③ （北宋）邵雍：《观物外篇》，见《邵雍集》，中华书局 2010 年版，第 152 页。

在对象的特性与秩序(性与理)才可能向人开放。

邵雍从认识论角度对人类对待外物两种态度的概括正可用来说明自然审美欣赏的两种倾向:客观地对待自然与主观地对待自然。卡尔松关于自然审美的客观性原则,在此正可具体化为邵雍所提倡的"以物观物"论,具体化为一种客观地对待自然的审美欣赏方法。

作为自然审美欣赏方法的"以物观物",就是指欣赏者在面对自然对象时,要尽可能自觉地暂时排除自身的人文趣味,尽可能客观、冷静地对待自然对象的一种基本态度。在此态度指导下,自然可以得出这样的结论:自然审美的主要任务便是努力感知、理解与体验上述自然对象之客观物相、物性、物史与物功,而不是借自然对象之物相与物性表达欣赏自身的人文理念。

> 欲诚其意者,先致其知。致知在格物。①
>
> 所谓致知在格物者,言欲致吾之知,在即物而穷其理也。盖人心之灵,莫不有知,而天下之物,莫不有理;惟于理有未穷,故其知有不尽也。是以大学始教,必使学者即凡天下之物,莫不因其已知之理而益穷之,以求至乎其极。至于用力之久,而一旦豁然贯通焉,则众物之表里精粗无不到,而吾心之全体大用无不明矣。此谓格物,此谓知之至也。②

格者,至也,来也。欲致物之知,须先亲接物。"格物致知"乃中国古代认识论的经典表达形式,是对"以物观物"方法论的具体展开。其核心理念便是直接面向对象,认真地感知、观察对象,以求获得关于外在对象物性物理之知识。

如果说"观物"论之重心在对待物之客观态度,可释为对象之观照、观察;"格物"论则可理解为观物行为之深度环节,可释之为直面对象、走近对象,深入细致地探究与理解对象。

"格物致知"论的认识论阐释是:关于对象之有效知识只能从对对象的具体接触——"格物",即对于对象的直接感知进而深入细致的理性分析中来——"格物"而后能"致知",这样便根本否认了主观内收式认识论的可能性。

"格物致知"论的自然美学阐释是:在"以物观物",即客观地对待自然总

---

① 《大学》,引自(南宋)朱熹:《四书集注》,岳麓书社1985年版,第4页。
② (南宋)朱熹:《四书集注》,岳麓书社1985年版,第8~9页。

体立场的指导下，自然欣赏的实质性过程应当理解为欣赏者当下、直接地面对自然对象(此谓"格物")，用心感知自然对象之外在物相，进而理性、细致地辨析所欣赏对象之内在特性，先获得关于对象物相、物性、物史、物功方面客观、正确、深刻的知识信息(此谓"致知")，然后再将此理性认知信息转化为整体、感性、完善的自然审美经验。

中国古代确实出现了客观地对待自然的自然审美方法论资源，这就是"观物"概念，以及邵雍的"以物观物"论和朱熹的"格物致知"论，三者足可构成自然审美方法论系统。这是当代自然美学对于中国古典哲学思想资源的积极借鉴。

四、自然探究与自然德性：自然审美之文化基础

(一)积极探究自然世界奥秘的科学文化氛围

中华古典自然审美传统在极其浓郁的人化自然的人文传统中发展起来。除了对自然对象的日常生活经验，人们，特别是士大夫阶层更倾向于用一种伦理与艺术的眼光对待自然、阐释自然，并没有培育起客观、独立地探究自然万物自身内在特性、活动规律的科学研究式文化兴趣。人们对自然的了解满足于解决日常生活问题，超越日常生活所需的探究自然行为被认为是没有必要的，不入流，是卑俗的技与术，不能成为一种高雅的文化追求，因而为士流所不屑。此正是中国古典自然审美所依赖的独特文化语境，在此语境下古代中国人对自然世界客观了解的深广度与精细度可以想象。

只要当代中国人不能从古典的诗化自然、伦理化自然的人文趣味中走出来，仍然本能地喜欢以自然比德、言情；只要当代中国人在传统的人文情趣之外，不能自觉地培育出客观、独立地深入探究自然奥秘的全民性科学文化趣味，当代自然审美就不可能从本质上超越古典自然审美，不可能有新的作为，只能延续古典趣味。因此，培育国民新的文化眼光与文化趣味，客观对待自然的态度、深入探究自然的爱好。简而言之，培育国民新的深入探究自然世界奥秘的科学文化趣味，乃当代中国文化建设之新使命、新内涵。新的恰当自然审美正赖斯而成。

虽然经20世纪前期新文化运动的启蒙，国人从功利的角度已然认识到"赛先生"的价值；但平心而论，若从国民文化心理、文化趣味的角度考察，

客观、独立、深入地认知自然世界的科学精神、科学趣味，并没有在当代中国发芽生根，研究自然并没有成为当代中国人普遍、强烈的文化趣味。培育和拓展这样一种爱好，对于健全民族文化结构，促进科学事业发展，实具奠基意义。独立、恰当、深刻的自然审美只不过是这一新趣味、新传统的副产品。皮之不存，毛将焉附？卡尔松指出：自然审美欣赏应当积极借鉴自然科学知识。可是，对于一个对自然探究没有内在热情的民族来说，这样的建议实在匪夷所思，不可能被认真对待。

(二) 培育环境美德，切实尊重自然

传统伦理限于人际关怀，鲜有正面讨论人对自然之伦理责任者。近代美学严于美善之辨，以善的功利诉求为致美之障，故倾向于善外立美。但是，当代环境哲学，特别是环境伦理学为我们带来一场伦理新启蒙：人类对自然的伦理责任。

自然审美何以可能？一个人如何证明自己真爱自然？面对自然对象，一个人随时想着以自然取悦自己，借自然之酒杯浇自我之块垒，他所热爱的真的是自然吗？面对崭新的自然对象，自然欣赏者若毫无深入了解所欣赏对象内在特性的热情与雅兴，能说他对自然很在意吗？某种意义上说，尊重自然实乃欣赏自然之基，一时代、一民族若不能真正尊重自然，若满足于对自然世界之浅表理解，或乐于将自然对象当成任己打扮的小姑娘，随意利用之、濡染之、改造之，便不可能真正地欣赏自然。因此，当代自然审美需要一种新语境——自然伦理或自然德性。当代中国人需要先育尊重自然之德，再赏自然之美。

何为尊重自然之德？客观地对待自然便是切实地尊重了自然。面对自然对象，要自觉地克制自己主观化的比德、抒情冲动，首先要理解与承认自然对象自身的相关事实，尊重自然之"物格"，进而在感官与心理上均忠实地接纳、欣赏之，这便是以自然之真、自然之善为自然之美。反之，无视自然之事实，一上来就人化自然、利用自然以抒情言志，便是在漠视自然、扭曲自然，与欣赏自然全无关系。以审美、抒情或劝善的名义，习惯了漠视自然、濡染自然、利用自然，便无法真正培育起客观地对待自然、尊重自然的民族文化心理，无法培育善待自然之美德。善待自然不仅指在物理层面不随意地损害自然物，在更高层面，它指在心理层面上对自然对象之尊重。我们需要反思：化物性为诗性也许并不是在尊重自然，而是漠视其"物格"（与"人格"相对）。

如何创造恰当自然审美的外在文化环境？正有科学与伦理，真与善两端。

首先，要培育全民性的积极探究自然界内在奥秘的科学文化兴趣，先识自然之真，后赏自然之美，或径以自然之真为自然之美。惟其如此，前面所述的全面欣赏自然对象之物相、物性、物史与物功才能落到实处。欣赏者才不会以审美与求知为二事，而是乐于在欣赏自然活动中积极借鉴自然科学知识，以科学知识校正、丰富和深化自己的自然审美经验。其次，要在全民中养育起尊重自然、客观对待自然的伦理美德，克制自己随意人化自然、利用自然之传统习惯，方可真正做到独立地欣赏自然，深入地欣赏自然对象内在特性与功能。

如何培育显著区别于传统自然审美经验的当代自然审美意识？如何建构自然审美批评话语体系？立足自然美学自身，需要客观性原则，由物相、物性、物史和物功所组成的自然美内涵系统，以及从"以物观物"到"格物致知"的审美方法。立足整体文化环境，则需培育全民性的自然探究之科学文化趣味与尊重自然之自然美德。一言之，以真（科学探究）、善（自然伦理）促美（自然审美），正乃本文之主旨。

（作者单位：南开大学哲学学院）

"别现代"：艺术的发言

——写在《别现代作品展》和《艺术：主义与别现代高端专题国际学术研讨会》之前

王建疆

最近，"别现代作品展"正在上海筹办，展出的同期将举行"艺术：主义与别现代高端专题国际学术研讨会"，海内外的知名专家和艺术家专就别现代的问题进行研讨。也是最近，国家社科基金办公室批准了笔者主持的国家社科基金项目改名的申请，将"后现代语境中英雄空间的解构与建构问题研究"改为"别现代语境中英雄空间的解构与建构问题研究"。虽然从"后"到"别"，只是一字之差，但语境变了，时代变了，社会背景变了，我们看问题的角度也应随之改变。

一、别现代是社会形态

从这次别现代作品展中我们看到了来自绘画、雕塑、建筑、装置艺术、电影海报招贴画等多种体裁的视觉艺术，这些作品的共同特点正如每件作品的中英文简介词中所说的，具有别现代的时代特征、社会特征和风格特征，是别现代的形象展现，是别现代的艺术盛宴。

"别现代"这个从 2015 年开始已成为"热门"的学术术语，是对历史发展阶段和社会形态的概括，是一种哲学界渴望的"涵盖性理论"。①

---

① 潘黎勇：《"'别现代'时期思想欠发达国家的学术策略"高端专题研讨会综述》，载《上海文化》2016 年第 2 期。王建疆"别现代"会议发言：《美学：后现代之后与别现代》，见上海师范大学主办"上海市美学学会主办美学研讨会"，2014 年 4 月；《别现代：美学之外

我们的时代具有现代、前现代、后现代交集纠葛的特点。现代性的制度和思想尚在建立中，而前现代的制度和观念仍牢固地扎根于现实的土壤中，不时地以无视法治和侵夺公民权利表现出来。同时，后现代的文艺思潮和美学思潮也在中国泛滥。这种在欧美国家不可能出现的现代、前现代和后现代并置的现象，没有现成的名词，"别现代"于是做了最好的替补。② 别现代既涉及现代、前现代，又涉及后现代，但它既不是单一的现代，又不是单一的后现代，更不是单一的前现代，因此，只能是别现代。别现代只是借用了"现代"这个词，而非别现代就是现代的一种或云选择性现代性、另类现代性（alternative）。关于中国的现代性，有人认为是复杂的现代性。③ 但我并不同意这种观点，因为，现代性就是西方的科学、理性、人权、自由、民主、法制，再加上现代福利制度，本身一点也不复杂，十分明确，耳熟能详。而中国的现实情况是，除了现代性的因素外，还有前现代性和后现代性的同时存在，所以，所谓复杂的现代性在法理上并不能成立。相反，别现代却恰当地涵盖了现代/现代性、后现代/后现代性、前现代/前现代性交集纠葛的特点。因此，别现代具有唯一性，它本身就是他自己，就是别现代，不是英语表述中的 Alternative modernity（可选择的现代性或另类现代性）、Other modernity（其他现代性）所能概括的。

别现代时期是现代、前现代和后现代并置而且和谐共谋的时期，这种和谐共谋表现在社会生活的方方面面。

就社会的经济形态而言，各种所有制和谐共处，国有、私企、外企并驾，现代化大工业与家族企业和私人小作坊齐驱，计划经济与市场经济混合。

就社会的管理制度而言，具有现代意义的法律和管理制度正在建设中，但同时，与现代法律和管理制度相矛盾的现象比比皆是。或没有原则，没有法

（接上注）与后现代之后》，见中央编译局、上海交通大学联合举办"经济全球化与中俄文化现代化比较论坛"，2014 年 12 月；《别现代的"别"与德里达的 difference 的区别》，复旦大学主办"法国文论在中国、北美的影响国际学术会议"，2015 年 10 月；《中国美学：是现代性还是别现代性》，复旦大学主办"中国美学的现代性"会议，2015 年 10 月；《从别现代角度看美学的传承与创新》，上海音乐学院主办上海市美学学会"音乐美学的传承与创新暨上海市美学学会年会"，2015 年 10 月；《别现代时期中国影视艺术的囧与神》，上海师范大学主办"全国'艺术：形态 精神 创意'学术研讨会"，2015 年 11 月；《别现代时期思想欠发达国家的学术策略》，上海师范大学美学与美育研究所"别现代时期思想欠发达国家的学术策略高端论坛"，2015 年 11 月。

② 王建疆：《别现代：主义的诉求与建构》，载《探索与争鸣》2014 年第 12 期。

③ 汪行福：《"复杂现代性"框架下的核心价值建构》，载《中国社会科学》2013 年第 7 期。

规，或有法不依，没有边界、放弃原则、妥协、交易（权钱交易、权色交易、权法交易、行贿受贿）、共赢、媾和；不断更改规矩、实行潜规则；有选择地遗忘和遮蔽历史、造假畅行无阻等，前现代的思想观念和行为方式因现代制度的缺位而由后现代的跨越边界（cross border）、解构中心、消解原则来加以表达，形成混沌的和谐，可以浑水摸鱼，这一点在当今那些高智商、高学历、高级别、受过现代教育、出过国、留过洋但又贪污腐化、身败名裂的领导人身上得到了最为集中的体现。

就社会的文化形态而言，一方面是传统文化与当代文化之间的矛盾，中国文化与西方文化之间的矛盾；另一方面是现代、后现代与前现代之间的无间道，即彼此适应、和谐共处。这在"别现代作品展"中得到了形象的展示。

就社会的文艺现象而言，异彩纷呈。现代的场景、背景、技术，与前现代的理念和后现代的手法同台亮相。现代的场景、背景、技术自不用说，前现代的血缘宗亲观念、香火观念、专制思想、迷信思想借尸还魂，后现代的戏仿、恶搞大行其道，英雄和英雄空间①都被戏仿、娱乐、恶搞的方式解构。

就哲学思想而言，或平庸或虚无，缺乏原创，或犬儒主义盛行，以致连"是中国美学还是美学在中国"、"是中国哲学还是哲学在中国"的问题至今也搞不清楚。但混沌中的和谐却在"过日子"的策略中在国内学术界独步六合。

但正如医患冲突所显示的那样，建立在红包基础上的和谐共谋，终因医术的有限和人贪欲的无止境而归于破灭，于是医患冲突成为替代和谐共谋的新阶段。在不少的医院候诊大厅，荷枪实弹的武警正在诠释着和谐共谋阶段终结后的新的步履——一个当代寓言正在艺术地发言。

别现代的内涵以及发展阶段等问题不是本文要阐释的，但是，按照马克思主义的观点，任何观念、意识形态都离不开其社会的现状及其组织结构和发展阶段。因此，本文也如其他已经发表过的论文那样，还要不厌其烦地重申一下别现代的性质和特定。

事实上，别现代是一个正在生成的术语。起初，它是别裁、别体、教外别传，但现在看来，它超出了所有"别"的汉语界定，容易使哲学家们想起了德里达的"Differance"（延异）。但别现代并非现代性别体，而是前现代之未脱，现代之未至，而前现代又隔着现代与后现代勾连搭背，是个多级杂种或杂杂种。

---

① 王建疆：《后现代语境中英雄空间与英雄再生》，载《文学评论》2014 年第 3 期。

二、"别现代"是哲学

别现代的"别"歧义纷呈，现代的学者马上想到的是告别、不要这些现代意思。事实上，关于别现代，国内外已经发表过的我的文章中，英译"别现代"就有《探索与争鸣》的"don't be modern"、《上海师范大学学报》的"Bie-postmodernism"、《上海文化》的"Bie-modern"、《文艺理论研究》的"Alternative modernity"，以及欧洲重要刊物《哲学杂志》(*Fiozofski vestnik*) 的"A new theory of historical period and social formation"。相比之下，笔者更倾向于使用欧洲哲学杂志的译法。

汉语词汇十分丰富，而其词义更是无与伦比。中国古代没有"另"字，"另"字的意思全用"别"来表达。如《史记·项羽本纪》中的"使项羽、刘邦别打荣成"，就是作为另一支部队去攻打荣城，而非不要去打荣城。再如文论界熟知的《沧浪诗话》中的"诗有别材，非关书也；诗有别趣，非关理也"，其中的别材、别趣，就是指另外一种才能和另外一种情趣。至于《五灯会元》中佛祖拈花，迦叶微笑，佛祖所讲"不立文字，教外别传"中的"别传"，就是用一种特殊的传教之法，而非不要去传。虽然现实中人们都在讲"别墅"、"别动队"，但讲到别现代时，总是跟古代的用法联系不起来，从而使得别现代有了过目不忘的功能。

虽然别现代颇多歧义，但其语源在于古代汉语，其流变也从未脱离汉语表意的规律。正因为别现代是多义的，才具有词义生成的特点和表现差异的哲学功能。法国思想家德里达为了表达差异，自造了"difference"这个词，表示永无止息的歧义生成。别现代不用生造词汇，从古代汉语中信手拈来，就有了在功能上不亚于 difference 的术语。这对鼓吹哲学帝国论而无中国份的理查德·舒斯特曼来说也好，对宣传中国没有哲学的雅克·德里达来说也好，对其远祖黑格尔来说也好，中国的文字中即有哲学，又何能被忽视呢？实际上，如果深入透视别现代时期的中国社会，再加上我们自己的具有无限可能性的价值判断，那么，现代性、后现代性、前现代性与告别现代性、不要现代性、另一种现代性，以及要与不要、不要与要，再加上这一种、那一种，这个占比、那个成分，是与不是，等等，都构成了对别现代的可能性的无止境的解释，具有话语增长的巨大张力。因此，从这个意义上说，别现代可以说是立足于汉语的对后现代解构主义的改造、升级和超越。

别现代的提出，看似对汉语哲学功能的激活，实则乃中华文化复兴之时社会现实对于话语创新的呼求。

从现代文化创造的意义上讲，名宾实主的观念已被名主实宾的思想所替代。如果不服，你看看商标法、授权生产法、域名权等现代名词，你肯定会生成现代哲学理念。在社会转型、时代变革之时，新语汇的出现其革命性意义更加明显。王国维在 1905 年发表的《论新学语之输入》中指出，"故我国学术而欲进步乎，则虽在闭关独立之时代犹不得不造新名，况西洋之学术骎骎而入中国，则言语之不足用固自然之势也"①。这里的"造新名"就是除了对各种科学发明、学术发现的命名之外，还有对于人文创见的命名。如果没有对于人文创见或思想灵感的及时命名，再好的思想也不会诞生，再好的理论也终将离散。在当今西方文化霸权时代，话语的原创应该成为思想原创的先行官。我们自家的孩子都有自己的名字，而不能用"隔壁老王家"孩子的名字，因此，别现代一词就是对我们的当下现状的一个命名，是一种完全意义上的话语创新。

别现代具有明确的话语识别功能。如法国新马克思主义思想家阿尔都塞提出过"另类现代性"（Alternative modernity）概念，是对毛泽东思想及其毛泽东发动"文化大革命"的定义。但这个另类现代性只是特指毛泽东的所谓现代性思想，并不能概括中国社会形态和历史阶段，是一种误读，因为整个毛的时代，从思想到制度都是前现代的。还有英语表达中抽象的"另一种现代性"（Other modernity），也无法确指哪一种现代性。至于西方众多的现代性，如艾森斯塔特所谓的多元现代性，吉登斯的反思的现代性，齐格·鲍曼的流动的现代性，C. 詹克斯的"新现代性"、"新现代主义"、"晚期现代性"，贝尔所谓的"第二现代性"等，都是针对西方现实而提出的现代性划分，与别现代针对中国的社会形态和历史阶段而进行的界定不是一回事。至于中国学者提出的复杂现代性，也是沿着西方思想家的路数对现代性的界定的多种说法所做的概括，但不符合现代性的单一明了性特点，而且更主要的是这种所谓的复杂性概括还不能一目了然地揭示中国社会的形态和发展的历史阶段，尚处于混沌状态，而未达区隔状态。再说，别现代由于涉及多种社会形态的交织、对立、互补，因而内在的紧张所形成的力度也是西方断代式现代性、后现代性不再遭遇的。因此，别现代的话语创新是肯定的。

---

① 王国维：《论新学语之输入》，见姚淦铭、王燕主编：《王国维文集》下册，中国文史出版社 2007 年版，第 23 页。

别现代作为哲学，仅仅具有话语创新是不够的，还要看其思想内涵。别现代的现代、前现代、后现代交际纠葛或三位一体，从哲学上看就是时间或时代的空间化或共时态。于是，时间的空间化就成了别现代的思想基础。

时间的空间化很容易使人联想到法国的列斐伏尔、福柯，英国的哈维，美国的杰姆逊等人的空间理论。但是，既然时间的空间化是现代、前现代、后现代的杂糅，就与西方断代式的历史观形成了强烈的对比，西方那种历时性理论就不符合中国的共时态现实。因此，别现代就是别现代，别现代的时间的空间化就是对中国特殊社会历史阶段和社会形态的理论概括和理论表达，而非对西方理论的生搬硬套。

当然，时间的空间化只能是别现代思想的现实基础或灵感之源，而非其思想内涵的全部。如果别现代就此打住，完全空间化了，停滞了，凝固了，那么，不就在新的历史时期印证了老黑格尔所说的中国没有历史或中国历史停滞论吗？事实上，在本文第一部分里讲的那个始于红包终于医患冲突的寓言，就是别现代历史阶段论、发展观和前景的隐喻，容当别文展开。

除了时间的空间化和发展阶段论外，别现代的思维方式是跨越式停顿。这个观点发表后被《人大复印资料·哲学原理》转载，《探索与争鸣》杂志社也在全球征稿讨论。其核心在于，在发展的顺风顺水之日，或者如日中天之时，当做断然的停顿。这不是脑筋急转弯之类的教学法或滑头主义，而是对于增长的极限的预知和对终极结局的了然于心，从而改弦易辙，谋求更大的发展空间和最佳的生存之道。中国古人有这种智慧的，叫做急流勇退，也叫做本来无一物，何必惹尘埃。现代社会中人类急剧膨胀的野心就如不断增速的高铁，正在"向死而生"，不知危险。因此，跨越式停顿也就是停顿式跨越。

与跨越式停顿相联系的自然是自然发展观。这是"老庄"的路数，但别现代将其做一番跨越式停顿的工夫，使其在与科学发展观形成的张力中，给中国，也给人类以生存之道的启发。

别现代还有自己的美学观，如在别现代的和谐共谋期和对立冲突期，提倡冷幽默而非黑色幽默；在精神文明建构中提倡自调节审美；在审美形态方面主张内审美；在艺术创新方面提倡艺术再生，等等，这些美学观点都早已出版、发表过。

总之，别现代既是对社会形态和历史发展阶段的概括，又具有自己的哲学思想和理论表达，因而愈来愈为学界所关注。

三、别现代是艺术在发言

此次"别现代作品展"具有明显的别现代社会背景、别现代哲学思潮和别现代艺术的识别标志，也是对西方哲学和西方当代艺术批评对中国哲学和艺术的批评的最好回应。

"别现代作品展"第一部分是水墨艺术。不同于水墨作为中国传统绘画的主要表现形式，水墨艺术是指一切在水墨元素基础上所进行的艺术创作，它不仅包括传统意义上的水墨画，也包括抽象水墨、表现水墨、都市水墨、新文人画等，同时还包括以水墨为媒介的装置艺术、行为艺术以及观念艺术等。徐冰的"新英文方块字"系列，将英文的二十六个字母转换成汉字的偏旁部首，然后将其组装成中国的方块字的形式；岛子的"圣水墨"以中国的水墨表现西方的基督形象以及信仰；张卫的"齐白石 VS 梦露"系列将齐白石的水墨人物画与梦露的照片拼贴在同一个画面当中，表现了西方对于中国传统的观照；黄一瀚的《我们都疯了》以水墨的方式将持手枪的中国青年与持枪的麦当劳叔叔放置在同一个画面当中，表现了西方文化已经将中国的青年同化。以上例证所示，当代水墨艺术具有明显的别现代的杂糅、混搭的特点。

水墨艺术中的实验水墨，争议最大，它包含多种艺术形式：抽象水墨、水墨装置艺术、水墨行为艺术以及水墨影像艺术等。但有一点值得注意的是，实验水墨艺术家的跨越式停顿思维。即从最早的对于传统水墨和传统文化的反叛，到欧美旅程中的困惑和反思，反过来在传统中寻求自己的立足点。像徐冰的"新英文书法"系列，岛子的《苦竹》，还有《我们都疯了》所显示的那样，艺术家预见到了传统艺术的不断消解以及修养缺失对原创带来的危害，因而自觉放弃了对西方的模仿与追随，通过寻求传统资源来反观自身。这种停顿之后的变化不仅有可能使得中国艺术在世界上引起关注，而且也是对中国传统修养、信仰丧失的一种反思以及救赎。

"别现代作品展"第二部分是陈箴的装置艺术图集。在陈箴的装置艺术作品中我们随处可见别现代社会的隐喻，如完成于 1996 年的大型装置艺术作品《日咒》由 101 只按照战国编钟方式排列的墩形老式木马桶组成一个乐器装置，其中的一部分马桶还被改装成音响，播放着电视广告人音与刷洗马桶时的混合声（见图 1）。作品中间部分是一个巨大的地球仪，里面充斥着现代社会产生的典型垃圾：键盘、显示器、电线……旧式马桶隐喻前现代时期，作品中央的一大堆工业垃圾象征着现代时期；将代表中国古代礼乐制度最高形式的编钟与代表中国世俗文化中最污秽之物的马桶并置，用一大堆工业垃圾填充进被誉为人类母亲的地球之中则是一种后现代的祛魅。然而，要对陈箴艺术特征进行总体概括，非别现代莫属。因为这里虽然有着现代、前现代和后现代的艺术元素，但又非其中任何一种简单的元素可将其概括尽尽，只有别现代才是最恰当的表述。

图1 《日咒》

在思想内涵方面，陈箴作品的最为典型的作品或许是他的《早产儿》（见图2）。陈箴回国探亲时目睹了这样一句口号："2000年有一亿中国人拥有自己的汽车，欢迎来中国参与汽车工业竞争！"颇感担忧，因此在其装置艺术作品《早产儿》中表现了这一灾难式的场景：无数自行车内胎缠绕成龙形，龙头是残破的自行车，龙身爬满了被漆或被染成黑色的玩具小汽车，巨龙在展厅上空摇摆，看似凶悍威猛，可它扭曲的姿态和胀裂的腹部告诉我们它已如负载过重的高架桥，无法消化迅速增长的车辆。在该作品中，陈箴终止了线性思维，消除了肯定—否定、前进—倒退等庸俗的辩证法，他将过去（自行车）、现在（汽车）和可能到来的未来（姿态扭曲、腹部欲胀裂的龙）置于一个平等、共享的空间重新谋划。在这种过去、现在、未来的多种维度中，陈箴颠覆了线性思维的统治，为思维的跨越提供了可能，为我们能更好地反思中国在城市化进程中遇到的各种问题，提供了艺术的智慧和美学的反思。

"别现代作品展"第三部分是别现代的建筑艺术。其中，某省会城市里美国白宫与北京天坛和合的阴阳式电影城建筑外观图，中国公务机构的红顶子建

图 2 《早产儿》

筑，致富了的村舍以西方洛可可风格与镇宅、镇妖、镇河等观念混搭的建筑，似乎都在图解着别现代的理念。

"别现代作品展"第四部分是对别现代电影如穿越剧和囧类别现代电影的剧照展。虽然不如美术和建筑那么醒目，但这些已经受到别现代评论的影视作品还是能够以图文并茂的形式加强了别现代艺术给人的印象。

"别现代作品展"第五部分是别现代系列论文发表、会议讨论的情况介绍。

总的看来，首先，这次"别现代作品展"，第一次以艺术的形式展现了别现代的本质特征；也对中国当代美术作品尤其是华裔欧美艺术家作品的后现代称谓予以否定，而冠之以别现代；该作品展将揭示中国当代艺术中的发展趋向，纠正了以前的习惯性说法，从此艺术地翻开了别现代的一页。

其次，有可能回应西方艺术评论界对中国当代艺术包括华裔海外艺术家的批评。最近，美国最著名的自由主义言论旗舰刊物 *The New Republic*（《新共和》）杂志发表了批评家杰德·珀尔（Jed Perl）抨击中国现当代艺术的报道"Mao Craze"（"毛疯狂"），点名道姓地批评当代当红中国海外艺术家的作品过时落伍，思维狭隘，拙劣地滥用"文革"并以此为中国的全部而向西方世界示丑。更为甚者，不少所谓的华裔大艺术家明显地抄袭西方艺术家的作品，或者拙劣地模仿西方艺术家的作品。最后的结论是这样的："这批艺术家不但侮辱了艺术，也侮辱了人生。那些吹捧叫卖的策展人、批评家和收藏家，也一样侮辱了艺术，侮辱了人生。我们所见到的，是一场轰轰烈烈的昂贵的广告和邪恶的宣传。"这种批评是致命的，受批评者起来反击亦属正常。但有关剽窃的事我们却不能因为民族感情而下断语，这毕竟是个法律问题。但是，"别现代作品展"在这种激烈的中西对话中,能够回应珀尔的批评的地方在于:虽然别现代的杂糅时时显露着由于观念的混沌和拿来主义所导致的边界不清及其涉及第三者利益的嫌疑,但中国别现代现实、中国元素以及中国传统根基的不可动摇性,却是别现代之所以为别现代的根据;数百年来的"中体西学"、"洋为中用"和"拿来主义"等大词在同化个体的过程中,已将原则变为手段,且习以为常,不自觉中构成了无数的涉三方利益的案例;面对批判和讨伐,别现代海外艺术家们亟待进行的不再是模仿和山寨,而是跨越式停顿或停顿式跨越;别现代思想在现实的运行和逻辑的展开中,将升华为别现代主义。

再次,回应了亚里士多德、德里达、朗西埃、艾尔雅维茨等人的声音(voice)与语言/发言(speech)相区别的观点。这里,笔者将著名美学家艾尔雅维茨对笔者发表在欧洲哲学杂志上的英文文章①的批评辑录如下,看看他说了什么,我们又能做些什么:

> 在我看来,当代中国的主义、艺术和理论(涉及美学、哲学和人文学科)在许多方面都与西方目前或者近来的情形截然不同。如果说几十年前,西方的文化对抗和竞争主要出现在美国和欧洲(特别是法国)之间,那么现在这种两极的趋势已转变为一个四边的较量。我们仍然见证着美国和欧洲文化的蓬勃发展,但是现在有一个全新的竞争者参与其中,它就是中国。曾有一段时间,人们认为这个新的竞争者似乎应该是前苏联国家,但遗憾的是他们未能承担重任。所谓的"第三世界"再次从角逐中逃离并继续保持"沉默",而中国正在努力获得一种"声音",这种声音诠释了当代法国哲学家雅克·朗西埃的观点。在《政治学》一书中,亚里士多德宣称人"是一种政治动物因为人是唯一具有语言的动物,语言能表达诸如公正或不公正等,然而动物所拥有的只是声音,声音仅能表达苦乐。然后整个问题就成了去了解谁拥有语言,谁仅仅拥有声音?"②

笔者不想回答艾尔雅维茨关于声音(voice)和语言/发言(speech,也可译为

---

① Wang Jianjiang. The Bustle and the Absence of Zhuyi, *The Example of Chinese Aesthetics*. Filozofski vestnik, Slovenian, forthcoming, published in September.

② Ales Erjavec. *Zhuyi, From Absence to Bustle? Some Comments to Jianjiang Wang*'s *Article* "*The Bustle or the Absence of Zhuyi*", Filozofski vestnik, Slovenian, forthcoming, published in September.

"发言")的区别和归属,因为,《别现代作品展》就是最好的回答,是艺术在发言。而且9月份即将在上海举行的《艺术:主义与别现代》的专题讨论会上,组委会就是让艺术来发言,然后才有西方的哲学家、艺术家和国内的美学家们发言的。

(作者单位:上海师范大学文学院)

批评应有的力量[①]

徐勇民

得知 2015 年度湖北省美学年会主题时，我感到很有分量。"批评的力量"，这几个字本身就足以引出不同的诘问和思考。我一直从事创作实践，参加此次年会，心里多少有些不安。听了有着绘画实践经验的批评家刘纲纪先生发言，他提到批评家应该具备一些属于自己的创作实践经历，这对于了解批评对象创作中真实想法与目标实现之间的关系，容易形成清晰的判断，多少给了我些底气。

通常我们讲，文艺有多繁荣，文艺批评就有多繁荣，然而这只是一种表象。实际上我们还可就此种表述模式衍生出另一种说法：文艺有多少问题，文艺批评也就存在多少问题。

看批评的现状，无论是创作者还是批评者，每个人心中一定是存在着一种理想化的批评生态。大家肯定会预想当自己的作品出来之后，会进入怎样的批评生态。但是这种理想的生态往往并没有被很好地建立起来，有时是种子生长的问题，有时是土壤质量的问题，所以创作者和批评者之间常引起很多争执。我们看到媒体盛行一些关于批评的"八卦"式趣闻与话题，让公众以为这就是批评，批评就是这样。于是围观也成为伴随批评的公众行为兴趣。

文艺批评不像号外似的新闻，应是观物虑事见仁见智而非见神见鬼的评判。其姿态需要有学养的刚性支撑。现代社会人们自主意识强化，表达热情异常，甚至有时会听到朋友说出"自己都被自己的画惊呆了"的豪言。折服于自己的才气，目空周遭，对任何批评显然不会放在眼里；同样心态又折射在批评家的目光中，形成了批评者和被批评者之间常见的对峙。

[①] 本文是 2015 年 12 月 5 日在华中师范大学举办的"2015'批评的力量'暨湖北省美学学会学术年会"上的主题发言。

批评者的身份使我联想到社会职业分工中城市管理者的身份(比喻不妥恕冒犯了)。当我们城市面貌日新月异的时候(实际上更多是千篇一律的"多姿多彩"),不同的城市,乍一看上去变化很大,但是好像分不清彼此与东西南北。艺术创作也常见类似的现象,作为批评家,则要借助于文字来表达自己的选择与判断。他的身份和城市管理者一样是合法的,他所言所为也因此会以文本或事件发生的方式被记载下来。他当然就不应该像普通市民一样,对于城市里生活中出现的一些问题任意指责埋怨甚至是谩骂。

古代文论中有一种说法叫做"不隔",现在表述称为"及物"。当代有些批评,类似运动年代盛行高音喇叭播出的表扬稿,尽是暖心词语。诱使人们观看作品的目的是达到了,到底是不是如文所言则是另一回事了。有些批评如果念出声,听上去像一篇伟人的悼词罗列功勋事迹,极尽抒发出了汉字的诗意表达。某些评论对青年艺术家用上了类似"罕见的"甚至借用宗门语汇"不可思议"等做几近至高无上不可企及的评价。还有些批评相互隔空对骂惹来围观煞是热闹,像是武汉人骂街,吐出很长的句子,最后把要点挑拣出来,只有几个字能表意,其他全是无用表情虚词。这当然不是批评应该有的状态。

批评有些时候需要把自己的实践经历和批评他者隔开,批评家的身份此时又有点像中国的"茶人"。而"茶人"的口味是纯化的,哪怕面对美食垂涎欲滴也要节制,甚至用上"饥饿疗法"。这么做无非是为了保持最终舌尖上的公正。如果你每天离不开吃完后嘴角还粘满芝麻酱渍的热干面,一个劲地向一旁侧目的人连声夸耀自己口中咀嚼的是最好的美食,怕是只会引起味蕾丰富的旁观者们的同情。想想看,总不能寻不到说辞而一味地说《红楼梦》很好很好,"好比喝鸡汤一样"吧?读者感兴趣的一定是你如何来描述鸡汤给味蕾带来可以感知的味道。

中国文化峰峦叠嶂高山仰止,以至于在艺术观点多元化表达的今天,当我们频繁用到"崇高"这个词时,它早已失去了原有的意涵。太多中国式的人情世故融入其中,使得批评变得"缺钙"而矫情。如果我们欣赏作品时更多地去了解作者年谱,其阅读过程会还原作为一名有生命经历的社会人应有的种种过往,几行字的年代跨度就足以真实到令人震颤。

评价中植入太多的个人感情不可避免会引起主观判断上的偏蔽而有失公允。当然,批评家的身份确实处在感性爱好与理性判断的纠结交集之中,这其中常有左右为难无法清净的难言之隐。我们期待当下艺术生态能存在于文字锐性力量的保护之中,归纳认知时才可以不拘一隅纵心于虚,自觉上升到理性高度。从古到今，智者的精神一直让人类文化不停地发出光彩。如果前贤思想光彩掩盖住了今天我们应有的姿态，那给后人能留下印象想来一定是可笑的。

我联想到了"妄议"一词，这虽是今天社会生活层面闪频极高的词语，但是如果置换其约束性指涉对象再来看，过度的随意批评，会使得批评生态失衡。批评虽然是寻象观意见仁见智，但还须有为一般人所公认的客观方法，才能形成有序的文化空间维度，让更多的声音自在真实地表达。任何一种创作表达，无论是语言的还是视觉符号的，都应该而且也是可以被评价的。媒体批评引起公众关注，反过来又会给创作生态提出来更高的标准。

最后，我举一个例子，想说明文章开头提到批评如何及物应有的视野和应有的力量。英国人约翰·伯格（其本人是画家、批评家和诗人），他对英国19世纪画家特纳作品有一篇名为《特纳和理发店》的评论文章。我们一般看特纳的作品，会觉得他描绘出了英国的雾都和海上暴风的景象。但是这位评论家站在"及物"的角度上——解析，特纳童年大部分时光在他父亲的理发店里度过，他作水彩画坚持用刮刀，与其在小时候看到理发店中剃刀功能的丰富性密切相关。当我们了解到他的生活经历时，就能理解他的画面中表现出水、风、火、光的形态是源于幼年时所见到镜子里蒸汽模糊的反光，刷子搅动着泡沫痕迹所产生的效果，这些感受与生活物件质感紧密联系有据可循。虽然我们评论特纳的作品，可以看到光线正在吞噬整个目光所及的世界，可以把这些表达的痕迹上升为一种时代风暴或是人类冒险进取的物化形态精神，但这独特的绘画语言表现出的情景却多是来自特纳本人儿时的视觉经验。

这位评论家在文中如此评价特纳："他积极进取的态度还伴随着不愿与人交往和吝啬的明显倾向。""另一方面，他对自己的绘画方法极其保密，而且选择了离群索居，是个遁世者。"这样几句话，我们足以了解到一个人童年经历和性格的形成对他作品的表现起着什么样的作用。"然而当他的作品更具原创性的同时，批评也随之而至。"

（作者单位：湖北美术学院）

对京剧表演对象化思维的回应

邹元江

2015 年 5 月 22—24 日，中国戏曲学院在北京前门建国饭店举行了第六届京剧学国际学术研讨会。在 5 月 23 日上午"京剧表导演理论探讨"专题的小组会上，有几位先生和女士针对笔者的发言①所提出的问题非常令人深思。

李仲明②：袁世海在表演鲁智深倒拔垂杨柳的动作时也表现出很费力的神态，这是生活真实与艺术真实的结合；《小刀会》"开仓放粮"李少春说饰演女兵的演员拿粮袋的动作显得太轻飘，应表现出粮袋有一定的分量。

马迎③：真实的东西就不美吗？京剧可以融合一些话剧的表演因素，比如真听、真看、真想，让演员在表演时处于人物的心理体验中。戏曲也应该像话剧那样讲究人物刻画、讲究体验人物心境。

张关正④：他对马女士的发言挺赞同的。京剧的发展一是人才，二是剧目，三是市场。而剧目和元素教学需要指导实践的理论，不需要脱离舞台的理论家，演员看了这些理论家的东西反而不会演了。艺术来自于生

---

① 当时中国艺术研究院戏曲所的孙红侠副研究员首先发言，主要是讲戏曲表演是求真还是求美的问题，说李维康演《二堂舍子》真掉眼泪，杜近芳的表演也如此。那么，戏曲表演哭的程式还要吗？孙红侠最后说，她的发言"主要是用邹元江教授的思想来思考这些问题的，我要向邹教授表示敬意"，并起立向坐在她对面的笔者鞠躬。中国社科院的李仲明编审即刻对孙红侠的发言情绪激动地加以反驳。主持这场小组讨论的中国戏曲学院导演系的系主任冉常建教授马上请笔者回应一下。在笔者简单谈了一下自己的意见之后，几位人士作了正文中的发言。

② 中国社科院编审。

③ 英国中国戏曲学会秘书长，其父是话剧演员。

④ 中国戏曲学院京剧研究所教授，花脸出身，曾长期担任中国戏曲学院"中国京剧优秀青年演员研究生班"班主任。

活，又回到生活中去。他是侯喜瑞先生的弟子，这也是他近 60 年京剧表演实践的主要体会。在他看来，梅兰芳先生没有受到斯坦尼斯拉夫斯基的影响，梅征服世界是很好地解决了美与真的问题的。梅先生的《霸王别姬》中，虞姬死之前的不美却是真实的；《宇宙锋》中，赵艳容的装疯不美但也是真实的。戏曲和话剧虽有差别，但也有相同点。不信你去演演试一试，光美不真怎么演？袁先生倒拔垂杨柳这就来自生活。侯老当年演窦尔敦去偷御马(《盗御马》)，设有规定情境，他走悬崖走两次，又张望两次，这也是来自生活。戏曲和话剧一样也要刻画人物，也要讲故事。李维康饰演的孙尚香就是再创造，洞房一场戏用的是西皮慢板，既表现了她的豪杰风范，也不脱离传统，是创造性的发展，再现了生活的喜怒哀乐。如何让观众喜爱看戏，关键是要讲好故事，塑造好人物，演成"活曹操"、"活赵云"、"活鲁肃"。现在戏曲学院的学生都适应了吃透剧本、"你在演谁"的教法……

从以上几位人士发言的主旨可以看出，中国传统戏曲艺术在百年来如何强烈地受到西方话剧思维观念的深刻影响，以至于至今已成为学界和演艺界早已习焉不察的思维惯性，概括起来有以下几个突出的观念混乱。

一、是对象化思维还是非对象化思维

所谓"非对象化"是相对于"对象化"而言的。马克思说，对象化被看做是人通过作用于自然界的生产活动把自己的生命灌注到对象里去的方式。① 这是从价值层面而言的对象化。另一层面的对象化是指艺术家所创造的艺术作品的表象就是对现实对象物的再现，它是我们审美感受的主要对象。这是自古希腊以来模仿再现对应化意义上的对象化。而将"美"作非对象化的感受，也即将"美"作为非对象化的意象存在"物"来知觉。这意象性的存在"物"就是作为精神的"纯粹的创造物"。这"纯粹的创造物"正是"非物体化"的"物性"。而这显现"无"的世界的"物性"创造，其"物性"虽"不是现实的物"，但它也不能被视作"只是抽象物"，而是"非物体化"的美之"意象"。美之"意象"正是所生成的"物性"的"纯粹的创造物"。因此，要对这美之"意象"的"纯粹的创造物"加以

① 《马克思恩格斯全集》第 3 卷，人民出版社 2002 年版，第 269 页。

感知，就必须放弃将美作对象化感知的方式。

事实上，包括京剧艺术在内的中国戏曲艺术显然不是对象化视域的艺术样式，而是极为凸显非对象化审美感知的艺术样式，这涉及这种艺术样式，包括情感、声腔(唱词、念白)、动作(身段、做工)、装扮(服装、脸谱)、音乐(文武场)等各个层面。

钱穆说，中国戏曲艺术的长处在于"能纯粹运用艺术技巧来表现人生……一切如唱工、身段、脸谱、台步，无不超脱凌空，不落现实"。他以《三娘教子》为例："那跪在一旁听训的倚哥，竟是呆若木鸡，毫无动作。此在真实人生中，几乎是无此景象，又是不近人情。然正为要台下听众一意听那三娘这唱，那跪在一旁之倚哥，正须能虽有若无，使其不致分散台下之人领略与欣赏之情趣。这只能在艺术中有，不能在真实人生中有。"①既然是"无不超脱凌空，不落现实"，也就无所谓逼真体验式的让台上的表演②"合道理"、"合情理"，而要一切服从审美欣赏的需要，突出主导的、纯粹的艺术技巧的展示。

这涉及艺术审美感知的视域问题。其实，艺术审美的感知恰恰不是，或主要不是在对象性的世界，而是通过构成对象性世界的媒介物的逐步"消逝"、隐匿和虚化，而使林中的"空地"这个意象性的"世界"呈现出来。海德格尔意义上的"世界"指的不是一般的世界现象，而是指这一世界成之为世界，使这一世界成之为可能的东西，即"世界之为世界"(Weltlichkeit)它是非对象性的。海德格尔说："那具有世界这一特征的东西，就是敞开本身，亦即所有非对象性东西的整体。"③这一点能够很好地说明中国戏曲艺术的特征。戏曲艺术构成对象性世界的媒介物都是极其简单的、抽象的。一桌二椅、马鞭、船桨、将军肩上插着的小旗、程式化的跪蹉步、甩发、净行的"炸音"、旦行的水袖、生行的髯口，以及脸谱、场面、上场门、下场门、素幕等。有的媒介物看似很具象，如桌、椅、鞭、桨，但细一思量，戏曲中无论是具象还是非具象的对象物，都只是构成对象性世界的媒介物。这些媒介物有的通过色彩、音响、形态十分醒目、悦耳，如脸谱、水袖、场面等，甚至能够构成独立观赏的艺术世

---

① 钱穆：《中国文学讲演集》，巴蜀书社 1987 年版，第 127 页。

② 如有人认为表演鲁智深倒拔垂杨柳的动作时一定要显示出很费力的神态，饰演《小刀会》"开仓放粮"女兵的演员拿粮袋的动作不能显得太轻飘，而应表现出粮袋一定的分量之类。

③ ［德］马丁·海德格尔：《存在与时间》，陈嘉映等译，熊伟校，生活·读书·新知三联书店 1987 年版，第 78 页。

界，如脸谱，唱腔。但在戏曲艺术中，所有这些媒介物存在的意义却不在，或主要不在对象性的世界，而在非对象性的意象世界营构。也即是说，作为媒介物的戏曲各种构成元素具有双重的存在意义，即既具有表象的呈现性，又具有本质的消逝性。表象的呈现性具有对各种戏曲艺术构成元素的肯定性、观赏性，而本质的消逝性则具有对构成戏曲艺术元素的媒介物的否定性、虚无性。如果戏曲艺术的审美欣赏仅仅停留在对表象的观赏层面，仅仅把一桌二椅就视作具象的一桌二椅，把张三、李四就视作真实的"活曹操"、"活赵云"、"活鲁肃"。很显然，这种审美欣赏是极其贫乏的、狭隘的，也是缺少审美知感力的。因为戏曲艺术所要真正表现出的审美层面并不在或并不主要在表象的肯定层面，而是在表象的否定层面，或者说在对象性媒介物正在"消逝"、"隐匿"和"虚化"的层面——审美的意象世界的生成、开显。

　　1930 年早春，梅兰芳到美国演出京剧获得巨大成功。2 月 17 日美国著名文艺评论家布鲁克斯·阿特金逊（J. Bro-oks Atkinson）曾在《纽约世界报》上撰文对中国戏曲艺术的巨大魅力发表评论："梅先生和他的演员所带来的京剧几乎跟我们所熟悉的戏剧毫无相似之处……如果你能摆脱仅因它与众不同而就认为它可笑的浅薄错觉，你就能开始欣赏它的哑剧和服装的精美之处，你还会依稀觉得自己不是在与瞬息即逝的感觉相接触，而是与那经过几个世纪千锤百炼而取得的奇特而成熟的经验相接触。你也许甚至还会有片刻痛苦的沉思：我们自己的戏剧形式尽管非常鲜明，却显得僵硬刻板，在想象力方面从来没有像京剧那样驰骋自由。"①"精美"的并不限于服装，脸谱、唱腔、武打、表演无不精美，都是可以单独欣赏的。也正是因为这些独特元素表象的肯定性，就决不会造成像亚里士多德戏剧那样，各种元素显得如此"僵硬刻板"。亚里士多德式戏剧的媒介物之所以"僵硬刻板"，就在于在亚里士多德式的西方舞台上存在的媒介物都是摹真的，即媒介物是与实物相对应的，是真实的再现，因此，它限制了观众的思考和想象力。而戏曲艺术的各种媒介物却并不是拟真的，这些媒介物只是具有审美意味的假定的存在物，因而我们可以单独欣赏中国戏曲的每一个构成元素，而绝不会去单独欣赏亚里士多德戏剧舞台上各种媒介物。也正是因为如此，中国戏曲艺术的媒介物永远不会将欣赏者的眼光限制在具象的实物上，而只会诉之于观赏者驰骋自由的想象力。这就是中国戏曲艺术的媒介物具有趋向意象构成的消逝性、隐匿性和虚无性的特征，而这正是所有真正

---

　　①　转引自梅绍武：《我的父亲梅兰芳》（上），中华书局 2006 年版，第 121 页。

具有审美意味的艺术媒介物的共同特点。

二、是个性化思维还是类型化思维

之所以说中国戏曲艺术的人物塑造是脸谱类型化思维而非"你在演谁"的个性化思维，是基于中国文化与西方文化的本质差异。与西方话剧观众对话剧感性符号的对象性意涵的理解完全不同的是，真正中国戏曲的观赏者具有对戏曲的感性符号非对象性意涵的指称能力。譬如作为中国文化很重要的符号之一的戏曲脸谱。这个符号用鲍姆嘉通的说法它就是一个"感性的符号"。这个符号实际上有一个非对象性被指称的喻象，用现代语言学的创立者索绪尔的说法这就是一个"能指"和"所指"的问题：脸谱它"能"喻象什么？而它(的表象)实际"所指"的又是什么？如红脸关公。"红脸"非对象性的喻象是什么呢？血性、忠厚、刚烈。在中国的文化符号里面，红色脸谱、脸谱化，它是代表着这样一种类型的类指、类别、喻象，这是西方人所不熟悉的"类归"思维。1935年梅兰芳访问苏联，3月24日《劳工莫斯科报》发表波罗科斐叶夫的《中国戏剧的公演》一文，他说："中国戏剧有两点使我们喜好，使我们迷醉。第一点是中国优伶传写各样人类典型风格的隽妙。不说别的，中戏里的脸谱实在迷人——它抓住并宣扬各种人类普遍的性格。"[1]将脸谱视作"人类普遍的性格"大体还说得过去，但说"中国优伶传写各样人类典型风格"还值得商榷。来源于古希腊苏格拉底的"典型"这个词是诉之于"真"的，是将各种同类真的物象加以可还原对应性的概括。显然，戏曲脸谱却并不诉之于"真"。脸谱作为非对象象性的喻象并不是对现实物象的真的概括，而是依凭于心观却难以确指的意象性营构"物"。

又如包拯的脸谱，它的基本色调是黑，明代的包拯脸谱额头上尚无月牙形造型，清代以后的脸谱额头上则或竖着画一个月亮，或横着画一个月亮，寓指明镜高悬或清正廉明。黑就代表着公正、铁面无私，还喻象庄重，黑是山色，所以显得庄重、肃穆，隐喻为法律。这种色彩的象征寓意与西方不太一样。戏曲脸谱以这样一种类型化的色调来暗喻了一个民族的思维指向。通过这个脸谱，能够从中领悟到中国文化的一种精神倾向。东西方文化的差异就包含在这

---

① [苏]波罗科斐叶夫：《中国戏剧的公演》，载《劳工莫斯科报》，1935年3月24日。

个脸谱色调里，它是对一类人而不是对一个人加以指称。这就关涉到一个很大的东西方文化的差异，也就是东方文化它是注重一个人或者是个体性、私人性，还是重群体、类型化。这也就是一个文化元素从它的源头所绅绎出的蕴含，在一个脸谱符号里所烙印下来的基因色调图谱。

关于东方古代社会(包括中国、印度、日本等)注重群体性，西方"古典古代"(指古希腊罗马)注重个体性的问题，马克思在《政治经济学批判》(1857—1858年草稿)一书(该书是马克思《资本论》的第一手稿)的第二篇的"资本主义生产以前的各种形式"这一部分论述"亚细亚生产方式"时有详细说明。马克思所说的"亚细亚生产方式"和他所说的"古典古代"的生产方式的根本区别其中就有在亚细亚生产方式下，单个人对公社来说是不独立的。而在古典古代的生产方式下，个人虽然依存于公社，但同时又是自由的小土地私有者，取得了对公社的独立性。他"把其他个人看作同自己并存的独立的所有者即独立的私有者"①。亚细亚生产方式个人之所以是不独立的，就在于东方进入奴隶社会后，原始部落氏族公社的制度、习俗、风尚，尤其是氏族血缘关系被大量的保存了下来，而改变得很少。② 而"古典古代"的生产方式却彻底地清除了氏族制度，建立了以地域和财产为基础的奴隶制民主国家。因而，人与人之间的关系不再是与氏族血缘相连的关系，而是由财产和与之相应的法律所规定的公民之间的关系。即用国家独立公民之间的关系取代了氏族血缘的族群关系。而原始氏族社会是基于血缘"自然形成的共同体"③，古代东方的个人显然要从属于"自然形成的共同体"。在这里，"共同体是实体，而个人则只不过是实体的附属物，或者是实体的纯粹天然的组成部分"④。所以，个人只能依附于群体才能生存和发展。由此，西方是以个体为本位的，"公"与"私"的观念、"公正"的诉求就突出；而东方则是群体为本位的，"仁爱"的观念，"天人合一"的追求就很突出。这就是黑格尔所说的，"在东方的黎明里，个体性消失了"⑤。而从西方来看，正如马克思所说的，"人的孤立化"⑥凸显出来。"自然形成的共同体"作为虚拟的"实体"就压抑着个体性的张扬，所以，中国文化从其根源上就

① 《马克思恩格斯全集》第46卷，上册，人民出版社1979年版，第471页。
② 《马克思恩格斯全集》第46卷，上册，人民出版社1979年版，第492页。
③ 《马克思恩格斯全集》第46卷，上册，人民出版社1979年版，第472页。
④ 《马克思恩格斯全集》第46卷，上册，人民出版社1979年版，第474页。
⑤ [德]黑格尔：《哲学史讲演录》第1卷，商务印书馆1959年版，第98页。
⑥ 《马克思恩格斯全集》第46卷，上册，人民出版社1979年版，第497页。

是不注重个体的，而更加看重代表着虚拟的"实体"的"类"。这种"类归"、"类型化"的文化心理本体成为突出的文化标志。最显著的就表现在戏曲脸谱的"喻褒贬、别善恶"的类型化造型上。所以说，"脸谱化"恰恰是理解中国文化与西方文化差异的重要尺度。《周易》"系辞下传"曰："古者包犠氏之王天下也，仰则观象于天，俯则观法于地，观鸟兽之文，与地之宜，近取诸身，远取诸物，于是始作八卦，以通神明之德，以类万物之情。"所谓"以类万物之情"的"类"，作动词，义即"类归"。观物取象，这个所"取"之"象"并非外物之实像，而是物之"比象"，即类归之象，或"类象"、"尚象"。《周易》"系辞上传"开篇即曰："天尊地卑，乾坤定矣。卑高以陈，贵贱位矣。动静有常，刚柔断矣。方以类聚，物以群分。""方以类聚"的"方"，依照唐李鼎祚撰《周易集解》所引《九家易》的说法是指"道也"。唐孔颖达撰《周易正义》亦曰："《春秋》云'教子以义方'，注云'方，道也'。"也即"道"（抽象的观念）、"物"（具体的事物），均以"类""群"相分合。有"类"有"群"，则有同有异、有聚有分。

由此可见，脸谱这个感性的符号看似简单，它却包含着一个很深的文化含义。西方的戏剧和中国的戏剧就脸谱本身而言就可见出文化的巨大差异。西方有重个体、个性的历史渊源，而中国文化从根源上说就比较缺乏对个体、个性，对私人领域的关注，而更加倾向于将个体的欲望和诉求与社会的、整体的利益融合在一起。具体到戏曲艺术，类型化的人物，或"脸谱化"的人物就特别受到关注。这就是鲍姆嘉通意识到的所谓符号的指称能力。而符号的意涵往往不具有明晰性，对于这种符号的意涵正如伽达默尔所说的，能够"说出的都在自身中带有未说出的成分"，说出的与未说出的"具有答复和暗示的关系"。① 因此，对于这种符号意涵的指称能力往往取决于审美的领悟力。如果缺少这样一种基本的鉴赏能力，那么，对这样一个外观形态的文化的认识就是一个很肤浅的认识。也就是说，这种类似思维的艺术判断或者说这种类似的理性的鉴赏它是介于感性认识和理性认识之间的一种审美能力。这恰恰是康德所发挥的地方。也就是说，审美它是在一般意义上的感性和理性之间的一个存在。② 即这种类似理性是一种介于感性认识和理性认识之间的审美能力。

---

① 转引自张世英：《进入澄明之境》，商务印书馆1999年版，第224页。

② 参见［德］鲍姆嘉通：《美学理论》，1983年版，汉堡，第207页注2。

三、是诉之于"真"的体验还是诉之于"美"的生知

2015 年 1 月 28 日晚，CCTV 戏曲频道现场转播了上海天蟾逸夫舞台上演的上海京剧院《清风亭》一剧。① 张继保三岁与父母失散，是薛氏夫妇抚养了他 13 年，他终于考中了状元。但他却不想再认义父义母。当他回到当年家乡的清风亭时，穷困潦倒的像叫花子般的义父义母来认他，他却不理不睬，后在随从的提点下只给了老夫妇二百钱便想打发掉。薛氏老夫妇一气之下先后撞柱死去。张继保的忘恩负义惹怒天威，将他雷电劈死。这原本是一出大悲剧，有极强的人民性和教育意义。但显然当晚到剧场看戏的观众并不是来受教育的，也对该戏故事情节本身早已了如指掌，他们到剧场看戏的真正目的是来"亲历"这个早已耳熟能详的剧情陈少云又是如何精湛表演的。作为衰派老生周信芳的再传高足，陈少云在这出以做念为主的戏中可谓传神了麒麟童的表演精髓。尤其是在看到老妇人撞柱而死之后，他一个原地小翻绝技顿时赢得了观众的一片掌声。他在撞柱前的甩髯口功和撞柱后的僵尸等绝技都赢得了观众们的阵阵掌声。可按照剧情来看，这些地方都应当是全剧最让人感到悲伤之处，怎么会有几乎满场的观众竟不顾及剧情的氛围，反而仅仅为演员的表演绝技而鼓掌呢？这就是戏曲艺术的审美特点：剧情内涵与表演技艺的间离性，现实物（事）象均不作对象化的对应呈现，而生成为"非物体化"的"纯粹的创造物"——美之"意象"。这就是对纯粹艺术样式只能作"知"的审美感受的独特性。

所谓"知"也即"生知"。宋人郭若虚在《图画见闻志》中云："六法精论，万古不移。然而骨法用笔以下五法可学，如其气韵，必在生知，固不可以巧密得，复不可以岁月到，默契神会，不知然而然也。""生知"的"生"，《说文解字》曰："生，进也。象艸木生出土上。"所谓"生"者，"性"也。《周礼·地

---

① 潘妤：《陈少云、杨小安夫妇 22 年后〈清风亭〉中再度同台》，载《东方早报》，2015 年 1 月 18 日。潘妤在此文中报道云："纪念周信芳诞辰 120 周年系列演出进行到第五天，逸夫舞台再现高潮。1 月 16 日晚，由当今麒派掌门人陈少云(右)和夫人杨小安(左)同台主演《清风亭》。这是两人时隔 22 年再度同台，无论对于台上的演员还是台下的观众，都可谓意义非凡。演出过程中，观众始终抱着巨大的热情，而陈少云和夫人更是以其精湛演技，赢得了一阵高过一阵的掌声和叫好声。现场所有的观众在主演三度谢幕后仍不愿离开，最后陈少云上台加唱了一曲《三生有幸》，全场观众跟着哼唱。"

官·大司徒》曰："以土会之法，辨五地之物生。"郑玄注曰："杜子春读生为性。"即"生"者，本性也，后作"性"。而"生知"的"知"，《说文解字》曰："知，词也。从口，从矢。"徐锴系传："凡知之速，如矢之疾也，会意。""矢"者，箭也。由此可见，"生知"就不是逻辑的知识性的"知"，而是基于天生的本性的直觉的把握，即身体性的知，是内感官（心观）所显现（见）的"意象"。"气韵生动"是不可为外人道的气象韵味的心观而见（现），是瞬间生成的（"如矢之疾也"），因而不可以阅历之久长而见，也不是技艺之娴熟（巧）而自得，而是心手相合、默契神会（顿悟），心手相彰而两不碍。《周礼·考工记》曰："知者创物，巧者述之。""知者创物"郑玄注曰："谓始闿端造器物若世本作者是也。""闿"（闓）者，开启也。"世本作者"的"世"《说文解字》曰"三十年为一世"，古之谓父子相继为一世。"世本作者"也即开端、始造了可传承后世器物之（摹）"本"的"知"者。此"知者"是能够"通物"的"圣人"："圣人之时，有此世本所作也。"①所谓"巧"者"工"也。《说文解字》曰："巧，技也。"又曰："工，巧饰也。象人有矩榘也。"所以，工匠就是（陈）述而不作，就是依葫芦画瓢（摹仿）。所谓"作"，孔颖达《周易正义》曰："作者，创造之谓也。神农以后便是述修，不可谓之作也。"也即在孔颖达看来，圣人幽赞于神明而作《易经》，神农以后的人虽也有对《易经》的发挥阐释，但不过也就是"述修"而已。"述修"就是效仿、模拟。而（生）"知"作为知解力则不同于"述修"，它是会意顿悟，瞬间生成，目击道存，不诉之于理性。因此，真正的（生）"知"就是基于非对象性审美直觉的无中生有：原创、草（原生、原始的）创、首创、始造。

黑格尔正是在这个层面上来论说"知"的审美世界的，他说："这种知的形态作为直接的……以至于形象在它身上就不显示其他别的什么东西，这就是美的形象。"②这里所说的"不显示其他别的什么东西"的"美的形象"其实就是"非物体化"、非对象性的审美存在"物"——"意象"。对于戏曲艺术而言，不论是艺术家还是票友观赏者，都是在这种基于直觉的直接性（心观）的（生）"知"的形态上来创造或感受戏曲艺术的。而这种纯粹基于（生）"知"的审美世界的营构和感知，其前提都是建立在戏曲演员极其繁难的童子功基础之上的。这就是黑格尔所说的，"创造就它自身而言具有自然的直接性的形式，属于作为这个特殊主体的天才，并且同时是一种用技巧方面的智能和力学上的种种外在性所

① 《周礼》，阮元校刻：《十三经注疏》上册，中华书局1980年版，第906页。
② ［德］黑格尔：《精神哲学》，杨祖陶译，人民出版社2006年版，第372~373页。

从事的劳作。因此，艺术品正是一种自由任性的作品，而艺术家则是神的宗匠"①。这个"特殊主体的天才"所能创造的"具有自然的直接性的形式"正是通过童子功练就的唱念做打的"技巧方面的智能和力学上的种种外在性"而呈现出来的。戏曲艺术家正是因为拥有了极其艰奥的唱念做打的"技巧方面的智能和力学上的种种外在性"表现力，才使戏曲艺术品真正成为"一种自由任性的作品"。所谓"自由任性的作品"，也即基于非对象性内感官(心观)意象营构的无限可能性。之所以说心观营构意象具有无限可能性，就是因为心观意象的营构是不需要各种中介和条件的。这一点黑格尔说得非常明晰："感觉或知的主观的方式则可以完全或部分地缺少客观的知所不可缺少的种种中介和条件，而能够直接地，例如没有眼睛的助力和光的中介就知觉到可见之物。"②对话剧艺术的感知主要是基于与现实物象相对应的"客观的知"，而对戏曲艺术的感知却恰恰是基于与现实物象非对应、非对象化的心观的(生)"知"。所谓"没有眼睛的助力和光的中介就知觉到可见之物"，这就是非肉眼的"心观"(无需外在"光"源的中介)借助"心目"而知觉的到"心象"。而这个"心象"就是与现实物象非对应、非对象化的意象。观赏者给陈少云的掌声显然是缘于他的精湛表演超越了与剧情现实物象相对应的"客观的知"的层面，而进入观赏者都能尽情把玩的心观意象生成的纯粹审美的层面。

因此，艺术并不是可以从"来自于生活、又回到生活中去"的简单的还原论所能够解释的。关于这一点，恩格斯早在谈数学的抽象时就指出过："为了计数，不仅要有可以计数的对象，而且还要有一种在考察对象时撇开它们的数以外的其他一切特性的能力，而这种能力是长期的以经验为依据的历史发展的结果。……纯数学是以现实世界的空间形式和数量关系，也就是说，以非常现实的材料为对象的。这种材料以极度抽象的形式出现，这只能在表面上掩盖它起源于外部世界……和其他各门科学一样，数学是从人的需要中产生的，如丈量土地和测量容积，计算时间和制造器械。但是，正像在其他一切思维领域中一样，从现实世界抽象出来的规律，在一定的发展阶段上就和现实世界脱离，并且作为某种独立的东西，作为世界必须遵循的外来的规律而同现实世界相对立。"③特别要注意的就是这个"但是"之后所要表述的含义。无论如何"还原"

---

① [德]黑格尔：《精神哲学》，杨祖陶译，人民出版社 2006 年版，第 374 页。

② [德]黑格尔：《精神哲学》，杨祖陶译，人民出版社 2006 年版，第 141 页。

③ 《马克思恩格斯选集》第 3 卷，人民出版社 1995 年版，第 377~378 页。

数与形的抽象与现实的关系，它也只是数与形抽象形式产生的"历史"。而我们真正应当关注恰恰不是抽象的形式的历史如何，而是抽象的形式特性，即它如何可能的。与现世界相脱离、相对立的抽象是一种"独立的东西"，它亦成为一种"客观存在物"，因而它与产生它的土壤已发生了质的变化，并非对象性的"物化"形态，而是非对象性的"异化"形态。

四、是以歌舞演故事还是以故事梗概为媒介显现歌舞

以歌舞演故事是王国维在 20 世纪初提出的戏曲艺术的主要审美特征。它的重心并不在歌舞，而在故事。虽然戏曲艺术也讲故事，但这种讲故事的方式是在"敷演"意义上的。

"敷演"常见于宋元南戏和明清传奇文本上，是古典戏曲的一个专用词，特别值得我们关注。如南宋后期书会才人无名氏所作的《张协状元》第一出末白："似恁唱说诸宫调，何如把此话文敷演。后行脚色，力齐鼓儿，饶个撺掇，末泥色饶个踏场。（下）"又如元中叶书会才人无名氏所作《小孙屠》第一出末上白："【满庭芳】……雍容弦诵罢，试追搜古传，往事闲凭。想象梨园格范，编撰出乐府新声。喧哗静，竚看欢笑，和气霭阳春。后行弟子，不知敷演甚传奇？（众应）《遭盆吊没兴小孙屠》。"再如元中叶无名氏所作《宦门子弟错立身》第一出末上白："【鹧鸪天】完颜寿马住西京，风流慷慨煞惺惺。因迷散乐王金榜，致使爹爹赶离门。为路岐，恋佳人，金珠使尽没分文。贤每雅静看敷演，《宦门子弟错立身》。（下）"①《琵琶记》第一出"副末开场"末"[问内科]且问后房子弟，今日敷衍谁家故事，哪本传奇？[内应科]三不从《琵琶记》。[末]原来是这本传奇。待小子略道几句家门，便见戏文大意。"②"戏文大意"即"故事梗概"。"敷"者，同"搏"，"布列"、"铺开"是也；"演"通"衍"，"衍生"是也。"敷"有三种含义：①涂上、搽上，如敷药、傅粉；②展开、铺开，如铺陈、铺设；③够、足，如入不敷出。可知，"敷"有"涂"、"搽"的意思，应与古代戏曲的化妆表演有关。"敷衍"即叙述而加以发挥。它不是一般的求真的扮演，而是古时说话伎艺的主要创作方法，即它是以一定的材料或事实作为依据，充分发挥作者叙事想象力和语言表达能力的文学创造，

---

① 王季思：《全元戏曲》第九卷，人民文学出版社 1999 年版，第 8、136、182 页。
② 高明：《琵琶记》，见毛晋编：《六十种曲》，中华书局 1996 年版，第 1 页。

简言之，就是把简单的梗概编成精彩的篇幅较长的表演性故事。戏曲艺术的叙述方式就来自于说话伎艺（变文、唱赚、说话、诸宫调等），所以，戏曲艺术的表演方式也是遗存了说话伎艺的叙述方式，即边叙述边（涂抹妆扮）表演，边以叙述者或旁观者的身份来叙述一个故事梗概，然后叙述者就以自己由童子功训练出的极其复杂化的唱念做打的行当程式化组合化来敷衍这个原本极为简单的故事梗概而呈现为美轮美奂的艺术作品。

由此可见，注重"敷演（衍）"意义上的讲"故事"并不是以讲一个极其复杂化的完整故事为目的。戏曲艺术由"副末开场"、"自报家门"等为主要叙事特征的"敷演（衍）""故事"，其重心并不在故事本身（真），而是在如何将已真相大白的"故事梗概"（"戏文大意"）极其复杂化的、美轮美奂的、唱念做（舞）打的表演性叙述一遍（美）。也就是说，如何表现和表现得如何才是戏曲表演艺术最根本的问题。

1935 年 4 月 14 日下午 5 时，即在梅兰芳梅剧团离开苏联的头一天，张彭春提议梅兰芳邀请苏联艺术家就中国戏剧的审美特性举行座谈会。在座谈会结束前，张彭春向苏联艺术家详细阐述了可以供给西方现代戏剧做实验的"中国戏剧之完全姿势化"的审美特性。他说："中国戏剧的一切动作和音乐等，完全是姿势化。所谓姿势化，就是一切的动作和音乐等都有固定的方式，例如动作有动作的方式，音乐有音乐的方式。这种种的方式，可作为艺术上的字母将各种不同的字母，拼凑一起，就可成为一出戏。所以整个的中国戏，完全是姿势化的，这就如同中国的绘画一般。……中国戏的特点也就在此，种种舞台上的动作及音乐都是有一定的程式的，能够如此才可以得到正确的技术。中国戏虽有这种艺术上的字母，但是中国戏的演员们，都不被这种字母所束缚，他依旧可以发挥他在艺术上的天才与创造。由这次梅君的表演中，诸君必可看出这一点。"①所谓中国戏剧是完全"姿势化"的，也即中国戏剧从演员的童子功训练开始就不间断的开掘戏曲演员"身体"的审美表现性。这种身体姿势的表现性就体现为在空的空间里"身段画景"。

"身段画景"一说出自成书于清乾隆末叶的《审音鉴古录》②中《荆钗记·

---

① 这是张彭春 1935 年 5 月初带领梅剧团回到国内后向外交部当局汇报时将他记录的该年 4 月 14 日下午应梅兰芳邀请参加座谈会的苏联专家的发言"纪要"出示给记者后，记者以《梅剧团载誉归来》为题刊登在 1935 年 5 月 6 日的《时事新报》上的。这个"纪要"本比克雷贝尔格的"意译"本要准确得多，尤其是张彭春自己阐述中国戏剧的三要点更到位。

② 《审音鉴古录》上下册，学苑出版社 2003 年版。

上路》后"总评":"此出乃孙九皋首剧,身段虽繁,俱系画景,唯恐失传,故载身段。""此出"指的就是在《荆钗记》原本 43、44 出之间加上的"上路"一出,连曲带白皆为原本所无,都是演员的编创,很显然此书是当时演出(舞台)"录像"。"首剧"即首创者是孙九皋。《扬州画舫录》说孙在扬州梨园属徐(尚志)班的"外脚副席",虽声音气局不及正席王丹山,但"戏情熟"则过之(卷五第 21 条),"年九十余演《琵琶记·遗嘱》,令人欲死"(卷五第 31 条)。这个极善做戏的"做工老生",或如今日所说的"衰派老生"。由此可见,这种身段所画之"景",它是非对象性的"虚的实体",是意象性的存在"物"(瞬间即逝的"动作")。因而,这种身段所画之"景",是不能被确"指"的,更不能将它命名化(诸如"兰花指"、"剑指"之类名称)或意味定(意)义化。对这种身体姿势在空的空间所画"界"的"身段画景",只能诉之于观赏者的意象性的感知而生成。

这种"身段画景"类似于马拉美所说的"身体性写作"(écriture corporelle),他说:"须知女舞者并非跳舞的女子,因为这些并列的理由,她实非一介女子,而是概括出形式的某个基本面貌的一个隐喻,譬如双刃剑、奖杯、鲜花等。并且须知可以设想她并不通过弯曲跳跃的眩技来舞蹈,而是以某种身体的文字来舞蹈,这种身体的文字必须具备对话散文及描述散文的段落,以便在其撰写中作出表达:此乃摆脱一切书写文字圈囿的舞蹈之诗。"[1]也就是说,按照雷曼的看法,这里所说的"跳舞的女人"并非是以一种个人的形象存在的,而是以这个女人的肢体在每一瞬间不断改变的多层次造型形状的表象而存在的。"我们应该'看'到的,是不同视角的、就笼统而言人的身体上本不可见的那些东西。这就像画框中的一朵花,它不是一朵特定的花,而是花向我们展示的那些东西。也就是说,这里所讲的并不是'一个'女人,也不是一个'女人'。观众的目光集中在一个'看不见'的身体上。这个身体不光超越了性别,也超越了一切人类的属性,而作为剑、头巾、花朵的形状而出现。在这里,观众以一种阅读式的目光观看,而场景则是一种绘图(die Graphie),是一首书写者不依靠书写工具而作出的诗。'绘景'这个词代表了一种复合式的视觉性剧场艺术。"[2]所谓"不依靠书写工具而作出的诗"这就是戏曲演员通过身体姿势(身段

---

① [德]汉斯·蒂斯·雷曼:《后戏剧剧场》,李亦男译,北京大学出版社 2010 年版,第 113 页。

② [德]汉斯·蒂斯·雷曼:《后戏剧剧场》,李亦男译,北京大学出版社 2010 年版,第 113~114 页。

手势)在空的空间所画"界"的"景"，而这个"虚的实体"的"景"我们的肉眼是看不见的，而我们的"心观"、"心目"之"眼"是能够生成这个意象的、非对象化的"心象"的。①

(作者单位：武汉大学哲学学院)

---

① 关于是"是"(什么)，还是"怎是"的问题，可参见邹元江：《如何表现和表现得如何作为戏曲表演艺术最根本的问题》，载《文艺研究》2015 年第 3 期。

从《白蛇传》看京剧新美学

徐　晨　　施旭升

2015年12月8日至12月11日，长安大戏院连演了四场《白蛇传》，梅（兰芳）、赵（燕侠）、程（砚秋）、王（瑶卿）四大派系接连登场、各有精彩。这种以一曲戏来展演的舞台呈现之所以值得关注，不仅在于其规模为新世纪以来所未有过，而且《白蛇传》作为一个经典文本也确实足以成为典型引发出人们对于京剧新美学观的思考。四场《白蛇传》的演绎究竟各有什么不同？它们究竟体现出一种什么样的美感特质？《白蛇传》所演绎的究竟是一种新的精神内蕴，还是一种传统的回声？如果它所体现的是一种京剧新美学，那么其内涵究竟有哪些？意义又何在？诸如此类，也就成为本文所要着力加以探讨的问题。

一

"白蛇传"作为中国民间四大传说之一，自诞生以来不断被各种艺术形式改编、再创造，产生了一系列优秀作品；关于其故事本身的探源，人物形象、主题思想的流变，文化意义以及传播媒介等方面也都受到人们更多的关注。

"白蛇传"故事自《清平山堂话本》中的话本小说《西湖三塔记》起，历经明代话本小说《白娘子永镇雷峰塔》，至清代雍乾时期黄图珌的看山阁刻本、乾隆中叶民间艺人陈嘉言父女的演出剧本（梨园旧钞本）以及影响最大的方成培所著的水竹居本此三个不同版本的《雷峰塔》传奇，再到嘉庆年间玉山主人所著的《雷峰塔奇传》（又名《白蛇奇传》）及梦花馆主根据弹词《义妖全传》创作的《白蛇传前后集》，"白蛇传"故事情节愈加丰富，其人情人性的揭示也更为独到，当然也不免掺杂着"仙化"与"教化"的各种伦理矛盾。

大体说来，在"白蛇传"故事发展的历程中，冯梦龙的《白娘子永镇雷峰塔》、方成培的《雷峰塔传奇》以及田汉的京剧《白蛇传》可以说是三座里程碑式的作品。在这三部作品中，不仅故事主人公白娘子这一形象完成了"蛇妖—半人半妖—蛇仙"的蜕变，故事的主题也历经了"色诱—情理—反抗"的变更，而且其艺术格调更是从民间性的传统美学走向20世纪一种京剧新美学的建构。

自1946年起，田汉一直致力于旧剧改革运动，其通过多年对戏曲艺术的关注与研究，特别是通过对抗战时期戏曲改革经验的总结，田汉将戏曲这一古老艺术放在了世界戏剧发展的总格局和与话剧的比较中加以研究。诚如董健在《田汉传》中所言，在这一过程中，田汉明确了几点极为重要的认知，其一是他认为应该想办法将观众的注意力从"戏曲名角儿"转移到"戏的本身"上去，"打破角儿制，注重好的剧本"。其二，也是最重要的一点，田汉曾说："改革旧剧，第一当然是改革它的内容，但得通过它特有的形式，不能把形式和内容分开……最重要的毕竟是'唱些什么'，而不是'怎么唱'。因为表现方法毕竟受它所表现的内容才能决定。"在这一点中，田汉又把它具体分为两个步骤：第一步，"把新的内容注入旧的形式里，使它变质，使它增加新的活力"；第二步，在旧形式的基础上，吸收、综合众家之长，创造出新形式，达到"新的内容与新的形式的高度配合"。①

应该说，从提出这一观点至1949年新中国成立，田汉当选为中华全国文学艺术界联合会全国委员会委员、当选戏剧协会的主席后，田汉发起成立了"中国戏曲改进会"，并以"文化部戏曲改进局局长"的身份和资格来领导新中国的"戏曲改革"。正是在这样的时代背景下，《白蛇传》应运而生。《白蛇传》剧本②脱胎于田汉早前同样叙写"白蛇传"故事的本子《金钵记》，最终定稿于1955年5月。全剧共有"游湖"、"结亲"、"查白"、"说许"、"酒变"、"守山"、"盗草"、"释疑"、"上山"、"渡江"、"索夫"、"水斗"、"逃山"、"断桥"、"合钵"、"倒塔"十六个场次。剧本写在峨眉山修炼千年的白素贞与小青在西湖游玩时偶遇许仙，二人通过借伞、还伞结成夫妇，并开设了保安堂药铺，造福一方百姓。端阳佳节，许仙在法海的诱导下劝白素贞喝下雄黄酒，却被现出原形的白蛇吓死。白素贞为救许仙性命去仙山盗草，无奈许仙病好后又被法海哄骗上山。白素贞到金山寺索夫不成，不得已水漫金山，因有孕在身败下阵来。白青二人在断桥彼此慰藉、伤心怨恨之时，与从金山寺逃跑归来的许仙重逢。三人和好如初，白素贞生下儿子。"许白"之子满月之际，法海再次

① 董健：《田汉传》，北京十月文艺出版社1996年版，第696页。

② 田汉：《田汉文集》，中国戏剧出版社1983年版。

出现将白娘子压制雷峰塔下。许多年后，小青修炼归来，救白素贞出塔。

田汉在《白蛇传》序中热烈地盛赞白娘子："她那样热烈的、纯真的爱着许仙，为着他，她惨淡经营在镇江夫妻卖药；为着他，她冒着生命危险到仙山盗取灵芝；为着他，她在哀求法海不应之后，不顾有孕之身断然跟这封建压迫的代表者做殊死的战斗，直到产后被金钵罩压，仍不屈服。"

由此可见，田汉对于《白蛇传》，尤其是白娘子这一人物，是倾注了非常深厚的情感的，甚至像是一个"艺术慕道者"，以"十年磨一剑"的精神，不断打磨、完善这个美丽动人的故事。"白蛇在田汉笔下，褪尽妖气，成了怀着热烈爱情的魅力蛇仙。"①

然而，由于时代的特殊要求，《白蛇传》四个主人公身上无疑都带有鲜明的阶级意识：法海是封建势力的代表；白娘子、小青作为法海的对立面，表现出强烈的反抗意识。在双方的一次次交锋中，白娘子、小青的反抗精神得到了充分的体现。最后，作者没有安排状元郎祭塔救母，而是让小青推翻雷峰塔，表明作者有意把小青塑造成"革命后继人"的形象，再次强化了白、青两人对封建势力的最终反抗。这出青蛇率领"各洞众仙"来"倒塔"，也充分体现"造反有理"，而且势必成功。②

当然，这样的改编并不是完美无缺的。局势使然，田汉本《白蛇传》带着强烈的阶级意识；法海、白娘子、小青等人的形象太过单一、绝对。这种单一和绝对不仅将《白蛇传》故事中蕴含的宿命理论以及悲剧美等大大削弱了，也让故事流于简单。正如王蒙所说："解放以后，爱憎更加分明了，白、青蛇成了正面人物，和尚成了反动派，而许仙是中间人物，合乎我们的政治模式。不知是不是受了阶级斗争理论的影响，解放后的各种剧种的《白蛇传》，无一不是扬白（蛇）贬法（海）嘲许（仙）的。许仙愈来愈像一个动摇分子、右倾机会主义分子的典型了。可以看许仙而思陈独秀了。"③然而，还是应该注意到，从该剧本的立意、结构、念白唱词来看，《白蛇传》不仅仅是一部"反封建"、"反压迫"之作，仅就其纯美、高雅、情感丰盈而言，充满着剧作家对于真情的爱护

---

① 陈芳英：《十年磨一剑——从田汉白蛇传谈起》，见《戏曲论集：抒情与叙事的对话》，台北艺术大学出版社 2009 年版，第 204 页。

② 陈芳英：《十年磨一剑——从田汉白蛇传谈起》，见《戏曲论集：抒情与叙事的对话》，台北艺术大学出版社 2009 年版，第 205 页。

③ 王蒙：《〈白蛇传〉与〈巴黎圣母院〉》，见《王蒙文集》第七卷，华艺出版社 1993 年版，第 727 页。

和赞扬，即使包裹在当时政治性极强的各种艺术改革规则下，仍然不失为白蛇故事艺术传承中的一部佳作。

二

田汉本《白蛇传》问世以来，特别是经王瑶卿安腔，杜近芳、叶盛兰演出之后几乎成了京剧界演出的通行本，至今都未曾有过大的变动。因为前有王（瑶卿）、梅（兰芳）、程（砚秋）、赵（燕侠）四大名旦的演绎，后有杜近芳、李炳淑、李胜素、张火丁等新的诠释，从而才有了北京京剧院这次接连的四场《白蛇传》的推出，而且确实让数代观众所"喜闻乐见"。

纵观四场《白蛇传》，窦晓璇的扮相、朱虹的嗓音、郭玮大气沉稳以及王怡的做功是每场比较突出的地方。窦晓璇是梅派大师杜近芳的弟子，很有一种温婉平和之美。窦晓璇本人的扮相也非常具有古典美，一亮相便获得喝彩声连连。在"游湖"一场，窦晓璇所扮演的白娘子娴静端庄，非常漂亮，唱腔也优美动听。"水斗"一场，白娘子败阵之前高呼了一声"许郎！"，十分动情，催人泪下。接下来的"断桥"也把白娘子与许仙重逢后的忧喜交加演绎得惟妙惟肖，古典美十足，"青妹慢举龙泉宝剑……"一段，如泣如诉，尤为精彩。整场演出，虽没有过于明显的特点，却处处动人，处处皆美。

第二天朱虹版的白娘子与窦晓璇版有很大区别。出场前，白娘子人未到便先声夺人，一声"青儿，带路！"亮出一副高亢、清亮的好嗓子。此版白娘子气势十足，与前一天窦晓璇相比，一像林黛玉，一像王熙凤，感觉完全不同。稍作了解，你就会发现演员朱虹的拿手戏是在《红楼二尤》中扮尤三姐，可见与白素贞温婉大方的形象多少有点差距。此版《白蛇传》在唱段上更忠于原著，许多第一版省略的桥段在这一版中都有所还原。如许仙被法海骗上山的情节，窦版中李宏图扮演的许仙轻易便跟法海上山；而朱版中包飞扮演的许仙则演唱了田汉先生设计的念白"又羡鸳鸯又羡仙，许仙踏上两边船"。朱版白娘子与天兵天将对打时还额外加了"吐丹"这个动作：白娘子跌落在地，抵挡不过，便吐出内丹相抗。朱虹手拿代表内丹的白球，天兵的扮演者手拿金钵，白球和金钵之间用线连接着。朱虹一次又一次将白球滑向金钵，三五次后，天兵抓住白球，放进金钵里。后字幕上显示：白娘子因动了胎气，不得已吐出内丹，功力尽失，诞下孩儿。在观众看来，这一后加的戏码不仅起不到锦上添花之彩，反起画蛇添足之过。一则不美；二则破坏了戏曲的虚拟性，得不偿失。再者，此版《白蛇传》演出时间比规定的超出了将近 30 分钟，显得拖沓，许多观众在"断桥"、"合钵"两场便陆续退场。

需要补充的是，田汉曾在 1963 年专门为扮演白娘子的演员赵燕侠重写了"合钵"一场母子分别时的唱词："亲儿的脸，吻儿的腮，点点珠泪落下来……"这一段唱词，也是意在整场戏中安排最后一个情感高峰。演员朱虹师从赵燕侠赵派，对这场戏的把握基本上还是非常到位。基于演员自己本身的声线特点，朱虹虽然还是有些过于展现嗓子，却也还是能将情感很好地流露。边跪边唱，边拂泪边告别，刚柔并济，演绎出了一个对红尘和家庭依依不舍、牵肠挂肚却仍不向恶势力低头的白娘子，令人动容。

第三天由京剧程派教师李文敏的弟子郭玮演出的《白蛇传》吸收了前两场的经验，剧情更紧凑，节奏也非常好。郭玮的嗓子低沉而圆润，台风沉稳、大气，不同于窦晓璇略带羞涩以及朱虹过于现代的美感，十分具有魅力。整场戏的节奏明显较之前一天更快，许多不必要的戏分删掉了。如"索夫"一场，以往都是小青先骂法海"秃驴！"而后白素贞阻劝，并如此反复多次。郭版中，白素贞、小青与法海的对手戏减少了，只挑最重要的戏词来唱。"水斗"一场的改动也非常明显，龙套演员的翻滚、腾跃等动作较之前一天敏捷许多，更有紧张、激烈之感。尤其值得一提的是，倒数第二场"合钵"结束后，舞台并没有换幕，也没有将假的雷峰塔道具搬上舞台，而是关灯后直接用声音做出雷峰塔倒塌的效果，随即开灯，后方荧幕显示"十八年后……"，白素贞、小青、许仙三人便又在西湖游玩。这个结尾非常好，不拖沓，处理得也很有技巧，很微妙。此外，作者的一个偏得是这一场的座位恰好可以很好地观察到琴师、锣鼓师，从而深刻地感受到了音乐之于戏曲的重要性。正如钱穆对于京剧的评述："京剧往往都很简陋，戏台无布景，只是一个空荡荡的世界，锣鼓声则表示在此世界中之一片喧嚷。有时表示得悲怆凄惨，有时表示得欢乐和谐。这正是一个人生背景，把人生情调即在一片锣鼓喧嚷中象征表出……"①

郭玮的年龄比窦晓璇稍长，因此在表达情感方面，比窦晓璇更胜一筹，演绎出了一个"人妇"白娘子，而不是"少女"白娘子。而郭玮嗓音低沉浑厚，也比朱虹版过于清凉高亢的嗓音更能演绎出白娘子的哀怨与悲伤。通过笔者的比较，第三场演出，是为最优。

最后一场是由花衫出身的王怡所扮演的白娘子，此派《白蛇传》宗"通天教

---

① 转引自施旭升：《中国戏曲审美文化论》，北京广播学院出版社 2002 年版，第 230 页。

主"王瑶卿"王派"。王怡的身手明显比前几场的白娘子好，小青的扮演者张淑景也非常出彩，在"水斗"一场表现不俗，尤其是"踢枪"的环节，身手十分矫健。讲到这里还需提一提一个剧团搭班演戏之间的互相配合。如前三场《白蛇传》中小青的扮演者都是陈宇，小青属花旦角，因此陈宇的做功，尤其是双剑使得非常娴熟。在第一场《白蛇传》中，窦晓璇的身段非常柔软，因而抬腿、旋转等高难度动作都由自己完成；第二场中，朱虹的身手明显逊色很多，而白蛇这一部分武功的缺失便都由陈宇扮演的小青补上。这样的互补使得"水斗"这场展示做功的重头戏不会因为白娘子的不足而失衡。

这种互补在第四场中顺势变成了互助。扮演许仙的小生演员包飞亦是第二场朱虹的搭档，本来没有多少做功，但是到了第四场与王怡搭档时，包飞的做功也多了起来，如甩辫子等。不仅如此，连扮演金山寺小沙弥丑角的做功也大大增多了。这是对花衫出身的王怡版白娘子的配合。因此，整出戏的侧重及突出才明显，可以成为其特色和卖点。自然，做功多了，锣鼓点便会比平日更重、更急、更有张力。

除了做功明显增多，这一版《白蛇传》还采用了灯光换幕的方式。这种换幕方式简单易行，只需将全场灯光全部关掉，并在有需要时用追光灯打在表演者身上。这样，龙套演员在舞台后侧换道具，主角在前侧表演，互不耽搁。而且，采用追光灯这种处理方式可以很好地将观众的注意力强行集中在主角身上，是为一利。但是，灯光关得不彻底，观众仍能看见演员在后方换道具，多少会有些干扰。由此，也就不难联想起20世纪人们普遍的一个疑问：声光电之下的京剧，其美感魅力究竟还剩下多少？

三

总而言之，四场《白蛇传》虽侧重不同，却还是明显属于一种新的戏曲之美的呈现，它们普遍遵循着一种新的京剧美学原则，有着一种有别于传统戏曲美感世界的新的质素。

这种京剧新美学乃是相对于传统戏曲的美学精神而言的，它远源于清末民初的戏曲改良，近则与新中国的"戏改"运动密切相关。可以说它是西风东渐之下东西方戏剧文化碰撞交融的产物，是戏曲发展百年来蜕旧变新的努力的结果。

显然，如果拿梅兰芳来与田汉相比较，就很容易看出田汉及其《白蛇传》所体现的新的美感特质来。确实，李伟曾就20世纪戏曲发展改革提炼出诸如

"梅兰芳范式"、"田汉范式"乃至"延安范式"三大范式。① 这里不妨借用一下李伟的话语方式，就"戏改"而言，如果说梅兰芳代表着一种渐进式的戏曲改良，那么可以说田汉则属于新中国成立之后激进戏改的主要推手。梅兰芳的姿态是向后的，因而更接近传统；田汉的姿态则是向前的，更明显趋向现代。在美感价值的向度上，可以说，梅兰芳是古典的，虽然他属于现代的舞台；而田汉就是现代的，他虽然沿用传统的题材，却分明有着现代人的情绪与伦理的体现。

无疑，四本《白蛇传》的演出正是属于这种京剧新美学的具体体现。它虽然传承着一个古老的传说，却被编织到了相对西化的声光电的戏曲舞台上；虽然它的唱腔依然有板有眼、演员的身段风采依旧，但是却分明为着让观众更关注"戏的本身"，即所谓剧情、人物、冲突等，诸如此类让一些有心人"惊讶和警觉"②的西式剧学范畴。而事实上，它的审美特质与其说是京剧形式上的"西化"，不如说是价值上的"为⋯⋯服务"的实用化和工具化。

也许，我们不能漠视也无须"惊讶"于这种京剧新美学。它已然成为 20 世纪以来京剧舞台发展的诸多不可逆的重要趋势之一。它的极端形式，可能就是一种"恶之花"的"样板戏"，而它的另一种可能也就是改革开放新时期以来结出《曹操与杨修》等一批新的果实，并且还不妨继续成为指导戏曲发展的一种"正确"路向。

当然，一曲《白蛇传》毕竟是以其自身的美学品格赢得了人们的不断地回眸。我们所能做到的也许只能对其所体现的京剧新美学进行反思乃至调整。同时，也正因为有了京剧新美学的不断的建构，我们也有理由相信，在这个一切迅速发展的时代，戏曲即便再也不会占据舞台的中心，却也不至于很快被人们遗忘。

（作者单位：中国传媒大学艺术研究院）

---

① 参见李伟：《20 世纪戏曲改革的三大范式》，中华书局 2014 年版。
② 参见邹元江：《关于戏曲本体论问题与叶朗、施旭升和李伟等先生对话》，载《艺术百家》2016 年第 1 期。

美学的僭越与"伦理"的复归：
从形式静观到审美融合

王庆卫

在当代日常生活呈现审美化趋势的过程中，美学面临着对自身观念、方法和理论边界的重构任务，以适应日益复杂的审美现象。在这一情形下，有两个问题被凸显出来：一是艺术观念对美学的辖制，二是美学态度对生活的僭越。艺术一向是传统美学的核心部分，从中引申出的欣赏方式、审美趣味和情感体验被当做通用法则，广泛运用于非艺术的审美活动领域；同时，美学观念也在生活领域扩张，对实践活动方式和价值判断产生影响。如建筑、环境、工业艺术设计和生活日用品，都经常被笼罩在某种"美学态度"中，迫使它们向美靠拢，接受审美评估。美学似乎越来越有力地左右着现实事物的存在形态和发展走向。

但以艺术为中心的美学观念一旦越出艺术的领地，就会暴露局限性，显出方法与对象的不匹配和解释力的捉襟见肘。在现实生活领域，功用和认知的要求对"美学态度"的抵抗从未停止；如身体美学、生态美学对无功利的形式静观方法的拒斥，建筑与工艺美学领域中功能主义思路的兴起及对伦理功能的强调，等等；一方面，美的形象和观念充斥日常生活，以致形成生活审美化的潮流；另一方面，日常生活仿佛又在努力摆脱美学的统治，力图按照自身的逻辑来展示其形态。在 2000 年第七届威尼斯建筑双年展上，策展人意大利建筑师 Massimiliano Fuksas 提出了"城市：少一些美学，多一些伦理（The City：less aesthetics，more ethics）"的主题，意在探讨城市景观的发展走向和建筑师的责任。虽然这里的"美学"、"伦理"的内涵及其相互关系都有待探讨，但该主题的提出足以令人深思：美学是否已经越出了自身边界，成为生活的某种阻碍？这是一个需要深入探讨的问题。毕竟，审美活动的丰富性不会被艺术规律所覆盖，日常生活也不会甘心屈从美学的规定。今天，非功利的、静观的美学观念似乎越来越难以为继，美学从对形式的关注转向关注身体、认知、伦理和功能等因素，这些被传统美学一开始就拒之门外的概念被引入当代美学，意味着当下的审美观念正在重构。

现实真如鲍德里亚所说，"艺术与生活的界限已经被'内爆'（Implosion）所抹平"，"一切事物都趋于审美化"吗？或许，问题不再是该不该由美学观念引导生活，而是在生活领域中盘踞已久的美学必须改变自身，去迎合生活的要求。那种把艺术形式与实用物品生硬拼贴的美是浅薄的；抱着一种习得的审美需求去发现生活中的形式、去装饰身边的每一块石头的努力是莫名其妙的。风行一时的"日常生活审美化"命题，实际上既提出又遮蔽了这个深刻的追问：在当代生活中，我们应该以何为美？

一、建筑美："伦理"功能与形式

在西方传统美学中，建筑美学属于艺术美学的一部分，由于建筑本身具有实用房屋和造型艺术的双重属性，被看做一种地位不高但在艺术美学中有一席之地的艺术。在康德的艺术体系中，建筑与雕塑被归于塑型艺术，是"展示惟有通过艺术才有可能的事物的概念的艺术"[1]。黑格尔则将建筑归入象征型艺术："象征型艺术在建筑里达到它的最适合的现实和最完善的应用，能完全按照它的概念发挥作用，还没有降为其它艺术所处理的无机自然。"[2]建筑被作为造型艺术来分析，受到关注的是它的独立的外观形式。但是作为供人们居住的实用创造物，建筑有其自身逻辑，其存在方式和功能的实现经常与其审美要求相互掣肘。

对建筑作为艺术的定位受到越来越多学者的质疑。美国哲学家、耶鲁大学哲学教授卡斯腾·哈里斯在《建筑的伦理功能》一书中区分了对待建筑的"伦理态度"和"美学态度"。在这里，伦理不是指道德意义上的"伦理"之义，而是指"精神气质"（ethos），"指的是主导其自身活动的精神。精神气质在此处指明人存在于世的方式：他们居住的方式。所谓建筑的伦理功能，我是指它帮助构成

---

[1] ［德］康德：《判断力批判》，见李秋零译，李秋零主编：《康德著作全集》第5卷，中国人民大学出版社2007年版，第336页。

[2] ［德］黑格尔：《美学》第一卷，朱光潜译，商务印书馆1979年版，第114页。

某种共有的精神气质的任务"①。而依照美学态度，"建筑相对于单纯住房的特征是具有美学吸引力……这样的建筑作品实质上是附加了美学成分的功能性房屋"②。哈里斯反对建筑中为艺术而艺术的美学态度，认为单纯的美学态度不足以妥善地处理建筑。"只要建筑理论仍为美学态度所控制，那么建筑就会首先被看做是在功能建筑上附加装饰性的东西。正如康德所说，也就是装饰化的房子。"③

建筑不应降格为仅有美学价值和技术价值，而是担负着社会责任，应成为"对我们的时代而言是可取的生活方式的诠释"④。为什么把这种公共的精神气质称为"伦理"？在希腊语中，ηθος（伦理）这个词的意思有："（1）经常活动的场所；经常居住的地方；（2）习惯、习俗，习性；（3）人格、气质、人气、品性；（4）登场的人物"⑤。等等；海德格尔考察了"伦理"的原始意义，"ηθος的意思是居留、住所，这个字是指人住于其中的敞开的范围的"⑥。在《建筑居住 思想》一文中，海德格尔指出：

> "那么，Bauen（建筑）到底意味着什么呢？古英语和古高地德语中的建筑一词是 Buan，它意味着居住。它指：留于、停于一地。"
>
> "Bauen 在其说出本意的地方，它也说出了居住的本性所到达的范围。即，Bauen，Buan，bhu，beo 是我们的语词 bin（是的动词原形）的下列运用：ich bin（我是），du bist（你是），祈使形式的 bis（是）。那么，ich bin 到底指什么呢？bin 所属的古词 bauen 回答是：ich bin，du bist 指：我居住，你居住。你是和我是的方式，这种我们人类在大地上的方式就是

---

① Karsten Harries. *The Ethical Function of Architure*. MIT Press, Cambridge. Massachusetts, 1998, p. 4.

② Karsten Harries. *The Ethical Function of Architure*. MIT Press, Cambridge. Massachusetts, 1998, p. 4.

③ Karsten Harries. *The Ethical Function of Architure*. MIT Press, Cambridge. Massachusetts, 1998, p. 26.

④ Karsten Harries. *The Ethical Function of Architure*. MIT Press, Cambridge. Massachusetts, 1998, p. 2.

⑤ ［日］古川晴風編：『ギリシャ語辞典』，大学書林 1989 年版，第 502 页。

⑥ ［德］海德格尔：《关于人道主义的书信》，见《海德格尔选集》，孙周兴译选编，读书·生活·新知三联书店 1996 年版，第 396 页。

Buan(居住)。"①

在海德格尔看来，居住是存在的本质，是短暂者在大地上的一种方式；居住是指处于和平之中，自由并保护，居住的基本特性就是这种保护和保存。建筑的本质就是人的居住，是让人"是其所是"地存在。使人"是其所是"地建筑，具有聚集和保护天地人神四重整体的责任；居住不仅指住在其中，它首先有筑造之义，人的筑造、劳作和逗留，都被包含于"居住"的内涵中。因此，"居住"是海德格尔的建筑伦理学的基本原理。哈里斯的学术思想有深厚的海德格尔哲学背景，他对建筑的"伦理"功能的认识，明显受到海德格尔的"居住"思想影响，但他并未局限于"居住"这一内涵，而是更注重建筑的精神气质所产生的社会效果，即为一种生活提供理想范本的功能。

按照上述观点，可以把哈里斯的"建筑伦理"理解为：建筑围绕着"居住"这一核心目的所显现的精神特征和公共气质；而建筑的"伦理功能"，就是这种精神特征和公共气质显现为对一种生活方式可能达到的理想状态的进行诠释的功能；建筑展示其"伦理"，就是展示它所处于其中的那种生活的最高理想。在这里，伦理被明确置于优先于美学的地位。

随即出现的问题是：对建筑伦理功能的把握，是分析的还是直观的？难道我们能为着排斥美学态度的缘故，把伦理功能从建筑外观中剥离出来加以认识吗？无疑，建筑需要人们从直观和体验中把握，但这一过程不再是单纯的静观或认知性的思考，而是投入其中的身心体验，是人与建筑的相互敞开。如海德格尔所说："真正的建筑物给栖居以熔印，使之进入其本质中，并且为这种本质提供住所。"②空间与人的合一构成"场所"，这是一个体现着人与建筑的关系的空间，这一关系属性如果被实体空间属性所遮蔽，人就会处于丧失家园的状态；即使身在其中，亦属无家可归。它向人们开启，伴随着人饥餐渴饮、行止作息的日常生涯；但它能超越操心与沉沦，揭示人的存在状态，启示人们去把握超越于生活层面的精神价值。

在这一视野中，随心所欲的美学态度和想象无度的形式创造，与建筑的

---

① ［德］海德格尔：《诗 语言 思》，彭富春译，大众艺术出版社 1991 年版，第 132～133 页。

② 孙周兴选编：《海德格尔选集》下卷，读书·生活·新知三联书店 1996 年版，第 1201～1202 页。

"居住"本质无关，也就构成了对建筑伦理——对建筑所本有的生活理想，即善——的遮蔽。所以哈里斯主张对建筑的体验应持有一种伦理态度。比起我们从美学知识中习得并刻意为之的形式静观，这种体验的方式不是由于学科的划分而与生活态度相区隔的审美态度，它不曾预设发现和欣赏美的任务，不以"非功利"和"情感愉悦"等规定性来扰乱日常行为和感受的自发性；相反，它是得自完整经验的领悟，是从生活感受中自发涌现的存在之思。这一过程中伴随着情感和认知的因素；但不再着意于唤起单纯的情感愉悦的形式美，而是更侧重把握日常生活中被建筑的伦理精神所照亮内容；在方法上，重视通过对建筑形式中的文化符号意义的解读，感受建筑形式对时代精神、生活方式和社会责任的象征意义的传达，以获得对"定居"这一核心意蕴的领悟。伦理功能并不与美学功能相抵触，它所拒斥的是美学态度僭越建筑自身的社会效果、违背建筑自身功能及公共气质的形式主义态度，是那种为艺术而艺术的、个人化的和被标新立异精神所牵引的建筑理念。

单纯的美学态度罔顾建筑的自身伦理，不适当地强调个人化的创造、形式因素和技术手段的随心所欲的运用。无功利静观的艺术形式掩盖了事物在真实世界中的目的和实践的结果，审美成了游离于真与善之外的随心所欲。这种"美学态度"倾向于让建筑看起来像其本性上所不是的东西；它使我们沉溺于外观，并在其纯形式中寻找能唤起审美情感的因素。而建筑作为人居的创造物所应传达的东西被忽视了。

建筑的"精神气质"，因呈现一定的生活理想而通向"善"和"功用"的观念，因而又能与我们所一般理解的"伦理"内涵相一致。哈里斯针对已经失去了方向感的现代建筑，发出了重视伦理功能的告诫，以"定居"的深层伦理为建筑重新立定价值尺度，这无疑有浓厚的海德格尔哲学的气息。我们未必要接受这个观点，但是它启示我们：在日常生活审美中，要消除审美态度的刻意，抛弃形式静观的程式，更多地关注事物自身的规定性及其在生活世界中属人的意义，才能让对象如其所是地呈现为美的对象。当前，美学在后现代理论氛围中面临价值的消解和世俗化的趋势，应呼吁认知意识、伦理精神的重返和审美经验的重建，当今尤其是生态伦理、生态知识与人的日常生活的关系日益紧密，适合为消解了意义的、碎片化的后现代建筑观念赋予新的内核。让美感在日常生活的完整经验中自然地生发，让美学重新获得现实根基和价值的超越性，这些都要求我们采取有别于以往的审美方式。

二、非静观的审美：环境模式与参与模式

　　美学态度和伦理态度的纠葛，实际上涉及把建筑放在哪一个范畴里进行感知的问题。把建筑作为审美对象还是功用对象加以认识，或作为艺术美还是现实美加以欣赏，效果是截然不同的。哈里斯关注的是第一重选择，笔者关注的是第二重。由于建筑兼有实用物和艺术的双重属性，它能相当集中地体现功能与形式美的冲突，暴露以艺术经验为中心的传统美学的不足。随着日常生活的审美化进程，传统美学的缺陷在非艺术领域日益显露，在社会美和自然美的领域都展开了对新的审美观念和审美方式的探索。

　　加拿大学者艾伦·卡尔松在他的《建筑美学再认识》一文中提出了"建筑美学的生态学方法"，要求把欣赏建筑的"功能适应"作为审美欣赏的指导性观念。这一观念是受到自然环境审美活动的启发，从相互制约的生态系统构成中衍生出人类社会的生态系统观念，"建筑作品并非一种艺术品的类似物，而是人类生态系统的有机部分，就像组成自然环境系统的那些要素一样"①。与卡斯腾·哈里斯对"美学态度"的拒斥一样，卡尔松反对把建筑归入艺术，认为使用艺术观念分析建筑，使建筑作为功能性对象、服务于人类生活，这些基本事实被遮蔽。

　　卡尔松提出了欣赏自然环境的三种模式：对象模式、景观模式和环境模式。对象模式把对象作为一个实际的物理对象、自足的审美单元；"它与现实世界的其余对象无再现性联系，也与其当下环境无任何关联"②，这一模式把对象从背景中孤立出来加以把握，可与对雕塑的欣赏相类比；景观模式则是按照欣赏一幅风景画的方式感知和欣赏自然，"将自然理解为从某一特定角度与距离观赏的宏大风景"③。在对象模式和景观模式的审视下，对象只能呈现为孤立的对象或二维静态的画面，因此它们可以并称为艺术模式。这类模式没有按照对象的本然与特性来把握，而是赋予它一些并非如此、自身并不具备的特

---

　　① ［加］艾伦·卡尔松：《建筑美学再认识》，选自《从自然到人文——艾伦·卡尔松环境美学文选》，薛富兴译，广西师范大学出版社2012年版，第136页。

　　② ［加］艾伦·卡尔松：《欣赏与自然环境》，选自《从自然到人文——艾伦·卡尔松环境美学文选》，薛富兴译，广西师范大学出版社2012年版，第44页。

　　③ ［加］艾伦·卡尔松：《欣赏与自然环境》，选自《从自然到人文——艾伦·卡尔松环境美学文选》，薛富兴译，广西师范大学出版社2012年版，第46页。

性来加以欣赏。而环境模式强调自然是一种环境，"它是这样一种我们生存于其中，每天用我们全部的感官体验它，将它视为极为平常的生活背景的居所"①。即要求将对象融入环境，主体全身心投入其中，用所有的方式经验作为背景的环境，"我们必须不是将其作为不显著的背景来经验，而是作为引人注目的前景来经验"②。

从自然鉴赏出发，卡尔松认为"鉴赏对象的本质主导了鉴赏"③，审美活动需要接受对象自身属性的规范，是科学决定了鉴赏的有效性。若想正确地、"依其本来面目"鉴赏自然对象，就必须掌握相关自然科学的知识，把对象放在恰当的范畴内加以欣赏，正如把一头鲸作为哺乳动物或者鱼类来感知的效果非常不同。对自然鉴赏来说，最为重要的知识是地理学、生物学和地质学等自然科学。这就是卡尔松关于自然鉴赏的"科学认知主义"。这一思路也被卡尔松推向对社会环境的审美；同理，对建筑的功能适应的鉴赏与把握，也需要相关的社会、人文和建筑学知识为"正确的鉴赏"提供条件，这样才能避免形式主义的肤浅。卡尔松提出"建筑美学的生态学方法"，旨在把建筑从长久以来笼罩其上的艺术规定中解放出来，恢复建筑的实用功能本质。与传统的艺术审美方式不同，卡尔松强调不应把建筑看做一个孤立的审美对象，而是要把建筑至于诸多关系的连接之中，包括建筑的内部各要素、建筑与其他建筑之间的关联、建筑与环境、建筑与人的关系。这一生态学方法使建筑在审美者面前呈现为一张"相关之网"："比如作为建筑，它们具有许多功能，因此，它们与人以及使用者的文化内在地相关，作为建筑物，它们亦与其他建筑物相关……作为建筑，他们被建造于某处，因此它们也就不仅与邻近的物理建筑物相关，也与存在于期间的都市景观和风景密切相关。"④

在这个相关之网中，建筑不再被作为单个存在物，而是作为在一个整体系统中相互关联、配合和制约的功能性的环境，是一个人们置身其中的对象性的存在，它以自身的客观本质规定着审美经验的内容；对这个总体环境的客观认

① ［加］艾伦·卡尔松：《欣赏与自然环境》，选自《从自然到人文——艾伦·卡尔松环境美学文选》，薛富兴译，广西师范大学出版社 2012 年版，第 52 页。

② ［加］艾伦·卡尔松：《环境美学》，杨平译，四川人民出版社 2005 年版，第 77 页。

③ ［加］艾伦·卡尔松：《环境美学》，杨平译，四川人民出版社 2005 年版，第 8 页。

④ ［加］艾伦·卡尔松：《建筑美学再认识》，选自《从自然到人文——艾伦·卡尔松环境美学文选》，薛富兴译，广西师范大学出版社 2012 年版，第 135 页。

知决定了审美的性质。审美的重点也不再是形式美因素，而是建筑之间、建筑与环境以及建筑与人的"功能适应"关系。"功能适应"这一概念，是卡尔松关于建筑美学的核心观点，是指处于人类环境中的建筑物在长期服务于人类生活、实现人类的价值目标和文化功能的过程中，逐渐相互适应、磨合，生长为有机统一的整体。在他看来，功能适应是建筑美学应该把握的主要内容。

另一位环境美学家阿诺德·伯林特同样反对无功利静观的审美方式，他的审美参与模式（或译为"融合模式"）认为环境并不是人周围的环绕物或对立的物质性的存在，而是把人包含于其中的有机整体，是人和场所的统一；在这个意义上，"环境"与"生态"类似。伯林特深受杜威的经验主义和梅洛-庞蒂的存在现象学的影响，强调环境与身体的连续性和一体性，强调人对环境的感知是多样复合的身体经验。在参与模式下，环境不是为了无功利静观的缘故而与主体保持审美距离的对象，而是与主体融为一体的生活本身和主体赖以生成的条件，规定着人的存在方式。用以把握功能适应之美的不是单纯的视觉，而是全方位、多感官参与的动态认知，是身心对环境的感知和体悟，获得的是整体生活带来的经验。这一经验既适用于自然环境，也适用于社会环境。

伯林特与卡尔松的分歧在于：卡尔松的环境模式建立在科学认知主义的基础上，导向一种主客二分的知识论美学，认为只有把握充分的自然科学知识，才能有效地进行自然景观审美，强调知识对审美的规范性使卡尔松的美学具有强烈的精英主义倾向；而伯林特认为，人在对自然地欣赏过程中应全身心投入，非认知因素才是最为重要的；他反对用科学知识和伦理来规范美学，"如果审美角度首先是描述性的而不是规定性的，那么审美的感知也将无处不在"①。在审美活动中，对象的意义是被身体所体验到的，而不是被认识到的，人们通过身体把握意义，并将其吸收为经验的一部分。伯林特的美学具有鲜明的现象学色彩，强调身体经验完整性和人与环境的一体，否认存在着客体本质对审美的规定。

与哈里斯在《建筑的伦理功能》中所主张的一样，卡尔松和伯林特的环境美学都反对非功利的形式静观，把对日常生活和实用物的意义揭示和完整体验置于美感之上；换言之，他们从生态环境的立场论证了伦理态度的必要性。所不同的是，哈里斯站在美学立场之外反对美学态度的扩张，卡尔松和柏林特则

---

① ［美］阿诺德·伯林特：《环境美学》，张敏、周雨译，湖南科技出版社 2006 年版，第 11 页。

站在美学立场之中遏制艺术经验的僭越；他们从不同的立场相向而行，在日常生活审美的领域彼此靠近。但他们之间的差异也揭示出深层次的问题，即如何看待认知和功用在审美中的地位，如何把对现实的经验转化为可见的美？我们可以接受美学在日常生活中有其局限的观点，但我们无法接受一种不审美的美学。在体验审美对象的过程中，对已有知识的印证、对伦理价值的认同以及伴随着实用功能实现而来的情感肯定，都会带来精神的愉悦，但那毕竟不是我们所说的美感。当我们几乎要相信美感与快感、理智感和道德感的愉悦不过是将人的完整经验加以人为的概念划分时，我们不禁想知道，美感作为一种真切的心理体验，难道会因概念的被重新整合而消失？

在杜威的美学中，经验包含着审美，审美经验与生活经验是连续的。经验不仅具有认知特征，还具有审美的特质，"审美既非通过无益的奢华，也非通过超验的想象而从外部侵入到经验之中，而是属于每一个正常的完整经验特征的清晰而强烈的发展"①。生命需要不断作用于外界以保持自身与环境的同步，这种作用的行动意味着与外界环境协调性的暂时缺乏；因而生命会建构暂时性的平衡来恢复协调。同步性失去又再次恢复的过程，使生命本身得到丰富。在杜威看来，这些生物学常识触及经验中审美性的根源。审美是经验的内在特性，使经验获得了不断趋向圆满的张力，而这种圆满经验的表现就是"艺术"或美。在这个意义上，美不是日常生活可有可无的附属物，它与人的活动相伴发生，无需刻意求之。美是人的活动中固有属性，与人的存在方式相关，与人居住于世界的伦理(特征)相关。也许，我们需要的是一种更自然和富于包容力的"美学态度"。

三、对功能的形式表达

美学态度和伦理态度为建筑形式提出了不同的预期。前者遵循艺术创造和欣赏的经验，后者注重建筑的实用功能和深层伦理的传达。这里提出的美学问题是：面对特定的对象，我们应该赋予自己的审美活动以何种先见？过多的美学先见让建筑的理念偏离了自身属性；形式的自由创造和建筑师想象力的发挥一旦与建筑的伦理功能相违背，便会带来建筑外观的"不诚实"，它的形式不能说明建筑的用途、结构和所属时代与环境的文化风貌，不能揭示它伫立其中

---

① ［美］约翰·杜威：《艺术及经验》，高建平译，商务印书馆 2010 年版，第 54 页。

的那种生活的内在价值。于是，建筑师成了"给不变的建筑实体披上各种外衣的艺术家"，助长了热衷于装饰和追随时尚的风气。由于个人创作风格的不可预测性，建筑艺术的当前发展走向也变得不明确了。

在现实生活的语境里，功能是实用物品的本质规定性，而形式对功能的呈现方式处于伦理态度和美学态度两种力量的拉扯之间。20世纪早期功能主义建筑和产品设计中"形式依随功能"的理念，看起来最大限度地远离了美学态度而体现了建筑和实用物的伦理，强调造型有目的，拒绝设计者的自由发挥，简单、光顺、几何体和无装饰的外观既能直接地体现对象的用途和结构，又吻合最基本的形式美规则，成为那个时代令人赏心悦目的时尚设计；这就使"伦理态度"与"美学态度"达成了沟通。包豪斯功能主义设计中"方盒子就是上帝"的理念合乎人们起初对功能的认识，也符合当时大机器生产条件下适于加工几何体的技术水平。而随着20世纪中期以后新电子产品的涌现，功能主义设计面临着使人了解和掌握使用方法的任务，产品结构与功能的复杂性使之无法通过过去的形式设计来传达；于是催生了产品符号学，帮助产品适应人的视觉理解和操作过程。设计者开始意识到应该对人的心理需求给予重视，这就使功能主义过于理性化的弊病日益明显。美国建筑大师罗伯特·文丘里针对米斯·凡德洛的"少即多"的现代主义原则，提出了"少即烦"的相反观点，随之兴起了多样化、非和谐、混杂和折中为特征的后现代主义建筑和产品设计，以求达到视觉上的丰富和内涵上的隐喻，并重视情感与想象在设计中的作用，把仪式感和轻松感带入产品之中。在这里，审美的需求已不是外在于建筑或实用物品功能的要素了。

现实生活中的事物，其功能处在历史的流变、空间的磨合之中；功能不是对象固有的属性，而是与人相关的价值，依据时间、地点、境遇及人的目的等条件而不同。这正如卡尔松在《功能之美》中提到的"功能的不确定性"，人造事物的功能是多元而变化的，但其中能成功地实现人类某特定预设意图者，就是该事物的恰当功能。在卡尔松那里，"恰当功能"是事物本质的规定性，这是符合他的科学认知主义观念的。这一思路，与哈里斯认为建筑有其固有的深层伦理、"是一个时代最好的生活的诠释"的观念接近。只要我们不局限于对个别概念的狭隘理解，比如，把心理功能也看做建筑功能的一部分，就能够意识到这里包含着将美学功能与伦理功能相统一的可能性。

在建筑中，装饰是最能体现美学态度的部分之一。哈里斯论述道：

"这里区分了两种装饰。一种使全部文化找到了自身的表现，另一种则是孤立个体的创造物。一种是运动着的历史的一部分，另一种则是既没有过去也没有将来。一种有着社会功能，另一种只能作为美学存在来体验。一种至今仍同它过去的生命活力的轨迹相连，另一种则以胎死腹中。……从现在起我将把表达出公共气质的装饰称 ornament，而把我们主要看做建筑的美学附加物的装饰称为装饰物 decoration。"①

哈里斯区分了 ornament 和 decoration 的不同：前者以其外观展示出建筑的以"定居"为核心的伦理，显示了它作为一个时代的生活的诠释的文化功能；这样的装饰，作为正在发展的历史的一部分，使文化获得了自身表现；后者是与建筑的伦理与功能无关的个人化的形式创造。前者显示的是伦理态度，后者显示的是"美学态度"。但是显然，ornament 作为装饰必然地发挥着美学的功能，它呈现着与建筑的目的相统一的形式；而 decoration 与建筑无关联的形式同样也可以看做发挥着某种心理功能的对象，这种心理功能无疑与建筑所显示的这个时代的生活方式有着这样或那样的联系；它对建筑所展示的规定性的某种突破，也不可否认地带有某种时代精神的印记，如自由、张扬个性、打破禁锢的精神，等等；如此看来，"美学态度"的装饰物也与 ornament 一样，既显示着某种美学趣味，也发挥着一定的伦理功能。

在中国儒家美学思想中的文质观，也体现了与伦理态度和审美态度相近似的观念。《孔子家语》载：

"孔子常自筮其卦，得贲焉，愀然有不平之状。子张进曰：'师闻卜者得贲卦，吉也，而夫子之色有不平，何也？'孔子对曰：'以其离耶！在周易，山下有火谓之贲，非正色之卦也。夫质也，黑白宜正焉，今得贲，非吾兆也。吾闻丹漆不文，白玉不雕，何也？质有余不受饰故也。'"

"丹漆不文，白玉不雕"正是对事物自身规定性的保守，拒绝以与之不相称的美学态度去歪曲其特性，损害其伦理功能。这是一种伦理态度的装饰观。钟嵘《诗品》所言"谢诗如芙蓉出水，颜如错彩镂金"也是把倾向"伦理态度"

① Karsten Harries. *The Ethical Function of Architure*. MIT Press, Cambridge. Massachusetts, 1998, p. 48.

（呈现事物自身特征和规定性）的美学趣味置于单纯的形式美追求之上。从这个意义上讲，伦理功能并未出乎美学的视野之外，它完全可以成为一种美学风格和形态，从对世界的完整经验和身体亲历的过程中，找到自身伦理的形式表达之路。从这个意义上说，前文所述"少一点美学、多一点伦理"的呼吁，不是从根本上对美学的拒绝，而是警醒我们去关注对象的存在，反省自己体验世界的方式。

结　　语

马克思在《〈政治经济学批判〉导言》中提出人类掌握世界的四种思维方式：实践精神的、理论的、艺术的和宗教的；当代美学的发展需要对这些方式做出新的综合。注重功能与伦理，强调身体知觉和整体经验，突出环境意识和生态效益，是建筑美以及其他日常生活审美为美学提出的新要求。在这些要求和美的形式之间，美学呼吁一种涵盖了新的知识与直观的审美意识的建立；其中，生态观念和生态知识正是这个关联的核心要素，它不仅从方法上、也从本体意义上显示着当代生活对广义的"居住"这一深层伦理要求的根本认识。现实的世界需要摆脱旧有的美学态度而获得自由，而美学需要去发现这个不断获得自由的现实世界的美。

（作者单位：华中师范大学文学院）

十七年文学批评的经典问题①

李 松

就 1949—1978 年期间文学的实际情况而言，文学应该创作什么、如何创作以及与之相关的评价机制，权威的训诫者与规约者主要通过文学批评的方式来进行约束。这种国家行政体制的权威批评关注的主要对象不是一般的流行性作品，而是通过对前代的文学经典进行重评、对当时代的文学作品进行经典化的建构来进行。关于中国当代文学研究的经典问题，近三十年来，洪子诚、李扬、程光炜等大批学者进行了深入的开拓，笔者也做过一些尝试性探讨。② 各位学者的发现与创见为本文的写作提供了重要的参照，尤其是洪子诚关于当代文学的"经典"问题的系列著述，其全面而深刻的论述体系直接成为笔者选择本论题的依据与契机。本文试图以十七年文学经典的批评问题为中心，探讨学术界解构经典的思路，以及笔者个人的观点与方法。

一、学术界关于文学经典的重读

20 世纪 80 年代学术界提出的"20 世纪中国文学史"与"重写文学史"的研

---

① 本文系教育部人文社会科学规划项目"新中国十七年戏曲改革的史料整理与研究"阶段性成果之一。

② 以下为笔者近年来关于文学经典问题的研究成果：《经典化批评的现代性历史元叙事及其悖论》，载《武汉大学学报》(人文科学版) 2007 年第 5 期；《建国后十七年外国文学经典批评的等级差序》，载《襄樊学院学报》2008 年第 1 期；《文学经典的批评与文学批评的经典化——以建国后十七年文学经典的批评为中心》，载《新疆大学学报》2008 年第 2 期，《建国后十七年通俗文学的生存状况》，载《东北大学学报》2009 年第 1 期；《毛泽东与鲁迅的思想比较》，载《中南大学学报》2009 年第 1 期；《驯化与犹疑：建国后十七年经典化文学批评群体的身份认同》，载《探索与争鸣》2009 年第 12 期；《闻一多经典化过程的思想史反思》，载《新文学视野》2012 年第 5 期；《文学叙史观念与文学经典变迁》，载《湖北大学学报》2013 年第 4 期。

究思路,所遵循的是文学的审美自律性标准,通常将 20 世纪中国文学描述为"五四"文学革命——革命文学——新时期文学这样一个线性发展的轨迹,这一时段中的"十七年"文学与"文革文学"因为缺少文学性,不符合纯文学的标准,因而在 1980 年代的文学史研究中不受重视。那么,这近 30 年的文学作品以及文学史是否失去了研究的价值呢?并非如此。无疑,文学性价值的高低并不能决定文学史研究价值的有无,前者的标准是审美自律、艺术规律,后者的标准是文学的历史认识价值。从社会学、政治学等多学科角度考察文学与历史之间的互动,可以揭示文学艺术规律的表征状况。20 世纪 90 年代中期,洪子诚等众多学者重新反思"纯文学"观念,对其提出了质疑。洪子诚认为:"这三十年的文学,从总体性质上看,仍属'新文学'的范畴。它是发生于本世纪初的推动中国文学'现代化'的运动的产物,是以现代白话文取代文言文作为运载工具,来表达 20 世纪中国人在社会变革进程中的矛盾、焦虑和希冀的文学。50—70 年代的文学,是'五四'诞生和孕育的充满浪漫情怀的知识者所作出的选择,它与'五四'新文学的精神,应该说具有一种深层的延续性"①。新中国成立后,随着国家主流意识形态发起"向党交心运动"、《武训传》批判、《红楼梦》批判、胡适资产阶级思想批判、胡风文艺思想批判、反右运动、整风运动等思想清洗,洪子诚讲的这种"深层的延续性"在十七年期间实际上处于潜在状态,五四精神的力量越来越弱小,政党意志成为全能的、绝对的、统一的理念。

文学批评研究中的历史意识不仅仅指批评者与批评观念的进化关系的考察,还指向当时代批评观念的历史来源。对于这一"历史来源"的忽视,在当前的文学批评研究中尤其突出。通常的叙史观念将 20 世纪 80 年代文学与左翼文学相对立而与"五四"的启蒙文学沟通血脉,从而造成了对 20 世纪 50—70 年代文学批评现代性追求得失的盲视。20 世纪 50—70 年代中国大陆文学经典重评行为的讨论,必然涉及许多复杂的问题,例如唐小兵主编的《再解读:大众文艺与意识形态》②,黄子平的《革命·历史·小说》③。而率先提出 20 世纪中国文学经典的批评问题及其阶段的划分,首先是佛克马、蚁布思《文学研究与文化参与》一书。"在中国,现代经典讨论或许可以说是开始于 1919 年,而在 1949 年、

---

① 洪子诚:《关于五十至七十年代的中国文学》,载《文学评论》1996 年第 2 期。
② 唐小兵:《再解读:大众文艺与意识形态》,香港·牛津大学出版社 1993 年版。
③ 黄子平:《革命·历史·小说》,香港·牛津大学出版社 1996 年版。

1966 年和 1978 年这些和政治路线的变化密切相关的年份里获得了新的动力。"①这种将文学经典的批评划分为四个转折、五个时期的做法，基本上吻合了历史转折关头文学批评随政治路线而变更的特点。文学经典是什么？是谁的经典？文学经典何以形成？文学经典在历史转折前后的评价发生了什么变化？佛克马、蚁布思对这些问题的一步步叩问，掀开了历史复杂面目的一角。

从董瑾的文章《50 年代初文学经典的颠覆与重构》可以看出，她的研究思路是对佛克马、蚁布思研究思想的延伸和深化。董瑾探讨文学经典在 20 世纪中叶中国的变化情况，考察经典的构成方式及其依据与意义，并进一步了解与辨析文学观念与思潮的嬗变过程。其研究方式主要不在于指出应该怎样做而在于指出已经做了些什么，这些工作的内在动因，它对于中国当代文学创作、批评标准的界定与影响，它如何改变了当代文学的观念与风貌。意识形态的文学价值观念是怎样体现在对经典的批评过程之中的？意识形态是怎样参与经典的建构的？作者就这个时期经典问题的讨论提出下列三个问题："第一个问题：谁有权力选择和确立经典？是权力机构还是个人？如果是权力机构，那么这个机构是大学或研究所等学术机构抑或政治权力机构？第二个问题：选择(或不选)经典的依据是什么？换言之，经典构成的依据是什么？这种(重新)选择与阐释在四五十年代有什么突出的变化？……第三个问题：经典重构的理论来源与影响。四五十年代是中国社会大变动的时代。相对于'五四'时期，这场大变动更早地是以领导统治作为特征的。围绕一个政权灭亡了，另一个新政权诞生了的权力更迭，在意识形态领域发生的变革形式较之'五四'更为突出。但严格来说，这个新的文学范式从 1942 年以来就逐步确立了。认识 50 年代对经典的选择、重新确立与选择确立依据，必然对《在延安文艺座谈会上的讲话》有足够的了解。"②董瑾曾经是洪子诚在北大的硕士研究生，估计她的不少看法来自洪子诚的著述和课堂上的讲述。

洪子诚之所以在当代文学史研究领域取得了开创性的成就，其思路、观念和方法影响了许多后辈学者，这与他自 20 世纪 80 年代初开始广泛、深入吸收

① ［荷］佛克马、蚁布思：《文学研究与文化参与》，俞国强译，北京大学出版社 1996 年版，第 45~47 页。

② 董瑾：《50 年代初文学经典的颠覆与重构》，载《文艺评论》1999 年第 3 期。

西方哲学、文学、美学方面的重要成果是有必然关系的。① 正为因为他的根扎得深、吃得透、用得活，洪子诚直接套用或者搬用西方术语的情况极为少见，而他对问题的分析体现了西方理论与中国经验的融会贯通。洪子诚说："在文学史研究方面，韦勒克和伊格尔顿的书给我直接的启发，还有佛克马的。"他对佛克马、蚁布思文学经典问题进行了更为深刻的实践与阐释。洪子诚《问题与方法》的第六章《当代的文学"经典"》②承接当代文学的文学体制与文学生产的研究，认为讨论当代文学的文化体制还必须涉及文学的评价体制问题，而其中较为核心的问题是对文学经典的审定和确立。洪子诚将文学经典的考察作为研究的中心对象，其理论意义在于，"'经典'问题涉及的是对文学作品的价值等级的评定。'经典'是帮助我们形成一个文化序列的那些文本。某个时期确立哪一种文学'经典'，实际上提出了思想秩序与艺术秩序确立的范本，从'范例'角度来参与左右一个时期的文学走向"③。他认为首先需要解决的问题是："当代是否存在文学经典的认定事实？如果存在，这一'事实'从哪里得知？"其次，"当代对于经典的认定的程序，和这种'认定'是由谁做出的，怎样做出的？最后，"当代的经典认定在'管制'和'放开'之间的关系。这后一问题，讨论的是政治和文学管理机构对于文学经典重要性的认定程度"④。关于当代是否存在文学经典的认定事实的问题，我们可以考察文学书籍的出版、文学选本的确认、文科教材的编写情况。关于当代文学经典认定程序、认定的主体以及认定的标准问题，可以探讨某一时期文学批评和研究的情况。当代围绕文学经典发生的讨论，例如，1954 年关于《红楼梦》的讨论，1955—1956 年关于李煜词的讨论，1958—1959 年关于巴金作品的讨论、陶渊明的讨论，1959 年关于李清照的讨论，60 年代初关于中国古代"山水诗"的讨论，以及对鲁迅、郭沫若、茅盾等重要作家的研究等。洪子诚发现，在对这些经典作品的讨论中，批评者面临的普遍性难题是：如何既保护这些作品的"经典"地位，但在阐释上

---

① 关于洪子诚的西学阅读方面的具体情况，参见洪子诚：《穿越当代的文学史写作——洪子诚教授访谈录》，载《文艺研究》2010 年第 6 期；李云雷：《关于当代文学史的答问——文学史家洪子诚访谈》，载《文艺报》，2013 年 8 月 12 日。

② 洪子诚：《问题与方法》，生活·读书·新知三联书店 2002 年版。该书是根据洪子诚在北京大学上课的录音整理而成，课程的名称为"当代文学史问题"，上课时间从 1999 年 9 月开始。

③ 洪子诚：《问题与方法》，生活·读书·新知三联书店 2002 年版，第 233 页。

④ 洪子诚：《问题与方法》，生活·读书·新知三联书店 2002 年版，第 233~234 页。

又符合当时确立的经典尺度。概言之,当代文学批评视野中的文学"经典"具有三个基本特征:第一是文学经典的选择与确立在各个时期是流动变化的;第二,文学经典问题在当代的尖锐程度是不同的,依次是外国文学、中国现代文学与中国古代文学;第三,文学经典批评的思想标准为"民主"精神、"人民性",而创作方法则以"现实主义"为主要标尺。

对比董瑾与洪子诚的研究,前者偏重于 1949 年前后经典确认的变动过程以及理论资源,洪子诚则进一步探讨经典确认的方式、经典问题的具体讨论以及文学经典的批评的基本特征等。洪子诚掌握了丰富的史料,提纲挈领地提出了许多极富创见的观点和研究思路;也正如他自己承认的,这些思路还有待进一步具体、细致地探究,而如何在洪子诚等研究者的基础上"接着说",并有所发现,正是本文的立意所在。以上梳理的主要问题,它们之间有着深刻的逻辑联系。各位学者的发现与创见为笔者的写作提供了重要的参照,尤其是洪子诚关于当代文学的"经典"问题,其全面而深刻的论述体系直接成为了笔者选择本论题的依据与契机。

文学史是文学发展的历史,但并不是无限延长没有边界的,文学史的分期便是界标的树立。在文学史是文学的经典化的历史这一观念的支配下,众多学者纷纷集中对 50—70 年代文学经典进行解读,一时成为学界热潮。代表性的有余岱宗的《被规训的激情:论 1950、1960 年代的红色小说》①,董之林的《旧梦新知:"十七年"小说论稿》②、《追忆燃情岁月——五十年代小说艺术类型论》③,李杨的《50—70 年代中国文学经典再解读》④等。文学史既是文学历史的延续,同时自然包括断裂的转折,集中对于文学史主流"红色经典"的研究固然是一条行之有效的思路。然而,传统经典是如何在文学转折关头接受历史的重新塑造而进入新的文学史叙述呢?对传统经典的理解是如何参与着"当代文学"文化政治的建构目标呢?这其中每一种文学形态嬗递的转折过程,值得对历史细节进行深入的考辨和理论总结。程光炜认为,如果不把鲁迅、郭沫若、茅盾、巴金、老舍、曹禺等文学大师在"当代"的思想、文学活动和研究

---

① 余岱宗:《被规训的激情:论 1950、1960 年代的红色小说》,上海三联书店 2004 年版。

② 董之林:《旧梦新知:"十七年"小说论稿》,广西师范大学出版社 2004 年版。

③ 董之林:《追忆燃情岁月——五十年代小说艺术类型论》,河南人民出版社 2001 年版。

④ 李杨:《50—70 年代中国文学经典再解读》,山东教育出版社 2003 年版。

活动考虑在内，这就会使文学的"当代"转折显得突兀。他的《文化的转轨——"鲁郭茅巴老曹"在中国 1949—1976》①正是对这一问题的解决。与程光炜思路相似的是贺桂梅的《转折的年代——40—50 年代作家研究》②，作者借助了丸山昇所说的"大环境/小环境"的方法论，尝试在具体对象的描述中提升出问题，以使思想命题具体化和复杂化，在 40—50 年代，意识形态话语转型中中国现代作家遭遇的问题及其历史回应，揭示出此中复杂的精神史层面。在解决 1948—1949 年政权更替期面对"大十字路口"时知识分子的去留问题时，作者选取的典型个案是萧乾；而关于国统区"中间立场"的作家应对时局变化的有冯至和沈从文两种不同的方式；面对现代中国知识分子的"革命"诉求问题，选取的是丁玲；探询革命新话语秩序、当代文学规范的确立及内部矛盾时，选取的是赵树理。这些作家的文学创作、价值选择隐含着各自的文学观念，从中也可以找到文学批评的线索。

二、文学经典问题的缘起

就笔者所见，国内学者张荣翼首次从文学批评机制的角度提出了文学经典的问题。他认为，经典机制"可概括为是以之来引导、评价整个文学活动的一种秩序和规则"③。文学经典机制的建立在于客观性的批评标准，"权威的拟定"以及文化惯例的认可。经典机制的功能，在于"既可以圭臬创作，也可以引导阅读，它的作用是文学活动在保持个性特征的前提下也有统一性"④。后来，张荣翼又从文学史理论的角度提出了文学经典化机制在历史过程中体现的规律。他指出，"文学史作为经典化了的文学的历史，它的经典化在形式上是对文学本文的经典化，而在它的实质蕴含上还包含着对某种观念、某种思想的经典化"，文学经典化的形成过程中，"文学史通过对过去文学本文的经典化，就在接受过去文学影响的现实性的一面外，还展示了它自觉筛选、接受这些影

---

① 程光炜：《文化的转轨——"鲁郭茅巴老曹"在中国 1949—1976》，光明日报出版社 2004 年版。

② 贺桂梅：《转折的年代——40—50 年代作家研究》，山东教育出版社 2003 年版。

③ 张荣翼：《文学经典机制的失落与后文学经典机制的崛起》，载《四川大学学报(哲学社会科学版)》1996 年第 3 期。

④ 张荣翼：《文学经典机制的失落与后文学经典机制的崛起》，载《四川大学学报(哲学社会科学版)》1996 年第 3 期。

响的可能性的一面"。① 张荣翼揭示了经典机制作为文化权力对文学史写作造成的深刻影响，而文学批评也同样存在着文学批评经典化与经典化的文学批评史的问题。他的结论为笔者探讨"十七年"文学经典的批评问题，即主流意识形态文学批评及其悖论提供了有益的理论依据。

经典、批评是本文涉及的两个核心概念。经典的内涵既具有实在本体的意义，又必须在文化政治等外在因素参与建构的关系之中去认识。文学批评的经典化与国家意识形态文学批评是"十七年"的文学批评的突出特点。笔者试图考察在历史转折关头，文学批评面临批评观念断裂与延续的二难处境，并指出现代性历史元叙事是国家意识形态文学批评的总体特征。通过考察文学经典的批评状况，试图回答国家意识形态文学批评的观念是什么，是如何形成的，它遭遇了哪些宿命般的矛盾，产生了什么样的社会影响，文学批评者经历了一个什么样的复杂精神历程……

笔者并不着重对某种批评观念作简单的或褒或贬的判断，因为在特定历史时期作为工具与武器出现的文学批评观点毕竟有其现实土壤和历史需要；也不是根据本文的研究得出一个恒定的原则或真理作为未来文学批评的指针，因为批评观念只是历史性地产生，因此也只能依据历史语境而不是教条式地搬用已有的说法。我们要质疑的不是观念本身，而是观念实践的形式、目的与效果。只有拷问这个问题才能避免其他具有相同目的和作用的批评观念取代它们。以文学批评的经典化为对象、以主流意识形态文学批评为主线，然而我们可以清晰地发现主流意识形态文学批评本身矛盾重重、主流意识形态文学批评与非主流意识形态文学批评之间歧见迭出，这些"矛盾"、"歧见"及其解决正反映了历史深处的裂隙。另外，"我们在历史研究中也应注意各种不同性质的偶然，它所带来的种种后果，对必然的影响和关系，这样历史才能成为活生生的有血有肉的人所创造的历史而不是呆板的公式和枯燥的规格，也才不是宿命论或自由意志论"②。在历史选择的十字路口，我们能否通过历史必然与偶然之间的裂隙发现文学批评的另一种可能呢？毕竟我们不能超越历史，我们只能从这"可能"之处重新思考批评的起点与走向。中国革命的历史成果是经验与先验、自由与必然、逻辑与历史共同创造的结果，已经从先验变成了经验，沉淀为人类历史积累层中最可宝贵的一个层面。如果要从文明积累中抽去这一层面，中

① 张荣翼：《文学史，文学经典化的历史》，载《河北学刊》1997年第4期。
② 李泽厚：《中国近代思想史论》，天津社会科学院出版社2003年版，第473页。

国现当代文学史必然是一堆碎片。先验已经融入经验，经验已经容纳先验，双方已经共同创造了近代文明的历史。我们必须承认并尊重以往历史的不可中断。存在的合理性必然高于理论的彻底性，甚至理论的彻底性也须变通以适应存在的合理性的要求了。

本文认为，在吸取、总结已有研究成果的基础上，以"十七年"的文学经典的批评为对象，从当今人文科学发展的前沿来审视批评观念的内涵与线索。在古今与中外的时空互动中揭示规范与观念的历史流变脉络，从而使中国当代文学史的批评研究具备一种世界性和历史性的视野。从文学批评的范围来看，包括对历代文学和当时代文学作品的评论（跟踪批评与批评综论）两个方面。而就"十七年"（1949—1966）文学批评的学术史来看，这一时期对于外国文学、中国现代和中国古代文学经典的批评观念的考察，当前学术界关注较少。笔者在遵循历史线索的前提下，以问题史的论述方式结构全书。既考虑到问题之间的历史与逻辑联系，又体现某一问题所包含的历史内容和思想深度，从而考察近20年里中国当代文学现代性追求中批评观念的变迁。文学经典的讨论中，争论的起因在于有时遭遇了批评中的关键理论问题和现实困难，有时力图捍卫某种权威标准和理论，有时某种文学观念要求顽强地延续。争论的焦点问题，或体现为观点总体上的同一性，抑或观点的歧异以致标志着另一种理论创生的可能。争论的解决结果，或是困境中折衷的解决，或是某种权威理论的恶性发展。论者试图揭示文学批评面临的一个共同的历史困境：在激进的革命主义现代性氛围下，文学批评主体如何既保护这些作品的"经典"地位，又如何勉为其难地使关于经典的阐释符合当时的"经典"尺度。对于这种阐释的艰难、尴尬与犹疑的揭示，有利于去除对这段文学批评历史的绝对性的片面否定，并引出文学批评可能走向的另一思路。

三、文学经典批评的思路

1949年中华人民共和国成立后，中国当代文学经历着时空转换和时代主题的变迁，但是毛泽东在解放区发表的《在延安文艺座谈会上的讲话》依然是指导文学发展的根本方针。同样，文学理论和文学批评也和延安时期关于文学的性质、意义、生产、功能的规定有着直接的渊源关系。为了使新政权的建立获得意识形态的强大支持和政治保证，中国共产党必须充分强化文学批评维护政治意识形态在文学上的统治地位，于是，寻找更为牢固的文学批评理论的支撑成了加强新中国文学批评意识形态功能的题中应有之义。由于文学经典具有权威性和示范性，因此经典的选择从来就包含着一种意识形态的动机，实质上是社会维持其自身利益的战略性构筑。

十七年文学批评的经典问题，涉及三个关键词：历史记忆、文学经典与文学政治。这里的"历史记忆"意味着研究对象属于时间上过去式范畴，批评者在"十七年"时期回过头去重新评价两千多年来的中外文学遗产，这种重新评价中包含着国家意识形态主体对于历史记忆的认知，以及在认知中体现出来的情感和立场。关于文学经典的批评则浓缩了上述三个关键词的意义与相互关系。文学是某一时期人们思想感情的凝聚，它是一种社会集体记忆的积存。因此如果要通过情感的、审美的方式为现存权力提供合法性证明的话，需要通过文学经典延续权力所许可的历史记忆，删除不能容忍的历史记忆。历史是权力掌握者建构的产物，他们根据现实的需要对过去的历史以及历史记忆进行改写，重新命名何谓真实、客观的历史。我们可以通过分析关于何谓文学经典、文学经典的批评观念，来探讨主流意识形态的历史记忆的构成机制。

笔者主要截取 1949—1966 年这一时段，以考察新中国成立之初到 1966 年前后的历史转折期文学批评范式转移的复杂过程，分析外国文学经典、中国现代文学经典与中国古代文学经典作品的批评中出现的核心问题，以及这种批评的现代性追求与悖论。笔者拟攻破的难题是，对 1949—1966 年之间大量关于文学经典的批评的第一手资料进行细致的整理和分析，描述批评观念的本质特征、表现形态、内在逻辑。通过梳理外国、现代、古代文学经典的批评与意识形态之间的关系，揭示主流意识形态文学批评标准与批评规范建立的历史缘起；考察意识形态的作用方式及其内部的协调和冲突，为正确认识和处理文艺与意识形态之间的关系提供具有现实意义的启示；揭示主流意识形态文学批评话语在理论和实践中面临的困境，总结文学批评的经验教训。

笔者试图以问题史的结构方式对"十七年"文学经典的批评状况作一个学术史的考察，其中的某些问题在已经出版的文学史、文学批评史和文学学术史著作里有所论述，但论述的角度各不相同，有的从文学批评产生的灾难性的后果片面批判其消极面，有的脱离具体的历史语境将一个个批评个案做成展示苦难的"木乃伊"。

文学经典化，简单而言，指文学作品通过什么样的方式和途径熔炼为经典的过程。在中西历史中，文学作品或文化典籍从产生、定型到产生或大或小的影响，离不开外部评价标准参与建构的过程，可见经典化（Canonization）作为一种历史现象是客观存在的。探讨文本在传播、批评中的意义建构与地位变迁，可以从文本与世界、读者、作家的互动关系中立体地考察文本的内涵以及价值的实现。因此，对文学作品"经典化"过程的考察就可以成为一种研究方法。笔者自觉地运用了"经典化"这一研究方法，这一研究方法具有一定的普适性和兼容性。进一步说，经典化还不仅仅是一种客观事实和研究方法，它的历史生成过程涉及当时批评者对文学作品是否可以成为经典的"叙述"。笔者要做的就是考察这一历史叙述是如何形成的。根据对"十七年"文学批评的理解，笔者认为，在文学批评中围绕文学经典的废与立，实际上形成了一种关于经典批评(Canonization criticism)的思路与方法。在某一历史时期内，批评者以文学经典作为阐释对象，通过以预设的政治原则或艺术标准对经典进行解读，从而实现维护或颠覆某种文学观念的目的。笔者想探究的是在这一经典化批评的过程中，文学经典的构造目的、手段、途径和实际效果，以及这种"一体化"思路的矛盾和裂痕。

研究对象主要是"十七年"期间文学批评者关于文学经典的批评观念，因而属于批评的批评。从文学本体来看，经典具有独创性、典范性与历史持久性；从历史评价的过程来看，经典又是一个处于流变之中的概念，对真理的认定标准因批评者价值立场的差异而不同；从文化权力角度看，文学作品的经典化还是一种意识形态的权力建构，同时也往往附带获取了一种意识形态的话语霸权。本书的主要内容可概括为文学批评的经典化与主流意识形态文学批评。文学批评的经典化既是一种批评现象，也是论者的考察对象。经典化批评具有特定的指导思想、理论基础与相应的特点及方法，它的总体特征表现为现代性历史元叙事。从文学经典批评的历史过程来看，历史转型期(新中国成立前后)的批评包括中国传统文学批评方法的转折与文学经典批评权力话语格局的形成。文学经典的批评按其政治敏感程度可以分为外国文学经典的批评、中国现代文学与中国古代文学经典的批评三个部类。通过归纳"十七年"文学经典的批评个案涉及的核心问题，从而来揭示具体历史语境下批评观念的内涵与演变轨迹。外国文学经典的批评涉及政治意识形态标准等主要问题；中国现代文学经典的批评包括批评者对"当代文学"与"五四"关系的不同阐释、文学史写作的叙史线索与经典变迁、文化权力网络中的鲁迅研究以及通俗文学的贬黜等；中国古代文学经典的批评包括文学遗产的评价、《中国文学史》的叙史观念、文学批评的阶级性标准等问题。文学经典的批评标准并非静止不变的，在调整的过程中既有外部影响又有内部调适。今天看来，我们必须认识到这一时期批评的现代性境遇以及批评观念的历史定位。笔者试图了解主流意识形态文学批评的内在思路、形成原因、潜在矛盾以及社会影响，揭示文学经典的批评观念形成的背后其意识形态的根源，从而对中国当代文学批评观念的演进给予更为完整的历史认识。在总结主流意识形态文学批评的经验教训这一基础上，笔者试图把握文学批评观念的嬗变规律和内在理路，从而为找到既适应社会现实又具有思想创新精神的批评思路提供某种启示。笔者通过对文学经典作品的批评来探寻"十七年"文学批评观念的内涵与嬗变规律，从而有利于将它与当时代的文学作品的有机结合、整体综观，全面认识该时代文学观念的内涵与特征。

四、结　语

文学批评史研究首先是一种历史研究，因而梳理清楚历史事实，是研究的基础。在大量占有材料的基础上，通过叙述事实来表达观点，总体评价事实的性质、倾向、结构、逻辑与过程。考察这一时期国家意识形态机器与学术界关于外国文学经典、中国现代文学经典、中国古代文学经典的批评观念，并且追踪文学观念流变的过程及其原因。以史料为基础，对"十七年"期间大量关于文学经典的第一手批评资料进行细致的整理和分析，描述其批评观念的本质特征、表现形态、内在逻辑，同时对一些重要的批判个案进行重新解读。这是本文的研究方法。

立足于 1966 年这一历史拐点，回首"十七年"关于文学经典的批评，我们发现，它是整个左翼文艺运动的一个有机组成部分，它既有作为文学批评历程的过渡性，又反映了历史上批评观念伴随国家政权建立而随之变迁而具有的共同性规律。其过渡性含义体现在它既是延安文艺思想的继续，又是"文革"文艺思想的肇始；既具有革命文学激进的先锋性和实验性，又具有阶级论文艺观的封闭性和保守性。这一阶段的文学批评观念凸显了左翼文学或革命文学内在的矛盾和分裂，从而陷入不可复返的自我否定。革命历史的辩证法就是如此，促成革命成功的因素在新的时空条件下有可能成为障碍性的因素，对此问题认识不清，必然将大大增加从革命向执政转化的困难。

（作者单位：武汉大学中国文艺评论基地）

吴门画派的绘画批评理论

刘　耕

　　吴门画派在明代绘画，乃至整个中国古代绘画史中，具有相当重要的位置。它上承宋元的文人画传统，并融合了院画的一些技法和题材，从而形成了自己的风格和观念，并对其后绘画史的流变产生了深远的影响。在吴门画派的形成中，对前代大师作品的批评，构成了一个前提。在对艺术史之"胜迹"的鉴赏、批评和临仿中，吴门画家对古人的绘画遗产进行了有选择的取资。批评的主要形式，是留在画上的题诗和题跋。它们显示着留题者对于作品的态度和解释。这种态度与解释又通过绘画在文人群体中的"展出"，被其他人识别。题诗题跋与作品构成了一个整体，一起流传后世。凭借这种密切关系，题诗题跋中的批评形成了一种力量，既影响着后世画家对于作品和绘画史的判断，也影响着他们自己的绘画创作。

　　因此，要研究吴门画派的绘画理论，他们的绘画批评是一个有意思的角度。批评不仅改变代大师在艺术史中的位置，也改变着他们自己的艺术之路。

　　不过，要对吴门画派的绘画批评展开理论性的研究，仍存在着不小的困难。首先，吴门画家对于批评术语的使用，往往缺乏清晰的界定和解释，甚至带有某种随意性。从这些术语中，我们似乎难以总结出某种系统的批评原则。其次，批评的形式主要是题诗与题跋，题诗由于其诗意性的表达，往往缺乏理论的评述；而题跋也常常述而不评，仅仅交代一些与作品相关的历史典故。这些都弱化了批评的功用。再次，这些批评由于题在作品上，又受作品持有者嘱托，因此往往溢美之词居多，而缺少真正的"批评"。研究者需要从这些褒扬的言辞中，把握批评者的真实态度。

　　本文试图从吴门画派题诗题跋的吉光片羽中，提炼出他们绘画批评所遵循的理论与原则。这些绘画批评看似零乱和随意，但包含着吴门画家的绘画美学思想，并体现在一整套理论和术语中。这些理论和术语虽大多取资于前人，但吴门画家却将之融会贯通，并加以新意，应用于批评上。凭借这套理论，他们还建构起自己的绘画史谱系。他们的创作，也建立在这套理论和画史观念上。本文所用的材料，主要是沈周、文徵明和唐寅的题诗题跋，对吴门后学如文嘉、陆师道、周天球等人的则并未涉及。这留待将来再作裨补。下面，笔者就分三个部分来梳理吴门画派的绘画批评理论。

一、"文人画"理论的成熟

"文人画"的观念，是中国绘画理论和批评中的重要问题。其渊源可上溯至北宋时苏轼等人关于士人画的理论。如苏轼《跋宋汉杰画三则》称："观士人画，如阅天下马，取其意气所到。乃若画工，往往只取鞭策皮毛，槽枥刍秣，无一点俊发，看数尺许便倦。"①他还推崇王维，作为士人画的典范。他的《王维吴道子画》道："吴生虽妙绝，犹以画工论。摩诘得之于象外，有如仙翩谢笼樊。吾观二子皆神俊，又于维也敛衽无间言。"②苏轼"士人画"的概念，并不是基于画家"身份"而做出的区分，而是包含着一整套的绘画美学思想，并为其周围的文人团体所践履，如"随物赋形"的思想，如诗与画的结合，如对"意"的强调，对"理"的把握，对形似的超越和对"象外之旨"的追寻，等等。

苏轼之后，"士人画"的观念，伴随着画史发展而逐渐成熟。降及明代，曹昭《格古要论》中载赵孟頫和钱选讨论士夫画："赵子昂问钱舜举曰：'如何是士夫画?'舜举答曰：'隶家画也。'"③而颇推重文徵明的何良俊也有"利家"和"行家"的划分，他称："我朝善画者甚多，若行家，当以戴文进为第一，而吴小仙、杜古狂、周东村其次也。利家，则以沈石田为第一，而唐六如，文衡山、陈白阳其次也。"④已见画史分宗之端倪。屠隆的《画笺》，亦盛称士大夫画与士气。董其昌则提出"南北分宗"说，他提道："禅家有南北二宗，唐时始分。画之南北二宗，亦唐时分也。但其人非南北耳。北宗则李思训父子着色山水，流传而为宋之赵干、赵伯驹、伯骕，以至马、夏辈。南宗则王摩诘始用渲淡，一变勾斫之法，其传为张璪、荆、关、董、巨、郭忠恕、米家父子，以至

---

① （北宋）苏轼：《苏轼文集》，岳麓书社 2000 年版，第 763 页。
② （北宋）苏轼：《苏轼诗集合注》，上海古籍出版社 2001 年版，第 154 页。
③ （明）曹昭：《格古要论》，杨春俏编著，中华书局 2012 年版，第 31 页。
④ （明）何良俊：《四友斋丛说》，中华书局 1959 年版，第 267 页。

元之四大家，亦如六祖之后有马驹、云门、临济，儿孙之盛，而北宗微矣。"①
他将画史区分为流传有序的两宗，认为北宗重视技术和工巧，"落画师魔界，
不复可救药矣"②。而南宗则调妙悟，弘扬"士气"，强调心灵自由无拘的
创造。

近代，陈师曾在《文人画之价值》中高度肯定文人画的意义。他认为："文
人画即画中带有文人之性质，含有文人之趣味，不在画中考究艺术上之功夫，
必须在画外看出许多文人之感想，此之所谓文人画。"③

而吴门画派的"文人画"观念，在该理论的历史上，有着不可或缺的位置。
吴门画派的绘画批评中，似乎已建立起比较成熟的文人画理论系统。它涉及绘
画的意图、创作状态、功能、形式和内容的关系、审美趣味、艺术境界、画家
自身的修养等多方面的问题。

在批评中，吴门画家，尤其是文徵明多次以文人画的理论，来评价历史上
的绘画作品。而他所用的术语，主要是"作家"和"士气"。

如文徵明评文同："然评者谓道宁之笔，颇涉畦迳，所谓作家画也。而与
可简易率略，高出尘表，犹优于士气。此画作家、士气咸备，要非此老不能作
也。"④他引前人话评王绂道："友石先生，在能之上，评者谓作家士气皆
备。"⑤又他评朱德润《浑沦图》道："画法秀润，自有一种士气。"⑥

文徵明虽弘扬士气，但对"作家"并无排斥，他推重"作家"与"士气"兼
备，既重视文人精神价值的表达，同时也并不废弃作家的长处，如技艺的纯熟
和位置的经营等。在他看来，画技的砥砺是一个前提，他也常临摹院画高手如
李唐、赵伯骕等人的绘画。如他评李唐绘画时曾提道："余早岁即寄兴绘事，
吾友唐子畏同志，互相推让商榷，谓李晞古为南宋画院之冠，其丘壑布置，虽

---

① （明）董其昌：《画禅室随笔》，屠友祥校注，江苏教育出版社 2005 年版，第 158
页。
② （明）董其昌：《画禅室随笔》，屠友祥校注，江苏教育出版社 2005 年版，第 107
页。
③ 陈师曾：《中国文人画之研究》，中华书局 1922 年版，第 1 页。
④ （明）文徵明：《跋文湖州盘古图卷》，见潘运告编注：《明代画论》，湖南美术出
版社 2002 年版，第 41 页。
⑤ （明）文徵明：《跋王孟端湖山书屋图》，见周道振辑校：《文徵明集》，上海古籍
出版社 1987 年版，第 1313 页。
⑥ （明）文徵明：《题朱德润浑沦图卷》，见周道振辑校：《文徵明集》，上海古籍出
版社 1987 年版，第 1357 页。

唐人亦未有过之者。若余辈初学，不可不专力于斯。"①他和唐寅推重李唐在构图上的造诣，认为学画之初，不可不精研李唐的画艺。这里，吴门画家强调文人画融合院画之所长，与后来的董其昌对北宗的贬抑有所区别。

不过，沈周、文徵明和唐寅又认为，绘画不能仅仅停留在形似，停留在精巧工致的层面。他们所真正弘扬的，仍旧是绘画中所寄寓的文人之精神。它具体体现在如下这些方面：

(一) 超越形似

沈周、文徵明等人，延续发展了苏轼"士人画"思想中超越形似，注重画外之意，象外之旨的思想。沈周评夏昶《荣枯双竹图》道："我从笔外见生意，月窗岂在求形似。笔尖况有书法存，以书会画真能事。"②评价夏昶的画竹以书法性用笔来作画，并不停留在形似之上，而流露出一种生意。文徵明则特别批评为规矩法度所束缚，一味追求技艺上的工巧，而落入畦径的庸工俗匠。他有诗句道："近来俗手工模拟，一图朝出暮百纸。"③讽刺工于模拟的画匠的作品，不过是粗制滥造。他评郭忠恕《避暑宫图》道："画家宫室最难为工，谓须折算无差，乃为合作。盖束于绳矩，笔墨不可以逞，稍涉畦畛，便入庸匠。故自唐以前，不闻名家，至五代卫贤，始以此得名，然未为极致。独郭忠恕以俊伟奇特之气，辅以博文强学之资，游规矩准绳而不为所窘，论者以为古今绝艺。"④画家必须以自己独特的精神气质、学养和创造力，脱去规矩的束缚，以一种"游戏"的状态挥洒笔墨，才能超出庸工俗匠，创造出好的作品。文徵明评元代王渊的绘画道："元季武陵王澹轩先生，绘事宗于黄筌，而得赵承旨指授，故能脱去町畦，洗尽俗尘，无院体气，诚超凡入圣手也。"⑤认为王渊得到赵孟頫文人画的滋养，而能超出一般画匠的町畦，脱去院体工于形似的习气，

---

① （明）文徵明：《跋李晞古关山行旅图》，见周道振辑校：《文徵明集》，上海古籍出版社 1987 年版，第 1340 页。

② （明）沈周：《夏太常荣枯双竹》，见张修龄、韩星婴点校：《沈周集》，上海古籍出版社 2013 年版，第 410 页。

③ （明）文徵明：《题石田先生画》，见周道振辑校：《文徵明集》，上海古籍出版社 1987 年版，第 61 页。

④ （明）文徵明：《题郭忠恕避暑宫图》，见潘运告编注：《明代画论》，湖南美术出版社 2002 年版，第 37 页。

⑤ （明）文徵明：《题王澹轩画》，见周道振辑校：《文徵明集》，上海古籍出版社 1987 年版，第 1079 页。

在画艺上"超凡入圣"。文徵明引前人语评李公麟画道："伯时之画，论者谓出于顾、陆、张、吴，集众善以为己有，能自立意，不蹈袭前人，而阴法其要。其成染精致，俗工或可学，至于率略简易处，终不及也。"①俗工也许可以学习李公麟绘画中的精致工巧之处，却无法领会他超越形式之外的"立意"，这些"立意"常常不在画面的线条和色相中，而在"率略简易处"，在虚空和留白中，需要诉诸观画者自身的领悟力去体会。文徵明评唐寅《右军换鹅图》则道："画人物者，不难于工致，而难于古雅。盖画至人物，辄欲穷似，则笔法不暇计也。"②在文徵明看来，人物画中，技艺的纯熟，人物描摹的工致并非难事。一般的画匠描绘人物只求色相的逼真，而无法传达出一种古雅的审美趣味。

和"超越形似"的思想相关，沈文等人虽师法古人，擅于临摹，也强调师古的重要性，但却反对落入古人的窠臼。沈周提道："吴仲圭得巨然笔意墨法，又能轶出其畦径，烂漫惨淡，当时可谓自能成名家者。盖心得之妙，非易可学。"③沈周评价，吴镇并不只是取法和模拟巨然的笔墨技法，更重要的是"心得"，即领会巨然绘画内在的意蕴，以此来丰富自己，并超越前人，创造自己独特的"烂漫惨淡"之风格。文徵明评沈周临米友仁《大姚江图》道："区区不独形模似，更存风骨骊黄外。"④文徵明评价，沈周并不只是在形式上模拟小米，更能超越骊黄牝牡之形式，而表达出小米画中独特的风骨。文徵明评陈淳画则道："陈道复作画，不好模楷，而绰有逸趣。"陈淳不喜以古人之楷模来绳缚自己，绘画中充满"逸趣"。

文徵明还有一段评语，总结沈周绘画风格的变迁："石田先生风神玄朗，识趣甚高，自其少时作画，已脱去家习。上师古人，有所模临，辄乱真迹，然所为率盈尺小景。至四十外，始拓为大幅，粗枝大叶，草草而成，虽天真烂发，而规度点染，不复向时精工矣。"⑤这里将沈周的绘画生涯分为两个阶段，

① （明）文徵明：《跋李龙眠孝经相》，见潘运告编注：《明代画论》，湖南美术出版社 2002 年版，第 42 页。

② （明）文徵明：《题唐子畏右君换鹅图卷》，见周道振辑校：《文徵明集》，上海古籍出版社 1987 年版，第 1328 页。

③ （明）沈周：《题层峦图》，见张修龄、韩星婴点校：《沈周集》，上海古籍出版社 2013 年版，第 1088 页。

④ （明）文徵明：《题沈氏所藏石田临小米大姚江图》，见周道振辑校：《文徵明集》，上海古籍出版社 2002 年版，第 80 页。

⑤ （明）文徵明：《题沈石田临王叔明小景》，见潘运告编注：《明代画论》，湖南美术出版社 2002 年版，第 34 页。

少年时已能超出家传的绘画传统，师法古人，熟练掌握了古人的绘画技巧，临摹逼肖，非常精致。然而，40岁后作画，反而粗枝大叶、逸笔草草，不再追求当年绘画的精工细致，不再追求绘画形式上的完美，而是"天真烂发"，尽情挥洒胸中之"天真"。这里，文徵明所推重的其实是沈周40岁后的境界。这对应沈周的"粗沈"风格。文徵明自己也提道："昔云林云：画竹聊写胸中逸气，不必辨其似与非。余此册即他人视为麻与芦，亦所不较。"①他吸取了倪瓒的思想，超越形似而书写胸中逸气。

对"逸气"和"逸趣"的追求，应受到黄休复《益州名画录》推崇"逸品"的影响。朱景玄在《唐朝名画录》中评绘画已有"神妙能逸"四品，而黄休复则把"逸品"提到四品中最高的位置，并给出了相应的阐释："拙规矩于方圆，鄙精研于彩绘，笔简形具，得之自然，莫可楷模，出于意表。"逸品不拘常法，不追求形状色彩的精雕细琢，而是得之"自然"，自然而然，不以人的机心和知识来刻意地造作，万物如其自身地显现，而能如自然一般变幻莫测，从而无法用某个"楷模"之形式来框定。文徵明常以"逸"来评价绘画，如他评巨然画"老笔嶙峋况超逸"②，李公麟画"又复纵逸飘洒，有飞舞剑仙之态"③，评米友仁《湘山烟霭图》"多断烟残渚，波光海暝，乍出乍没，可谓奔放横逸，真得画家三昧"④，评吴镇画"前元画法谁最逸？沙弥老笔云纷披"⑤，评沈周画"江南此景谁貌得，白石先生最神逸"⑥，评唐寅《八骏图》"腾骧超逸，形神具在"⑦。不过，文徵明虽也喜好逸品，但并未在神品和逸品中区分优劣，他提道："余闻上古之画全尚设色，墨法次之，故多用青

① （明）文徵明：《画竹册》，见周道振辑校：《文徵明集》，上海古籍出版社2002年版，第1399页。
② （明）文徵明：《题黄应龙所藏巨然庐山图》，见周道振辑校：《文徵明集》，上海古籍出版社2002年版，第73页。
③ （明）文徵明：《跋李龙眠十六应真图》，见周道振辑校：《文徵明集》，上海古籍出版社2002年版，第1371页。
④ （明）文徵明：《题米元晖湘山烟霭图卷》。见周道振辑校：《文徵明集》，上海古籍出版社2002年版，第1342页。
⑤ （明）文徵明：《题邹光懋所藏梅花道人画》，见周道振辑校：《文徵明集》，上海古籍出版社2002年版，第814页。
⑥ （明）文徵明：《题石田先生画》，见周道振辑校：《文徵明集》，上海古籍出版社2002年版，第61页。
⑦ （明）文徵明：《跋唐子畏八骏图卷》，见周道振辑校：《文徵明集》，上海古籍出版社2002年版，第1378页。

绿；中古始变为浅绛、水墨杂出。故上古之画尽于神，中古之画入于逸，均各有至理，未可以优劣论也。"①这展现出吴门画派在绘画批评上的包容态度，并非因为推许一派一品，就否认其他的风格和趣味。文徵明也常用"神品"来称赞前人的杰作，如评王维《捕鱼图》"画中神品，脍炙人口"；评黄筌《蜀江秋净图卷》"得心应手，出入变化，丹青浅粉，与腕相忘，随其所施，无不合道。故后人称为神品，列于张吴，殆非过欤"②。"神品"既适用于文人画鼻祖王维，也适用于院画高手黄筌。唐寅亦称刘松年画"尤为入神品，列诸卷之上，盖师六朝笔意云"③。

（二）天真与平淡

在上文，笔者已提到，文徵明称沈周 40 岁后的画"天真烂发"。"天真"是文人画理论中重要的观念之一。米芾在《画史》中就称"董源平淡天真多，唐无此品，在毕宏上，近世神品，格高无与比也"，"幽壑荒迥，率多真意"。④ 以"平淡天真"、"真意"品评董源绘画，又称巨然画"岚气清润，布置得天真多"，"老年平淡趣高。"⑤汤垕《画鉴》承袭米说，也评董源夏山图"天真烂漫"。又认为观画当"先观天真，次意趣"。文徵明则评吴镇"然多草草存风神，未有此幅烂漫皆天真"⑥，评沈周"胸中烂熳富丘壑，信手涂抹皆天真"⑦。与"天真"相关的观念，还有"天然"、"天趣"、"清真"等。如文徵明评二米云山图："余所喜者以能脱略画家意匠，得天然之趣耳。"⑧评倪瓒画："山寒有古

---

① （明）文徵明：《题唐阎右相秋岭归云图卷》，见周道振辑校：《文徵明集》，上海古籍出版社 2002 年版，第 1317 页。

② （明）文徵明：《黄筌蜀江秋净图卷》，见周道振辑校：《文徵明集》，上海古籍出版社 2002 年版，第 1343 页。

③ （明）唐寅：《跋刘松年层峦晚兴图》，见周道振、张月尊辑校：《唐伯虎全集》，中国美术学院出版社 2002 年版，第 507 页。

④ （北宋）米芾：《画史》，明津逮秘书本。

⑤ （北宋）米芾：《画史》，明津逮秘书本。

⑥ （明）文徵明：《题邹光懋所藏梅花道人画》，见周道振辑校：《文徵明集》，上海古籍出版社 2002 年版，第 814 页。

⑦ （明）文徵明：《题石田先生画》，见周道振辑校：《文徵明集》，上海古籍出版社 2002 年版，第 61 页。

⑧ （明）文徵明：《题仿米云山卷》，见周道振辑校：《文徵明集》，上海古籍出版社 2002 年版，第 1397 页。

意，木落见清真。"①

天真之观念众评家虽常提及，但却少有解释。葛路先生提道："天真这一范畴与自然、天然含义相近。"②他认为"天真"一词本出于《庄子·渔父》："礼者，世俗之所为也。真者，所以受于天也，自然不可以易，故圣人法天贵真。"③

虽然《渔父》未必是绘画观念中"天真"一词的来源，《渔父》和《庄子》内七篇的思想也存在较大区别，但"天真"观念中，庄子思想的影响痕迹还是清晰的。在《庄子》中，"天"有多重含义，比如昭昭可见的上天等。其中非常重要的一层含义，是指万物本然的状态。如《齐物论》"是以圣人不由，而照之于天，亦因是也"中的天，即是此意。圣人不去纠缠于是非的判断，而是任万物如其本然地向自己显现。大化流衍陶铸万物，成其千变万化之形态。天同时意味着一种自然而然的创化之源，所谓"道与之貌，天与之形。"这样一种运化，不以人的意志为转移。因此，天又体现为某种"常"和"命"，如《大宗师》提道："死生，命也，其有夜旦之常，天也。人之有所不得与，皆物之情也。彼特以天为父，而身犹爱之，而况其卓乎！"

而人要做的，是"吾丧我"，"坐忘"，"悬解"，超越执著于"我"所带来的种种成见，超越感官和知识带来的欲望，荡涤自己的机心，聆听"吹万不同，咸其自己"的"天籁"，任万物如其本然地显现，并融身于大化流衍中，安时处顺，"乘物以游心"，获得精神的悠游。

庄子笔下的真，亦有多层含义，和天的概念也有相关之处。《齐物论》中的"如求得其情与不得，无益损乎其真"，这里的"真"具有本体、本然的意义。《大宗师》中"且有真人而后有真知"。这里"真人"之"真"，对应的又是一种体道的境界，庄子在后文有大量的描述。如"真人之息以踵"、"不知悦生，不知恶死"等。只有达到了这种境界，才能获得真正的智慧，而非见闻是非的知识。

"天真"的思想，也许还受到佛道教思想的影响，但这里笔者暂无法深入探讨。以庄子思想为基础，我们可以对绘画理论中"天真"的观念有一个基本

---

① （明）文徵明：《仿倪迂》，见周道振辑校：《文徵明集》，上海古籍出版社 2002 年版，第 1066 页。
② 葛路：《中国绘画美学范畴体系》，北京大学出版社 2009 年版，第 116 页。
③ 陈鼓应注译：《庄子今注今译》，中华书局 2009 年版，第 875 页。

的理解："天真"一方面强调的是绘画之中，万物如其本然地显现。只凭借知识和技艺对物象的逼真描摹，并不是一种本然地显现，因为画家将物从自然中剥离了出来，变成了自己的知识和价值控制评判的对象。"天真"另一方面强调的是画家自己一种心性和境界的"真"，画家需要超越规矩的束缚，不受利益欲望的搅扰，荡涤心灵的尘染，才能让万物向自己真实地显现，并将自己当下真实的体验托诸笔端，所谓"天真烂发"，不假思量，自然发生于画面之上。

从"天真"观念，我们也可从另一角度理解吴门画家对"超越形似"的诉求。过分追求形式上的精雕细琢，是机心、造作和人为的一种体现。而天真恰恰要荡去"人为"的痕迹，呈现出一片天机流荡的自然，呈现出吾心当下直接的感会。

"天真"观念和"平淡"的审美趣味颇有关联。历代评价常以天真和平淡并提，从上面的引文也可看出。陈望衡指出："宋代的评论家认为平淡的境界实也是天然，或者说天成的境界。"①苏轼在谈论为文时曾提道："大凡为文当使气象峥嵘，五色绚烂，渐老渐熟，乃造平淡。""外枯而中膏，似淡而实美。"②"平淡"并不是追求作品的寡淡无味，而是超越了色相的绮丽，有一种深远的韵味。它来自艺术家对于宇宙人生一种深沉的领悟，恰恰发生在当下真实的体验中。自然的运化是平淡的，寻常的——落花飘零，白云舒卷，江河流逝，四季更迭。但就在平淡中，艺术家体验到生命本然的样态。沈周、文徵明等人在绘画中也追求"淡"的趣味，如沈周评赵孟頫画道："丹青隐墨墨隐水，其妙贵淡不数浓。"文徵明提道："设色行墨，必以闲淡为贵。今日视之，直可笑耳。然较之近时浓涂丽抹，差觉有古意，不知赏鉴家以为如何？"③在他看来，少时之笔，虽稚拙可笑，但闲淡之趣味，仍胜于浓涂丽抹，追求色相之绚烂的作品。他评王诜画道："王晋卿早岁师大李，至中岁脱去其习，而为秀润闲淡之法，妩媚清雅之姿。"④在文徵明看来，王诜脱离李思训青绿山水错彩镂金的风格，归于平淡，恰恰是他在画艺上的突破。

---

① 陈望衡：《中国古典美学史》，湖南教育出版社1998年版，第630页。
② （北宋）苏轼：《评韩柳诗》，见（清）王文诰注，于宏明点校：《苏轼文集》，时代文艺出版社2001年版，第206页。
③ （明）文徵明：《题画》，见周道振辑校：《文徵明集》，上海古籍出版社2002年版，第1088页。
④ （明）文徵明：《跋王晋卿万壑秋云图卷》，见周道振辑校：《文徵明集》，上海古籍出版社2002年版，第1346页。

(三) 乘兴与寄意

"天真"要求荡涤机心，不露人工斧凿痕迹，强调画家要抒发真实的体验。与此相关，吴门画家在绘画中特别强调"乘兴"。沈周自题画卷道："山水之胜，得之目，寓诸心，而形于笔墨之间者，无非兴而已矣，是卷于灯窗下为之，盖亦乘兴也。"①绘画创作的动力，来自于画家"兴"的状态，来自于当下即兴的体验——在观照山水胜景中，我们心灵获得的感触。正是这种体验和感触，促使我们以笔墨画出胸中山水。

"兴"本是一个诗学的语汇，强调物象对人情感的兴发。严羽弘扬"兴趣"，就强调作诗之中不假思量的、当下直接的妙悟。王夫之诗学中对现量和兴的阐释，同样强调人直接的、鲜活的生命体验。吴门画家将"兴"的观念引入绘画之中，为文人画的创造提供了一个重要的理论依据。"兴"成为文人画和工匠画的一个重要区别。工匠画往往屈从于某个外在的要求，受赞助人的指派，必须按照某种特定的形式和主题，在规定的时间中完成。工匠画家以绘画谋生，又常常耽于利益的思量。而文人画，以"兴"所带来的充盈体验和创作灵感为前提，它是画家自由的一种创造。

沈周提道："性甫谓为云林亦得，谓为沈周亦得，皆不必较，在寄兴云尔。"沈周模仿倪瓒，一些人认为并不相似。但在沈周自己而言，其实似与不似，并不重要，重要的是云林和他的画，都来自于他们直接的感受。文徵明道："若王摩诘之《雪溪图》……皆著名今昔，脍炙人口。余皆幸及见之，每欲效仿，自歉不能下笔。曩于戊子冬同履吉寓于楞伽僧舍，值飞雪数尺，万木僵仆，乃与履吉索素缣，乘兴濡毫为图，演作《关山积雪》。"他饱览前人雪图，颇为喜欢，但自己要效仿，却颇感"歉然"，直到他自己在楞伽寺经历了一场大雪，有感于"飞雪数尺，万木僵仆"的胜景，获得了真实的体验，才忽然有了兴致，"承兴濡毫为图"。题《金焦落照图》道："至今伟迹在胸中，回首登临心不已。偶然兴落尺纸间，便欲平吞大江水。"强调自己作此画，是源于自己对山水之景的感触和缅怀，并"偶然"酝酿出创作的兴致，化作大江奔流之势。又《题仿李营丘寒林图》道："时虽岁暮，而天气和煦，意兴颇佳，篝灯涂抹，不觉满纸。"虽仿前人之作，但仍须以自己的"意兴"而触发。他对赵孟坚和郑

---

① （明）沈周：《石田自题画卷》，见汪砢玉：《珊瑚网》卷三十八名画题跋十四，清文渊阁四库全书本。

思肖兰竹的师法，同样也是在适兴的状态下，"余雅爱二公之笔，每适兴必师二公"。① 他评六朝画则道："至于寄兴写情，则山水木石，烟云亭榭益夥矣。思致洒落，笔意高妙，岂后人所能措手？"② 认为六朝的山水木石长于寄兴写情。

文从简记载自己年少时侍曾祖父文徵明于停云馆，文徵明提道："书有乖有合……神怡务闲，一合也；感惠狗知，二合也；时和风清，三合也；纸墨相发；四合也；偶然欲书，五合也。有此五合，方能入妙。非独书也，画亦然。"③ 这"五合"来自于孙过庭的《书谱》，文徵明以此向曾孙阐明书画之理，其实也是对"兴"的一种强调。文从简自己在后文就说："每遇兴到，辙发函伸纸，稍稍倦便引去。"④"五合"是对"兴"之状态的进一步阐明：心境的悠闲怡然，超越知识思虑的真实感触，时节与环境的清爽，墨落于纸的相合，偶然而来的创作欲望。正是在不期而遇的审美体验中，画家拥有了创作灵感和冲动。

绘画是"乘兴"、"寄兴"，是抒发画家在"兴"中的真实体验，同时，它也是一种"寄意"。寄意，并不是画家将某种意义外在地赋予绘画上的物象，其意义是在他的体验中自然生发，融于画中的意象与意境之中。吴门画家在评论前代画家时，特别注重画中之"意"。如沈周《题钱允言所藏山水小幅》道："再三叹息观不足，令人远意思天涯。"⑤ 画中的悠远之意，带引人的想象远迈至天涯。文徵明评李公麟画"能自立意，不蹈袭前人"，又道："古之高人逸士，往往喜弄笔作山水以自娱，然多写雪景者，盖欲假此以寄其岁寒明洁之意耳。"认为雪景图，是为了寄托岁寒明洁之意——岁寒之际，大地一片明朗洁净，而高人之心胸，亦如荒寒雪景一般明净淡泊，全无浮华之燥热。文徵明自评《袁安卧雪图》，称"庶以见孤高拔俗之蕴"，评唐寅《江南烟景图》"实子畏用意之作"，又称唐寅"意高笔奇"。吴门画派之"寄意"，和文人画对绘画之意蕴的重视是一贯的。

---

① （明）文徵明：《题漪兰竹石图卷》，见周道振辑校：《文徵明集》，上海古籍出版社 2002 年版，第 1415 页。
② （明）文徵明：《跋张僧繇霜林云岫图》，见周道振辑校：《文徵明集》，上海古籍出版社 2002 年版，第 1346 页。
③ （明）文从简：《题元赵文敏洪范卷》，见（清）陆时化撰：《吴越所见书画录》，上海古籍出版社 2015 年版，第 55 页。
④ （明）陆时化：《吴越所见书画录》，上海古籍出版社 2015 年版，第 56 页。
⑤ （明）沈周：《题钱允言所藏山水小幅》，见张修龄、韩星婴点校：《沈周集》，上海古籍出版社 2013 年版，第 352 页。

(四)对人品的重视

吴门画派的绘画批评中,还非常重视画家人品的高低。这一点前人也多有述及。这也是文人画理论中重要的组成部分。这里的人品,不只是道德品质的高低,也包括气质、精神的境界、独特的性格等。

在吴门画家看来,艺事是画家个人体悟和情性的一种自由抒发,是道德修养和文章之余的一种游戏,不能因为艺事,反而受他人的驱役。这恰恰是庸工俗匠所无法企及之处。当然,在高居翰、柯律格等中国艺术史家看来,这种不慕名利、自由创作的文人画家形象,不过是中国文人虚构出来的一个神话。吴门画家强调绘画不能沾染"尘俗气",这是基于人品对绘画的一个要求。文徵明题东坡竹石道:"东坡先生喜画竹石,恒自量不妄与人,故传世绝少。而此帧犹清雅奇古,无一点尘俗气,信非东坡不能也。"①好的绘画能令观画者也感到尘染为之一清,如夏昶画"恍然坐上开潇湘,尘氛一变佳凉境",画上营造出一片荡涤尘俗搅扰的清凉世界。

在吴门画派的绘画批评和文人画理论中,还有其他一些重要的观念,比如书画一体和对书法性用笔的推崇:沈周评苏轼画"东坡先生好游戏,壁上写竹如写字",评黄公望绘画"大痴写山用籀法,千树万石纵横书"。② 评夏昶绘画"笔尖况有书法存,以书会画真能事。"……又比如诗画合一的思想,如文徵明评唐寅画:"知君作画不是画,分明诗境但无声。古称诗画无彼此,以口传心还应指。"③绘画和诗歌,都是对心的一种传达。唐寅的画中,营造出一种无声的诗境。这些理论,前人多有提及,本文不再赘述。吴门画派重视并发展了文人画的理论,进一步阐明了文人画的精神特质,和工匠画加以区别,如对形似的超越,对绘画呈现自然和天趣的重视,对真实生命体验的抒发,对绘画即兴创作之状态的要求,对画外之意蕴的追寻,对画家人品的强调等。这些理论,对文人画理论的成熟,对董其昌的南北宗观念,有着不可磨灭的意义。

---

① (明)文徵明:《题东坡画竹》,见周道振辑校:《文徵明集》,上海古籍出版社2002年版,第830页。

② (明)沈周:《题黄大痴山水小幅》,见张修龄、韩星婴点校:《沈周集》,上海古籍出版社2002年版,第41页。

③ (明)文徵明:《次韵题子畏所画黄茆小景》,见周道振辑校:《文徵明集》,上海古籍出版社2013年版,第63页。

二、吴门画派绘画批评中的其他重要理论

在吴门画派的绘画批评中，除了"文人画"的理论外，还浸透着许多其他的绘画理论思想，这里拈出其中重要的几点加以分析。当然，笔者并不是要将这些理论从文人画理论中剥离出来。之所以另辟一节讨论，因为这些理论不止限于"文人画"的范围。

（一）气与神

"气"与"神"都是中国绘画美学中最基本的观念。绘画中的"气"，与中国古代"气化哲学"的传统密不可分。该传统可上溯至先秦时期。《庄子·知北游》即称："人之生，气之聚也；聚则为生，散则为死。若死生为徒，吾又何患！故万物一也，是其所美者为神奇，其所恶者为臭腐；臭腐复化为神奇，神奇复化为臭腐。故曰'通天下一气耳。'圣人故贵一。"天地万物，都由一气运化而成。天地之间，生气鼓荡，氤氲万物。谢赫六法中以气韵生动为第一，成为中国画的重要纲领。谢赫的"气韵生动"，主要针对人物画。人由气之精华凝聚而成，反映到绘画中，气是人物生命与精神的一种流露；韵则是气运化之节奏和韵律感，一种把玩不尽的意味。气韵生动，要求在绘画中呈现出人物鲜活生动的样态——不再只是画上的静止人像，而仿佛是以充盈的生命力和情感在翩然舞动。在周昉的《簪花仕女图》，以及唐摹顾恺之的《女史箴图》、宋摹顾恺之的《洛神赋图》、宋摹张萱的《捣练图》等古代人物画中，我们从线条的流转、衣带的飞动、人物神态的丰富中，仍能体会人物画中"气韵生动"的妙处。到张彦远，囿于旧说，仍以为气韵只适用于人物和动物画。郭若虚则提出了"气韵生知"论，认为气韵来自于画家的性灵，来自于一种"默契神会"的妙悟。

"气韵"之观念，用在山水画中，则主要是呈现大化流衍、生气鼓荡之节奏和状态。宋代以来，中国绘画特别喜好云山图，喜好写烟云变灭、山色浮空之景。云气烟岚、空灵缥缈，整个画面仿佛贯通和流动起来。

吴门文人也用"气"和"气韵"来评论绘画。沈周的好朋友史鉴评沈周画时道："诗画真世间何物，而人爱之若此者，岂不以天地至清之气所发而然欤。"①认为诗画是天地至清之气凝聚而成。沈周评谢葵丘画道："我从此幅识

---

① 史鉴：《西村集》卷六，清文渊阁四库全书补配文津阁四库全书本。

葵翁，元气淋漓神独王。"①沈周笔下，气还指画家胸中郁结的情感："老夫平生负直气，欲一发泄百不遂。……白头突兀尚不平，托之水墨见一二。"②说自己画松是抒发郁郁不平之气。沈周又说："我生五十鬓苍浪，困顿衡茂无所取。有时出气亦弄笔，涩缩何殊柳生肘。"③意义相似。文徵明提出："画法以意匠经营为主，然必气运生动为妙。意匠易及，而气运别有三昧，非可言传。"这里气运因即指气韵。文徵明的观点和郭若虚相似认为绘画构思经营之类可学，但气韵之妙，却在于画家自己独特的体验，无法通过言语来表达。文徵明评夏圭《晴江归棹图》道："笔法苍古，气韵淋漓，足称奇作。"由这些评语，可知气和气韵是吴门画家绘画评论的重要观念。

由于对"气韵生动"的重视，吴门画家推重绘画中一种"元气淋漓"、"苍润"、"秀润"的风格。"元气淋漓"在笔墨上，强调对湿墨，对泼墨和渲染的运用。所谓"元气淋漓帐犹湿"，整幅画仿佛有一股苍茫的雾气弥漫其间，扑面而来，峰峦草木格外秀逸，亦使人感到滋润。在哲学上，"元气淋漓"展现的是"氤氲"，元气是化生万物的本源之气，氤氲则是元气化生万物的状态。"元气淋漓"呈现出一个流动的、生生不已的世界。沈周评谢缙画"元气淋漓"，文徵明评郭熙画"峰峦溪壑，苍润淋漓"，评吴镇画"苍苍东绢七尺垂，惨淡水墨开淋漓"，李日华评沈周画"沈石翁长卷，淋漓欲滴，逼真梅沙弥也"④，这些都是对"淋漓"的推许。"苍润"和"秀润"，则在润滋之外，还分别强调笔墨的苍劲的力道和秀逸特出的风貌。

（二）古：古意、古雅与高古

吴门画家在绘画批评中，还特别注重一种"古"的意趣。"古"首先是一种"师古"，强调师法古人的重要性，从古画中领会古法。吴门画家在评论前代画家时，特别注重指出其师承的渊源，如沈周称赵孟頫"能事错认营丘公"⑤，

① （明）沈周：《题谢葵丘画》，见张修龄、韩星婴点校：《沈周集》，上海古籍出版社 2013 年版，第 57 页。
② （明）沈周：《松卷为德韫弟作》，见周道振辑校：《沈周集》，上海古籍出版社 2013 年版，第 86 页。
③ （明）沈周：《题吴元玉所画山水卷》，见张修龄、韩星婴点校：《沈周集》，上海古籍出版社 2013 年版，第 424 页。
④ （明）李日华：《六研斋笔记》卷四，明刻清乾隆修补本，第 28 页左。
⑤ （明）沈周：《题子昂重江叠嶂卷》，见张修龄、韩星婴点校：《沈周集》，上海古籍出版社 2013 年版，第 60 页。

文徵明称王诜"其画法苍秀，绝类右丞，而设色又拟李云麾父子"①，等等。在他们自己的创作中，也擅于吸取古人之所长。不过，在师古中又不能泥古，要越出古人之窠臼，自成一体，表达自己的真实体验。这一点，笔者在讨论"超越形似"时已提及。即便是完全取法古人的临摹制作，也不能亦步亦趋，如文徵明评唐寅画："子畏意高笔奇，每有所作，自创一家，余曾未见其摹本。此册独不出己意，全法古人，而又非绳趋尺步，如彼效颦者摹古而不化也，胜国诸君，信无能出其右矣。"②

然而，"古"的意义并不限于师古，它还指画面中所寄寓的一种时间感和历史感。如评倪迂画"山寒有古意，木落见清真"，人世短暂，草木荣枯，寒山却万古常在，唤起时间性的感伤。他评马和之画："今观和之是图，若生于周而处于豳，古风宛然也。"③仿佛将人带回古时淳朴的风俗之中。

至于古雅，后世王国维先生曾将它作为一个重要的美学范畴。古雅，是一种"第二之形式"④，即形式之形式，能使美者愈增其美，它存于艺术而不存于自然。它使自然中本无优美宏状之形式者，获得一种独立的价值。古雅之判断，是一种后天的判断。艺术中的古雅，可以凭借摹古和积学而致，并非一定要求天才。在审美价值上，"古雅之形式，使人心休息，古雅之形式则以不习于世俗之耳目故，而唤起一种之惊讶"。它虽不及优美与崇高，却有一种显著的教育意义。

王国维先生的"古雅说"以康德美学为其理论背景，与吴门画派的"古雅"有所区别，但也能帮助我们理解"古雅"的意义。"古雅"之中，古与今对，雅与俗对。今人俗人，往往趋从时尚，附庸风雅，媚于流俗。文人保持自己高洁的品性，不愿随波浮尘，而上追古人之精神，积学储宝，在绘画中获得一种古雅的审美趣味。这种趣味，不在于绘画本身形式的精工，而在于时间和历史赋予作品一种迥别时俗的特点。这是"古雅"在吴门画家理论中的意义。如文徵

---

① （明）文徵明：《跋王晋卿渔村小雪图》，见周道振辑校：《文徵明集》，上海古籍出版社 2002 年版，第 1341 页。

② （明）文徵明：《题唐子畏溪亭山色册》，见周道振辑校：《文徵明集》，上海古籍出版社 2002 年版，第 1377 页。

③ （明）文徵明：《马和之豳风图》，见周道振辑校：《文徵明集》，上海古籍出版社 2002 年版，第 1363 页。

④ 王国维：《古雅在美学上之位置》，见《中国现代美学名家文丛·王国维卷》，浙江大学出版社 2009 年版，第 101 页。

明评李公麟画："人物古雅，用笔纤劲。"①评郭忠恕画："而引笔天放，设色古雅，非忠恕不能也。"评唐寅画："画人物者，不难于工致，而难于古雅。"②张丑评沈周画："笔意全出董北苑，位置古雅。"评元人画《虢国夫人夜游图》："余早岁见元人画虢国夫人夜游图，精细古雅，可谓古今鲜匹。"③

古还有一层意义，是高古。司空图在《二十四诗品》中以畸人乘真的情景来表达高古之境界。高古是一种精神的超越，从时间性和空间性的束缚中解脱出来，来往千古，纵横万里。沈周评王蒙画："余见王树明画鹤听琴图，喜其命意高古，尝临摹三四帧，殊自会心。"④文徵明评文同画："人物山水，高古秀润，绝类李伯时。"⑤评陈居中画："布景清旷，人物高古。"⑥评马远画："作画不尚纤秾妩媚，惟以高古苍劲为宗。"⑦

(三) 幻与真

"幻"与"真"，讨论的其实是绘画的形而上学难题。西方，绘画长期以来被视作一种幻象。柏拉图认为绘画是模仿的模仿，与真理隔着两层。而吴门画家也有相似的意识，即绘画是一种幻象。如沈周道："青山本自媚，天犹假装饰……老夫爱莫助，图画开幻域。"⑧文徵明道："人间真境往往在，问君不爱，爱此幻物无乃愚？"⑨陈淳则题画道："雪中戏作墨花数种，忽有湖上之

---

① (明)文徵明：《跋李龙眠番王礼佛图》，见周道振辑校：《文徵明集》，上海古籍出版社 2002 年版，第 1371 页。

② (明)文徵明：《题唐伯虎右军换鹅图》，见周道振辑校：《文徵明集》，上海古籍出版社 2002 年版，第 1328 页。

③ (明)文徵明：《跋仇实父虢国夫人夜游图》，见周道振辑校：《文徵明集》，上海古籍出版社 2002 年版，第 1350 页。

④ (明)文徵明：《鹤听琴图》，见周道振辑校：《文徵明集》，上海古籍出版社 2002 年版，第 825 页。

⑤ (明)文徵明：《跋文湖州盘谷图卷》，见潘运告编注：《明代画论》，湖南美术出版社 2002 年版，第 41 页。

⑥ (明)文徵明：《跋陈居中松泉高士图》，见周道振辑校：《文徵明集》，上海古籍出版社 2002 年版，第 1363 页。

⑦ (明)文徵明：《跋马远虚亭渔笛图》，见周道振辑校：《文徵明集》，上海古籍出版社 2002 年版，第 1325 页。

⑧ (明)沈周：《题画》，见张修龄、韩星婴点校：《沈周集》，上海古籍出版社 2013 年版，第 698 页。

⑨ (明)文徵明：《题华从龙所藏寒塘凫雁图》，见周道振辑校：《文徵明集》，上海古籍出版社 2002 年版，第 817 页。

兴，乃以钓艇续之，须知同归于幻耳。"①生命的感触，化作纸上的墨花钓艇。而眼前种种，画上种种，都将同归于虚幻。受佛教思想影响，吴门画家不仅认为绘画是一种幻象，而世间万法，也是一种梦幻泡影。如文徵明题唐寅画："谁谓身非幻？须知梦是真。凭君翻作墨，君亦画中人。"②又道："千古物色本同幻，前辈画格能赋形。"③绘画是为幻有之物色赋形。

不过，绘画虽是幻相，吴门画家却要"即幻而得真"，以"幻画"来营造出真境，并卧游其中。文徵明道："君不见长安城中车击毂，六月飞尘涨天黑。此时水心堂中张素壁，宛然坐我潇湘泽，一笑千金岂论直？"④画为幻物，却仿佛能将潇湘烟水移于坐上，而诗人亦荡涤尘染，悠游于画境之中。文徵明题夏昶画："恍然坐上开潇湘，尘氛一变佳凉境。"⑤意思与前诗相似。题巨然画："某丘某壑皆旧游，展卷晴窗眼犹熟。只今老倦到无由，对此时时作卧游。"⑥画上山水替代真实山水，满足他卧游之乐。文徵明评吴镇画："倏忽身境坐与江山移。初疑不似画，熟视惊绝奇。"⑦，绘画仿佛能将作者带离周遭的世界，进入画中，身随境移，遍游江山。

绘画能在小小的尺幅中，囊括千山万水之势。这也是绘画之幻相，能匹敌甚至超越现实之山水的地方。吴门画家在绘画批评中常常提到这一点。如沈周评王蒙"引纸仅及寻，顾有千里势"⑧，题仿倪图"便从尺纸论千里，谩把闲心付五湖"⑨……

---

① （明）陈淳：《墨花钓艇图》，现藏北京故宫博物院。

② （明）文徵明：《唐子畏梦蝶图》，见周道振辑校：《文徵明集》，上海古籍出版社2002年版，第886页。

③ （明）文徵明：《蕉池积雪次张伯雨韵》，见周道振辑校：《文徵明集》，上海古籍出版社2002年版，第67页。

④ （明）文徵明：《题华从龙所藏寒塘凫雁图》，见周道振辑校：《文徵明集》，上海古籍出版社2002年版，第817页。

⑤ （明）文徵明：《题夏昶画》，见周道振辑校：《文徵明集》，上海古籍出版社2002年版，第844页。

⑥ （明）文徵明：《题黄应龙所藏巨然庐山图》，见周道振辑校：《文徵明集》，上海古籍出版社2002年版，第73页。

⑦ （明）文徵明：《题邹光懋所藏梅花道人画》，见周道振辑校：《文徵明集》，上海古籍出版社2002年版，第814页。

⑧ （明）沈周：《题吴天麒临王叔明太白山图》，见张修龄、韩星婴点校：《沈周集》，上海古籍出版社2013年版，第96页。

⑨ （明）沈周：《仿倪云林小景》，见张修龄、韩星婴点校：《沈周集》，上海古籍出版社2013年版，第348页。

(四)境界式批评

在吴门画派的绘画批评中，尤其是题诗中，很大一部分不是以某种理论对作品进行褒贬批评，而是用诗文再造出绘画中的意境，来表达赏画者对画境的领悟和喜好。这种境界式的批评，是中国古代文艺批评的特色之一。唐代司空图的《二十四诗品》即以境界来品评诗歌。朱良志认为："作者之所以采用这样的形式来论述诗学问题，关键不在以意象来比喻说明，而在于通过诗境来说明。作者要说明的是一理论问题，但不以逻辑的表述来完成。因为，在作者看来，逻辑的表述是残缺不全的，所以借助于诗的传达。通过诗所创造的特殊境界，以典雅的风物来凸显典雅的氛围，在典雅的氛围中传达典雅的意蕴。"①理论的分析和褒贬的断语，只能把握绘画的一些特征，并不能完全呈露画面的意蕴，也难以表达我们在对绘画的审美体验中所获得的真实感触。批判总涉及以某种知识性的标准来衡量作品，而中国古典美学中，有一种不以人的价值凌驾于物之上的审美旨趣。是以画家们常常宁愿以一首诗歌，题于画上，表达自己对于画境的领悟。虽无批判，而对绘画更精深的理解，已寓于诗句之中。如文徵明题巨然画"白云卷以舒，何似山僧闲。落日倚山阁，静看浮云还"②。山僧悠闲，倚于山阁，静看白云舒卷，夕阳西下，一种超越时间流逝的悠闲和宁静萦绕诗中，后人读此诗，观此画，亦能领会画中的悠然意。

这种境界式的批评，在吴门画家的题诗中比比皆是，本文不再作进一步的阐释。

以上对于吴门画家绘画批评理论的总结，并不完备。总的来说，正如笔者在文章开始曾提道的，吴门画家绘画批评的理论和术语大多取自前人，取自中国古典美学的悠久传统。但吴门画家在批评中，围绕着"文人画"等观念，形成了自己的理论系统，亦为传统的"气韵"、"神"、"古"等观念增加了一些新的意义，来符合自己批评和创作的要求。

三、绘画批评和画史建构

吴门画家凭借他们的理论，在绘画批评中，实际上也在建构着他们关于绘

---

① 朱良志：《中国美学十五讲》，北京大学出版社2006年版，第291页。

② (明)文徵明：《题巨然治平山寺图卷》，见周道振辑校：《文徵明集》，上海古籍出版社2002年版，第805页。

画史谱系的观念。在这一节里，笔者就对他们的画史观做一个简单的梳理。

(一) 六朝画

文徵明和唐寅早年很推崇六朝画。文徵明道："当时与唐子畏言，作画须六朝为师。然古画不可见，古法亦不存，漫浪为之。设色行墨，必以闲淡为贵。"①不过，他们其实必未看到什么六朝的真迹，所谓的师法六朝，不过是师法自己理解中的六朝。文徵明曾跋张僧繇《霜林云岫图》道："余闻六朝画家，多作释道像，趋近时尚也。至于寄兴写情，则山水木石，烟云亭榭益夥矣。"②事实上，这幅图基本不可能是张僧繇的真迹。而文徵明对六朝画的理解，只有前半句"多作释道像"是画史的真实，后半句则是后人的想象。六朝山水木石烟云亭榭画并不多，由今天仍存的壁画可知，技法上也比较稚拙。不过，受绘画理论的影响，虽未见真迹，但在想象中，文徵明对六朝画颇为向往。这与吴门画派对"古"之意趣的喜好是一致的。

(二) 唐画

受苏轼等人的影响，沈周、文徵明等人也非常推崇王维，似肯定他在文人画史上鼻祖的位置。如沈周称王蒙"出入右丞笔，缘踪究其自"③，认为王蒙画法源自王维。文徵明则称："由来画品属诗人，何况王维发兴新。"④肯定王维将诗兴引入绘画之中，使绘画有了新的面目。他评"王摩诘雪溪图，笔法妙绝"，他赞誉沈周画"惟翁自有王维笔"，又评道："一段胜情谁会得，千年摩诘画中诗。"赞许沈周能延续王维诗画合一的绘画思想，画中抒发画家之胜情。

文徵明也称赞阎立本的绘画，"虽已渝敝，而精神犹存。其笔画秀润，有非近时名家所能者"⑤，"立本此卷，墨法既妙，而设色更神……胸臆手腕，

① (明)文徵明：《题画》，见周道振辑校：《文徵明集》，上海古籍出版社 2002 年版，第 1108 页。

② (明)文徵明：《跋张僧繇霜林云岫图》，见周道振辑校：《文徵明集》，上海古籍出版社 2012 年版，第 1346 页。

③ (明)沈周：《题吴天麒临王叔明太白山图》，见张修龄、韩星婴点校：《沈周集》，上海古籍出版社 2013 年版，第 96 页。

④ (明)文徵明：《题石田先生画》，见周道振辑校：《文徵明集》，上海古籍出版社 2002 年版，第 61 页。

⑤ (明)文徵明：《跋阎立本画萧翼赚兰亭图》，见周道振辑校：《文徵明集》，上海古籍出版社 2002 年版，第 1347 页。

不着纤毫烟火，方能臻此神妙"①。不过可惜的是，这两幅画也未必是阎立本真迹。

对于大李和小李将军，文徵明则似乎并无直接的赞誉，只是常提到他们的技法。他称赞王诜中年能脱去大李之习，说郭熙深得二李笔法②，仇英能"兼采二李将军之长"③等。唐寅跋《关山积雪图》称："徵明先生关山积雪图全法二李，兼有王维、赵千里蹊径。"④但文徵明绘《关山积雪图》时唐寅已故去，此跋或伪。

（三）五代及宋画

五代至宋朝，绘画迎来了一个发展的高峰期。这一时期的绘画流传于明代还较多，沈周、文徵明等人也能大量看到这些作品。对于五代和宋画的各个流派和画家，他们都有较多赞誉。但从措辞的细微差别中，我们仍能看到他们对于画史的判断。

虽然赞美多家，但沈周、文徵明等人真正奉为宗祖的，是董源、巨然。王维在文人画中位置虽高，但存画太少，真伪难辨。董、巨二人的山水画是沈、文等人推崇的楷模。

在一些专门的画科，如兰竹上，文徵明则取法于文同、赵孟坚和郑思肖。

南宋院画中，文徵明和唐寅则比较肯定李唐和刘松年。前已提到文徵明和唐寅认为初学时应师法李唐。唐寅和文徵明也喜欢赵伯驹、赵伯骕的作品，唐寅评赵伯驹为"丹青高手，南渡画家之冠"，文徵明评赵伯驹"平宽殊似右丞古，秀润颇逼阎爷肥"，又曾临摹赵伯骕《后赤壁赋图》。对于马远和夏圭，沈周只说"况闻圭笔是名手，其价要论千金沽"，并未作直接的评价。文徵明则称马远《虚亭渔笛图》是"一代能品"，仅以能品定之，评夏圭《晴江归棹图》则寥寥数笔，评李确《四时图》则说："宋南渡绍兴时人，所作为类马、夏笔意，

---

① （明）文徵明：《题唐阎右相秋岭归云图卷》，见周道振辑校：《文徵明集》，上海古籍出版社 2002 年版，第 1317 页。

② （明）文徵明：《题郭熙关山积雪图》，见潘运告编注：《明代画论》，湖南美术出版社 2002 年版，第 48 页。

③ （明）文徵明：《题仇实父画》，见周道振辑校：《文徵明集》，上海古籍出版社 2002 年版，第 1379 页。

④ （明）唐寅：《跋文徵明关山积雪图》，见周道振、张月尊辑校：《唐伯虎全集》，中国美术学院出版社 2002 年版，第 509 页。

岂当时习尚使然耶？"①对当时效法马夏，规行矩步的风气似乎还颇有不满。

总的来说，沈、文等人在对待五代和宋画时，似乎已构建了以董、巨为宗的文人画谱系，和元四家的绘画关联起来，并将二米等人也置入此谱系之中。他们也推重荆关作为师法的渊源。不过，他们对于其他各派的绘画也持有非常包容的态度，如对李成、郭熙的敬仰，对李唐、刘松年、"二赵"之院画的取法。不过，对于马远、夏圭之后院画因袭守旧的风气，他们却提出了批评。

（四）元画

元画是吴门画家绘画重要的，也是最直接的师法对象。他们大量地绘画仿元人之笔意，尤其是元四家。李日华称："石田画法宗北苑，近代则皇子久，王叔明、吴仲圭三家。其所醉心，他则傍及而已。"②文徵明画评中对元四家的褒奖也比比皆是，这里不再赘述。在某种意义上，正因为沈周、文徵明等吴门画家的极力称颂和推重，元四家才得以完全确立其在画史上的显要地位。吴门画派和元四家之关联，前人多有论述，本文不再赘言。

元四家外，沈周曾品评赵孟頫和方从义，说方从义"琵琶岭上丹经熟，海岳庵头墨法真"，继承了米芾的墨法。文徵明喜欢赵孟頫，多有师法。他也非常推崇高克恭，评价道："已应气概吞北苑，未合胸次饶南宫。南宫已矣北苑死，百年惟有房山耳！"③认为在元四家前，百年间唯有高克恭能同董源和米芾比肩。此外，他还对曹知白、朱德润、王渊等人给予了肯定。不过，对于元时名气颇大的盛懋、商琦等人，他似乎并未太关注。

（五）明画

在品评前代诸画家，构建画史谱系的同时，沈周、文徵明等人也有意在构建吴门画派在画史中的位置。沈周曾多次品评吴门画派的前辈画家如谢缙、刘珏、杜琼等人，并给出了高度评价。如他称杜琼"老原作画墨法熟，纸上沉沉

---

① （明）文徵明：《跋李确四时图》，见周道振辑校：《文徵明集》，上海古籍出版社2002年版，第1372页。

② （明）李日华：《六研斋二笔》卷一，清文渊阁四库全书本，第15页左。

③ （明）文徵明：《跋李确四时图》，见周道振辑校：《文徵明集》，上海古籍出版社2002年版，第81页。

泼浓绿",称刘珏"完庵再世梅花庵"①,说他是吴镇再世,又说"百年董巨不可作,水墨后数梅沙弥。沙弥隔代亦已矣,彭城金宪今吾师",建立起了从董巨到吴镇再到刘珏的谱系,而自己就直接受教于刘珏。

而文徵明更积极地品评沈周、唐寅、陈淳、仇英等人的作品,进一步扩大了吴门画派的影响力,前面本文已多次提及文徵明对沈周的赞誉。他称"石田先生得画家三昧,于唐诸名家笔法,无所不窥"②。他屡屡题唐寅画,赞不绝口,说他:"笔墨兼到,理趣无穷,当为本朝丹青第一。白石翁遗迹,虽苍劲过之,而细润终不及也。"③竟以唐寅画为当朝第一,甚至超过了自己的老师沈周,推重如此。又评道:"子畏旷古风流,朝尘墨妙,图绘传于人间,真世宝也。"④思慕之情,友重之意,溢于言表,令人赞叹。对于陈淳、仇英等后辈,文徵明也不吝嘉赏。他评陈淳画:"道复游余门,遂擅出蓝之誉。观其所作四时杂花,种种皆有生意。所谓略约点染,而意态自足,诚可宝也。"说他的《仿米云山图》"颇得诸家笔意"。仇英虽出身于画匠,文徵明也多多提携,说:"实父虽师东村,而青绿界画乃从赵伯驹骨中蜕出。近年来复能兼采二李将军之长,故所画精工灵活,极尽潇洒绚丽能事。此画运笔转趋沉着,盖又得沈师所诲焉。"肯定他既兼取院画之长,又能接纳沈周在文人画方面给予他的指点。评他的《职贡图》远超武克温之上,评他的白描:"今实父白描,种种生态,色色飞动,无减宋人笔也。"⑤评他的《抚清明上河图》、《临韩熙载夜宴图》可与原作并驾齐驱。文徵明只在《虢国夫人夜游图》后,批评仇英"更觉冗繁",但又怀疑有某种特殊原因使他有失水准。文徵明这些品评和赞誉,帮助吴门画派作为一个画家群体,赢得了更大的声誉。

由上文的梳理,我们可以看到,吴门画派在绘画批评中,对画史的一种构建。简单来说,他们在画史中构造了一道从王维、荆关董巨、二米到元四家,

---

① (明)沈周:《题刘西台临梅道人夏云欲雨图》,见张修龄、韩星婴点校:《沈周集》,上海古籍出版社 2013 年版,第 1090 页。

② (明)文徵明:《跋沈石田竹庄草亭图卷》,见周道振辑校:《文徵明集》,上海古籍出版社 2002 年版,第 1357 页。

③ (明)文徵明:《题唐子畏江南烟景卷》,见周道振辑校:《文徵明集》,上海古籍出版社 2002 年版,第 1379 页。

④ (明)文徵明:《题子畏岩居高士图》,见周道振辑校:《文徵明集》,上海古籍出版社 2002 年版,第 808 页。

⑤ (明)文徵明:《题仇实父画罗汉图》,见周道振辑校:《文徵明集》,上海古籍出版社 2002 年版,第 1360 页。

再到吴门画派的画史传承谱系，这里似乎有某种"道统"的特色。这谱系中，他们最强调的，是董巨、二米和元四家。对李成、郭熙、王诜、李公麟、郭忠恕、文同、赵孟頫、高克恭等人，吴门画家也多有赞赏和师法，但似乎并未给出其在谱系中的清晰位置。他们有的可能隶属于此谱系（如高克恭和董源、米芾的关系），有的则可能从属于一个更大的文人画传统。后人沿此谱系入手，可以深得文人画的精髓。从这一谱系，我们可以看到董其昌"南画"谱系的影子。

不过，和董其昌的区别在于，对于其他的绘画流派和画家，如院画，吴门画派的批评持相当包容的态度，不仅在评价上颇多褒扬，在实践上也多有效法。对吴门中汲取了院画之长的唐寅，和从院画中脱胎而来的仇英，文徵明都极力赞扬。沈、文并未因院画或工匠画和文人画的区别，便将之视为邪学，更未将院画视作另一个有传承的谱系，和文人画对立起来。他们恰恰有区别地对待院画诸画家。即便对马夏，他们所反对的也主要是马夏之后院画囿于陈规、工于雕琢的习气。

总的来说，在这篇文章中，笔者梳理了吴门画派的绘画批评理论。在他们的绘画理论中，"文人画"的观念是一个重要的核心，围绕这一个观念，他们对绘画提出了诸多符合"文人画"审美趣味的要求。文人画强调绘画追求的不是对物象的完美再现，而是要显现万物周流运化，生生不息的状态，表达文人当下直接的真实体验。它的创作，需要一种感兴而起的创作状态，也需要画家超迈俗尘的人品。此外，吴门画家也强调绘画中的气韵生动，表现为元气淋漓和苍润秀润；重视绘画中师法古人，以及古意的表达、古雅的趣味、高古的境界等。他们会认为，绘画能于幻象中营造出一片真境，在咫尺中书写万里山河，使观画者卧游其中。吴门文人常以境界式的批评来品评绘画，来表达自己对画境的领悟。

在这一套绘画批评理论指导下，吴门文人对于前代和同时代的画家，就有了自己的看法和评价。这些评价构建起了他们的画史观。他们评价各个画家的画法渊源，推重从王维以来的一条文人画的谱系，并为自己的绘画在这谱系中找到了位置。沿着董、巨、二米和元四家之正脉，他们取资其他诸派，开创了自己的文人画风格。

吴门画派的绘画批评，深深影响到他们的创作。他们有大量的临仿之作，师法自己在绘画批评中已认可的前代大师们。他们不只模仿大师的技法，更凭借自己真实的体验，领会笔墨形式外的意境，以此作为自己绘画的源泉。所以他们的仿画与原画常常并不相似，而意境上却有相契之处。① 而批评所遵循的理论，则直接浸透入他们的绘画之中，成为创作的指导原则，影响吴门画派的创作，并影响何良俊、董其昌等人的绘画理论。吴门画派的批评展现了它在绘画史和美学史上的力量。

当然，正如本文在一开始提到的，吴门画派的绘画批评存在着很多问题，其一，这些批评过于零散，术语也不够清晰。本文对某些术语的阐释难免会有过度阐释之嫌。其二，吴门画派对他们用来展开的批评理论本身缺乏更有深度的思考。他们用前人的理论和术语，却很少对渊源展开深入的探讨。其三，吴门画派的许多批评，难以脱出"应酬"之嫌，溢美之词过多，因而削弱了批评本身的真实性。其四，在对前代画家的批评中，限于史料的缺失，很多批评只能承袭前人，可能囿于成见，而偏离该画家作品的真实面貌。其五，虽然吴门画派用了境界式批评等方式来品评绘画，也强调对画的批评要建立在自己的真实体验上，但对于批评本身，对于该如何批评作品，他们仍缺乏方法论上的思考。所以，也许我们还需要对于吴门画派绘画批评的一次批评。

（作者单位：武汉大学哲学学院）

---

① 关于吴门画派"仿"之研究，可参照韩雪岩：《吴门画派山水画之"仿"研究》，河北教育出版社 2010 年版。

陌生都市的柔性规训

——论当下中国电影与小镇青年

熊　鹰

随着经济的快速发展，城市的规模不断扩大，愈来愈大的城市带来了更多的机会，而不断出现的机会吸引着更多的青年人来此找寻自己的梦想与未来。在这不断扩容的"钢铁森林"中，小镇青年成为都市众多追梦者中的独特群体。小镇青年多指那些从三四线城市以及更小县城、乡村来到大城市工作的年轻人，他们将家乡留在身后，独自背着行囊与梦想来到一座座充满高楼大厦的都市，渴求一份工作并实现自己的梦想。然而，都市社会的竞争法则残酷而无情，小镇青年在追逐梦想的过程中又须忍受着日常工作的压力与心灵的荒芜，而难以回去的故乡也无法成为维持他们继续奋斗的心灵支柱。因此，电影往往成为小镇青年们的重要娱乐方式与心灵寄托，猫眼票房数据显示，2016 年 2 月三线城市的票房增长率达到 77.2%、四线城市的票房增长率达到 70.9%，远远超过往年的票房增长率。① 巨大的票房潜力与特殊的身份属性使得小镇青年成为当下电影市场的重要文化群体：一方面，小镇青年往往是都市里的奋斗者与追梦人，其身上所散发的对美好未来的憧憬以及为生存而奋斗的艰难困境都代表着当下年轻人的日常生活。另一方面，随着小镇青年群体的逐渐变大，电影制作者们开始关注小镇青年的生活状态，这也使得一些中国电影更加贴近小镇青年的内心。因此，作为当下中国电影市场重要文化群体的小镇青年们便不仅出现于电影之中，更开始走出银幕并成为重要的观众群体与隐性作者。

---

① 数据来自《猫眼大数据解读——2016 年 2 月中国电影市场》，http：//m. maoyan. com/information/9048？_v_=yes。

一、电影都市空间内的小镇青年

自中国电影诞生之初，关于青年人在现代都市中的奋斗历程便不断被导演搬上银幕，他们或处于社会底层并不断反抗现实的压迫，展现人性之美，如《马路天使》中陈少平想方设法将小红救出流氓与养父母之手，又如《桃李劫》中陶建平与黎丽玲这对青年夫妇因看不惯公司老板们的鬼魅伎俩而愤然辞职，但为生存又只能挣扎于社会底层并最终付出生命的无奈经历；他们或被化作时代的缩影，展现社会巨变之时道德的沦丧，如《一江春水向东流》中张忠良本是一位充满热情与理想的热血青年但最终屈从现实并堕入抛弃妻子、背离良知的道德深渊。为何青年角色会成为早期中国电影展现社会问题、讨论人性善恶的重要工具之一？究其原因，青年作为初入社会的新来者，必然携带着对未来的期许与理想的追求，而残酷的社会生存法制又常常将他们打击得体无完肤，迫使其在理想、道德与现实、规则之间做出取舍，从而使观者能够更加明晰地去掌握青年角色的行为动机与个体命运。而至第六代导演逐渐崛起，浓重的是荷尔蒙元素与非理性的反抗现实开始成为中国电影青年形象的代名词，无论是《北京杂种》《颐和园》《阳光灿烂的日子》等电影中对于青年依其生理本能行动，还是《苏州河》《观音山》等影片中所表现生活、工作在城市的年轻人对无情现实的反抗，都使得中国电影的青年角色面前悬置着一道理想与现实、奋斗与沉沦的选择题。而都市则是这道选择题的出题者与评判者，作为经济快速发展与现代社会建立的重要标志，城市不仅扮演着电影放映场所，同时也是众多电影主要的叙事与表意空间。正是这种双重身份，城市空间成为经济、技术发展所带来的现代文化的代表之一，它既是所有在都市打拼者梦寐以求的造梦工厂，也用无情的现实与柔性的规训给予青年奋斗者以梦魇。而小镇青年作为在都市奋斗青年群体之一，则更在奋斗者的基础之上拥有城市外来者这一特点。

如前文所言，小镇青年将故乡留在身后，孤身来到都市追逐自己的梦想，他们必须经受住都市中社会现实的考验，而自从来到都市的那一刻开始，故土与城市便成为牵扯小镇青年日常生活与精神归宿的两个端点。一方面，城市给予了小镇青年们梦寐以求的机会去实现他们的梦想与追求，如《中国合伙人》中主人公成东青是作为一名来自偏远乡村的农村小伙儿，为了争取多一次的高考机会必须在全村乡亲面前上演苦肉计，从而得到"赶考"的机会。而当其最终能够在城市落地扎根时，生活的巨大压力却迫使其必须努力赚钱，最终他成功地与自己的好兄弟们共同建立起了庞大的英文培训公司，但在这实现梦想的过程中也失去了自己宝贵的爱情。小镇青年在都市的不懈奋斗与追梦过程已然成为当下中国电影的重要叙事题材，除《中国合伙人》外，《微爱之渐入佳境》《我是路人甲》《煎饼侠》等影片都从不同侧面展现着小镇青年从家乡到都市寻找自己梦想的旅程，无论是《微爱之渐入佳境》中的沙果与陈西、《煎饼侠》中的大鹏与柳岩，还是《我是路人甲》中本色出演的所有群众演员，他们都从不同的故乡来到北京、上海等具有诸多机遇的城市之中为梦想而奋斗。虽然其中必会遭遇坎坷，如沙果及其兄弟们的电影梦破灭、大鹏身败名裂等，但最终这些小镇青年都会因爱情或友情而执著地站起来继续踏上征途，他们身上闪耀着的对于梦想及未来的憧憬是当下中国电影所乐于倡导的正能量。另一方面，故乡成为小镇青年内心深处难以言说与留念的地方。当他们的梦想在都市无法实现，回归故乡的路也显得分外漫长，如《天注定》中小辉来到东莞投靠乡里以求谋生赚钱，但当其在工厂中遭受危机便转行到夜总会，但尚处萌芽的爱情却寄托于同样无法决定自己命运的三陪女身上，最终在工作、爱情与友情都已失去并无所凭靠的情况下，小辉纵身一跃结束了自己年轻的生命。而在《我是路人甲》中虽然诸位群众演员都于片尾坚信只要通过自身的努力便能成为一位真正的演员，但来自生活的压力又使他们无处可归，只能也必须在追梦的路上继续前行。同时，当小镇青年在都市取得成功之后，故乡的身份又成为其留在城市的枷锁，使他们既想解脱又无可奈何，如《山河故人》中张晋生一心想成就事业，而当其成功步入上海并成为成功商人之时，原配妻子也随着记忆一起留在了故乡，回乡后的不识乡音与"妈咪"的叫法，从侧面也能看出张晋生希望其下一代能够脱去小镇青年的身份，成为一个完整的都市人。因此，城市的无数机遇虽然给予了小镇青年实现梦想与抱负的机会，但在其奋斗的过程之中，其又必须摘掉小镇青年的帽子，无条件地接受城市的生存法则，从而拉近自身与城市的距离。

二、作为观众的小镇青年

近年来，随着国家院线改革的逐渐深入，三四线城市的院线覆盖率进一步提高，小镇青年或"小镇电影"已然成为中国电影票房板块中不可忽视的一块。《人民日报》曾刊文认为："由于基数庞大，'小镇青年'显然是一支特别重要的潜在电影消费力量。一方面，'小镇青年'成为率领中国电影票房攻城拔寨的先锋队……另一方面，'小镇青年'又成了中国电影内在品质裹足不前的替罪羊。"①与电影空间不同，作为观众的小镇青年已不再是局限于一线大都市中打拼的热血青年，也同时包含着广大依然身处三四线乃至县城之中的青年人群。同时，电影院线在三四线城市也拥有着广阔的发展空间，《2015 中国电影产业研究报告》中总结道："与一二线城市相比，三四线城市的文化消费方式相对单一，话剧、演出、体育赛事等可供选择的文化活动相对较少，电影消费逐步成为三四线城市文化消费的首选。"②由此可知，单一的文化消费方式使得电影成为小镇青年的首选，而庞大的基数以及徘徊于都市与"小镇"之间的文化身份让小镇青年逐渐成为当下中国电影的主力观众群体之一。如前文所言，电影都市空间内的小镇青年多是走出故乡的奋斗者，但他们身后却有着诸多尚生活在三四线城市的青年观众们。因此，电影中奋斗于都市之中的小镇青年的生存态势、悲欢离合则不可避免地将引起同样奋斗于大都市小镇青年群体的心理共鸣，同时也将成为三四线城市小镇青年观众们的都市奋斗生活的初步印象。诚然，小镇青年的观影范围并不限于自身形象的影像重构，而随着互联网的发展，网络平台已经成为当下中国电影购票、观影乃至评价的重要渠道。相比于现实空间的规则固化，网络空间的诞生使得诸多现有行为准则与表达方法产生了巨大变化。陈旭光认为："网络在很大程度上重组了社群，网民白天在社会上的身份阶层是一回事，到晚上……寻找认同感，自得其乐又是另一回事。网络上的虚拟社区应该说是最为平等的社区，人与人在其中可以自由地交往和沟通。"③而当小镇青年使用互联网进行日常社交与观影活动之时，其现实的身份阶层也将获得重构，从而在网络虚拟空间得到新的身份。另一方面，由于网络空间的匿名性与易于加入性，小镇青年与都市青年在网络空间内走向融合，他们将共同分享彼此的喜好与观影感受，从而找到共同话语并组成新的社群。但是，都市文化的主导性地位并未因网络社群的重构而发生改变，网络社群的话语发声者也大多是掌握最新文化信息的都市青年，他们将更为流行的文化思维引入网络并成为意见领袖，同时将自身的日常烦恼化作"段子"和流行词，如"屌丝""高富帅"等网络流行语，在期望得到他人的共鸣的同时也拉近了拥有不同文化背景却有相似现实遭遇的青年网民之间的心理距离。贾樟柯在《锵锵

---

① 孙佳山：《"小镇青年"与电影品质》，载《人民日报》2016 年 2 月 23 日。

② 中国电影家协会、中国文联电影艺术中心产业研究部：《2015 中国电影产业研究报告》，世纪图书出版公司 2015 年第 1 版，第 32 页。

③ 陈旭光：《"受众为王"时代的电影新变观察》，载《当代电影》2015 年第 12 期。

三人行》节目也表达出小镇青年的文化品位实质上是跟随于一二线城市青年的文化品位而发展，而三四线城市院线所上映的电影又几乎与一二线城市院线上映电影一致。因此，小镇青年与都市青年的文化心理差异也并未因地域差别而拉大，反而由于三四线院线的上映电影与网络空间的社群声音而逐渐缩小。同时，当下中国青春电影中所描绘的对爱情、友情、生活、工作等压力的不满成为青年人所面临的共同问题，这些共同问题跨过都市青年与小镇青年的身份障碍，成为当下中国电影乐于展现与探讨的问题。无论是《杜拉拉升职记》中年轻白领的爱恨纠葛与职场风波，还是《夏洛特烦恼》中对于青年白日梦的随意畅想，或是《我是路人甲》《微爱》等电影给观众以期待的美好未来，这些电影都淡化着青年人的文化身份，而只将他们构造成初入社会的打拼者，这也从侧面表明作为观众的小镇青年将在电影中被隐没身份并被冠以都市的奋斗青年之头衔。其次，当下中国电影在制造美妙幻境的同时也将其具体化、人格化并创作出许多小镇青年为之努力的"崇拜偶像"。如《小时代》中所表现的"高帅富"与"白富美"们无异于童话故事里的王子与公主，但其生活中亦会遇到普通人所遭遇的爱恨纠葛与琐事烦恼，这些角色的出现既不使得小镇青年太过陌生，又为他们创造出了镜花水月般遥不可及的偶像。而《中国合伙人》因影射着新东方学校的成功，则成东青的角色更能被小镇青年们所接纳与效仿。因此，作为观众的小镇青年既是电影票房得以保证的重要群体，又被当下电影所展现类型化、刻板化的青年形象所规训，一般认为，他们是自愿融入都市青年的文化环境之中。

三、化身"作者"的小镇青年

　　小镇青年的指涉范围是宽广而驳杂的，它既指称着当下中国电影中所构造的城市奋斗者群体，也代表着当下中国电影观众的重要组成部分，更包含着具有小镇青年文化身份的中国电影导演及隐藏在电影创作过程中的小镇青年审美期待。然而，小镇青年群体的出现与城市的发展不可分割，正因为城市的快速发展使得都市文化的兴起从而致使小镇青年的文化身份特点更加突出，同时，也正由于小镇青年自身所携带的文化基因而使得都市文化更加多元。纵观中国电影，第六代导演常被称作"城市的一代"，一方面他们大多出生于城市，对这片出生并成长的地方具有天生的亲和性；另一方面，第六代导演的出现正处在中国城市化进程快速发展的阶段，他们也大多将视角投向城市，拍摄城市生活中的悲欢离合。而作为第六代导演中具有小镇青年文化背景的则有贾樟柯、宁浩等导演，他们都是从中国的三四线城市中来到北京为自己的梦想而奋斗的小镇青年，而故乡也时常出现在他们的电影之中。如贾樟柯经常将其故乡山西汾阳放入电影之中，无论是其早期电影中的《小武》《站台》还是近期电影《山河故人》，汾阳都成为贾樟柯电影中人物的命运起始点。影像中的都市永远站在汾阳小城的对面，让汾阳及身处汾阳中的人物远观着都市的繁华。无论是刚刚踏上行程的崔明亮、张军还是"功成名就"的小勇、张晋生，都市的繁华才是他们孜孜不倦攀爬的终点，而故乡只能伴着青春留在记忆中。若在《小武》中小勇尚且"衣锦还乡"，那么在《山河故人》中张晋生的逃亡国外就已经向我们表达出故乡终究会成为小镇青年奋斗过程中无法携带的沉重思念。贾樟柯电影时时不离汾阳小镇，电影中的青年也多与小镇牵连颇多，向观众清晰明了地表达着导演身为小镇青年对故土的怀念。与贾樟柯不同，宁浩的影像则充满着诙谐讽刺意味，无论是繁华的都市还是嘈杂的县城，甚至寥无人烟的无人区都充斥着对生活的戏谑。如《心花路放》中耿浩因感情受挫而心伤不已，其好友郝义为让其重新振作而带其离开都市，前往县城展开猎艳之旅，剧中的小镇虽然不如都市般繁华，但也充斥着灯红酒绿、光怪陆离，而二人逃离都市的目的也不过是为了离开熟悉的都市而展开冒险之旅。而《无人区》虽将故事放置于大漠荒原之上，但人性善恶的角逐也并未消失，反而在消弭都市的繁华之中让善恶分界更加明晰。相较于贾樟柯的故土情节依旧，宁浩心中的小镇已与都市融合，所剩下的只是各色文化背景融为一体的青年形象。

如前文所提，小镇青年不仅被认为是当下中国票房的先锋队，也承受着中国电影品质不高的替罪羊的指责。张颐武教授在评价电影《捉妖记》时认为其内在创作动力在于"当下中国的年轻人……没有人妖尖锐对立的世界的决绝的争斗和冤仇……而是一种平常生活中的小喜小忧的世界的展开"①。同样，也正是这种小喜小忧式的庸常生活使得当下中国电影大喜大悲化的感情流露变得越来越少，导演开始关注并尊重观众身处的日常生活与情绪，也更愿意去展现能够与当下观众产生共鸣的世俗生活与感情。同时，张颐武在评价《港囧》时，进一步认为导演徐峥开始寻求与当下观众进行和解，而"这种'和解心态'正是徐峥对这些'新观众'的再度回应和认可……也就是所谓的'小镇青年'的和

---

① 张颐武：《新观众的崛起：中国电影的新空间》，载《当代电影》2015 年第 12 期。

解"①。由此可见，小镇青年在作为中国电影"新观众"的同时已经不可避免地成为当下中国电影创作的目标受众，进而又因中国电影的艺术品质逐渐下降而成为替罪羊。但是，如前文笔者所言，小镇青年的票房重要性来自于三四线城市的院线铺盖量提升，但其所放影片与一二线院线并无二致。因此，一二线院线中的城市青年与三四线城市的小镇青年都是中国电影青年观众的重要组成部分，小镇青年观众对电影创作的影响并非决定性的。由于互联网的出现而导致中国青年亚文化的逐步传播，同时也使得小镇青年的文化诉求逐渐被城市青年影响甚至融入网络文化之内，而这种包含着多种文化诉求与审美期待的青年亚文化才是影响当下中国电影创作的重要因素之一。因此，窃以为小镇青年群体对当下中国电影的审美期待则更多诉诸由互联网所搭建的青年亚文化发声平台而得以满足，而并非单纯而直接地植入当下中国电影的创作思维之中。

小镇青年，这样一个由国家快速城市化所创造出的特殊群体，已然慢慢融入繁华的都市，他们的梦想与汗水点缀着每座都市的灯火阑珊。无论是电影时空内的他们，还是作为观众甚至隐性作者的小镇青年，都开始承载着中国电影继续高飞的希望与梦想。然而，若以世界电影的大框架而论，中国电影的自身发展与奋斗历程又何尝不是一个别样身份的"小镇青年"呢？因此，中国电影的自身发展也应在学习他国先进电影发展经验之后努力探寻自身特点，避免为国外获奖或赢得他国理解而被柔性地规训。

（作者单位：武汉大学艺术学系）

---

① 张颐武：《新观众的崛起：中国电影的新空间》，载《当代电影》2015 年第 12 期。

中国美学

中国美学思想中之神理说、风骨论与其影响(上篇)

戴景贤

一、中国结构性美学思想之基本观点类型

所谓"美学"(aesthetics)之真正建构,必当有哲学立场之说明。此哲学立场之说明,一方面须于"认识论"(epistemology)中指出"审美过程"中"感性认知"①(perceptual knowledge)所以产生之根源;另一方面,则须于"存有学"(ontology)之设论中,辨析美感认知之"对象"(object),与其所以成为"对象"之立论上之条件。

唯因"美学议题"(aesthetic issues)非属哲学之基本问题,凡"美学"之哲学性议题,得以经分析而确认,并与专注于讨论"艺术"(art)之"艺术哲学"②(the philosophy of art)有所区隔,其过程仍须配合"美"(beauty)与"艺术"二项概念之澄清,与"艺术鉴赏"(the appreciation of art)活动,乃至"艺术批评"(art criticism)方法之发达,始逐渐获得深化。故凡一种具有"美学"意义之思想,能于流衍中,确实与特定之"哲学系统"(philosophical system)产生关联,从而建立可资论述之架构,其事不早出。

中国具有"美学"意义之思想,经由"美学议题"之哲学化,产生可落实于具体之"美学讨论"之观点,若依"思想史"(intellectual history)之脉络,探论其主要之思想类型,以余之所见,大致可依中国哲学系统中,"天""人"观点之

---

① "感性认知"之成为讨论"艺术"与"美感"之一项重要概念,且以之连系于哲学研究之方法,使之成为一种"审美感知之科学"(the science of sensory knowledge directed toward beauty),并视"艺术"为"感官意识之完美化"(the perfection of sensory awareness),虽出自鲍姆嘉通有关"美学"之论述,参见[德]鲍姆嘉通:《美学》,简明、王旭晓译,文化艺术出版社1987年版。

② 虽则于较晚出之著作中,论者亦常以"美学"连系之于"艺术哲学",或视"美学议题"之讨论,为"艺术哲学"之一部分。

建构形式，与彼此间之差异，作为"分、合其说"之基础。

其所以然之故，系因：若仅检视"审美经验"（aesthetic experience）之形态，而未对以下问题，深入思考，则其对于"美"之"理念性"之认知，必将仅停留为一种"经验"之描述与分类，而无确切之美学意涵。此问题，即：第一，"美"之所以为"美"，其根源，是否系属哲学意义之"超越特性"（transcendentals）？第二，"审美对象"之成为对象，是否亦于其设定，涉及审美之"认知主体"（cognitive agent）自身，从而与此"主体"（subject）作为有限之"存有者"（ens/Seiendes）之"本质"（essence）相关？

大体而言，中国哲学发展中，上述议题之获重视，且具有真正之"哲学论述"之基础，盖与"道德善"（Bonum honestum/moral good）之为"善"，同时成为哲学议题之一环；而此种属于"价值"（value）意义之讨论，其"理论化"之处理，以历史之进程而言，实乃由先秦儒、道二家，广泛之属于"形而上学"（metaphysics）立场之对立所引生；后世"艺术鉴赏"中，凡"价值取向"之不同，多受此一"可对比"之观点所导引，从而逐步深刻化。至于具体表现于"美学"之观点，就其大端而言，以本文所初步归纳者论之，则可举"神理说"与"风骨论"，作为两种主要之类型。

今若析论此二者，为方便计，可先举"神理说"，作为阐释之基础；以其具有较明晰之"哲学性"（philosophicality），可以展现"中国美学"最初建立之结构特质。

所谓"神理说"之观点类型，主要系以"主体"所凝聚之"神"，合之于"客体"所内蕴之"理"；以之作为立论之主轴。此一观点，就理据而言，奠其基者，为道家之庄子。而所谓"神"，就"认知主体"之呈显其用而言，必以"破执"为当体之条件；王夫之解《庄子》，曾于《逍遥游》"其神凝"句下，注云，"三字一部《南华》大旨"①，盖即是申明此一关键之义。

然此处借释氏之用语而谓之"破执"，依《庄子》本书之义，实但破"知见"、"嗜欲"之执，不破"人性"之应有；以"人性"出于天，循天而为理，则

---

① 见庄周撰，王夫之注：《庄子解》卷一，《逍遥游》，收入（清）王夫之撰，船山全书编辑委员会编校：《船山全书》第13册，岳麓书社2012年版，第88页。至于庄子之由此凝神而得所谓"浑天"之旨，船山之释之，则云："庄子之学，初亦沿于老子，而'朝彻''见独'以后，寂寞变化，皆通于一，而两行无碍，其妙可怀也，而不可与众论论是非也；毕罗万物，而无不可逍遥；故又自立一宗，而与老子有异焉。……庄子之两行，则进不见有雄白，退不屈为雌黑；知止于其所不知，而以不持持者无所守。虽虚也，而非以致物；丧我而于物无撄者，与天下而休乎天均，非姑以示槁木死灰之心形，以待物之自服也。尝探得其所自悟，盖得之于浑天；盖容成氏所言'除日无岁，无内无外'者，乃其所师之天；是以不离于宗之天人自命，而谓内圣外王之道皆自此出；而先圣之道、百家之说〔言其〕散见之用，而我言其全体，其实一也。"

虽人而即天①，非如佛义，"性"别净、染，人性中"依他"而起之性，亦系"净分"、"染分"和合而有②，故其云"破执"，必以去尽"染种"为究竟。③

而正因庄子义之"破执"，乃破彼所指为"人"者，而不破"天"，故人之"凝神"，"神"之徇耳目内通，虽鬼神亦将来舍，④ 就外于"心知"者言，固得以凭其"神"欲行，而有以依乎天理。⑤ 此义若借哲学之语言明之，即是主、客体，能于特定之条件下，由主体精神之显用，进而与客体所蕴含之"本质之可实现形式"相合。

此处所以释"天理"为"本质之可实现形式"，其因在于：若仅说"理"为"自立存有"（Esse Subsistens/Subsisting Being）之"统一性"所延伸之规律，则凡"物变"莫不显理；此义未于"天""人"之对立中，呈显"天"之极致所以为"一切存有之内蕴"之最高实现。故"理"虽为"存有"（being）整体之本质规律，《庄子》书中"依乎天理"一语，必应于"本质内蕴之最高实现"取义；否则其所展

---

① 《庄子·庚桑楚》云："唯虫能虫，唯虫能天。"郭象注之云："能还守虫，即是能天。"是仅以"还守"为"能天"；无别于"虫"与"人"。然《庄子》书全段之旨，以"人"、"天"为论，实有深于此义者，非专于"齐物"；郭注并未实得论中所举以"人"全"天"之方。

② 《成唯识论》云："由斯理趣，众缘所生心、心所体及相见分有漏无漏皆依他起，依他众缘而得起故。颂言'分别缘所生'者，应知且说染分依他，净分依他亦圆成故。或诸染净心心所法皆名分别，能缘虑故，是则一切染净依他皆是此中依他起摄。二空所显圆满成就诸法实性名圆成实。"（见护法等菩萨造，（唐）三藏法师玄奘奉诏译：《成唯识论》，收入《大正新修大藏经》第 31 册，瑜伽部下，第 1585 号，卷第八，新文丰出版公司 1983 年版，第 46 页）

③ 若借前注所引唯识家之论，"悟入"之阶等，凡有五。《成唯识论》云："何谓悟入唯识五位？一、资粮位，谓修大乘顺解脱分；二、加行位，谓修大乘顺决择分；三、通达位，谓诸菩萨所住见道；四、修习位，谓诸菩萨所住修道；五、究竟位，谓住无上正等菩提。云何渐次悟入唯识？谓诸菩萨于识相性资粮位中能深信解，在加行位能渐伏除所取、能取引发真见，在通达位如实通达，修习位中如所见理数数修习伏断余障，至究竟位出障圆明，能尽未来化有情类复令悟入唯识相性。"（《大正新修大藏经》第 31 册，卷第九，第 48 页）

④ 《庄子·人间世》："无门无毒，一宅而寓于不得已，则几矣。绝迹易，无行地难。为人使，易以伪；为天使，难以伪。闻以有翼飞者矣，未闻以无翼飞者也；闻以有知知者矣，未闻以无知知者也。瞻彼阕者，虚室生白，吉祥止止。夫且不止，是之谓坐驰。夫徇耳目内通而外于心知，鬼神将来舍，而况人乎！"（见庄周撰，郭象注：《南华真经》，卷第二，第 9 页，新编第 87~88 页）

⑤ 《庄子·养生主》："庖丁释刀对曰：'……始臣之解牛之时，所见无非牛者，三年之后，未尝见全牛也。方今之时，臣以神遇而不以目视，官知止而神欲行，依乎天理，批大郤，导大窾，因其固然，技经肯綮之未尝，而况大軱乎！'"

现，亦常仅是"地籁"与"人籁"而已，非所云"天籁"。此一由"地"与"人"而上及于"天"之所建构，有其特殊之类近于"价值"之意涵；非世俗义之所谓"善"与"美"。

《庄子》义若依此所释，而推衍其说，"破执"必当仅是破"后天"之"人"，而不破最上义之"自然"①；《庄子·养生主》，借"技"以申明"道"，正在提点一种"于小亦可以得全"之功夫。凡《庄》义所以启示于"艺术"之道者，胥由此出。

"神理说"之以"神"合"理"，"神"虽于主体呈显，然此活动之主体，为一依"自然之本质规律"而"受命"之主体；其为知，所凭借以免于"患"者，乃恃"无所待之真知"。② 彼于"浑全"之终境，并不分辨"自我存在"中属于"个体性"③（individuality）部分之意义；凡所指"与天为徒"而阐明之"真"④义，依《庄子》书之所揭露，皆系就"生之理卓立无耦"⑤为论，而非于主体之"自我认

---

① 此最上义之"自然"，以庄子之说义释之，即是"达者"所明之"因是"。《齐物论》云："道行之而成，物谓之而然。恶乎然？然于然。恶乎不然？不然于不然。物固有所然，物固有所可。无物不然，无物不可。故为是举莛与楹，厉与西施，恢恑憰怪，道通为一。其分也，成也；其成也，毁也。凡物无成与毁，复通为一。唯达者知通为一，为是不用而寓诸庸。庸也者，用也；用也者，通也；通也者，得也。适得而几矣，因是已。已而不知其然谓之道。"

② 《庄子·大宗师》："知天之所为，知人之所为者，至矣。知天之所为者，天而生也。知人之所为者，以其知之所知，以养其知之所不知，终其天年而不中道夭者，是知之盛也。虽然，有患。夫知有所待而后当，其所待者，特未定也。庸讵知吾所谓天之非人乎？所谓人之非天乎？且有真人，而后有真知。"

③ "个体性"概念于哲学论域中设立，且将之发展为重要之"建构哲学"之成分，不仅须确认作为"主体"之"我"（ego），具有"自性"（sva-bhāva）；且须将自我之"自觉"（self-awareness）与"自由意志"（free will），放置于"哲学建构"之核心。庄子之说，虽于此二者皆不否认，然由于彼对于所谓"人之存在"（the existence of man）之真实性之认知，远超于对自我"个体性"之觉知，因而"个体性"之概念，于其哲学中，并不居于关键之位置。

④ 《庄子·大宗师》："其一也一，其不一也一。其一，与天为徒；其不一，与人为徒。天与人不相胜也，是之谓真人。"

⑤ "生之理卓立无耦"，借船山语。船山注《庄子·大宗师》："死生，命也，其有夜旦之常，天也。人之有所不得与，皆物之情也。彼特以天为父，而身犹爱之，而况其卓乎！人特以有君为愈乎己，而身犹死之，而况其真乎！"云："生之、死之〔者〕命也。命则有修有短，有予有受，而旦与暮、天与人相为对待，非独立无耦之真也。不生不死，无对者也。无对则卓然独立而无耦矣。真君者，无君也。我即命也，我即君也。能有此者，终古不已，岂但生之可爱乎？"于"而况其卓乎"句下则云："生之理卓立无耦，人也，即天也。"

知"立说。"见独"云云,必仍以浑合"天"、"人为宗。① 相对于此,则有以"儒义"为本之"风骨"之论。

"风骨论"不以"主"、"客"立见,而乃以"内"、"外"宣旨。② 所谓"骨"者之所据,即主体确立"自我存在"(self existence)之自觉,与其对于"价值"之确认;文学之"艺术表现"(artistic expression)中所内涵之所谓"意义"(meaning),即是依此而确立。③ 而所谓"风"者之所据,则是主体"情动外发"之气使;"艺术表现"中有可以觉知之"风格"(style),盖依此而有其"动人"之化力。④ 此说究其渊源所自,乃出自儒家德分"君子"、"小人"之辨。

君子之德"风"⑤者,在于乾健⑥;乾健之德,即是人于所禀赋之"性"中,掌握"实现价值"之"意志"(will),以之作为迈向"无限"⑦之动源。凡"个人"(the individual)于群体中所以产生"风化感应"之作用者,胥由此一"意志"之表

---

① "浑天"之旨,参见前面所引船山之说。

② "风骨"二字之成为"文学批评"(literary criticism)之概念,始于南朝之刘勰。其所著《文心雕龙》云:"诗总六义,风冠其首,斯乃化感之本源,志气之符契也。是以怊怅述情,必始乎风;沈吟铺辞,莫先于骨。故辞之待骨,如体之树骸;情之含风,犹形之包气。结言端直,则文骨成焉;意气骏爽,则文风清焉。若丰藻克赡,风骨不飞,则振采失鲜,负声无力。是以缀虑裁篇,务盈守气,刚健既实,辉光乃新。其为文用,譬征鸟之使翼也。故练于骨者,析辞必精;深乎风者,述情必显。捶字坚而难移,结响凝而不滞,此风骨之力也。"

③ 前注所引刘勰说,所谓"结言端直,则文骨成焉","端"、"直"二字皆乃就"言"中所涵之"立义"陈说;必先有此骨髓所具,关乎"价值"之事义,始有析辞时可予捶练之涉于"表达"之词义。

④ 刘勰之论"怊怅述情",必以"志""气"之相符契为本,以是说为"化感"之源;此一论点,与民国以来论"文"者,常区隔"言志"与"缘情"为二途,立论之观点颇有差异。

⑤ 《论语·颜渊》:"季康子问政于孔子,曰:'如杀无道,以就有道,何如?'孔子对曰:'子为政,焉用杀?子欲善,而民善矣。君子之德风,小人之德草。草上之风,必偃。'"

⑥ 《周易·象传》:"天行健,君子以自强不息。"朱子注云:"但言天行,则见其一日一周,而明日又一周,若重复之象,非至健不能也。君子法之,不以人欲害其天德之刚,则自强而不息矣。"(见《周易本义·周易象上传第三》,收入(南宋)朱熹撰,朱杰人等主编,王铁校点:《朱子全书》〔修订本〕第1册,上海古籍出版社2010年版,第105页)

⑦ 此处所谓"无限",乃依整体"存有"之"无限性"(infinity),与其内涵之终极"目的"(end)而说。儒家不言"造物主"(the Creator),亦不希求"俗世"外之"净土"(pure land);然其标示"参赞天地之化育",则亦有其欲于"有限"证同"无限"之想望。以儒家自身之观念言之,即是以《周易》"艮"卦"行""止"之义,作为人"尽性"以至于"命"之极则。

现，唤醒他人内心深处所共有之"价值需求"，因而引发赞叹与歆羡；以是故有。① 因而就"内"言，"意志"之呈显，必以主体自觉之"价值认知"始；就"外"而言，则"个人风格"之表显，必于人相互之感通中，激起情感之共鸣。其立说所本，与"神理说"之依据，盖厘然可分。

此处所指"意志"之实现价值，依于"乾"德之"健"义，乃迈向无限，就哲学言，即是主张人文之演化，寓含有"存有"整体中，最崇高之"目的性"（finality）；儒家乃缘此而视"人"之存在，并于天、地而为三。

然倘若主是，则人之理智，与人之情感，必于人之"价值实践"中拥有"创造之势能"；儒家所谓"天地之大也，人犹有所憾"者②，正是透露出人对于己身得以"参赞化育"之一种认知，凡"理"之构成，必当有此"义理之我"之涉入，否则即未竟"天"之全功。"我"之成为创造之主体，并非单纯依"本质规律"而受知；与前所述"神理说"之理据，二者差异。特就义理言，此"我"虽属"乾"德在己，"德"必经精神之洗练，"破执"就"去私"一义言，仍是当有；否则对于"存有者"所内涵之"目的性"之理解，即易有所错失。

相较而言，前者释为"神理说"之观点类型，系主张作为"感知主体"发用之"神"，与作为"感知对象"而存在之"理"，于其可以为"有"之条件上，皆出于"本质规律"之所蕴含，故"神"与"理"之相契，就"感知"之发生言，乃由人"先验之感知力"所决定；人之所以能期于"神"与"理"合，必以"超越思维中所依用之'观念'"为要。亦即是：人必先破去"小知"之束缚，及其所延伸之情执，且又于当下处于"凝神"之状态，而后能于刹那之间，达至于二者"冥合"之境。

至于后者之"风骨论"，则是于艺术之表现中，建立"作者"（author）所特有、独有之"主体"地位，主张"艺术表现"所以能达于"动人"之深致，乃因"作者"于自我之"价值实践"中，引发"创造"之动力；而"价值"，则是人类心灵于接受"启示"后所共同认可。故"美之鉴赏"，依此说，其根源乃在于人性所共有之基础，及立于此基础，所可为人接受之"偏好程度"。艺术之表现与鉴赏，在本质上，不能离于人类"精神互动"之领域。

---

① 《文心雕龙·原道》云："至夫子继圣，独秀前哲，镕钧六经，必金声而玉振；雕琢情性，组织辞令，木铎起而千里应，席珍流而万世响，写天地之辉光，晓生民之耳目矣。"

② 《中庸》："天地之大也，人犹有所憾。"见（南宋）朱熹：《四书章句集注·中庸章句》。

二、中国美学思想"哲学化"之历程

"认识论"之能导引"美学思想"进入哲学建构，有一必要之设论，即是"美"之为"美"，被视为乃系一与"存有本质"密切相关之"展现"。盖惟其如此，"美"之观念意义，始能真正成为哲学讨论与认知之对象；而非仅是经验中，对于能"引起喜悦"之事物之一种印象式之判断。正因如此，以"美感"之发生，为实体内在"本质"之一种展现，即使不为日后"美学发展"之唯一结论，亦为美学思想中推动"美学哲学化"最要之一项。前论"神理说"与"风骨论"，溯其原始，皆于其各自观点之理论根源处，具有某种涉及"存有学"之内涵①，即是显示此一关键之思想成分。

唯就"美"之概念而言，如"美"之指涉，未能鉴识"自然美"外之"艺术美"，"美"事实上仅能为"善"之另一种表述；"美"之课题依然无从独立。前论所以特别提出庄子"进乎技矣可以为道"一节，谓于"艺术论"有重要启示者，正因庄子于其"人""天"之区分中，已为"凡'艺术美'必于特定条件下与实体之'目的性'相契合"之论点，预留发展之空间。故中国美学思想之能真正迈向"哲学化"，此实为重要之一步。

庄子理论之架构中，虽预留有"美学发展"之空间，然庄子于"理论"之说明上，则是欲摧破任何"经验"义，或"理念"义之"价值"观②；"美"亦在内。即便如此，庄子并非真如其论说外表所显示，乃以"相对主义"（relativism），或"不可知论"（agnosticis）之立场，否定一切与"价值"相关之论述③；否则必无"进乎技可以至于道"之理之存在。

此一论法之复杂，显示"价值"作为"知识对象"之是否存在，与可掌握，事与"知识对象"是否可"经由概念"，或"依于概念"而认知相关。庄子之欲于

---

① 唯就"神理说"言，其所依据之"存有论"立场，本文所述，乃依循《庄子》之论；与《老子》说不同。关于"老"、"庄"之别宗，辨之最透者，为王船山；参见其所著《庄子解》一书各篇之题解。

② 《庄子·齐物论》："夫随其成心而师之，谁独且无师乎？奚必知代而心自取者有之，愚者与有焉。未成乎心而有是非，是今日适越而昔至也。是以无有为有。无有为有，虽有神禹且不能知，吾独且奈何哉！"

③ 相对而言，同为道家典籍之《老子》一书，其对于"善"与"美"之"价值"议题，则始终保留为一种"相对主义"之立场。

"是""非"之方式外，另外寻求获得"大觉"①后以"破知"为"知"之途径②，实有其哲学上不易骤然理解之立场。《庄子》中"庖丁解牛"之寓言，正是一重要之提示。

真正属于"存有意义"之获得，或云"证成"，倘如庄子所主张，不能由"有限之经验"认定，不论于"概念"之使用，或"好恶"之心行；则势将转而趋向承认人之"精神"③，或有因"存有"全体之整一性，而被赋予之与"存有自身"（ipsum esse）相应之形上本质。④ 此一与"存有自身"相应之形上本质之产生"觉知"，其所以可为人"心行"之真宰⑤，最要之特质，乃因彼具有前论所言之一种"超智之智"；庄子并不将之说明为人内在之深层意志，或一种无可说明之"直观"能力。此一发展，使庄子"认识论"之论点，虽若近乎一种"直觉主

———————

① 《庄子·齐物论》："有大觉而后知此其大梦也。"

② 《庄子·齐物论》云："圣人和之以是非，而休乎天均，是之谓两行。"王夫之注之云："时过事已而不知其然，则是可是，非可非，非可是，是可非，休养其大均之天，而不为天之气机所鼓，则彼此无所不可行矣。无不可行者，不分彼此而两之。不分彼此而两之，则寓诸庸者，彼此皆可行也，无成心也，不劳神明为一也，不以无有为有也。如是，则天岂能吹其籁，而众窍之虚，不待厉风之济矣。"（见庄周撰，王夫之注：《庄子解》，卷二，《齐物论》。

③ 《庄子·大宗师》云："古之真人：其寝不梦，其觉无忧，其食不甘，其息深深。真人之息以踵，众人之息以喉。屈服者，其嗌言若哇。其耆欲深者，其天机浅。"此段之义，显示庄子之论"心"，于"用"之外，亦有"心体"之义。

④ "存有自身"，如依"有神论"（theism）而说，则系用以指"神"之本质性存有，亦即"自立存有"；如圣·托马斯（St. Thomas Aquinas, 1225—1274）所言。于此种论说中，神之为"存有自身"，乃绝对完美而无限，其本质不仅为"纯粹精神"（pure spirit），且亦为"纯粹形式"（pure form），或说"形式之形式"（the form of forms）。相较而言，庄子哲学中所指言"天"之不离于"物"与"人"而为浑然之"道体"，则仅将道之"本质性存有"，同时指为"绝对"、"无假"与"周遍"（"绝对"义即《庄》书所谓"无成与毁"，"无假"义即《庄》书所谓"自本自根"，"周遍"义即《庄》书所谓"物之所不得遁"；前一句出《庄子·齐物论》，后二句并见《庄子·大宗师》；而不说之为超绝之"纯粹形式"或"纯粹精神"）。

⑤ 《庄子·齐物论》："已乎！已乎！旦暮得此，其所由以生乎！非彼无我，非我无所取。是亦近矣，而不知其所为使。若有真宰，而特不得其眹；可行己信，而不见其形，有情而无形。百骸、九窍、六藏，赅而存焉，吾谁与为亲？汝皆说之乎？其有私焉？如是皆有为臣妾乎？其臣妾不足以相治乎？其递相为君臣乎？其有真君存焉？如求得其情与不得，无益损乎其真。一受其成形，不亡以待尽；与物相刃相靡，其行尽如驰而莫之能止，不亦悲乎！终身役役而不见其成功，苶然疲役而不知其所归，可不哀邪！人谓之不死，奚益！其形化，其心与之然，可不谓大哀乎？人之生也，固若是芒乎？其我独芒，而人亦有不芒者乎？"此论云"其我独芒，而人亦有不芒者乎？"以"疑"质"信"，即是点明因"大觉"而后知此为"大梦"，心之有"真宰"可知！特不得因其所"萌蘗"而求之耳。

义"(intuitionism)，实际上，所谓"境"之构成，其所以展现为一种"直觉"(intuition)，仅是彻悟后，"神欲行"①之表显方式；"智慧"义之"彻悟"与否，始是决定"心"是否能"依乎天理"之关键。

庄子于"名言"、"心行"之上，另展现一足以体认"存有意义"之方式，虽非即是为"价值之论"确立一普遍之原理②，然"存有意义"既有可证成，则一种"即于经验"而又同时"超越经验"之悟境，当亦能结合于"创造之作为"③，成为与"价值"相关之思想元素。此一思想元素，若经揭示，即可成为具体讨论之对象。中国于魏晋以下新起之道家思想之发展中，逐渐鉴识出"艺术之美"之心理根源，且由此建构属于严格意义之"哲学美学"(philosophical aesthetics)，即是由此发源。汉末以迄魏晋，于实际之"文学批评"中，所逐步深化之有关"文学"(literature)之本质，与"文学"之艺术性之讨论，以是伴随其他艺术形式之分析，存在严肃之课题必须面对。

以历史之发展而言，汉末之所以浮现粗略之具有"艺术"意义之"文学"概念，起始于士人对于其诗文创作之足以"流传永久"之一种自觉与省思；曹丕《典论·论文》中有"不朽之盛事"一句，正是清楚传达此种企图超越"实用目

---

① 《庄子·养生主》："庖丁释刀对曰：'……始臣之解牛之时，所见无非牛者，三年之后，未尝见全牛也。方今之时，臣以神遇而不以目视，官知止而神欲行，依乎天理，批大郤，导大窾，因其固然，技经肯綮之未尝，而况大軱乎！'"

② 此处所指"价值之论"，不仅涵括传统义之"善"与"美"，亦可指对于"存有意义"之一种确认，因而与"存有学"相互关连之后之现代"价值理论"差异。后者不仅将"价值"与"善"作出某种画分，且亦将"价值"与"存有"，于"分论"或"合论"之前，先予以区隔。唯因对于庄子而言，其所强调之"存有"之整一性，并不同时确认"存有之秩序"，因而其说亦不由"秩序"所延伸之"完美"义，引出"希求"与"可形式化"之价值；故此云"非为价值之论确立一种普遍之原理"。

③ 庄子思想中，此一属于"道艺"发展之空间，阐述最明者，为方以智。以智云："托偏自快者讥好大者曰：'以有涯之生而必求全为无涯之知，何为乎？'此言是也，不知能公全者，于一源头知沃焦，于地心中知众源，圣人岂数万物而知其数、备其变乎？炳一画前之□萧，则无不烛耳。一画前燎然，则随分无不可看蔌，而亦不以一画前自画也。借庄子'有涯'二语，乃自掩其陋而惰耳。知生即无生矣，知生即无生而肆之，则生即无生之累，更无涯矣；反以当知之道艺为无涯而斥之，岂知非无涯之道艺，谁足以医古今无涯之生累邪？指远峰之天半者，正所以愧高者使不息、囿卑者使帖服也，况苍苍乎？何得不致公全之偏知，以知终继知至乎？"

的"（practical purpose）之价值观。①

然而当时士人，乃至日后相似质性之作者，始终并未于同一意识中，放弃"文章"同时应具有"政治效益"之主张。曹文此句前，有"文章经国之大业"一语，即是其证。此点显示：于儒、道思想于魏晋时期进一步进行"哲学对话"之前，儒者论"文治"中之"风化"，虽已依据"作者"与"作品"（literary and artistic work）之观念，将诗文之"艺术观"，自"礼、乐本质相通"之"诗教观"中析离，然而于广义之"诗教"观念上，则尚未能实然将"善"与"美"之议题全然切割，从而使"美学"之讨论得以独立。

真正能立基于儒义之德化观，将儒家"言文"、"身文"之观念予以"哲学化"（philosophicalize），明确建立具有"艺论"意义之"风骨论"，其事成于梁代之刘彦和。而彦和之所以能由所谓"文"之用，上探于"文"之形上根源，并将"人心"与"道体"，于立论上，作出重要之联系，主要因有"玄学风气"扩散后所产生之哲学效应，作为其建构论述之基础。

而在此所谓"玄学思潮"之发展过程中，有一属于"哲学概念性质"之重要澄清，即是借有关"价值根源"之探讨，释明"自然之性德"与"社会之名教"，二者间属于"立论层次"与"立论基础"之差异。儒家原本依据"治术"与"伦理学"需求而设置之"名教观"，乃至"诗教观"，于此新的思想运动中，遂遭受严格之检验；以是有关"德化"之说，必须重加论述。② 刘勰之立说，盖即是对于此一问题之响应。

儒家之"名教观"，于其思想体系中，虽曾于先秦时期予以"名学化"，如《荀子·正名》篇所释，成为其"认识论"发展中可有之方向之一；然此一立基于"名学"而有之论述方式，并非属于广义之"儒家哲学"所共有，亦非为儒家"道德哲学"（moral philosophy）必备之核心。故若仅于"认识论"之层次，批判其"名教观"，于儒家虽具有"警示"之作用；儒家之"道德哲学"，于理论上，并不致因此而崩解。至于"诗教观"，由于儒家急欲于诗、乐之"功能论"上，

---

① 词章之具有"文学性"（literariness），必应有"实用目的"外之价值，始克成立；而"文学性"之创造，就词章之"语言使用"而言，则是依"审美之目的"，借"修辞"增扩其"想象"之效应。

② 《文心雕龙·原道》篇云："文之为德也大矣，与天地并生者，何哉？夫玄黄色杂，方圆体分，日月叠璧，以垂丽天之象；山川焕绮，以铺理地之形：此盖道之文也。仰观吐曜，俯察含章，高卑定位，故两仪既生矣；惟人参之，性灵所钟，是谓三才。为五行之秀，实天地之心。心生而言立，言立而文明，自然之道也。傍及万品，动植皆文……故形立则章成矣，声发则文生矣。夫以无识之物，郁然有彩；有心之器，其无文欤！"

调和"经验"义之"善"与"美",故不免产生"论述"上之若干纠结。此事牵涉先秦以至秦汉,儒家哲学于特殊议题上辨析"情""理"时之混淆;其中确实存在有待厘清之部分。

探究儒家早期所以于哲学之议题上,混说"善"与"美",主要乃因儒家论者,在其依"哲学"辨析"德化"之作用时,别"类"之不当;误将"情"之感通,归结于"理"之自然。盖"情"出于性,性近则情通,情通则变有其势,然此乃事势之自然;此"势"义之"自然",乃理之能然,非理本质上之"自然"。儒家要籍中,《中庸》《乐记》皆主"性动"有自然之"节"①,此"节"之为"善"之具体呈现,由中达外,乃属心体发用之自然流行。② 就"诚"之体、用言,凡人文之化成,皆于观念中,由同一"自然"之概念收摄。故于此种设论中,"善"与"美"皆系借由同一"目的性"之回溯,予以理解。此种哲学之主张,极易衍成以"善"为美,或凡"美"必善之说。汉代所传《毛诗》之《大序》云:

> 情发于声,声成文谓之音。治世之音安以乐,其政和;乱世之音怨以怒,其政乖;亡国之音哀以思,其民困。故正得失,动天地,感鬼神,莫近于诗。先王以是经夫妇,成孝敬,厚人伦,美教化,移风俗。

论中以"音"与"政"相协,其义即根源于此。③

逮至玄学时期,儒、道之争辩起,儒家此种"诗教观"与"名教观"是否确实具有坚实之基础?乃同受论者之注意。

唯玄学家于此,亦有能辨其一,未能进一步深辨其二者。如阮籍著《大人先生传》,力斥名教,谓非真道德,然其作《乐论》,则立论仍未能全然脱去《乐记》《毛诗·序》以来"得性则和"、"制节为仪"之观点。凡阮氏著论之

---

① 《礼记·中庸》云:"喜怒哀乐之未发,谓之中;发而皆中节,谓之和。中也者,天下之大本也;和也者,天下之达道也。致中和,天地位焉,万物育焉。"两说皆以合节者为"天",失节者为"人",故此谓其论主性动有自然之节。

② 若荀卿则主性无能自当,感之以善则善,感之以恶则恶,知所以制而导之,即可以因之成善。二说虽相反对,然于论说中皆即以人所"能然"者,归结于"理"义所有,则近。故虽一主"养"、一主"制",皆于"理"之"自然"义,有所未辨。

③ 汉人所辑《礼记》中有《乐记》,其文字亦部分与此类同。《乐记》云:"凡音者,生人心者也。情动于中,故形于声。声成文,谓之音。是故治世之音安以乐,其政和;乱世之音怨以怒,其政乖;亡国之音哀以思,其民困。声音之道,与政通矣。"

将"性"义上推于"天地之体"①，谓乐之本，乃寓含于彼所谓"体"、"性"之一致中，其观点仍未远于《中庸》将"一切价值之真实展现"皆归于"自然"之旨。

此一虽尝试建立崭新之立论观点，却仍未充分理解不同议题之差异性之情形，亦犹如何晏论"化"时，归其本于"无"，继而以之论"情"，却误将圣人之登境，亦归之于"无情"。② 凡此，皆见当时智识阶层对于思想议题之"哲学性"之认知与分辨，仍处于"发展"阶段。

有关"诗教观"一题，必待嵇康著《声无哀乐论》，始明白将《乐记》与《毛诗·序》之论旨中，有关"乐"所涵之理，与人心因于"赏乐"而生之感通之情，于议题上予以区分。此种区分，虽未能真正说明"艺术创作"或"赏析"中，"心"与"理"间之关系，以奠立完整之"艺论"，然彼对于长久以来"诗教观"中若干立说上之偏失，有所矫挽，仍是厥功甚伟。

至于刘勰承"玄学"既兴之后，以"体""用"之观点，剖辨"文学"之本质，其所承受之哲学影响，除儒、道本有之观点外，更深一层思想之来源，则为佛学。③

盖玄学思想之主轴，自有王弼以"认识论"之方法，重新探讨"理"作为"知识对象"之条件，"性"、"理"之"自然"义与"德"之"无为"义间之关系，已于"体"、"用"概念之讨论中，获得大幅度之澄清。然既起而有之向秀、郭象，则于《庄子》论之所以于"心识作用"外别言"凝神"之旨，颇有走失，故于"至德"之所以为"无为"，释之未确；流为一种"消极之顺理论"。④ 支道林辨"逍

---

① 《乐论》云："夫乐者，天地之体，万物之性也。合其体，得其性，则和；离其体，失其性，则乖。昔者圣人之作乐也，将以顺天地之性，体万物之生也，故定天地八方之音，以迎阴阳八风之声，均黄鍾（按：应为"鐘"字之讹）中和之律，开群生万物之情气。故律吕协则阴阳和，音声适而万物类，男女不易其所，君臣不犯其位，四海同其观，九州一其节，奏之圜丘而天神下降，奏之方岳而地祇上应。天地合其德，则万物合其生；刑赏（原注：一作罚）不用，而民自安矣。"

② 论详汤用彤：《王弼圣人有情义释》（见《魏晋玄学论稿》，收入汤用彤撰：《汤用彤全集》第4卷，河北人民出版社2000年版，第62~71页）。

③ 参见拙作《论刘勰〈文心雕龙〉之文学本质论及其玄学基础》。

④ 向、郭之为"消极之顺理论"，有二项可注意之点：一就"冥契于理"之条件言，二人之说，因无平等之"性"观，故其论"逍遥"义，有"无待"、"有待"之分，从而演成一种"价值观"之消极论。其次则是：二人之论，皆未能深透《庄子》义所标举"大知"一义之所指，以是虽欲"去累"，并未能真有所树立。

遥"义之所以能于其后，超拔郭、向之外，扭转时论①，正在释明"悟"径之根据。② 此后中土"般若"(prajñā)之学之大昌，传法因缘外，此一论题之转移，关系亦深。

而究论佛义对于此时及往后中国本有思想议题讨论之启示，有一极为重要之影响，即是于超越"名言"之玄义上，爬梳"性"、"理"之关系。亦即：就"性"、"理"之关系言，各别"物性"与其所以能通于"理"，必应有经由"道体"之纯一性，赋予各个物"物性本质"(physical essence)之上，超越之"形上本质"(metaphysical essence)；而各个"存有者"之"物性本质"，亦必然相应于其自身"有限之存在状态"。"性"义之有此种区分，为哲学上真正解决"一"与"多"，或说"天"与"人"，如何相关之问题所必需。

相较而言，玄学之发展中，王弼虽申说"物无妄然，必由其理"③，然"理"属自然，"性"属能动，此二者之关系应如何说明？王弼并未深求。而在向、郭，则虽于"理"外，亦兼论"性"，然其论主"性依气成"，并未及于"性体"，以是凡所可齐者，仅是"物论"；彼之论"至德"，所以失去依据者在此。

至于佛义，虽言"物性"为假，然"染"之外有"净"，为"般若"所依；性有此二义，正可移借之以论"人"、"天"。刘勰论"文"，既指其同源，复疏义其别，究论其立说所本，盖正因辨"性"有此"物性"与"真性"两层，故能将"文"

---

① 《世说新语》："《庄子·逍遥》篇，旧是难处，诸名贤所可钻味，而不能拔理于郭、向之外。支道林在白马寺中，将冯太常共语，因及逍遥。支卓然标新理于二家之表，立异义于众贤之外，皆是诸名贤寻味之所不得。后遂用支理。"

② 今传支道林《逍遥游论》一文，其总说"逍遥"之大旨云："夫逍遥者，明至人之心也。庄生建言大道，而寄指鹏、鷃。鹏以营生之路旷(按：应为'旷'字之讹)，故失适于体外。鷃以在近而笑远，有矜伐于心内。至人乘天正而高兴，游无穷于放浪。物物而不物于物，则遥然不我得。玄感不为，不疾而速，则逍然靡不适。此所以为逍遥也。若夫有欲当其所足，足于所足，快然有似天真，犹饥者一饱，渴者一盈，岂忘烝尝于糗粮，绝觞爵于醪醴哉？苟非至足，岂所以逍遥乎？"

③ 王弼云："物无妄然，必由其理。统之有宗，会之有元，故繁而不乱，众而不惑。故六爻相错，可举一以明也；刚柔相乘，可立主以定也。是故杂物撰德，辩是与非，则非其中爻，莫之备矣！故自统而寻之，物虽众，则知可以执一御也；由本以观之，义虽博，则知可以一名举也。故处璇玑以观大运，则天地之动未足怪也；据会要以观方来，则六合辐辏未足多也。故举卦之名，义有主矣；观其《象辞》，则思过半矣！夫古今虽殊，军国异容，中之为用，故未可远也。品制万变，宗主存焉；《彖》之所尚，斯为盛矣。"见(魏)王弼：《周易略例·明象》，收入(魏)王弼撰，楼宇烈校释：《王弼集校释》下册，中华书局2009年版，第591页。

之所本，推说至极。刘勰《灭惑论》中有谓"明者资于无穷，教以胜慧"，即是深闇此理之明证。逮至宋儒之起，乃别"性"为"天地之性"与"气质之性"①，其论虽非深谙于刘说之所本，要亦是有见于此而云然。

刘勰论道所云，唯因于人之"气性"外，见有"真性"，故凡所论"骨"与"风"，皆有确指。盖"析辞"之所以捶字精义，以人有骨鲠树骸，出于与"真性"相符应之志，故瘠于义而雕画者，其辞谓"肥"，非所以为"奇"。然有志矣，而气不足以副，或气盛矣，而未能高妙，则"练骨"者或困于故意，"述情"者流于蹇滞，其辞不伟。必待志、气两劲，则辞、情并茂，而风力遒矣。此即"言文"中之"风骨"，《诗》义之风化，必以此为本。② 常论中正坐视"风化"为自然，而未明如无"作者"之取镕陶铸，成其体要，则无论故辞新意，必致索莫失统；化感何由而生？刘勰所以于《宗经》之外，别有《辨骚》之篇，盛赞屈原，谓乃"取镕经意，自铸伟辞"③，盖即依于是论而有；后人以"风"、"骨"二字论"文"之体、气，胥自此出。

刘勰于"言文"感应中点出"志"、"气"，此意见于其书之《风骨》篇；而"志"、"气"二者，一涉人之"意志德性"（virtues of the will），一涉人之"血气

---

① 《语类》载：亚夫（□渊，号莲塘）问："气质之说，起于何人？"朱子曰："此起于张、程。某以为极有功于圣门，有补于后学，读之使人深有感于张、程，前此未曾有人说到此。如韩退之《原性》中说三品，说得也是，但不曾分明说是气质之性耳。性那里有三品来？孟子说性善，但说得本原处，下面却不曾说得气质之性，所以亦费分疏。诸子说性恶与善恶混。使张、程之说早出，则这许多说话自不用纷争。故张、程之说立，则诸子之说泯矣。"

② "风骨"二字应作何解，自来以为难，黄侃《文心雕龙札记·风骨第二十八》于"风骨"二字下云："二者皆假于物以为喻。文之有意，所以宣达思理，纲维全篇。譬之于物，则犹风也。文之有辞，所以摅写中怀，显明条贯。譬之于物，则犹骨也。必知风即文意，骨即文辞，然后不蹈空虚之弊。或者舍辞意而别求风骨，言之愈高，即之愈渺。彦和本意不如此也。"（见黄侃撰：《文心雕龙札记》，文史哲出版社1973年版，据潘重规校印本景印，第101页）此说颇为近时论者所重，然刘氏《风骨》篇本文明谓："辞之待骨，如体之树骸；情之含风，犹形之包气"，则"骨"者辞之所待而非辞，"风"乃情之所含而非意之所虑，明矣。黄氏文中以"修辞"、"命意"皆合法式，即是"结言端直"、"意气骏爽"，刻意避去"志""气"之本原不论，实未得刘氏"辞为肌肤，志实骨髓"之精旨。

③ 《文心雕龙·辨骚》篇云："《楚辞》者，体宪（案，'宪'字，宋本《楚辞》作'慢'，《义证》从唐写本、王惟俭〔字损仲〕本）于三代，而风杂于战国，乃《雅》《颂》之博徒，而词赋之英杰也。观其骨鲠所树，肌肤所附，虽取镕经旨（案，'旨'字，原作'意'，《义证》从唐写本、《玉海》改），亦自铸伟辞。故《骚经》《九章》，朗丽以哀志，《九歌》《九辩》，绮靡以伤情；《远游》《天问》，瑰诡而惠巧；《招魂》《大招》，耀艳而深华。《卜居》标放言之致，《渔父》寄独往之才。故能气往轹古，辞来切今，惊采绝艳，难与并能矣。"

禀赋"。然皆仅就"化感"所原说，尚未论及"辞情"所以动人之历程。论及辞情所以动人之历程，盖另见于《体性》之篇，有所谓"情动理发"之说。①

盖情动因于性，性兼净、染，其于"气性"之动者以习成，则人各师其成心，不同犹面。故如有动人，必因"理发"，"理发"即是人以所涵于"真性"者吐纳英华，沿隐至显，发而为一种可以动人之素质。此种表现，缘"理"而有，会通合"数"，可以归之为八，曰：典雅、远奥、精约、显附、繁缛、壮丽、新奇、轻靡。彦和谓文之可赏者，皆于此辐辏，谓之"可式之体"。② 其所谓"八体"，就"言文"之艺术形式而言，虽非即是"美"之范畴(categories)，然由于刘勰之论"体"，"情动"而"理发"，因之成体，亦有相应，故此种属于"美感"于情性纷然不一之所铄中，所见有之基本类型，仍有其位于"范畴论"中之意义。③

因"美感"之基本类型，若其作用之形式，能对应于"形上原理"，论"美"之性质者，即可因此而归约出美之"范畴"。故所谓"艺术美感之基本类型"，若以"范畴论"而言，应即是"美"之范畴落实于具体之艺术表现形式所显示。所谓"哲学"义之"范畴"，出于"理"，人当以"神"会，而非可以"概念之思惟"为抉择。此种"哲学"义之论法，与仅就"审美"之心理经验，或历史累积而形成之"形态认知"，而加以论述者，颇有差别。对于刘勰而言，"情动而理发"，正是说明"形式"与"原理"可以相应之原因；此所以其"八体"之论，虽非指言"范畴"，仍具有相关之意义。

至于刘勰之说之所以就整体论，仍当归之为"风骨论"一脉，而不当专释之为"神理说"者，则因彼言"神"，乃兼以"襟抱"论；故论中尝借"形在江海之上，心存魏阙之下"④之语为譬，其所寂然而凝，可以思接千载者，儒义之

---

① 《文心雕龙·体性》篇云："夫情动而言形，理发而文见；盖沿隐以至显，因内而符外者也。"

② 《文心雕龙·体性》篇云："故辞理庸儁，莫能翻其才；风趣刚柔，宁或改其气；事义浅深，未闻乖其学；体式雅郑，鲜有反其习。各师成心，其异如面。若总其归涂，则数穷八体：一曰典雅，二曰远奥，三曰精约，四曰显附，五曰繁缛，六曰壮丽，七曰新奇，八曰轻靡。"

③ 所谓"美"之"范畴"，指美感作用之形式而能对应于"形上原理"者，而所谓"艺术美感之基本类型"，则系美之范畴，结合于具体之艺术表现形式所呈显之样态，经评论者透过鉴赏而形成之认知；二者之内涵有所差异。

④ 《文心雕龙·神思》篇云："古人云：'形在江海之上，心存魏阙之下。'神思之谓也。文之思也，其神远矣。"

志、气，仍为关键。凡虚静之澡雪其神者，积学储宝而外，亦为陶钧理义文思之地步。故其秉心养术，就"应理"一面言，仍是不废事、义，不谓儒义与佛说相违逆；与《庄子》说"神"与"理"一之旨，仍判然有别，未容相混。①

刘勰论文主"风骨"，就"言文"而言，自易成为主流。此乃因儒术之见用，本与中国之政治体制与政治文化相合，以是就"言文"之传统言，仍不离于以"作者"之情、志为主，事、义则为所表达之内容。此事不仅牵涉"言文"之表现形式，亦与"言文"之于中国，始终为"治化之具"一事相关。"神理观"之确立于艺事，说盖成于"画论"。

"神理"观之于"画论"中成熟，有一牵涉"艺术"本身传统之因缘，即是中国"礼器"制作中自来即有之"尚象"主张。

所谓"制器尚象"②，所取于物者，在于其"德"。此"德"指物存在之本质特点；就生物言，即是其"生命意志"所散发出之精神。中国"表形艺术"（visual arts）之所以具有此一思维，最先乃自宗教祭祀中"礼器文化"之发展而来③，后则衍变为一种特有之艺术精神。中国绘画主题之由"宗教神迹"转为"人物"，乃至"一切之物"，此一"象德"之传统，始终保留未失。而自有庄子之"形神论"，此一"象德"之主张，更获得一重要之"哲学提升"。

唯"形神"、"象德"二说，于结合之初，物象中之"神"，仅为绘事表达追摹之对象，论画者，尚未能深透庄子以己之"神"融契于"理"之旨。逮晋顾恺

---

① 《灭惑论》云："夫栖形禀识，理定前业，入道居俗，事系因果。是以释迦出世，化治天人，御国统家，并证道迹。未闻世界普同出家，良由缘感不一，故名教有二，搢绅沙门，所以殊也。"（见僧佑撰：《弘明集》，卷八，第9b~10a页，新编第374~375页。）

② 《周易·系辞上》："易有圣人之道四焉：以言者，尚其辞；以动者，尚其变；以制器者，尚其象；以卜筮者，尚其占。"此为"制器尚象"四字之出处，唯本文此处乃就实然之礼器文化言，与《系辞传》本旨有别。

③ 郑樵云："旧尝观释奠之仪而见祭器焉，可以观酌，可以说义，而不可以适用也。……由是疑焉，因疑而思，思而得古人不徒为器也，而皆有所取义，故曰：制器尚象。器之大者莫如罍，物之大者莫如山，故象山以制罍；或为大器，而刻云雷之象焉。其次莫如尊，又其次莫如彝，最小莫如爵。故受升为爵，受二斗为彝，受五斗为尊，受一石为罍。按：兽之大者莫如牛象，其次莫如虎蜼，禽之大者，则有鸡凤，小则有雀。故制爵象雀，制彝象鸡凤，差大则象虎蜼，制尊象牛，极大则象象。尊罍以盛酒醴，彝以盛明水郁鬯，爵以为饮器，皆量其器所盛之多寡，而象禽兽赋形之大小焉。"（引见（南宋）郑樵撰：《通志》上册，中华书局1987年版，卷四十七，《器服略第一·尊彝爵觯之制》，第607页。）郑氏此释祭器形制之源，有其所见，唯"制器尚象"有时非仅于小、大取义，亦尚有"原始宗教"（primitive religion）观念之遗留，则非彼论所知。

之出，提出所谓"通神论"，始于"以形写神"之主张中，探论于画者"睹其所对"时之"通神"问题；因而有"一象之明昧，不若悟对之通神也"之语。① 此种借"神"之通，以达"可为玄赏"②之境之观点，已为画论"趣分天、人"，开示途径。

所谓"趣分天、人"，倘说之以《庄子》"听籁"之喻③，则必以"无我"者为"天"。"无我"乃"涤除"④之效，然而就绘事言，"玄赏"之要趣，在于必以"应会感神，神超理得"为真境；如南朝宗炳《画山水序》所云。⑤ 此说沿流而下，盖即唐张璪所谓"外师造化，中得心源"⑥一说之所本。⑦

---

① 顾氏《魏晋胜流画赞》云："人有长短，今既定远近以睹其对，则不可改易阔促，错置高下也。凡生人亡有手揖眼视而前亡所对者，以形写神而空其实对，荃生之用乖，传神之趋失矣。空其实对则大失，对而不正则小失，不可不察也。一像之明昧，不若悟对之通神也。"［引见(唐)张彦远撰：《历代名画记》，收入《景印文渊阁四库全书》第 812 册，台湾"商务印书馆"1983 年版，卷五，分第 10 页，总第 322 页］

② 顾氏《论画》云："美丽之形，尺寸之制，阴阳之数，纤妙之迹，世所并贵。神仪在心而手称其目者，玄赏则不待喻。不然真绝夫人心之达，不可或以众论。执偏见以拟通者，亦必贵观于明识。夫学详此，思过半矣。"(收入《景印文渊阁四库全书》第 812 册，台湾"商务印书馆"1983 年版，卷五，《北风诗》条下，分第 8b~9a 页，总第 321 页。)顾氏此论之以"神仪在心"为"玄赏"，其说明系受《老子》书"玄览"一概念之启示而有，而其创出此词以指涉"艺术鉴赏"之一种哲学方法与境界，显示中国美学于此时，有极为重要之进展。论者评析顾氏之艺论，多重视其"以形写神"之论，然倘"神"而止视之为描摹之对象，如常论所云，则仍止为"象德"说之深化，与立基于"通神"之"以形写神论"不同。

③ 郭向注《庄子·齐物论》颜成子游问"天籁"一段云："夫天籁者，岂复别有一物哉！即众窍比竹之属，接乎有生之类，会而共成一天耳。"其说特就物物之能自然而生者而谓之"天"，并未深入诠释"听籁者"何以"能天"；故非确解。

④ 《老子·第十章》："载营魄抱一，能无离乎？专气致柔，能婴儿乎？涤除玄览，能无疵乎？"

⑤ 宗炳《画山水序》云："夫以应目会心为理者，类之成巧，则目亦同应，心亦俱会。应会感神，神超理得，虽复虚求幽岩，何以加焉？"(引见张彦远撰：《历代名画记》，收入《景印文渊阁四库全书》第 812 册，台湾"商务印书馆"1983 年版，卷六，分第 4 页，总第 328 页。)

⑥ (唐)张璪曾著有《绘境》一篇，今不传；此语引见(唐)张彦远撰：《历代名画记》，收入《景印文渊阁四库全书》第 812 册，台湾"商务印书馆"1983 年版，卷十，分第 6b 页，总第 353 页。

⑦ 钱穆：《理学与艺术》(见钱穆：《中国学术思想史论丛》〔六〕，东大图书公司，1978 年，第 212~236 页；收入钱穆撰，钱宾四先生全集编辑委员会主编：《钱宾四先生全集》第 20 册，第 279~312 页)一文曾谓张璪言"外师造化，中得心源"，其说之欲超乎物外，心与物融，于画中见造化，实乃主先有画家，因能成画品，与谢赫论六法之主于形象，偏倾在外，不重画者其人者不同。钱师之较论，与此处所辨析，不尽相同；读者详之。

唯"神超理得"，亦有初、深之辨。少文同篇有谓"圣人含道映物，贤者澄怀味像，至于山水，质有而趣灵"①，其云"澄怀"之一阶，以尚不能无"涤除"之功，故说为"贤者"；至于圣人，则道在己身，故含道者自能映物，万趣不待体味，自融于神思。此亦"自然"、"未臻自然"之别。②

至于"山水质有而趣灵"，少文论中另有"圣人以神法道而贤者通，山水以形媚道而仁者乐，不亦几乎"③之句。此句中所谓"媚道"，固是"显道之妍"、"显道之美"之意，然同一山水而有"质"、"趣"之辨，"趣"乃所以表显神理，而仁者由此可乐，则"美"应乃"道"于"理"之层次所展示，亦从可知。而正因"道用"有此内涵之"可能"，故圣人得以含道映物而神契其理，贤者得以澄怀味像而实通其乐。

指山水之美"出于道"故可乐，此"美"唯圣人、贤者有以得之，而关键则在于：必以"神"契而通之。此一论点，少文之前已有。然点出"媚"字，则是说明"美"之所以为美，不唯乃顺"自然"而有；此"有"必有一可感觉之样态，表现于"有限之形式"（limited form）中。"味像"者，唯因未能超物，故"理"以心测，未能神会；"映物"者，则能浑合"形"、"神"，故有实然之乐。

"形"、"神"之至于"两忘"，此于"画艺家"，除内心之实境外，亦必有于此特定之艺术领域中所达至之"表境"，而此"表境"，则须由"技"之日进矣而至于道所达致。画艺中倘无此足与"真境"相应之"表境"，则"形"、"神"必仍各归于一处，画艺之所精，将仍止是"摹境"。南齐谢赫"六法"之首标"气韵生动"，即是指明此种"表境"中"活境"与"死境"之别。至于其他所谓"骨法用笔"、"应物象形"、"随类赋彩"、"经营位置"、"传移模写"，则仅是技法而已。④

---

① （南朝宋）宗炳：《画山水序》，见（唐）张彦远撰：《历代名画记》，收入《景印文渊阁四库全书》第812册，台湾"商务印书馆"1983年版，第812册，卷六，分第3b页，总第327页。"映"字，严铁桥辑本作"应"，"像"字作"象"。（收入严可均辑：《全上古三代秦汉三国六朝文》第3册，《全宋文》，卷二十，第8b页，新编第2545页）

② 论者或谓少文乃将儒家"仁者乐山"之旨，与道家"游心物外"之观点结合；实则少文论中虽举"仁"、"智"之乐，其论中明谓"圣人以神法道"，则凡所言心与物通，应是其后文所谓"凝气怡身"之效；其主张"养气"仍是道家义，并不与儒义之持身修德相类。

③ （南朝宋）宗炳：《画山水序》，见（唐）张彦远撰：《历代名画记》，收入《景印文渊阁四库全书》第812册，卷六，分第3b页，总第327页；严可均辑本"以神法道"作"以神发道"。

④ 谢赫《古画品》云："夫画品者，盖众画之优劣也。图绘者莫不明劝戒，著升沈，千载寂寥，披图可鉴。虽画有六法，罕能尽该。而自古及今，各善一节。六法者何？一，气韵生动是也。二，骨法用笔是也。三，应物象形是也。四，随类赋彩是也。五，经营位置是也。六，传移模写是也。唯陆探微、卫协备该之矣。然迹有巧拙，蓺无古今，谨依远近，随其品第，裁成序引。"

谢赫"气韵生动"一语之重要，在能于艺事之表境中，指出"物"、"我"浑合之一种跃动式之心感；此种跃动之心感，如何以艺术可传达之方式表现，即是"技法"由单纯之技，提升为"法道之具"所追求。于此论中，有三项实有之设论：其一为"化体"之单一性；其二为"化体"之生机观；其三则为"化体"之感应论。

关于此三项设论中之第一项：由于魏晋以来儒、道两家之气论，已排除超越于"气"上之任何具有"制化"作用之"意志天"之存在，故立基点，实际即是经纯化后道家之"气化论"。

至于第二、第三项：由于道家所主张之胜智，虽是超越于"物""物"之界分，然此种因"感"而得之境，乃特殊之"悟境"，次于此一人之"悟境"，"物化"本身是否亦存在超越"物限"之整体之互动，而非仅是拘于形隔之互动？并无必然之结论。而此一部分如未确立，则第三项设论，亦同属未定。以论推之，谢赫此说，应是将儒家之"生气论"，与前所叙及之"感应观"，于排除儒家相沿而有之主观之"以仁观物"之立场后，加入于道家之"气论"，因以完成其说。故其论于"唯气"与"唯心"之间，应有一种"美学式之论点"之抉择，值得辨析。

综合以论，"神理观"得"气韵说"之发展，已将"玄赏"之主体，对于"理"之神会，由"哲学之说明"，导向于"艺术之说明"；"玄赏"二字，至此已有明确之内容。盖对于哲学而言，"得境"而言与"依可得境"而言，本是两种，故依"境之所可能"而言所以"超悟"之方，未必即是于"境"有真得。此所以就"求道"者而言，必应超脱"言说相"、"名字相"①，即"玄览"二字亦然。唯对于艺家而言，其所得之"心感"乃"意境"，非"悟境"，"超悟"之云仅以其所运用之"智"而言，谓能"离像"，故有人能依于"艺"而言"道"，释之如此，其言必有重要之美学意涵，可以开拓议题。顾恺之、宗炳之论，与谢赫"气韵生动"四字之大受后来"画论"之重视，实非偶然。"神理观"之艺论，至此可谓已奠立稳固之地位。

"艺论"之于中国，自来以"文论"与"画论"为大宗，而二者间，又有因"表现媒介"之不同，从而造成"说明重点"之差异。中国美学之分向"风骨论"

---

① 《论》云："一切法从本已来，离言说相、离名字相、离心缘相，毕竟平等、无有变易、不可破坏。唯是一心故名真如，以一切言说假名无实，但随妄念不可得故。"(见马鸣菩萨造，梁西印度三藏法师真谛译：《大乘起信论》，收入《大正新修大藏经》第32册，论集部，第1666号，第576页)

与"神理说"发展，而于不同之领域内，各自优先确立，如此所叙论，实亦因不同艺术之性质，各有所宜、近；以是而然。然"艺"虽差异，亦有可通，以是分别之观点，亦可有种种发挥与延伸，甚至"混合形式"之出现。

三、中国艺论中"神理说"、"风骨论" 相互间交错之影响与发展

前论"风骨"、"神理"，虽谓乃各从所宜、近者确立，然其中有属"文"而近于"画"者，则为诗艺。

诗艺重述志，其所从来，盖因诗教之"风"观，而屈《骚》之所以见重，事亦缘此。后人论诗，群推"建安风骨"，亦见"诗论"本不出于广义之"文论"之外。然诗有比、兴，其所运用，"意象"之重要更在"辞义"之上，故如由此深入，可别开户牖；其中关键，在于"诗"之有"山水"一体。

刘勰《明诗》篇谓："宋初文咏，体有因革，庄老告退，而山水方滋"。①此非但言二体有序次上之承递，实乃点明"玄言"、"山水"乃一脉之相承。此一发展，就诗之"题材"言，仅是清谈玄风下，士人生活改变之反映；然于其中，若同时伴随一种"哲学性思维"(philosophical thinking)之深化，或趋向某些议题发展，或带有此种可能，则由"玄言"而"山水"，于特定诗人身上，正可展现"艺术思维"(artistic thinking)②之推进意义。此中有一极为重要之诗人，即是刘宋时期之谢灵运。

谢灵运于"山水诗"发展之最大贡献，即是于诗中写出"画境"。而此"画

---

① 《文心雕龙·明诗》篇云："宋初文咏，体有因革，庄老告退，而山水方滋，俪采百字之偶，争价一句之奇，情必极貌以写物，辞必穷力而追新，此近世之所竞也。"

② 疑为伪作之王维《山水论》，其论中有所谓"意在笔先"之说，其言曰："凡画山水，意在笔先。丈山尺树，寸马分人。远人无目，远树无枝。远山无石，隐隐如眉。远水无波，高与云齐。此是诀也。山腰云塞，石壁泉塞，楼台树塞，道路人塞。石看三面，路看两头，树看顶□(案，或本作"贮")，水看风脚。此是法也。"[见(唐)王维撰，(清)赵殿成笺注：《王右丞集笺注》，收入《景印文渊阁四库全书》第1071册，卷二十八，《画学秘诀》，分第2页，总第343页]然此所谓"意"，已涉艺术技巧之构思，故云"诀"、"法"。凡"中得心源"者，应犹在此所谓"意"之先。至于前注所提及之钱师《理学与艺术》一文，曾谓"外师造化，中得心源"语，乃王维所指"迥出天机"之谓，"天机"即是"心源"。论虽是，然"心源"与"得乎心源"有辨。"气韵生动"正是"天机"触物所得，为圣者以神契，而为贤者以意通，"师造化"者应据贤者而言，故"中得心源"而得"意"；此"意"兼有"美感"与"理思"，虽在形笔之先，却亦在"心与物融"之后。

境",乃是"物、我两忘",却不妨"物、我两在"之境。

正唯其乃由"物、我两忘"而至于"物、我两在",故诗中可以依于"写景"而"写境"。此一发展,其所以与画论中"气韵"之说相别者,在于绘事以"写形"或"造形"为必要之表达方式,故瞩对通神,落笔之际,不能无缘于"对象"而设定之"摩写形式";即所谓"外师造化"。"心源"之得,乃在笔先。不似诗语中之写景,全需"辞语"带动"想象",景中固可不安置一我,而语中自然有我。特此"我",可以仅为融境之我,而不必为立身行化之我如"风骨"论者所云然。

谢灵运此种依于"写景"而"写境"之造诣,与陶渊明刻意洗落铅华,欲于"平淡"中点出"真意"之做法,恰成反对。故若就"诗"之发展而言,陶诗实近于"咏怀";特其所怀抱,入世、超世各居其半,可以遣、亦可以无遣,故气格高卓。灵运则致力将"一己面目"全然脱去,唯存一境,故诗艺精湛。此二者一近"风骨",一近"神理",而皆于后来之唐诗,影响至深。

谢灵运以"诗语"达出"画境",且此画境,乃追求一立基于"通神"之"真境"而非仅是以之为"对境"或"拟境",有一属于哲学之根柢,即是当时以"玄理"为基础之折衷式之"顿悟之学"。① 谢氏《与诸道人辨宗论》云:

> 释氏之论,圣道虽远,积学能至,累尽鉴生,不应渐悟。孔氏之论,圣道既妙,虽颜殆庶,体无鉴周,理归一极。②

"累尽鉴生",即其《与诸道人辨宗论·答慧骟问》所云"灭累之体,物、我同忘,有、无壹观"③,而此照鉴,必于"一悟顿了"④。故其《答僧维问》云:"心本无累,至夫一悟,万滞同尽耳。"⑤此乃"真境"之所系,顿悟之教不为非。⑥

---

① 关于灵运于佛学之造诣,参见汤用彤:《谢灵运〈辨宗论〉书后》,见《魏晋玄学论稿》,收入汤用彤撰:《汤用彤全集》第4卷,河北人民出版社1999年版,第96~102页。

② (南朝宋)谢灵运:《与诸道人辨宗论》,见(唐)释道宣撰:《广弘明集》,新文丰出版公司1986年版,卷十八,第13页,新编第257页。

③ (南朝宋)谢灵运:《与诸道人辨宗论·答慧骟问》,见(唐)释道宣撰:《广弘明集》,新文丰出版公司1986年版,卷十八,第16b页,新编第258页。

④ 此所用"一悟顿了"一语,出谢灵运:《与诸道人辨宗论·答法勖问》,见(唐)释道宣撰:《广弘明集》,新文丰出版公司1986年版,卷十八,第13b页,新编第257页。

⑤ (南朝宋)谢灵运:《与诸道人辨宗论·答僧维问》,见(唐)释道宣撰:《广弘明集》,新文丰出版公司1986年版,卷十八,第15b页,新编第258页。

⑥ 关于灵运之佛缘,与其所契合于道生"顿悟"之说,参见汤用彤:《汉魏两晋南北朝佛教史》,第十三章《佛教之南统》、第十六章《竺道生》,收入汤用彤撰:《汤用彤全集》第1卷,河北人民出版社1999年版,第330~333、495~499页。唯篇中汤氏以灵运所得,"于佛教只得其皮毛,以之为谈名理之资料",论颇轻之;其说则恐不然。

由此亦可知，"道"与"俗"反，理不相关，未达悟境，即非道真。① 然道真不可言，必有权假，权虽是假，旨在非假，凡众因于教言而启智，所学在是；不可因于顿教，遂诬道无学。② 故《与清道人辨宗论·答慧骥问》又曰：

> 今去释氏之渐悟，而取其能至，去孔氏之殆庶，而取其一极；一极异渐悟，能至非殆庶，故理之所去，虽合各取，然其离孔、释矣。余谓二谈，救物之言，道家之唱，得意之说，敢以折中自许。

此处当注意者，彼谓二谈乃救物之言，"救物"一语即近于彼所作《游名山志》文中所谓"屈己以济彼"；乃就悟者之事业云。"救物之言"可以得意而弃筌蹄，③ 即如言：其"意"有定，而"言"无定。若然，则诗人作诗，亦如阐教，"意"亦在于言外，必得意忘言，始是真境。④ 而就"出言"之过程言，此中则牵涉两种智：一出于真，一出于非真。《与诸道人辨宗论·答法勖问》云：

> 智虽是真，能为非真，非真不伤真，本在于济物。

唯因"出言"所本，应凭"真智"，而言之不定，则属非真；故倘"智"为真，善于"用"者，亦能藉所"非真"，而此"非真"者终不伤真。凡得"智"者，才、学、气、性，皆可因"济物"而权假。

谢灵运此种彼称之为"顿解不见三藏，而以三藏"⑤之说，若通于"铸辞之艺"以言，则咏物所期，固在无物、无我，此亦归宗之摄悟，机锋之超举，然

---

① "道与俗反，理不相关"，语见谢灵运：《与诸道人辨宗论·答法勖问》，收入释道宣撰：《广弘明集》，新文丰出版公司 1986 年版，卷十八，第 14a 页，新编第 257 页。

② "诬道无学"，语见谢灵运：《与诸道人辨宗论·答法勖问》，见（唐）释道宣撰：《广弘明集》，新文丰出版公司 1986 年版，卷十八，第 14b 页，新编第 257 页。

③ 《周易·系辞上》云，"书不尽言，言不尽意"。"不尽"者，指有所能达而不能尽；此分"书"、"言"、"意"为三阶，而承认"指虽不尽而非无可指"，与先秦名家"意不心"、"指不至"之立说异。至于《庄子·外物》云"荃者所以在鱼，得鱼而忘荃；蹄者所以在兔，得兔而忘蹄；言者所以在意，得意而忘言"，则谓"得意"之进阶，虽有所凭借于"言"，而非"言"所可导引，"得意"必超于言而后能。

④ 前注所揭灵运语，有云"余谓二谈，救物之言，道家之唱，得意之说，敢以折中自许"，所谓"二谈"，指"释氏之渐悟"与"孔氏之殆庶"；此二谈以新论道士（四字见《与诸道人辨宗论》，收入释道宣撰：《广弘明集》，卷十八，第 13b 页，新编第 257 页，此指道生）之所唱衡之，并属未能透宗，然二谈本为"救物"而设，故达者可以与"得意"之论兼取。此灵运所以自许为能"折中"。

⑤ "顿解不见三藏，而以三藏"语亦见《与诸道人辨宗论·答法勖问》。

咏物必有所以咏物,摹写之经"运思"而屡迁,即同节养之"用教伏累"。故彼《与诸道人辨宗论·答慧骥问》云:

> 伏累之状,他、己异情,空、实殊见,殊实空、异己他者,入于滞矣。

盖"境"必物、我同忘,"辞"须与意无违,然后为无滞,然后可以论于"忘言"。

"真境"成于无滞,必累尽而后然;然累未尽亦有拟似,则为"合境"。"合境"者,即《与诸道人辨宗论·答慧骥问》文中所谓"假知之壹合"。盖"假知"者,"累"伏而"知"近理,故"他"、"己"虽异情,而亦可有"壹合"之似。有"壹合"之似,则亦是境矣。灵运谓之"中智之率任"。①

此"假合"之境,就依傍"教言"者言,虽认是百姓之迷蒙,非真入于"壹无有"、"同我物",然就不废"物性之论"者言,所谓"能天",本即是"率此依物而别之性",则凡情用而不失其性,对彼而言,即是真情真性;所谓"壹合",可以依情为真。就持此见者论,情真则境真,情假则境假,情境之外,更无真境。灵运之后,所以"风骨"之论可与"神理"之说合于"诗论",正是借此转手。后人评诗,必许"情、景交融",不于境中空"我",论即循此而启。

"情境论"之论境,既乃合物、我,而不必然于境中空我,则"情境"即是"我境",我境必有情境;诗之比、兴,得此运用,遂与"风骨"所标,扶会相成。梁钟嵘《诗品·序》有谓:

> 气之动物,物之感人,故摇荡性情,形诸舞咏。欲以照烛三才,晖丽万有。灵祇待之以致飨,幽微藉之以昭告。动天地,感鬼神,莫近于诗。

即是主张"本于情性,可直寻而得境"之说。盖以"情境"而言,"得境"即有所树,"境"即是书蠹②;且不必"用事"然后为书蠹,言有理致而未能扫落言诠,

---

① 谢灵运:《与诸道人辨宗论·答僧维问》云:"情、理云互,物、己相倾,亦中智之率任也。"

② 钟嵘《诗品·中》云:"观古今胜语,多非假补,皆由直寻。……近任昉、王融等,词不贵奇,竞须新事。尔来作者,寖以成俗。遂乃句无虚语,语无虚字,拘挛补纳,蠹文已甚。"

亦是伤体。故至唐陈子昂论之，乃以"兴寄"为"风骨"之验。①

　　所谓"兴寄"，即是融"志"于"象"中，使之可感而无可诠。以下此意衍为两途：一则导"象"于"情"，于情处蓄住；此为一法。昔人所称杜甫句"感时花溅泪，恨别鸟惊心"者是。另一法，则是并情亦不露，全借兴趣。"全借兴趣"者，即是全凭"象"以起"兴"，诗家所谓"羚羊挂角"②者是。盖"气格"本在性情真伪，才华者自能不露。后人善于论诗者，必以"绝迹"③、"无尘"④为不可及，即发此旨。至于诗主切事而亦不嫌于露，此则唯于叙事诗、讽喻诗中宜之。唐人所谓"新乐府"者，即此之类。

　　"情境论"主"依我生境"，此"我"乃主体之"我"，故无论义理之主于"有我"、"无我"，但情真即是境实，境实即是我真，表境中之置"我"与否，差别

---

　　① 陈子昂《修竹篇序》："文章道弊五百年矣。汉、魏风骨，晋、宋莫传，然而文献有可征者。仆尝暇时观齐、梁间诗，彩丽竞繁，而兴寄都绝，每以永叹。"（见（唐）陈子昂撰：《陈伯玉文集》，收入《四部丛刊》第31册，据秀水王氏二十八宿研斋明刻本景印，卷之一，分第9b页，总第12页。）

　　② 严羽《沧浪诗话》云："夫诗有别材，非关书也；诗有别趣，非关理也。然非多读书、多穷理，则不能极其至。所谓不涉理路，不落言筌者，上也。诗者，吟咏情性也。盛唐诸人，惟在兴趣，羚羊挂角，无迹可求。故其妙处，透彻玲珑，不可凑泊。如空中之音、相中之色、水中之月、镜中之象，言有尽而意无穷。"（语见（南宋）严羽撰：《沧浪诗话·诗辩》，收入何文焕辑：《历代诗话》原编第14册，艺文印书馆1983年版，据清嘉庆刊本景印，第3b~4a页，总第443页。）引文句中"别材"之"别"，乃对"书"言，"别趣"之"别"，则对"理"言；盖诗非不要根柢，然诗有诗之"趣"，此"趣"即是诗之艺术性，故云有别。

　　③ "绝迹"即前注《103》严丹邱所云"无迹可求"。

　　④ 释惠洪（名德洪，号觉范，1071—1128）《冷斋夜话》记一事云："智觉禅师（永明延寿大师，字冲玄，号抱一子，904—975）住雪窦之中岩，尝作诗曰：'孤猿叫落中岩月，野客吟残半夜灯，此境此时谁得意，白云深处坐禅僧。'诗语未工，而其气韵无一点尘埃。予尝客新吴车轮峰之下，晓起临高阁、窥残月、闻猿声，诵此句大笑，栖鸟惊飞。又尝自朱崖下琼山，渡藤桥千万峰之间，闻其声类车轮峰下时，而一笑不可得也。但觉此时，字字是愁耳。老杜诗曰：'感时花溅泪，恨别鸟惊心'，良然，真佳句也。亲证其事，然后知其义。"[见（宋）释惠洪撰：《冷斋夜话》，收入《景印文渊阁四库全书》第863册，卷六，《诵智觉禅师诗》，分第3页，总第262页]惠洪所记智觉禅师诗，以事后追叙前境，固是"有我"；然以二句之"当境"而言，则不仅"忘我"，且亦于境中"空我"，故智觉禅师自云乃因澄怀功深而得之。唯同一猿声也，他人于异时异境得之，人异情异，触之亦可以为悲、喜；不必然须是"无尘"。可证诗境之上乘，本有此处所云"导象于情"与"并情亦不露，全借兴趣"二种，惠洪虽未明加分辨，然能于智觉之境，舍词语之"工否"不论，单指"气韵"，又于异时，自证"境"之不必无"情"，亦必是知诗者。

特在"趣"；皆与"我"之为"有"、"无"，不必然相涉。① 特常情于"道言"有崇、替，故情偏于儒义者，昌言"载道"；志尚于老庄者，好谈"忘我"。实则"我"之所以可感化人，在"格"不在"迹"，儒、道一理，不应拘于事谈。故缘"境论"而起，诗、画亦皆有"品观"。品观所论，即是针对"艺术表现"中，"作者"依人格特质所创造出之"风格"之一种审鉴。

唯在诗品、画品之评判中，论"境"实有不同。就诗而言，情与境融，无论以情观物，抑触物生情，情之能至于融我于物，必待"作诗者"先有以去其形执，不见有物，然后凝然有以与"物"浑同；"境"之有可合者，以此。正因"作诗者"之于此，但去形执，而非先以空我，故诗真境少，情境多，"风骨"之论依然为主。至于画论则不然。画以"师法"为先，物在己前，必先忘我，然后得趣。故主体虽在，神依理行，行至于"有物而无物"，但见"理间"，然后"意"出焉；必待"作画者"，刻意"变物从己"，始成别格。② 故画虽真境、情境皆有，画论中以"作者"为主之"情境论"，或"变造论"较为晚出。③

诗、画虽不同，诗、画亦有相通。苏轼《书摩诘蓝田烟雨图》云：

味摩诘之诗，诗中有画；观摩诘之画，画中有诗。

所谓"诗中有画"，即是前所云诗有画境。王维亦是深于禅理，故诗有画境，

---

① 王国维区"境"为"有我"、"无我"，谓："有有我之境，有无我之境。'泪眼问花花不语，乱红飞过秋千去'，'可堪孤馆闭春寒，杜鹃声里斜阳暮'，有我之境也。'采菊东篱下，悠然见南山'，'寒波澹澹起，白鸟悠悠下'，无我之境也。有我之境，以我观物，故物皆着我之色彩。无我之境，以物观物，故不知何者为我，何者为物。古人为词，写有我之境者为多，然未始不能写无我之境，此在豪杰之士能自树立耳。"（见王国维：《人间词话》，收入王国维撰，谢维扬、房鑫亮主编：《王国维全集》第1卷，杭州：浙江教育出版社、广州：广东教育出版社2009年版，傅杰点校，陈金生复校，第461页）论中于"主体之我"、"义理之我"与"表境中之我"，并未区隔层次；故但以"情胜"者为"有我"，"趣远"者为"无我"。至于同论中，以"无我"、"有我"二者，分属"优美"与"宏壮"（原文云："无我之境，人唯于静中得之。有我之境，于由动之静时得之。故一优美，一宏壮也。"），则说启自西洋美学"范畴论"中之"beautiful"与"sublime"之区分，王国维以之与彼所谓"无我"、"有我"之"境论"相合，义亦有隔。至于"观物"之论，自来有两说，皆非"不知何者为我，何者为物"；静安说亦失。

② "变物从己"，以画而言，即是"以变形为表现"之作。关于此类"变造之境"之美学理论，已溢出本文之范围。

③ 关于"变造论"之说明，当另文别详。

此画境具空趣，非摆落"尘累"不能。至于"画中有诗"，则是说明"生动"之外，境中亦有主人，而此"主人"与"生动"者冥合，故即画境是诗境，即此诗境为神境。① 东坡亦谙佛理，故释画中所能达至之境，较之谢赫说，犹有所进。

诗、画通者，前所举为依"神理说"；而亦有依"风骨之论"而主张之者，则为"寓意之画"。说之者，有欧阳修《盘车图》诗云：

> 古画画意不尽形，梅诗咏物无隐情，忘形得意知者寡，不若见诗如见画。

此四句比论诗、画，而互补其义。盖依欧公之见：诗主意，故取意之外，能于咏物之际，曲尽其态为难。画则必借于形，形则为人所共见；唯以作画者言，形者出意，意在形先，善画者意在形上，形不夺意，以是习以"目"见者，未能忘形故不知。此诗中所云"意"，即其《集古录跋尾·唐薛稷书》文中所称"秉笔之意"；乃心意主题之谓；非如前论"中得心源"之"意"。

至于"心意主题"之上，则犹有"本源"。欧阳修《赠无为军李道士》诗云：

> 无为道士三尺琴，中有万古无穷音。音如石上泻流水，泻之不竭由源深。弹虽在指声在意，听不以耳而以心。心意既得形骸忘，不觉天地白日愁云阴。

诗中由水之泻以指"源"，此"源"字，即学问家所谓"日用工夫"之"本领"。②

① 于此所以说为"神境"者，王维诗最佳者在有禅境，其境空灵，然画中之诗境则不能达此。盖画但能空"我"，不能空"物"，故就画所欲达者言，"我"与"物"合，仍有"意"在；特此"意"当有以见天然之趣。

② 如朱熹论"本领工夫"云："以思虑未萌、事物未至之时，为喜怒哀乐之未发。当此之时，即是此心寂然不动之体，而天命之性，当体具焉。以其无过不及，不偏不倚，故谓之中。及其感而遂通天下之故，则喜怒哀乐之性发焉，而心之用可见。以其无不中节，无所乖戾，故谓之和。此则人心之正，而情性之德然也。然未发之前不可寻觅，已觉之后不容安排，但平日庄敬涵养之功至，而无人欲之私以乱之，则其未发也，镜明水止，而其发也，无不中节矣。此是日用本领工夫"〔(南宋)朱熹：《与湖南诸公论中和第一书》，见《晦庵先生朱文公文集》，卷六十四，收入朱熹撰，朱杰人等主编：《朱子全书》〔修订本〕第23册，徐德明、王铁校点，第3130~3131页〕，即是一说。

朱子《观书有感》曰:"半亩方塘一鉴开,天光云影共徘徊。问渠那得清如许?为有源头活水来。"所谓"源头活水"者近之,故诗中欧公之有取于庄生之论,亦但止于"听之以心",而未"听之以气"。①

盖虽就听之者言,彼所谓"忘却形骸"者,乃在"既得心意"之后;就弹之者而言,则在"忘却形骸"之际得意。然"意"之由弹之者生发,而能由听之者会通,仍是因"性"有所近;否则无所谓"源"。② 此种"由心之所同然而得意"之论,发于艺事,或写意、或寓意,要皆以"见德"为上。唐韩愈"道为艺本"之论③,本即包有此旨,而欧公抉发之甚明。中国画论中有以"人品"定"画品"之高下者,其初意,或亦略近之;特绘画不比文章,因画中亦有气格,遂主"画品优劣,关于人品之高下"④,虽无不可,因此而遂将"落墨之法",全以人品论之,则系混淆议题。⑤

欧公之"得意论",虽以"蓄德"为本,其所指在先之"意",必作者之志气,借神气以散发,气依神行乃有,故一旦符其心意,同时即可忘却形骸。于其心中,固非先感得一理,而取境以表之;故赏之者,亦但能为彼所动,而莫知其所以为动。此种美感之动,与"气韵"、"风骨"皆有所近,而亦皆有所别。达之最切者,莫如书家由观赏而得之"风神",进而辨及于"书艺"中之"风骨"。

书家"风"、"骨"之论,唱之者,有唐代之张怀瓘。张怀瓘尝云:

> 深识书者,惟观神彩,不见字形。若精意玄鉴,则物无遗照。⑥

---

① 《庄子·人间世》:"回曰:'敢问心斋?'仲尼曰:'若一志!无听之以耳,而听之以心;无听之以心,而听之以气。听止于耳,心止于符。气也者,虚而待物者也。唯道集虚,虚者心斋也。'"论中所谓"心止于符",即是"得意";然必得意而无意,乃为"听之以气";此间尚有一阶。

② 由此见欧公虽尝谓"性"之论,非学者所急,亦非于"性"之论无所见。

③ 韩愈"道为文本"之意,乃主必得道始能文,自来论者多未能细辨其义,钱穆论此颇有见人所未见者,论详所撰《杂论唐代古文运动》(见钱穆:《中国学术思想史论丛》(四),东大图书公司1978年版,第16~69页;收入钱穆撰,钱宾四先生全集编辑委员会主编:《钱宾四先生全集》第19册,分第21~90页)。

④ 语出杨维桢:《图绘宝鉴序》。

⑤ 关于"人品"、"画品"之讨论,基本资料可参考钱忠平:《如是我观》,江西美术出版社2013年版。

⑥ (唐)张怀瓘:《文字论》,见(唐)张彦远撰:《法书要录》,收入《景印文渊阁四库全书》第812册,卷四,分第18a页,总第171页。

又曰：

> 智则无涯，法固不定，且以风神骨气者居上，妍美功用者居下。①

此乃由于"书道"不比画、诗犹有形、意，凡书字之美感所发，专凭气动。故内无蓄积者，气必不逸，气不逸则久观必陋；书家之贱"妍美功用"者以此。唯此所云"物无遗照"，乃依"赏者"所观而论，由其所迹而得其神；若以书字之"作者"言，其志气之所由立，亦须于其形有可传达，否则得风神而不见内蕴，"精意玄鉴"云云之于"赏者"，亦将徒为空言。以是"风神"之外，尚须辨识"骨气"。而此"风骨"之说，论之最透者，为清之梁巘，其《评书帖》：

> 晋尚韵，唐尚法，宋尚意，元、明尚态。②

又云：

> 晋书神韵潇洒，而流弊则轻散。唐贤矫之以法，整齐严谨，而流弊则拘苦。宋人思脱唐习，造意运笔，纵横有余，而韵不及晋，法不及唐。元、明厌宋之放轶，尚慕晋轨。然世代既降，风骨少弱。③

此说以"书艺"成熟后之"艺术思维"之取径，区分"尚韵"、"尚法"、"尚意"、"尚态"为四种；而以元、明之"尚态"，为难免于"风骨少弱"。依其立论之基础而言，第一层在于将"书艺"中，文字之"体性"与"形气"，区分为二，以是而立"救弊"之说。亦即"书艺"之相摹而有轨则，即是由"形气"之临取，以反求乎"体性"之树立；以是而有属于"时代"之风格。然"艺"无全能，取此则失彼，不因有所药救而即无偏，赏之者，贵能"相较"而得"形气"与"体

① （唐）张怀瓘：《书议》，见（唐）张彦远撰：《法书要录》，收入《景印文渊阁四库全书》第812册，分第12b页，总第168页。

② （清）梁巘撰：《评书帖》，见黄宾虹、邓实编：《美术丛书》初集第十辑，人民美术出版社2013年版，第91页。

③ （清）梁巘撰：《评书帖》，见黄宾虹、邓实编：《美术丛书》初集第十辑，人民美术出版社2013年版，第100页。

性"之关联；此即"评者"之功。第二层在于：以"代降"之概念，说明"艺术性思维"日益发达，"艺术"成为专门之后，"过度成熟"(over sophisticated)之美感要求，必将使"作者"之"直觉式"之创造力减弱；此就"书艺"而言，即是"风骨少弱"。元、明"尚态"之弊，即是一例。

以上析论，即"神理"、"风骨"二观之建构，与其交互作用下，所衍生之变化；此一变化，大体乃于儒、道二家之理论立基，而又增益之以佛学之影响，乃至"作者"、"赏者"、"评者"于"实践"中所增益之理解。唯自赵宋中期以后，因于"理学"之扩展，有关"美学"之讨论，亦颇有轶出于"二观"范围之外，将各论中原有之思想，导引至另外议题者，则为"观物论"、"真心说"与"情理论"。请叙论之于次节。

（作者单位：台湾"中山大学"文学院中国文学系）

中华美学思想的发生与定型

杨春时

一、中华美学思想发生的历史条件

中华美学的发生具有特殊的历史文化环境。在春秋战国时期，由于社会变革，导致理性思潮的兴起和人文精神的形成。正是这种特殊的历史环境，使中华美学问题的提出成为可能，也使中华美学具有了不同于西方美学的特点。

中华美学思想发生的历史条件之一是人文精神的形成。西方美学思想发生于古希腊，其时人文精神发生，美学思考随之而来。春秋时期，巫史文化瓦解，人文精神形成，中华美学也随之发生。在原始时代，原始艺术是巫术活动，审美体验没有发生，美学思想也没有可能发生。在属于早期文明社会的商周时代，原始宗教还没有完全退出历史舞台，礼仪文化还弥漫着巫神的气息，审美意识还没有觉醒，美学思考也没有可能。商代还处于宗教文化统治之下，按照顾颉刚的说法是一种"鬼治主义"。周代虽然开始转向"德治主义"，但神学与宗法礼仪融为一体，囊括一切社会生活领域，神权（天道）、王权（王道）、文权（人道）三者没有发生分离。周代建立了宗法礼乐体系，这是一套社会文化制度、观念、礼仪的建构，它包含了宗教、政治、伦理、历史、艺术等内容，可以说是集信仰与伦理于一体。一切知识和价值观念都包含在带有神秘性的宗法礼乐体系之中。此时，审美意识尚裹缚在宗法礼仪的襁褓之中，没有觉醒，何者为美的问题当然没有可能提出。至春秋战国时期，封建（贵族领主）社会转向后封建（官僚地主）社会，贵族文化转向平民文化，传统社会秩序解体，礼乐文化瓦解。这时天人合一的文化体系开始了有限的分离，即宗教与人文的分化，神权（天道）、王权（王道）与文权（人道）三者分离。新的文化理念不再以神道为中心，而是以人道为中心；道被重新解释，天道即人道，王权的

148

合法性不在神道，而在人道。儒家、墨家、道家、法家都是以人为中心而释道：儒家重孝悌而讲仁义，墨家重平等而讲兼爱，道家重自然而讲天性，法家重功利而讲刑赏。由于重视人道，古典理性觉醒，人文精神发生。孔子代表的儒家崇伦理而轻宗教，老庄代表的道家爱生命而归自然，法家求实利而行法度，都表明宗教势力的衰退和人文精神的崛起。人文精神的确立，形成理性思潮，使思想摆脱了宗教迷信，使人能够凭借理性来思考社会人生，而不是凭借信仰来解释社会人生。从此，中国走上了世俗社会的道路，而避免了宗教社会的道路。当然，这种天人分离并不彻底，只是有限的分离，理性也是价值理性，而且没有与感性(情)分离，具有古典形态；宗教思想也并没有完全退出历史舞台，虽然不再主宰人事。而且，有限的天人分离之后的中华文化又进入了新的"天人合一"，它不再是统一于天，而是统一于人，也就是说，不是天(神)吞没人，而是人代表天，人道即天道。这种有限的天人分离，给人文精神以空间，使对美的思考得以可能。美学是人文学科，它关乎人的精神自由；人文精神的形成，才使审美脱离宗教而独立，也才使对美的研究成为可能。

中华美学发生的历史条件之二是普遍的理性观念的形成。春秋以前，受宗教意识主宰，理性尚未觉醒，也没有形成普遍的理性观念，在商代以及周代早期，主宰一切的天还是一个神性的实体，人们用神意来解释自然、社会现象。此外，商周社会虽然有天子作为"天下共主"，但实际上还是一个地方领主分治的制度，并没有形成一个强固的天下意识。这就造成了普遍理性观念的缺失。春秋以降，随着周室的衰微，平民知识分子——士的崛起，推动了理性的觉醒，天道的内涵变成了人道。同时，由于周室衰微，诸侯独立，各国之间的交往(包括征伐)密切，人们渴望天下一统，从而打破了狭隘的地域观念，形成了一个普遍的天下意识。在这样的历史背景下，与天下意识的形成相匹配，一个普遍的理性观念"道"发生了。此前，天主宰一切自然、人事，天还具有自然属性和神的品格。道取代了天，成为主宰一切自然、社会的力量。道不是实体，而是一种普遍的法则，成为各家学派的哲学本体论范畴。人们开始用道来解释世界人生，于是就产生了哲学思想。老子使道成为最高的哲学范畴，认为道"先天地而生"，"神鬼神帝"，道比天更根本，比鬼神更具有支配力；道化生万物，成为一切事物的法则。这一思想后来被普遍接受。孔子天、道并提，但已经把求道、行道当做毕生的使命，他说："朝闻道，夕死可矣。"儒家的道是伦理法则，道家的道是自然法则，它们都成为万事万物的根据。于是，对于纷纭复杂的社会现象，人们不再仅仅看做是神秘的天意或者经验的事实，而有可能用普遍的理性法则来解释、判断，从而形成了一系列理性概念，如善、真、美等。由于形成了普遍的理性观念，人们面对审美现象，也开始能够突破感性意识的局限，用统一的美的概念来概括审美现象，用统一的道的概念来阐释美，如儒家用伦理法则来解释美，道家用自然法则来解释美，这就形成了最初的美学思想。

中华美学发生的历史条件之三是诸学科的分化以及艺术的相对独立，这使得美学反思得以发生。周代形成的礼乐文化是一个包罗万象的整体，涵盖着政治、伦理、宗教、艺术等诸多领域。这些思想文化形式融合在一起，还没有发生分化，意味着专门的学术研究没有发生。因此，针对某一思想文化领域进行专美的研究、包括对艺术的专门研究也不能进行，从而美学理论也无从发生。礼乐文化的解体，意味着各个思想文化领域的分化，尽管这个分化并不彻底，但仍然发生了，这使美学问题的提出成为可能。礼崩乐坏的结果不仅发生了宗教与人文领域的分化，也使哲学、政治、伦理、历史、文学等领域有了初步的分化，学科化的研究得以可能。春秋时期，孔子传授六艺：书、礼、乐、御、射、数，这是当时士人必须学习的六项技艺；后来形成了儒家的六经：诗、书、礼、乐、易、春秋，它们也包括文学、音乐、历史、政治、礼仪等各个学科的知识。此时，各个学科虽然没有完全独立，但各自具有了相对的独立性。这样，美学思想就可能发生。

中华美学发生的直接原因是诗、乐、舞等艺术从礼乐体系中分离，获得了相对的独立，从而使艺术成为专门的研究对象。诗、乐、舞本来是礼乐文化的组成部分，与政治规则、道德规范、社交礼仪等结合在一起，具有意识形态的属性，并不是独立的艺术形式。但在春秋时期，王纲解纽，礼崩乐坏，诗、乐、舞走出宫廷，流散民间，其原有的神圣性失落，脱离意识形态体系，而成为相对独立的艺术。艺术一旦获得了相对的独立，就具有了审美的或感性娱乐的属性，从而背离了传统的意识形态，造成传统文化的危机。在新旧文化交汇、冲突的时代背景下，孔子对于礼乐文化的等级淆乱和民间化不满，如季氏僭越礼制，演八佾之舞，孔子谓季氏："八佾舞于庭，是可忍也，孰不可忍也？"（《论语·八佾》）新的艺术风格和艺术观念消解了礼乐文化的神圣性，使艺术摆脱了礼教形式而获得了独立的价值，孔子也对艺术脱离礼教而独立不满，他说："礼乐云乎哉？钟鼓云乎哉？"此外，民间艺术崛起，特别是民间诗歌趁宫廷诗歌衰落之际而晋身主流文化。一方面，产生了对民间艺术的排斥，如孔子抨击民间艺术感性泛滥，主张："放郑声，远佞人。郑声淫，佞人殆。"

（《论语·卫灵公》）"子曰：恶紫之夺朱也，恶郑声之乱雅乐也，恶利口之覆邦家者。"（《论语》）《乐记》载子夏对魏文侯语："郑音好滥淫志，宋音燕女溺志，卫音趋数烦志，齐音敖辟乔志。此四者皆淫于色而害于德，是以祭祀弗用也。"另一方面，又有民间艺术进入主流文化，如《诗经》之"国风"部分就是由民间文化进入主流文化。

艺术背离传统意识形态，发生了美善分离，尽管这种分离还是初步的，并不彻底，但毕竟使美的概念相对脱离了道德范畴而具有了一定的独立性，获得了审美意义。老子最早区分了美和善："天下皆知美之为美，斯恶矣；皆知善之为善，思不善矣。"（《老子·第二章》）。孔子也区分了美和善，主张美合乎善，善高于美，反对美背离善，从而提出了尽善尽美的艺术标准："子谓《韶》：尽美矣，又尽善也；谓武：尽美矣，未尽善也。"（《论语·八佾》）总之，艺术脱离礼乐体系，也摆脱了意识形态的钳制，获得了一定的独立。这些问题，促使士人可以在一定程度上脱离意识形态的桎梏而思考艺术的性质；而如何评价艺术，就必须运用新的标准——道德的标准和审美的标准，而什么是美、美的功用等问题就被提出来了。

诗和音乐等艺术形式从礼乐文化中分离，获得了相对的独立，这标志着诗学为主的艺术学成为一门独立的学问。中国诗学的发生，源于对诗经的阐释和研究。诗歌一旦脱离礼乐体系，原先承担的宗教、政治、伦理功能便相对淡化，而审美价值突出。这样，何为美、美的功用等问题就被提出来了。中国的诗学和美学思考就是在这样的时代背景下产生的。孔子教导后代："小子何莫学夫诗？夫诗，可以兴，可以观，可以群，可以怨……"（《论语·阳货》）这里诗歌的作用已经脱离了宫廷礼乐文化的范围，而具有了审美的价值和社会作用。所谓兴、观、群、怨，都是艺术的社会作用。不仅是诗，还有与之结合在一起的音乐、舞蹈也成为独立的艺术样式，使艺术的审美价值获得独立，使美学思考发生，美学问题得以提出。《乐记》就是中国最早的音乐理论，由于诗、乐、舞一体化，它成为诗学理论的补充形式。

最后，中华美学发生的历史条件还在于文化权威的瓦解，形成了自由的思想氛围。周代文化统于官学，多元思想并没有形成。春秋时期，礼崩乐坏，传统的宗法礼乐体系不能发挥解释世界、指导社会的功能，于是就需要建立新的文化体系，以取代传统的宗法礼乐体系。由于"卡里斯马"解体，自由思想得以发生，形成各种思想流派和百家争鸣的局面。同时，贵族文化衰落，宫廷典籍礼仪流失民间，这就是所谓"礼失求诸野"。贵族文化融入民间文化，形成新的平民文化。如何构建平民社会的价值观念和文化规范，成为新的知识分子思考的问题。同时，礼崩乐坏，官学下移，贵族知识分子沦落，平民知识分子崛起，他们成为文化的承载者。平民知识分子不直接服务于王庭，而是游学四方，具有相对自由的身份，如孔子出仕不得而办私学；传老子也离开周朝守藏史的岗位而西出函谷；墨子是民间知识分子，法家更是游说之士。这样，他们就可以不受王权的支配，脱离主流意识形态，以自由的精神来构建自己的思想体系。诸子百家的形成，就是这种文化多元、思想自由的产物。诸子百家对社会发展的走向、对文化秩序的建设、对世界人生的意义都提出了不同的见解，形成了百家争鸣的局面。这就涉及对艺术、审美进行理论思考，而不同的美学思想得以发生。儒家主张恢复礼乐文化，强调诗、乐、舞的教化作用，从而打破了贵族社会"礼不下庶人"的等级观念，是一种伦理主义的美学思想。墨家以节俭为由，主张非乐，是一种民粹主义的反美学思想。道家主张超脱世俗的艺术和审美，回归自然天性，是一种自然主义的美学思想。春秋战国时期特殊的历史条件为中华美学提供了丰厚的土壤，诸子百家的并存和争论，极大地促进了美学思想的发展，各种美学观念在争论中互相借鉴、补充和完善，最终汇成了中华美学思想的洪流。

二、中华美学问题提出的方式

美学思想的发生，始于美学问题的提出；而美学问题提出的方式，决定了美学思想的性质。文明肇始，人类摆脱了原始宗教的襁褓，开始了理性的思考，对世界人生提出一系列问题，而对这些问题的回答，就形成了各种古典的学问。西方美学思考始于古希腊，它与哲学一样，是"爱智慧"的产物，是一种形而上的思考。古希腊的美学思考虽然也与艺术经验有关，但不是直接来自艺术经验的总结，也不是为了指导艺术实践，而是出自对真理的追求。因此，美的本质是一个真理的问题，而不是经验的问题或伦理的问题；美学具有形而上学的性质。柏拉图从本体论出发，认为美是理念的反光，这是一种纯粹的思辨，是一种对真理的探索，它不是出自经验，不具有意识形态性，不是出自社会功利的考量。古希腊诗学独立于美学，它直接来源于艺术经验，能够指导艺术实践。古希腊具有史诗传统，艺术主要形式是诗歌、戏剧等，关于诗歌、戏剧等的理论探讨形成了诗学。诗学是诗歌、戏剧等艺术经验的总结，而且与修辞学相关。因此，诗学具有形而下的属性。亚里士多德的诗学提出艺术模仿现实的观念，并且具体地阐述了一些艺术规律，如悲剧的定义以及其净化心灵的作用等。在古希腊，诗学不等于美学，美也不是艺术的本质。柏拉图追问美的本质，列举了四种审美对象：美的姑娘、美的竖琴、美的母马、美的水罐，其中并没有艺术，这不是偶然的。由于美学思考与诗学不同，美不等于艺术，所以柏拉图肯定美而贬低艺术：一方面揭示美与理念的本源关系，美是理念的光辉；另一方面又认为艺术是对理念的双重模仿，与真理隔着三层。诗人乱人心性，应该逐出理想国。只是在近代，艺术摆脱了宗教的羁绊，美才成为艺术的本质，美学才成为艺术哲学。对比西方美学，中华美学问题的提出具有自己的特殊方式。

首先，中华美学问题提出的动因不是来自对知识、真理的追索，而是出自社会变革的实际需要，是求善，而不是求真。因此，美学问题首先是一个实践的问题，而不是一个形而上的问题；是一个伦理的问题，而不是一个真理的问题。中国古代的哲学不发达，实用理性遮蔽了超越性的思考。春秋战国时期产生的诸子百家，他们的学说大多不是纯粹的哲学思辨，而是对社会问题的思考。面对社会的动乱和转型，如何建立理想的社会，各家的回答不同。儒家主张恢复宗法礼教，通过加强文明教化建立新的社会秩序，进而建设一个"君君、臣臣、父父、子子"的理想国。因此，孔子、孟子的思想多为政治、伦理教训，而少哲学论述。道家主张背弃文明教化，归返自然，以清静无为恢复自然化的生活方式，以实现明哲保身。虽然老子、庄子有对道的思辨，但这个道是天道也是人道，最终还是落实到实际的社会生活上。中华哲学思想始终没有脱离实用理性的羁绊，中华美学也缺乏形而上的思辨，而更多地着眼于审美实践。儒家要恢复礼乐制度，而道家要废除礼乐文化，因此对艺术的性质和社会作用进行了论说。中华美学的主要形态是诗学，但这个诗学不同于古希腊的诗学，它不是一种探究艺术本质的学问，而是所谓"诗教"（包括"乐教"），它重视诗歌（音乐）的教化作用，把诗歌（音乐）纳入礼教之中。诗学与诗教，有本质的不同。孔颖达云："然《诗》为乐章，《诗》乐是一，而教别者：若以声音干戚以教人，是乐教也。若以《诗》此美刺讽喻以教人，是诗教也。此为证以教民，故有六经。"（《正义》）因此，中华美学首先是从审美的功用角度提出来的，而不是从美的本质的角度提出来的。换句话说，中华美学问题的提出，一开始就不是美的本质是什么这样的问题，而是如何发挥美的功用的问题，是美与善的同一性的问题。当然它也强调了善为美的本质，但主要是从审美的功能角度进行的思考，因此忽视了审美区别于伦理的特殊性。这也就是说，中华美学不是从真理的角度提出问题，而是从伦理学的角度提出问题。不是从哲学的层次提出问题，而是从社会学的层次提出问题。这就决定了中华美学没有形成完备的哲学、知识学系统，而归于伦理学系统。

其次，中华美学问题不是从专业学术角度提出的，而是从整体的社会文化建设的角度提出的。春秋战国时期，社会发生变革，礼崩乐坏，如何重建礼乐体系，如何发挥其社会功能，成为急迫的问题。因此，春秋时期提出美学问题，就不只是着眼于美学学科本身，更是着眼于社会文化的整体建设，从审美的角度来解决社会人生的根本价值问题。这样，美学问题就是从重建礼乐体系的角度提出的，也就是一个文化问题。孔子与学生论诗："子夏问曰：巧笑倩兮，美目盼兮，素以为绚兮，何谓也？子曰：绘事后素。""礼后乎？子曰：启予者商也！始可与言《诗》已矣。"（《论语·八佾》）可见，孔子对诗的论说，是从礼着眼的；他认为诗以礼为基础，是礼的文彩，不具有独立的价值。《乐记》云："礼节民心，乐和民声，政以行之，刑以防之，礼乐刑政，四达而不悖，则王道备矣。"也是把礼乐刑政结合起来论述的。这就决定了中华美学是关于审美文化的学问，是广义的美学。

最后，由于实用理性的文化-心理结构以及社会实践的需要，中华美学主要从艺术理论特别是诗学的角度提出问题，而较少从哲学角度提出问题，因此它更多地关注艺术、诗歌的具体问题，而不是美的本质问题。春秋战国时期，礼崩乐坏，艺术产生独立倾向，如何确定艺术特别是诗歌的本质，以发挥其社会功用，就成为突出问题。而在传统社会后期，关于诗歌的研究也主要集中于形式、技巧、风格等层面。因此，中华美学主要是作为艺术理论而发生的，它还没有提升到纯粹哲学思辨的层面。春秋时期孔子多有关于诗的论述，以后的《乐记》《诗大序》等都提出了音乐、诗歌的性质、功用等问题，关于这些问题的回答，延续到以后的两千多年，形成了中华诗学系列，如陆机《文赋》、刘勰《文心雕龙》、钟嵘《诗品》、司空图《二十四诗品》、严羽《沧浪诗话》、叶燮《原诗》。此外，还有众多的关于音乐、戏剧、绘画、小说等的理论著作，也都包含有美学思想，但主要探讨这些艺术门类的具体问题。这种状况就决定了中华美学思想具有形而下的性质，它缺少形而上的思辨性，也没有形成一个严谨的逻辑思辨体系。

当然，也还有一些哲学性的美学论述，这主要是老子、庄子开启的思辨美学传统。老子很少论美，它认为艺术乱人心性，世俗之美非真美。他常用的概念是"妙"、"玄"，这些哲学概念也用来表达真美。他认为"妙"或"玄"是道的属性，它在自然天性之中得到实现。庄子也没有建立一套诗学体系，他的自然主义不容许艺术的存在。但是他对美进行了哲学思考，具有形而上的倾向。他认为真正的美不在异化的世俗文化，而在自然本体。庄子说"天地有大美而不言"、"至乐无乐"，要"原天地之美"。不过，一方面，道家的美学思想还没有完全脱离实用理性，其形而上的因素毕竟有限，因此只是一种准形而上学；另一方面，这一思辨的美学思想传统并没有发展为主流，而仅仅成为诗学的一种形上的补充。

三、中华美学的论说方式

由于实用理性的思维方式，中华美学对于美学问题的回答主要不是依据哲学思辨，而是直接依据社会需要和审美经验。因此，中华美学就具有了自己的特殊论说方式。这种论说方式不是逻辑演绎式的，也不是概念分析式的，而是综合式的。所谓综合式，就是采用多种方式，对美的诸种特性进行多方面的描述，并且在历史进程中不断推进，从而实现多特征的综合，而美的性质就在这种综合中呈现。综合式论说方式包括以下几个方面：

第一，美的本质是美学体系的核心问题，美学体系由此展开，因此如何规定美的本质是美学的核心问题。欧洲古典哲学已经发现了对概念进行定义的方法，这就是"种加属差"。如柏拉图认为理念为最普遍的概念，进而确定美是理念的光辉，审美是灵魂对理念的回忆。而早期中华哲学没有发现和运用这一定义方法，或者说还没有达到定义的自觉。中华美学对美的概念的定义不是运用逻辑学方法，而是运用经验描述的方法。这就是说，中华美学回避对美下定义，避开对美的本质进行逻辑的规定和推演，即不是以"种加属差"的方法规定美的本质，而采取直接描述审美现象的方法，使美的本质直观地呈现。中华美学在确定美的性质时，也不自觉地采用了"从抽象道具体"的定义方法，肯定道是美的根据，以道来阐释美，因此也有关于美的规定，如"先王之道斯为美"（孔子）；"充实之谓美"（孟子）等，但这些定义并不周延，因为美固然源于道，也是心灵的充实，但道不等于美；心灵的充实也不一定是美，也可能是善。总之，中华美学虽然也是从道这个本体出发，认为美的本源在于道，美与道一体，但美与道的差异是什么？美的特质何在？却没有在道的具体张开中得到规定。但是，中华美学却通过具体的对审美现象的描述来规定美。这种方法源自中国人的形象思维习惯，即由于逻辑思维没有充分发展起来，所以用具体现象的描述来代替抽象的定义，如荀子借孔子之名指出玉石之美在"比德"，这些美德如："温润而泽，仁也"；"粟而理，知也"；"坚刚而不屈，义也"；"廉而不刿，行也"；"折而不挠，勇也"；"瑕适并见，情也"等，他是用具体的现象来显示美的道德本质。

第二，中华哲学具有经验主义、实用主义的特征，它往往对美的概念不加论证，直接使用，并在使用中通过语境而使美的本质得到把握。因为这些概念已经在实践中被规定，从而不证自明了，所以只要再现这些语境，美的本质就自然呈现了。这种不证自明的论述早已有之，最著名的有"君君，臣臣，父父，子子"的论述。从逻辑上说，这是同语反复，没有意义，但中国人认为这说出了真理，因为君臣父子的含义已经在生活中被经验到了，被理解了，所以无需定义，而接下来的问题只是如何实践的问题。中华美学很少直接定义美，而直接使用美的概念，因为它认为美只是日常经验的对象，无需再进行概念的界定；可以在对美的概念的使用中规定美的意义，用具体语境来使审美的本质呈现出来。如孔子描述韶乐和武乐之不同："子谓《韶》：尽美矣，又尽善也。谓《武》：尽美矣，未尽善也。"(《八佾》)这就是通过武乐和韶乐的不同体验，把美和善加以对照和区别，从而接近领会美的本质。又如："子曰：志于道，据于德，依于仁，游于艺。"(《述而》)通过把艺(美)与道、德、仁联系起来，而且用"游"来区别于"志"、"据"、"依"，就揭示了美的超脱性、自由性。庄子也没有给美下定义，而是直接使用美的概念，通过具体语境来表现美的本质，如"至乐无乐"、"夫得是至美至乐也。得至美而游乎至乐，谓之至人"(《庄子·田子方》)。他甚至用寓言的方式来描述具有审美品格的"至人"、"真人"、"神人"。这都是在使用的具体语境中表达其美学思想：美是自然天道的属性，具有无的本质特性。这种方法的根据是实用理性思维，是经验主义，它的前提是认为美是不证自明的东西，在日常生活中人人在经验美、在使用美的概念，因此无需进行专门的论证。

第三，由于艺术没有获得充分的独立，礼乐文化没有充分分化。由此，中华美学没有形成专门的概念体系，往往借用其他学科的概念，包括借用哲学概念，如以道家的妙来表示美；借用伦理学的概念，以善来表示美；借用宗教概念，如以悟、境界等来阐释审美现象；更多的是借用一般的文化概念表达美的本质，如文、乐等。这就导致了中华美学的基本概念具有含混性、多义性，不仅具有审美意义，也具有现实意义。在中华美学思想中，美既表示审美对象的属性或美感，也常常用来表示善、好等。例如，孔子谓"五美"："君子惠而不费，劳而不怨，欲而不贪，泰而不骄，威而不猛。"(《尧曰》)这里的"美"，实际上就是"善"。类似的"美""善"不分的语言用法，比比皆是，说明美与善的分化还不彻底，也说明早期中华美学还没有建立独立的概念体系。但这种概念的使用，也有积极意义，这就是中华美学对美的规定，往往是相近的概念来与之互通，显示它们之间的共同性和差异性，在多种概念之间来圈定美的性质。因此，除了用美这个基本概念之外，中华美学还使用了一系列相近概念来表示美，这些概念都在某个方面揭示了美的特性。如文的本意是文彩，因此文除了有文化的含义外，还有美的含义。中华美学用文来表示美，强调了美的形式特征，通过谈道与文的关系、文与质的关系对美有所规定。乐有音乐的含义，也有快乐的含义，中华美学就用乐来表示审美的愉悦性，成为美感的代名词，从主体感觉的角度揭示了美的性质。在美学史的延续中，还使用了妙、韵、游等概念来表达和补充美的意义，从不同的角度、以具体的特征显现美的内涵。

第四，中华美学采取了多种特征集合的方法来规定美的本质。中国古代没有形成严谨的逻辑演绎方法，也没用现场严密的归纳方法，而是采取了多种特征集合的方法，使本质得以被领会。如孔子学说中，仁是其最根本的伦理范畴。但何谓仁，他却在不同的场合有多种不同的说法，每一种说法都展示了仁的一个特性，但又不是完全的回答，只有把这些说法加起来，才会对仁有全面、本质的了解。如：

> 子曰：巧言令色，鲜矣仁。(学而)
> 子曰：唯仁者能好人，能恶人。(《里仁》)
> (樊迟)问仁，曰：仁者先难后巧，可谓仁矣。(《雍也》)
> 仲弓问仁，子曰：出门如见大宾，使民如承大祭。己所不欲，勿施于人。在邦无怨，在家无怨。(《颜渊》)
> 司马牛问仁，子曰：仁者，其言也讱。(《颜渊》)
> 樊迟问仁，子曰：居处恭，执事敬，与人忠。虽之狄夷，不可弃也。(《子路》)
> 子曰：刚毅木讷，近仁。(《子路》)
> ……

这些对仁的规定，各不相同，按照西方的观念，是违反了同一律。但在中华学术体系中，这种规定具有合法性，因为它们都符合仁的某种特性，而其总和就构成了仁的本性。审美的本质只有一个，以道释美揭示了美的根本，但美又不是一般的道，它还没有说明美的特性，因而留下了一个空白处。中华美学没有沿着"种加属差"的定义方法，而是在一般地肯定美的本质是道之后，又采取对美的多种特征进行描绘的方法来规定美。美的每一种特征都是美的本质的一种表现，但又只是部分表现，不能完全展示美的本质，但是通过对美的多种特征进行多方面的描绘，就可以接近美的本质。虽然美的特征很多，不能以特征代替本质，但多向的描述就可以使本质得以领会。中华美学对美的多种特征概括不是一下子完成的，而是在历史过程中不断积累、延续而成的。按照这个方法，关于美的规定就是多元集合的，如儒家定义美为："先王之道斯为美"（孔子）、"充实之谓美"（孟子）、"不全不粹之不足以为美"（《荀子》）"情者，文之经"（刘勰）、"艺者，道之形也"（刘熙载）。这些关于美（艺）的定义，各不相同，各有侧重：孔子侧重于美的本质——道，而孟子侧重美的人格内涵，荀子侧重于美的全、粹特征，刘勰揭示了审美的情感内涵，而刘熙载则揭示了美为道的形式。总之，这些关于美的定义，单看有偏，合之则全。道家美学也是从不同的角度定义美，如庄子讲"朴素而天下莫能与之争美"，"天地有大美而不言"，"至美至乐"，这就是用美的三种基本特性如"素朴"、"无形"、"至乐"来揭示美的本质。

四、中华美学的理论形态

中华美学对于美的本质问题是从直观感悟得出结论，而不是由逻辑推演得出的；它也很少进行论证或只进行了不充分的论证，因此没有建立严谨的理论体系，而只是非逻辑化的美学思想的论说。中华美学的理论形态包括哲学的论说、关于礼乐文化的论说以及关于诗学的论说三种。

美学一般属于哲学学科，因此美学思想的表达首先是一种哲学论述。美的哲学论述揭示一般性的美的本质，因此是美学体系的基本形态。中华哲学没有独立，还包容于道学（理学）之中，但仍然有丰富的哲学思想，特别是老子的《道德经》具有较强的哲学性。中华美学也有哲学论述，但并不充分，没有形成哲学化的理论体系。在先秦诸子的著作中，主要是在儒家和道家著作中，对美的本质进行了比较多的论述，特别是关于美与道、美与善的关系等的论述。但是，由于逻辑的推演和证明的薄弱，关于美的本质的论说就没有形成严谨的逻辑体系，也没有产生专门的著作，而呈现为只言片语的状态。因此，严格地说，作为哲学学科的中华美学并没有形成，它还缺乏完整的哲学论述。但是，另一个方面，不能说中国古代没有美学思想，它有关于美的本质的论说，只是这种论说没有形成严谨的逻辑体系，但却是中华美学的古典形态。先秦诸子在关于道的论述中推演出了美，也进行了关于美的本质的哲学论述，虽然还是片段性的。比较特别的是道家美学思想，它直接从本体论——道论为出发点来论说美，把审美与道联系在一起，使中华美学具有了形而上的源头。道家美学比较多地具有哲学思辨的特征，如老子对道的论述就是一种哲学思辨，而由此出发得出的关于美的规定就具有形而上的意味。《文心雕龙》融合儒道佛，系统地演绎了从道到文（美）的逻辑-历史行程。这种关于美的本质的一般论述，虽然往往与社会伦理相关，却仍然有其哲学根基，也成为具体艺术批评的根据。而在《文心雕龙》以后，关于美的本质的直接论述不多，更没有形成系统的美学体系，更多的是诗学论述。

其次，中华美学的形态还呈现于关于社会文化的总体论说中。先秦艺术包容于礼乐体系之中，在礼崩乐坏之后，又面临着重建礼乐文化的任务，而且在以后两千多年的传统社会中，中华美学成为社会人生哲学的组成部分，承担着指导社会人生的使命。因此，中华美学并不是单纯的美学思辨，而是融会在关于社会人生的总体思考之中，特别是倾向于社会伦理角度。在春秋战国时期，虽然美学问题提出，以后也有美学论述，但并没有发生现代那种真、善、美充分分离的状况，而是有限的分离，它们还仍然聚合在一起，并互相关联。在中国学术理论体系中，文、史、哲、伦理、政治各个领域虽然开始有初步的分化，但始终没有充分分离，保持着一体性。这就形成了这样的局面：中华美学并没有形成完整、独立的体系性论述，而是融合在对世界人生的总体论述之中。诸子百家的论著多有论及美的部分，但没有形成独立的美学著作。如孔子把诗歌、艺术，纳入其礼乐文化的总体设计中，是与他的社会人生思考联系在一起的；他说："兴于诗，立于礼，成于乐。"这里艺术（包括诗和乐）是人生总体志趣以及人格修社会教化的一部分，是获得道德的途径和结果。钱穆先生认为孔子的这一论述说明了诗、礼、乐是心性养成的过程，不能分割开来。① 可以这样理解："兴于诗"，是说诗可以唤起人的情感、志向；"立于礼"是说要以礼处事，规范情感、志向；"成于乐"，是说在雅乐中达到理与情的和谐一

---

① 钱穆：《论语新解》，生活·读书·新知三联书店 2004 年版，第 207 页。

致，养成完美人格。《乐记》云："礼节民心，乐和民声，政以行之，刑以防之，礼乐刑政，四达而不悖，则王道备矣。"这里，谈论的是整个政教体系，而乐只是其中一个方面，是为整个社会教化服务的。中华美学没有形成纯文学、纯艺术的概念，而是杂文学、杂艺术的概念。文不特指文学，而是泛指文化。艺不特指艺术，而是泛指技艺。例如，最经典的美学著作《文心雕龙》，实际上也不是纯粹的诗学，它论述的是一般性的"文"的性质和特征。从广义上说，这个文包括自然现象(天地之文)和文化(人文)，从狭义上说，它包括诗赋等文学，也包括各种应用文体，实际是文章写作理论。

再次，中华美学作为艺术经验的总结，主要形式就是诗学。古代诗、乐、舞不分，因此所谓诗学就不仅仅是诗歌理论，还包括音乐、舞蹈等艺术理论。中华美学思想主要是在诗学中得到阐发，而没有产生思辨性的哲学美学论著。我们可以发现这样一种现象：春秋时期还有一些关于美的直接论述，但并不系统，而在春秋战国以后，关于美的直接论述似乎更少了，而且也没有形成美学理论体系，但是，关于艺术，特别是诗歌的理论，却得到了充分的建构，并且形成体系，产生了专门的著作。春秋时期，经过孔子选定的诗歌成为经典，流传民间，而对这些诗歌的解释和评论，就产生了中国的诗学。孔子对诗的阐述成为中国诗学的思想纲领，而《诗大序》就是最初的诗学著作。此外，《乐记》也是音乐理论的最早著作，包容于诗学之中。而后，又有《文心雕龙》(刘勰)、《沧浪诗话》(严羽)、《原诗》(叶燮)、《艺概》(刘熙载)、《闲情偶寄》(李渔)等诗学著作。古希腊美学与诗学分离，没有用美来作为评定诗的标准。与欧洲不同，中国的美学与诗学并无隔离，美学思想主要不是来自纯粹的形而上思考，而是来自艺术经验、来自诗学。中国比欧洲更早地用美学观念来阐释和评价艺术，也比欧洲更早地把美学当做艺术哲学。孔子评价《韶》和《武》，用了美和善两个标准，可见美善有所区分，美成为艺术的本质属性之一。

最后，中华美学思想多采用艺术批评的方式表现出来。中华美学由于理论思维不发达，而诗性思维发达，因此除了理论性的诗学著作如《文心雕龙》外，很多的诗学著作只是艺术鉴赏和艺术批评，包括诗论、画论、戏曲评论、小说评点等，如著名的《诗品》(钟嵘)、《二十四诗品》(司空图)、《水浒传》(施耐庵)、《西厢记》(王实甫)等。这些艺术批评体现了中华美学思想。即便是到了近代，吸收了西方美学思想的王国维，也很少写出纯粹的理论论述，而多采取批评的方法表达其美学思想，如他的《人间词话》就多以诗词鉴赏、评论的方式表达其美学思想(如关于意境、境界的观念)。

(作者单位：厦门大学人文学院)

唐代书论中的美学思想

范明华

　　唐代书法是继汉魏六朝之后中国书法发展的又一高峰。在唐代290年的历史当中，由于帝王的倡导、科举取士的需要以及立碑铭塔的风行和书法买卖的兴盛等原因，涌现了大量书法艺术家和书法艺术作品。①　其中，楷书，以及草书的发展，在唐代尤为显著，成就也最大。欧阳询、褚遂良、颜真卿、柳公权等人的楷书和孙过庭、张旭、怀素等人的草书，至今仍被学书者奉为通达书法门径的必修教材。此外，如李邕的行书和李阳冰的篆书，在整个书法史上，也有其不能忽视的独占地位和巨大影响。

　　唐代"书学"隆盛的文化氛围和书法艺术创作的繁荣，也带来了书法理论(包括书法批评)的兴盛。唐代的书法理论著作，比较著名的史载有虞世南的《笔论》(《笔髓论》)，李世民的《论书四则》(《论书》《笔法》《指意》《笔意》)和《王羲之传赞》，欧阳询的《用笔论》、《八法》和《传善奴诀》(《传授诀》)，李嗣真的《后书品》(《书后品》)，孙过庭的《书谱》，徐浩的《论书》，李阳冰的《论古篆》(《上李大夫论古篆书》)，张怀瓘的《书断》《书议》和《文字论》，颜真卿的《述张长史笔法》(《述张长史笔法十二意》或《述张长史十二意笔法》)，陆羽的《僧怀素传》，李华的《论书》，窦臮的《述书赋》，韩愈的《送高闲上人序》，韦续的《墨薮》，卢携的《临池诀》(《临池妙诀》)，蔡希综的《法书论》等。此外，还有一部由晚唐张彦远编纂的《法书要录》，搜集了自汉至唐最主要的书法理论著作，在当时和后来也有很大的影响。

---

　　①　据元末明初陶宗仪所撰《书史会要》和《书史会要补遗》两书记载，唐代有名有姓的书法家有660人之多。其中，除了虞世南、欧阳询、褚遂良、薛稷、孙过庭、贺知章、李邕、徐浩、李阳冰、张旭、颜真卿、怀素、柳公权等历代书史均必著录的大书法家之外，还包括当时擅长书法并且多以擅长某种书体而著称于世的一些帝王、贵胄、文人、官员、僧人、道士在内。

唐代的书法理论，大致上可以分为书体论、创作论和作品论（包括鉴赏论）三个最主要的部分。其中，书体论包括对不同书体的起源和艺术特征的辨析；创作论包括对创作者（气质、人品和才学等）、创作心理（创作之前的心理准备和创作过程中的妙悟和想象等）、创作技法（用笔、结体和布局等），以及法则与个性、规矩与天才、形式与表现、继承与创新等美学问题的讨论；作品论包括作品风格特征的描述、作品价值等级的划分、作品真伪的鉴定、作品价格的分析、作品欣赏的方法等问题的讨论。

撇开这些论著中一些涉及技法问题的个别观点不谈，我们从唐人的书论中，可以看出其中包含着一些带有时代特征的、共同的看法，或者说一些代表唐代书法审美意识和价值取向的、共同的美学主张。

一、变古通今

唐代的书法理论著作，与唐代以后尤其是明清以后的书法理论著作相比，有一个很明显的特点，即它虽然重视规矩、法度、师承，却并不像宋元以后，特别是明清以后的书法理论著作那样，有那么多复古的陈词滥调。

唐代的书法理论，从一开始就是主张创新的。创新是整个唐代书法理论的主调。初唐时期的提倡综合南北，本身就是一种创造（这造就了初唐楷书外柔内刚的风格和崇尚"遒媚"的审美旨趣）。虽然当时的书法家，无一例外地都把王羲之推尊到至高无上的地位，好像是在刻意复古，但他们推尊王羲之的动机，却是基于王羲之推陈出新的革新精神。更何况唐人学王羲之，也并非全盘照抄，而是各取所需，另有新的创造。故初唐李嗣真《书后品》在比较王羲之和钟繇的书法价值高低时说："右军肇变古质，理不应减于钟。"①李嗣真认为王羲之高于钟繇的理由很简单，那就是他能"肇变古质"，能够跳出质朴稚拙的汉隶的范围，创造出一种用笔遒媚、蕴藉深厚、风格潇洒的书法（正书、行书和草书）来。与李嗣真同为初唐人而稍晚的孙过庭，则在《书谱》中更为明确地提出书法要随着时代的不同而不断进步的观点，以对抗那种今不如昔的复古论调，他说：

———————————

① （唐）李嗣真：《书后品》，见王伯敏等主编：《书学集成·汉—宋》，河北美术出版社 2002 年版，第 121 页。

　　夫自古之善书者，汉魏有钟张之绝，晋末称二王之妙。……评者云："彼之四贤，古今特绝；而今不逮古，古质而今妍。"夫质以代兴，妍因俗易。虽书契之作，适以记言；而淳醨一迁，质文三变，驰骛沿革，物理常然。贵能古不乖时，今不同弊，所谓："文质彬彬，然后君子。"何必易雕宫于穴处，反玉辂于椎轮者乎！①

　　孙过庭的这种看法，被盛唐时期的宫廷书法家和书法理论家张怀瓘所接受并加以发扬。张怀瓘《书断》卷中在评价唐高祖、唐太宗、唐高宗、唐玄宗"四圣"的书法时说，他们的一个共同特点是"开草隶之规模，变张、王之今古"②。而在《文字论》一文中，他也曾自述其书法是："仆今所制，不师古法，探文墨之妙有，索万物之元精，以筋骨立形，以神情润色。虽志在尘寰，而志出云霄。灵变无常，务于飞动。"③张怀瓘所处的时代，正是唐代书法大变革的时代。这个时代的书法家如徐浩、李邕、李阳冰、张旭、颜真卿及稍晚的怀素、柳公权等，都是在广泛吸收前人书法成就的基础上，通过独特的感悟和大胆的创新而以清晰的个人面目出现在中国书法的舞台上的。这个时候，被以唐太宗为首的初唐书法家神化了的王羲之书法，也开始有人站出来批评了。比如张怀瓘，就在《书议》中批评王羲之的草书"有女郎材，无丈夫气，不足贵也"④。而王羲之影响的减弱，也可以从一个侧面说明唐代书法在盛唐以后发生了重大的变化，已经走向了完全独立的发展道路。虽然像徐浩、李邕、张旭、颜真卿、怀素、柳公权等人的书法，在唐代和唐代以后的评论当中，都认为是部分地受到了王羲之的影响，似乎不这样说，就不能证明他们书法的艺术价值一样。但就他们的作品来说，则无论是用笔还是结构，都很难明显地看出王羲之的影响了。从这个意义上说，唐人"尚法"，却并不保守。在法度与变化之间，唐代书法更重视的是变化的一面。

　　颜真卿在《述张长史笔法十二意》一文中，曾引述了张旭的一个看法，这

　　① （唐）孙过庭：《书谱》，见王伯敏等主编：《书学集成·汉—宋》，河北美术出版社2002年版，第131页。

　　② （唐）张怀瓘：《书断》，见王伯敏等主编：《书学集成·汉—宋》，河北美术出版社2002年版，第155页。

　　③ （唐）张怀瓘：《文字论》，见王伯敏等主编：《书学集成·汉—宋》，河北美术出版社2002年版，第199页。

　　④ （唐）张怀瓘：《书议》，见王伯敏等主编：《书学集成·汉—宋》，河北美术出版社2002年版，第195页。

个看法也很有代表性。颜真卿问张旭：学习书法，怎样才能达到古人的水平？
张旭回答：第一要学会圆转灵活的执笔，第二要学会相称合宜的布置，第三要
有精良的纸张，第四要有上好的毛笔，第五要善于"变法适怀"。他认为："纵
舍规矩，五者备矣，然后齐于古人矣。"①从"变法适怀"、"纵舍规矩"的话可
知，张旭是并不把守"法"、守"规矩"作为书法的最高要求的。

二、务存骨气

中国古代历来喜欢用拟人的方式来讨论艺术创作，把艺术形象看做是一个
和谐的生命有机体，并把其生命特征分为血肉、筋骨、态度、神气（以及精
神、韵味、意趣）等不同的层面。但事实上，这种圆满和谐的状态只不过是一
种最高的理想。至于谈到具体的作品，则由于地域文化、时代风气及个人禀
赋、气质和性格的不同，在实际的创作中往往会各有偏执和倚重，即有的重血
肉，有的重筋骨，有的重态度，有的重神气。

血肉出于用墨；筋骨、态度、神气则多半与用笔和结构有关。书法风格和
审美特征的形成，与墨的干湿、浓淡，笔的长短、粗细（肥瘦）、方圆（曲直）、
顺逆、偏正、轻重、迟速（缓急），以及结构的向背、虚实、疏密、开合、简
繁等都有密切的关系。

唐代人讨论书法，大体上也是希望面面俱到，特别是早期的书法理论如虞
世南、李世民的书法理论更是如此。但总的来说，注重"骨气"、"骨力"、"气
力"、"风骨"、"筋骨"是一个大的趋势，也是一个主要的看法。清人刘熙载
《艺概·书概》中说："书之要，统于'骨气'二字。"②"骨气"虽非唐人的发明，
也非只有唐代才这么说，但我们在唐代的书论中，确实可以发现这个词和与之
类似的"骨力"、"风骨"、"气力"等词的出现频率是相当高的。如孙过庭《书
谱》中说：

> 假令众妙攸归，务存骨气；骨既存矣，而遒润加之。亦犹枝干扶疏，
> 凌霜雪而弥劲；花叶鲜茂，与云日而相晖。如其骨力偏多，遒丽盖少，则

---

① （唐）颜真卿：《述张长史笔法十二意》，见王伯敏等主编：《书学集成·汉—宋》，
河北美术出版社 2002 年版，第 210 页。

② （清）刘熙载：《刘熙载文集》，薛正兴点校，江苏古籍出版社 2001 年版，第 184
页。

若枯槎架险，巨石当路，虽妍媚云阙，而体质存焉。若道丽居优，骨气将劣，譬夫芳林落蕊，空照灼而无依；兰沼漂萍，徒青翠而奚托。①

从具体的作品来看，初唐时期的书法虽有温润的气息和婉媚的姿态，但无一例外地都重视"骨气"的表现。进入盛中唐以后，书风大变，婉媚之态渐少，而雄强之气日增。李邕、李阳冰、徐浩、张旭、颜真卿、怀素、柳公权、沈传师等人的书法，多半是以刚劲、雄浑、粗犷或豪放取胜。晚唐的书法有"取意"的倾向(主要为行书和草书)，但总体上看，也还是以用笔遒劲为主要的美感基调。如裴休的楷书，朱长文《续书断·下》评为"楷遒劲有体法，"②翛光的草书，《宣和书谱》卷十九评为"笔势遒健"③。因此，有唐一代，书法美的基本表现是一种以"骨气"、"骨力"、"气力"、"风骨"、"筋骨"等的表现为主要特征的阳刚之美，所以张怀瓘《书议》中用神采各异的"猛兽鸷鸟"来比喻"书道"，并且确立了一种以"风神骨气者居上，妍美功用者居下"④的审美价值标准。甚至那些被列入史册的女性书法家，她们的风格也具有一种男性化的、刚健的风格，如薛涛的行书，《宣和书谱》卷十评为"作字无女子气，笔力峻激"⑤。

除了"骨气"的概念之外，唐人论书也经常提到"逸气"(以及与之相关的"遒逸"、"超逸"等)和"意气"(以及与之相关的"意象"、"意势"等)的概念。比如李嗣真《后书品》中说："子敬草书，逸气过父，如丹凤舞，清泉龙跃，倏忽变化，莫知所成。"⑥又如张怀瓘《书断》卷上说："若逸气纵横，则羲谢于

① (唐)孙过庭：《书谱》，见王伯敏等主编：《书学集成·汉—宋》，河北美术出版社 2002 年版，第 136 页。
② (宋)朱长文：《续书断·下》，见王伯敏等主编：《书学集成·汉—宋》，河北美术出版社 2002 年版，第 311 页。
③ (宋)佚名：《宣和书谱》，见王伯敏等主编：《书学集成·汉—宋》，河北美术出版社 2002 年版，第 598 页。
④ (唐)张怀瓘：《书议》，见王伯敏等主编：《书学集成·汉—宋》，河北美术出版社 2002 年版，第 193 页。
⑤ (宋)佚名：《宣和书谱》，见王伯敏等主编：《书学集成·汉—宋》，河北美术出版社 2002 年版，第 549 页。
⑥ (唐)李嗣真：《后书品》，见王伯敏等主编：《书学集成·汉—宋》，河北美术出版社 2002 年版，第 124 页。

献；若簪裾礼乐，则献不继羲。"①唐人所说的"逸气"，与元代以后书画理论中经常讲的"逸气"是不同的，元代以后书画理论中讲的"逸气"，是一种在庄禅思想影响之下的超然态度和情感，表现在作品中则不免带有虚静、空寂的特点。而唐代书法理论中的"逸气"则是一种超越常规法则约束的、豪迈不羁的审美态度和情感，表现在作品中则凝结为一种气势雄强的美感。窦蒙《〈述书赋〉语例》中说："纵任无方曰逸。"②在唐人的书法理论中（包括在绘画理论如朱景玄的《唐朝名画录》），"逸"的基本含义是超出规矩、法则的约束。正是在这一含义的基础上，李嗣真在《后书品》中正式提出了"逸品"书法的概念，并将李斯、张芝、钟繇、王羲之和王献之等五人列入其中。李嗣真所说的"逸品"即具有"逸气"的作品，一方面具有合乎自然、不受规矩、法则约束的意思；另一方面，如果我们把李嗣真《后书品》中"子敬草书，逸气过父"的话与上引张怀瓘《书议》中评王羲之的草书"有女郎材，无丈夫气"的话联系起来理解的话，那么，所谓"逸气"和"逸品"，也包含有骨气洞达、气势雄健和神采飞扬的意思在内。

同样，"意气"、"意象"、"意势"等概念，也具有类似的含义，如张彦远《历代名画记》中说："书画之艺，皆须意气而成。"③张怀瓘《文字论》中说："探彼意象，入此规模，忽若电飞，忽疑星坠。气势生于流便，精魄生于锋芒。观之欲其骇然惊心，肃然凛然，殊可畏也。"④颜真卿《述张长史笔法十二意》中说："趣长笔短，常使意势有余。"⑤在这里，"意"的概念，似乎也不能完全等同于宋代以后的人所说的"意"。宋代以后见诸书画论著中的"意"，在主观上表现为一种超然玄远的审美情感，而在客观上表现为一种深远、平淡的意趣。相比之下，张彦远所谓"意气"，更多的是指一种不受世俗或规矩拘束的激情，而张怀瓘的"意象"和颜真卿的"意势"，则基本上可以说是由"意气"

---

① （唐）张怀瓘：《书断》，见王伯敏等主编：《书学集成·汉—宋》，河北美术出版社 2002 年版，第 149 页。

② （唐）窦蒙：《〈述书赋〉语例》，见王伯敏等主编：《书学集成·汉—宋》，河北美术出版社 2002 年版，第 241 页。

③ （唐）张彦远：《历代名画记》，秦仲文、黄苗子点校，人民美术出版社 1963 年版，第 177 页。

④ （唐）张怀瓘：《书断》，秦仲文、黄苗子点校，人民美术出版社 1963 年版，第 199 页。

⑤ （唐）颜真卿：《述张长史笔法十二意》，秦仲文、黄苗子点校，人民美术出版社 1963 年版，第 209 页。

而来的、表现于作品之中的、具有阳刚之美的"气象"和"气势"。

由此可以对历来流行的"唐书尚法"的观点予以检讨。"唐书尚法"的说法，出自晚明的书画家董其昌。董其昌在《容台集·题跋·书品》中说："晋人书取韵，唐人书取法，宋人书取意。"①到清代的梁巘，又在其《评书帖》中加上元明两代，将这句话补充为："晋尚韵，唐尚法，宋尚意，元明尚态。"②明清两代，"唐书尚法"得到普遍认定，甚至成为一种标签式的断语。

客观地讲，唐代书法确实有"尚法"的一面，在初唐书法论著尤其是唐太宗李世民的那几篇文章中，就有详细的论述。但唐代书法的所谓"尚法"，主要是表现在楷书(特别是用于学校教育、科举考试及往来公文和儒佛道三教经文书写的楷书)当中，而且也有其客观的、历史的原因，那就是国家一统之后对文化统一和文字书写统一的要求。所以，因应于当时政治和文化的需要，不仅唐太宗提出了字要有"制"的要求，而且很多学者和书法家也提出了统一字体的要求，如经史学家颜师古。颜师古之后，颜元孙起草了《干禄字书》，并由颜真卿予以书写，在当时的读书人中颇为流行。

这种"干禄书"部分地也影响到当时的楷书创作，其最大的特点是讲究笔画的整齐和结构的平稳。因此，在唐以后的一些书法论著中，可以看到很多对这种注重整齐、平稳的审美趣味的诟病。其中，五代的李煜、宋代的米芾、姜夔、明代的董其昌和清代的宋曹、康有为等人都对唐代书法提出了批评。如姜夔的《续书谱·真》中说："良由唐人以书判取士，而士大夫字书类有科举习气，颜鲁公作《干禄字书》是其证也。矧欧、虞、颜、柳前后相望，故唐人下笔，应规入矩，无复魏晋飘逸之气。"③宋曹的《书法约言·论楷书》中说："有唐以书法取人，故专务严整。极意欧、颜诸家，宜于朝庙诰敕。"④从姜夔、宋曹的批评来看，他们所批评的，其实是唐代的楷书，特别是所谓"干禄书"，而非整个唐代书法。

因此，另一方面，也应该看到，唐代书法并非一味地"尚法"，它还有另

① (明)董其昌：《容台集》下册，邵海清点校，西泠印社出版社 2012 年版，第 598 页。

② (清)梁巘：《评书帖》，见王伯敏等主编：《书学集成·清》，河北美术出版社 2002 年版，第 292 页。

③ (宋)姜夔：《续书谱》，见王伯敏等主编：《书学集成·汉—宋》，河北美术出版社 2002 年版，第 619 页。

④ (清)宋曹：《书法约言》，见王伯敏等主编：《书学集成·清》，河北美术出版社 2002 年版，第 619 页。

外一种更具有唐代时代精神的面相。如初唐孙过庭在《书谱》中就主张，书法的最高境界是"无间心手，忘怀楷则"。所以，"法"或"楷则"并不是唐代书法的真正目的。①

从唐代的书法作品，包括虞世南、欧阳询、褚遂良、颜真卿、柳公权等著名书法家的楷书作品来看，唐代书法中更重要，同时也更具时代风貌的特征，其实是对"力"的表现。虽然具体来讲，唐代的书法有婉媚、妍媚、雄浑、险劲、清劲、爽健、肥厚、瘦硬等分别，但从总体上看，唐代是重视气势、风骨或者说是崇尚阳刚之美的。因此，在唐人的书法论著中，我们可以看到他们最喜欢使用的是"遒劲"、"险劲"、"劲健"、"刚健"、"凝重"、"遒逸"、"雄逸"、"雄强"、"骨气"、"骨力"、"风骨"、"神骨"、"筋骨"、"气力"、"气势"和"飞动"之类"刚性"的评价术语。② 而这些刚性的评语所揭示的书法艺术中刚性的品质，又都与唐人非常重视的"意气"有关。上引张彦远"书画之艺，皆须意气而成"的话，即也可作为佐证。所谓"意气"，实际上就是一种发自内心的激情或豪情。而这种激情或豪情，又是与唐代尚武好勇、自由浪漫、情感张扬、气势恢弘的、带有英雄主义色彩的时代精神密切相关的。

因此，所谓"唐书尚法"，其实只是一种表面现象。如果非要用一句话来概括唐代书法的特征的话，那么，我们似可以说：与晋书的"尚韵"、宋书的"尚意"、元明书的"尚态"相比，唐书的最大特点不是"尚法"，而是"尚气（骨气、气力）"。③

---

① 唐代的行书、特别是草书，是并不以所谓"尚法"为特点的。如果说，唐代的楷书代表了"唐书尚法"的一面，那么，行书、尤其是草书的勃兴，则代表了唐人性格中意气风发、豪放不羁以及在书法创作中重视才情、妙悟和意象的一面。

② 事实上，早在初唐时期，唐太宗李世民就为整个唐代书法的审美追求确定了一个大体的基调。他在《论书》一文中说："今吾临古人之书，殊不学其形势，唯求其骨力，而形势自生。"又在《王羲之传赞》中批评梁代书法家萧子云说："子云近出，擅名江表，然尽得成书，无丈夫之气。……虽秃千兔之翰，聚无一毫之筋，穷万谷之皮，敛无半分之骨。"所谓"无丈夫之气"，即无"筋骨"、无"骨气"的意思，或者说是创作缺乏激情、字形没有神采、用笔软弱无力的意思(李世民的《论书》和《王羲之传赞》，见王伯敏等主编：《书学集成·汉—宋》，河北美术出版社 2002 年版，第 98~101 页)。

③ 唐张怀瓘《书议》谓："风神骨气者居上，妍美功用者居下。"明赵宧光《寒山帚谈》中说："晋、唐媲美，晋以韵胜，唐以力胜。……晋韵独冠古今，自足千古，骨似稍逊，力足以扶之。"在这里，气、骨、力，意思是一样的。

三、达其情性

在唐代的书法理论中，有一种视书法为书法家情感和个性表现的看法。最早提出这种看法的是孙过庭。他在《书谱》中说：

> 篆隶草章，工用多变，济成厥美，各有攸宜。……故可达其情性，形其哀乐。……岂知情动形言，取会风骚之意；阳舒阴惨，本乎天地之心。既失其情，理乖其实，原夫所致，安有体裁!①

又说：

> 右军之书，代多称习……写《乐毅》则情多怫郁，书《画赞》则意涉瑰奇；《黄庭经》则怡怿虚无，《太师箴》又纵横争折；暨乎《兰亭》兴集，思逸神超；私门诫誓，情拘志惨。所谓涉乐方笑，言哀已叹。②

孙过庭认为，不同的书体都可"达其情性，形其哀乐"。由此可知，唐代书法的审美追求，在注重法则和形式结构的基础上，也是非常注重性情的表现的(这也是唐代书法"尚气"的应有之义)。

孙过庭所说的"情性"，既包括喜怒哀乐等情感，也包括书写者的性格和气质。二者的结合，则具体表现为书法的形态和风格。

在不同的书体当中，行书和草书由于书写(用笔和结构)上比较自由，相对来说也更能明显地表现出书写者的情感和个性。虽然，楷书也有情性表现上的差异，如虞世南书温文尔雅、委婉含蓄如谦谦君子，颜真卿书庄重严肃、浑厚雄健如忠臣义士。但相对来说，行书和草书(尤其是狂草)更具有直接表现书写者情感和个性的优势。如被称为"天下第二行书"的颜真卿的行书作品《祭侄文稿》。这篇作品是颜真卿为他的侄子颜季明写的祭文。起因是在安史之乱时，其兄颜杲卿(时任常山太守)与子颜季明守常山，不幸被叛军所杀，颜真

---

① (唐)孙过庭：《书谱》，见王伯敏等主编：《书学集成·汉—宋》，河北美术出版社2002年版，第133~135页。

② (唐)孙过庭：《书谱》，见王伯敏等主编：《书学集成·汉—宋》，河北美术出版社2002年版，第135页。

卿为其父子收尸安葬时，只得一足一首。如此悲惨的景况，完全可以想见颜真卿当时写此文的心情。而且事实上，我们今天看这篇作品，也似乎还可以看到他奋笔疾书以表达其悲愤之情的样子。在艺术风格上，这篇行书作品用笔跌宕起伏，结构和形态变化多端，也与习见的、敦厚庄重、整肃谨严的"颜体"完全不一样。

在行书与草书之间比较，则草书尤其是唐人发明的狂草（也称"颠草"）的表现力更强。韩愈在《送高闲上人序》中评价张旭的草书时说，张旭草书的魅力，主要来自于其内心情感的表现，所谓"喜怒、窘穷、忧悲、愉佚、怨恨、思慕、酣醉、无聊、不平有动于心，必于草书焉发之"①。

可以说，唐代的楷书与行书、草书，虽然总的来说都代表了唐人崇尚刚健之美或力量之美的心理，但楷书所代表的，是理性、庄重的一面，而行书、草书尤其是狂草则具有豪放不羁、一任性情的自由性格和英雄气概。

孙过庭"达其情性，形其哀乐"的观点，张旭"变法适怀"的观点，以及韩愈注重情感表现的观点，都既是对书法艺术的一种美学要求，同时也是对书法表现特征的一种理论阐释。而且，在实际创作当中，在严谨规范的书写之外，唐代书法家随着时代的变迁也越来越注重在书法中表现自己的情感和个性。如果说在初唐时期，唐代的书法家还在或南或北、亦南亦北中折中调和、并且带有比较明显的、所谓"尚法"的特点的话，那么，盛唐和中唐以后，唐代的书法家便开始大胆地突破古法的局限，通过个人情感和个性的表现而创造出了异彩纷呈的书法局面。晚唐以后，虽然没有再出现像虞世南、欧阳询、褚遂良、李邕、李阳冰、张旭、颜真卿、怀素、柳公权那样的大书法家，但很多诗人、文学家（如韦庄、杜牧、司空图、贯休）的参与，也使书法逐渐朝着"尚意"的方向发展，从而为宋以后"尚意"和元明以后"尚态"的审美取向奠定了基础。如诗人杜牧的书法，《宣和书谱》卷九说："作行草气格雄健，与其文章相表里。"②又比如诗人和画家贯休的书法，《宣和书谱》卷十九说："作字尤奇崛，

---

① （唐）韩愈：《送高闲上人序》，见王伯敏等主编：《书学集成·汉—宋》，河北美术出版社 2002 年版，第 245 页。据上引颜真卿《述张长史笔法十二意》中转述的张旭的"变法适怀"的话可知，张旭本人也是非常强调书法是要表现情感的。韩文中所说的"高闲上人"，也是唐代著名的草书家，书法师张旭和怀素。

② （宋）佚名：《宣和书谱》，见王伯敏等主编：《书学集成·汉—宋》，河北美术出版社 2002 年版，第 543 页。

至草书益胜，崇峻之状，可以想见其人。"①杜牧和贯休的书法，显然都具有明显的表现意味或者说"尚意"的特征。

四、技由心付

张怀瓘在《书断》的序文中说："技由心付，暗以目成。"②即书法的技艺虽诉诸视觉，但它的主宰却是人的心灵。他又在《文字论》中说："深识书者，惟观神采，不见字形。……从心者为上，从眼者为下。……不由灵台，必乏神气。……自非冥心玄照，闭目深视，则识不尽矣。"③这些说法，都是强调"心"或"心灵"（"灵台"）在书法创作中的主导地位。

相比于汉魏六朝的书法理论，唐代的书法理论受儒道心性理论和佛教唯心论的影响，不仅更为重视情感表现的意义或更为突出情感表现与书法艺术价值的关系，而且一般来说，也更为重视书写主体（心、心神或心意）在整个创作过程中的主导地位或优先地位。这主要表现在两个方面，即：

一是强调在创作之前，先要有一种虚静平和的心理状态。这方面的论述很多，如虞世南《笔髓论》："欲书之时，当收视反听，绝虑凝神，心正气和，则契于妙。"④传欧阳询《八法》："澄思静虑，端己正容，秉笔思生，临池志逸。"⑤孙过庭《书谱》："当缘思虑通审，志气和平，不激不厉，而风规自远。"⑥……此外，宋朱长文《续书断·上》所引柳公权的"心正则笔正"的话，也属于此类。⑦

---

① （宋）佚名：《宣和书谱》，见王伯敏等主编：《书学集成·汉—宋》，河北美术出版社 2002 年版，第 599 页。

② （唐）张怀瓘：《书断》，见王伯敏等主编：《书学集成·汉—宋》，河北美术出版社 2002 年版，第 141 页。

③ （唐）张怀瓘：《文字论》，见王伯敏等主编：《书学集成·汉—宋》，河北美术出版社 2002 年版，第 198 页。

④ （唐）虞世南：《笔髓论》，见王伯敏等主编：《书学集成·汉—宋》，河北美术出版社 2002 年版，第 107 页。

⑤ （唐）欧阳询《八法》，见王伯敏等主编：《书学集成·汉—宋》，河北美术出版社 2002 年版，第 112 页。

⑥ （唐）孙过庭《书谱》，见王伯敏等主编：《书学集成·汉—宋》，河北美术出版社 2002 年版，第 136 页。

⑦ （宋）朱长文《续书断》，见王伯敏等主编：《书学集成·汉—宋》，河北美术出版社 2002 年版，第 301 页。

二是强调"悟"、"心悟"、"妙悟"或"天才"在书法创作过程中的意义。如虞世南《笔髓论》中说："故知书道玄妙，必资神遇，不可以力求也。机巧必须心悟，不可以目取也。"①张怀瓘《书议》中将书法之道比喻为"无声之音"、"无形之相"，并说："若心悟精微，团古今于掌握。"②这些看法，多半源自道家体道的理论。在唐代的书法理论著作中，对"悟"并没有明确的界定。有些说法，如张怀瓘《书断》中的"及乎意与灵通，笔与冥运，神将化合，变出无方"③，都非常抽象，难以理解。但当时书法家的一些经验之谈，或当时一些被历代书论反复征引的事例，却透出了一些可以领会的消息。

首先是李阳冰《上李大夫论古篆书》中的说法：

> 阳冰志在古篆，殆三十年。见前人遗迹，美则美矣，惜其未有点画，但偏旁摹刻而已。缅想圣达立卦造书之意，乃复仰观俯察六合之际焉。于天地山川，得方圆流峙之形；于日月星辰，得经纬昭回之度；于云霞草木，得霏布滋蔓之容；于衣冠文物，得揖让周旋之体；于须眉口鼻，得喜怒惨舒之分；于虫鱼禽兽，得屈伸飞动之理；于骨角齿牙，得摆抵咀嚼之势。随手万变，任心所成，可谓通三才之气象，备万物之情状者矣。④

其次是陆羽《僧怀素传》中有关张旭、怀素如何领悟书法之道的记载：

> 怀素疏放，不拘细行，万缘皆缪，心自得之。……怀素心悟曰："夫学无师授，如不由户出。"乃师金吾兵曹钱塘邬彤，授其笔法。……至中夕而谓怀素曰："草书古势多矣，惟太宗以献之书如凌冬枯树，寒寂劲硬，不置枝叶。张旭长史又尝私谓彤曰：'孤蓬自振，惊沙坐飞余师而为书，故得奇怪。'凡草圣尽于此。"怀素不复应对，但连叫呼数十声曰："得之矣。"……至晚岁，太师颜真卿以怀素为同学邬兵曹弟子问之曰："夫草

---

① （唐）虞世南：《笔髓论》，见王伯敏等主编：《书学集成·汉—宋》，河北美术出版社 2002 年版，第 107~108 页。

② （唐）张怀瓘：《书议》，见王伯敏等主编：《书学集成·汉—宋》，河北美术出版社 2002 年版，第 193 页。

③ （唐）张怀瓘：《书断》，见王伯敏等主编：《书学集成·汉—宋》，河北美术出版社 2002 年版，第 141 页。

④ （唐）李阳冰：《上李大夫论古篆书》，见（清）董诰等编：《全唐文》第五册，中华书局 1983 年版，第 4459 页。

书于师授之外，须自得之。张长史睹孤蓬、惊沙之外，见公孙大娘剑器舞，始得低昂回翔之状。未知邬兵曹有之乎？"怀素对曰："似古钗脚，为草书竖牵之极。"……颜公徐问之曰："师亦有自得之乎？"对曰："贫道观夏云多奇峰，辄常师之。夏云因风变化，乃无常势；又遇壁折之路，一一自然。"颜公曰："噫！草圣之渊妙，代不绝人，可谓闻所未闻之旨也。"①

从上面这些记述和记载可以看出，唐代书法理论中的所谓"悟"，主要是指要从自然中去加以领会或者说是对自然物象生命特征的领悟。这也就是张怀瓘《书断》卷上中所说的："善学者，乃学之于造化，异类而求之，固不取乎似本，而各挺之自然。"②由这一说法可以看出，唐代书论不仅注重"师古人（古法）"，而且更强调"师造化"。

五、自然无为

如上所述，唐代的书法理论非常重视"骨气"和"情性"的表现。但它所追求的最高理想或审美境界，则是"自然"。孙过庭《书谱》中说：

> 观夫悬针垂露之异，奔雷坠石之奇，鸿飞兽骇之资，鸾舞蛇惊之态，绝岸颓峰之势，临危据槁之形；或重若崩云，或轻如蝉翼；导之则泉注，顿之则山安；纤纤乎似初月之出天涯，落落乎犹众星之列河汉；同自然之妙，有非力运之能成。③

"自然"的概念出自老子《道德经》，是他所说的"道"的一个基本规定，或指天地万物自生自化的本性。作为与"人为"相对的概念，它的基本含义是"无为"或"非人为"。在书法理论中，"人为"，就是上文中孙过庭所说的"力运"。

因此所谓"自然"，从人即主体的角度来说就是"无为"。虞世南《笔髓论》

---

① （唐）陆羽：《僧怀素传》，见（清）董诰等编：《全唐文》第五册，中华书局1983年版，第4421页。

② （唐）张怀瓘：《书断》，见王伯敏等主编：《书学集成·汉—宋》，河北美术出版社2002年版，第150页。

③ （唐）孙过庭：《书谱》，见王伯敏等主编：《书学集成·汉—宋》，河北美术出版社2002年版，第132页。

中说："字虽有质，迹本无为，禀阴阳而动静，体万物以成形，达形通变，其常不主。"①"无为"，在书法创作上来说，主要有三层含义：

首先，从创作心理上说，是"无意"、"无心"、"无我"。"无意"、"无心"、"无我"是让心灵从一切外在的约束中解放出来，甚至也从书写活动的约束中解放出来，即如唐太宗《笔意》中所说："必使心忘于笔，手忘于书，心手遗情，书不妄想。要在求之不见，考之即彰。"②只有在这样高度自由，或者说既高度虚廓又高度集中的状态中，书写者的想象才能得到充分的发挥，情感才能得到充分的释放。

其次，从创作过程上说，通过克服法则的局限，或超越法则的限制，以表现内心真实的情性和字体真实的形态。如孙过庭《书谱》中说：

> 若运用尽于精熟，规矩谙于胸襟，自然容与徘徊，意先笔后，潇洒流落，翰逸神飞……必能傍通点画之情，博究始终之理，镕铸虫篆，陶均草隶。体五材之并用，仪形不极；象八音之迭起，感会无方。至若数画并施，其形各异；众点齐列，为体互乖。一点成一字之规，一字乃终篇之准。违而不犯，和而不同；留不常迟，遣不恒疾；带燥方润，将浓遂枯；泯规矩于方圆，遁钩绳之曲直；乍显乍晦，若行若藏；穷变态于毫端，合情调于纸上；无间心手，忘怀楷则；自可背羲献而无失，违钟张而尚工。③

最后，从艺术境界上说，是要塑造活泼生动的形象，达到见不出人为痕迹或人工造作的境地。这也就是张怀瓘用"悬针垂露"、"奔雷坠石"、"鸿飞兽骇"、"鸾舞蛇惊"等自然现象来加以描绘的、充满"变态"的境界。从这个意义上说，"自然"与"生动"是同义语，而它的反面就是刻板、机械、循规蹈矩、千篇一律、缺少变化。

唐代书论之注重"自然"，主要来自两个方面的影响：一是道家和道教。

---

① （唐）虞世南：《笔髓论》，见王伯敏等主编：《书学集成·汉—宋》，河北美术出版社 2002 年版，第 107 页。
② （唐）李世民：《笔意》，见王伯敏等主编：《书学集成·汉—宋》，河北美术出版社 2002 年版，第 100 页。
③ （唐）孙过庭：《书谱》，见王伯敏等主编：《书学集成·汉—宋》，河北美术出版社 2002 年版，第 135~137 页。

唐代自开国皇帝李渊之后就非常重视道教(附带地,也就重视道家的哲学),主宰盛唐45年的唐玄宗更是个道教迷。同时,唐代的文人中,也有相当一部分人迷恋道教的神仙境界和养生之术。因此,唐代书法理论的强调"自然",毫无疑问也受到了道教和道家的影响。二是禅宗。禅宗本与老庄哲学尤其是庄子的哲学有着亲密的关系,而且在唐代,道和禅已经出现兼容、合流的趋势。禅宗的所谓"不立文字"、"见性成佛"之类,其实也说明"佛果"的修证必须出于"自然",而非刻意的人为,如《坛经·付嘱品第十》中说:"心地含诸种 普雨悉皆萌 顿悟花情已 菩提果自成。"①同时,所谓"佛境界",说到底也就是一个内心自由无碍的"自然"境界。但相对来说,在整个唐代书论中,初唐重"自然",主要与道教和道家有关,而到了中晚唐,则不排除禅宗的影响。

(作者单位:武汉大学哲学学院)

---

① (唐)慧能口述,(唐)法海集录:《六祖大师法宝坛经》,见河北禅学所编:《禅宗七经》,宗教文化出版社1997年版,第363页。

汉代山水图像的天人境界

雷礼锡

考古界在四川成都、湖北襄阳、河南南阳等地区发现了不少汉代山水画像砖石①，引发了学术界的争议，例如：汉代山水画像砖石是否属于山水画？能否代表山水画的起源？有些学者坚持山水画"魏晋起源说"，否认汉代山水图像属于山水画范畴。陈传席认为，"山水画萌芽于晋，这在文献资料中是不乏记载的"，而"真正的山水画"在"刘宋而成"②，即宗炳构成山水画（中国画）特质的决定和理性的起点③；至于汉画山水不能算山水画，因为画中有山水并不等于山水画，而且汉画山水"意在图说劳动场面，而不在审美，且不是由此而兴起了中国的山水画"④。洪再新认为，汉代图像艺术形象大多表现人们外在的社会关系，注重不要"谨毛而失貌"的总体关系，而内心世界的活动、人与社会和自然之间的关系，则只在书法创作中得到传达，故而深受"佛教和道教在思想观念上的重要启示"的山水画"肇端于魏晋"。⑤ 李倍雷认为，山水画必须体现山水审美的主体意识，体现形而上的道，即"山水以形媚道"，以此为据，汉画山水图像算不得山水画。⑥ 也有学者承认汉代山水图像是重要的艺术形式，是山水画的重要源流。李发林通过分析山东出土山水题材的汉画像，认为山水画的起源至少可以追溯到汉代画像。⑦ 黄雅峰通过分析汉代画像砖石

---

① 画像砖石是指通过模印、彩绘或雕刻等手法在表面上构成图像的建筑砖、石。汉代画像砖石大多发现于地下墓室，属于祭祀丧葬艺术。

② 陈传席：《中国山水画史》，天津人民美术出版社2001年版，第1~2页。

③ 陈传席：《中国山水画史》，天津人民美术出版社2001年版，第7页。

④ 陈传席：《中国山水画史》，天津人民美术出版社2001年版，第2页。

⑤ 洪再新：《中国美术史》，中国美术学院出版社2000年版，第90页。

⑥ 李倍雷：《山水画的起源与界定——兼与王宁宇商榷》，载《西北美术》2004年第4期。

⑦ 李发林：《汉画考释和研究》，中国文联出版社2000年版，第353页。

艺术特点，认为山水画起源于汉代，汉代老庄的遁世隐逸思想使得山水、林木等题材，经常成为文人与画师的表现内容。① 黄佩贤通过分析诸多汉墓画像石、画像砖中山水图像的题材特征及其蕴藏的理想生存境界，认为山水画源于汉画山水图像。② 看来，山水画"汉代起源说"强调汉代山水题材及其生存理想价值，"魏晋起源说"则强调汉代山水图像缺乏超验审美特点与神道内涵；也就是说，前者突出了艺术面向人生与感性世界的意义，后者突出了艺术面向天道与宇宙世界的价值。

这里无意介入上述争论，而是想将上述两种看似对立的意见平列起来，通过分析若干汉代山水图像，考察汉代艺术在描绘此岸的生活经验（人世）与表现彼岸的精神世界（天道、神蕴）方面是否存在绝对的界限？如果这个界限并不绝对清晰，甚至有些模糊、彼此沟通，那它们的技术处理或艺术手法是否蕴藏传统山水画常见的意境？由于传统山水艺术意境植根于审美化的天人关系模式，旨在通过山水体验去感悟天地本质，实际上就是通过体认山水意境，最终通达天人境界或天地境界，因此，这里以天人关系为焦点，讨论汉代山水图像中的天人意识及其精神境界。

一、天人相对

论及古代中国的天人意识，人们较多地关注"天人合一"。但是，实际上，汉代的天、人存在明确的界限。据《淮南子》所述，天是"纯粹朴素，质直皓白，未始有与杂糅者也"，而人是"偶嗟智故，曲巧伪诈，所以俯仰于世人而与俗交者也"，因而，所谓"循天者，与道游者也。随人者，与俗交者也"。③如此看来，循天、随人，在汉代是完全不同的两种精神境界。为此，汉代政府官员普遍提倡"休劳用供，因弊乘时"，如果"恶劳而不卒，犹耕者勎休而困止也。夫事辍者无功，耕怠者无获也"。④ 这显然是将人与天放在相对的位置，

① 黄雅峰：《汉画像石画像砖艺术研究》，中国社会科学出版社 2011 年版，第 312 页。

② 黄佩贤：《汉墓出土的山水图像——对中国山水画起源问题的再思考》，载《四川文物》2009 年第 1 期。

③ （西汉）刘安：《淮南子注》，见高诱注：《诸子集成（全十册）》，第 8 册，岳麓书社 1996 年版，第 8 页。

④ 桓宽：《盐铁论》，见王利器校注：《诸子集成（全十册）》，第 10 册，岳麓书社 1996 年版，第 51 页。

倡导勤勉劳作，反对懒惰倦怠。在四川成都出土的井盐生产类型的画像砖就直观地描述了汉代开发自然资源、征服自然世界的状况，表明人类与自然是分立的双方。

四川成都扬子山 1 号汉墓出土的盐场画像砖（重庆市博物馆藏）使用全景构图，采用减底凸刻手法，辅助阴线刻的手法，描绘井盐生产的基本过程与特点，画面中的井架与劳工所占空间比例十分突出。画中山势耸立，树木参差其中，右上角还有射猎山中走兽的情形（见图 1）。扬子山 2 号汉墓出土的《井盐画像砖》，井架与劳工所占空间比例大为缩小，而山林猛兽所占空间比例大为增加，而且山峦形象更加丰富多变，还有飞禽走兽出没、奔逃于山林之中，有猎人在追踪、射猎走兽。画面中的山体形态变化丰富，空间关系清晰有序；树木的安排，既有附着于山坡之上的，也有穿插在沟谷之间的，增强了整个画面的层次感、变化性，具有显著的艺术性（见图 2）。

图 1　盐场画像砖（拓本，成都出土）①

这两件作品的山水图像蕴含了丰富的文化信息。一方面，它们显示了汉代

---

① 图见重庆市博物馆：《重庆市博物馆藏四川汉画像砖选集》，文物出版社 1957 年版，第 7 页。

图 2　井盐画像砖(拓本，成都出土)①

井盐生产条件非常艰苦。画面中猛兽出没与猎人射杀的片段，表明整个井盐生产活动处于恶劣的自然环境中。同时，劳工们大多弯腰驼背，屈膝跪地，还有的负重穿行于山林曲径或山间栈桥，这表明在生产技术条件极端低下时，自然资源开发利用的艰难困苦。但另一方面，它们也见证了汉代人民征服自然、谋求发展的坚强意志。早在商鞅变法时期，秦国力主"壹山泽"②，加强自然资源的统一管理和开发，以便合理有效地分配并使用国土资源，其具体标准是，山林占十分之一，水泽占十分之一，河流占十分之一，城市与道路占十分之四。③ 在商鞅看来，这是保障粮食与财物供给，应对战备需要，建立强盛国家的基本政策。汉代贾谊认为，优秀的帝王应该做到 3 年农耕而有一年储备，9 年农耕而有 3 年储备，30 年则有 10 年储备；否则，一旦"兵旱相承，民填沟壑，剽盗攻击者兴继而起，中国失救"④。假如将这种结局当做天意所为，无

①　图见 http：//www. sylu. edu. cn/wskt/zhongguomeishushi/kcxx/chap04/03/tpl＿course＿0524e970. files/10450214719＿image030. jpg，访问时间：2016-05-29。

②　(战国)商鞅：《商君书》，严可均校，见《诸子集成(全十册)》第 6 册，岳麓书社 1996 年版，第 3 页。

③　(战国)商鞅：《商君书》，严可均校，见《诸子集成(全十册)》第 6 册，岳麓书社 1996 年版，第 9 页。

④　(西汉)贾谊：《贾谊集》，上海人民出版社 1976 年版，第 64~65 页。

可奈何，那就错了。在贾谊看来，这其实是缺乏远虑的结果，因此，帝王应该有忧患意识，善于审时度势，谋划长远，使臣民无懒惰，国家久长安。

显然，从实践的角度看，自然对人类的馈赠与扶持，并非自然将其物质资源自动地、直接地供给人类，而是需要人类去主动地、努力地开发和利用自然资源。这表明汉代时期非常清楚一个事实，人类只有艰辛付出，才能收获自然的馈赠。这意味着，人类与自然是彼此不同、相互分立的两个方面。

二、天人相依

从图像叙事角度看，汉代山水世界中人类与自然的分立并不意味着绝对的艰辛苦难。从已经发现的众多汉代画像砖石中可以看出，当时的人们善于从自然界获得日常生活所需要的资源，也善于享受这种日常需求的满足感，以至于汉代墓葬普遍流行这类劳动题材的装饰画，并与当时广泛盛行的求仙成道题材相并列。

例如河南南阳出土的《田猎》(见图 3)画像石，其山丘形态相对较小，而且数量较少，用以衬托田猎的场景，而人物与动物形象刻画则显得十分丰富、生动。左边一人持戟牵犬，追赶猎物，而被追赶的猎物在仓皇奔逃中不忘紧张地回头张望，浑然不知前方的弓箭手已经做好伏击准备。弓箭手单膝跪地，弯弓射箭。整个画面布局显得节奏严谨，张弛有度，既有夸张的动物形态所传递的紧张气氛，也有机警朴实的人物造型所呈现的生活智慧。

图 3 《田猎》(汉代画像石，拓本，南阳汉画馆藏，河南南阳出土，王芸辉摄)

河南南阳出土的另一件东汉《狩猎》(见图 4)画像石，山丘形态比《田猎》画像石稍微丰满一些。它借助简单的凹线刻描出山形轮廓，而画中动物与人物则采用减底凸刻加凹线刻加工，以突出人物与动物形象特征。这种技术上的反差可能表明，东汉时期南阳地区的工匠不太重视山水图像元素的技术处理。但是，整个画面布局与形象造型仍然不失内在的审美趣味，这暗示了狩猎主题的日常生活方式所带来的适意与满足。

图4 《狩猎》(汉代画像石，拓本，南阳汉画馆藏，河南南阳出土，王芸辉摄)

再看成都出土的《收获》(见图5)画像砖(重庆博物馆藏)。这是一件很有代表性的画像砖，画面高45.8厘米，宽40厘米，分上下两层。上层是弋射场

图5 《收获》(汉代画像砖，成都出土)①

---

① 图见 http：//www.sylu.edu.cn/wskt/zhongguomeishushi/kcxx/chap04/03/tpl_course_0524e970.files/1045021470_image028.tif，访问时间：2016-05-29。

面，右上部分有朝不同方向飞散的野鸭，左下部分有两人跪地拉弓射箭，身旁有收装猎物的篮筐，身后有枯树挺立，身前水塘有鱼鸭浮水，有慌乱游开之貌。水塘内有荷叶与莲花挺立其中，水鸭边有线刻水波涌动，平添写实与生动的画面意趣。下层是收割场面，有六个收割、荷担的人物形象。整个画面采用减底凸刻手法，突出农牧两大社会生活方式，其中的山水因素是人类社会生活的实际场所，并非画面的重要元素。与成都出土井盐画像砖不同，这块画像砖并未突出劳动环境与条件的恶劣性；相反，它对人物、飞禽形象的生动刻画与丰富造型，透出了日常生产生活的闲适与惬意，形象地表达了人与自然和谐相处的精神愿景。这告诫我们，不能过分突出汉代山水图像中劳动场面的写实性质，亦不可过分忽视其中的审美意蕴。既然如此，我们不应该简单地用"写实主义"、"现实主义"标签去解释汉代画像砖石中的劳动场景，而忽视汉代墓葬艺术广泛关注的天人关系问题。

三、天人相通

通过山川形象表达天人相通的生存意识，也是汉代画像砖石的重要母题。在汉代画像砖石中，天人相通的美学实践首先表现为人神交通，其重要主题之一就是对西王母的艺术表现。传说西王母住在昆仑山，山形就是昆仑山的象征，猛兽代表昆仑山的守护神。如河南南阳新野汉墓出土的《西王母仙界图》，通过神兽与异人形象强化西王母所居之地乃是神仙境界，但西王母却呈现出世俗化的凡人形象(见图6)。

神仙形象被赋予凡人的肉体形象，只能说是人神相通的肤浅方式，是表面的人神沟通。真正内在的人神相通，是灵性化的、精神化的。如四川出土的一块画像砖，描绘四位女子与仙山景象。这四位女子坐姿礼仪各不相同。最左侧女子席地而坐，右手撑地，左手向天，右足垂悬，左足平放；左二女子双手捧物，躬身屈膝踞坐，是古代表示恭敬礼仪的坐姿；最右侧女子挺胸屈膝跪坐，双手抚琴；右二女子单膝跪地(见图7)。她们两两相向，表情平和，不乏祥和静谧的气氛，而其背景山峦起伏多变，林木鸟兽装饰意味很强，有很强的神灵气息。这表明山川形象已经独立成为一种精神化、灵性化的意象单元。其中的人与自然界限分明，却融洽相处。这里没有高高在上的神权人物，却无不透出神仙境界；这里充斥世俗人物形象，却无不透出神灵气息。

图6 《西王母仙界图》(汉代，河南新野出土)①

图7 东汉画像砖拓片(四川出土)②

通过人神交通而形成的天人境界，大多借助山水场景。这一特殊的处理方式，最终可能演变为更为单纯的世俗生活场景。如湖北南漳马家洲墓地出土的东汉画像砖(见图8)。它以五座起伏变化的山形布局整个画面，既将整个画面

---

① 图见黄雅峰：《汉画像石画像砖艺术研究》，中国社会科学出版社2011年版，第249页。

② 图见 http：//i0. hexunimg. cn/2011-10-20/134389534. tif，访问时间：2016-05-29。

分成上下六个部分，也将也这六个部分借助山形有机统一起来。最上部分的左、右上角刻画有少量动物，其中右上角还刻画有一个人物形象。往下第二部分，动物与人物数量增加，动物多为家养类型，人物或牧养动物，或田间劳动，或车骑出行，或射猎野兽。由上向下的第三层部分主要刻画汉代典型的阙楼样式和少量人物，属于户外日常活动场景。再往下第四层主要刻画室内日常生活场景，它以屋宇为中心，刻画六个人物，一人坐居屋内，屋前两人呈跪侍拜谒之状，阶下两人，屋后一人。人物虽多，角色不同，形貌与姿态各有差异，可看出工匠的艺术水准与审美能力绝不简单。最下两层各刻画狮虎猛兽与花草纹样。

a 汉化画像砖整体　　　　　　　b 汉画像砖局部

图 8　汉画像砖（襄阳博物馆藏，湖北南漳出土，雷礼锡摄）

在汉代有关西王母主题的画像砖石中，昆仑山有时被简化为抽象的山形符号，有时连任何具象或抽象的山形符号也不需要。这就是说，湖北南漳出土画像砖图像中的山形装饰可能源自西王母主题。但是，这块画像砖的整个画面有很强的世俗生活气息，俨然就是世俗生活性质的山林起居图，几乎没有神仙气息。首先，画中主要人物与其他人物没有明显的神仙形貌特征，完全世俗化，与普通凡人无异。其次，主要人物活动在普通人居环境中，并以普通人居建筑为中心背景，以日常生产与生活景象为主要内容。其中的山形符号因其成组化的应用，更具结构装饰与组织功能，使全景性质的社会生活内容浓缩于秩序井然、祥和富足的画面构成中。种种迹象表明，画中人物起居方式完全是世俗化的日常生活状况。可以推测,这既是面向神界(死亡)的审美想象,也是面向人间(长生)的精神愿景。换言之,天人相通就是不分天界与人间的生活景象。这或许就是汉代墓室盛行山水图像装饰的真谛所在。

四、山水境界

无论是天人相对、天人相依、天人相通,都蕴藏了天人相分的差别意识。正是这种差别意识,才使得处理天人关系的山水图像变成了抵达天人境界的重要途径。

以山水图像表达天人境界,早在秦代艺术中就成了一种时尚。根据考古发现,秦代已经出现了山水图像砖石,如陕西出土的秦代空心画像砖就有明确的山水图像构成(见图9)。这块秦代画像砖有三个组成部分:上部刻画五名相向站立的军士,他们持盾执戟,头顶戴冠,身穿长衣,体貌修长。中部刻画两人对坐宴饮的场景,前有酒食器皿,右有一名乐伎。下部刻画狩猎场面,可分上、中、下(左、中、右)三层。上、中两层刻画起伏连绵的山岭,山岭形态大体相近,有姿态不一的动物出没其间。下层刻画追猎场景,其中有小鹿奔逃,猎犬追赶,猎人紧随其后,弯弓骑射。整个画面形态逼真、气氛紧张。背景中还有树木、亭阙、流云,应该属于园林(苑囿),而不是单纯的自然山林。相比上、中两层而言,下层的山形刻画简洁,起伏平缓,置于人兽之下,起烘托场景、丰富构图的艺术效果。这表明,秦代已经善于根据主题需要来处理山水景象,具备较高的山水图像表现力。这幅山水图像当然不是单纯的人类活动场景,它蕴含了人类与天地共长存的精神信念。秦帝国建立后,嬴政梦想万世不朽。他羡慕"真人",并自称"真人",不称"朕";所谓真人,是兼容道家、阴阳思想而形成的求仙成道之身。按卢生的说法,真人就是"入水不濡,入火不蒸,陵运气,与天地长久"①。受此思想的驱动,秦帝国的建筑与都城设计直指天地之道。公元前212年,嬴政感到"咸阳人多,先王之宫廷小",于是"营作朝宫渭南上林苑中。先作前殿阿房,东西五百步,南北五十丈,上可以坐万人,下可以建五丈旗。周驰为阁道,自殿下直抵南山。表南山之巅以为阙。为复道,自阿房渡渭,属之咸阳,以象天极阁道绝汉抵营室也"。② 所谓

① (西汉)司马迁:《史记》,线装书局2006年版,第33页。
② (西汉)司马迁:《史记》,线装书局2006年版,第33页。

"以象天极阁道绝汉抵营室也"，是以天上星辰的构成面貌说明阿房宫建筑系统的特点。其中，天极指天极星，也称北极星，这里寓指咸阳；阁道由六颗星组成，其排列方式在银河中形似阙路，由此寓指阿房宫所建复道即上、下之道如同银河的阁道；汉指银河，也称天河、银汉、星河、星汉、云汉，是星空中呈现的乳白色光带，这里寓指渭水；营室指室宿，共有七星，也称离宫，寓指阿房宫是一座离宫。"绝汉抵营室"的意思就是，在咸阳也可以经由复道跨越渭水而直抵阿房宫，如同银河中的阁道直抵室宿。可见，秦代试图通过宫殿建筑承载自然与社会合一的山水环境伦理系统，使之成为社会与自然同一并万世长存的理想依托。到了汉代，天人境界的山水图像创造更加丰富，有侧重于物质生存需要的天人相对，有侧重日常生存需要的天人相依，还有侧重精神生存需要的天人相通，由此形成了不同的山水世界与山水境界。

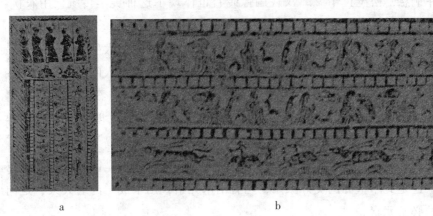

a   b

图 9   秦代空心画像砖①(陕西临潼出土，陕西省博物馆藏)

一是野土。在汉代，野土之"野"有原始、蛮荒、未经开化的意思，如《淮南子·原道训》说"上游于霄霓之野，下出于无垠之门"②。就生存环境而言，野土是远离城邑之外的地方。一般来说，城邑以内城为中心，内城之外有外城、有市井，外城、市井之外有郊区(城郊、市郊)，郊区之外有野土、鄙地。野土或鄙地就是未经开化的荒芜、原始之地。以井盐生产为主题的画像砖石表明，汉代非常注重通过人力开发原始自然，谋求生存资源，保障人类发展。而

---

① 图见王伯敏：《中国绘画史》，上海人民美术出版社 1982 年版，第 37 页。
② (东汉)刘安：《淮南子注》，见高诱注：《诸子集成(全十册)》第 8 册，岳麓书社1996 年版，第 3 页。

此类主题成为广泛盛行于墓室装饰，显然表明汉代已经将荒山野岭视为人力可以征服自然的精神象征。也就是说，开发荒山野土的图像作品决非单纯的劳动场景描绘，而是具有山水美学意蕴。

二是乐土。"乐土"一词源于《诗经》。《诗经·魏风·硕鼠》云："硕鼠硕鼠，无食我黍。三岁贯女，莫我肯顾。逝将去女，适彼乐土。乐土乐土，爰得我所。"《诗经·周南·关雎》就描述了山水田园世界中的生活场景："关关雎鸠，在河之洲。窈窕淑女，君子好逑。参差荇菜，左右流之。窈窕淑女，寤寐求之。求之不得，寤寐思服。悠哉悠哉，辗转反侧。参差荇菜，左右采之。窈窕淑女，琴瑟友之。参差荇菜，左右芼之。窈窕淑女，钟鼓乐之。"这是将农业世界当做理想生存环境的诗学源头。后人多将农业丰收、生活富足做"乐土"的基本内涵，如明代杨慎《观刈稻纪谚》诗云："乐土宁无咏，丰年亦有歌。惟愁军饷急，松茂正干戈。"汉代画像砖石也体现了这种美学传统，用农耕、狩猎等主题呈现了人类面向自然山水世界的乐观生活境界。

三是仙境。陈望衡认为，仙境是道教所创立的理想的人生环境，它本是虚无的，应在彼岸世界，但道教将它具体化，并且设置在人间，于是，一些风景优美、生态良好的山林就成为了仙境。① 汉代画像砖石直观地表现了"仙境"的现实环境要素。一方面，它以神仙人物为主题，明确了神仙世界或理想世界不可缺少的山水环境。另一方面，它以世俗人物为代表，标榜了超越生死、通往天堂所不可缺少的山林资源。于是，无论是彼岸世界的神秘仙境，还是此岸世界的美好家园，均有山水元素，山水成了沟通天人、走向完美的必备元素。

无论是野土、乐土、仙境，都是汉代山水图像境界的表达方式。也就是说，汉代山水图像表明当时存在多种山水境界或天人境界。这三种境界在图像上呈现了特殊的构图与造型逻辑：在野土主题中人物具有"俯身朝大地"的形象特征，在乐土主题中人物具有"仰头向苍天"的形象特征，在仙境主题中人物具有"直面向山水"的形象特征。这三种造型与构图逻辑是否具有精神上的优先逻辑或前后相续的历史逻辑，这里难以作出结论，但可以肯定它们展示了各不相同的审美境界，我们也未必一定要将野土、乐土、仙境区分出高低、优劣。

---

①　陈望衡：《道教"仙境"概念的当代价值》，载《鄱阳湖学刊》2014 年第 5 期。

五、结　语

　　天人关系，代表自然世界与人类社会的基本关系，是人类生存与发展所面临的基本问题。知识界广泛认为，中国文化崇尚天人合一，西方文化强调天人相分、主客二分。姑且不说这种看法忽视了西方文化内在的天人合一观念，如黑格尔强调外在自然与美的艺术都是绝对理念的显现，表明黑格尔哲学体系中的主客二分并非绝对的，或者说，天人二分、主客二分其实只是黑格尔哲学的阐述策略，却并非其思想本质。单说汉代画像砖石上的山水图像资源，就体现了天人相对、天人相依、天人相通等不同性质与内涵的天人关系意识，表明汉代天人关系具有多元思想特征，进而创造了不同的山水境界。因此，我们不能忽视中国文化内在的天人二分意识及其生长出来的山水美学精神。一方面，正是这种天人二分意识，使得古代社会能够借助上天的权威从政治与道义上约束或监督王权。另一方面，正是这种天人二分意识，使得山水体悟成为穿越此岸与彼岸的分界、完成天人融通的可能途径，由此敞开诗意的山水艺术创造的多种可能空间，形成丰富的山水意象系统。

（作者单位：湖北文理学院美术学院、艺术美学研究所）

朱光潜和郭绍虞从实证方法出发对刘大櫆"气"的分析

宛小平

一、引　言

在运用本文逻辑、理性分析，并按照学科分类对中国传统文论进行切割、抽象、析理的进程中。一直有一种声音认为这种方法破坏了中国传统文论的原始的有机性。郭绍虞两篇树立中国文学批评学科的范文：《中国文学批评史上之"神""气"说》与《文气的辨析》就被侯文宜先生驳斥为："其解释的维度以及价值取向都显现出一种简单化、狭窄化的局限，而其解释影响之大基本上成为一个世纪以来各种文学理论教程中的底本。"①显然，侯文宜先生认为郭先生以现代学科研究范式的"文气论"是历史的倒退。这种倒退是被视为失去了传统文气说中的的"哲学文化底蕴"。趋向于"纯粹形式技法一隅"。

应该看到，侯文宜先生锐利地指出按照西方现代学科重构中国传统文论有宰割或遮蔽超越的哲学人文精神，这是侯先生观点积极的一方面。然而，能否回到传统非技术化那种超越精神来建构中国现代文论？关于这一点，朱光潜看得比较清楚，他是从语言的转向来看待这个问题，因为，在他看来，思想和语言是一致的，语言的转向意味着整个"新文学"不同于传统旧文学的面貌。在谈到白话文替代文言的不可逆转性，他借但丁的《论俗语》说道："但丁所面临的问题颇类似我们在五四时代初用白话文写诗文时所面临的问题：白话（相当于但丁的'俗语'）是否比文言（相当于教会流行的拉丁语）更适宜于表达思想情

---

① 侯文宜：《文气说辨——从郭绍虞〈文气的辨析〉的局限说起》，载《文学评论》2010年第 5 期。

感呢？白话应如何提炼，才更适合于用来写文学作品呢？这里第一个问题我们早就解决了，事实证明：只有用白话，才能使文学接近现实生活和接近群众。至于第二个问题，我们还在摸索中，还不能说是解决了，特别是就诗歌来说。因此，但丁的《论俗语》还值得我们参考。"①也就是说，白话文代替文言（朱称"早就解决了"）致使思想方式发生变化（思想和语言是一致的），西方逻辑的、条理化的、主宾定义式的表达方式必然渗透于其间。这当然一定程度上遮蔽传统的模糊式、综合式思维所具有的"有机性"特点。然而，这是历史的必然，谈不上"局限性"，就连侯文宜自己也称："其实，今日检审文气说衰萎的原因，应该说既有社会历史文化的缘故，也与文气说自身发展的内在理路有关，因为到桐城派尤其刘大櫆的'声气'说这里，文气说已失去曹丕当年话语语境下的许多哲学文化底蕴，且日益走入纯粹形式技法一隅，追求'因声求气、'音节高者神气必高，音节下者神气必下'，所以有'五四'先锋所抨击的'桐城谬种'、'选学妖孽'。"②侯先生这里承认"既有社会历史文化的缘故"（指五四新文化运动），又有"内在理路有关"。可见，其具有历史发展之不可逆转的特性。但是，侯先生据此得出新文化运动鼓吹者指责"桐城谬种"是因为从传统超越精神降到纯技法一流之说法全然不能成立。恰恰相反，刘大櫆的"声气"说正说明从"形而上"向实证转变是宋明理学到清实学转变的自然深化过程，而新文化运动者是"接着讲"，不是"照着讲"。从这个意义上讲，郭绍虞从实证角度建构文学批评"学"的"文气论"是历史的进步，而不是倒退。

二、朱光潜从西方心理学和郭绍虞从传统文论的梳理丰富刘大櫆的文气论

朱光潜和郭绍虞都是属于受五四新文化运动影响下以现代科学精神改造和整理传统思想资源的大家。所不同的是：朱光潜是从美学（美之科学）角度，从中西美学比较的论域来丰富、改造传统文论；郭绍虞则只借用西方的分析方法，并不直接援引西方的文艺理论，而切入的角度是文学批评（也试图把文学批评建立成一门学科）。因此，可以说是朱光潜从一般科学具有普世价值（中

---

① 朱光潜：《朱光潜美学文集》第4卷，上海文艺出版社1984年版，第147页。
② 侯文宜：《文气说辨——从郭绍虞〈文气的辨析〉的局限说起》，载《文学评论》2010年第5期。

西兼容)来求证；郭绍虞则只是致力于中国这一特殊形态的批评学(但已借鉴西方分析方法而赋予了那个时代特征)。其实，这两种视角是并行不悖的，甚至是相互补充的。我们不妨以他们对刘大櫆的文气论分析说明这一点。

朱光潜对刘大櫆"因声求气"说，是以西方现代文艺心理学重新加以阐释的。刘大櫆在《论文偶记》里对中国文人论诗重"气"作了很好的概括，他说："凡行文多寡短长抑扬高下，无一定之律而有一定之妙，可以意会而不可以言传。学者求神气而得之于音节，求音节而得之于字句，则思过半矣。其要在读古人文字时，便设以此身代古人说话，一吞一吐，皆由被而不由我。烂熟后我之神气即古人之神气，古人之音节都在我喉吻间。合我之喉吻者便是与古人神气音节相似处，文之自然铿锵发金石。"这里，刘大櫆已经不像方苞那般玄学味了，而是从语言韵律之间着手，然而他还是说这"可意会不可言传"。这也是新文化运动胡适一班人诟病的地方，以为"乃不能道其所以然"，恰恰是古文家的"大病"。只是熟读于心，却不明其"所以然"。然而，朱光潜并不同意胡适的这种看法。他自幼受到的正是这种熟读范作多篇。于是，"头脑里甚至筋肉里都浸润下那一套架子，那一套腔调，和那一套用字造句的姿态，等你下笔一摇，那些'骨力'、'神韵'就自然而然地来了，你就变成一个扶乩手，不由自主地动作起来"①。这本是文艺创作的经验之谈，无可厚非。关键是桐城古文家说不出个道道来，只停留在经验笼统感悟的描述层面。朱光潜结合他受西方近代心理学和文艺批评的训练所得到的分析方法，拿这种方法对"气"作了更加细致的分析。认为：气与声调有关，声调又与喉舌运动有关，朗诵既久，则古人之声可以在我的喉舌筋肉上留下痕迹，等到我自己作诗文时，喉舌筋肉也自然顺着这个痕迹活动，这"气"实乃是一种筋肉的技巧。朱光潜又拿谷鲁斯的"内摹仿"说以及行为心理学派主张情感和思想乃至语言的表达一致的观点强化说明了这一看法，并进一步申论道："诗文都要有情感和思想。情感都见于筋肉和其他器官的变化，喜时和怒时的颜面筋肉和循环呼吸等等各不相同，这是心理学家所公认的事实。思想离不开语言，而语言则离不开喉舌的动作，想到'竹'字，口舌间筋肉都不免有意或无意地作说出'竹'字的动作。"②这是一种"内摹仿"，虽不是外在行动作的摹仿，但是一种筋肉的技巧是毫无疑问的。这样看来，中国人论诗文的模仿所重"气"字恐也应作如是说。

---

① 朱光潜：《我与文学及其他》，安徽教育出版社1996年版，第105页。
② 朱光潜：《文艺心理学》，安徽教育出版社1996年版，第212页。

朱光潜接下来的一段再明了不过的把"气"的玄秘的雾障剥离开来，他说："韩昌黎说：'气盛则言之短长与声之高下皆宜。'声本于气，所以想学古人之气，不得不求之于声。求之于声，即不能不朗诵古人作品。桐城派文人教人学文的方法大半从朗诵入手。姚姬传与陈硕士书说：'大抵学古文者必要放声疾读，又缓读，只久之自悟。若但能默看，即终身作外行也。'朗诵既久，则古人之声可以在我的喉舌筋肉上留下痕迹，'拂拂然若与我喉舌相习'，到我自己作诗文时，喉舌筋肉也自然顺着这个痕迹活动，所谓'必有句调奔赴腕下'。从此可知文人所谓'气'也还只是一种筋肉的技巧。"①可见，朱光潜对由刘大櫆"文气"之引发（刘相对朱从著作发表时间看早些，虽然朱的《文艺心理学》在20世纪20年代留学西方已经写好了初稿）的中西美学融合的诠释学极有说服力。既不像桐城古文家不知所云，又不像胡适之流空喊科学整理国故，对桐城文派只是斥责，不是对其作科学谨严的分析。相比之下，朱光潜才是真正以科学的精神贯串于改造和发展中国传统的文气论的工作中。

郭绍虞虽然在"古文范围内"论及刘大櫆文气说，并说刘海峰"是在古文范围以内比较完善的文论"②。但是，事实上郭先生所用的方法仍然是西方缕分条理化的逻辑方法。他的一个总命题是：刘大櫆义法说之具体化。"义理"，本是方苞、姚鼐的文论中心，然而，在郭先生看来，刘大櫆则认为"义理"不过是材料，不是能事。要讲能事，"能事应当在神气音节中求。于神气音节中求行文能事，于是义法之说，便成为具体化了"③。

究竟如何能事？

刘大櫆实际上是分三个层面表达的：一曰神气，是"文之最精处也"；二曰音节，是"文之稍粗处也"；三曰字句，是"文之最粗处也"。而这三个层面的关系则如海峰所言："音节者，神气之迹也。字句者，音节之矩也。神气不可见，于音节见之；音节无可准，以字句准之。"

对于刘大櫆的这一文之精粗论，郭绍虞的评价很高，他说："所以他（指刘海峰）们所谓精粗，用现在的话来说，实在有些近于抽象具体的意义。愈具体即其最粗处，愈抽象即其最精处。昔人论文，往往只重在最精处而忽其粗迹，但在海峰却说：'论文而至于字句，则文之能事尽矣。'这是昔人未发

---

① 朱光潜：《朱光潜全集》第 3 卷，中华书局 2012 年版，第 315 页。
② 郭绍虞：《中国文学批评史》，新文艺出版社 1995 年版，第 560 页。
③ 郭绍虞：《中国文学批评史》，新文艺出版社 1995 年版，第 566 页。

之义。"①

首先，郭绍虞就用西方所谓抽象与具体对刘大櫆"神气"解构。他说："他（指刘大櫆）说：'神气者，文之最精处也。'即是说神气是文的最抽象处。他又说：'神只是气之精处'，那即是说，神比了气更为抽象。同是抽象的名词，所表示的同是抽象的意义，而中间再有最抽象和较抽象的分别。其最抽象者似乎觉得更难捉摸，而同时也觉更为基本，所以说：'神者气之主，气者神之用。'所以说：'气随神转'。"②

不过，郭先生把"神气"的"精粗"仅用"抽象"的程度来讲不免还有陷入玄学泥潭的嫌疑。于是，他转而用"法"与"势"来替代。他说："然而，这样讲法，用了一大堆抽象名词，我们能明白吗？我们总想说得具体一些。假使不会十分引起误会的话，我觉得他所谓'神'，即是高妙之'法'，而所谓'气'，有些相当于'势'。神与'气'较抽象，'法'与'势'则具体化了。"③

经郭绍虞先生换成文之"法"和文之"势"当然具体多了，也好进一步说明他立的那个总命题"刘大櫆义法说之具体化"。

但是，文法之具体化成断续呼应抑扬起伏诸问题则是"死法"，刘大櫆不仅让人知道这一点，更加是要人"知道无所谓断续与伏应者也是法，那即所谓得其神"④。这是刘大櫆说的"高妙之法"。这样，连接这"死法"与"高妙之法"之间便是郭先生所认为的"势"。郭先生进一步说明："此所谓'势'，其意义即相当于气，所以他（指刘大櫆）说：'论气不论势不备'。本于势以论法，则其所以需要断续伏应之处便可不烦言而喻，而于古人文法高妙之处也不难体会得到。因为这是语势之自然。"

这样一步一步地，郭先生把我们对刘大櫆的文气说引向"音节字句"，这才是刘大櫆文论最独特的地方。郭先生总结道：

> "海峰所谓文法高妙，所谓神，都是从熟读涵泳体会得来。不过涵泳体会仍令人无入手之处，于是他再由神气讲到音节字句，以使抽象理论之具体化。音节字句是以前望溪所不大提到，以后惜抱仅偶或提到的问题，

① 郭绍虞：《中国文学批评史》，新文艺出版社1995年版，第557页。
② 郭绍虞：《中国文学批评史》，新文艺出版社1995年版，第557~558页。
③ 郭绍虞：《中国文学批评史》，新文艺出版社1995年版，第558页。
④ 郭绍虞：《中国文学批评史》，新文艺出版社1995年版，第558页。

而海峰则于此大加阐说。欲由音节问题以使声之高下皆宜，由字句问题以使言之短长皆宜，都从极浅近极具体的地方入手，以进窥古人文法高妙之处，这即是海峰文论之特点。'音节者神气之迹也'，'神气不可见，于音节见之'，所以他说：'音节高则神气必高，音节下则神气必下'。求神气于音节，而神气可有着手之处。'字句者音节之矩也'，'音节无可准，以字句准之。'所以他说：'一句之中或多一字，或少一字；一句之中或用平声，或用仄声，同一平字仄字，或用阴平阳平上声入声，则音节迥异。'再求音节于字句，而音节也变为比较具体的方法。明代'秦汉派'的文人，知道重在字句方面，然而只成为剽窃，即因他摹拟其迹，而不是由字句以定音节，由音节以窥神气的关系。明代'唐宋派'的文人，知道重在神气方面，然而又只成为死法，又因虚构其神，而不是求神气于音节，求音节于字句的关系。如海峰之论于下植其基，于上明其变，深处说得浅，浅处说得深，自然无'秦汉派'摹拟之失，而也不必在死法上讲究，落入时文的蹊径中了。"①

毫无疑问，尽管郭绍虞自己在《中国文学批评史》(1947 年商务版)里"自序"所言："极力避免主观成分，减少武断的论调，""对于古人的文学理论，重在说明而不重在批评。即使是对于昔人之说，未能惬怀，也总想平心静气地说明他的主张"，"在古人的理论中间，保存古人的面目"。但是，我们要清楚郭先生所运用的抽象具体，以及以文"法"和文"势"替代"神气"之逻辑转换的分析是出自于一种西方的分析方法。它和朱光潜从文艺心理学说明"文气"之"筋肉技巧"是相互补充的理论。

三、好的文言和白话文都是思想情感和语言的水乳交融

我们开篇就肯定了刘大櫆的文气(因声求气)论是历史的进步，而不是倒退。其中我们特别引了朱光潜对白话代替文言已经是历史现实，并以此说明在实证科学分析代替传统玄学的语言学转向是不可逆转的历史必然。但我们不要忘记，写白话和读文言仍然是并行不悖的。换句话说，时下虽然没有多少人用文言写作，并不等于白话和文言没有内在的生成关系。具体地说，我们还必须

---

① 郭绍虞：《中国文学批评史》，新文艺出版社 1995 年版，第 559~560 页。

从文言中提炼适合于表达思想情感的古字，恰如朱光潜所说："较好的白话文都不免要在文言里面借词，与日常流行的话语究竟有别。这就是说，白话没有和文言严密分家的可能。本来语文都有历史的赓续性，字与词有部分的新陈代谢，决无全部的死亡。提倡白话文的人们欢喜说文言是死的，白话是活的。我以为这话语病很大，它使一般青年读者们误信只要会说话就会做文章，对于文字可以不研究，对于旧书可以一概不读，这是为白话文作茧自缚。白话文必须继承文言的遗产，才可以丰富，才可以着土生根。"①也就是说，不能以文字的新旧论死活，文言和白话都能表达思想情感完全贴切的形式和内容，从这个意义上讲，它们是活的。因此，嵌在生命中的情感思想和语言水乳交融的文字，无论它是文言还是白话，才是活的，才是我们文论致力的方向。

当然，文言有文言的"空气"；白话有白话的"空气"。你拿"之乎者也"可能适合于文言不打标点的"空气"来写作，但你如果硬套在白话文，不免有些不伦不类。这样说来，刘大櫆"因声求气"，即求文气于字句是否适用于白话文的写作和阅读呢？读古文自不必说，因为刘大櫆已经开启了我们透过"音节"和"字句"去窥见古文创作的"节奏"。但是，这并不意味着读写白话有同样的"节奏"。可能拿"诵读"古文的节奏来诵读白话是"乱弹琴"。白话文较直率、较容易和创作者的实际情感表达丰吻合。朱光潜说得好："我要文字响亮而顺口，流畅而不单调。古文本来就很讲究这一点，不过古文的腔调必须哼才能见出，白话文的腔调哼不出来，必须念出来。所以古文的声音节奏很难应用在白话文里。近代西方文章大半是用白话，所以它的声音节奏的技巧和道理很可以为我们借鉴。这中间奥妙甚多，粗略地说，字的平仄单复，句的长短骈散，以及它们的错综配合都须得推敲。这事很难，成就距理想总是很远。"②这就是说，白话文的节奏虽不同文言，但琢磨、体会白话"空气"中的"字的平仄单复、句的长短骈散"仍然是途径之一。如此说来，刘大櫆的"因声求气"具体化的文气论要比把"气"说得愈玄愈妙的抽象化方法要好得多。这其具体化论文方式成了后来朱光潜、郭绍虞进一步"步其后尘"而以实证分析论文的端倪。

（作者单位：安徽大学）

---

① 朱光潜：《朱光潜全集》(新编增订本)第6卷，中华书局2012年版，第115页。

② 朱光潜：《朱光潜全集》(新编增订本)第6卷，中华书局2012年版，第116~117页。

从哲学之"悟"到诗学之"悟"

张嘉薇　高文强

"悟"这一文化关键词内涵的核心经历了哲学之"悟"、宗教之"悟"向诗学之"悟"的转变，其中前两者是前提和基础。因此，欲要透彻了解"悟"的诗学内涵的生成及影响，就必须追本溯源，对"悟"的哲学义、宗教义等的发生及流变作一番详细考察。

一、"悟"的词源考察

从现有文献来看，"悟"字最早出现在先秦典籍《尚书·顾命上》中："今天降疾，殆弗兴弗悟。"①《故训汇纂》载孙星衍今古文注疏曰："'悟'与'寤'通。"②这是史臣所记载的周成王生病垂危之时，召集群臣所讲的临终顾命之辞；而这一出处是病入膏肓之人对自身摇摆于生死存亡之间这一状态的描述：今天降疾病于我身，病情凶险、生命危殆，不能兴起（起身），不能觉悟（清醒）。由此"悟"在它意义的源头与生存之根本相关联，"寤"即睡醒，从而这一醒着的、有意识、有思维的状态即意味着生命。

《说文解字》云："悟，觉也。"段注："见部觉下曰：悟也。是为转注。"③可知悟的基本本义为"觉"。马叙伦先生则认为："'觉也'非本训。"④参考《顾命上》，"悟"本义可能与"寤"相通。在"觉"这一义项中，"悟"有两层含义。其一表示理解、明白、领会。如《文选·谢混〈游西池诗〉》："悟彼蟋蟀唱，信此

---

① 顾颉刚、刘起釪：《尚书校释译论》第 4 册，中华书局 2005 年版，第 1712 页。
② 宗福邦、陈世铙、萧海波：《故训汇纂》，商务印书馆 2003 年版，第 793~794 页。
③ （东汉）许慎撰，（清）段玉裁注：《说文解字注》，上海古籍出版社 1981 年版，第 506 页。
④ 李圃主编：《古文字诂林》（八），上海教育出版社 2003 年版，第 991 页。

劳者歌。"悟"释为心解。《素问·八正神明论》："慧然独悟。""悟"释为了达。其二则表示醒悟、觉悟。如《管子·版法》："祸昌而不悟，民乃自图。"《史记·秦始皇本纪》："三主惑而终身不悟，亡，不亦宜乎？"陶潜《归去来辞》："悟已往之不谏，知来者之可追。"由此义引申出使动用法，则为"启发"，启发他人以使其觉悟。如《庄子·田子方》："物无道，正容以悟之，使人之意也消。"成玄英疏："东郭自正仪容，令其晓悟。"《宋史·杨万里传》："臣闻古者人君，人不能悟之，则天地能悟之。"作为"觉悟"时，"悟"的含义在一般的"理解"之上就有了时间的追溯，因为没有"迷"是没有"悟"的，先有执迷而不悟，正如醒寤之先要有沉睡。罗钦顺《困知记》云："无所觉之谓迷，有所觉之谓悟。"在佛教中，所谓"佛"即是"觉悟者"，自觉而觉人；佛经以觉者为"悟"，不觉为"迷"。可知"悟"与"迷"相对举。这两者又表现出一种相辅相成的关联："悟"后的清明会凸显此前的"迷"之虚妄，而处于"迷"中的混沌经历又会反过来促进对本真的体悟。甚而有"欲要破迷，引迷入悟"之说，宁愿主动引入迷幻，以此为达成"悟"的助力。又《古尊宿语录》卷三十云："迷者迷悟，悟者悟迷，迷悟同体，悟者方知。"这些思想使"悟"的内涵在空间上显现出一种精巧的立体感。

再来考察"悟"的字形演变。"悟"字金文可见于战国中山王鼎铭文，写作"![]"，左从"欠"、右"吾"声，意为"颖悟"。[①] 小篆写作"![]"，左"心"、右"吾"，这里"欠"和"心"取意可通；楷书则由小篆演变而来。由于汉字字形的构成往往与其词义内涵有着深刻的联系，这里试图通过分析"悟"之字形，来探讨其内涵的两种阐释。

首先从偏正结构来理解，"悟"即为"吾之心"，所谓我以我心来体知。"吾"表声，是我之自称。"心"表意，字形似心脏，古人多以为心脏主导思维，是思想活动的主体器官和发生场所。相对于人的眼、耳、鼻、舌这一类感官对饮馔声色等外在刺激的领受，心的认知对象往往是内在的、深刻的、超验的、形而上的。而认知与理解的方式在空间上前者表现为向外的延伸，后者则转而向内探索，由外在感觉（感官）转入内在体悟（心）。"悟"在乎于"我"，我之独特；在乎于心，心之深刻。强调思维的主体是"我"、强调以特殊器官"心"来"悟"，两者共同反映出一种见解，即是内在世界的重要性和真实性是要远胜于一般感官所触碰到的那个外在世界的。这一见解也契合于中国古典哲学的发

---

① 汤馀惠：《战国铭文选》，吉林大学出版社 1993 年版，第 31 页。

展路径。儒学到明代，王阳明为矫正朱熹"心理二分"的弊端，提出"心即理"的观念，从而致知便是在"心"上下工夫；而致知的原则和方法则是"悟"，良知开悟，而能致知。

其次从动宾结构来看，"心"有认识的含义，"悟"整个字即为自我认识，"悟性"和"觉悟"这两个词中的"悟"就是此义。这一阐释的焦点在于思维主体，这是表示"悟性"而非"知性"的更高层次的"悟"对于其发出主体的要求。悟是自我的醒觉，它是认识自我的过程，也是在此之后所产生的我之见解，总要追求于个人自然心性的驰骋。所谓"自我的醒觉"，在实践层面上既要剥除早已熟习而束缚己心的种种意识形态，也不为时代潮流所裹挟、违背己心，而有着能够超越于世俗时代的独立品格。但是全然剥离显然是难以做到的，所以在具体实践中，这一要求有时也表现为一种矫正：即破除对旧说、圣贤、权威、约定俗成等的过分依赖与迷信。王阳明以悟致知的学说在钱德洪提炼出"独证以吾之心"的观点，他在文章中说："吾心之知不以太上而古，不以当世而今，不待示而得，不依政而行，俗习所不能湮，异说所不能淆：特在乎有超世特立之志，自证而自得之耳！"①这一表述一方面印证了上述所论"悟"对于思维主体的要求；一方面又提出了"悟"的重要特性：自证自得，而这又是"吾"的特立与"心"的认知理解方式共同决定的。

二、体"道"以"悟"——"天人合一"观念下的道家悟道观

悟者，觉也。据上节所述，生发于中国本土的"悟"最开始就是一种认知事物的思维方式。它包括一般层次的认知、了解，以及深层次的心灵体悟，即一种心理体验方式；而后者才是具有意义衍生潜质的、具有哲学意涵的"悟"。从而"悟"作为一个本土哲学范畴，与其说它是一种认识论，不如说属于体验论系统。在"悟"之理论的早期时代，哲学之"悟"酝酿、生发于"天人合一"的中国文化传统，而"悟"的思维方式直接来源于以"天人合一"为基础的道家哲学理论；是道家老、庄最初在联通天、人的努力中，开掘了"悟"的内涵，又成就了其审美意蕴的滥觞。

"天人合一"思想的前身是西周的天命观念。西周以前，作为宗教性的、

---

① （明）王守仁著，吴光等编校：《王阳明全集》，上海古籍出版社1992年版，第1571页。

主宰的、超验的"神"往往称为"帝"或"上帝"。《古史辨》中吴大澄认为："'帝'像花蒂之形，有天地万物之根本的意思。"①而殷商时代的"天"多为"大"的同义语。②周人灭商后，以"天"取代了"帝"的意义，并发展出新的内涵。《说文解字》云："天者，巅也。至高无上也。从一从大。"③周人继承了尧舜以降观天命而作为的传统，但"事鬼敬神而远之"、主张"以德配天""天命佑德"，这一点在先秦时期儒家的理论中保留了下来。儒家所谓的"天"，即是道德性的义理之天。儒家哲学系统通过自然的人化，使天道在伦理学的层面通过人际关系的中介，转化为以"仁"和"礼"为核心的人道；"天人合一"的理想状态就是个体人内在充实的伦理道德与宇宙的自然相统一。而道家的"天"则是自然之天。道家哲学系统通过人的自然化，使个体人内在充实的精神与宇宙精神相往来，进而抵达人与宇宙合一的精神境界。和谐感是中国思想的基础，"天人合一"作为中国人的宇宙观，其根本在于探索天人关系，目的是要追求人与人、人与自然的和谐统一。但值得注意的是，与壮观瑰丽的世界和作为"天道"的表现形式的山川、风云等相比，中国文化中的人并不是创造的终极成就；在强调自然的形态和模式的传统中，人的角色是微小而和自然相对照的。④ 人作为自然的一部分，不仅要顺应天意，也要调和与周围其他人的关系；发现万物的秩序并与之相和谐是历史上最崇高的理想，"天人合一"在此表现为人的精神境界的最高追求。

在道家哲学看来，"天"、"人"统一于"道"，正是"人法地，地法天，天法道，道法自然"（《老子·二十五章》）。老子首先从宇宙论的角度描述"道"，"渊兮似万物之宗"（《老子·四章》），指出"道"是万有的本质和源头，将"道"定格为形而上的本体论范畴。老子从人的感官出发，对"道"做过一个约略的描摹："视之不见，名曰夷；听之不闻，名曰希；搏之不得，名曰微。此三者不可致诘，故混而为一。其上不曒，其下不昧，绳绳兮不可名，复归于无物。是谓无状之状，无物之象，是谓惚恍。迎之不见其首，随之不见其后。"（《老

---

① 转引自何世明：《基督教与儒学对谈》，宗教文化出版社 1999 年版，第 29 页。

② 郭沫若：《青铜时代》，中国人民大学出版社 2005 年版，第 4 页。"卜辞称至上神为帝，为上帝，但绝不会称之为天，天字本来是有的，像大戊称为'天戊'，大邑商称为'天邑商'，都是把天当成大的同义语。"

③ （东汉）许慎撰，（清）段玉裁注：《说文解字注》，上海古籍出版社 1981 年版，第 1 页。

④ ［英］苏利文：《艺术中国》，徐坚译，湖南教育出版社 2006 年版，第 2 页。

子·十四章》）视觉、听觉、触觉这三种人感知事物的最主要方式都无从究诘，"道"是混沌一体，是没有形状的形状、不依赖于物体的形象。"道"超越了人的感官知觉，它作为万物的根本之"物"也超越了万物之一的人所具备的理性，无法被抽象、被定义为某一确切的概念，"道"的不可言说性就在于此。

西方哲学的"建筑术"是以概念为基础的，通过把众多概念以一定的逻辑规律构筑成完整的知识体系。这是与"悟"相对的，使用人的理性、逻辑来推理反思的认知思维方式，它必须依赖于语言的中介。然而这一思维方式在面对"道"的时候，其困境就显明了。首先，中国文化有摒弃语言的传统，如《易经·系辞》："言不尽意，书不尽言。"《老子·第一章》："道可道，非常道；名可名，非常名。"《庄子·外物》："言者所以在意，得意而忘言。"从一开始古代哲人们就意识到语言的有限性，这使得他们转向用不通过语言的方式来思维，从而逻辑本身并未得到发展。其次，以人之有限推理"道"之无限，其结果就是不能正确认识"道"。作为万有的本质、永恒的存在，又"周行而不殆"（《老子·第二十五章》）地变动运转，"道"不能被界定，世上万物都是它万分之一的表现。这样一种存在，显然是无法用人有限的理性、逻辑、经验去做主体对客体的认知的。

那么"道"要如何去接近和理解呢？道家使用了"悟"的方式。《庄子·刻意》："故素也者，谓其无所与杂也；纯也者，谓其不亏其神也。能体纯素，谓之真人。"成玄英疏云："体，悟解也。妙契纯素之理，则所在皆真道也。"①所谓体"道"以"悟"。"悟"是内省而反求于己心的思维方式，它以"天人合一"观念为基础，认为人的内心是能够与"道"合为一的，能够"上与造物者游，而下与外死生无终始者为友"，"独与天地精神往来"（《庄子·天下》）。"道"本身虽然不可捉摸，但它作用于万物时，往往表现出某种规律；"道"的特征落实到人类社会，在个人身上也能够体现。其次，"悟"是不支离开来分析，它用一种完整映照另一种完整。人沉潜到他所要体悟的对象中去，寻找一个能够彼此和谐的节奏或韵律；这二者在本质上是同一的、互通的，天然是能够互相理解的。基于"天人合一"的"悟"是体验性的，但却能更自由、更充分地认知它的对象，直接抵达深层的、关于本质的理解。

在老子之后，庄子谈"道"，重在对"道"的体悟与持守，也关注体"道"之

---

① （晋）郭象注，（唐）成玄英疏，刘文典补正：《庄子补正》，云南人民出版社1980年版，第499页。

后的心灵状态。庄子所阐述的一套"悟"以体"道"的方法，在中国哲学史上具有普遍意义。首先，使心灵进入"虚静空明"的状态是悟"道"的准备工作。庄子提出"心斋"、"坐忘"说："若一志，无听之以耳而听之以心，无听之以心而听之以气。……气也者，虚而待物者也。唯道集虚。虚者，心斋也。""堕肢体，黜聪明，离形去知，同于大通，此谓坐忘。"(《庄子·大宗师》)这里对保持心志的专一提出两个要求：外忘身体，关闭浮浅的身体感觉和生理欲求；内忘心智，放弃理性的、逻辑的思虑。所以庄子把虚静空明的心境比喻成初生牛犊一般的纯净无邪、无知无识："德将为汝美，道将为汝居，汝瞳焉如新生之犊而无求其故。"(《庄子·知北游》)唯"气"之虚静空明才与"道"最相契合，而"悟"的超理性、超逻辑性也与"道"的超验性相为契合。其次，"物我两忘"的状态是悟"道"之门，此后人便沉潜于"道"中、与"道"游，万物的"本来面貌"时而以内视、内听的形式呈现在清明之境中，"天地与我并生，而万物与我为一"(《庄子·齐物论》)。这是"悟"的妙境，也是体"道"后的心灵状态，如郭象阐释说："内不觉其一身，外不识有天地，然后旷然与变化为体而无不通也。"[1]

以体"道"之法为直接来源的"悟"，是人以精神性的方式对自然万物进行观照的心灵活动，是主体以自我生命的投入，来追求精神上的和谐与相通。在"悟"以后的天人相谐之中，人的心灵得到陶冶，生命得到安顿；这即是说在与自然本原的相遇中，人的自我得到了确认，我知道生命是什么，也知道生命何去何从。老、庄在这里谈论的都是玄远的话题，但这悟"道"的过程却与审美的心理活动有共通之处，从而后世在此基础上阐发出许多文论和艺术论的命题。

三、"道由心悟"——佛学思想对本土观念的充盈及融汇

"悟"在先秦子学时代初步发展出它的哲学意涵，在汉代以后的使用中就主要被用来表示"体悟"，作为一种特殊的心理体验方式及其过程。两汉之际，佛教传入中国。与此前传入的其他异文明相比，佛教是一种比较成熟和完备的宗教文化，它带来的不是片段式的新知，而是一整套汉文化前所未闻的理论系统，伴随着宗教的超验、神秘以及主动传播的使命性；它试图从根本上回应人

---

[1]　崔大华：《庄子歧解》，中州古籍出版社 1988 年版，第 274 页。

类的终极追问，并重新阐释宇宙、自然，以及人的生存状况。这是中国本土文化更新与发展的重要契机。佛教在中国的早期传播是以翻译佛经为主的，由于佛教文化中的许多概念或范畴在中国传统文化中没有直接的对应物，于是翻译者们在道家文化里寻找到内涵接近的概念来作为翻译的对象，借助他们既有的术语来言说自身，进而赋予这些本土概念以新的内涵。但不可避免，佛教在中国的文化想象也就依附于道家和道教。从而这一时代伴随着误读的传播经历，也是作为外来文化的佛教本土化的过程。就是在这样错综交织的文化碰撞的背景中，被充盈和丰富后的宗教之"悟"成为中国佛教文化中的一个重要概念。

佛，即为"觉悟者"；佛教认为一切众生皆有觉悟之性，即佛性，佛教终极的实践目的就在于追求开悟。在佛教文化中，"悟"是与"迷"相对而言的一个概念。佛教把世间万物分为十界：地狱、饿鬼、畜生、修罗、人间、天上、声闻、缘觉、菩萨、佛，其中前六界为凡夫之迷界，即六道轮回的世界，后四界为悟界。或者以前九界为因，后一界为果，而圆满之悟界唯有佛界。由此可知，人所生息轮回的现实世界始终处于"迷"中，这是佛教理论的一个基本原则。佛教之"悟"，主张要"生起真智、反转迷梦"，唯有从迷梦中醒觉，才能觉悟真理实相。所谓"实相"，即万有之本体，又称真如、法性，也即宇宙一切现象所具有的真实不变的本性；可以理解为是一种真实不虚、常住不改的绝对精神本体，它是与虚妄的现实世界相对的彼岸世界。由此"悟"是佛教直观本真世界的方式，也是对佛教最高智慧的领受。由于佛教各宗的教理深浅不同，其"悟"的境界也各有分别，如大乘之悟界就是证见真理、断除烦恼，禅宗则主见性成佛。

东晋僧肇《九折十演者·妙存》云："然则玄道在于妙悟，妙悟在于即真，即真则有无齐观，齐观则彼己莫二，所以天地与我同根，万物与我一体。"①这里"妙悟"即谓"殊妙之觉悟"，在作为领悟佛法的特殊思维方式时，"悟"与"妙悟"意义可通。僧肇使用"妙悟"来观佛教之至道，他认为要破除"有"、"无"之见的执著，放下思量"物"、"我"的分别心，从而进入心、境双冥的状态，楔入宇宙万物缘起性空的真谛。尽管与道家悟道观的真义不同，但僧肇在阐述佛教"心悟至道"的理论时显然借助了道家的言说模式，对妙悟玄道之后心灵状态的描摹也语出《庄子·齐物论》。宗教之"悟"事实上是佛教与老庄玄学合流的结果。

---

① （清）严可均辑：《全晋文》（下），商务印书馆1999年版，第1818页。

从"悟"之程度而言，悟一分为小悟，悟十分为大悟；从"悟"时间之迟速而言，又有渐悟、顿悟之分。所谓顿悟，即快速、直入究极的觉悟；渐悟为顿悟的对称，是按顺序修习而渐入彻悟境地的觉悟之法。自魏晋南北朝以来，中国佛教以涅槃经为主，产生了顿悟成佛与渐悟成佛的方法论之争。其中，竺道生力主"顿悟成佛说"，由于四十卷涅槃经之译出而获得确认，一时成为宪章。唐宋之时我国禅宗兴起，根据使用教义的不同，遂分出"南顿"、"北渐"两个宗派；南方慧能之后，顿悟说发展到极致，成为禅宗之主流。

顿、渐之辞本来常见于佛经，只作为佛教徒修行领受中的时间差异，顿悟与渐悟也相互结合、相辅相成，并不构成对立。有分别的顿悟之说始于东晋僧人支遁关于"十住三乘"理论的阐发。佛教认为菩萨修行过程分五十二阶位，须循序而进，其中第十一至第二十阶位，属于"住位"，称"十住"或"十地"。其中第七"远行地"是特殊阶段，修行到此地的菩萨住于纯无相观，了知烦恼（贪欲、嗔恚、愚痴等）染污真性，以及事物的性相本空；从而三界烦恼断尽，不再于三界受生，而安住于教法真理之中。支遁认为此时虽然还未完满证悟成佛，但真慧已具足，所以于此可称顿悟，之后再进修其后三住，以至圆满。慧达《肇论疏》云："三界诸结，七地初得无生，一时顿断，为菩萨见地也。"这一说法通常称为"小顿悟"，僧肇也持此说。汤用彤先生指出，这里看似是修行方法论的顿悟之说，实为体用之辨。"体"即真如、宇宙的真理实相，类似于中国传统文化中所谓"道"或"理"，不可言说、无名无相。"体"是整一、不可以逻辑分析支离来领受的，从而楔入真道的智慧也不可分割，一旦悟，则悟全分。所以支遁所谓顿悟于七住之后，再进修成佛的理论就自相矛盾了。若悟后仍须进修，则要么承认理可分、慧可二；要么承认并未见理，而不见理则不能称"悟"。"小顿悟"说支离了"理"和"悟"，"其所以支离者，则因未彻底了然体用之不相离"。① 此后，竺道生正是在真道的整一性、不可分阶段学习领受这一层面上提出了"大顿悟"说，这一观点现在主要见于慧达《肇论疏》的阐释。所谓"顿悟"即"以不二之悟，符不分之理"，入理之悟，应于一念一时全然顿了。同时，顿悟不废渐修，因为"悟不自生，必借信渐"；渐修类似于量变的累积，而顿悟是一次性完成的质变，并不存在"悟"的中间状态。《肇论疏》云："见解名悟，闻解名信。见解非真，悟发信谢。"即是说，"悟"是悟者本心直观

---

① 汤用彤：《汉魏两晋南北朝佛教史》（增订本），北京大学出版社 2011 年版，第 361~362 页。

而悟，"信"是学习、听道之修行；而佛性在于众生本心，真心自然发悟、见其本然，才能完整把握、豁然贯通、与真道契合无间。超越语言和理性的直觉体悟是楔入真道的唯一方式。竺道生"大顿悟"说纠正了支遁等人观点的谬误，又指出真道之悟发于心性，为禅宗"南顿"一派"明心见性"、"即心即佛"之说提供了理论基础。

慧能开创的南宗禅风是佛教中国化的典范，力主净心、见性、顿教，它提出的通过探究心性本源来"见性成佛"的理论，为众生达到解脱成佛的终极目的开了一条新路。禅宗十六字玄旨称："不立文字，教外别传，直指人心，见性成佛。""直指人心"即谓"悟"；而物不在心外，唯以心妙悟佛陀所悟之境界，不依赖文字或语言，直接洞见心地即顿悟成佛。禅宗自谓以释尊灵山会上拈花、迦叶微笑为传承之滥觞，实则也是为慧能以来强调"以心传心"、"教外别传"的"悟"法作注解。禅宗的成佛理论首先将人之本心、"自性"与真道、世界的本原直接关联起来，真如佛性人生来即具备于本心中，唯因妄念之迷而不识自性："一切般若智，皆从自性而生，不从外入"；"凡夫即佛，烦恼即菩提。前念迷即凡夫，后念悟即佛"（《坛经·般若品》）；"离心之外，即无有佛"（《顿悟入道要门论》）。进而"悟自心"成为禅宗指明的成佛路径，即"道由心悟"（《坛经·护法品》），"若识自性，一悟即至佛地"（《坛经·般若品》）。值得注意的是，这里的顿悟之法并不是试图去认知"本心"这样一个客体，而是通过本心的披露，进而看见了由本心而派生的世间一切事物，看见了万有的本体。从而世界的本体、宇宙的最高精神，所谓"天"或"道"就与人的清净本心统一起来，这一理论的内核合于中国传统文化中"天人合一"的观念，可以看做是佛教中国化的表现之一。

禅宗"即心即佛"、"顿悟见性"的涅槃之法既放弃了文字经典的理论查考，也放弃了清规戒律的实践修行，唯通过参禅追求精神层面的本心之"悟"。洪修平认为这一主张圆满地解决了摆在中国的佛教文化面前的两重矛盾，即"跳出尘世苦海登上佛国天堂的渴望同不知如何完成此番解脱超越的失望的矛盾，以及由此而表现出来的高高在上的佛性是否能为芸芸众生所共同禀赋和实现的矛盾"①，从而禅宗在中原收获人心，广泛流布。慧能以后，荷泽神会开"荷泽宗"，力主顿悟法门；马祖道一开"洪州宗"，举扬喝棒竖拂的禅风，主张心性"自然"、直下而求，从而"平常心是道"，日常身心活动皆为佛性。"顿悟"

---

① 洪修平、吴永和：《禅学与玄学》，浙江人民出版社 1992 年版，第 166 页。

发展至此，其对象是对日常行为的随顺，而悟解之人亦要随顺平常心，即"道"；顿悟之后的效果不仅仅是涅槃成佛，更是获得合于本心、天道之后的灵性自由。这样，禅宗就把佛教中偶像崇拜的色彩弱化了，而凸显出对人性之美的体验，"人的美在于人无限的超越性，人因为其无限的超越性而美。换句话说人的美即人的佛性之美。"①禅宗之"悟"因此显现出契合于中国传统文化的浓厚的审美意味。

四、妙悟诗道——向本土诗学范畴的转换与回归

追溯诗、舞、乐这三种艺术形式的起源，可知它们本是混合、同源的。中国上古舞乐主要表现的是原始的巫术崇拜。巫者以舞之姿态来呈现神意降临到人之肉身的情状，在迷狂中模拟崇高和神秘的精神意志，而巫者的精神状态是在尝试体悟幽深玄远的"道"；巫舞实际是人试图接近"道"、体验"道"、经历"道"的形象化表现。古代哲人又以乐喻"道"，认为乐与天地同构，音乐以其抽象无形之态追求于和谐，表现的是单纯无形的内心活动，而并不依托于有意义的文字，这正契合于"道"作为抽象流动而又无瑕的绝对精神，从而抽象的音乐反而可以成为试图取得"天人合一"境界的具象表达。而诗歌在与舞、乐分离的过程中，向追求有意味的文字意义的方向发展，最初也是用于天人之际的祝祷与沟通。可以认为，诗在其生发的源头处本是与宇宙的最高精神相关联的，诗是人通往"道"的媒介之一。据前文所述"悟"之意涵的变迁理路，从原生义到老庄哲学之"悟"以体"道"，再到禅宗佛学之"悟"见本心而显真如佛性，可知"悟"所要体验的对象似乎总是与某种最高精神联系在一起。由此可以推想，"悟"通于诗、"悟"入于诗学，实际上是有一层古远而隐微的缘由的。

隋唐以降，经由佛教思想充盈和阐发之后的"悟"或"妙悟"进入审美，首先是在艺术论领域广泛使用，其后才在诗学领域发展开来。唐代虞世南在《笔髓论》中较早地使用了"悟"这一概念，指出书法之机巧的获得唯在用心领悟。如《笔髓论·叙体》云："钟繇、卫、王之流，皆造意精微，自悟其旨也。"②"叙体"篇论及书法的格局法式，指出文字字体虽历时变迁，但从未谈论用笔

① 赵建军、王耘：《中国美学范畴史》第 2 卷，山西教育出版社 2006 年版，第 359 页。

② 傅如明：《中国古代书论选读》，陕西人民美术出版社 2011 年版，第 90 页。

的微妙；上文所列书法家皆是通过心领神悟来抵达精深微妙的境地。这里至少指出了学艺之"悟"的两个特点，其一是"悟"的对象或说"悟"后所得是艺术的精髓，从而"悟"是学艺臻于至境所必不可少的；其二是"悟"须自悟，"丹青妙处不可传"，无法从他人处学习继承而来。正如《笔髓论·契妙》所谓："故知书道玄妙……机巧必须心悟，不可以目取也。"①又《笔髓论·指意》谈用笔："终其悟也，粗而能锐，细而能壮，长者不为有余，短者不为不足。"②这里是从技术层面上指出，只有悟得书意之玄妙，落笔方能合宜。李世民《指意》也说："及其悟也，心动而手均。"③其后，唐代孙过庭进一步指出，"情动形言，取会风骚之意；阳舒阴惨，本乎天地之心"、"心悟手从，言忘意得"（《书谱》)④，即谓书法之作不可违背书家的情感本意，书家心中之意被书体恰如其分地表现，这正是领悟书道的结果。再如《笔髓论·契妙》云："字虽有质，迹本无为，禀阴阳而动静，体万物以成形，达性通变，其常不主。""字有态度，心之辅也；心悟非心，合于妙也。……假笔转心，妙非毫端之妙。必在澄心运思至微妙之间，神应思彻。……学者心悟于至道，则书契于无为。"⑤虞世南认为，字的结构虽然固定，但创作时字的姿态、风格却有种种发挥的可能；书家一方面要体察世间万物、遵循主导宇宙的"阴""阳"之变化规律，一方面也要表达人的性情，如何具体以作品呈现，这是书家在澄心虚静之时，各自由心领悟而决定的，感性的艺术与人的心灵在此互相流通。学习书法的最高境界就是领悟了"道"这一最高道德理想和审美理想，"道"与人的天赋和灵性相通，从而书家效法自然无为。虞世南这里是谈论艺术创作，从他对创作构思的描摹、对书法至境的表达，可以看出老庄道家和佛教的双重影响。审美领域的"悟"或"妙悟"还被使用于画论中。如中唐画家张彦远在《历代名画记》中描摹了观赏顾恺之人物画时的心理活动："遍观众画，惟顾生画古贤得其妙理，对之令人终日不倦，凝神遐想，妙悟自然，物我两忘，离形去智。"⑥张彦远之"妙悟"是鉴赏、理解之悟，先有"寂然凝虑，思接千载"之联想、想象，进而有序思维突然中断、非逻辑性地直觉审美观照瞬间发生，鉴赏者就以"悟"的

---

① 傅如明：《中国古代书论选读》，陕西人民美术出版社 2011 年版，第 91 页。
② 傅如明：《中国古代书论选读》，陕西人民美术出版社 2011 年版，第 90 页。
③ 杨素芳、后东生：《中国书法理论经典》，河北人民出版社 1998 年版，第 78 页。
④ （唐）孙过庭著，赵宏注解：《书谱》，中国古籍出版社 2013 年版，第 117 页。
⑤ 傅如明：《中国古代书论选读》，陕西人民美术出版社 2011 年版，第 91 页。
⑥ 郑昶：《中国画学全史》，湖南大学出版社 2014 年版，第 137 页。

方式完整、直接地把握了观赏的对象。以上艺术论之"悟"的内涵，在诗论中往往也有类似的表达。

审美领域的"悟"入于诗学，可以追溯到南北朝时期，此时佛教已在士大夫阶层中广泛传播。谢灵运有诗云："情用赏为美，事昧竟谁辨，观此遗物虑，一悟得所遣。"(《从斤竹涧越岭溪行》)"悟"在这里用以表达对自然山水的审美所得。唐宋之时，诗禅合流，诗人们往往诗禅并举、以禅寓诗、以禅喻诗。这一现象的出现一方面是禅宗的诗化倾向主动使然，"禅宗把最得意的东西用诗而不用哲学显示出来是当然的。因为比起理性来，禅宗更愿意亲近感性"①。从而参禅偈语时有如诗清新流丽，如天柱崇慧禅师答弟子"如何是道"时云："白云覆青蜂，蜂鸟步庭花。"②此外，禅宗随顺自然的理念使得参禅妙悟常常寄心于自然，自然即禅境，"青青翠竹尽是法身，郁郁黄花无非般若"，自然往往成为刺激妙悟兴起的机缘之一；禅师们又常以自然为譬喻，暗示妙悟之所得，使自然成为言说禅的对象，成为体验无尽禅机的意义载体。禅宗对个人感性体验与外在自然的倚重正与魏晋以来"向外发现了自然，向内发现了自己的深情"③的诗人们有了最佳的心灵契合，诗人们在参禅悟道与构思创作中体验到了相似的心理过程。如钱锺书所说："(禅与诗)用心所在虽二，而心之作用则一。了悟以后，禅可不著言说，诗必托诸文字；然其为悟境，初无不同。"④即是说，参禅与作诗虽是两件不同的事情，但心在这两者中发挥的作用、运行的方式是一致的，而心的这一运作过程就是"悟"。从而诗人在"妙悟"之后所作的诗应当具有某种境界或品格，这就是与禅悟之后"明心见性"、"与道偕游"的心灵状态相通的审美境界。

唐人偏好吟咏情性，往往以禅悟入于诗歌创作，诗悟于禅境。如王维《辛夷坞》即是入禅之作的典范："木末芙蓉花，山中发红萼。涧户寂无人，纷纷开且落。"诗意写山中无人知晓的辛夷花自开自落，诗境空灵含蓄，在空寂静默之中隐现着活泼生命的热力。诗人只写了花开花落的一轮生命，却令人想起周而复始、循环往复的自然轮回，无止境的时间被熔铸在这一刻之中，读来如

---

① ［日］铃木大拙：《通向禅学之路》，葛兆光译，上海古籍出版社1989年版，第19页。

② (宋)普济：《五灯会元》(上)，中华书局1984年版，第67页。

③ 宗白华：《美学散步》，上海人民出版社1981年版，第183页。

④ 周振甫、冀勤编著：《钱锺书〈谈艺录〉读本》，中央编译出版社2013年版，第273页。

同被吸入幽邃无尽的甬道；但回过神来，恍惚又不过是花开花落的一瞬罢了，尚且不足是这花树的一生。空山之中一小块空间就足够使一棵花树的生命经历圆满，诗人是这圆满的闯入者和目击者，辛夷花是在诗人之"小我"所知以外的生命，此二者却仿佛在这一刻可以交谈、得以互相慰藉，令人感叹自然造化的安排。这首诗中充满了严羽所谓"羚羊挂角，无迹可求"的审美况味，意境超脱不着痕迹；文字平实如同白描，全然不涉及逻辑分析式的思索，却似乎包蕴着某种深刻的哲理，言已尽而意味无穷。诗人了悟之后而托诸文字的妙悟之诗，鉴赏者需以"悟"入，见诗中之境、见诗人之心、解诗人之悟，又以"悟"出，激起鉴赏者自身感兴的韵味和旨趣，见自己之怀抱。唐人作诗旨在兴趣、吟咏情性，这是受到禅宗"佛性论"对清净本心的重视，"悟"发于本心，也"悟"本心。任自然而无功利的兴趣与清净本心最是接近，从而诗人发掘、吟咏自身情性，再以自我之情性观照外物、投注到审美对象中去，塑造出充满个体精神气质的诗之意象，其中蕴藉隽永的诗境也即诗人之心境。这是以自我生命对审美对象的接纳与体悟。

宋人偏好言理，往往引禅悟入诗论，在诗论中开拓了"悟"的内涵。"悟"之诗论当以严羽《沧浪诗话》以禅喻诗提"妙悟说"为界，严羽以前，诗人和艺术家用"悟"来揣度艺术的审美特征，试图解释和把握艺术创造的规律，体验创作中灵感的降临、对奥妙之处的蓦然领会等，相对零碎和浅显。如韩驹《赠赵伯鱼》："学诗当如初学禅，未悟且遍参诸方。一朝悟罢正法眼，信手拈出皆成章。"这里是谈论"参"与"悟"的关系，"悟"非思、学所能至，但"悟"不舍思、学。又如龚相《学诗诗》："学诗浑似学参禅，悟了方知岁是年。点铁成金犹是妄，高山流水自依然。"徐瑞《雪中夜坐杂咏》："文章有皮有骨髓，欲参此语如参禅。我从诸老得印可，妙处可悟不可传。"戴复古《论诗十绝》："欲参诗律似参禅，妙趣不由文字传。个里稍关心有悟，发为言句自超然。"这里诗人大多通过参诗作文的经验指出，诗文之妙唯在自"悟"，"悟"后而佳句得。严羽《沧浪诗话·诗辨》云："大抵禅道惟在妙悟，诗道亦在妙悟。且孟襄阳学力下韩退之远甚，而其诗独出退之之上者，一味妙悟而已。惟悟乃为当行，乃为本色。"严羽"以禅喻诗"说有意识地、较为系统和完整地论述了以"妙悟"契合诗道的理论。所谓诗之"道"，即诗的本体或诗的艺术生命；诗道在于妙悟，一方面指出学诗旨在"悟"，要以诗心合于诗之本体，一如参禅悟道，以自性本心楔入宇宙万有的本原，才能学得诗之精髓；一方面也提出因"悟"的存在，诗才获得生命，"悟"后而托诸笔端是使诗从工匠之作中被拣选出来的判准，是诗之艺术之所以为艺术的根据。"悟"作为一个诗学范畴发展至此，在创作与鉴赏两个方面都有了比较完备的理论系统。

（作者单位：张嘉薇，生活·读书·新知三联书店；高文强，武汉大学文学院）

"寿、贵、美":唐代道教的适世之隐

丁利荣

道教在唐代进入发展的黄金时期，唐代以道教为国教，帝王的尊崇和推行，使道教从民间道教发展成为大受尊荣的皇家道教，道教成为唐代重要的意识形态之一，并广泛影响唐代社会生活及文化艺术。美国宗教学教授柯锐思先生曾说"在唐代，道教简直成了中国社会、政治和文化精英们合法的妻子，就此而论儒家则扮演了妾的角色。因此，对最具现代眼光的观察者们来说，获取唐代道教的真实知识通常需要重新思考中国社会与文化的基本特性。① 道教从汉代的民间道教，发展到魏晋南北朝的士大夫道教，再到唐代的皇家道教，是由政治因素、社会因素及道教神仙思想的发展等多方面的合力造成，是历史的选择，也是道教思想的发展适应了唐代社会和思想的需求。

文人崇道，唐代最盛。文人与道教的关系及道教对唐代审美意识的影响便成为本文主要研究的内容所在。本文拟从唐代文人崇道的审美心理和道教影响下唐代独特的隐逸文化进行分析。

一、"寿、贵、美"三位一体

文人崇道，原因之一在于帝王的推崇。上有所好，下必甚焉。唐代帝王对道教的推崇极大影响了社会的风气。唐朝尊道教为"国教"，如玄宗亲注《道德经》，命士庶家藏一部。又设立崇玄馆，令学生学习《道德经》《南华经》等真经以应贡举。正所谓"风之所吹，无物不扇；化之所被，无往不沾"，帝王崇道，造成朝野上下崇道慕仙之风盛行，贵族公主文人学士出家修道一时蔚然成风。

---

① ［英］巴瑞特：《唐代道教·附录二·唐代道教的多维度审视：二十世纪末该领域的研究现状》，柯锐思文、曾维加译，齐鲁书社 2012 年版，第 123 页。

不少名公巨卿不仅信奉道教，而且接受道箓，以至于出现了很多一人兼有官吏、文士、道士三重身份的现象。很多官吏、道士也是文人，文人及其作品往往集中体现了一个时代的审美意识，唐代文人在其诗文中表现出这一时期独特的审美意象和审美理想，即道教由政治化、宗教化走向生活化和审美化。

文人崇道，原因之二在于道教思想对文人的吸引。道教是中国的本土宗教，它的理论体系和行为系统在传统文化的土壤中生成。它糅合了古代民间巫术、神仙传说和仙道方术，吸收了先秦道家、儒家、墨家、阴阳五行家的思想学说，后又吸收了儒家和佛教的思想，形成了一个庞大的道教文化体系。其中"仙"、"道"、"术"是道教体系的三个层面，神仙信仰是道教的宗旨所在，"道"即道教构建神仙学说的思想体系，"术"是道教的炼养方技，保证神仙信仰的实现，道、术为道教理论与实践两端，皆服务于其仙学思想，一体两翼，构成了道教的有机体系。唐代道教在神仙信仰、理论基础及炼养方技三方面的发展都达到了历史鼎盛，三者的和谐使道教思想臻于成熟。修道成仙是道教的宗教理想，而福禄寿喜则成为道教的现世理想。

文人崇道，原因之三在于道教的理想适应了文人的内在需求。唐朝是一个非常自由的朝代，唐代对道士也是非常自由的，"当'道士'可以意味着过修道的生活，在朝中做官或者做大学士，过着隐居的生活，写些关于神仙的诗歌、历史以及故事等。可以证明唐代的道士如果选择以上任何一种方式都会受到尊敬"①。在士人心目中，道教信仰有巨大吸引力，它既可企求长寿成仙，又可成为一种获取功名的独特途径，还可尽享大自然之美，可谓"寿、贵、美"三位一体。而官员、道士、隐士、清客、诗人亦可合为一体，共同满足其世俗和精神的多重需求。盛唐士人渴望建立功名，或奔赴边塞，或走向长安，但他们也追求长生不死，于是隐逸山林，求仙学道，适性山水，审美人生。而唐代自由的宗教政策使追求功名、求仙学道、漫游名山亦可同时进行，两不相碍。三者相融相摄，既不会产生悲观厌世的消极情绪，如李白追求成仙，成仙落空，追求功名，功名落空，最后游历山水，以其仙资、其人生抱负、其壮游相融于诗，成就一派道教诗风，审美人生。

唐代寿、贵、美三位一体的审美意识不可避免地与唐代独有的隐逸文化发生关联，形成唐代独特的隐逸之风。隐逸文化中一个重要的概念是仕与隐的关

---

① ［英］巴瑞特：《唐代道教·附录二·唐代道教的多维度审视：二十世纪末该领域的研究现状》，柯锐思文、曾维加译，齐鲁书社2012年版，第130页。

系问题。从概念上讲，仕与隐是一组相对的概念。魏晋南北朝，罕有之乱世，魏晋隐士大都为保全性命于乱世，或为保全其自由独立之人格，多终身不仕或由仕而隐，仕与隐处在一种比较对立的状态。而唐代在其开放的社会环境和崇道之风下，仕隐关系相对缓和，并不构成紧张关系，形成独特的隐逸之风。

唐代前期社会环境安定，社会风气自由，高道受帝王尊崇，道教的长生久视之术可为人增寿益福，道教洞天福地的山水环境之美令人向往，综合影响之下，形成了唐代独特的隐逸之风，即仕隐合一。文人与道教复杂多样的存在样态通过唐代独具特色的隐逸文化表现出来。

二、高道之隐

与边缘化的隐逸状态不同，唐朝隐逸一族甚至成为特殊的高贵阶级，这与道教成为唐朝皇家正教密切相关。唐朝历代君主都尊重隐逸，唐代隐逸之士许多是精于修炼术的高寿道士，《新唐书·隐逸传》记载：

> 王希夷，徐州滕人。……隐嵩山，师黄颐学养生四十年。……喜读《周易》、《老子》，饵松柏叶、杂华，年七十余，筋力柔强。……玄宗东巡狩，诏州县敦劝见行在，时九十余，帝令张说访以政事，宦官扶入宫中，与语甚悦，拜国子博士，听还山。

> 吴筠，字贞节，华州华阴人。通经谊，美文辞，举进士不中。性高鲠，不耐沈浮于时，去居南阳倚帝山。天宝初，召至京师，请隶道士籍，乃入嵩山依潘师正，究其术。南游天台，观沧海，与有名士相娱乐，文辞传京师。玄宗遣使召见大同殿，与语甚悦，敕待诏翰林，献《玄纲》三篇。……大历十三年卒，弟子私谥为宗元先生。

> 潘师正者……事王远知为道士，得其术，居逍遥谷。高宗幸东都，召见，问所须，对曰：茂松清泉，臣所须也，既不乏矣。帝尊异之，诏即其庐作崇唐观。及营奉天宫，又敕直逍遥谷作门曰仙游，北曰寻真。时太常献新乐，帝更名《祈仙》《望仙》《翘仙曲》。卒年九十八，赠太中大夫，谥体玄先生。

司马承祯，字子微，洛州温人。事潘师正，传辟谷道引术，无不通。师正异之，曰：我得陶隐居正一法，逮而四世矣。因辞去，遍游名山，庐天台不出。武后尝召之，未几，去。睿宗复命其兄承袆就起之。既至，引入中掖廷问其术，对曰：为道日损，损之又损，以至于无为。夫心目所知见，每损之尚不能已，况攻异端而增智虑哉？帝曰：治身则尔，治国若何？对曰：国犹身也，故游心于淡，合气于漠，与物自然而无私焉，而天下治。

帝嗟味曰：广成之言也！锡宝琴、霞纹帔，还之。……卒年八十九。①

唐朝帝王看重道士，一则因为是自奉为老子之后，二则凡为帝王无不慕长生，尊礼道士可为他们炼就不死丹药。新唐书《刘道合传》中记载高宗召道合入宫中合还丹，丹成献之而道合卒，"帝后营宫，迁道合墓，开其棺，见骸坼若蝉蜕者，帝闻，恨曰：为我合丹，而自服去'"②，即是一个证据。

所谓"天地变化，草木蕃，天地闭，贤人隐"，历来士人"大道不行则隐"，隐士似乎与现实政治无缘，然而唐代统治者尊崇道教，礼遇道士，道士具有很高的社会地位，他们依凭深厚的文化修养，参与政事，为朝廷献策进言，不再是身居高山深谷，不食人间烟火的幽人，这是唐代隐逸不同于前朝的一个新现象。唐代的上层道士积极参加现实政治活动，有名的道士，如王知远、司马承祯、吴筠、潘师正、刘道合都被载入《新唐书·隐逸传》，但这些道隐之士，又都是当时著名的社会活动家。如《隐逸传·司马承祯传》记载，承祯三次为统治者所召见，承祯于高龄八十九去世，玄宗"赠银光禄大夫，谥贞一先生，亲文其碑"③，可谓荣宠有加。其他著名道士如潘师正、刘道合等人也有类似经历。

隐仕不二的另一代表性人物是道士吴筠，吴筠进士不中，于是隐居山野，师从上清派著名道士潘师正，曾多次被玄宗召见，《隐逸传》中记载：

① （北宋）欧阳修、宋祁等撰：《新唐书·卷一百九十六·列传第一百二十一·隐逸》，清乾隆武英殿刻本。

② （北宋）欧阳修、宋祁等撰：《新唐书·卷一百九十六·列传第一百二十一·隐逸》，清乾隆武英殿刻本。

③ （北宋）欧阳修、宋祁等撰：《新唐书·卷一百九十六·列传第一百二十一·隐逸》，清乾隆武英殿刻本。

帝尝问道，对曰：深于道者，无如《老子》五千文，其余徒劳纸札耳。复问神仙冶炼法，对曰：此野人事，积岁月求之，非人主宜留意。筠每开陈，皆名教世务，以微言讽天子，天子重之。①

可见，吴筠名义上是道士和隐士，实则亦是入世之儒士，深谙用世之道。从个人角度而言，吴筠"通经谊，美文辞，举进士不中。性高鲠，不耐沈浮于世，去居南阳倚帝山"，出身儒门，性情高洁耿直，科举仕途不得意，为狷洁之隐者。然既曾为儒士，必有儒家"修齐治平"的理想，儒道和合似是必然。从道教发展而言，一方面，道教自身也不断调整发展方向，从魏晋南北朝以来，道教从民间道教经过士大夫的改造，走上层路线，争取帝王支持，为王权服务；另一方面，道教在思想义理上也不断吸收儒家的伦理观念，将忠孝仁义、德行礼治纳入自己的思想体系；再加上宽松的社会环境，合力之下，成就了司马承祯和唐筠这样的高道之隐。

三、功名之隐

长生之外，还可以富且贵。唐代道士与俗人原无多少分别，道士一样可以应贡举，一样可以做官，唐中宗以方士郑普思为秘书监，叶静能为国子祭酒，玄宗以吴筠为翰林待诏，皆道士做官之例。最典型者是为时人讥嘲的"随驾隐士"卢藏用，可谓走终南捷径，飞黄腾达的典型。据《旧唐书》记载：

藏用少以辞学著称。初举进士选，不调，乃著《芳草赋》以见意。寻隐居终南山，学辟谷、练气之术。长安中，征拜左拾遗。

然初隐居之时，有贞俭之操，往来于少室、终南二山，时人称为"随驾隐士"；及登朝，趦趄诡佞，专事权贵，奢靡淫纵，以此获讥于世。②

卢藏用举进士后，久不调官，决定隐居终南山，学道求仙，等待时机，很

---

① （北宋）欧阳修、宋祁等撰：《新唐书·卷一百九十六·列传第一百二十一·隐逸》，清乾隆武英殿刻本。

② （后晋）刘昫等撰：《旧唐书·卷九十四·列传第四十四》，中华书局1975年版，第3000、3004页。

快即以高士之名，登朝为官，拜左拾遗，后累仕吏部侍郎、黄门侍郎等要职。"见承祯将还天台，藏用指终南山谓之曰：'此中大有佳处，何必在天台。'承祯徐对曰：'以仆所观，乃仕途之捷径耳。'"①一语道破时人假隐士之名，寻功名之心的真面目。正如《新唐书·隐逸列传》总论所言："然放利之徒，假隐自名，以诡禄仕，肩相攀于道，致号终南，嵩少为仕途捷径，高尚之节丧焉。"②终南捷径之风尚，客观而言，正是建立在道风炽盛，道隐之士积极顺应政治生活和世俗生活的基础之上而形成的。

四、超逸之隐

与以退为进，以隐逸求仕相反，也有功成身退，奉道而隐者，为自己选取一种理想的生活方式。如贺知章就是一位贵为朝官而学道隐逸的文士。史书记载其"晚节尤诞放，遨嬉里巷，自号四明狂客。……乃请为道士，还乡里，诏许之，乃宅以千秋观而居"③。天宝三年，贺知章请度为道士，玄宗命满朝卿相为其送行，并亲为赠诗。唐玄宗《送贺知章归四明》诗云："遗荣期入道，辞老竟抽簪。岂不惜贤达，其如高尚心。寰中得秘要，方外散幽襟。独有青门饯，群僚怅别深。"八十老人告老还乡，辞官入道，亦是功德圆满，固虽有对贤士的惋惜，但更赞赏其入道之举。可见，入道的荣耀甚至使显宦荣禄相对逊色，它能带给信道者一种脱俗的崇高身份和超世脱俗的理想人格，也是理想的归宿所在。

贺知章由官入隐，可以说是玄宗朝的一个文化事件，体现出当时两种为世人所认可价值选择。当然，具体到贺知章本人，也与其个性相关，李白称之为"四明有狂客，风流贺季真"（《对酒忆贺监》），杜甫则有"知章骑马似乘船，眼花落井水底眠"（《饮中八仙歌》），写其旷达纵逸的性格特征。韩愈《芍药歌》也有"花前醉倒歌者谁，楚狂小子韩退之"，这种张扬的个性，放纵不羁的性格特点，正是盛唐时代的精神气质，这种精神特质和道教肯定人的欲望，张

① 吴受琚辑释，俞震、曾敏校补：《司马承祯集》，社会科学文献出版社 2013 年版，第 254 页。

② （北宋）欧阳修、宋祁等撰：《新唐书·卷一百九十六·列传第一百二十一·隐逸》，清乾隆武英殿刻本。

③ （北宋）欧阳修、宋祁等撰：《新唐书·卷一百九十六·列传第一百二十一·隐逸》，清乾隆武英殿刻本。

扬人的生命，隐者傲岸不群和疏狂自恃的可贵品质正有一种内在的契合，是时代精神的体现。这方面，李白、贺知章、韩愈等正是其突出代表。道教的生命意识和旷达的精神气质，是盛唐精神的显现。

隐逸既已成为社会风气，那不想做官或功成名就的，也都以隐居为理想的生活方式，以独善其身。盛唐后的知名文士诗人大都在山中隐居一度或数度，他们构成了唐代有着隐逸和学道经历的庞大的文人群体，如：

> （李白）昔与逸人东严子隐岷山之阳，白巢居数年，不迹城市，养奇禽千计，呼皆就掌取食，了无惊猜。广汉太守闻而异之，诣庐亲睹，因举二人有道并不起，此则白养高忘机不屈之迹也。① 孔巢父，冀州人，字弱翁，早勤文史，少时与韩准、裴政、李白、张叔明、陶沔隐于徂徕山，时号"竹溪六逸"。② 孟浩然，字浩然，襄州襄阳人，少好节义，喜振人患难，隐鹿门山，年四十乃游京师。……又尝隐终南山，其"不才明主弃，多病故人疏"，即《归终南山》诗中语。③

另有储光羲隐终南山，有《终南幽居诗》，顾况晚隐茅山，自号"华阳真隐"，等等，盛唐诗人有隐居经历的不乏其人。诗人山居的动机或为便于修炼，或为便于读书，但都会多于自然接触，对自然更易欣赏和了解。建安以来的宫廷都市文学转变为唐时的山林田园文学，与文人崇道尚隐之风有重要关系。有些文人或许并未真正入道，但道教精神渗入心灵，道教炼养助益肉身，道教环境清净身心，却给文人带来精神与肉体的双重解脱，成为他们的人生追求和审美理想。以诗歌为例，唐诗中与道教思想相关的诗占有很大比例，难以计数。

> ……常愿事仙灵。驰驱翠虬驾，伊郁紫鸾笙。结交嬴台女，吟弄升天行。携手登白日，远游戏赤城……永随众仙逝，三山游玉京。④

---

① （唐）李白：《李太白诗集注·卷二十六表书》，清文渊阁四库全书本，第 647 页。

② （唐）李白：《李太白诗集注·卷十六古近体诗》，清文渊阁四库全书本，第 416 页。

③ （北宋）欧阳修、宋祁等撰：《新唐书·卷二百三·列传第一百二十八·文艺下》，清乾隆武英殿刻本，第 1833 页。

④ （唐）陈子昂：《与东方左史虬修竹篇》，见《全唐诗》，中华书局 1960 年版，第 2144 页。

山观空虚清静门，从官役吏扰尘喧。暂因问俗到真境，便欲投诚依道源。①

早岁爱丹经，留心向青囊。②

唐代文人多有信道和求仕并举的经历，仕途不顺，心情郁结，便以追求神仙境界来消解排遣，这种崇道尚隐心态非常普遍。以白居易为例，元和十年，白居易因得罪权贵，被贬为江州司马，成为他人生的一个转折点，为排遣心中郁闷，曾于庐山香炉峰向道士郭虚舟学炼丹之术。后来，当仕途回升、前途有望时，其道教信仰又发生改变，他在《思旧》中说："退之服硫磺，一病讫不痊。微之炼秋石，未老身溘然。"可见，白居易又对道教持否定态度，认为像韩愈、元稹那样服食丹药损害身体。年六十所作《烧药不成命酒独醉》诗云："白发逢秋王，丹砂见火空。不能留姹女，争免作衰翁"，可见白居易又开始留意于炼丹。至晚年，他还为自己的这种心态自定了说词，称为"中隐"，并作《中隐》诗以阐释：

大隐住朝市，小隐入丘樊。丘樊太冷落，朝市太嚣喧。不如作中隐，隐在留司官。似出复似处，非忙亦非闲。不劳心与力，又免饥与寒。终岁无公事，随月有俸钱。君若好登临，城南有秋山。君若爱游荡，城东有春园。君若欲一醉，时出赴宾筵。洛中多君子，可以恣欢言。君若欲高卧，但自深掩关。亦无车马客，造次到门前。人生处一世，其道难两全。贱即苦冻馁，贵则多忧患。唯此中隐士，致身吉且安。穷通与丰约，正在四者间。③

诗中充满现实主义的世俗享乐精神，传达出一种适世自得的人生哲学。白居易在不同阶段表现出对道教的实用主义态度令人很容易令人想起袁宏道的适世说。在《与徐汉明》一文中，袁宏道曾提出玩世、出世、谐世、适世的几种人生，文中说道：

---

① (唐)王昌龄：《增订王昌龄诗集》，见《黄炼师院三首》，和刻本，第17页。

② (唐)岑参：《岑嘉州诗》卷一，《上嘉州青衣山中峰题惠净上人幽居寄兵部杨郎中》，四部丛刊景明正德本，第8页。

③ (唐)白居易：《白氏长庆集》，见《白氏文集卷》第五十二，四部丛刊景明本，第465页。

> 弟观世间学道有四种人：有玩世，有出世，有谐世，有适世。玩世者，子桑伯子、原壤、庄周、列御寇、阮籍之徒是也。上下几千载，数人而已，已矣，不可复得矣。出世者，达摩、马祖、临济、德山之属皆是。其人一瞻一视，皆具锋刃，以狠毒之心，而行慈悲之事，行虽孤寂，志亦可取。谐世者，司寇以后一派措大，立定脚跟，讲道德仁义者是也。学问亦切近人情，但粘带处多，不能迥脱蹊径之外，所以用世有余，超乘不足。独有适世一种其人，其人甚奇，然亦甚可恨。以为禅也，戒行不足；以为儒，口不道尧、舜、周、孔之学，身不行羞恶辞让之事，于业不擅一能，于世不堪一务，最天下不紧要人。虽于世无所忤违，而贤人君子则斥之惟恐不远矣。弟最喜此一种人，以为自适之极，心窃慕之。①

玩世者，眼冷心热。出世者，大慈大悲，此两者非有绝决之心不可为，亦不能为，是皆可望不可及之境。谐世者，有用世之心，而超乘不够，透脱不足，其人最多。适世者，可谓游走在玩世、出世、谐世之间，或即若离，或进或出，在谐世和归隐之间徘徊，白居易的"中隐隐于世"，可算是"适世"的一个不错注解，重在以审美的态度享受人生的快乐时光。

总之，在道教的影响下，唐代文人的生活方式与生存状态发生了极大的改变，崇道尚隐之风盛行，有兼有用世之心的高道之隐，有以隐逸为终南捷径的功名之隐，有以隐逸为功成身退的富贵隐者，有独善其身的文人之隐。而修道的生活，又将其和漫游名山大川、追求自然美的生活情趣融为一体。道教也许并没有成为士人们的宗教信仰，但这种道家的气质却对士人生活有着决定性的影响。在这种道教气质中，长生、功名、审美即寿、贵、美形成奇妙的三位一体之势，做官与归隐，独善其身与兼济天下，身在江湖与心存魏阙能够自然和谐并存于世，形成了具有鲜明特点的适世之隐，体现出大唐开放自由的社会风气和世俗特色。

（作者单位：湖北大学文学院）

---

① （明）袁宏道：《袁中郎全集·卷二十·与徐汉明》，明崇祯刊本，第172页。

先秦儒家思想中的生态智慧与当代生态文明①

杨 黎

现当代文明社会的制度建设进程，可以视为由工业文明到生态文明的转型时期，也是人与环境友好转型的大势所在。党的十七大政治报告，第一次明确提出"建设生态文明"的重要问题，并对"生态文明"的内涵展开了从制度建设到理论观念层面的深入论述，最后在发展目标上，确定要使中国成为"生态环境良好的国家"。可以说，"生态文明"是一个社会的大课题，它不仅指向人与自然的关系，还涉及政治经济、民生消费、历史哲学、价值理想等诸多方面。因此在推进制度建设的生态文明转型中，一定是各方面的环环相扣，层层递进的稳步前行。十七大报告中强调，要使"生态文明观念在全社会牢固树立"，便是旨在将当代生态理论建设作为有中国特色社会主义理论的重要组成部分，笔者以为，"生态文明观念"的牢固性，必须扎根于中国的风土人情，即是在对传统的生态文明观念的反思和展望中，稳步、扎实、有序地推进中国特色的生态文明建设。在当代，"生态文明观念"作为一个观念范畴群，它包括生态哲学观、生态伦理观、生态审美观、生态文学观等理论视域，从总体上说，这些理论层面的建设一直以来都是以中国特色的当代马克思主义作为理论支撑；另一方面，中国本土丰富的国土人情，也培壅出极为有价值的生态智慧，诸如先秦时期儒家思想中关于人性的"生态存在"的思考，其丰富的实践性内涵与前瞻性品格，即是具有中国气派的生态哲学和诗性思维，归其要旨便是：和谐共生。从当代生态文明的建设意义上看，它亦可称之为有机的世界观，笔者以为这正是当代"生态文明观念"建设中最重要的思想资源。

当孔子道出"郁郁乎文哉，吾从周"（《论语·为政》）的一声感慨，也道出了儒家思想的根底之处的深意所在：它是一种周行不殆，乘势而有所作为的最

---

① 本文系湖北省教育厅人文科学研究项目、湖北大学青年科学基金项目成果之一。

饱满的境界。这种境界中有天，有地，有人，有物，包罗一切人生活动的际遇形迹，但它却不偏于一隅，夹生不化，却成就于人生的当下体验之中而相融相生。先秦儒家这种缘构的境域式思想理路，与西方现象学的"回到事情本身中去"①的境域开启有着共通的交接之处，它们都以当下体验的方式，以非对象化的思维，追本溯源到人最原本天然的存在之根底，对人性进行发问。这是一种超越"现象"和升华"存在"的美感，也是当代生态文明建设的价值旨归所在。当代生态文明建设的症结，在于如何"生态"的审美生存，"生生"不仅是一种生活的美，更是一种对生存的思。因此本文拟从当代生态美学存在论的研究视野，以生态人文主义的视角追本溯源到先秦儒家的"人"及其"性"，并展开对其周流于时机化和境域化的"生态存在"的思考。

一、"仁"境——人的生态构成

孔子曾经针对当时的隐士道出自己对人的认识："鸟兽不可与同群，吾非斯人之徒与，而谁与？"（《论语·微子》凡与鸟兽相区别看待的便是人。更为重要的是，孔子将人从一般禽兽动物中做向上的提升和内在的延展，将人的可塑性作为人的生存依据，从而在人自身生命体验中开辟出一个精神的内化境界，孔子谓之为"仁"。在此"仁"境之中，人不是对万物的主宰，而是参与天地万化的运作，与周流不虚的宇宙一起构成自身，与天道一起时机化的成就自我，这便是"仁"境中所蕴含的人性。这是一个由人在自己具体生命体验中所内化的境界，它缘构着并被缘构着万物、他人、神性的一切世界属相，在时间的意识之流中存在。人的生态构成由此展现。继承孔子的仁学思想、孟子的心学、荀子的性伪之学，至董仲舒的天人之学、宋儒理学各派都可以感受到这种生态构成的气息。如胡塞尔所认为的那样："事物在这些体验中并不是像在一个套子里或是像在一个容器里，而是在这些体验中构成着自身，根本不能在这些体验中实项地发现它们。'事物的被给予'，这就是在这些现象中这样或那样地显示自己（表现出来）。"②这段话传递出的消息是，自身缘构是人之为人的存在方式。海德格尔的"天、地、神、人"四位一体的构成思想也与此相交接，

---

① 参见[德]海德格尔：《存在与时间》，陈嘉映、王庆译，生活·读书·新知三联书店2000年版，第1~5页。

② [德]胡塞尔：《现象学的观念》，倪梁康译，人民出版社2007年版，第16页。

因此，先秦时期儒家人性思想中的人或海德格尔的"Dasein"①是带有生态识度的存在。海德格尔思想的特殊性在于他将人从"理性的动物"的传统认识中解放出来，将人置于与世界的相互缠绕中而开启其自身的境域，这便是人的最本质的生态构成。

在对"人"这一存在的境域化思维的影响下，先秦儒家思想中对"性"的认识，并未从人的具体生命中脱离出来，无论是生理之性，或义理之性，都与"知天命"的天道息息相关。"性"自上而下的落实，下学而上达的提升，都代表着儒家思想家对于人性最完满的识度。《论语》中出现过两处"性"字，分别是："性相近也，习相远也。"(《论语·阳货》)"夫子之言性与天道，不可得而闻也。"(《论语·公冶长》)这两处"性"字都带蕴含着原初性的意味，它不可被对象化或概念化的加以注释和解读，只有在具体的人与性的回旋流转中呈现它自身的意义，所以它"不可得而闻也"。且其自身的意义涵容于"仁"境之中。继孔子之后的儒家门生的人学，更加注重天道与人性的关系，将人性与天道贯通，更是阐发了构成合一的思维，即"仁"是在人的具体生命中自我实现而呈现的"生生"之道。可见，在儒家人性思想中，人、性、天道是独具生意的构成观念，现成概念化的理解只会消解这种构成视域中的全息性意义，而无法参透到人之所以为人最为原发的生态之境。

二、仁者之乐——审美化生存

如上文所论及，人、性、天道是不可被作概念化、公式化的理解，因为脱开人生的活境而做对象化的描述，是干瘪而不丰满的思维，"仁"之人性的开显便被遮蔽，至善至美之境也无从感受。因此，孔子从未脱离生存之境而谈"仁"，而是从具体的情境中，针对具体的人发出对"仁"的感慨，既感通天道之运作，又如此切近自身，人的生存在此才能获得充实的升华，这种饱满的境地是纯粹的人间性，是至真、至善、至美的审美化生存。入此境者可称为"性情中人"，正如张祥龙先生将孔子谓之"境域中之性情人"，便是对孔子审美人生的切中表达。他总结道："他(孔子)深切体会到艺境(特别是乐境和诗境)的'至善至美'，而愿将自己和天下人间的全部生存都如此这般地境域化、至善

---

① Dasein 一词在海德格尔这里不是泛指一般意义的存在，而是意指人自身及其独特的生存方式。

至美化，他的所有人生活动和特点……都是境域发生式的。"①人的审美化生存只有融于这种自发和时中的境地中才能够完满呈现，这便是生态存在论意义上的美学实现。在当代生态存在论思想的背景中，不区分二元对立的美的体验，所谓"纯现象"自身的美不只是在把握对象之物中产生的，而是通过原发的、非概念化的方式来体验领会的，这才是最纯真的愉悦。从胡塞尔的意向性分析和海德格尔的生存时机化思想中，"纯现象"在边缘处涌现和构成着终极的形势，它的涌现具有无限的可能，其中充满着无限的原发想象空间，在期待中一点点的舒展自身，这种对"纯现象"境域的意味深长的领会本身就是美。所以我们可以认同，人与世界打交道的方式就是"艺"，此"艺境"的领悟就是审美化生存的实现。

我们不妨试从"仁者之乐"中，来体会这种"艺境"的审美化生存。儒家认为拥有完满道德的内在心灵之美并付诸实践的仁者，才能获得最高的"乐"的体验。② 这种仁者之乐并不是人情中喜、怒、哀、乐之乐，而是儒家从整体上把握人生的超越之乐。将此乐看做是仁的真正实现，才是理解儒家仁者之乐的真谛所在。孔子的一生就是在孜孜不倦的追求仁者之乐的终极之境。"发愤忘食，乐以忘忧，不知老之将至云尔。"（《论语·述而》）在求知和修养的过程中不断探索人生的价值，渗透其间的无穷的人生超越之乐是仅凭感官所不能得到的，因为它才是生命的"纯现象"之美。孔子对艺术或美的最终诉求，是实现至善的道德境界与至美的审美境界的统一。在《论语·先进》篇中，孔子用"吾与点也"表达了对这种理想之境的向往："'莫春者，春服既成，浴乎沂，风乎舞雩，咏而归。'夫子喟然叹曰：'吾与点也！'"这是一幅生动的人生艺术画卷，舒展开一种在现象边缘处涌现的生存空间。孟子对仁者人格的推崇是"我善养吾浩然之气"（《孟子·公孙丑上》），此"浩然之气"正是在以"仁"为核心而逐步扩充和提升中得以养成，在对内心之仁的自觉与反思中得以滋养，于是便可以体验到道德充实之美的光辉之境。荀子的"美善相乐"（《荀子·乐论》）则是另一维度的仁者之乐。在对礼的躬行涵养中转化为对礼之乐的体验，还需要经过一个过程，即"化性起伪"（《荀子·乐论》）。荀子进一步提出"无伪则性不

---

① 张祥龙：《中华古学与现象学》，山东友谊出版社 2008 年版，第 54 页。

② "乐的体验"一说引自蒙培元的看法："……将审美与道德合而为一，从道德情感及其形而上的超越中体验美的境界，这就是所谓'乐'的体验。"参见蒙培元：《心灵超越与境界》，人民出版社 1998 年版，第 263 页。

能自美"(《荀子·乐论》),他是在强调礼乐等社会规范的重要性,通过习得礼义才能实现人性的美和善,以人的主动意识引发边缘域的意义呈现,从而时机化地进入人生之乐的终极形势。由此看来,先秦儒家思想态势中涌动着的仁者之乐,正是人的生命价值与存在意义上最纯真的愉悦。

三、"时中"之美——时机化生存

时机化生存的"时",是一种生存境域中触机而发的几微,它游走于艺,涵容于礼,实现于当下人生,它无迹可寻,却又亲近天然,在自然流行中成就人生的事功。在先秦诸子的思想中,字里行间都充盈着对"时"的领会,在天地无声无息的运作中,四时变化,人事流转,万物更新,这种潜移默化的与时消息是无法测量和计算的,它不同于西方物理世界的时间观,它不是客观的存在、匀速的发生、不可逆转的单向流逝,它在先秦诸子思想中是秉承天道,与天地万物共同生生不息的存在。张祥龙先生道出这一时间观的意义所在:"但这天时并不只意味着'四时'和'时制'(比如夏之时制、周之时制),而有着更微妙的'消息'。我们可以称'时制'、'四时'等意义上的天时为'天之时',即天的时间表现,而称原本微妙的天时为'原发天时'或'原发时间'。"①《易传》中的"天地盈虚,与时消息"便是这种"原发天时"意义的最好印证。先秦儒家将人的生存注入阴阳消长、八卦相荡的通变的时间意识,在过去、现在、将来的相继往返的构成中,当下呈现人性中最丰满的存在。至胡塞尔和海德格尔开始以现象学的思维对"时间"重新审视时,才发现这种原发时间形态的微妙之处,正是构成存在的本源意义所在。只有在这种非现成时间的往来运作的视域中,终将是存在领会自身的活水之源。在现象学的时间观念中,时间意识呈现为"预持"、"当下"、"保持"的状态,存在的生存形态都交织在这内时间意识的前呼后应的构成之中。

子思在《中庸》云:"诚者不勉而中,不思而得,从容中道,圣人也。"其"时中"的境界,就蕴含着先秦儒家思想中一种随时而行、敦厚婉转的生生之态。翻开《论语》,处处都可以回味出孔子人性思想中的"时中"之美。孔子所赞许的"毋意、毋必、毋固、毋我"的顺势而为、不执两端的人生态度,便蕴含了一种"时中"的境界之美。因为它是自由的、纯粹的愉悦体验,在人生的

---

① 张祥龙:《从现象学到孔夫子》,商务印书馆 2011 年版,第 209 页。

根底处无滞无待, 油然而生, 它有虚实、幻生的情景交融, 有跌宕起伏的人生, 有功成身退的历史兴衰, 从而幻化出多样的美。孔子虽视礼为上, 但他不执与礼节成规, 正如他在"祭"与"不祭"之间留出一个原发想象的空间, "祭如在, 祭神如神在"、"吾与不祭, 如不祭"(《论语·八佾》), 这就是一种现象学意义上的领会方式, 只有完全投入到当场的祭祀之中, 才能真实体验到礼的神性之美。依凭这种"时中"的想象思维, 孔子谈及"仁", 绝不视其为一个普遍的道德原则而加以遵守, 他不离礼、乐、诗、书、射、御的六艺践行"仁"学, 在弟子面前以启发入境的方式释君子之"仁", 在诗与乐的畅游中体认周礼的神性之美。诚如孟子所感慨的那样: "孔子, 圣之时者也。"(《孟子·万章下》)此处之"时", 便是对乘天势而为, 不执著于一端的际遇之时的生存之态的深切领会。

四、至善至美——价值化生存

在海德格尔生存哲学的思想中, 他赋予了"境域"更为原本的地位, "境域"在他看来是先于一切的存在, 人的个体意志和经验都是在这个原本境域中才能成为可能, 这个"境域"本身牵动着世界的一切存在。所以, 在他看来, 这最原本"境域"是人的生存意义的缘构之处, 也是活水之源。所以, 现象学意义的"境域"是非现成和原发性的, 人生在世只能以某种方式趋近它, 而获得生存的价值和意义。这种思想的态势在先秦人性思想中以更人性化的几微艺境呈现。在先秦儒家看来, 人生的几微艺境就在于从道德走向审美的途中, 它是有真情实感的人生, 也是有原发信仰的人生。道德走向审美之所以可能, 是基于人性自我完善的本能, 自我完善的过程是美与善, 仁与乐, 艺与德的人生流转, 孔子将道德情感为人生润色, 道德和审美的实现都是在人之"仁心"的自觉和反思中开显于人生的。孔子思想中的道德, 从社会现实的角度可以理解为规范、律令、礼制、知识等层面, 并且开显于社会生活的方方面面。但孔子的伟大之处在于, 他并未在此认知的层面停留, 而是进一步掘发道德的真实、仁性、美情, 充分发挥情感这一涵容此心与彼心的桥梁作用, 将道德的他律转化为自律, 并通过诉诸内心和履行操守, 而通向理想人格的自我完善, 实现至善至美的生存之态。

如孔子云: "兴于诗, 立于 礼, 成于乐。"(《论语·泰伯》), "兴"、"立"、"成"并非线性的阶段, 它是一个往返、生发的过程, 不仅如此, 在诗、礼、乐滋养中的人生"境域"的构成，才是道德通向审美途中最具价值的生存之态。道德情感的当下呈现、"良知"的"呼唤"和"实际生活体验"①的审美特征彰显于孔子推崇的成人过程之中，最终"成于乐"阶段，不仅是对成仁之人欢愉之情的抒发，更是对生生之态价值的精彩呈现。马育良先生曾对孔子思想的情感性做过一段描述："……孔子将积淀于先民原始思维和文化中的情感因素释放出来，通过'内在化'（Internalization）的途径返回灌注于人本身，以图引导人跨过'文明'的门槛，获得'活着'的价值。"②情感因素的释放到人的价值的获得这一过程，可以理解为道德人格的自我完善，而实现的方式必须通过对当下人生、社会现实的道德实践，"在真实的情感和情感的真实之中"进行"把握、体认、领悟"（冯友兰语），顺着这条根源于社会现实的道德情感之路的开显，便是孔子思想中道德情感的审美人生。《论语》中并未直接言明道德和审美，但孔子提倡的人道和德行，已经被灌注了充满人文理性精神的情感，礼、义、知、智的下学上达，君子理想人格的自我完善，以及人道、德行的践行履职，都是基于"仁"的情感底蕴。孔子以仁释礼，释仁为"爱人"，不仅在于肯定"仁"的真实无伪的情感价值，更为重要的是将"仁"置于肯定个体的生命价值之中，由个体之仁及群体，从血缘之情到和谐人伦关系之常的普爱，这本身就是一个涵容温情、饱含生意的生态审美结构。

结　　语

综观上文的思路，分别从人的生态构成、审美化生存、时机化生存与价值化生存的视角对先秦儒家思想中的生态智慧展开了思考。当我们把传统的生态智慧带入当代生态文明观念的建设中，可以展现为这样几个方面的启示：

第一，儒家的"仁"境，实际上是人对自然的和谐之道的体认。当代的生态文明建设的制度推进，以及相关生态观念的理论研究，都须秉持对此和谐之道的遵循，人不是对万物的主宰，而是参与天地万化的运作，与周流不虚的宇宙一起构成自身，人与自然的关系即是人的在世关系，或者说是生态构成，这种关系不是对立的，天、地、人各在其位，相濡相生，共同生息，这就是生态

---

① "良知"、"呼唤"、"实际生活体验"，参见海德格尔《存在与时间》一书中用语。

② 马育良：《中国性情论史》，人民出版社 2010 年版，第 26 页。

观念的"家园意识"。以此"家园意识"的引导，作为推进生态文明制度建设的思想动力，并将其置于实现万物繁衍与人的生存的生态平衡的首要思想布局中，是当代建设生态维度的人文精神的主旨所在。

第二，以"仁心"亲和自然，即是人的审美化生存。先秦儒家思想态势中涌动着的仁者之乐，正是人的生命价值与存在意义上最纯真的愉悦。从这种生态人文主义的角度反思人的审美化生存，可以视为一种绿色的生命美学。对自然的亲和与热爱，是一种基于身心的生命感受，基于此才能在自然与人之间寻求利益的平衡。一方面，从人的审美本性中提炼出"仁"的生态意义，作为生态文明观念的核心价值观，强调以内心之仁的自觉与反思而善待自然，并以此作为当代生态审美观建设的哲学依据；另一方面，强调心灵环保的审美引导，以主动的生态责任意识，融入生活的道德践行中，自然的美和人性的善的相互引导，则是在更深层次上实现人的生态审美化生存的立足之点。

第三，儒家的时机化生存，可以视为符合生态规律的生活方式。时机化生存的"时"，是人的生存本性与审美本性的依时而行。在生态文明的思想大背景中，生态、生存和生命是天地给予人类的最大的恩惠，所以珍视和尊重万物生命应视为生态文明建设中的最高行为准则，万物生命共同蓬勃生长的过程，也是生态意义上的畅于四支，发于事业的自然运行规律。要做到这一点就要求人的生存须符合生态规律的运行。这种生态观念的内涵包括人对自然本源的亲和、人与自然相互依存的共生、人对自然生命律动的感受以及人在改造自然中与对象的交融等方面。更进一步，我们提倡一种契合生态观念的生活方式，即以素朴、简约的生态意识与自然相处，这不仅是与保护生态资源息息相关，更是以"民胞物与"的生态意识层面上体悟自然的生生不息之道。

第四，儒家释仁为"爱人"，不仅在于肯定"仁"的真实无伪的情感价值，更为重要的是将"仁"置于肯定生命的价值之中，由个体之仁及群体，到和谐人伦关系之常的普爱，进而到与天地合德的理想，这本身就是一个涵容温情、饱含生意的生态审美结构。孔子的"知者乐水，仁者乐山"（《论语·雍也》），亦可以视为一种生态意识在价值人生中的体现，这里以水的透彻比喻知者的智慧，以山的深厚比喻仁者的道德，从对自然之情的诚敬中暗喻人生理想的价值生存。正如马克思所说："只有在社会中，人的自然的存在对他来说才是他的人的存在，而自然界对他来说才成为人。因此，社会是人同自然界的完成了的本质的统一，是自然界的真正复活，是人的实现了的自然主义和自然界的实现了的人道主义。"①从这个角度来说，人本来就是属于生态自然的一部分，这是人作为自然存在物的自然属性。生态文明的建设实践和理论构建都必然要以这种自然与人道的价值统一为核心，即所谓按照"美的规律"来建设生态文明，即自然的规律与人的规律的和谐统一。

当代生态美学的症结，在于如何"生态"的审美生存，"生生"不仅是一种生活的美，更是一种对生存的思。这种"思"是一种直面人生的态度，它不仅实现着对自我生命的充实，更是对现实世界的全息性关怀。在先秦儒家那种饱含生意的生存态势中，人的生态生存是一种对"境域"的领会，以"艺"的方式与周遭世界交互往来，而呈现出温情、鲜活的人间世态。在这种生存态势中不存在对立的主客关系，生硬的现象与本质，其间弥漫的是一种未分而相通的互相牵引的气息。我们确信，所谓"生态生存"应该是一种对世界的打量和环视，在际遇中获得来自那原本"境域"传来的消息。能够心领神会的人便是真切的人生，而沉沦于现成世界的人只能是一种有缺失感的人生。孔子有一段自述："吾十有五志于学，三十而立，四十而不惑，五十而知天命，六十而耳顺，七十而从心所欲不逾矩。"(《论语·为政》)从"志于学"到"从心所欲不逾矩"的过程，是孔子对"志于道，据于德，依于仁，游于艺"(《论语·述而》)的人生自述。从诗的起情，到礼的自觉，外在的道德规范内化为人的自然之情，道德情感充实和浸润着审美的心灵，这便是"游于艺"、"成于乐"、"从心所欲不逾矩"的充盈大美的生生之态。

"从人的生存状态的角度审视审美，研究审美，就是对审美本性的恢复。"这种"审美本性"是"一种区别于传统'人类中心主义'的人在世界(关系)中审美地存在的人道主义精神"。② 在中国当下的生态文明建设视野中，这种人道主义精神需要对生存的思和时机化的更新，我们不仅要有能力实现着自我生命的充实，还要更有力量地承担着对现实世界的全息性关怀。

(作者单位：湖北大学哲学学院)

---

① 《马克思恩格斯全集》第 42 卷，人民出版社 1979 年版，第 122 页。

② 曾繁仁：《生态存在论美学论稿》，吉林人民出版社 2009 年版，第 350 页。

论《庄子》中作为"无"的美

朱松苗

众所周知，"无"是《庄子》的核心概念之一，这不仅是因为它在《庄子》中的出现频率（800余次）远远高于同是核心概念的"道"（300余次），更是因为它与"道"之间的关系——《庄子》之"道"是被"无"所规定的。《庄子》之"道"之所以让人捉摸不透，究其根源，就在于它与同样让人难以捉摸的"无"之间的这种联系。也正是因为如此，在历史上，"道"与"无"之间的这种关系就成为人们理解《庄子》的一个关键点，如冯友兰就认为"在道家的系统中，道可称为无"[①]。池田知久也赞同一般思想家的观点，认为庄子之"道"就是"无"[②]；本文认为，即便不完全是这样，《庄子》之"道"是被"无"所规定的这一点应该是无疑的，故而与"道"一样，"'无'一般被作为老庄思想的中心概念"[③]。所以，如果我们要理解《庄子》之"道"，就先要理解《庄子》之"无"。

一、何谓"无"？

那么，什么是"无"呢？在文字符号史上，"无"字其实有三种形态即"亡"、"無"和"无"。对此，庞朴[④]和刘翔[⑤]都有过比较详细的论述，在他们

---

① 冯友兰：《新原道·中国哲学之精神》，生活·读书·新知三联书店 2007 年版，第 46 页。

② ［日］池田知久：《道家思想的新研究：以〈庄子〉为中心》，王启发、曹峰译，中州古籍出版社 2009 年版，第 126 页。

③ ［日］蜂屋邦夫：《道家思想与佛教》，隽雪艳、陈捷等译，辽宁教育出版社 2000 年版，第 44 页。

④ 庞朴：《说"无"》，见《中国文化与中国文学》，东方出版社 1986 年版。

⑤ 刘翔：《关于"有"、"无"的诠释》，见《中国文化与中国文学》，生活·读书·新知三联书店 1991 年版。

看来，最先表达有无之无的文字是"亡"，然后是"無"，最后才是"无"。也就是说，在"无"作为概念被创造出来时，人们关于"无"的意识实际上已经经历了三个发展阶段：

第一个阶段是与"有"相对的"无"的意识阶段。人们从现实经验出发，发现了"有"之外的"无"，这个"无"是形而下的"无"——即"亡"，这意味着："亡"首先是以"有"为基础的，没有"有"，就无所谓"亡"；其次，"亡"与"有"又是相对的，"有"是"有"的在场，"亡"是"有"的不在场；最后，"亡"所强调的是有而后无。

第二个阶段是超出了"有"的抽象的"无"的意识阶段。随着人类抽象思维的发展，人们发现了"有"之上、之后的"无"，这个"无"是形而上的"无"——即"無"。在这个阶段，"有"的地位逐步让位于"無"，"無"成为更高、更为根本的内容；"無"也不再是"有"的不在场，而是成为比"有"更为可靠的"有"；"無"甚至能够成为"有"的主宰，"無"能生"有"。

第三个阶段则是超出了作为"有"的"无"的意识阶段。即无无的阶段——在这个阶段，"无"字应运而生，它是对"無"的补充和纠正——因为"無"虽然为"有"背后的"无"，但它完全可能成为一种新的"有"，即"無"还是"有""无"相对待的"无"，而不完全是纯粹的"无"、绝对的"无"。在这个意义上，作为对"無"的补充，"无"就是绝对的"无"，即"无"自身。

具体而言，"无"在《庄子》①中共出现了 800 余次，其中，既有与"有"相对的形而下之"无"，它具体表现为"物"之"无"；也有作为名词出现的形而上之"无"，它具体表现为"道"之"无"；还有作为动词出现的绝对之"无"，它具体表现为"道"之"无"的自我否定。

1. 形而下之"无"（物之"无"）

对于人而言，他所直接面对的无疑是一个"有"的世界，他的现实存在就是"有"：有形、有欲、有己、有功、有名、有情等。但是，对于《庄子》而言，他所强调的正好是"有"的对立面——"无"，即"无形"、"无欲"、"无己"、"无功"、"无名"、"无情"等。显而易见，这里的"无形"、"无欲"、"无情"等是与有形、有欲、有情相对的，所以这里的"无"也就是与"有"相对的

"无",是一种形而下之"无"。因此,这里的"无"与其说是一种动词性的否定,毋宁说是一种名词性的存在状态,或者说正因为它是人的一种存在状态,所以人才会对非存在进行否定。

如果说"无形"、"无欲"等"无"都属于人的存在性之"无"的话,那么《庄子》还强调了人的思想性之"无"——即"无知",以及与之相关的"无思"、"无虑"("德人者,居无思,行无虑,不藏是非美恶"《天地》)等。

在存在、思想之外,庄子还强调了语言之"无",即"无言"("无言而心说,此之谓天乐"《天运》)、"无辩"("是若果是也,则是之异乎不是也,亦无辩"《齐物论》)、"不议"、"不说"("天地有大美而不言,四时有明法而不议,万物有成理而不说"《知北游》)等。

这样,《庄子》从存在、思想、语言三个方面规定了人生在世的"无"的状态。当然,这种"无"是与人生在世之"有"相对待的,这还只是一种形而下之"无"。

2. 形而上之"无"(道之"无")

"有有也者,有无也者。"(《齐物论》)如果说作为名词的"有"可以分为形而下之"有"和形而上之"有"的话——所谓形而下之"有"指的是世间具体存在的万有,而这里的作为名词的"有"很显然并不具体指向某物,所以它是形而上之"有",那么与之类似,这里的"无"也不指向某一种具体的存在状态,所以此处作为名词出现的"无"不再是形而下之"无",而是更具有普遍意义的形而上之"无"。

对于这种"无",《庄子》明确赋予了其至高无上的地位,"泰初有无,无有无名"(《天地》)。这既不同于西方"太初有言"的思想,甚至也与老子的思想产生了一丝微妙的差异——虽然老子思想也强调了"无"对于道的重要性,但是只是到了《庄子》这里,它才明确地提出了"泰初有无"的说法。

作为始源的"无",因为不可能还有一个"有"与之相对,所以它也不可能是形而下的物之"无",否则它就成为了一个"有",所以它只能是形而上的道之"无"。而且,因为它不是一个"有",所以它也不可能被命名,因为一旦被命名它就成为了一个"有",所以"无有无名"。

3. 绝对之"无"(道的自我否定)

但是,在《庄子》中,即便是形而上的道之"无",它也不是最高或最后意义的"无",因为在"无"之后,还有"无无"。

"予能有无矣,而未能无无也;及为无有矣,何从至此哉!"(《知北游》)对于光曜而言,他能达到"无"的境界,但是却不能像无有那样达到"无无"的境界,原因就在于,他将"无"作为一个新的目标——即另外一个"有"去追求,所以"及为无有矣"。因此,对于《庄子》而言,真正的"无"是绝对之"无"——道的自我否定,是不能成为"有"的"无";这个"无"不是名词性的,而是动词性的。

无独有偶,在《庚桑楚》中,《庄子》用"无有一无有"的表述再次强调了这种"无无"的思想:"天门者,无有也,万物出乎无有。有不能以有为有,必出乎无有,而无有一无有。"对此,宣颖解释为"有不能生……必生于无……并无有二字亦无之,乃众妙所在也。"①林希逸也有类似的解释"有不生于有,而生于无,故曰有不能以有为有,必出于无有。而此无有者,又一无有也,故曰无有一无有"②。

总之,这个"无"是动词性的"无",虽然在它之后,还可以延伸出无限多个"无"来,但是我们可以统称之为"无无"。

二、为何"无"?

那么,在大千世界之中和之外,《庄子》为何要强调"无"的重要性,并且把它放在"有"之上,成为至高无上的乃至可以规定"道"的存在呢?

(一) 为何要有形而下之"无"?

1. 否定人为之"有"

"有"不仅可以分为形而下之"有"和形而上之"有",而且可以分为自然之"有"和人为之"有"。所谓自然之"有"就是本然存在并因此而合乎本性的"有",与之相反,人为之"有"就不是人的本然存在,而是越过了自身的边界并因此而可能伤害人的本性的"有"。《庄子》的形而下之"无"首先就是针对这

---

① (清)宣颖撰,曹础基校点:《南华经解》,广东人民出版社2008年版,第163页。
② (北宋)林希逸著,周启成校注:《庄子鬳斋口义校注》,中华书局2009年版,第364页。

种人为之"有"而言的，如有"形"、"有"欲、"有"情、"有"知、"有"言等。因为人们所需要的不再是"形"、"欲"、"情"、"知"、"言"，而是超出("好""溢")它们之外的"美服"、"奢欲"等，这种远离自身的世俗人为之"有"最终不仅不会对自己有益，反而会伤害自己——"天机浅""内伤其身"，而且会伤害"天下"——"天下每每大乱"。

在这个意义上，我们可以说正是"无"让"有"成为"有"，即"无"让"有"保持在自身的边界之内，而不是越过自身的边界，成为非己的存在——这意味着正是"无"保存了、守护了"有"。

2. 忘自然之"有"

如果说《庄子》中物之"无"首先针对的是人为之"有"的话，那么对于与之相对的自然之"有"，《庄子》之"无"又是如何言说的呢？

对于《庄子》而言，自然之"有"自身也包含着一种"有"与"无"，这种"无"具体表现为"有"的隐藏和缺失。"堕肢体，黜聪明，离形去知，同于大通，此谓坐忘。"(《大宗师》)就现实而言，"形"是原本存在的，所以"离形"不可能是离开形体、抛弃形体，而是说人让"形"隐藏起来了，这种隐藏就表现为"忘"，忘了形体也就是说形体被隐藏起来了，它似有实无，似无实有。在《庄子》中，除了"忘"，这种隐藏还表现为"外"、"丧"等，如《大宗师》所讲的"外天下"、"外物"、"外生"等——这并非指要消灭它们，而是说让它们在我们心中隐藏起来，即忘掉它们，这样它们就不会扰乱我们的心灵。

当然，"形"除了被隐藏，还有一种可能性就是由真"有"变成真"无"，即有形之物的由生到死的转变——这甚至是"形"在所有的可能性中所具有的最大的可能性。这时事情就不再是"形"的隐藏，而是"形"的缺失——这种缺失或者是"形"的夭折("中道夭")，或者是"形"的完结("终其天年")。因此，如果说隐藏是一种假无的话，缺失就是一种真无。"形"作为一种"有"，它的缺失意味着一种"无"，这实际上是向"形"的原初形态复返的过程，即万物从"无形"到"有形"，最后又返回"无形"的过程。对于《庄子》而言，这是一个自然的过程。

总之，自然之"有"的存在虽然是合理的，但是从根本上讲，一方面，人不只是动物性的存在者，人之为人，还要超越这种动物性的存在——即超越"有"自身的"有"，而达到"有"之"无"，这个过程就不是表现为否定的过程，而主要是表现为"忘"或"外"或"丧"的过程，也即隐藏的过程；另一方面，自然之"有"的存在本身就意味着其"无"的存在，这既是其所具有的一种可能性，也是其所具有的最大的可能性，即天命所归。

在这个意义上，正是"无"实现了"有"，让"有"的内涵得以完成。

3. "无"中生"有"

自然之"有"除了自身所包含的"有"与"无"之外，其本身作为一种"有"还与它之外的世界构成了另外一种"有"与"无"的关系。也就是说，"无"既可以理解为"有"的缺失，也可以理解为"有"的隐藏，而且可以理解为"有"的补充或共生形态。如果说隐藏之"无"只是"有"自身所包含的"有"与"无"——一种可能性的"无"的话，共生形态的"无"则是在"有"之外的"无"——一种必然性的"无"。

这种必然性就表现为一个"有"的世界必然要和它之外的"无"的世界一起才能共同构成了一个世界整体，如"形"、"声"就必然要和"无形"、"无声"一起才能共同形成一个形和声的世界，因为如果只有"形"而没有"无形"的话，"形"将无处安放，如果只有"声"而没有"无声"的话，"声"将无处发声。因此，世界有一个"有"，就必然存在一个"无"。如果没有"无"，"有"就失去了其依托，从而也就不成其为"有"了。正是在这个意义上，我们说"无"中生"有"，这意味着"无"让"有"成为"有"——"无"为"有"腾出了空间。

(二)为何要有形而上之"无"？

1. "道"为"无"

一方面，"道"是以"无"的形态存在的。"使道而可献，则人莫不献之于其君……使道而可以与人，则人莫不与其子孙。"(《天运》)如果"道"纯为"有"，则应可"献"、可"与"人，而其不可，则说明"道"并不像一个物那样存在着，它不是一个对象性的"有"。在这个意义上，"道"为"无"。也正是因为如此，"道"才会"无形"、"不可受"、"不可见"。

另一方面，"道"是因为其"无"而成为其自身的。"夫道，于大不终，于小不遗，故万物备，广广乎其无不容也，渊渊乎其不可测也。"(《天道》)"道"之所以能够"于大不终，于小不遗，故万物备"，就是因为其"广"、"渊"，而它之所以能够如此"广"、"渊"，则在于它的"无"，因为任何"有"都是有边界的，只有"无"才能无"终"无"遗"、无边无际；也正是因为"无"，"道"才能为万物腾出空间，以至于"无不容"、"万物备"。正是在这个意义上，《庄子》认为"道"的真正的"精"、"极"就是"无"、"至道之精，窈窈冥冥；至道之极，昏昏默默。"(《在宥》)郭象认为"窈冥昏默，皆了无也"①，即所谓"窈窈冥冥""昏昏默默"就是一种"无"的状态和表现，大道之为大道，就是因为其"无"。

2. 源为"无"

如果说从本体论的角度来看，万物是被"无"所规定的话，那么从宇宙论的角度来看，万物则起源于"无"。

"泰初有无，无有无名。"(《天地》)宇宙最开始的时候是没有"有"的，所有的只是"无"，因为如果这个开始为"有"，那么从逻辑上讲，我们就可以继续追问，这个作为开始的"有"又是如何而来的，这样一来这个"泰初"就不再是"泰初"。既然"泰初"不能为"有"，那么它就只能为"无"，所以说"泰初有无"。

也正是因为"泰初有无"，所以《庄子》才能说"察其始而本无生，非徒无生也而本无形，非徒无形也而本无气"(《至乐》)，在它看来，"有"一开始原本是没有生命的；不仅没有生命，连承载生命的形体也没有；不仅没有形体，连和合生成形体的气也没有，因为其"始"——"泰初"所有的只是"无"。

(三) 为何要有绝对之"无"？

如上所述，所谓道的自我否定实际上只是道之"无"的一种，虽然如此，它却是真正的道之"无"，也是真正的"无"。因为它不仅要否定与"有"相对的物之"无"，而且要否定道之"无"中有可能成为新的"有"的"无"，也就是说它不仅要否定"有"，而且要不断地否定自身，这才是真正的"无"——绝对之"无"。正是"在无自身的自我否定中，无一方面保持了与自身的同一，另一方面也确定了与自身的差异。于是，无自身的否定正是无最本原性的生成。在这种意义上，无自身不是死之无，而是生之无，这样它才是道的本性"②。

只是对于"无"而言，这里的"生"不再是生活世界中生殖意义上的生，而只是让，它腾出空间，让"有"聚集而"生"。"人之生，气之聚也；聚则为生，

---

① (晋)郭象注，(唐)成玄英疏，曹础基、黄兰发点校：《庄子注疏》，中华书局2011年版，第208页。

② 彭富春：《论中国的智慧》，人民出版社2010年版，第157页。

散则为死。"(《知北游》)在《庄子》看来，人只是作为"有"的"气"的聚集而已，"气"聚集起来就有了人的生命，"气"的离散就有了人的死亡，那么，是什么让"气"的聚集和离散成为可能的呢？"气也者，虚而待物者也。"(《人间世》)"气"之所以能够如此，是因为它的"虚"（即作为"无"的"气"），而"虚是道的无的本性的一种形态"①。因此，归根结底，正是"无"为"气"的聚集腾出了空间，从而让"生"成为可能。

三、作为"无"的"美"

无独有偶，笠原仲二在《古代中国人的美意识》②一书中也认为，古代中国人关于"美"的意识也大致经历了三个阶段：

在第一阶段，人们关于"美"的意识来自于感性对象的感性特征，所获得的美感也是一种官能性美感，所以这种美还只是一种形而下的"美"。

在第二阶段，人们对"美"的意识已经不再局限于对象的感性之"有"，而是超越了这种"有"，开始关注"有"背后的"无"——即"精神性、理性"方面的内容，与"有"之美相比较，这实际上是一种"无"之美——即形而上之"美"。

当然这种"无"之美并不彻底，因为所谓"精神性、理性"的内容仍然有可能成为一种新的"有"——与感性之"有"相对的理性之"有"，即这种"无"之美仍然有可能成为一种新的"有"之美。所以在美的意识发展的第三个阶段，"美"不仅要超越第一阶段的"有"之美，而且要超越第二阶段的"无"之美。"新的美的世界，其美的对象具有的美……是……向着比那个感性的悦乐和理性的愉悦的区别混沌不清的阶段更高级、绝对性的境地……向着真的自由超脱的力。"③唯有通过这种不断地超越，我们才能摆脱人的感官和理性自身的限制，才能超越世俗的美与丑、善与恶的区分；"美"才能在与自身的不断区分中敞开自身，从而生发出无限的生命力。因此，第三阶段的"美"也即真正的"美"是不断生成的美，也是不断实现、完成自身的美，"这样的美感，正是向

---

① 彭富春：《论中国的智慧》，人民出版社 2010 年版，第 159 页。

② ［日］笠原仲二：《古代中国人的美意识》，杨若薇译，生活·读书·新知三联书店 1988 年版，第 65~67 页。

③ ［日］笠原仲二：《古代中国人的美意识》，杨若薇译，生活·读书·新知三联书店 1988 年版，第 67 页。

着作为宇宙究极的、根源的生命的'真'的归投、融即而带来的感觉。因而，具有这种力的美的对象……具有扩大它的享受者自身的本性，昂扬地充实其活力、生命感或者升华到'物我两忘，身如槁木，心如死灰'那种境地的效果"①。

当然，"美"与"无"之间不仅具有这种外在的相似性，更重要的是，它们之间还具有一种内在的一致性，即《庄子》中的"美"是被"无"所规定的，在这个意义上，事物就是通过"无"而通达"美"的。

(一) 形而下之"无"与美

如上所述，所谓形而下之"无"就是与形而下之"有"相对的"无"，它是对"有"的否定。也正是这种否定，使得形而下之"无"与美发生了关联，因为"美的突出特性是具有否定性"②，这在于美是无功利性、无利害性的，而现实则是有功利性、有利害性的，所以美要成为美，就要否定这种现实的功利和利害。对此，《庄子》之"无"正好符合了这种要求：一方面，"无"作为否定，它本身就含有对功利和利害的否定；另一方面，如果说(人为之)"有"相关于有功利性、有利害性的话，那么"无"则相关于无功利性、无利害性，这集中体现在《庄子》对"有用"和"无用"的论述上。有用之树因为"有用"而被砍伐，臃肿之木却因为"无用"而得以保存，前者因为它的"有"能够给人带来功利，所以不能持守自身，后者则因为它的"无"不能给人带来功利，所以才保持自身。因此，如果我们要想"终其天年"而不"中道夭"的话，就要以"无"去否定"有"。

当然，否定性的"无"和"美"之间不仅具有这种内在的一致性，而且这种"无"本身就通向"美"，因为它作为否定就是去蔽，而这同时就意味着一种显现，所以"无"自身就是对于事情本身的显现，它让事情的真实和真理出场、亮相。这在《庄子》中又具体地表现在以下三个方面：

首先是存在之"无"的美。如"至仁无亲"、"至情无情"等，这种表达意味着：首先，大仁(情、爱)是没有偏私的，它普照天下；其次，大仁(情、爱)不是人的设定，它不带有人的主观意愿，而只是让，即这种爱不是人为的，而

---

① [日]笠原仲二：《古代中国人的美意识》，杨若薇译，生活·读书·新知三联书店1988年版，第67页。

② 彭富春：《哲学美学导论》，人民出版社2005年版，第121页。

是自然的,所以它的爱表现为不爱——其中,"爱"是指自然之爱,即"让",让事物成为事物自身,即让事物回归自身的本性,"不爱"是指要去掉人的主观意愿,即人为之爱,唯有这样,事物才能成为事物本身;最后,大仁(情、爱)是没有痕迹的,所以大仁不可能成为人们所追求的实体对象。总之,经过"无"的层层否定,真正的"仁"、"情"、"爱"才能得以显现出来,这个过程也是它们自身的实现和完成的过程。

其次是思想之"无"的美。如大智若愚、"不知之知"等,这种表达意味着真正的知不是我们一般意义上的知识,也不是我们一般意义上的聪明,而是大知,即知"道",这是人生的智慧。经过"无",真正的"知"和"思想"也才能显现出来,而不是处于黑暗之中。

最后是语言之"无"的美。如大音希声、无言之言等,这种表达意味着真正的"言"不仅仅工具性言语,不仅仅只是陈述、命令,更是倾听和指引,这才是语言真正的本性。所以正是"无"去除了事情自身的遮蔽,以及人对事情的遮蔽,从而让真理自行显现。

也就是说,正是"无"让存在成为存在,让思想成为思想,让语言成为语言——就事情自身的显现而言,这就是"美"。

在美学史上,这种作为否定义的"无"也是审美心胸得以生成的前提和基础,在老子那里,它表现为"涤除玄鉴";在管子学派那里,它表现为"虚一而静";在荀子那里,它表现为"虚壹而静";在宗炳那里,它表现为"澄怀味象";在郭熙那里,它表现为"临泉之心"……总之,不管是"涤除"也好,"虚"、"澄"也好,都是要将心中的那个"有""无"之,即所谓的"无形"、"无欲"、"无己"等。

这意味着对外而言,我们要否定人为之"有";对内而言,我们要否定人为之"心"。对于审美对象而言,物要"无用";对于审美主体而言,人要"无心"。

如果说形而下之"无"对于人为之"有"的否定正好与审美心胸的建立相关的话,那么,它作为自然之"有"之外的"无"也与艺术作品的创造和鉴赏正好相关。这种"无"集中地表现在绘画美学中的"留白"上,所谓"留白",就是在"有"之中、之外要留有"无",因为画面如果完全为"有",那么这就不是绘画作品了,这个"无"就是与"有"共生的"无",正是"无"的存在,才让"有"成为了"有",也才让美得以产生。

(二) 形而上之"无"与美

同时，这种形而下之"无"又为形而上之"无"提供了基础——它具体表现在形而下之"无"对于自然之"有"的超越正好与审美境界的建立相关。叶朗认为，与西方美学不同，中国美学"着眼于整个宇宙、历史、人生，着眼于整个造化自然……中国美学要求艺术作品的境界是一全幅的天地，要表现全宇宙的气韵、生命、生机，要蕴含深沉的宇宙感、历史感、人生感，而不只是刻画单个的人体或物体"①。

也就是说，中国美学所追求的并不只是小美——单个、具体、有限的对象的美，而是大美——整体、无限的美。如果说"小美"为"有"之美的话，那么"大美"则为"无"之美，而且，"有"之所以为美，也往往是因为"有"显现了"无"之美。

这种美学精神就集中地表现在《庄子》美学中。在《庄子》中，它在整体上将美分为小美和大美两种。其中，这种小美又可以具体分为以下三种：

一是与感官相关的美，如美服、美色、美味、美声、美荫等，这种美之所以是小美，是因为：(1) 这种美会激发人的贪欲，从而扰乱人的心性，使人"苦"——"夫天下之……所苦者，身不得安逸，口不得厚味，形不得美服，目不得好色，耳不得音声"(《至乐》)；(2) 这种美通过给人一种生理的快感而忘记自身，从而遮蔽事情本身，给人带来危险——"蹇裳躩步，执弹而留之。睹一蝉，方得美荫而忘其身。螳螂执翳而搏之，见得而忘其形；异鹊从而利之，见利而忘其真"(《山木》)；(3) 这种"美"是人为的，不是自然的东西，所以这种"美"本身不是其本性的显现，反而是对其本性的远离；(4) 就不同的(审美)主体而言，因为感官感觉的差异性，他们之间并没有一个共同的标准，所以"小美"并不具有普遍性，因此"小美"是否真正为"美"本身就是值得怀疑的——"毛嫱、西施，人之所美也；鱼见之深入，鸟见之高飞，麋鹿见之决骤。四者孰知天下之正色哉？"(《齐物论》)；(5) 就人而言，一旦这种外在的形式美成为一种"有"，它还会成为人们追逐的对象，从而具有了功利性和利害性——"凡成美，恶器也"(《徐无鬼》)，如果是这样的话，"小美"就不仅不会是人性的显现，反而会伤生害性——"而强以仁义绳墨之言术暴人之前者，是以人恶育其美也，命之曰灾人"(《人间世》)；(6) 就《庄子》而言，"厉与西

---

① 叶朗：《中国美学史大纲》，上海人民出版社 2005 年版，第 224 页。

施……道通为一"(《齐物论》),这种美与丑并没有本质的区别,它只是相对的,不是绝对的,所以《庄子》实际上已经否定了这种美丑之分——"德人者,居无思,行无虑,不藏是非美恶"(《天地》)。

二是与真相对的美。如美言等,这种美言就是"溢美之言"——"夫两喜必多溢美之言,两怒必多溢恶之言"(《人间世》),这种言越过了事情本身的界限,所以它也就是不真实的语言,甚至是虚伪的语言;这种语言既不是指引性的语言,甚至也不能成为陈述性的语言,它不是对事情本身的显现,相反它是对事情本身的遮蔽。

三是与善相关的美。在这里美同于善,而与恶相对。《庄子》称这种"善"也为"美",只是这种美"美则美矣,而未大也",它只是小美,而不是大美即真正的美,因为这种美自身是有限度的,美的对象也是有限度的。

总而言之,《庄子》对具体、有限的"有"之"小美"所持的实际上是否定的态度,那么对它而言,什么是真正的美呢?一般认为,就是"道"之美,只有这种美才是绝对的美,这种美在《庄子》中被称为"至美"、"大美"。

如果说"至乐无乐"的话,那么与之相应,所谓"至美"就是无美,所以"道"之美实际上也就是"无美"——从否定意义上说,"无美"意味着无"小美";从肯定意义上说,"无美"意味着以"无"为"美"。之所以如此,是因为"道"本身就是被"无"所规定的,所以"道"之美从根本上讲也就是"无"之美——它的具体表现就是无限之美、无言之美、无用之美、自然无为之美、无伪之美、素朴之美、虚静之美、平淡之美……也正是因为如此,所以"澹然无极而众美从之"(《刻意》),众美之所以美,就是因为它们遵从了道——即否定了、忘了"有",遵从了"无",乃至于"澹然无极",这是得道的状态,也是大美的状态。

(三)绝对之"无"与美

"德人者,居无思,行无虑,不藏是非美恶。四海之内共利之之谓悦,共给之之为安。"(《天地》)所谓"德人"也就是得道之人,他之所以得道,就是因为他被"无"所规定,即"无思"、"无虑"、"不藏"。从这个意义上说,"德人"就是"无人",他没有"有",所以他能泰然让之——"利之"、"给之"。但是这个"给"并不是给予一个具体的东西,它所给予的只是"生"——它为万有腾出空间,并且守护万有,让它们随其本性成长。

从这个意义上说,"有"不是从"无"中直接生出来的,而是因为"无"而生——没有"无","有"是不能生成的。

而当新的"有"生成时，"无"的内涵也会随之发生变化，也就是说，"无"自身也在"有"生成时，生成了自身，所以这个"无"不是死之"无"，而是生之"无"，即生生不息的"无"。这也就是绝对之"无"。

这种生生不息的绝对之"无"不仅生成了其自身，而且生成了整个充满生机、生气与生命的世界，对于中国美学而言，这个充满生机、生气和生命的世界就是一个大美的世界。

这个美也就是完美——它不仅是人的显现、实现和完成，也是物的显现、实现和完成，同时也是"天地与我并生，而万物与我为一"的完满实现。

总之，作为对事情自身的显现、实现、完成，《庄子》之"无"不仅与美、审美、艺术的本性相关，而且大大丰富了它们的内涵，甚至从根本上决定了它们。因此，"无"成为《庄子》美学的灵魂，而《庄子》美学又成为中国古典美学和艺术的灵魂。在此基础上，"无"的美学精神就成为中华美学精神的重要组成部分。

（作者单位：武汉大学哲学学院、运城学院中文系）

论庄子"知"论的两个层次

魏东方

目前，学界已经有不少学者对庄子的"知"论进行了深入的研究。陈鼓应认为庄子肯定主体性的真知而不是客观性的科学之知，肯定"以明"、"心斋"、"坐忘"的认知方法，而不是一般人所从事的认知活动；但他没有指出真知和科学之知的本质区别，又把"以明"、"心斋"、"坐忘"仅仅当做认知者的心境和认知的主观条件而不是认知活动本身。[①] 刘笑敢则认为"心斋"、"坐忘"、"见独"本身就是直觉活动和体道活动，并把真知界定为体道之知，但他也没有对体道活动和一般的认识活动、真知和一般的知识进行细致的区别。[②] 杨国荣把庄子的"知"分为极物之知和体道之知，前者以物为对象，后者以道为对象[③]；彭富春把庄子的"知"分为关于道的知识和关于物的知识[④]；杨锋刚将庄子的"知"分为日常经验意义上的"知"、对物的世界的理论探求而获得的"知"、思想文化领域的价值观念和人的本真存在意义上的"真知"[⑤]；他们虽然对庄子的"知"进行了区分，但都只注意到庄子的"知"的名词含义而忽略了动词含义，而杨锋刚对庄子的"知"的划分也存在着交叉和重复。李耀南虽然注意到了庄子的"知"的动词含义，但认为人只能"知"物而不能"知"道，这样就把"知"仅仅当做一种对象化的认识活动而缩小了"知"的外延。[⑥] 吴根友认为庄子将真知始终与真人的生存状态联系起来，使真知处在不断敞开和解蔽的过程之中，这一观点虽然很有新意，但讨论主题的限制使得他没有对庄子的

---

① 陈鼓应：《老庄新论》，上海古籍出版社 1992 年版，第 210~223 页。

② 刘笑敢：《庄子哲学及其演变》，中国社会科学出版社 1988 年版，第 167~178 页。

③ 杨国荣：《体道与成人——〈庄子〉视域中的真人与真知》，载《文史哲》2006 年第 5 期。

④ 彭富春：《论中国的智慧》，人民出版社 2010 年版，第 44 页。

⑤ 杨锋刚：《论庄子哲学中的"知"》，载《中国哲学史》2013 年第 3 期。

⑥ 李耀南：《庄子"知"论析义》，载《哲学研究》2011 年第 3 期。

"知"进行更全面的分析。①

以上学者的研究毫无疑问都有其合理性，但就庄子的"知"论来说，他们都只抓住了其中一部分，或者虽然都有涉及，但有些地方论述不足，比如对"知"的含义缺乏梳理和明确界定，对体道活动和一般的认识活动的本质区别缺乏说明，更重要的是忽略了庄子的"知"论存在着两个层次，等等，因而还可以进一步研究。本文将在前人研究的基础上，结合庄子的文本来分析庄子的"知"论，以期对庄子的"知"论有全面的揭示和把握。

一、"知"的含义

"知"的金文是　，左上方是"失"，即弓箭，右上方是"干"，指木制武器，下方是"口"，代表言说，所以"知"的本义是谈论打猎和作战的经验，是个会意字。"知"的大篆是　，左边是"失"，右边是"口"，意思没变，但字形简单了些。许慎对"知"也是从这个角度来解释。《说文解字》："知，词也。从口从失。"从谈论打猎和作战的经验引申出两种词性：一是名词，指的是经验、知识、常识、真理等；二是动词，指的是知道、懂得、通晓等，从动词性的"知"又进一步引申为管理、主持。

在《庄子》中，"知"的本义已经消失了，但从"知"的本义引申出的两种词性和含义却保留着，但"管理"、"主持"这进一步的引申义除外。比如，"吾生也有涯，而知也无涯"（《养生主》），其中的"知"是名词，是知识的意思。但这里的"知识"是关于物的知识即极物之知，既包括关于自然物的知识，也包括关于社会物的知识；前者如"弓弩毕弋机变之知"（《胠箧》），即关于捕猎动物的知识，后者如关于礼乐、祭祀等方面的知识。还有一种知识是对道的体悟或体道而获得的智慧，也称为体道之"知"。本文是把"知识"作广义理解，既包括关于物的知识，也包括对道的体悟。关于物的知识是有分别的、确定性的，对道的体悟是只可意会不可言传的。"对道的体悟"也有人称为"关于道的知识"，但这个表达实际上把道对象化了，而在体道活动中，道并不是一个对象，所以本文没有采用这个表达，而是代之以"对道的体悟"或"体道而获得的智慧"，或简称体道之知。体道之知也就是庄子讲的"真知"。这一点前人已经指出过。李耀南说："超越分别心知，深造乎大道之境才有真知，所以，真知

---

① 吴根友：《庄子论真人与真知的关系》，载《中国哲学史》2007年第1期。

是关于道的知。"①杨国荣也指出："对《庄子》而言，唯有与'道'合一，才构成真正意义上的'知'（所谓'真知'）。"②所以，庄子的"真知"并不等同于科学意义上的"真理"，它特指体道而获得的智慧，科学意义上的"真理"在庄子看来不过是关于物的知识。比如，"这朵花是红色的"这个陈述符合这朵花的事实，所以它是符合论意义上的"真理"，但这个"真理"实际上是关于花的知识，即关于物的知识，而不是对道的体悟，所以它不同于庄子讲的"真知"。当然，《庄子》中名词性的"知"除了指知识外，还有其他意思，比如人的认识能力。"以其知之所知以养其知之所不知，终其天年而不中道夭者，是知之盛也。"（《大宗师》）其中第一和第三个"知"指的就是人的认识能力。但"知"的这层含义，庄子并没有把它当做思想主题来讨论。《庄子》中的"知"有时也作为"智"的通假字，比如"知效一官"（《逍遥游》）中的"知"，作为"智"的替代字的"知"不应该纳入庄子"知"论的范围。所以，《庄子》中名词性的"知"主要指极物之知和体道之知两种。

《庄子》中的"知"也可以作为动词。比如，"知穷之有命，知通之有时"（《秋水》），其中的"知"就是动词，是知道、懂得、通晓的意思。但知道、懂得、通晓还是比较笼统的概念，因为它们没有告诉我们是通过何种方式而知的。所以，我们在梳理庄子的"知"的动词含义时，不能只局限于带有"知"这个字的语句，还要结合整个《庄子》文本。《庄子》中讲了两种认识活动或认识方式。一种是一般人所从事的认识活动，即《庚桑楚》篇讲的"知者，接也；知者，谟也"。"接"是人的感官和外界接触，比如耳闻目见，获得的是感性认识。"谟"是思考，是对感性材料进行分析和综合，获得的是理性认识。③ 庄子实际上把一般的认识活动分为两个阶段，首先是"接"，然后是"谟"。这实际上就是理性探究活动。另一种认识活动是观道和体道活动。④《则阳》篇讲："睹道之人，不随其所废，不原其所起，此议之所止。""睹"就是观、看的意思，也就是直观或直觉。《知北游》中的"夫体道者，天下之君子所系焉"和《应帝王》中的"体尽无穷，而游无朕"中的"体"是体会、体知的意思。对道的直观

---

① 李耀南：《庄子"知"论析义》，载《哲学研究》2011 年第 3 期。

② 杨国荣：《体道与成人——〈庄子〉视域中的真人与真知》，载《文史哲》2006 年第 5 期。

③ 曹础基：《庄子浅注》，中华书局 2007 年版，第 282 页。

④ 这里也是把认识活动作广义理解，它不单指理性地探究、分析、思考活动，还包括观道和体道活动。

和体会是一种特殊的认识活动。

通过梳理我们发现，庄子的"知"主要有四重含义，极物之知、体道之知是它的名词性含义，理性探究活动、观道体道活动是它的动词性含义。它们都属于庄子"知"论的范围。那么，它们之间有没有联系或区别呢？如果有，又是什么样的联系和区别呢？

二、理性探究活动及其结果"极物之知"

从逻辑上讲，先有认识活动，然后才有认识活动的结果即知识。所以，我们先分析理性探究活动，之后再分析它的结果。理性探究活动包括三个方面：第一，理性探究活动的主体；第二，理性探究活动的对象；第三，理性探究活动本身。

理性探究活动的主体当然是人。庄子肯定了人具有认识的能力。"目无所见，耳无所闻，心无所知，汝神将守形，形乃长生。"(《在宥》)这反过来说明目可以见、耳可以闻、心可以知，也即是说，人既可以用感官感知获得感性认识，也可以用心灵思考和分析获得理性认识，总之，人具有理性探究的能力。

那么，人理性探究的对象是什么呢？庄子认为不是道，不是命，不是宇宙至深的秘密，而只是物。"道不可闻，闻而非也；道不可见，见而非也；道不可言，言而非也！知形形之不形乎！道不当名。"(《知北游》)道虽然真实存在，但没有具体的形状，听不到，看不见，不能被人的感官所把握。道也不能被心理性地思考和分析。"黄帝游乎赤水之北，登乎昆仑之丘而南望。还归，遗其玄珠。使知索之而不得，使离朱索之而不得，使吃诟索之而不得也。"(《天地》)这句话中的"玄珠"代指道，"知"是思考或理智，"离朱"代指视觉，"吃诟"代指言辩。"使知索之而不得"，也就是说，用思考或理智是得不到道的。因此，道不是理性探究活动的对象，不能被理性探究活动所把握。除了道之外，命的运行、宇宙终极的秘密等也是理性探究活动无法把握的。"死生存亡，穷达富贵，贤与不肖毁誉，饥渴寒暑，是事之变、命之行也；日夜相代乎前，而知不能规乎其始者也。"(《德充符》)死生存亡、穷达富贵等在人世间甚至我们面前不断轮替，它们都是命的运行和展开，但命的本性或真理却是人不能通过分析或思考就能获得的。天地万物中也总有一些至深的秘密是人的理性探究活动无能为力的。"化其万物而不知其禅之者，焉知其所终？焉知其所始？"(《山木》)物以不同的形态转换、代替，我们不能确知它来源于哪一物和将要转化为哪一物。庄子强调理性探究活动的对象只限于物的范围。"言之所尽，知之所至，极物而已。"(《则阳》)"极物"就是限于物的范围的意思。语言和理性探究活动所能达到的极限和范围是物，物之外的东西是不可思议、不可言说的。当然，作为理性探究活动的物只限于世界之内，因为"六合之外，圣人存而不论"(《齐物论》)。

把人和物联系起来的是理性探究活动本身。它分为两个阶段："知者，接也；知者，谟也"(《庚桑楚》)，也即是感性认识和理性认识两个阶段。但庄子对这两个阶段并没有进行深入分析，他更多的是批判和否定这种理性探究活动。

理性探究活动的结果是关于物的知识，即极物之知，而物和物之间是有区别的，认识事物也就认识到事物自身的特点以及它和其他事物的区别，所以，极物之知是一种有分别的知识，一种确定性的知识。在《庄子》中，这种有分别的、确定性的知识主要包括以下几种：第一，日常经验意义上的知识，比如关于捕猎动物方面的"弓弩毕弋机变之知"、"钩饵网罟罾笱之知"等(《胠箧》)；第二，辩者的逻辑分析而得到的知识，比如"卵有毛"、"鸡三足"、"矩不方，规不可以为圆"、"一尺之捶，日取其半，万世不竭"等(《天下》)；第三，研究文献典籍而得到的知识，比如《天运》篇讲的通过研究六经而得到的关于礼乐、治国、历史等方面的知识。

庄子对理性探究活动和极物之知都进行了批评。他先是批评辩者："骈于辩者，累瓦结绳窜句，游心于坚白同异之间，而敝跬誉无用之言非乎？而杨墨是已。故此皆骈旁枝之道，非天下之至正也。彼正正者，不失其性命之情。"(《骈拇》)次又批评惠施："道与之貌，天与之形，无以好恶内伤其身。今子外乎子之神，劳乎子之精，倚树而吟，据槁梧而瞑。天选子之形，子以坚白鸣。"(《德充符》)庄子认为以惠施为代表的辩者竭力追求的是无用的言论，更重要的是他们的这种做法驰散精神，耗费精力，伤害了辩者自己的"性命之情"。因此，这种做法就好像旁生的多余手指，不是天下的正途。庄子也很强调极物之知的消极作用。在他看来，极物之知具有工具的性质。"知也者，争之器也。"(《人间世》)它是人们争斗的工具，会强化人们的矛盾。而且它往往服务于人们功利的目的，强化人们的妄为，造成世界的混乱。"夫弓弩毕弋机变之知多，则鸟乱于上矣。钩饵网罟罾笱之知多，则鱼乱于水矣。削格罗落罝罘之知多，则兽乱于泽矣。知诈渐毒颉滑坚白解垢同异之变多，则俗惑于辩矣。"(《胠箧》)鉴于此，庄子甚至过激地说："知为孽。"(《德充符》)但这恰恰说明庄子十分担心极物之知会伤害到人的生命和生存。庄子总结说："故天下每每大乱，罪在于好知。"(《胠箧》)这就既批评了极物之知，也批评了对极物之知的爱好即理性探究活动。庄子又从反方面说："同乎无知，其德不离"(《马蹄》)。"德"就是物(包括人)的本性，是道在物身上的实现。弃绝理性探究活动和极物之知，人和物的本性就不会丧失。这种说法同样是从理性探究活动和极物之知与人的生命的关系的角度来说的。

庄子虽然批评理性探究活动和极物之知，但是不否认极物之知的存在，他并没有完全否定极物之知的积极作用。"以其知之所知，以养其知之所不知，终其天年而不中道夭者，是知之盛也。"(《大宗师》)极物之知如果能使人终其天年而不中道夭亡，也是不错的。但庄子要求将极物之知与人的生命和生存结合起来，使它服务于人的生命和生存，而不是让它伤害人的生命，妨碍人们追求更高的人生境界。

庄子不仅批评了理性探究活动和极物之知，而且怀疑理性探究活动能否达到客观的真理或者说怀疑极物之知的真理性。"知者之所不知，犹睨也。"(《庚桑楚》)"睨"是斜视的意思。人所能认识的非常有限、非常模糊，就像斜视的人有很多东西看不到、看不真切一样。庄子从多个角度说明了他对极物之知的真理性的怀疑。

第一，人具有局限性。人的感官不能把握事物的真理或本性。"视而可见者，形与色也；听而可闻者，名与声也。悲夫！世人以形色名声为足以得彼之情。夫形色名声，果不足以得彼之情，则知者不言，言者不知，而世岂知之哉！"(《天道》)人们耳闻目见的是名声形色，但它们只是事物的现象或外部特征，而不是事物的实情或真理。感官难以把握事物的真理，那么心灵的思考行不行呢？庄子对此也是怀疑的。因为人的心灵往往是一颗充满偏见的成心。成心主要源于人们所生活的环境和所受的教育。"井蛙不可以语于海者，拘于虚也；夏虫不可以语于冰者，笃于时也；曲士不可以语于道者，束于教也。"(《秋水》)井蛙之前在井里自娱自乐，见到大海后才知道自己的浅陋，这是生活环境的改变导致的。人们所习得的知识相对于未割裂的道术来说只是一部分、一方面，所以每个受教育者都是"不该不遍"的"一曲之士"。环境和教育造成的成心会使人有各种各样的标准和立场，就像墨家主张兼爱而儒家主张爱有差等一样，他们都认为自己是对的而对方是错的，这样就难以达到公认的真理。另外，人的生命是有限的而知识是无限的，人所知道的远远小于所不知道的，以有限的生命和已知道的去追求无限的、尚未知道的知识，"是故迷乱而不能自得也"(《秋水》)。更何况人在不断地变化，观点也会经常发生变化。"遽伯玉行年六十而六十化，未尝不始于是之而卒绌之以非也，未知今之所谓是之非五十九非也。"(《则阳》)随着人的变化，他的观点可能就不具有连贯性和一致性，他可能不断地否定自己之前的观点，这样的话，怎么能获得确定性的真理呢？

第二，物具有变易性。物是理性探究活动的对象。"夫知有所待而后当，其所待者特未定也。"(《大宗师》)极物之知是否正确依赖于物，但物本身是不确定的。因为物是不断变化的，"物之生也，若骤若驰。无动而不变，无时而不移"(《秋水》)。物的无限运动毫无疑问加大了认识事物的难度，甚至使认识事物的真理成为不可能。在庄子看来，梦醒生死也是物的变化。"昔者庄周梦为胡蝶，栩栩然胡蝶也，自喻适志与！不知周也。俄然觉，则遽遽然周也。不知周之梦为胡蝶与？胡蝶之梦为周与？周与胡蝶，则必有分矣。此之谓物化。"(《齐物论》)郭象注曰："夫时不暂停，而今不遂存，故昨日之梦，于今化矣。死生之变，岂异于此？"[①]梦化为醒，醒化为梦，生死也是如此。物不断变化，梦醒也不断转化，所以我们难以区分梦和醒。"方其梦也，不知其梦也。梦之中又占其梦焉，觉而后知其梦也，且有大觉而后知此其大梦也。而愚者自以为觉，窃窃然知之。君乎，牧乎，固哉！丘也与汝皆梦也，予谓汝梦亦梦也。"(《齐物论》)"不识今之言者，其觉者乎，梦者乎？"(《大宗师》)愚者自以为清醒，但其实他是在做梦。我们说愚者在做梦，其实我们自己也在做梦。我们难以分辨梦境和现实，也就难以分辨真实和虚幻的知识，结果可能把真理当成谬误，把谬误当成真理。

总之，理性探究活动能否达到真理或者极物之知是否具有真理性是不确定的、令人怀疑的。因此，人要懂得认理性探究活动的限度。"知止乎其所不能知，至矣！"(《庚桑楚》)人的理性探究活动应该止于人不能认识的地方，应该停留在人能认识的范围之内，这才是人应该采取的做法。

庄子指出了理性探究活动难以达到真理的原因，这无疑是有合理性和启发性的，但他的观点也是有缺陷的。认识主体如果具有正常的感官和健全的理性，那么对同一事物完全可以形成相同或一致的观点，也完全可以探究到事物背后的规律和根据。自然科学的研究已经证明了这一点。另外，事物虽然处于变化之中，但并不是瞬息万变的，而是具有确定的形态和相对稳定的性质，这

---

① （清）郭庆藩辑，王孝鱼点校：《庄子集释》，中华书局1961年版，第113页。

种相对静止正是我们认识事物的基础。庄子凸显了认识主体的"成心",过于强调人与人之间的立场、标准的不同,同时夸大了事物的绝对运动,否认了事物的相对静止,这样就自然而然地得出了知识的相对性,以至于怀疑极物之知的真理性。

三、观道体道活动及其结果体道之知

庄子的"知"论中明显存在着两个层次,第一个层次是理性探究活动及其结果极物之知,第二个层次是观道体道活动及其结果体道之知。庄子批评第一个层次而肯定第二个层次。他对第一个层次的批评,不仅仅是从它与人的生命和生存的关系的角度,而且是从它与道的关系的角度。庄子认为,理性探究活动和极物之知会妨碍和遮蔽道,因此,要想把握道就必须去除二者。"堕肢体,黜聪明,离形去知,同于大通。此谓坐忘。"(《大宗师》)"堕肢体"和"离形"同义,指的是摆脱人的生理欲望。"黜聪明"和"去知"同义,叶朗认为它们指的都是"从人的各种是非得失的计较和思虑中解脱出来"①,也就是排除理性探究或理性思考活动;杨国荣认为它们指的是"消除文明发展对个体的影响"、"解构既成或已有的观念系统"②,大致相当于排除极物之知。这两种解释都是讲得通的。"大通"即"大道",因为"道能通生万物,故谓道为大通也"③。"离形去知,同于大通",即强调只有排除理性探究活动和极物之知,才能够与道合一。反过来说,理性探究活动和极物之知会妨碍和遮蔽道。《天地》篇也表达过类似的观点:"机心存于胸中,则纯白不备。纯白不备,则神生不定。神生不定者,道之所不载也。"如果人心中充满考量、算计、盘算等活动,那么它就不能承载道,道就不会降临于它。因为道只会降临于虚静的心灵,所谓"唯道集虚"(《人间世》)。

对道的认识不能采取理性探究的方式,而应该采取直观或直觉的方式。"睹道之人,不随其所废,不原其所起,此议之所止。"(《则阳》)"睹道之人"不去追究、溯源道的起和止,不是理性地探究道,而是直观道。理性探究活动和直观道的活动有什么本质区别呢?理性探究活动是一种对象化的认识活动,

---

① 叶朗:《中国美学史大纲》,上海人民出版社 1985 年版,第 114 页。
② 杨国荣:《体道与成人——〈庄子〉视域中的真人与真知》,载《文史哲》2006 年第 5 期。
③ (清)郭庆藩辑;王孝鱼点校:《庄子集释》,中华书局 1961 年版,第 285 页。

它基于主客二分的模式。在这种活动中，认识主体能够清楚地意识到自己、对象和所进行的活动。直观道的活动是一种非对象化的认识活动，它是体验、体悟、体会、体知，基于天人合一的模式。在这种活动中，体验者并不能清楚地意识到自己、对象和所进行的活动，而是与对象融为一体，处于物我合一、主客未分的状态。

对道的直观进一步讲是一种心观，因为道是看不见、听不到、摸不着的，是人的感官不能把握的，所以对道的直观不是眼观，而是心观。"夫道，有情有信，无为无形，可传而不可受，可得而不可见。"(《大宗师》)道只可以心传而不可以口授，只可以心得而不可以目见。道是心灵的对象，而不是肉眼的对象，只能"神遇"而不能"目视"。心灵对道的直观不是在躁动中发生的，"喜怒哀乐，虑叹变蜇"(《齐物论》)、"若不得者，则大忧以惧"(《至乐》)之类的躁动的心灵是无法观道的。心灵对道的直观是在虚静中发生的，所谓"虚室生白"(《人间世》)。"虚室"就是虚静的心灵，"白"代指道①，"虚室生白"就是说只有虚静的心灵才能产生道或直观道，这跟"唯道集虚"是同一个意思。所以，心灵对道的直观又是一种静观。但心灵对道的静观又不是死寂不动的，而是不断生成的。"虚则静，静则动，动则得矣。"(《天道》)这里的"动"不是心灵的激动、躁动，而是一种生成活动。心灵对道的直观既是静的，又是动的。这种悖论源于道自身的悖论：道虽然真实存在，却又没有具体形状，因此道既是有，又是无；道虽然无为，却又无不为。心灵对道的静观是动的、不断生成的，这意味着心静观道就是心体道、游心于道。观道、体道、游心于道，不是对象化的理性探究活动。它与审美体验活动是相同的，与艺术家所达到的精神状态是一致的。② 它是一种与道合一的经验，获得的是一种高级的精神快乐，一种特殊的美感，即无乐之乐。成玄英说："夫证于玄道，美而欢畅，既得无美之美而游心无乐之乐者，可谓至极之人也。"③"至极之人"就是至人、真人，可见观道、体道的并不是一般人，而是真人。因为真人的心灵是虚静的。"圣人之静也，非曰静也善，故静也。万物无足以铙心者，故静也。"(《天道》)而常人的心灵往往不是虚静的，而是躁动的，充斥着偏见和欲望。当然，庄子并不是否认常人跟道的联系，而是强调只有虚静的心灵才能够观道和体道。他所

---

① (清)郭庆藩辑，王孝鱼点校：《庄子集释》，中华书局1961年版，第151页。

② 徐复观：《中国艺术精神》，华东师范大学出版社2001年版，第33页。

③ (清)郭庆藩辑，王孝鱼点校：《庄子集释》，中华书局1961年版，第714页。

说的真人和虚静的心灵都是理想形态，他是用这种理想形态来指引人的生存。

体道之知是真人观道、体道而获得的感受、智慧，所以它依赖于真人。"且有真人而后有真知"（《大宗师》），这句话强调了真知依赖于真人。所以，体道之知就是真知，既是真人之知，又是体道而获得的智慧。体道之知、真知是一种没有分别的、非确定性的知识，因为观道、体道是非对象化的体会和领悟，它获得的是一种只可意会不可言传的形上感。因此，体道本身似乎是不知道道，体道之知似乎是不知。

> 于是泰清问乎无穷曰："子知道乎？"无穷曰："吾不知。"又问乎无为，无为曰："吾知道。"曰："子之知道，亦有数乎？"曰："有。"曰："其数若何？"无为曰："吾知道之可以贵，可以贱，可以约，可以散，此吾所以知道之数也。"泰清以之言也问乎无始曰："若是，则无穷之弗知与无为之知，孰是而孰非乎？"无始曰："不知深矣，知之浅矣；弗知内矣，知之外矣。"于是泰清中而叹曰："弗知乃知乎，知乃不知乎！孰知不知之知？"（《知北游》）

无为说道"有数"，也即是可以分辨和言说，是把道当成了理性探究活动的对象，把体道之知当成了分别性的、确定性的知识，如所谓的道之贵、贱、约、散。但无始认为，理性探究活动是根本无法把握道的，道之贵、贱、约、散这种分别性的、确定性的知识也根本不是体道之知或"真知"，所以他才强调，不知道的是深知，知道的是浅知，不知道的是内行，知道的是外行。泰清听了之后，感叹地说了一句悖论式的话："弗知乃知乎，知乃不知乎！孰知不知之知？"就是说，体道之知作为不知才是对道的真正的知，理性探究道而获得的有分别的知实际上是虚假的知。就像《知北游》中的知问无为谓"何思何虑则知道？何处何服则安道？何从何道则得道？"无为谓不会回答。知又去问狂屈，狂屈正要回答又忘记了所要说的。最后，知去问黄帝。黄帝告诉他："无思无虑始知道，无处无暇始安道，无从无道始得道。"但黄帝自己也承认："彼无为谓真是也，狂屈似之，我与汝终不近也。夫知者不言，言者不知，故圣人行不言之教。"（《知北游》）所谓"知者不言"就是体道的人无法用逻辑的语言把道和体道的感受描述出来，而那些用逻辑的语言来言说道的人实际上并没有真正地把握道。因此，体道之知、真知可以说是一种不知之知。

体道之知、真知虽然依赖于真人观道和体道的活动，但并不是单向地依赖真人，它也可以反作用于真人。真人和真知是互动互生的关系。① "古之治道者，以恬养知。知生而无以知为也，谓之以知养恬。知与恬交相养，而和理出其性。夫德，和也；道，理也。"（《缮性》）"恬"是道的特性，可以代指道，也可以指一种合道的生活方式。所谓"以恬养知"就是真人在观道和体道的活动中不断地获得真知，所谓"以知养恬"就是真知反过来有助于真人过一种合道的生活，这种"知与恬交相养"就会使"和理"即道和德在真人的本性中不断生成。所以，真人不是死寂的，而是在观道、体道的活动中不断生成，获得新生。

四、总　　结

庄子"知"论既包括庄子对知识的看法，也包括庄子对认识活动的看法。庄子认为认识活动可以分为理性探究活动和观道体道活动，前者是一种对象化的认识活动，后者是一种非对象化的认识活动。理性探究活动本身可以分为感性认识和理性认识两个阶段，它的认识主体是人，认识对象是物。理性探究活动的结果是关于物的知识，即极物之知。庄子对理性探究活动和极物之知的批评，主要是着眼于它们可能会伤害人的身心以及它们对道的遮蔽。庄子也怀疑极物之知的真理性。观道和体道活动的主体是真人，因为真人的心灵是虚静的，而只有虚静的心灵才能够承载道。真人对道的直观不是眼观，而是心观。这种心观是在虚静中发生的，因此又是静观。但真人对道的静观不是死寂的，而是不断生成的，它进一步讲又是体道和游心于道。真人观道和体道的结果是体道之知或"真知"，是一种无分别的、非确定性的知识，是一种不知之知，它反过来有助于真人的不断生成。总的说来，庄子肯定观道体道活动和体道之知这一层次，而批评理性探究活动和极物之知这一层次。

这就是庄子"知"论的主要内容。它依然有现实意义。首先，它启示我们对知识的追求不应该伤害人的身心，使人的本性发生扭曲和异化，而应该有益于人的生命和生存，这也就是庄子所说的"物物而不物于物"（《山木》）。其次，它也启示我们不能只局限于现实生活中的利益追求和知识活动，还应该追求一种合道的生活，一种更高的人生境界。柏拉图认为对美本身的观照是最值

---

① 杨国荣：《体道与成人——〈庄子〉视域中的真人与真知》，载《文史哲》2006 年第 5 期。

得过的生活①，那么，庄子会认为对道的观照和体验是最值得过的生活。最后，它也启示我们理性探究活动和语言是有缺陷的，直观和体验活动有不可替代的作用，我们需要把理性探究活动和直观、体验活动结合起来，才能弥补理性思考和逻辑语言的不足，从而让我们的认识活动更加健全。

（作者单位：武汉大学哲学学院）

① ［古希腊］柏拉图：《柏拉图文艺对话集》，朱光潜译，人民文学出版社 1963 年版，第 273 页。

试论宋朝青楼文化
——《东京梦华录》审美文化研究之一

谢梦云

　　青楼文化是中国女妓文化中极为重要的一环，它代表着我国女妓文化的高峰。女妓文化发源于上古时代的巫祭与酒人，代表着女妓之乐舞与饮宴两大职业分支，这两大分支在唐代发展为教坊歌舞伎与平康饮妓两大群体，成为宋代青楼文化的直接源头。"宋代娼妓制度，大半因袭于唐，因时代关系，更外踵事增华，是毫无疑义的。"①直至宋朝，受政治及经济繁盛的影响，青楼的发展呈现出蓬勃兴盛的状态。从《东京梦华录》来看，北宋出现了大量的青楼酒馆，从侧面呈现出宋朝的文化状况、社会风尚以及文人思潮，也代表着女妓群体逐渐走向市民阶层。女妓文化不断兴盛，与女妓交往之对象亦逐渐扩大到社会各个阶层。宋朝的青楼文化本质上是女妓文化对文人文化的一种依附与模仿，呈现出娼妓与文士交往的必然关系，是文人理想生活的极致营建与体现。青楼文化中肯定了娼妓本身的文艺涵养，也反映了其时社会上青楼风气的盛行。青楼、女妓与文人共同营建出一种供世人娱乐的理想世界。

一、宋朝青楼文化的缘起

　　青楼一词，起初并未有娼家之意，在古乐府中本为贵家楼阁的代称。② 青楼代指妓院起始于梁代刘邈的《万山见采桑人》一诗："倡妾不胜愁，结束下青楼。"③至唐代，"青楼"作为妓馆的代称开始广泛应用于诗歌之中，如杜牧的

---

① 王书奴：《中国娼妓史》，湖南大学出版社 2014 年版，第 92 页。
② 曹植在《美女篇》中有言："青楼临大路，高门结重关"，《晋书·曲允传》载："曲与游，牛羊不数头，南开朱门，北望青楼"，文中"青楼"皆指高门贵户。
③ （清）吴兆宜笺注：《玉台新咏笺注》，中华书局 1985 年版，第 351 页。

《遣怀》："落魄江南载酒行，楚腰肠断掌中轻。十年一觉扬州梦，占得青楼薄倖名。"①宋元以后，专以青楼代替妓馆，观宋以后的文献所记，青楼多指娼楼妓馆等风月场所。青楼是对女伎生活境况的统称，包括女伎的生存环境、人文生活，以及与之往来的社会关系。

北宋孟元老所著《东京梦华录》作为研究北宋都市社会生活诸多方面的重要文献，序言中便有言曰"……举目则青楼画阁，绣户朱帘，雕车竞驻于天街，宝马争驰于御路。金翠耀目，罗绮飘香。新声巧笑于柳陌花衢，按管调弦于茶坊酒肆……"②此处花衢则指花街，即妓院聚集之地。寥寥数语，青楼的极尽奢华赫然纸间，旧都东京让人沉醉，青楼花街仿若梦回。

"女妓"作为青楼中的主角，又称"娼女"，也可合称为"娼妓"。隋代陆法言的《切韵》中："妓，女乐也。"后代的字典辞书如《正字通》《康熙字典》《辞源》等都释"妓"为"女乐"，可见女妓是起源于"女乐"。所谓"女乐"即歌舞女艺人。中国传统社会中的"妓"是上流社会的雅游对象，不同于单纯出卖肉体以换取报酬的卖淫女子，娼妓以其文艺涵养与所交往的对象彼此熏染，于青楼中形成一系列的文化现象。

宋代青楼的女妓是青楼文化的灵魂所在，女妓的身份与地位决定了青楼的档次与品级，而文人的品评与题鉴则是女妓的身份与品质所在。因此，宋代的女妓为了取悦士人必须按文人的理想来塑造自己。文人士子不只要求女妓拥有美貌、能满足其纵情享乐，更要求其能谈文作诗才艺超群。声色享乐是男子狎昵青楼的主因，妓者便以施展才艺与贩售色身作为酬劳之道，故技艺是娼妓不可缺少的才能。况且能列为上等娼妓的，皆为色艺皆备，她们精通多种技艺，包括音乐、舞蹈、书画、诗文等，而才艺特出的娼妓则被称为"上厅行首"、"上厅角妓"或"花魁"。故得以留名后世的娼妓，除姿容外，多是因其出类拔萃的才艺。青楼名妓在色艺之外更讲求一种人文品质，这种人文品质表现为女妓气质的文人化与情操涵养的闺淑化两方面。气质的文人化使青楼女妓的行为、心理、学识、修养诸方面向精英士人靠拢，从而最大限度地进入文人的精神世界，成为文人心灵层面的红粉良伴。

青楼文化由娼妓与文人官僚交互影响发展而成。从唐以来，唐朝因科取

---

① （唐）杜牧著，陈允吉校点：《樊川文集》，上海古籍出版社1978年版，第321页。

② （南宋）孟元老撰，伊永文笺注：《东京梦华录·梦华录序》，中华书局1985年版，第19页。

士，社会上出现了一个流动的士阶层，打破了自魏晋南北朝以来的门阀制度，旧有门阀贵族因政治文化的改变，使其豢养的家妓流落于民间的风月之所；而唐代新兴的科举新贵，则有了鲜车怒马、狎妓游宴的风尚，在政治社交、文学艺术、甚至情爱生活上，士与娼妓发展出深刻的文化现象。此文化发展的焦点皆是以士大夫与娼妓间的往来为基础，不论是文学创作或是妓院风格，甚或社会风尚，文人官僚皆是青楼文化形成与发展的重要推手，可以说，"没有传统的官僚士大夫，就不会有传统社会里红牙碧穿、妙舞清歌的女妓，从而没有诗情画意、旖旎绚丽的青楼文化"①。随后，宋承唐风，士大夫狎妓之风兴盛。宋代理学名教的体系，虽强调"存天理，灭人欲"，但宋朝的法律和道德都承认狎邪之游是合法的，社会也视之为故常，如程明道所言，"只要心中无妓，不妨座上有妓"，因此流连妓院就成为一种文化，故自唐宋以来狎游青楼几乎被视为风雅传统。

因宋朝城市经济日渐发达，使得流动于城市的人口激增，因而产生众多歌楼酒馆。在经济高度发展下造就的一批市井商贾，对于城市社会风尚的衍替、文化习俗的嬗变有着深刻的影响，青楼亦受此影响。富商大贾抑或平民百姓流连于青楼附庸风雅，呈现出官僚士子与城市居民皆陶醉在歌舞升平中，社会上下均普遍感染着狎妓冶游的风气，于是女妓和文人士大夫及市井豪奢之辈，在宋朝社会续写着关乎风月的"青楼文化"。

二、宋朝青楼文化的文人属性

青楼文化主要是文士与娼妓间交往互动而衍生之文化现象。自唐以来，新科进士狎妓燕游四方蔚然成风，宋朝法令更允许太学生狎妓，如吴自牧《梦粱录》载："官府公筵，及三学斋会，缙绅同年会、乡会，皆官差诸库角妓只直。"②又如周密《癸辛杂识》云："学舍宴集必点一妓，乃是各斋集正自出帖子，用斋印明书仰北子某人到何处，祇直本斋宴集。"③这反映了宋代太学生冶游宿娼的盛行，表现在官僚士子与娼妓交往上，便发展了特殊的建筑文化现

---

① 萧国亮：《中国娼妓史》，台湾文津出版社 1996 年版，第 193 页。

② （南宋）吴自牧：《梦粱录》卷二十《妓乐》，中华书局 1985 年版，第 139 页。

③ （南宋）周密撰，吴企明校注：《癸辛杂识》，见《唐宋史料笔记丛刊》，中华书局 1997 年版，第 66 页。

象，即作为士子求取功名试场的贡院和冶游寻春的青楼相映生辉。一边是满腹经纶的士子，一边是妩媚风情的青楼娼妓，在文人士子集聚赴考时，他们冶游青楼便"或邀旬日之欢，或订百年之约"。此外，文士希望由娼妓良好的人脉引荐进入文士圈甚至官场，而每年的新科进士以红签名纸赞见名妓，目的除拜谒名妓一享风流，更希望借名妓的引汲推荐，满足见高门贵族的功利需求。从贡院的建筑格局带出风月现象，连接了青楼与官场的关系，也印证了科举取士与青楼文化发展的密切关系；而对于青楼女妓来说，士人带来的不仅仅是金钱、欢笑与娱乐，还有脱身娼妓跃入名门的机遇。

青楼大多设于繁华的都市之中，然却有意营造出不流于喧哗的"人间天上"境界。由于青楼庭院空间的局促狭小，不可能对其进行"大观园"式的宏观营建，因此构建精致的生活氛围则重点体现在对居室内部的艺术规划上。青楼院落所呈现的意境体现了文人式的书香生活，洁净清幽、不染尘埃、字画茶几、古色古香。此乃一个以女妓为主体的文人式家居环境，屋宇庭院的布局、字画古董的摆设，甚至于饮宴美食都倾向一种雅洁素静、迥异俗尘的生活空间。因为在宋朝文士看来，青楼不仅仅是商业性的娱乐单元，它更是满足士人理想生活的诗意空间。青楼可以提供迥异于世俗伦理的家居空间，这种空间没有世俗家庭的羁累、没有生计的艰辛、没有宦海的浮沉，而又能满足士人的情色声歌、纵情诗酒之欲望。宋代文士对"雅"的追求往往建立在对"静"的诉求之上，静与喧往往代表了雅与俗的文化分野。曲高和寡与孤芳自赏，体现了存世人生的艺术哲学，而青楼文化正是将这种哲学物化为一种实际的存在。因此，青楼文化的营建离不开三个文化元素：别有情致的家居环境、诗酒斗艳的青楼女妓与征歌选艳的风流文人。

青楼文化是历代文人逐渐营造起来的文化传统，士妓的交往为青楼文化注入了生机与灵魂，因此宋代文人阶级与青楼关系密切。文人阶级是介于统治者与被统治者之间的一个弹性群体，命运的不确定性和多变性使他们与同样命运无常的女妓之间达成了心灵的默契。然而，文人们常不把天下看成自己的天下，总希望遇到"知音"，所谓"士为知己者死，女为悦己者容"，把士与妓的这个相似之处揭示得十分醒目。当兼济天下的志向破灭后，青楼正为失意者们提供了逃避现实的最好隐身之所。

在青楼这个烟花女子组成的世界里，折射出宋代近三百年间的文人心态，或达官显宦、风华才子，或失意骚客、落魄文人，或谪居士绅、隐遁山人等，青楼文化的盛衰荣辱皆是宋朝的一个时代缩影。

三、宋朝妓业的商业属性

唐都长安，各坊间设有大门，夜晚关闭，整个城市黑暗而寂静。至宋都东京，坊厢制与宵禁制被废除，夜里可自由活动，故整个城市华灯璀璨、人声喧哗，如《东京梦华录》所载："夜市直至三更尽，才五更又复开张。如要闹去处，通晓不绝。"①可谓其乐融融。宋朝由于经济繁荣、人口繁盛，青楼规模较之前朝扩展空前，城中大大小小的青楼星罗棋布，据《东京梦华录》记载，北宋东京城有数十处妓馆青楼，女妓的活动极为兴盛，这些数以万计的娼妓遍布城中，《东京梦华录》载："两街有妓馆……看牛楼酒店，亦有妓馆……向西曰西鸡儿巷，皆妓馆所居。"②"……寺南即录事巷妓……巷内食店甚多盛，妓馆亦多……姜行后巷，乃脂皮画曲妓馆。"③而东京城里装饰豪华的大酒家，入夜霓虹灯下，女妓成群结队地等在廊上。"凡京师酒店，门首皆缚彩楼欢门，唯任店入其门……向晚灯烛荧煌，上下相照，浓妆妓女数百，聚于主廊㮰面上，以待酒客呼唤，望之宛若神仙。"④青楼之间竞相奢华，热闹之景至此可窥一二。

不仅北宋东京，南宋临安妓业之发达更甚。南宋定都临安，陆游曾言："大驾出跸临安，故都及四方士民商贾辐辏。"⑤人口、经济之兴提供了如杭州、扬州等大都市在娼妓业发展上的绝佳条件。临安城里勾栏瓦肆、饭店酒楼遍布。《东京梦华录》记载东京城里的娱乐场——瓦子，共有8座，而《武林旧事》所记载临安城里多达33座。最大的北瓦，内有勾栏13座，夜以继日地歌舞升平。

---

① （南宋）孟元老撰，伊永文笺注：《东京梦华录》卷三《马行街铺席》，中华书局1985年版，第63页。

② （南宋）孟元老撰，伊永文笺注：《东京梦华录》卷二《潘楼东街巷》，中华书局1985年版，第46页。

③ （南宋）孟元老撰，伊永文笺注：《东京梦华录》卷三《寺东门街巷》，中华书局1985年版，第60页。

④ （南宋）孟元老撰，伊永文笺注：《东京梦华录》卷二《酒楼》，中华书局1985年版，第47页。

⑤ （南宋）陆游：《老学庵笔记》卷八，见《唐宋史料笔记丛刊》，中华书局1997年版，第104页。

　　两宋时期，政府施行酒楼榷卖制度，酒楼或酒库均设有官私女妓当值，从而出现了面向城市广大市民的饮妓群体。源于商业文化的发展与市场需求，歌舞声乐、酒宴觞饮成为一种消费主题。宋朝社会上大量出现的女妓由此和酒楼娱乐性的发展，产生了亲密的关系，娼妓活跃于酒楼，声色性的酒楼也提供了娼妓与市民的社交、娱乐的消费场所，甚具娱乐性的酒楼盛行于城市中，除了带动妓业发展，也反映了城市生活的丰富。在售酒过程中，官员与百姓成为女妓甚至是官妓的消费者，国家将已经被文官体系作为一种特权的女妓，转化为一种经济利益。而女妓的身体远离了礼制，展示于商业经营中，成为最重要的消费内容之一。

　　在经济繁荣的都市中，妓业的商品化亦表现在娼妓营业的地点，有在酒楼的，如《东京梦华录》所云："又有下等妓女，不呼自来，筵前歌唱，临时以些小钱物赠之而去，谓之'札客'，亦谓之'打酒坐'……诸酒店必有厅院、廊庑掩映，排列小阁子，吊窗花竹，各垂帘幕，命妓歌笑，各得稳便。"①除了酒楼，娼妓的身影在茶肆亦十分普遍，如《梦粱录》所言："大街有三五家开茶肆，楼上专安著妓女，名曰花茶坊。如市西坊南潘节干、俞七郎茶坊，保佑坊北朱骷髅茶坊，太平坊郭四郎茶坊，太平坊北首张七相干茶坊，盖此五处多有炒闹，非君子驻足之地。"②除茶肆酒楼外，女妓所在地亦有"妓馆"③、"瓦舍"④、"烟月作坊"⑤、"教坊"等名称。诸此遍布城内外的娼妓以及青楼，形成了门类齐全、组织灵活的商业化特色，反映出宋朝都市经济的蓬勃与市民消费的繁盛现象。

　　依不同的消费形态，在风月活动中形成不同的术语，不论是"点花茶"、

---

　　① （南宋）孟元老撰，伊永文笺注：《东京梦华录》卷二《饮食果子》，中华书局 1985 年版，第 50 页。

　　② （南宋）吴自牧撰，伊永文笺注：《梦粱录》卷十六《茶肆》，中华书局 1985 年版，第 139 页。

　　③ （南宋）孟元老撰，伊永文笺注：《东京梦华录》卷二《酒楼》，中华书局 1985 年版，第 178 页。

　　④ （南宋）吴自牧：《梦粱录》卷一《瓦舍》，中华书局 1985 年版："瓦舍者，谓其来时瓦舍，去时瓦解之义，易聚易散也。不知起于何时。顷者京师甚为士庶放荡不羁之所，亦为子弟流恋破坏之门。"

　　⑤ （北宋）陶谷：《清异录》卷上〈蜂窠苍陌〉："四方指南海为烟月作坊，以言风俗尚淫故也。今京师鬻色户将及万计，至于男子举体自货，迎送恬然，遂成蘊窠户巷，又不止烟月作坊也。"

"支酒"、亦是"过街轿",呈现了在市井空间中娼妓活动的普及与繁盛,而妓业发展于城市中社交活动极为频繁的茶肆,可见娼妓已融入城市民众的生活领域,成为大众市民生活消费的一部分。

四、宋朝青楼女妓的文学属性

娼妓看似社会上淫恶的渊薮,但却能在文学、艺术的发展上,占有极重要的地位,她们以才艺涵养和文人士子有相濡以沫的精神交流,因此受到文人士子的重视。"原来中国的妓家,竟多是音乐的传人,文学的化身,亦且是社会繁富的象征。"王书奴在《中国娼妓史》中也说:"中国最不守旧,随时代风气为转移者,莫如娼妓。时代尚诗,则能诵诗作诗;时代尚词,则能歌词作词;时代尚曲,则能歌曲作曲。我看了唐、宋、元诗妓、词妓、曲妓,多如过江之鲫,乃知娼妓不但为当时文人墨客之赋友,且为赞助时代学术文化之功臣。我们还忍心以贱隶批婢子待遇吗?"①

历代名妓们往往通晓诗词歌赋、兼擅琴棋书画,从而赢得士人的青睐。历来娼妓的诗歌创作,不乏佳作,娼妓随着时代的文学风尚学习才艺,并发展属于其表演的艺术才华。古代文学中词的发展,亦与娼妓改唱格律诗而迅速成长不无关系;其他如音乐歌舞、琴棋书画,更是历代女妓随着士人文化、社会风气所需培养之技能。女妓们惊人的才艺,名垂中国文学史与艺术史。

女妓作为青楼世界的主体,以情色歌舞、伴饮助觞来吸引冶游子弟流连忘返。宋代文人冶游于烟花粉巷与青楼名妓缠绵悱恻,促发了大量的文学作品。宋以来女妓的市井化也给宋代文学带来了新面貌,大量以女妓为题材的传奇小说涌入市民日常生活。而与女妓生活密切相关的词体之出现,更使得两宋士妓之交往流于世俗化、生活化,并因此促进了青楼文学题材的通俗化与市井化,正因如此,两宋青楼文学较之唐代青楼文学,更显现出贴近日常生活的状态,更加翔实且生动。

女妓文学是青楼文学的重要组成部分,它反映了青楼名妓的身世经历与情感体验。青楼女子的诗歌多蕴涵一种生命悲悯,无论是感叹误落风尘,还是送别相思,都无法抹去这种伤痛情怀。然而,在古代社会,文人是文化领导者与政治的执行者,女妓对文人始终处于一种不平等的依附状态。女妓自我叙写之

---

① 王书奴:《中国娼妓史》,湖南大学出版社 2014 年版,第 200 页。

作品与文人创作的以青楼为主题之作品，经过文人文化的过滤便表现出强烈的文人意识。士妓地位的失衡与文人话语权的专制，使青楼文化的发展轨迹与文人生存境况息息相关。

青楼文化是一个流动的历史文化，文人与女妓互有所需，互相欣赏，互相依赖。文人从女妓处享受情色与才艺，也让自己的诗词通过女妓广为传播；而女妓从文人处体味了色和艺，亦通过文人吟诗作赋宣传自身，提高了自己的身份。青楼之女妓与狭邪之文人永远是推动青楼文化前进的历史动力。

五、宋朝女妓的政治属性

以宋朝而言，南北宋同属青楼女妓兴盛的发展状态，这与上位者索习于安逸的时代特质不无关系。宋朝的开国君主赵匡胤鉴于前朝，经营宋一朝除了倡行"强干弱枝"的文人取代武人之治外，更公然向文臣武将提倡"多积金钱，厚自娱乐……多置歌儿舞女，日饮酒相欢，以终其天年"①。赵匡胤在开国之初虽有其政治因素，以鼓励大臣置姬妾以为娱乐，但连宋仁宗、宋真宗等皇帝也劝百官以声色自娱，甚至宋徽宗更迷恋汴京名妓李师师，微行为狭邪游；上位者如此作为，显示出激励、鼓吹享乐主义的态度，这对朝廷百官、市井百姓莫不形成一种淫乐风气的示范。

宋代官僚士大夫们大半有家妓。王书奴在《中国娼妓史》中提及宋士大夫豢养家妓的常态，并举苏轼、辛稼轩、韩侂胄、秦观等人为例，以说明宋代蓄家妓之风已十分普遍。② 朱弁《曲洧旧闻》提及："两府两制，家中各有歌舞，官职稍如意，往往增置不已。"③王懋《野客丛书》说，"今贵公子多蓄姬媵"④。由此不难看出宋朝政治相关的官僚文士，在如此淫逸之风的倡行下，将女妓文化的发展行诸于豢养家妓的风气何其兴盛。此外，朝廷广置乐妓以享乐，还会专设教坊，教授女妓俗乐，以备节会筵宴之需，每每宋朝官员聚会，便有妓乐相随。

王书奴在《中国娼妓史》中列有士妓交往的状况："有官僚幕僚狎妓游湖，或偕客登娼楼的；有以厨传歌妓迎幕僚的；有为妓作词而解围的；有以妓女诱

---

① （南宋）李焘：《续资治通鉴长编》卷二，中华书局 1979 年版，第 50 页。
② 王书奴：《中国娼妓史》，湖南大学出版社 2014 年版，第 118 页。
③ （南宋）朱弁：《曲洧旧闻》卷一，收录于《丛书集成初编》，中华书局 1985 年版。
④ （南宋）王懋：《野客丛书》，中华书局 1985 年版，第 50 页。

惑朝使，借以解免罪过的；有做诗词恋妓的；有因冶游而官吏受惩戒的；有受窘辱的；有挟妓以谒高僧的；有以书翰赠妓的；有因狎妓得病的……"①形形色色的文士狎妓，都显现了宋代士人狎妓之风兴盛。宋朝官吏冶游风气较唐更盛，叶梦得《石林避暑录话》载："欧阳文忠公在扬州作平山堂，壮丽为淮南第一。……公每暑时辄凌晨携客往游。遣人走邵博取荷花千余朵，以画盆分插白许盆，与客相间，愈酒行，及遣妓取一花传客，以次摘其叶，尽处则饮酒，往往侵夜，载月而归。"②如欧阳修之属亦不免携客交酬往返于青楼之中，文人的冶游成风亦促成了妓业的兴盛。在此世风下，连主张"遏人欲而存天理"的理学家朱熹亦难以免俗，"又引尼姑二人以为宠妾，每之官则与之偕行"。

萧国亮在《中国娼妓史》中指出青楼文化是女妓的文化，专指女妓与官僚士大夫交往过程中形成的一系列文化现象。他将青楼文化分述三个方面：

第一是妓与官僚士大夫交往酬答过程中形成的诉诸文字的东西，如女妓和官僚士子相互赠与的诗、词、书信文字，官僚士子描写女妓生活的传奇、戏曲等文学作品。

第二方面是女妓与官僚士子交往过程中受到熏染，发展出的从内容到形式上的妓家独特风格，如妓家的门匾、招牌、接人待客习俗和居庭生活习惯等。

第三方面是指妓与官僚士大夫交往而在社会形成的一种风气。③

妖媚多情的举止、轻柔曼妙的舞姿、清灵悦耳的歌喉、顾盼多情的眼神……诸此女妓举手投足间所散发出来的魅力，使得公卿士夫、举子文人流连其中，乐不思蜀。

历代娼妓因为各时期政治、经济、社会、文化的因素而有不同的变异和转型，因而呈现出各朝代特殊的青楼文化风貌。宋朝青楼文化的发展兴盛与其时的政治、经济背景密切相关。上位者的淫乐风气影响了民风，士大夫养妓之风盛行，使得日渐兴起的广大市民阶层沉溺于安逸享乐；宋朝以来遍布城市中的茶肆、酒馆、瓦舍、教坊等女妓所在地，呈现出宋朝都市经济的蓬勃与市民消费的繁盛状况，北宋汴京及南宋临安作为当时的世界繁盛之都，民众对奢靡生活的追求刺激了娱乐设施的膨胀，也刺激着以声色之娱为主的青楼业、妓业的蓬勃发展。

宋代娼妓事业如此发达，女妓豪奢，嫖客挥霍，社会自上而下骄奢淫逸。

---

① 王书奴：《中国娼妓史》，湖南大学出版社 2014 年版，第 93~97 页。
② （南宋）叶梦得著：《石林避暑录话》卷一，上海书局 1990 年版，第 2 页。
③ 萧国亮：《中国娼妓史》，台湾文津出版社 1996 年版，第 189 页。

宋徽宗放言，"人生如过隙，日月似飞梭。百年弹指过，何不日笙歌！"一代君主都带头寻欢作乐，何况其他男子？无怪乎民国时期文人王书奴有言"……帝王、进士、太学生、民众，以及娼妓，皆奢侈荒唐至此，南北宋如出一辙，安得不破国亡家？"①

（作者单位：武汉大学城市设计学院）

---

① 王书奴：《中国娼妓史》，湖南大学出版社 2014 年版，第 90 页。

从《劝农》看汤显祖的礼治思想

马舒婕

万历二十六年，汤显祖创作完成剧作《牡丹亭》，一时"家传户诵，几令《西厢》减价"①。正如一千个读者心中有一千个哈姆雷特，不同的观者能从中感受到不一样的情愫与震颤。有人看到了杜、柳二人的一往情深，有人看到了封建礼教对人性的压抑，也有人看到了作者超越生死的至情观。然而深受传统儒学思想熏染的汤显祖青年中举便出仕做官，《牡丹亭》作为他晚年的专注之作，其中凝结的心思既庞杂又深刻，绝非儿女情长可以概括。《牡丹亭》原本共55出，在实际搬演中经过多次改编，前后留有30余种刻本。后世舞台上流行的折子戏多是围绕杜、柳二人的爱情主线展开，基本删除了表现宋金战争的副线情节和作者对科场腐败等某些现实问题的讽刺，其中所蕴含的政治意味被大大冲淡，故笔者以此为切入点，试图在一定程度上挖掘并还原汤显祖政治理想的表达。

一、《劝农》及其历史地位

《牡丹亭》的题材主要来源于明代话本《杜丽娘慕色还魂》，在话本中，杜丽娘游园惊梦、柳梦梅拾画叫画，以及杜丽娘为"情"死而复生等基本情节已有雏形。汤显祖在改编时除了赋予主人公觉醒的时代精神和充实灵动有趣的生活细节外，还特意强化了整个故事的历史背景和社会风貌，为此新增了不少戏分。一类是描述宋金战争与杜宝设防的历史情景，如《虏谍》《御淮》《折寇》《围释》等。话本中规定的时代背景为南宋光宗朝（约1190—1194），汤显祖将其具体到宋金战争期间，并着力展现金兵南下、李全作乱之时，杜宝设防淮

① （明）沈德符撰：《顾曲杂言》，中华书局1985年版，第5页。

安、平寇立功的情节，构建了一条历史副线。另一类是展现社会风貌的场景，如《腐叹》《劝农》等，是作者借古讽今、表达自己对某些社会状况看法的重要章节。

《劝农》是《牡丹亭》的第八出，主要描述杜宝作为地方官下乡劝农、百姓盛情接待的情形，反映了当地政治清明、世外桃源般的祥和之景。前人历来多从结构作用的角度来讨论这出戏，如吴吴山三妇合评本评论：

> "《劝农》公出，止为小姐放心游园之地。"①

因为其处于《闺塾》和《肃苑》之间，便认为杜宝下乡只是为杜丽娘私自游园提供了机会，难怪王思任评语为：

> 不为游花过峡，则此出庸戏可删。②

事实上，如果仅仅出于这个目的，作者完全可以借春香之口说出老爷下乡劝农即可，不必大费周章地创作这么一出"大场面"的戏。原本中，这出戏需要上场的角色有十余个，涉及净、生、末、丑、老旦等多个行当，是一出不折不扣的"群戏"，而就是这样一场群戏，在清代时却成了全本55出中上演最频繁的一折。折子戏的出现及盛行，表明观众的审美视点由关注剧本的故事情节偏向于欣赏舞台表演艺术，显示着审美层次的提高，而戏曲选本作为对折子戏演出情况的记录，则展示着各家戏曲最精华的部分。清康乾时刊印的剧本选集《缀白裘》中收录《牡丹亭》12出戏，分别是：《学堂》《劝农》《游园》《惊梦》《寻梦》《离魂》《冥判》《拾画》《叫画》《问路》《吊打》《圆驾》；道光时的《审音鉴古录》中收录了9出：《学堂》《劝农》《游园》《惊梦》《寻梦》《离魂》《冥判》《吊打》《圆驾》；升平署档案③记载清宫收藏的《牡丹亭》曲本中包含《劝农》的有四册：《穿戴题纲》《昆弋腔开团场杂戏题纲》《昆腔杂戏题纲》《昆腔弋腔杂戏题纲》。《劝农》这出戏直到清代还反复出现，并且被昆曲、苏剧、徽戏等多个剧种改

---

① （明）汤显祖撰，（清）陈同、谈则、钱宜合评：《吴吴山三妇合评牡丹亭》，上海古籍出版社2008年版，第15页。

② （明）汤显祖撰，（明）王思任批评：《牡丹亭》，凤凰出版社2011年版，第18页。

③ 升平署，成立于道光七年，是清代管理宫廷戏曲演出活动的机构。清宫留存的升平署档案包括演出剧目、日期、地点、演员穿戴和大量剧本曲本的记录。

编，说明其演出效果受到了观众和时代的肯定，那么就不应该被简单地判定为只是一场"过渡戏"。究其得以频繁演出的原因，笔者认为主要有两个：

其一，《劝农》在当时是一出"吉祥戏"（如今亦可这么认为），官员与农民关系亲和，仪式当中载歌载舞，呈现一片热闹欢愉的景象，因此无论是官方还是民间，都愿意在喜庆的场合演绎这出戏。其二，按照汤显祖的本意，凡演《牡丹亭》，"要依我原本，其吕家改的，切不可从"①，也就是说至少汤显祖认为《牡丹亭》中的情节都是可演的，且必演，因此《牡丹亭》的全本演出在历史上并不少见。那么，结合这两个原因来看，汤显祖本人在创作《劝农》这出戏时，应当也认为这是一出值得演且必须演的戏。而他之所以这么认为，除去对演出效果的考虑，则有可能是因为这场戏中官民祥和、政治清明、农事兴盛的世俗风貌正是他想要展现的，劝农仪式不过是他表达政治理想的一个载体。关于这一观点下文将从创作者（汤显祖）的政治理想和劝农仪式本身两个方面来加以论述。

二、劝农仪式与以礼治国

早在西周时期，籍田大礼便是最重要的政治活动之一，天子亲耕以做表率，所谓"王耕一坺，班三之，庶民终于千亩"②。即《管子》所云："劝农功以职其事，则小民治矣。"③西汉初期，民生凋敝，饥荒遍地。西汉帝王行亲耕之礼，以祈农事，朝廷屡颁劝农、赈农诏，并形成了比较完备的农官官僚体系，劝导民众专心务农，国力由此日渐恢复。随着帝制国家职能的不断理性化，劝农典礼逐渐被纳入日常行政范畴，此后历朝历代都将劝农的行为和成效作为评价地方官吏的重要指标之一。《新唐书》卷一百九十《王潮传》载："遣吏劝农，人皆安之。"④《明史》卷一景帝本记："（景泰二年二月）癸巳，诏畿内及山东巡抚官举廉能吏专司劝农，授民荒田，贷牛种。"

与之相对应的便是劝农文、劝农诗、劝农戏等逐渐发展成为一种文艺体类。每春二月农作初兴之时，各级官员为了更好地完成任务，便写作劝课农桑

---

① 徐朔方笺校：《汤显祖全集（二）·与宜伶罗二章》，北京古籍出版社1998年版，第1519页。

② （春秋）左丘明撰，鲍思陶点校：《国语》，齐鲁书社2005年版，第9页。

③ （春秋）管仲撰：《管子（卷一一）》，四部丛刊初编本1934年，第1页。

④ （宋）欧阳修、宋祁等撰：《新唐书》，中华书局1975年版，第5482页。

的文章以宣告君王"德意"、下谕百姓。劝农文在宋朝开始兴盛，宋人叶蕡所编的《圣宋名贤四六丛珠》中所列的 16 个"四六丛珠门类"已经将劝农文单列为一类，它虽属下行公文，主要行法令和教化之责，但是其中有些篇章亦不乏文学价值。朱熹《晦庵集》卷一百《劝农文》云：

> 今来春气已中，土膏脉起，正是耕农时节，不可迟缓。仰诸父老教训子弟，递相劝率，浸种下秧，深耕浅种，趋势早者所得亦早。

宋黄裳《演山集》卷三十五《劝农文》：

> 一时能勤，乃得一岁之逸；片善果修，遂享终身之报。①

劝农诗方面，早在《诗经》中已有描述：

> 噫嘻成王，既昭假尔。率时农夫，播厥百谷。骏发尔私，终三十里。亦服尔耕，十千维耦。②

宋金以后，随着杂剧和南戏的风靡，日渐成熟的戏曲成为人们喜闻乐见的艺术样式，其中不乏劝农的情节，这不但展现了当时春耕之前的风俗人情，而且对于戏曲故事的推进、人物的塑造也起着重要的作用。《八义记》第八出中程婴与赵宣子出郊劝农，开场交代了准备劝农仪式的情形：

> 万紫千红二月天，花含宿雨柳拖烟。光阴不觉人憔悴，寒食清明在目前。今日却是二月十五，该劝课农民。自家乃赵府程婴是也，我老相公分付安排酒，在十里长亭劝农。你看今年强似去年，不用管弦竹，何须锦裤褶，墙南村北，果然桃李弄精神……好景艳阳天，花烂熳芳草芊芊。③

这一出中赵宣下乡劝农救人的情节凸显了他的仁义，也为后来遭遇灭门惨祸时

---

① （宋）黄裳撰：《四库全书珍本初集·演山集 10》，武汉大学出版社 1997 年版，第 63 页。
② 程俊英：《诗经译注》，上海古籍出版社 1985 年版，第 631 页。
③ （明）徐元撰：《八义记》，载《古本戏剧集丛刊二集·八义记》，第 36 页。

百姓们的义举做了铺垫。不过直接展现的劝农场景在戏曲中所见不多，多数只是靠戏词带过，比如《红梨记》中，差人答赵伯畴的话曰：

> 老爷不在衙……下乡劝农去了，正好不得空回来哩！①

《双献功》第三折山儿云：

> 这孔目跟的那官人到俺那乡里劝农去来，见我家房子干净，他就在俺家里下。②

因此，像《牡丹亭》这样完整地演出一折劝农戏是比较少见的现象，可见汤显祖并非无意为之。

根据文化人类学提供的资料，原始社会依次出现了万物有灵、动物崇拜、图腾崇拜、鬼神崇拜、祖先崇拜和英雄崇拜等信仰形式，且彼此间呈现"异源"、"并行"和"后者包容前者"的规律。③ 原始信仰的各个类别，是对当时群体生产生活方式和社会组织形式的反映。以狩猎为主要经济手段的原始先民对自然产生了最初的崇拜，与之俱生的便是祈丰仪式，延续到农耕社会时期，还出现了农神崇拜。在 2011 年的遂昌劝农仪式上，人们将一头金牛的模型抬到神坛上行礼祭拜，在将真正的水牛"请"到地里耕作之前，还专门为牛准备了鸡蛋和清酒，这些都与古老的牛神崇拜密切相关。在古代，牛一直是农业生产中的主要畜力，也象征着耕作的力量和中国人勤劳的性格，因此牛常常成为祈丰仪式的主角之一，直到今天，很多地区还保留着与牛相关的仪式(如鞭春牛、舞春牛、迎春牛等)和节日(如壮族的敬牛节、纳西族的洗牛脚会等)。宋代孟元老《东京梦华录》记有鞭春牛的习俗：

> 立春前一日，开封府近春牛入禁中鞭春。开封、祥符两县置春牛于府前，至日绝早，府像打春，如方州仪。府前左右，百姓卖小春牛，往往花

---

① (明)徐复祚撰：《明清传奇选刊》，姜智校，中华书局 1988 年版，第 69 页。

② (明)臧懋循辑：《元曲选·黑旋风双献功杂剧、迷青锁债女离魂杂剧》，赵义山选注，上海古籍出版社 2008 年版，第 40~60 页。

③ 王胜华：《戏剧人类学》，云南大学出版社 2009 年版，第 17~25 页。

装栏坐，上列百戏人物，春幡雪柳，各相献遗。①

可以看出，随着农业经济的发展，鞭春牛从民间走向官方，成为国家普遍推崇的仪式。同样，祈雨祭祀也与农耕文明息息相关。因为"风调雨顺"是保证农业稳定生产的重要因素，《周礼·春官》记有："司巫：掌群巫之政令。若国大旱，则帅巫而舞雩。"②"雩"是古代为求雨而进行的一种仪式，"舞雩"是祭祀中相伴有舞蹈。早期祈雨的使命一直由女巫来完成，到了后来，统治者为了显示至高的权威，便自己承担祈雨的职责，甚至可以说早期社会的统治者就是一位"大巫师"。在雩祭中，统治者还会面对天帝自责谢过，祈求上天宽恕而不要以旱涝天气来惩罚自己的臣民，商汤因为大旱而向天神祷告说：

> 政不节与？使民疾与？何以不雨至斯极也？宫室荣与？妇谒盛与？何以不雨至斯极也？苞苴行与？谗夫兴与？何以不雨至斯极也？③

再到后来，龙成了掌管云雨之神，中国各民族对于龙的传说各不相同，但都认同龙是雨神或者水神。而龙作为帝王专用的象征，既说明祈丰求雨是国家的头等大事，也说明此等大事掌握在最高统治者的手中，统治者是唯一可以直接和龙所代表的神界"对话"的人，这便增添了神权的色彩，将先民对自然的崇拜转移到对神的崇拜，进一步具体到对帝王的崇拜。

在《文化与承诺》一书中，美国人类学家玛格丽特·米德将人类认知社会的方式分为前喻文化、同喻文化、后喻文化三个时期。前喻文化，指晚辈主要依靠向前辈学习经验来生产生活，最早可以追溯到原始社会时期。由于没有书面和碑文记载，每一次变革都必须同化在人们的体验之中，因此，在原始社会末期父系氏族阶段，一族之长常常要举行带有耕种示范性质的仪式，以向族人传授耕作经验，并鼓励大家进行农业生产。到了西周时期，国家依然保留着浓厚的原始经济成分，周文王便成了那个最大的"族长"。随着"公田"和"私田"的区分，"普天之下，莫非王土，"贵族与庶民实现阶级划分，统治者实质上不再亲自耕种，其举行庄严隆重的藉田大礼，实际也是为了借民力完成耕种。因

---

① （南宋）孟元老撰，伊永文笺注：《东京梦华录》，中华书局 1985 年版，第 107 页。
② 《周礼》，钱玄等注译，岳麓书社 2001 年版，第 236 页。
③ 张觉：《荀子译注》，上海古籍出版社 1995 年版，第 614 页。

此，无论在思想上还是实践中，劝农仪式都是君主国家重农政策的"象征物"，在此后的两千多年间，中国的小农经济社会形态始终没有发生质的改变，这一套由原始崇拜发展而来的劝农仪式也就不断地仪式化、制度化。

先秦时期，孔子为了恢复周礼，又将"仁"的概念引入"礼"之中，二者关系之复杂至今也是学术界讨论的热点，在此不过多展开。但是从最基本的意义上可以说，礼是外部规范、行为准则，仁是内心自觉、成德的志愿，礼的本质体现为仁（"人而不仁，如礼何"①），礼也规定着仁的方向（"克己复礼为仁"②），二者互为表里，为形式化的虚礼注入了深刻的思想基础，使"礼"真正成为"国之干也"③，即以礼治国。林中坚在《中国传统礼治》中指出：

> 礼治有广义和狭义之分。广义的"礼治"，包括德治、德教、孝治、文治、政治思想、伦理价值、是意识形态、礼法制度建设等；狭义的"礼治"，包含礼义、礼俗、礼器、礼仪、礼乐、礼教、礼制等。④

根据这一观点，从狭义的角度讲，劝农一出是对农耕社会祈丰仪式的描摹，而汤显祖笔下这场戏的主角是太守杜宝，展现的画卷也是这位官员眼中的政通人和，因此是一场能显示朝廷重农政策的礼制仪式，其中就自然带有作者的政治意识。倘若从更广义的视角来看，其中还蕴含着作者深厚的仁政思想。首先，随着明朝末年朝廷官员的腐败，劝农此种延续了一千多年的制度渐渐趋于形式化，主事官员往往例行公事地视察一番，更有甚者利用此机会去郊区春游、搜刮民脂，同为明朝人的王思任能够评出那句"不为游花过峡"，恐怕也是与现实情况有关。然而戏中的劝农仪式里，却明确说出此行"为乘阳气行春令，不是闲游玩物华"，"趁江南土疏田脉佳，怕人户们抛荒力不加"⑤，可见杜宝是认真履行春令之责，唯恐百姓辜负大好春光。其次，杜宝去的"南安县第一都清乐乡"清净优美、人民生活安宁富裕，戏中借乡民之口称赞杜宝"管治三年，

---

① （春秋）孔丘原著，杨伯峻、杨逢彬译注：《论语译注》，岳麓书社2009年版，第23页。

② （春秋）孔丘原著，杨伯峻、杨逢彬译注：《论语译注》，岳麓书社2009年版，第136页。

③ （春秋）左丘明撰：《左传》，岳麓书社1988年版，第60页。

④ 林中坚：《中国传统礼治》，广东人民出版社2007年版，第1页。

⑤ （明）汤显祖撰：《汤显祖集（三）·戏曲集》，上海人民出版社1973年版，第1836~1839页。

弊绝风清。凡各村相约保甲，义仓社学，无不举行。极是地方有福"①。这种出自百姓之口的表扬，已不仅仅是对地方官政绩的肯定，更是对杜宝政德与人格的肯定，百姓之所以自发的与太守共同参与劝农的仪式，是因为他们认同了这礼制背后的仁德，而汤显祖自己为官多年的经历说明这恰恰是他苦苦追寻的理想状态。

三、政治理想的审美化

自万历二十一年(1593)三月十八日上任，至万历二十六年(1598)三月十七日辞官归里，汤显祖在浙江担任了五年的遂昌县令，他将自己的政治理想寄托在这个山清水秀的"仙县"，治理出了一个和戏中一样和谐平静的南安府。在农政方面，遂昌所在的浙西南山区多年贫困交加、无力交赋。汤显祖上任后，对一般百姓劝勉鼓励，对大户人家则坚决征收、毫不留情，还曾写下《复项谏议征赋书》，向当地最大的乡绅、在京为官以疾病请告在遂昌修养的项应祥催交赋税。他重视发展农业生产，每年春月都率众备好花酒、带上春鞭去下乡劝农，并多次写下诗文记录当时的情景，如《班春》：

> 今日班春也不迟，瑞牛山色雨晴时。
> 迎门竟带春鞭去，更与春花插两枝。
> 家家官里给春鞭，要尔鞭牛学种田。
> 盛于花枝各留赏，迎头喜胜在新年。②

可见，在汤显祖的治理下，百姓的农作热情高涨，遂昌的农业生产已经有了一定的发展。在学政方面，汤显祖在瑞牛山麓建射堂和学舍，取名为"相圃书院"，还修了尊经阁(图书馆)、启明楼，他亲自给学生讲课，和诸生习射，为百姓"陈说天性大义，百姓又皆以为可"③。在刑政方面，他施仁政于民，五

---

① （明）汤显祖撰：《汤显祖集(三)·戏曲集》，上海人民出版社1973年版，第1836页。

② 徐朔方笺校：《汤显祖全集(二)·答吴启明》，北京古籍出版社1998年版，第1354页。

③ 徐朔方笺校：《汤显祖全集(二)·答吴启明》，北京古籍出版社1998年版，第1354页。

年中县域没有因斗殴或刑讯而死者，也没有拘捕过一位妇女。他尊重囚犯的人格，不滥用权威，还允许狱中囚犯在除夕夜回家过年，元宵节又组织囚犯去城北河桥上观花灯，在他的感召下，竟没有一位犯人企图趁机逃脱。但是对于为非作歹的人，汤显祖绝不手软，面对项应祥四子奸淫少女、杀害佃户的罪行，他迫使项应祥最终只能大义灭亲。汤显祖自己也对这一"理想世界"满心得意，于是多次将这番景象写入剧作当中。《南柯记·风谣》中唱道："征徭薄，米谷多。官民易亲风景和。老的醉颜酡，后生们鼓腹歌……"①可以说，戏中出现的这般和谐之景就是汤显祖在遂昌的政绩写照，也是他为官多年的理想所在。

汤显祖 21 岁中举，却因秉性正直、不愿趋炎附势，连续五次进京会试落榜。即使在这样的情况下，汤显祖也没有远离政治，而是到当时的南京太常寺做博士。其后几易官职，他都保持刚正不阿之气，直到一纸上书《论辅臣科臣书》痛斥奸臣败坏朝纲兼对万历皇上本人颇有微词，遂被贬谪到广东徐闻县当典史，之后又被"量移浙江遂昌知县"。此时的汤显祖已经 43 岁，但是却坚持在这个贫瘠的小县里实验着自己的政治抱负，然而他最终还是对明朝的官场腐败失望至极，毅然投劾告归。其实，以汤显祖的文章才华和兴趣所在，他亦可以直接选择隐居著书，然而出身于书香门第的他，自幼学习孔宋鸿儒之质，一生"贞于孔阜"②，他在《广意赋》中说道：

> 天孔仁察兮，岂忘镜也！③

他将儒家仁学视为自己的人生之镜，时时对照自己的人格与行事，这对他的人生和仕途都产生了重大的影响。他接受的文人传统教育是来自儒家对"成人"的理想诉求，其实现途径在于"六艺"之养成，而礼、乐、射、御、书、数本身就具有强烈的仪式意味，长期的濡染已经将此种仪式感内化到他的骨髓之中，汤显祖将这种"内圣"推向"外王"，希望"有所行于天下"。《礼记·大学》有云：

---

① 徐朔方笺校：《汤显祖全集（四）·南柯记·风谣》，北京古籍出版社 1998 年版，第 2355 页。

② 徐朔方笺校：《汤显祖全集（二）·浮梁县新作讲堂赋》，北京古籍出版社 1998 年版，第 1024 页。

③ 徐朔方笺校：《汤显祖全集（一）·广义赋》，北京古籍出版社 1998 年版，第 146 页。

　　古之欲明明德于天下者，先治其国。欲治其国者，先齐其家，欲齐其
家者，先修其身。欲修其身者，先正其心。欲正其心者，先诚其意。欲诚
其意者，先致其知。致知在格物。物格而后知至，知至而后意诚，意诚而
后心正，心正而后身修，身修而后家齐，家齐而后国治，国治而后天下
平。①

这段对话揭示了修身、齐家、治国、平天下四者的承递连接关系，并将其四者
作为礼治的对象，这是汤显祖等儒士一致尊崇的。他虽然只在徐闻停留半年，
但在当地倡导建成了贵生书院，并写下著名的《贵生书院赋》："大人之学，起
于知生。知生则知自贵，又知天下之生皆当贵重也。"邹元江认为汤显祖的"贵
生"思想来自于儒家的"自爱"与"爱人"："表面上是把'贵生'纳入礼义仁爱的
视域之中，而实际上他是意在通过'自贵'及于'贵人'，以重建人的主体地
位。"②他之所以每到一个地方就修建书院、教化群众，是因为他知道通过后天
的学习可以告别"昧于生理，狎侮甚多"的蒙昧，这套仪式感带来的不仅仅是
对于自身和子民的规范，更是强调将审美作为最高的人生诉求，把对人的尊重
作为生生不息之根本，真正实现"天地之性人为贵"，这正是改变遂昌贫瘠状
况的根本途径，却也是明末统治者所缺少的。

　　汤显祖的出仕做官不是为了追名逐利，而是出于那个时代深受儒家思想熏
染的知识分子的自觉意识，他"以诗人的心胸，承袭孔子仁政、周公礼乐之
策"③，期望在冰冷的虚礼中注入真正的仁爱之思，试图达到"人与社会，个
体与类，殊相与共相的和谐统一"④。然而在宦官当权、民不聊生的明末时期，
汤显祖的努力于时代而言也不过是一叶鸿毛。辞官归隐之后，遂昌县的百姓在
相圃书院中为汤显祖修建祠堂，在他 60 岁生辰之时，还特意派画家专赴临川
为其画像。而在 49 岁辞官到去世前的 18 年间，汤显祖创作了大量诗文，并将
"临川四梦"创作完成。他用至情的笔法，描绘着他所渴望的礼乐图景，《牡丹
亭·劝农》和《南柯记·风谣》的诞生，饱含着诗意的生生之大情，它们连同汤
显祖的理想国，被后世久久的吟唱。

① 杨天宇：《礼记译注(下)》，上海古籍出版社 2004 年版，第 800~801 页。
② 邹元江：《汤显祖新论》，上海人民出版社 2015 年版，第 204 页。
③ 邹元江：《汤显祖新论》，上海人民出版社 2015 年版，第 107 页。
④ 邹元江：《汤显祖新论》，上海人民出版社 2015 年版，第 133 页。

山也清，水也清，人在山阴道上行。春云处处生。
官也清，吏也清，村民无事到公庭。农歌三两声。
平原麦洒，翠波摇剪剪，绿畴如画。①

（作者单位：武汉大学哲学学院）

---

① （明）汤显祖撰：《汤显祖集（三）·戏曲集》，上海人民出版社 1973 年版，第 1837
页。

西方美学

伽达默尔为何批评接受美学？

何卫平

西方接受美学诞生于 20 世纪 60 年代末 70 年代初，它出现不久便产生了广泛的影响并很快跃升为一门显学，但同时它逐渐暴露出来的问题也遭到了不少人的质疑和诟病，有趣的是这其中就有它的直接先驱当代解释学大师——伽达默尔。伽达默尔的解释学包含接受美学，但不能说接受美学就是对伽达默尔解释学不打折扣的演绎。接受美学的两位重量级人物耀斯和伊泽尔都是伽达默尔的学生，他们皆承认接受美学同哲学解释学之间的继承关系，但他们的老师似乎并不领情，对其颇有微词，一再强调二者之间的差别，这里面到底是何故？过去人们一直很少追究，但其中大有深意，值得我们反思。笔者这里主要关注的问题是：伽达默尔为什么会批评接受美学？接受美学到底触动了什么引起伽达默尔对它的不满？哲学解释学与接受美学的界限主要体现在哪里？

一

众所周知，西方接受美学的理论资源十分丰富，并且可以追溯到很远①，但它主要还是在现代大陆哲学的方向上和背景中发展起来的，究其道统可简括为：现象学→存在哲学→解释学→接受美学，尤其是解释学对接受美学的影响最直接、最具体。关于两者的一致之处，在伽达默尔那里不难找到，然而从前

---

① 例如，在黑格尔那里就已涉及接受美学的思想，他的《美学》中专门有一节（"理想的艺术作品的外在方面对听众的关系"）就谈到过这个问题，他说，尽管艺术作品是一个相对完整的世界，但它作为现实的存在"却不是为它自己而是为我们而存在，为观照和欣赏它的听众而存在"，"每件艺术作品也都是和观众中每一个人所进行的对话"。引自［德］黑格尔：《美学》第 1 卷，朱光潜译，商务印书馆 1982 年版，第 335 页。再加上他与伽达默尔解释学的亲和性，笔者认为，黑格尔也应属于现代接受美学的思想先驱之一。

者为后者奠基的角度来看，笔者认为，主要体现于伽达默尔的代表作《真理与方法》的第一部分和第二部分。

在《真理与方法》的第一部分(也就是通常人们所说的代表伽达默尔美学思想的那部分)中，伽达默尔建立了一种艺术作品的本体论，它属于海德格尔所说的局部本体论或区域本体论，其阐释的主线是对游戏所作的存在论现象学的描述。伽达默尔一反传统游戏论从游戏者出发的做法，而是从游戏出发，而游戏与游戏者分不开；这里的游戏者包括作者和观众，但伽达默尔更着重于作品与观众(读者)的关系，而不是作品与作者的关系。为此，他谈到了"第四堵墙"的问题，如果说，现实生活那堵"墙"所体现的是"自身表现"，那么进入艺术中那第四堵墙坍塌了，它朝观众打开，或者说，观众成了第四堵墙，成了作品存在的一部分，这也意味着游戏由"自身表现"向"为……表现"转化，即向"为观看者而表现"转化。①

我们知道，在西文中，"游戏"(Spiel/play)与"戏剧"相通，前者在后者中得到了典型的表征，而戏剧主要涉及与"观众"，即"第四堵墙"的关系，有了观众这堵墙，艺术作品才达到完整，少了观众，艺术作品(如戏剧)的存在只是潜在的，而不是现实的。正是基于这一点，伽达默尔高度评价了亚里士多德关于悲剧的定义，认为这个定义将悲剧本质的理解同观众的参与联系起来了，并明确地指出，它对于我们把握审美的特性"具有决定性的启示"②。由此，伽达默尔得出了与后来接受美学毫无二致的结论："艺术作品的存在就是那种需要观赏者接受才能完成的游戏"，换言之，它"绝不可能脱离接受者而存在。"③"阅读绝不是再现"，"我们所阅读的一切文本都只有在理解中才能得到实现。而被阅读的文本也将经验到一种存在的增长，正是这种增长才给予作品完全的现实性"。④

伽达默尔解释学中所蕴含的接受美学思想，除了直接体现在《真理与方法》的第一部分中的游戏论外，还体现在第二部分所明确阐述的效果历史原则

---

① ［德］伽达默尔：《真理与方法》上卷，洪汉鼎译，上海译文出版社 1999 年版，第140~141 页。

② ［德］伽达默尔：《真理与方法》上卷，洪汉鼎译，上海译文出版社 1999 年版，第168 页。

③ ［德］伽达默尔：《真理与方法》上卷，洪汉鼎译，上海译文出版社 1999 年版，第215、211 页。

④ ［德］伽达默尔：《真理与方法》下卷，洪汉鼎译，上海译文出版社 1999 年版，第650 页。译文有改动。

上，它包括"时间距离"中的"视域融合"以及与之相关的解释学的"应用"理论。伽达默尔说过一句极精当的话："艺术作品同它的效果历史、历史传承物同其被理解的现在乃是一个东西。"①这个原则既是哲学解释学的核心，又可以说是整个接受美学的基础，后者不过是对前者创造性的运用。根据这个原则，作品的意义是在无限的效果史中逐步呈现出来或确立起来的。从时间上讲，伽达默尔认为艺术作品的过去性，也就是它的同时性，真正的艺术作品不会随着时代的变迁而丧失自身的意义；恰恰相反，它就在这种变迁中使自身的意义得到充分的展开和实现。伽达默尔所揭示的艺术作品的偶缘性就与此有关，它包含有接受美学的因素，他将这种偶缘性定义为：作品的意义是由其境遇从内容上所作的持续性的规定②，而这个境遇离不开历代读者和观众，它同效果历史有关。

值得一提的是，在作者—文本（作品）—读者这三者的关系中，伽达默尔并没有完全否认作者的意图，例如，他说，在阅读时，"我们必须理解他人"以及"他人所意指的究竟是什么"，但由于作者只是针对文本中那些固定下来的表述才有其解释学的意义，所以伽达默尔强调仅仅限于此是不够的，这通过他所提出的三个问题强烈地表达出来了：理解是否只有通过追溯到作者的原意才能达到？如果追溯到作者的原意理解是否就够了？若无法追溯作者的原意又该怎么办?③ 正是针对这一点，伽达默尔指出，对他者所说的内容的理解，不只是去把握其意指，而是与之一起参与到一种共同的活动中，将"文本所具有的意义指向置于"读者"自己所开辟的意义世界中"④，这也就是视域融合。

由于作者同作品的关系是有限的，而读者与作品的关系是无限的，所以伽达默尔的艺术作品本体论以作品为核心，虽然涉及作者—作品—读者三者之间的关系，但侧重点却放在作品与读者之间的关系上。这也与他在建构自己的艺术作品本体论的过程中，由一般游戏走向艺术游戏然后走向构成物（作品）的思路是一致的。当伽达默尔在描述一般游戏时，他强调的是游戏的"自身表

---

① ［德］伽达默尔：《诠释学Ⅰ：真理与方法》，洪汉鼎译，商务印书馆 2007 年版，第 642 页。

② ［德］伽达默尔：《诠释学Ⅰ：真理与方法》，洪汉鼎译，商务印书馆 2007 年版，第 202 页。

③ 参见［德］伽达默尔：《真理与方法》下卷，洪汉鼎译，上海译文出版社 1999 年版，第 648~649 页。

④ ［德］伽达默尔：《真理与方法》下卷，洪汉鼎译，上海译文出版社 1999 年版，第 649 页。译文有改动。

现"，而未引入观众(典型的如儿童游戏，这种游戏不需要观众，孩子们只是"忘我地"投入其中，甚至不想观众，尤其是成人观众的干扰)；当转到描述"艺术游戏"时，伽达默尔则突出了这种游戏不仅是"自身表现"，而且还是"为……表现"(典型的如戏剧)，而当将这种艺术游戏活动集中于构成物(作品)时，则进一步突出了现象学的角度。也就是说，"构成物"不仅是作者审美意向活动建构起来的对象，而且也是读者审美意向活动建构起来的对象①；它不同于一般的自然物，也不是一个固定的无时间的东西，而是体现为一种历史性的存在或历史的同时性，这样构成物(作品)便被赋予了本体论现象学的含义，并启示着后来的接受美学。

相对于古典解释学，伽达默尔解释学之"新"主要体现在它沿着20世纪初兴起的现象学运动开辟的方向：既反心理主义，又反历史主义②，这在解释学上表现为对古典解释学——浪漫派解释学和历史学派解释学的超越。我们知道，浪漫派解释学强调回到作者的原意，崇尚心理解释，这在现代解释学之父——施莱尔马赫(还有他的追随者狄尔泰)那里得到了确定和强化，他认为，"只有返回到思想产生的根源，这些思想才可能得到真正的理解"③。这个根源，对他来讲就是作者的原意。历史学派解释学崇尚的是一种历史客观主义，主张运用经验的方法回到文本的历史本义。与这两种观点相应，传统的艺术史完全变成了作者和作品的历史，读者的生产性遭到了忽视。这样的立场无疑既限制了文本，也限制了读者，从根本上也就限制了意义。哲学解释学则反对历史客观主义、反对作者中心论，反对心理学的解释观，倡导现象学的解释观，强调文本对读者显现出来的意义，即我们理解的基础是那些我们直接经验中被给予的东西，即现象学意义上的显现、现象，而非康德意义上的物自身。在这里现象和物自身是不可分的。这样就既解放了文本，也解放了读者，从根本上也就解放了意义，使海德格尔所谓的"让—在"得到了具体的体现，这是它最重要的贡献，也是哲学解释学之本意——意义的"释放"。由此可见，伽达默

---

① 关于这个方面英伽登作了非常精彩的描述和分析(参见他的被誉为现象学美学之经典的《对文学的艺术作品的认识》，陈燕谷、未晓译，中国文联出版公司1988年版)，伽达默尔也受到过他的影响。只是后者更多的是从认识论的层面、前者更多的是从本体论的层面来探讨这个问题的。

② 这里主要指的是历史客观主义。

③ [德]伽达默尔：《真理与方法》上卷，洪汉鼎译，上海译文出版社1999年版，第241页。

尔对古典解释学的批判和超越与接受美学对古典文艺理论重作者、作品，轻读者的倾向的批判是一致的，两者之间存在着一种内在的联系。同时这也说明，伽达默尔的解释学本来就含有接受美学的基本因素，没有前者就没有后者。

接受美学也明确地承认，哲学解释学的经验观、效果历史、视域融合、前理解以及"应用"等理论都是接受美学的思想前提。接受美学尤其强调文本的效果历史的意义，而不是文本的独立自在的意义，并将其运用于具体审美活动的研究中，如耀斯就认为，读者对文学作品的接受乃是理解和解释的应用，接受美学实际上就是文学解释学。

然而，接受美学对哲学解释学既有顺应的一面，也有偏离的一面，这种偏离带有原则性，以至于伽达默尔不能接受，不能容忍，并对之进行了批评，这种批评主要针对的是耀斯。下面就让我们来看一看其具体的内容。

二

伽达默尔对耀斯的批评主要见于《真理与方法》1975 年标准版和 1986 年扩大版中所增加的两个注释①、第三版后记以及 1985 年他写的两篇重要论文《在现象学与辩证法之间：一种自我批判的尝试》和《解毁与解构》中。

我们知道，伽达默尔一直很关心文学理论与解释学实践的关系的研究，尤其是后期，而耀斯的接受美学正是从文学解释学这个角度切入的，他所理解的审美经验涉及三要素：艺术作品的生产、消费和交流。他认为以往的美学研究重在艺术作品的生产、消费，而轻艺术作品的交流，而他要着力加强这个薄弱环节的研究。伽达默尔承认，耀斯从这个角度对解释学的发展具有推动作用，并为文学研究指明了全新的方向，然而这是否意味着耀斯的接受美学准确无误地把握了哲学解释学的精神实质呢？伽达默尔的回答是否定的，他的批评主要围绕着下面两点展开的②：

第一，审美经验、审美区分和效果历史意识。在这方面，伽达默尔对汉斯·罗伯特·耀斯表达了如下不满：

---

① 参见［德］伽达默尔：《诠释学 I：真理与方法》，洪汉鼎译，商务印书馆 2007 年版，第 70、169 页。之所以在最初的版本中没有，是因为那时接受美学尚未产生，因此，这两个注释所反映的思想严格来讲应属于伽达默尔的后期思想。

② 为了论述的逻辑关系，我们将伽达默尔批评的次序颠倒了一下，后面耀斯的回应也作了相同的处理。

　　我……不明白的是，耀斯试图使其发生作用的"审美经验"怎么会使艺术经验得到满足。我的"审美无区分"这个颇费解的概念的要点就在于不该把审美经验太孤立，以致使艺术仅仅变成一种享受的对象。耀斯对视域融合的"否定"在我看来也似乎犯了同样的错误。……视域的显露（Horizontabhebung）在解释学研究过程中表现为一种整体因素。①

　　仔细分析一下，这段批评主要集中在三点上：（1）耀斯接受美学的核心——"审美经验"；（2）耀斯审美经验的前提——"审美区分"；（3）耀斯对视域融合的背离。

　　关于第1点：我们知道，耀斯的接受美学或文学解释学的出发点是"审美经验"，而伽达默尔的艺术作品本体论的出发点是"艺术经验"。在伽达默尔眼里，"审美经验"比"艺术经验"要狭窄得多。

　　关于第2点：耀斯的审美经验包含有"审美区分"的前提，而伽达默尔所讲的艺术经验是以审美无区分为前提的。我们知道，伽达默尔一贯反对审美区分，倡导审美无区分的思想。② 伽达默尔曾批评耀斯在《审美经验和文学解释学》中和阿多诺的《审美理论》一样滥用了康德关于艺术鉴赏（趣味）的分析，这个批评就与审美区分有关。在伽达默尔看来，康德的美的理想恰恰说明，艺术作品主要是依附美，而非自由美，因此它不可能是纯粹的鉴赏判断而置其他非审美的质（如道德因素等）于不顾。③

　　关于第3点：表面上看，耀斯肯定伽达默尔的视域融合，但实际上却否定了"视域融合"，因为他更多突出的是接受者接受的意识活动的自主性和创造性，他对效果历史的强调也是着重在读者这方面，虽然无论是耀斯，还是伊泽尔都没有忽视文本和读者的双向交互作用，如他们提出的文本的"召唤结构"和读者的"期待视域"的互动融合，等等，但总的来讲，重点和落脚点还是在

---

　　① ［德］伽达默尔：《真理与方法》下卷，洪汉鼎译，上海译文出版社1999年版，第643页。
　　② 关于"审美区分"与"审美无区分"，参见拙作《试析伽达默尔的"审美无区分"思想的理论意义》，见洪汉鼎、傅永军主编：《中国诠释学》第3辑，山东人民出版社2006年版，第148~170页。
　　③ 参见［德］伽达默尔：《真理与方法》上卷，洪汉鼎译，上海译文出版社1999年版，第60页。

读者一方。而伽达默尔要强调的是文本与读者两者的"视域融合"，它们是一个相互作用、相互参与的关系，甚至为了避免理解的主观性伽达默尔有时更强调文本、他者的优先性和理解中的"倾听"，晚年的伽达默尔甚至说，"他人"有可能正确，这种信念是"解释学的灵魂"①，换言之，哲学解释学要在文本和读者之间追求一种平等的对话和互动，唯有做到了这一点，超越于作者和读者主观性之上的"逻各斯"才会自己"说"出来，否则就会缄默不言、蔽而不显。

第二，艺术作品同一性的问题。在这方面，伽达默尔认为耀斯利用读者理解的多样性取消了艺术作品的同一性，并一针见血地指出，如果耀斯的接受美学"想把作为一切接受模式基础的艺术作品消融在声音的多角形平面中"，那么就是对哲学解释学思想的"一种篡改"。② 这里的"声音的多角形平面"实际上是用隐喻来指代理解的多样性。

此处我们首先需要澄清的是，伽达默尔从来没有否认艺术作品在其原有的时代和世界中的表达方式对它的意义以及它如何向不同时代的读者说话具有限制和规定的作用。相对于读者的能动性，耀斯仅仅将这种限制和规定看成"消极性"的是不对的，伽达默尔要将作品和效果作为一个意义的统一体来考虑，而非单方面去考虑读者，这种统一体的具体实现形式就是"视域融合"，伽达默尔将这视为"效果历史意识的要点"③，而且文本与读者之间的对话、视域融合所产生的效果"既不再属于作者，也不再属于读者了"④。

伽达默尔还强调只有在不断地返回中文本才具有其真正的存在，这种返回意味着，要从文本自身出发去实现它的真正意义，文本在说话，我们阅读时必须认真加以"倾听"，因为其意义并非完全由我们的审美意识所左右。也就是说，审美接受既自由，又受到制约。伽达默尔指出，"在理解时不是去扬弃他者之他在性，而是要保持这种他在性"，伽达默尔之所以突出"他者之他在性"，就是要打破"自我中心主义"⑤，承认有某种不能为"自我"所吞噬的东

---

① 转引自[加]J. 格朗丹《哲学解释学导论》英文版，耶鲁大学出版社 1994 年版，第124 页。

② [德]伽达默尔：《真理与方法》下卷，洪汉鼎译，上海译文出版社 1999 年版，第643 页。

③ [德]伽达默尔：《真理与方法》下卷，洪汉鼎译，上海译文出版社 1999 年版，第764 页。着重号为引者所加。

④ 洪汉鼎：《理解与解释：诠释学经典文选》，东方出版社 2001 年版，第 432 页。

⑤ [德]伽达默尔：《诠释学 II：真理与方法》，洪汉鼎译，商务印书馆 2007 年版，第 5、9、10 页。

西。他的游戏论乃至整个解释学都是作为一种自我意识的对立面提出来的，伽达默尔这一思想与列维纳斯有相似之处。而接受美学在突出读者能动性方面走得太远，以致陷入另一个极端，导致伽达默尔甚至将接受美学同德里达的解构主义相提并论，认为前者已滑入后者的边缘①，具有取消作品意义的同一性的危险。

伽达默尔坚持文本意义的连续性和同一性的思想，受海德格尔的时间观影响。他将历史的理解看成是过去、现在和未来之间的对话，并通过这种对话达到统一，因为海德格尔的时间观本来就认为这三者是统一的。不管我们理解怎样不同，我们所理解的还是"同一部"作品，同一性的问题无论如何是回避不了的，这种同一性调解着作品的当初与当下的距离②，作品的意义是一种不确定的确定或确定的不确定，这种表达虽然是矛盾的，但却是辩证的；否则，我们无法在承认艺术作品意义的丰富性的同时保证它的真理性。

下面我们再来看一看耀斯本人的陈述和回应。耀斯承认自己在上述两个方面同伽达默尔之间存在着争议，他对第一点的反驳是：伽达默尔对审美意识的批判带有抽象性，忽略了从审美无区分向审美区分发展的过程中审美经验的成就。他认为，在历史上审美态度摆脱宗教的束缚是有进步作用的。③ 此外，自席勒以来，一直到当代法兰克福学派从批判的角度来看待审美经验对现实异化的扬弃也是有着积极意义的，这里面本身就包含对艺术认识的肯定。④ 因此他要捍卫审美经验，包括审美意识、审美立场在接受美学中重要地位，并由此肯定了审美区分的合理性。耀斯对第二点的反驳是：伽达默尔承认经典作品会产生一种"原创的优越性"，而问题在于这种原创的优越性如何同意义逐渐具体化的原理相协调？与之相关，令耀斯不解的是，伽达默尔认为有一种意义的同一性，而这种同一性如何与解释学的"应用"相协调？他认为，伽达默尔这两个观点是自相矛盾的，因此，耀斯声称要用伽达默尔来反对伽达默尔，即用他

---

① 参见[德]伽达默尔：《真理与方法》上卷，洪汉鼎译，上海译文出版社1999年版，第155页，注①。

② 参见[德]伽达默尔：《诠释学 II：真理与方法》，洪汉鼎译，商务印书馆2007年版，第578页。

③ 参见[德]汉斯·罗伯特·耀斯：《审美经验与文学解释学》，顾建光等译，上海译文出版社1997年版，第14~15、16~17、36、39页。

④ 参见刘小枫编选：《接受美学译文集》，生活·读书·新知三联书店1989年版，第65页。

的"应用"理论来反对他的"原创的优越性"和"意义的同一性"的讲法。①

关于第一点，我们需要作进一步的补充说明。首先，耀斯接受美学的出发点是审美经验，而他认为使艺术成为可能的欣赏态度即审美态度就是地道的审美经验，它是艺术的基础，他的接受美学明确地假定了接受的基础是审美的反思并突出审美经验的自由，这种自由与伽达默尔承认的"原创的优越性"相对立而且将其"远远抛在后面"②。可见，耀斯的审美经验突出的是审美经验、审美态度，甚至审美享受（这一点在其批判阿多诺的否定美学时加强了），最终还是有回到审美意识中心之嫌，这显然与伽达默尔的本体论走向是不一样的。

其次，耀斯坚持从"审美经验"出发，实际上是以"审美区分"为前提的，因为没有审美区分就没有审美经验，而审美区分又是以审美意识和审美抽象为前提的。伽达默尔之所以坚持从"艺术经验"出发，是因为他认为这个词比"审美经验"内涵更丰富，包含有反对审美区分、坚持"审美无区分"的要求，这种审美无区分将艺术与它的世界联系在一起，在艺术作品起源时如此，在其后来的发展中也如此。

伽达默尔的"审美无区分"首先是针对席勒的，因为严格地讲，"审美区分"的明确标志是从席勒开始的，他要用游戏（审美）冲动来扬弃理性（形式）冲动和感性（质料）冲动的片面性，以达到人性的完整与和谐：他效仿康德，明确地将"你要采取审美的态度"化为一道无上的命令③，并将审美与现实世界对立起来。而耀斯从审美经验的历史发展，以及从异化和异化消除的这个角度肯定了席勒以来的审美区分积极性的一面，批评伽达默尔未能看到"处于感受层次的审美经验承担了一个与社会存在不断加剧的异化现象相对立的任务。在艺术的历史中，审美经验从来没有接受过这种任务：运用审美知觉的语言批评功能和创造功能去抵御文化工业中萎缩了的经验和卑贱的语言"④。

---

① 参见［德］汉斯·罗伯特·耀斯：《审美经验与文学解释学》，顾建光等译，上海译文出版社 1997 年版，第 14 页。

② 参见［德］汉斯·罗伯特·耀斯：《审美经验与文学解释学》，顾建光等译，上海译文出版社 1997 年版，第 29、40、19 页。

③ 参见［德］伽达默尔：《真理与方法》上卷，洪汉鼎译，上海译文出版社 1999 年版，第 105 页。

④ ［德］汉斯·罗伯特·耀斯：《审美经验与文学解释学》，顾建光等译，上海译文出版社 1997 年版，第 138 页。

平心而论，耀斯的这个批评不能说一点道理没有，伽达默尔对"审美意识的抽象"的批判的确有点过于简单化，没能看到从早期与其他功用搅在一起的审美无区分，如宗教艺术（古希腊的艺术宗教、中世纪教会中的祭坛画，等等）到以想象力博物馆为标志的审美区分（从文艺复兴时期开始）在人类审美经验的发展中所取得的重要进展①，没有看到从康德到席勒、到浪漫派再到法兰克福派的相关思想含有对现实的审美批判的意义。不过，虽然耀斯在这方面的辩护有一定根据，但审美区分毕竟反映的是审美意识的本质特征。② 因此，它的意义是很有限的、相对的，而且归根结底是以审美无区分为基础的，如果将其与审美无区分对立起来，无论如何都是错误的。所以总的看来，伽达默尔对他的批评不是无的放矢的。

关于第二点：耀斯认为伽达默尔强调经典作品"原创的优越性"与意义的具体化、作品的同一性与解释学的应用是自相矛盾的。坦率地讲，这个批评没有说服力其实，伽达默尔的效果历史、视域融合的原理已谈得很清楚了，原作对后来的意义变迁是有制约作用的，二者之间存在着一种辩证的张力并构成一个统一体。在笔者看来，伽达默尔的论述一点也不矛盾，而是更带历史感和辩证性。在这方面耀斯恰恰缺乏一种辩证眼光，仅靠抓住伽达默尔一个方面，去反对他的另一个方面显然是徒劳的、无效的。这也告诫我们，应当全面地、准确地去领会一位思想家的思想，否则赞同一个人或反驳一个人就太容易了。

伽达默尔强调艺术作品的存在意义是通过彻底的中介实现出来的，这种彻底的中介意味着不断的扬弃自身，此乃伽达默尔所表达的审美无区分思想的要点。读者对作品的接受无疑是一种再创造，但伽达默尔认为，核心的问题并不是再创造，而是作品通过再创造"使自身达到了表现"③，也就是实现它的存在。这句话虽然可以与接受美学联系起来，但其中的差别和强调的侧重点的不同还是不难看出来的。接受美学基本上还是在审美意识能动性这个角度，而不

① 参见[德]汉斯·罗伯特·耀斯：《审美经验与文学解释学》，顾建光等译，上海译文出版社 1997 年版，第 15 页。

② 参见[德]伽达默尔：《真理与方法》上卷，洪汉鼎译，上海译文出版社 1999 年版，第 172 页。

③ [德]伽达默尔：《真理与方法》上卷，洪汉鼎译，上海译文出版社 1999 年版，第 155~156 页。

是从艺术作品存在的角度来说明艺术的本质的，甚至对作品本身有忽视的倾向①，这是伽达默尔不能苟同的，他所理解的意义是一个我们被卷入其中却不能任意支配的事件，是超越创作者和鉴赏者之主观性的事件②，而对这一点接受美学未能给予足够的重视。

由此看来，耀斯与伽达默尔的上述差别，绝不是"大同"之外的"小异"，至少伽达默尔不这样认为。在他眼里，接受美学并没有真正把握到哲学解释学的精神实质，它无法同主观论美学划清界限，和康德以来的其他主观论美学、体验论美学一样不能保证艺术作品的同一性，而同一性保证不了，艺术真理也就保证不了，因此，它遭到伽达默尔的责难是理所当然的了。有人曾一针见血地指出，接受美学从一开始就面临着相对主义的倾向，它在反对客观主义时走得太远了。③

三

现在我们再来进一步分析一下伽达默尔批评接受美学的理据。这个理据实际上与他一贯的主张和基本思想一脉相承，并且早在他的《真理与方法》的第一部分就已经被奠定了，正如伽达默尔自己所说，他的以艺术作品为中心的《真理与方法》的第一部分对于其哲学解释学的整个构想起着指导的作用。④在这一部分伽达默尔无非有两个任务，那就是"破"和"立"："破"的是康德以来的主观论美学，"立"的是艺术作品的本体论，最终要回答的基本问题是：艺术的真理何以可能？

众所周知，艺术与真理之争、诗与哲学之争在西方古已有之，它可以追溯

---

① 尽管接受美学也说视域融合，在这个过程中，读者既要准备赢得，也要准备失去。参见汉斯·罗伯特·耀斯：《审美经验与文学解释学》，顾建光等译，上海译文出版社，1997 年版，第 2 页。

② 参见[德]伽达默尔：《真理与方法》上卷，洪汉鼎译，上海译文出版社 1999 年版，第 153 页。

③ 参见刘小枫编选：《接受美学译文集》，生活·读书·新知三联书店 1989 年版，第 117 页。

④ 参见[德]伽达默尔：《真理与方法》下卷，洪汉鼎译，上海译文出版社 1999 年版，第 635 页。伽达默尔的《真理与方法》，虽然由三个部分——艺术、历史和语言——组成，但在结构上具有循环性，在这个意义上，其第一部分可以看做全书的导论，但也可以倒过来读。

到柏拉图。柏拉图主义的艺术观同其理念论的矛盾导致了艺术长期以来的尴尬局面：是真理，还是不是真理？是认识还是不是认识？由此而引出的后来的发展，艺术的地位既可以抬高，也可以贬低，这典型的体现在近代的康德那里：他一方面将审美看成是连接自然与自由的中介，另一方面却认为它与认识无缘，只是一种鉴赏活动、审美意识活动。黑格尔虽然发展出了美是理念的感性显现的学说，但最终却认为艺术低于哲学，这里柏拉图主义的影子尤存。至于在科学主义甚嚣尘上的年代，艺术的真理性要么被忽略，要么被轻慢。而伽达默尔在海德格的影响下，通过建立艺术作品的本体论消除了这个矛盾和冲突，他的切入点是对康德的批判。

我们知道，康德的《判断力批判》上卷主要由两部分构成：趣味论美学和天才论美学。前者涉及美的鉴赏，后者涉及美的创造，但它们都是从主观论出发的，并奠定了西方现代性美学的基调。在大的方向上，它隶属于西方近代以来的主观主义的哲学，因此伽达默尔对它的颠覆与解构不仅具有美学的意义，而且具有哲学的意义。

伽达默尔的艺术本体论之所以既不以作者为中心，也不以读者为中心，而是以作品为中心，其目的就是要超越主观主义，将理解本身视为意义事件的一部分，以避免重蹈意识哲学的覆辙。因为如果我们只是在观念和意识中来看待艺术的创造和欣赏，那么我们就始终无法摆脱天才论美学和趣味论美学的心理主义的阴影，"就看不到那种超出创作者和鉴赏者的主观性的事件，而这种事件正表现了一部作品的成功"①。

在这一点上伽达默尔深受转向后的海德格尔的影响，他的《真理与方法》的第一部分提出的艺术作品本体论与海德格尔《艺术作品的本源》存在着内在的相关性，对此我们只要比较一下便不难看出。后者被伽达默尔誉为"哲学的轰动事件"，因为与以往的观念大相径庭，它将艺术作品描述为一个自立的世界，完全摆脱了占主导地位的传统美学中的天才论、趣味论，而去努力"把握那种独立于创作者和观赏者的主观性的作品的本体论结构"②。

伽达默尔特别强调海德格尔所使用的"世界"与"大地"这对概念，前者是敞开、显现、建立，后者是掩蔽、隐匿、锁闭，二者是充满张力的对立统一，

① ［德］伽达默尔：《真理与方法》上卷，洪汉鼎译，上海译文出版社 1999 年版，第153 页，着重号为引者所加。

② ［德］伽达默尔：《哲学解释学》，夏镇平、宋建平译，上海译文出版社 1994 年版，第217 页。

无论是海德格尔的表达，还是伽达默尔的解释，它们两者的关系都体现为一种辩证法。海德格尔说，"世界与大地的对立是一种争执……在争执中，一方超出自身包含着另一方"，"而在争执的实现过程中就出现了作品的统一体"。①伽达默尔对此作了进一步的阐释：

> 艺术作品的存在不在于成为一次体验，而在于通过自己特有的"此在"使自己成为一个事件，一次冲撞，即一个从来不曾出现过的世界就在这种冲撞中敞开了。但是，这个冲撞在作品中的发生方式却是，当它发生之时，又仍然处于隐匿的逗留中。那如此露面又自行隐匿的东西，在其张力中构成作品的形象。这个张力，海德格尔是作为世界和大地的争斗来描述的。②

"世界"与"大地"这两个方面都属于作品的存在，而且它们的冲突不仅是艺术真理的体现，也是一般存在真理的体现。如果说在早期，海德格尔将"大地"理解为支撑我们居住的现象，它是在"世界"中的自然，而不是与"世界"相对的一极，那么在 20 世纪 30 年代中期，也就是在写《艺术作品的本源》的时候，海德格尔修正了原来的想法，将"大地"看成与"世界"既有联系又有区别的东西，它成了与"世界"相对立的一部分③，这就彻底摆脱了主观主义的倾向。伽达默尔之所以特别关注海德格尔所提出的与"世界"相对的"大地"概念，就是因为他看到"大地"的使用旨在"撇开作者和观赏者的主体性，独立地去领会本体论的结构"。④ 这一点至关重要。

海德格尔不仅"描述了艺术作品的存在方式，避免了传统美学和现代主体性思想的偏见"，而且还刷新了黑格尔的"思辨美学"。伽达默尔认为，黑格尔关于美的定义(实际上也是艺术的定义)"与海德格尔独特的思想探索一样，都想要从原则上克服主体和客体、自我和对象的对立，不再从主体的主观性来描述艺术作品的存在"⑤，但黑格尔并不彻底，海德格尔彻底化了，并且正是从

---

① [德]海德格尔：《林中路》，孙周兴译，上海译文出版社 1997 年版，第 33 页。
② [德]伽达默尔：《美的现实性》，张志扬等译，上海三联书店 1991 年版，第 105 页。
③ Michael Inwood. *A Heidegger Dictionary*. Malden Massachusetts, 1999, p.50.
④ [德]伽达默尔：《美的现实性》，张志扬等译，上海三联书店 1991 年版，第 103~104 页。
⑤ [德]伽达默尔：《美的现实性》，张志扬等译，上海三联书店 1991 年版，第 105 页。

这里为进一步深刻地批判西方传统形而上学以及近代以来的主体性哲学打开了一个新视野、新思路，并影响到伽达默尔。只是伽达默尔很少直接照搬海德格尔的术语，而是自建一套话语系统，但在精神实质上却与海德格尔保持一致，例如，伽达默尔在他的著作中就没有使用"大地"这个来自荷尔德林的具有诗意和神秘气息的字眼，但他对艺术作品的理解和表达无不体现着的"大地"的精神。这可说是他所主张的要将海德格尔早期和晚期思想相结合的一个突出例子。比较起来，接受美学以审美经验为中心，过多宣扬审美意识的能动作用，这和伽达默尔沿着海德格尔道路所倡导的那种精神相去甚远，在接受美学的身上仍保留着西方近代以来的意识哲学的色彩。

此外，伽达默尔的整个艺术作品本体论在方法上主要体现为现象学和辩证法，这和他所要表达的主题是一致的。伽达默尔对艺术作品意义的同一性的强调包含这两个方面的视野，因为在他看来，艺术作品的同一性的问题很难只在读者的身上得到说清。对于接受美学来讲，文本的接受过程也就是进入我们自己的自我意识，对文本的解读，也就是解读我们自己；作品如何存在取决于读者如何接受①，正所谓有一千个读者就有一千个哈姆雷特。这类具有代表性的接受美学的基本观点虽然不无一定道理，但问题是它们的限度在哪里？如果不注意这一点，主观主义、相对主义乃至怀疑主义和虚无主义就会乘虚而入，而这正是接受美学尚未真正解开的一个"结"。伽达默尔虽然早就讲过类似的话，如理解总是不同的理解、任何理解都是自我理解等，但从他的上下文并不会引出相对主义和怀疑主义的结论。伽达默尔在讲这些话时，没有忘记"他者之他在性"，没有忘记同自我意识保持距离，伽达默尔的游戏论着重要表达的就是这种思想。在他那里，游戏与游戏者的关系，实际上类似海德格尔的存在与此在的关系：游戏离不开游戏者，无游戏者则无游戏，因为游戏是通过游戏者得到展现的，但不能因此得出结论说游戏就是由游戏者的主观意识所决定的。在这里，游戏的"为……表现"和"自身表现"是不可分的，前者不能跳出后者。可是接受美学却未能做到这一点，他们的研究和表述往往过多地凸显了前者。②

---

① 参见［德］沃尔夫冈·伊瑟尔：《阅读活动：审美反应理论》，金元浦、周宁译，中国社会科学出版社1991年版，第148页；另参见［英］特里·伊格尔顿《现象学，阐释学，接受理论》，王逢振译，江苏教育出版社2006年版，第77页。

② 如果以为接受美学只是关注读者，那显然不合事实，无论耀斯，还是伊泽尔都没有这样绝对地讲过，问题是在实际的研究中他们却走向了偏差。

在这方面，胡塞尔将时间意识的现象学建立在对同一性的肯定的基础上对伽达默尔深有启发。伽达默尔始终坚持这一点：无论人们怎样批评胡塞尔的先验现象学追求终极性的观念和先验的自我，也不能动摇同一性。① 与之相关，伽达默尔给自己提出了分析艺术作品的时间性的任务，这构成了他的艺术作品本体论的一项重要内容，他要探讨的基本问题是：如何说明在时间的变迁中如此不同地表现自己的艺术作品本身的同一性。这里的同一性，从时间上看，与同时性相关。伽达默尔的回答是：在这种时间的变迁中艺术作品并非分裂成各个碎片以至于丧失自身的同一性，作品在不同时间中的不同表现都属于作品本身，"都与它同时共存"②，这里的同一性体现为同时性。

伽达默尔在这方面与现象学美学大师英伽登的思想相通。众所周知，胡塞尔很少将现象学应用于美学问题的分析，而英伽登出色地填补了这个空白。后者站现象学的立场上明确地反对心理主义，进而反对体验论美学，因为体验论美学是一种典型的心理主义美学。作为接受美学的重要先驱、胡塞尔"最亲近和最忠实的老学生"英伽登早就一针见血地指出过，心理主义是不可能走出相对主义的泥潭的。作品既不同于作者的心理体验，也不同于读者的心理体验，因为对于作者来说，作品完成后，他的体验不复存在，对于读者来说，如果作品是读者的体验的话，那么每一次阅读也就意味着建构一部新作品，作品的同一性就会丧失，从而客观性也就无从谈起③，这在逻辑上是说不通的。显然，伽达默尔对艺术作品同一性的阐述包含有对英伽登上述思想的吸收。④

在这种视域下，艺术作品成了一个有机整体的存在，它处于一种生命的联系中，并将这种联系纳入时间内：作品产生于过去，流传到现在，发展到未来。只要作品还发挥着作用，它就与每一个时代是同时的，它既经历着变迁，又保持着同一。它的源头一直发挥着作用，永不消失，后来的发展只是根据时代的需要开显它的各种意义的可能性，但它还是它，就像一个人从少年、中年到老年，虽然历经变化，但依然他还是他一样。伽达默尔这里面有一个自德国

---

① 参见[德]伽达默尔：《诠释学 II：真理与方法》，洪汉鼎译，商务印书馆 2007 年版，第 19 页。

② [德]伽达默尔：《真理与方法》上卷，洪汉鼎译，上海译文出版社 1999 年版，第 156 页。

③ 参见朱立元：《现代西方美学史》，上海文艺出版社 1993 年版，第 489~490 页。

④ 参见[德]伽达默尔：《真理与方法》上卷，洪汉鼎译，上海译文出版社 1999 年版，第 153 页，注②；第 221 页，注①；《诠释学 II：真理与方法》，洪汉鼎译，商务印书馆 2007 年版，第 22 页。

古典哲学以来占据主导地位的目的论的背景，他经常谈到的新柏拉图主义的"一"与"多"的辩证法和黑格尔重中介的辩证法思想就和这个背景有关。从这一点上看，艺术作品既是自为的，也是他为的，但我们不应像耀斯那样将这两者对立起来。

需要说明的是，伽达默尔对这种同一性的坚持绝不是排斥多样性，走向自闭。他对黑格尔的"恶无限"的正名就包含有对同一性和多样性的关系作开放、辩证的理解。艺术作品的"一"与"多"的关系涉及"有限性"与"开放性"的关系。我们对艺术作品的理解不可能是终极的、彻底透彻的。因为如前所述，作品总有锁闭的一面，和自然一样，用赫拉克利特的话来说，它喜欢隐蔽自身，这不是错误，而是和世界或澄明一样属于艺术作品的存在，前面讲到的"世界"与"大地"指的就是澄明与遮蔽，这在艺术作品中体现得十分突出，艺术作品作为构成物不就是某种固定的东西，而是不断地在自己的存在中叙说自己是什么，并以"事件"的方式显现出来。因此，读者需要"逗留"，艺术作品也迫使读者逗留①，"逗留"（Verweilen），在伽达默尔看来，恰恰是艺术经验的本质和要求，这里作为欣赏意义上的逗留并不包含任何"主动"的意思，作品不会以同一种方式来与读者照面并感染他们，读者也不可能将其意义穷尽、掏空。② 但是伽达默尔认为，即便如此也不构成接受美学削弱同一性的理由，"利用这种无止境的多样性来反对艺术作品不可动摇的同一性乃是一种谬见"③。同时由于伽达默尔坚守的是多样性意义下的同一性，因此也就避免了回到古典美学的柏拉图主义和传统形而上学的老路。

不过伽达默尔即便讲到理解的差异性、多样性，也与接受美学不同，他是从本体而非从意识出发的。在他看来，艺术作品的接受根本不是一个单纯主观的多样性的问题，而是作品自身存在的可能性的问题，应当从作品同一性存在落实在其可能的多样性的表现之中这个角度来领会（包括作为属于作品本身存在的理解），它们所体现的是"整体"与"侧显"的关系，这其实又与审美无区分挂上了钩。

---

① ［德］伽达默尔：《哲学解释学》，夏镇平、宋建平译，上海译文出版社 1994 年版，第 220 页；《美的现实性》，张志扬等译，上海三联书店 1991 年版，第 104 页。

② ［德］伽达默尔：《诠释学 II：真理与方法》，洪汉鼎译，商务印书馆 2007 年版，第 7~8 页。

③ ［德］伽达默尔：《真理与方法》下卷，洪汉鼎译，上海译文出版社 1999 年版，第 634~635 页。

值得注意的是伽达默尔将接受美学与德里达的解构主义联系起来批判，在他看来，两者在伯仲之间，前者通向后者，虽然这并非是接受美学的本意，但实际效果却如此。伽达默尔后期同德里达之争，即所谓"德法之争"可以看成是这一批判的进一步延伸；换言之，伽达默尔对德里达的某种批评可将接受美学包括在内，反之亦然。在伽达默尔眼里，接受美学滑向解构论主要原因在于过分地强调了差异性，否定了同一性①，而伽达默尔力主将两者统一起来，不能有所偏废，他这样做不仅坚持了现象学的立场也坚持了辩证法的立场。

由此可见，接受美学在应用伽达默尔的哲学解释学时有失之偏颇之处，从而导致了它们之间的不谐和，甚至对立，下面我们可以将两者的主要区别作一个简要的概括：

（1）在定位上，伽达默尔的艺术本体论以作品为中心，而接受美学以读者为中心，这是两个根本不同的思维取向。

（2）伽达默尔从"艺术经验"出发，始终坚持"审美无区分"的主张，而接受美学从"审美经验"出发，留有"审美区分"的尾巴。②

（3）伽达默尔强调艺术游戏是"自身表现"和"为……表现"的统一，而接受美学过分突出了后一个方面。

（4）伽达默尔始终主张艺术作品的同一性和理解差异性的辩证关系。在谈到理解者的参与的同时，没有忘记指出作品的"指令"③，而接受美学将此看成是自相矛盾的。

（5）伽达默尔力图同时超越客观主义与相对主义，在肯定解释学的民主时，注意避免解释学的无政府主义，而接受美学能有效地做到第一个方面，却未能有效地做到第二个方面。

（6）伽达默尔强调效果历史中的视域融合，而接受美学虽然在口头上承认这一点，但实际上却有将视域单极化的倾向。

总的来看，对接受美学的批评乃是后期伽达默尔对其中期思想的重要补充和发挥，当然这种批评绝不是全盘否定，而是一种有选择的批判。直到垂暮之

① ［德］伽达默尔：《真理与方法》上卷，洪汉鼎译，上海译文出版社 1999 年版，第 155 页。

② ［德］伽达默尔：《诠释学 II：真理与方法》，洪汉鼎译，商务印书馆 2007 年版，第 16 页。

③ ［德］伽达默尔：《真理与方法》上卷，洪汉鼎译，上海译文出版社 1999 年版，第 191 页。

年伽达默尔仍坚持这种批判，一方面，他不曾改口后者是对其《真理与方法》思想的最著名的继续，但另一方面却说耀斯并未真正进入哲学的层面，他们之间的距离感始终存在。① 这里的要害在于接受美学没能真正摆脱主观主义美学的窠臼，也没能很好地回答艺术真理的问题，它只是对哲学解释学的片面性的理解和发挥。因此，接受美学的意义必须限制在一定的范围内。当然，片面的深刻常常比一种肤浅的四平八稳的见解更有价值，因为它往往能构成理论的辩证之否定的必要环节，也许接受美学的意义和值得肯定之处正在于此。然而，即便是这样，我们也不应讳言它的"软肋"。

伽达默尔对耀斯的批评实际上包含着对一般接受美学的批评，这种批评上挂康德以来的主观主义，下连德里达代表的解构主义，它反映了伽达默尔一贯的立场、观点。具体对伽达默尔和耀斯两人思想差异的比较和分析，可以帮助我们更好、更准确地理解哲学解释学的特征以及接受美学的限度，这种限度造成了后者在理论上的根本缺陷。因此，笔者认为，接受美学今后要获得健康的发展，一个不可忽视的方面就是要正视自身的盲点，并重新回到对伽达默尔解释学的正确而不是偏颇的理解上来。

（作者单位：华中科技大学哲学系）

---

① ［德］伽达默尔、杜特：《解释学 美学 实践哲学：伽达默尔与杜特对谈录》，金惠敏译，商务印书馆 2005 年版，第 42~43 页。

论本体艺术及其本体的生成性语境

——梅内盖蒂艺术本体论的基本问题

张贤根

作为本体心理学的创始人，梅内盖蒂认为人要符合自然蓝图，也即符合本体自在(即生命因携)才能发挥其潜能。同时，梅内盖蒂所创立的本体艺术，无疑也是基于这种相关于生命的本体自在的。在这里，梅内盖蒂的艺术创作和艺术(如绘画、电影等)治疗，在本性上当然也是与这种本体自在密切相关的。实际上，梅内盖蒂的本体艺术也是以特定的艺术本体为基础的，这种艺术本体的生成性规定了本体艺术的变化与生成。对本体艺术的本体的这种生成性的揭示与阐发，显然将有助于理解与把握本体艺术及其社会与文化意义。梅内盖蒂在这里所探究的本体艺术及其审美，显然是对本体自在乃至存在本身的一种通达与回归。但本体艺术与艺术本体之间的互文性，却是梅内盖蒂艺术本体论所面临与亟待回应的基本问题。

一、艺术创作与本体论的问题

在本性上，艺术创作从来都离不开本体论的理论预设与问题，因为各种艺术创作活动无不与特定的本体相关涉。当然，对于梅内盖蒂的本体艺术创作与表现来说，也同样是与他的本体论及其预设相关联的。在这里，本体论可以说是研究存在的理论与思想建构，也表征为关于实在的本质与基础的学说。具体来说，本体论的主要问题常常表征为，艺术作品究竟是什么样的实体？比如说物理对象、理念种类、想象之物等，以及其他实体。但把艺术的本体归结为某种实体，它就难免陷入实体论与理性形而上学的困境之中。而且，关于艺术的规定、本质与基础，都不可能是固定的与一成不变的。不同的艺术与美学理论与思想，以及这些理论所涉及的各种社会、历史与文化语境，实际上都预设与指涉着独特的、变化着的本体。

作为一位倡导本体艺术的艺术家，梅内盖蒂在绘画、雕塑、音乐、时装、设计和建筑等领域均有所成就，并提出了自己对艺术与审美的独特理解与阐发。当然，梅内盖蒂的本体艺术，无疑也有其本体论的前提与基础。应该说，一切真正的艺术都不乏其特有的、不可替代的文化旨趣。虽然说，艺术往往是以各种各样的样式存在的，而且，各种艺术及其表现也是流变的与生成性的。但是，"在艺术上，持久性要比独特性更为重要，集中的、瞬间的价值命里注定要被永久性超越"①。因此，艺术既经由各种不同的作品来表现，同时也涉及一些重要问题亟待思考与探究。对于梅内盖蒂来说，本体艺术指向并基于作为整体存在的人体，因此，他的本体艺术也可以看成一种基于或相关人体的艺术。

其实，本体论是任何艺术与文化都无法回避的哲学前提、基本立场或理论预设。当然，这也是关于艺术的美学与哲学难以避免的根本问题。因为，艺术不仅表现为各种不同的存在者，还凭借这些作品(存在者)通达艺术(存在)自身。艺术创作所关涉的观念与想法众多，诸如创作源泉与过程、艺术特色与风格、艺术的构成要素、社会功能与影响，以及艺术表现所依凭或关涉的不同本体样式。显然，这些问题都与本体论密切相关，但它们还不是艺术本体自身。在这里，梅内盖蒂的本体艺术所涉及的本体，当然是以他的本体自在为基础的。而且，这种本体自在既是一个活动实体，还涉及艺术表现所关联的东西，但在此又不能将梅内盖蒂所说的人体仅仅当成实体来理解与把握。

尽管说，绘画与许多艺术创作都不可能没有特定媒材，但艺术又不能仅仅被还原为它由之构成的媒材，因为，它还与某种理念等本质性的东西发生着复杂的关联。梅内盖蒂的艺术创作与思想研究，当然是与其本体心理学分不开的，但又不得不涉及存在论的基本问题。在梅内盖蒂看来，"在本体艺术的概念中，创造性首先是一种个体靠自己得到的东西；人们要得到它，就必须通过自我完善，不断解决在生命历程中遇到的生存问题"②。显然可见，梅内盖蒂强调了艺术创造与人的本体自我、自我完善的关联性。与此同时，这里的艺术本体当然也关联于人的这种自我的存在，而这种自我的建构又是与人的身心的

---

① ［法］雅克·德比奇等：《西方艺术史》，徐庆平译，海南出版社2000年版，第3页。

② ［意］安东尼奥·梅内盖蒂：《何为本体艺术？》，载《中国美术》2010年第1期。

生成性关联分不开的。根据梅内盖蒂，人是根据先验的自我与本体意象生成的，当然，艺术在这种现实的自我建构中具有特别重要的意义。

在这里，本体心理学是一个对自身加以研究的心理学学科，也即它是一个追求与切合自我，更好地善待与关怀自我的学科，当然也是一个更加尊重自己需求的学科。这里所说的艺术表现与创作，以及与之相关的电影等艺术治疗，都是旨在使人们或治疗者能够体会到重返本体的感觉。其实，艺术不仅在人类意识里得到探索，它还与人的无意识及其存在密切相关。梅内盖蒂认为，人本身就是一个实体。同时，个体是人的自在活动的体现，当然也是相关于人与实体本体认同的现象。而且，存在本身并没有媒介与思想，而只是"在"（是）。无意识所包含的本能与欲望通常会把自身伪装起来，因此也是主体难以直接通达与触及的，除非当无意识向意识施压而又得到缓释的时候。为了充分揭示艺术与无意识的生成性关联，对于超我的现象学悬置往往是必不可少的。

在梅内盖蒂那里，人自身成为一种艺术的本体，正是基于这种本体，艺术创作才有切实的可能。但艺术本体论更加关注的是，对艺术是什么这种本性问题的根本性追问。毫无疑问，一切艺术表现都与人的存在密切相关。"因此，每种艺术创作都应该以恢复本体自在为目的，使人从中学会做个真正的、现实的人。"①在梅内盖蒂看来，艺术所关涉的本体自在是一种生命存在的整体，而不能简单地将其分解与还原为身体、心理或人格。但这种本体自在可通过自身的开放性，将艺术所关切的实体纳入其中并融为一体，进而共同构成本体艺术所凭借的艺术本体。应当说，这也是本体艺术不同于其他艺术的特质之所在，从而以此回归到本体自在的存在本身。

二、基于生命本体的艺术表现

根据梅内盖蒂，本体艺术就是表现万物本质的美和生命之美，即表现"存在"的艺术。因此，生命本体成为梅内盖蒂艺术表现的本体论基础。人们往往通过艺术来表达内心的需求，即使他（她）们并不一定能够意识到这一点。在梅内盖蒂那里，人体被看成一种存在的整体，但这种生命本体的表现方式又是多样性的。如果人与自己的自在相分离，就会处于一种分裂的状态，从而发生

---

① ［意］安东尼奥·梅内盖蒂：《电影本体心理学——电影和无意识》，艾敏、刘儒庭译，中国广播电视出版社 2007 年版，第 63 页。

异化并失去人的自我本身。在艺术创作的过程中，人可以让生存得以展现，向着自己的本体自在切近。因为，艺术凭借无意识为人的自在的回归，提供了切实的可能性与实现路径。人的自在是一个充满活力的、独特的活动实体，但这种实体又应经由文本化以克服实体论及其问题与困境，以及与之相关的各种理性形而上学的根本性规限。

梅内盖蒂的绘画作品，虽然往往以非具象的风格呈现与表达，但却反映了他对自然、对生命的感悟。事实上，这是一种基于抽象化的生命本体的艺术，同时，他的这些抽象艺术仍然是以生命本体为依据的，并旨在揭示生命所关切的精神与文化图式。因为，"生命是通过形态表现出来的，而我们则是存在的形象。所以说，人仅仅在他那自我统一的一瞬间里就重新获得了完整的认知"①。在这里，本体艺术旨在强调作品的健康、简约与真实，进而主张艺术为了生活而指向人自身。其实，梅内盖蒂的本体自在本身，就是与人的精神、心灵密切相关的存在。而且，艺术无疑有助于人们重获本体意识，从而成为一个自我统一的、完善的整体。

还应看到，艺术之于人的意义的揭示与阐发，离不开对艺术与梦、无意识关系的分析。虽然说，一切艺术都是意识的某种表现方式，但在这些意识后面却不乏无意识、潜意识的存在与支配。在绘画与电影等艺术样式之中，艺术家们得以将自己的梦中活动加以丰富的表现。同时，艺术还要克服技术及其座架本性对人的规定与宰制。因为，技术及其对感知力的主宰与压制，可能对人与社会造成毁灭性的后果。因此，这有待于通过形象与艺术的教育去重构人的新感性，这种新感性当然是与人的本体自在相切合的。其实，在梅内盖蒂那里，形象本身就是一种存在行为，但对它的理解又相关于人将自己的无意识转化为意识。作为一种话语方式，无意识既是自我话语的他者，同时也是一种具有主体间性的话语。在梅内盖蒂自己的艺术作品里，无意识的话语也为自我与他者的对话提供了可能性。

在弗洛伊德那里，作为一种白日梦，艺术是经由伪装、变形与修饰来实现的，这也是对无意识的一种象征或隐喻的表达。"在某种意义上说，弗洛伊德把所有伟大的艺术品都看做是展开了的心灵的戏剧。"②根据弗洛伊德，艺术是

---

① ［意］安东尼奥·梅内盖蒂：《电影本体心理学——电影和无意识》，艾敏、刘儒庭译，中国广播电视出版社2007年版，第30页。

② ［美］斯佩克特：《弗洛伊德的美学——艺术研究中的精神分析法》，高建平译，四川人民出版社2006年版，第154页。

人的本能冲动在现实生活无法满足时，转而通过想象所获得的替代性实现的一种方式。在压抑及其转移的问题上，艺术与梦幻往往具有某种特质上的相似性。到了梅内盖蒂，本体心理学创造了独特的挖掘潜意识的方法，包括梦的分析、意象画分析法等，并力图揭示与探究造成疾病的动机性原因，从而为心理分析、艺术治疗与人的康复作了奠基。之所以能够如此，乃是因为每个人的生活都是一种独特的心身形态，而潜意识或无意识无疑是切入这一身心问题的重要路径。

在梅内盖蒂看来，伟大的艺术不应该来自记忆，而是源于主体的自在。比如说，在电影治疗之中，往往放映了有关人类生存、命运，以及人类与其他星体相互关系的影响。与此同时，医生用言语提示、解释、暗示、启发想象和思考，使治疗者找回基于本体的完整自我的感觉。在这里，艺术可以将幻想力、想象力，以及许多非理性的东西表现出来。在这些分析与揭示过程中，符号当然具有极其重要而又不可替代的意义与作用。比如说，艺术家所创作的各种畸形符号，可能表现了对人的退行性心理的发泄。人的自我与周围事物无疑也是相关联的，人总是以整个生命去感知客体与认识事物的，其实，梅内盖蒂所说的人的本性就是整体性的。应当说，无意识本身就是本体的，并与意识共同构成在本体上的交织与互文。

从本体心理学的视角出发，梅内盖蒂企图对影片、艺术进行深入剖析，以揭示与解释人的无意识的状况。与此同时，还要将隐藏在画面背后的无意识动力挖掘出来，进行深层次的生命本体学的分析。在梅内盖蒂看来，"本体自在就是生命载体的核心，它又是人体本能的、感觉的、植物神经系统的、心理秩序的基本准则"①。如果人与自己的自在不相协调，就难免遭遇到不幸或患病。因为，一切艺术都是情绪的反映与表征，也是艺术家和社会的病态的投射，这种投射常常是会产生与带来疾病的。作为一种语言样式，疾病本身就是主体言说的一种方式，而通过对患者作品的分析也可揭示患者的病症及其原因所在。艺术创作与艺术治疗之所以可能，显然是基于人们的生命这种本体自在的。

三、无意识与艺术本体的生成

通过对于艺术作品的深入研究，以及大量的精神病人的案例分析，弗洛伊

---

① ［意］安东尼奥·梅内盖蒂：《本体心理疗法》，艾敏、刘儒庭译，沈阳出版社2009年版，第8页。

德认为无意识对人的行为起着决定性作用。而且，这种无意识与精神分析的方法，也被广泛地借鉴到艺术创作与治疗之中。不同于弗洛伊德与拉康所主张的梦幻投射，梅内盖蒂的本体心理学强调的是自在，凭此在个体化内就可以完成生存的游戏。根据梅内盖蒂，无意识从自身来说并不存在，它只是人类对自己无知所导致的结果，同时也是人类还没有认识到的自在。同时，无意识往往通过梦来传递与显露心身的信息。作为一种精神活动，本体自在应该是建构性与生成性的，它在自我反思的过程中来实现自身。但这种本体自在及其存在状态，仍然有必要还原与回归到存在本身与存在论的语境里。如果说，无意识本身就是一种存在样式或形态，那么，梅内盖蒂的本体自在也同样离不开这种无意识，但这仍有待于经由与意识的关切而回归到存在自身。

因此可以说，生存先是一种根本性活动，然后才展开人的自我思考。在弗洛伊德看来，构成无意识的根本因素是人的性欲或"力比多"，如果人们一味压抑自己的本能与欲求，就会导致人的心理问题与精神疾患。然而，这里存在的问题是，"弗洛伊德经常用推测性的、简单化的方法，把个体临床分析状况推广到具体社会历史语境中的人类集体行为"①。为此，梅内盖蒂更加强调的是，个体及其存在的家族、社会与文化的语境。人们往往通过艺术创作等方式，将无意识的东西间接地表达与宣泄出来，比如说，创作与设计所隐含的某种攻击性危险，常常是艺术家气质的一种特有的爆发方式。当然，这同时也为艺术教育与艺术治疗提供了独特的机缘。无意识虽然颠覆与解构了主体的本体，但它本身却是无法用本体论予以规定与阐明的。

在拉康那里，无意识与语言一样可以被结构化，因此，对无意识的探究也必定关涉众多层面。对于梅内盖蒂来说，从物质生活到精神生活的诸多方面与领域，个体心理学都能够对人进行全面的剖析与揭示，旨在探索人的内心世界深层次活动的发生，即无意识活动及其生成性关联机制。在长期从事心理治疗实践的基础上，梅内盖蒂从哲学层面，将本体认识论同临床心理学加以结合。在梅内盖蒂看来，今天的艺术几乎总在表现人的生存的分裂及其痛苦，以及人们在生存中所遭遇到的诸多无奈与焦虑。当然，基于梦与无意识的分析与阐释，可以发现人与本体自我有所偏离的模式，从而得以纠偏以回归或切合本体自在。因为，艺术创作所使用的各种语言与符码，本身其实就是心身意象的隐

---

① ［英］奥斯汀·哈灵顿：《艺术与社会理论——美学中的社会学论争》，周计武译，南京大学出版社 2010 年版，第 134 页。

喻与象征。

除了强调艺术对人的情操的陶冶外，梅内盖蒂还要求人对艺术保持一种距离感。因为，人应该有绝对的独立自主的精神，为此，应对包括艺术在内的各种事物和情感保持一种超脱精神，这是在他之前的许多学者与思想家尚未意识到的问题。对艺术与病理、无意识关联的揭示与强调，显然是梅内盖蒂艺术与审美观的特点。在本体心理治疗之中，人们的病理表现同其视觉与艺术品的接触所引发的情绪相关。根据梅内盖蒂的理论，"这种生命存在形态是通过每个个体各自存在或生存现象表达出来的：每个个体是生命发生的载体，是感情和社会环境的反映，每个个体有各自的衍变或演绎"①。但如果只是把个体看成载体与反映，难免遮蔽个体作为生命发生的生成性文本自身的意义。与此同时，梅内盖蒂的本体自在与本体艺术所依凭的本体，仍然可能面临着实体化及其所带来的问题与困境。

在梅内盖蒂看来，人们要学会将生存中具有积极意义的个体感受表达出来，而且这种生命感受无疑又是独特与不可替代的。作为一种关涉自我的艺术，梅内盖蒂的本体艺术及其表现方式，仍然要凭借一定的生成性本体，这当然涉及本体自在及其生成的问题。而且，这种本体自在不仅是心身的，更是存在论意义上的，它还处于不断的生成之中。因此，不能将本体自在简单地还原为任何单一的实体。在梅内盖蒂那里，基于本体自在与艺术要素的结合的艺术本体，在本性上显然应该是生成性的，并与无意识处于相互的生成之中。因为只有这样，梅内盖蒂的本体艺术的生成才有可靠的基础。当然，本体艺术的生成与发生，还有其相应的、不可分离的社会、历史与文化语境。对于拉康来说，无意识其实就是一种没有实体的主体。因此，梅内盖蒂的本体自在还面临着去实体化的问题。

所有艺术所凭借的本体，不仅是个体性的、特定的，同时也是流变的与生成性的。海德格尔将此在揭示为人的规定，以消解人的主体性及其所遭遇的根本性困境。但要注意到，"他的'此在'只是可能性或潜在性而已。他没有先在的'本性'或本质，而只具有通过他的行动的完全个人自发性而形成的性质"②。实际上，此在的这种可能性、生成性，以及对存在的敞开与通达，也

---

① ［意］安东尼奥·梅内盖蒂：《电影本体心理学——电影和无意识》，艾敏、刘儒庭译，中国广播电视出版社 2007 年版，第 127 页。

② ［美］门罗·C. 比厄斯利：《西方美学简史》，高建平译，北京大学出版社 2006 年版，第 344~345 页。

应当是梅内盖蒂的本体艺术所依据的艺术本体的特质。任何对艺术作品、文本与本体的经验，无疑都为人们向存在的通达提供了某种可能性。在梅内盖蒂那里，经由艺术创作与鉴赏回归到生成性本体自在，这在根本意义上应成为此在向存在本身的一种通达，而不是局限与限制在任何实体性自在与传统本体论之中。

（作者单位：武汉纺织大学时尚与美学研究中心）

当代时尚与规划身体

齐志家

20 世纪以来的时尚史越来越凸显身体的价值与意义。过去仅仅只能作为潜在的物质基础和条件的身体越来越变得与时尚"关切"起来，这个曾被认为与时尚无关的"身体"其自身的审美性质在当代显得日益重要。原因在于，当代社会作为消费社会主要就是推动以人的身体为中心的消费；尤其是消费社会流行的大众文化在主体上就是身体的消费文化。在当代消费文化中，身体被视为个体的自我的一部分，它是可以被实际地具体规划的。它鼓励我们用各种方式想象、处置和规划我们的身体。与此相适应，衣着也被认为可以用来改观个体、规划自我的手段，时尚的衣着自然成为一种自我规划的重要考量。在当代社会，一方面我们的身体消费多样的财富，一方面我们也消费身体自身。诸如化妆、整容、选美、媒体广告、形象代言等。尽管任何社会里都存在对身体的规划，然而，当代社会的身体是"反思性规划"的身体；区别于传统的"文化与习俗规划"的身体。尽管当代的身体从传统的身体模式的约束中解脱，仍然还要臣服于各种社会势力；但各种社会势力对身体的影响，是由现代个体概念与个体身份相关照的。现代个体面对各种社会势力要进行一个"观照自我"的反思过程。正是通过这种"反思性规划"现代个体来选择臣服或反抗各种社会势力的"权力"。

一、问　题

伴随着后现代思想的来临，身体问题得到思想界前所未有的关注。近年来，身体文化、身体美学等相关问题一直受到理论界的持续关注。这些关注中，对于当代社会被商业化、时尚化的身体的讨论往往格外激烈，也最为人所诟病。现实情形是，一方面是由"人造美女"、"厌食症"等极端身体现象诱发的对这个被市场化、被作为交换符号的身体的严肃的理论批判；一方面则是时尚审美在时尚产业体系的运作下越来越推崇这个表面化的身体正深刻地影响我们的行为与思考方式。这种矛盾也进一步促使我们去深化时尚审美中的身体问题的研究。

当然，就时尚历史而言，"时尚身体"是20世纪现代时装诞生以来的发现，而对时尚与身体关系的研究则更为晚近。当前成果表明，时尚研究正在由传统从"心灵"出发（作为理念的时尚）的研究转向一种从"身体"出发（作为身体衣着实践的时尚）的研究。并且，时尚及其身体审美现象作为消费社会和全球审美化的一个强有力例证受到了理论界的关注。发展到当前，时尚身体不仅作为时尚研究的热点，而且成为审美文化研究的典型例证。

艺术史注重到身体化设计的当代趋势①（王受之）；时尚变迁的社会理论开始反思"身体化"的思想根源和社会意义②（威尔逊、乔安妮）；文化研究则注重到时尚中身体的审美文化和价值意义③（罗兰-巴特、鲍德里亚）。这些研究都注意到了时尚和身体的密切关系。但是，在乔安妮、威尔逊等人看来，就对时尚的本性理解而言，这些研究仍然倾向于时尚与身体的分离，时尚仍然被纯粹理论化的把握，被作为神秘抽象的理念来对待，这都导致过于绝对化、简单化地诠释时尚。乔安妮主张从"切身化"的角度、从时尚复杂社会系统来研究时尚，主要提出了关于时尚和身体的"情境身体实践"的洞见。威尔逊则强调"身体总是衣着的身体，而任何与身体无关的谈论都搔不到痒处"④。由此可见，在时尚与身体关系上，这种"身体化"的理解就明确地与传统"忽视身体"或"身体缺席"的心灵化的时尚理解区分开来。那种无关身体的时尚观念实际上是一种"身心""内外"二元哲学思想模式的产物。因此，在当代，时尚直接是以身体为中心的时尚，时尚问题也转化为时尚身体的问题。

---

① 王受之：《世界时装史》，中国青年出版社2009年版，第1~10页。
② 参见[英]乔安妮-恩特维斯特尔：《时髦的身体》，郜元宝译，广西师范大学出版社2004年版，第1~5页；Willson. *Adorned in Dreams. Fashion and Modernity.* London，1985，pp. 1-10.
③ [法]罗兰·巴特：《流行体系——符号学与服饰符码》，敖军译，上海人民出版社2000年版，第1页；[法]让-鲍德里亚：《消费社会》，刘成富等译，南京大学出版社2008年版，第173页。
④ [英]乔安妮-恩特维斯特尔：《时髦的身体》，郜元宝译，广西师范大学出版社2004年版，第5页。

二、意　义

在当代文化中，身体已经成为自我身份的基础。在对现代自我的建构意义上，森尼特认为，时尚在现代城市生活中被用来炫耀和自我表达。埃利亚斯认为，20世纪的身体被视为自我的容器，标示一个人的个性与本真性。威尔逊认为，时尚作为现代经验的一部分，它是城市经验的中心，还是大都会的一种生存技巧。史文德森认为，当代自我认同就是依赖于"身体方案"。① 乔安妮用"身体性自我"来区分前现代"自然性"自我。费瑟斯通认为，当代的身体已成为身份的基础。可见，相较于传统理论中时尚更注重集体与个体的区分，当前的时尚理论则强调作为身体的自我，时尚身体因而在当代获得了作为社会认同的意义。

当代身体是被规划的、被消费的身体。吉登斯和贝克提出"反身计划"的观念，认为现代自我越来越在乎自身，包括自身的外表以及自身外表的设计和直接由自身来设计外表的能力。费瑟斯通认为，消费文化中的身体，隶属于目的在于摆布身体，使之看上去富有性感和魅力的大量的训练技巧，隶属于各种约束磨炼形式来制造身体的美和最大限度的快乐。② 希林认为，20世纪许多身体计划像节食健美之类，旨在对身体的外表获得一种有效控制以及增强个人获得更多满足的能力。③ 与此同时，鲍德里亚认为，在消费社会，身体是最美的消费品。在乔安妮那里，身体以各种我们还看不清的方式联系着时尚的生产与消费。

当代消费社会流行的大众文化在主体上就是身体的消费文化。费瑟斯通认为，消费文化的内在逻辑取决于培养永不满足的对形象消费的需求。舒斯特曼的研究认为，我们的文化仍然是一种在经济上受到身体形象市场助长的挥霍的资本主义所驱使的文化。④ 身体自我风格的形成促成了一个巨大的商业市场。

① ［挪威］拉斯·史文德森：《时尚的哲学》，李曼译，北京大学出版社2010年版，第173页。

② 汪民安、陈永国：《后身体：文化、权利和生命政治学》，吉林人民出版社2011年版，第17页。

③ ［英］克里斯·希林：《身体与社会理论》，李康译，北京大学出版社2010年版，第5、6页。

④ ［美］理查德·舒斯特曼：《身体风格》，载《设计艺术研究》2011年第4期。

通过刺激我们对于形成自我身体风格的欲望，滋养着化妆、时装、饮食、运动及美容业。可见，在消费社会语境下，身体消费成为时尚的中心。

在鲍德利亚、费瑟斯通的研究中，符号学与消费文化理论结合在一起。此类研究认为，"身体被认为是最美的消费品"，"消费社会容许毫无羞耻的表现身体"；并进一步认为，"当代社会身体的本质就是身体的符号化"，"消费符号基本的构成规则就是对青春美丽健康性感等身体形象神话的个性化与时间性的表达"。① 乔安妮认为，消费文化和享乐主义是一起诞生的。现代消费主义的基本冲动是要在现实中去体验他们在想象中的那些戏剧性效果。她注意到身体消费的虚妄与符号特征。韦尔施注重身体的审美化，他认为，在全球审美化的时代，审美化现实无处不在，社会生活中充实着关于身体、心灵和心智的全方位的时尚设计。② 鲍德里亚还指出了消费社会伴随着身体规划而来的过度欲望化的消费倾向。

三、机　　制

我们确实知道时尚以及时尚身体的许多事情，诸如了解设计师的作品，能进行文化分析以及确立时尚的重要意义；在实际的现实生活中，被时尚媒介所记录和传播的一茬茬的"身体形象"所包围，被时尚机构不厌其烦地关于每一季"身体美"的夸耀所促动。但是，我们对这些不断被更新的"身体美学"特征的背后却知之甚少。也就是这些所谓的不断变换的"美学特征"到底是如何被赋予审美价值？又是如何能够总是处在持续的更新之中？我们往往知之甚少。因此，这要求我们深入理解时尚系统和产业内部的运作机制及始作俑者，弄清楚身体到底是如何被规划的，也就是要进一步探讨关于时尚身体审美的内在机制。

以往研究更多地注重时尚中身体审美意义与价值的揭示，往往忽视时尚产业内部探讨身体审美的运作机制，往往只是注重时尚审美中的身体问题的"话语讨论"而忽视从"内在机制"出发，从实际的审美活动与审美化历程出发来理解时尚审美的发生、源泉与始作俑者。也就是要具体探索时尚中身体的美学价

---

① ［英］乔安妮·恩特维斯特尔：《时髦的身体》，郜元宝译，广西师范大学出版社2004年版，第158、159页。

② ［德］沃尔夫冈·韦尔施：《重构美学》，陆扬、张岩冰译，上海译文出版社2002年版，第7页。

值是如何在时尚系统网络中被集体共同选择出来的。时尚是一些内在力量的表现，是由时尚工业系统中的机构、社会和文化等相关因素共同决定，尤其是由参与运作的内部关键人士所掌控。比如，没有人能事先准确预测流行，模特经纪人并不提前知道客户、摄影师、设计师需要何种类型模特。时尚买手并不能绝对成功地保证知道下一季的消费需求。甚至，关键的设计师，在时装发布会之前也无法知道什么样的主题风格会被选择而形成流行。在这个时尚系统中，内部运作的关键人士之间都无法提前知道各自会怎样选择，而最终的结果又能否得到集体的认同。只是这种"集体选择"是在一个可以不断反馈、修正、再选择的网络样的系统中进行的。而这些内部人士的特殊性贡献就在于他们是在一样的网络样系统中培养出了一样的关于美、或是所谓"看点"、"风格"的知识。他们与外部人士的区别也就在于掌握着更多的这些知识，即使发布会前的几个月，对于时尚的大趋势、大方向，他们已经了然于心；但只是没有人能绝对保证在具体式样和看点的层面上成功把握。

现有理论往往忽视身体审美生成的复杂网络，从而使关于身体审美的理论仅仅停留在话语之中，而没有深入具体的身体实践与时尚系统。而身体美的审美价值是在实际的时尚市场中具体运作的结果。那些不断变化的所谓身体美的"看点"，是由具体内部人士集体选择的一个动态过程所最终达成的。因此，要将时尚审美理解为一个实际的结构、一个具体的机制。这将使我们对时尚审美的理解更有行业的、市场的依据；而不是如同以往仅仅停留在话语间的阐释之中，或者仅仅把时尚作为神秘理念的运作，或者把流行看做一种神话。

以往的身体审美研究一般倾向于针对抽象的"身体的意象"进行思想阐释，我们应该也注重考察物质性的、活生生的身体，诸如模特的身体、实际衣着的身体。要特别指出的是，这些身体的"看点"在每一季中具体是什么，也就是时尚的"风格"内容本身，诸如光洁的皮肤或漂亮的面孔，很显然应当交由艺术学去讨论。审美的研究将重点关注这些"风格"或"看点"如何在时尚系统的内部运作中由参与者们共同选择所形成，也就是身体的美学特征如何在时尚的审美市场上获得价值。

在被经济学家称为经济审美化的当代社会，事物的美学特征如外观或风格往往被进行商品化，并形成所谓的审美市场。所谓时尚身体审美市场是指时尚市场中主要围绕身体审美价值的市场。时尚市场上，每一季"身体美"的风格或看点都无不体现着经济价值与文化要素的无缝交织。尽管当代的商品和服务都已风格化、审美化了，并成为商品的一部分，但在此我们主要探讨身体美学要素作为核心商品的市场。而并不是对时尚领域的所有市场或审美市场的全面概述。就市场参与者而言，时尚模特与时尚买手两类人士起到了对市场的关键作用；在市场特性方面，审美趣味往往是不稳定性和不断变换的。身体审美市场是把文化和经济无缝编织起来的一个社会实践活动。在这个市场中，审美价值不断地进出于时尚与身体之中。并且，审美价值自身取决于美、风格、设计等内在属性，这些价值很大程度是由模糊性、高度不稳定性和商品所代表的文化层面决定的。

模特的身体是芸芸众生身体规划的目标。作为"身体美"的典范，是身体规划的目标；模特的审美价值，也就是所谓的"看点"，既与长相相关，又有不稳定性和变化性，必须通过市场的工作人员共同作用使其稳定凸显。并且，时尚市场还是模特运用身体结合时尚知识来表演的风格展示，她们是身体美学传播过程中的重要环节。在此，涉及经纪人如何挑选模特、推介及管理模特的具体审美劳动；具体表现在他们如何与其他机构合作、他们自身的身体观念以及其思想文化根源。

对时尚买手而言，时装不仅仅指衣服，而是在更复杂的层面上推动身体美的要素。服装不能脱离身体，服装对身体的关联是为了使身体达到某种风格，衣服对身体的遮蔽和显现的样式变化本身就使身体成为美的游戏之所。因此，要研究时尚买手如何采购？凭借什么知识采购？以及他们如何代表消费者选择？这些行为背后意味着什么样的身体美学观念。

就时尚运作的有机整体而言，身体审美市场中的内部参与者往往都是作为审美中介而发挥作用，他们的选择往往会通过反馈来影响未来的选择；选择是动态的，而最终的"看点"是被集体选择与接受的。因此，是参与者作为审美中介的工作方式以及他们相互间的互动最终完成了集体选择。模特、经纪人和买手作为审美中介人，主要是作为身体风格、流行趋势审美品位的媒介。这些时尚界的关键人物在选择时往往表现出惊人的相似性。他们往往沉浸在同样的文化环境中，在同样的资源中为新的流行趋势寻求灵感，通过同样的素材得出新一季的趋势和品位的新灵感。实际上，这些内部人士是在一样的网络系统中培养出同样的美感和获得一样的知识。

审美市场中关于感觉的知识，是通过所遭遇的对象而不断获得的市场经验逐步形成的。诸如模特经纪人和时尚买手往往使用非常相似的比喻来形容这些知识。这些知识是关于身体表演和展示方面的美学知识，很难用准确语言表达，因为它们在很大程度是源于本能的感觉。往往涉及"直觉"的重要性以及过人的眼光。这当然是指独特的敏锐的感觉力，这种能力也往往只能在"工作"中获得，在市场中磨炼而得。

因此，规划身体问题的兴起也促使我们进一步思考时尚与身体自身。在当代，时尚就是身体的时尚，身体也是时尚中的身体。无论这个身体是否热衷于时尚，但社会的整体都把他归类为时尚的子民。时尚并非某种独立自主的美学话语的时尚①，而是作为一种社会-经济实践的时尚。时尚其实是一连串工业的、文化的同时也是美学活动的结果，这当然要求超越纯美学的探讨。而探讨身体规划则一方面要求我们面对一个关于身体的审美市场，考察身处其中的形形色色的身体和身体间的相互关联；另一方面要求我们考察时尚运作的内部关键人士如何在网络样的身体审美机制中行动的。

（作者单位：武汉纺织大学时尚与美学研究中心）

---

① 正如罗兰·巴特的时尚研究只讨论"书写的"，或称为"被描述"的时尚，只是运用符号学方法对时装杂志刊载的女性服装进行结构分析。参见［法］罗兰·巴特：《流行体系——符号学与服饰符码》，敖军译，上海人民出版社 2000 年版。

论视觉文化中的知觉与认知

黄思华　　欧阳巨波

当今社会，处在一个充满了视觉图像的时代，其中的文化呈现出各异的样貌，与设计物产生了不可分割的关系，视觉文化的传播与表达正是基于各种设计物的。视觉文化包含着主流文化与次文化，但给予我们更多的是一种现实感，从现在连接到过去与未来，同时，未来取代着现在，现在成为过去，从而不断地向前推进。以持续生成的视觉文化为切入点，正是要探讨视知觉与内在认知的关系，因为视知觉的感受并非代表着内在的认知，要理解视觉文化势必要先理解各异的设计理念。在温特沃斯那里，艺术作品的理解过程是一种知觉上的特殊的意向性，观赏者与创制者总是通过知觉来理解、引出作品的意蕴。在海德格尔那里，真理被认为是自行置入艺术作品从而显现。笔者则认为，设计物作为日常化的艺术作品，是从属于视觉文化的，要理解视觉文化，首先对于设计物的理解是知觉与认知的二者合一，同时，设计场是人、设计物与设计理念的聚集，为了让这种理解更加深入，要让视觉文化融入日常设计，最终得以呈现一种视觉图式上独特的审美意味。

一、知觉与认知的问题

在当下，视觉文化总是由错综复杂的因素交织而成，当然，与其说我们生活在被设计物包围的世界之中，不如说我们也生活在了各异的视觉文化之中。在设计学的领域中，设计物呈现的视觉图式与知觉是密切相关的，绘画艺术、摄影作品乃至建筑设计持续地生成视觉文化。毋宁说，我们时时刻刻都处在视觉文化之中，文化通过设计的整合作用后的视觉效果提升了可读性，但是，我们更多的是处于非真实的视觉文化中，无论是装饰的滥用还有那些过度修辞的设计作品，在外来文化与本土文化的冲突中，融入生活的同时不断地刺激着视知觉。设计问题存在的悖论在于，难以统一信息量与理解性——当语言的容量趋于饱和，进行外在复杂化的语言进行言说的时候，就难以被理解；当言说容易被理解的时候，内在信息量往往趋于少量化，假使不能使设计语言阐释为大众可理解的语言，那么就无法在正常对话的基础上相互理解。实际上，将繁复的信息简明化，如何在简明的设计语言中通过视觉传达文化，也是设计理念理解与被理解所需要做的方式。

再者，这些视觉文化真的引起观赏者内在的认知了吗？这是观赏者自身的问题，也是设计师需要关注的问题。给予否定性的回答原因在于，实际上当代的视觉语言在某些程度上难以与观赏者进行沟通，由于视觉语言被理解的语境与观赏者的文化背景密切相关，同时与审美教育的知识准备也有着非常紧密的联系。其实视觉文化的基础不仅在于视知觉，同时取决于观赏者的内在认知，在整合有感要素的时候；所展开的世界应当是关涉到每个观赏者的自我，而不仅仅是创制者的自我。当今的视觉文化并非是单一性地进行持续性的观赏，更多的是在复杂交织中瞬间的体验过程，为了让对作品的认知回到本源，只能采取将审美经验悬置的方式，从而让作品得以敞开，最终理解视觉文化，因为，"对于一件艺术作品的解说也包含着这样一点：我们每每也通过解说过程本身理解我们自己"①。视觉文化正是由艺术作品建构而成的，在解读这些图像的时候。也正是解读自我的时候，在创造这些图像的时候，也是将自我融入这些图像的时候，视觉文化另一面的图像往往被遮蔽了，譬如说，看似自由美好的美国文化背后隐藏的，往往是枪支、大麻以及帮派等次文化阶层的骚动。往往从解读视觉图式的蛛丝马迹可以发现，那些被遮蔽的部分总是通过设计师们诗意的隐喻，从而呈现为视觉的表象。

与困惑相对的是，科学技术的持续革新所生成的视觉图式，一次又一次地让观赏者惊叹。但是，这种被技术遮蔽的设计物是否切中了设计理念值得思考，技术理性阻碍着人对设计问题以及视觉文化的哲学反思，这些不纯粹的创制难以连接到自身的历史语境与人文关怀，尤其是当今设计学科的门类划分使得设计实践变得专门化，导致设计师们对技术的实践太早，对设计问题的认知太晚。知觉的局限性在于，它在技术理性强化的时候没有完整地把握住设计物，以至于某些学者认为技术建构了设计场。实际上，技术只是从属于设计场

---

① [德] 瓦尔特·比梅尔：《当代艺术的哲学分析》，孙周兴译，商务印书馆 2012 年版，第 89 页。

的一小部分，作为设计实践所依赖的技术应当是建基于设计理念之上的。笔者认为，如何借助技术让设计发挥应有的力量整合视觉图式，进而让理念贴近日常化，最终传达本土文化，才是设计语言中的中心问题。

二、视知觉与内在认知的合一

在观赏者这里，"视觉一旦以经验主义的方式被定义为通过刺激登记在身体上的一种性质的占有，那么就不可能有错觉，因为错觉使物体具有我的视网膜上没有的一些性质，只需证明知觉是判断就行了"①。这即是说，观赏者总是以过往的审美经验来进行感知的，假使一个设计物看上去是硬的，摸上去却是软的，那么在知觉上就会引起冲突，造成一种错觉，优良设计应当是名副其实与内外统一的结合体，材质应当呈现材质本来的样貌，这种样貌不仅是在视觉上的表象，而且应当是符合设计理念的，视知觉本身是受制于感官的一种理解方式，假如设计的内在没有达到诚实的标准，那么这种非设计就是一种欺骗。当我们称一个设计物拥有一个世界的时候，不是说设计物有知觉，而是视觉图式中的意向性使观赏者的知觉指向了那个世界，因此，知觉最终的走向是一切外在表象的内在认知。

实际上，视觉文化建基于象征作用之上，我们的生活无论是被技术建构，还是被设计物所包围，都是一种在知觉中的生活，也就是在相互理解的生活之中。对于诸多设计物来说，这种象征性正是这种视知觉的本质性的表象，知觉和认知并非是偶然地联系在一起的，可以这么说，一种真正的认知就在知觉之中。就举个例子，弗兰克·盖里所设计的位于洛杉矶的华特迪士尼音乐厅，观赏者感知到的是一种静态中的动感，这种动感的暗示作用具备着一种意向性，在错综组合的墙面群中，像波浪一般浮动的曲面，意喻的是在空中挥舞的指挥棒，而相互重叠的墙面正是音符的交错，在那激昂抑或缓慢的交响曲中，我们看到了指挥家或慢或快的手势，以及引出了对于音乐的迷狂与热爱，而这种激情被置入了静态的材质之中，将这种瞬间的动态永恒地置于大地之上，让观赏者追忆那些低沉的大提琴、庄重的管弦以及优雅的琴键，那些乐声从而一遍又一遍地回响，这条意向线最终回归于波浪般的喻象。实际上，这种回归于是从

---

① ［法］莫里斯·梅洛-庞蒂：《知觉现象学》，姜志辉译，商务印书馆 2001 年版，第59 页。

知觉到认知的过程，从而引起观赏者的共鸣。假使观赏者感知到的梁柱是长的短的、材质是硬的软的或者颜色是亮的暗的，这样是无法通过视觉表现渗透内在的理念的，这些具备象征作用的元素不断地在观赏者的意识中建立印象，直到引起共鸣，可以这么说，这些展示出来的知觉现象建构了认知过程。

然而，认知离不开视知觉，为了切近设计作品的世界，二者只能合一。视觉文化生成的关键点在于，要让设计物在视知觉中被认知，抑或在认知中逐步被感知，"一种观点可能是，我们对视觉的知觉实际上是相当纯粹和直接的，它通过一种联想的过程被思维或情感的元素遮蔽起来"①。视知觉呈现的意象，其实是每一个时代的缩影，以及传统的不断重建乃至社会的认同。知觉是构成理解视觉文化的关键，与之相对的是各式各样的设计物，即承载着设计理念的存在者，它们借助着知觉让观赏者对这种文化引起内在的认知。这种视觉体验就是一种连接内在联系的一种意识，当设计物与人相互走向的时候，才实现了设计物的价值，更加准确地讲，认知往往是视知觉所没有呈现的那一部分所引起的。

值得注意的是，技术理性总是与认知相关联。当设计灵感表现为匮乏的时候，技术理性往往会凌驾于其上，由此视知觉感受到的是设计物材质的华丽而并非是设计理念，因为视觉图式已经被材质、光亮或者是色彩所遮蔽，此时的设计理念是用一种被技术弱化的视知觉来表现的。譬如说，乔布斯逝世后苹果移动终端设备的创新由此走向衰落，其实是设计理念与技术两端的逐步堕败。因此，设计活动被称之为简单的技术活动是偏颇的，因为纯粹的技术不可能造就优良设计，光有设计理念也不可能使创意变为现实，只有将技术基于设计理念作一种二者契合的变化，才使得敞开设计作品的世界具备可能性。就如同耶稣所说，信念与行动缺一不可，之所以我们得出这样的结论，是因为设计理念的作用并非是去凸显技术，而是要让科技感消失在艺术感之中，严格地来说，超感觉是难以纯粹用技术去表现的，只有让技术作为中介去认知设计理念，才能够转化为可认知的视觉图式。

三、日常设计与视觉文化的相互生成

在创制者那边，这种知觉就是一种潜意识的本能，将自身的文化底蕴都投

---

① ［英］尼吉尔·温特沃斯：《绘画现象学》，董宏宇、王春辰译，江苏美术出版社2006年版，第77页。

射在了材质的处理，以及设计风格的差异化上。可以说，我们接触到的视觉文化正是一种被设计过的艺术，或者说是作为具备艺术感的设计，这种过程就是不断地通过视觉表象来再现地域性特征的过程，设计理念作为作品中的精神就在之中，"但作为确定性，真理现在乃是表象本身，因为表象自身投向自身，并且把它自己确证为再现"①。通过视觉传达的图式从而得以引出设计理念，表里一致乃是理念与图式的相互生成，相对于纯粹的技术应用来说，设计语言应当成为更加纯粹的诗性语言。对于如何将具备庞大信息量的大道用简明语言表达的问题，实际上这需要的是设计语言的简明深刻化，才能达到知觉与认知的合一。譬如说，在1969年出名的披头士乐队，甚至不用在封面设计上印制乐队名称即可辨认出他们。优良的设计告诉我们，许多不需要说明即可识别的视觉图像，更多的是取决于透彻的认知，视知觉作用只是占一小部分因素。认知不依赖经过设计的视觉图像是不可能被知觉到的，当然更加重要的影响因素是审美经验，在视觉上突出的一点或者是暧昧的边缘，往往具备着不可言喻的审美意味，这种在视知觉之上的感受在每一个不同的历史时期都不一样。因此，某种视觉文化的体验，其实取决于设计师创制它的方式和观赏者的理解方式。

而且，我们从一种视觉文化里所经验到的图式，其实是从属于设计手法与表现方式的。这些文化意味有意识地通过具象或者抽象的元素来实现表达，创作方式往往经由不同的文化背景进行表达，基于同一种材媒的不同创作会产生不同的视觉效果，当这种介入过程完成的时候，这种有意味的图式在观赏时就已介入视知觉，这种转化关系正是从材媒层次向有意味的层次转变的。这两种层次的创制就决定了观赏者是在讨论材质还是意蕴，是讨论技术还是理念。就像昆提利安所说的那样，"有学问的人熟知艺术的理论，凡俗之人则熟悉艺术所提供的乐趣"②。因此，不同阶层的人对于视觉文化的理解是有差异的。然而，与视知觉相比较，更加深入的介入是日常设计，也就是设计语言的生活化，是要让人们的日常生活朝向一个貌似熟悉又具备陌生感的设计场之中，既是作为生活化的设计，也是处于设计场中的生活。

尽管如此，日常设计与艺术创作区分差异点在于，当设计介入人的日常行

---

① ［德］马丁·海德格尔：《林中路》，孙周兴译，上海译文出版社2004年版，第141页。

② ［波兰］瓦迪斯瓦夫·塔塔尔凯维奇：《西方六大美学观念史》，刘文谭译，上海译文出版社2013年版，第49页。

为时，人在切身化的体验中认知到设计理念。视觉文化要融入日常生活，并作为一种方式。这种认知正是处于以人的日常行为为基点的设计场之中，从而延伸到社会生活各个领域。认知不能远离设计场，设计场是人、设计物与设计理念的三元合一，这是优良设计的要求，也是人的需求。"只要谈到工业产品的文化或大众日常生活中的审美，日常设计就是要和文化一起成长的，在社会稳定时期与社会变革时期并无不同，它与生活方式和它们的表达方式融合在一起。"①因此，围绕日常生活所做的设计可以说是视觉文化的中心，正是由日常设计才衍生出视觉文化的，在设计日常化中，逐渐认同了这种文化，又由这种文化再次生成新的设计。

在这里，不仅要采取一种以知觉和认知合一的方式，而且要以日常设计的方式来实现这种理解，以至于深刻地传播视觉文化。总体来看，在一定的社会文化背景下，大众的审美教育不可能远远超过现有的审美水平，当然有少部分的吹毛求疵者除外。设计美感的认知经由创制的冲动与观赏、使用的冲动，尤其是，"人应当同美仅仅进行游戏，人也应该仅仅同美进行游戏"②。只有通过在日常设计中将这种美感显现，才使得观赏者与设计美感的游戏得以实现，只能通过不断地提升视觉文化的审美意味，进而才能影响到大众审美的提高，审美教育置于日常生活之中，正是进行潜移默化的介入过程。当今视觉文化出现的危机的边缘之处，正是新生希望的开端，对于认知上达到审美的高度，只能通过本土文化的凸显来进行传承，视觉文化中的设计美感往往取决于认知的内在感悟。因此，一部分的设计理念往往折射出整个视觉图式的文化特质，通过日常设计使得审美生活成为可能性，日常设计使得设计场的运作成为确定性，它在不需要说明的同时，规定了审美生活应当是设计师与观赏者的相互理解。最终，在知觉与认知合一的基础上，日常设计与视觉文化在设计场中得以不断地相互生成。

（作者单位：武汉纺织大学艺术与设计学院）

---

① ［美］维克多·马格林：《设计问题：历史·理论·批评》，柳莎、张朵朵等译，中国建筑工业出版社 2010 年版，第 53 页。

② ［德］席勒：《审美教育书简》，张玉能译，译林出版社 2012 年版，第 3 页。

论西方悲剧中的意志必然性

黄子明

在西方文艺史上悲剧是获得最高赞誉的一种艺术，然而关于悲剧如何可能的问题却始终困扰着哲学家。柏拉图对悲剧持全盘否定的态度，他认为悲剧诗人最善于模仿人性中"无理性"的部分，他们使"许多坏人享福，许多好人遭殃"，"公正只对旁人有好处，对自己却是损失"①，这样的作品败坏品德、摧残理性，他以哲学王的口吻对诗人下了逐客令。说悲剧使"坏人享福"未免夸张，但说让"好人遭殃"大致是符合人们对悲剧的一般印象的。悲剧的苦难让人联想到生存秩序的混乱、理性与公正的缺失。哲学家们研究悲剧时都必须回应柏拉图的问题，悲剧何以使"好人遭殃"，悲剧受难中存在何种必然的、合理的因素。

一、关于悲剧本质的几种学说

(一) 亚里士多德的"过失说"

在古希腊神话和悲剧中命运对人有着"不可能逃避"绝对控制力，甚至连奥林波斯众神也逃脱不了命运的罗网。古希腊悲剧往往被界定为命运悲剧，以区别于近代以来的性格悲剧，命运是构成古希腊悲剧的一个重要因素。然而亚里士多德的《诗学》对"命运"只字未提。亚里士多德的神就是理性或精神（nous），是自身不动而推动万物的第一推动者，是宇宙的最高本原和一切事物运动的最后原因。他当然不可能认可像命运这样的超越于尘世之上的非理性的推动力量。为了对悲剧情节进行更合乎理性的解释，他提出"过失说"。

---

① 《柏拉图文艺对话集》，朱光潜编译，人民文学出版社 1963 年版，第 46 页。

　　亚里士多德认为悲剧主角应该是不好不坏的人，他"不十分善良，也不十分公正，而他之所以陷入厄运，不是由于他为非作恶，而是由于他犯了错误"①。悲剧人物并非完美无缺，招致灾祸是因为自身弱点。亚里士多德不想诉诸非理性的超自然力，又不想有违理性精神和道德愿望，他只能尽力缩小人物的道德品质与成败之间的反差。柏拉图和亚里士多德似乎一致认为一个真正的好人是不会犯错的，不会犯错的人自然也不会生祸。一个不好不坏的人因为过错而遭难是咎由自取，但因小过而遭受不应有的大难又是值得同情的。俄狄浦斯遭受厄运是因为他自身的过失，在不明真相的情况下做出违背伦常的事而招致大难。

　　"过失说"存在着一些问题。首先，古希腊悲剧作品不能有力支持这一论断。悲剧主角当中固然有俄狄浦斯这样"不好不坏"的人，也有普罗米修斯和安提戈涅这样的好人，还有美狄亚这样的坏人，他们的行动和遭遇都同样能激起观众丰富而激烈的悲剧情感。其次，这一理论的内在逻辑存在缺陷。亚里士多德在西方思想史上首次提出文艺作品应具有必然性，他将诗与历史作比较，"诗人的职责不在于描述已发生的事，而在于描述可能发生的事，即按照可然律或必然律可能发生的事"，"诗所描述的事带有普遍性，历史则叙述个别的事"，"写诗这种活动比写历史更富于哲学意味，更被严肃的对待"。② 那么什么可然律或必然律导致过失产生？既然悲剧人物相较于一般人"宁可更好，不要更坏"③，那么更好的人依据什么普遍性遭遇更坏的事？失误导致的悲剧到底有什么"哲学意味"和严肃意义？

　　"过失说"取代"命运观"使悲剧发生的原因由高于尘世的命运下降为寻常凡人的过失，不仅为确保理性的超越性地位留下余地，也使悲剧原因的探索从外在转向内在。"过失说"的缺陷在于没有将内在必然性交代清楚。亚里士多德在消解掉命运的必然性之后，没有给悲剧情节带来新的必然性。他的悲剧理论后来成为不可动摇的经典，两千年来没有敢于正面挑战者。这种情况直到黑

---

　　① ［古希腊］亚里士多德：《诗学》，罗念生译，上海人民出版社 2006 年版，第 48 页，1452b~1453a。希腊词"hamartia"有错误、误会、缺陷、罪恶等意，朱光潜先生将其翻译为"过失"。

　　② ［古希腊］亚里士多德：《诗学》，罗念生译，上海人民出版社 2006 年版，第 39~40 页，1415b。

　　③ ［古希腊］亚里士多德：《诗学》，罗念生译，上海人民出版社 2006 年版，第 49 页，1453a。

格尔才有了改观。

（二）黑格尔的"伦理冲突论"

黑格尔从理性原则出发，将万事万物安排进一个从低到高的上升序列中，最后一切终结于绝对精神。在这个发展序列中较低层次的恶与对立作为一个环节可以融入较高层次的善与和谐，一切冲突和矛盾终将在绝对精神那里复归统一。黑格尔的思想体系对不和谐事物有极大包容性。他的悲剧冲突理论可以看做是对亚里士多德"过失说"的思辨上的完善和深化，在某种程度上甚至是颠覆。

黑格尔指出，"形成悲剧动作情节的真正内容意蕴，即决定悲剧人物去追求什么目的的出发点，是在人类意志领域中具有实体性的、本身就有理由的一系列的力量"①。他把这种实体性的力量归结为家庭的、国家政治的和宗教的三种伦理力量。伦理性实体原本是由不同的关系和力量形成的和谐统一体，在具体外化为个别人物性格和目的时产生出差异和冲突。悲剧产生于两种同样合理又同样片面的伦理力量的冲突，每个人物都坚持各自伦理理想的必然性和片面性，都想通过否定对方来肯定自己。随着代表片面伦理力量的个别人物遭受毁灭或失败，其特殊性和片面性被否定，通过净化消除了与对立原则的对抗性，于是伦理实体恢复其统一性，永恒正义取得最终胜利。例如：《安提戈涅》中克瑞翁作为执政者代表国家伦理，下令禁止埋葬战败的侵略者的尸体；安提戈涅作为死者的妹妹代表家庭伦理，执意安葬自己的兄长。安提戈涅出于对亲人的爱和责任触犯国法，克瑞翁的禁葬令维护国家安全却不顾家庭伦理，他们各自都有辩护的理由但又有其片面性。双方都因为坚持自己的片面性而犯下错误，最终遭受惩罚。但他们所坚持的原则本身却并没有因此而遭到否定，反而得到升华，通过执行者的牺牲而高踞于世俗生活之上，成为永恒的法则。

"伦理冲突论"的严整和丰富远远超过了亚里士多德的"过失说"。亚里士多德没说清楚悲剧主角"应该有的样子"到底是什么，黑格尔指明人物行动由以出发的原则就是伦理实体。亚里士多德没有挖掘人物过失的深层原因，黑格尔则以辩证的眼光指出，"双方都在维护伦理理想之中而且就通过实现这种伦理理想而陷入罪过中"②。亚里士多德没有阐明悲剧情节的必然性和"哲学意

---

① ［德］黑格尔：《美学》第三卷下册，朱光潜译，商务印书馆 1996 年版，第 284 页。
② ［德］黑格尔：《美学》第三卷下册，朱光潜译，商务印书馆 1996 年版，第 286~287 页。

味", 黑格尔则在悲剧的"和解"中宣告"永恒正义"的最终胜利。

如黑格尔所说, 伦理性因素就是"在尘世间个别人物行动上体现出来的那种神性的东西"①, 他的悲剧理论是属神的, 不是属人的。但悲剧是关于人的悲剧, 我们现代人需要从伦理情致的天国下降到意欲的凡尘。而这正是叔本华为悲剧所定下的方向。

(三) 叔本华的意志原罪

叔本华将世界二分为意志与表象, 试图用意志本体来弥合康德留下的现象界与"自在之物"之间的鸿沟。他认为康德所说的"自在之物"就是他所说的"意志", 意志是包含客体于自身的主体。叔本华认为理性从根本上是服从意志的, 意志是世界的终极本体。

但是叔本华没有高扬意志, 而是要想办法消除意志。他认为个体意志是痛苦的根源, 意志越强痛苦就越大, 人要摆脱痛苦就必须否定意志。在现实生活中, 人们可以通过哲学思考或审美观照暂时超脱意志和痛苦。在审美的世界里, 人可以超越自己的意志, 消融主体与客体的差别, 在"物我两忘"的境界中获得片刻的幸福。当人回到现实世界便又有了意志, 重新陷入痛苦之中。能够最终摆脱意志的只有死亡。

叔本华将悲剧的原因分为三种: 第一, "某一剧中人异乎寻常的, 发挥尽致的恶毒", 如《奥赛罗》中的伊阿古、《安提戈涅》中的克瑞翁; 第二, "盲目的命运, 也即是偶然和错误", 如《俄狄浦斯王》《罗密欧与朱丽叶》《麦西那的新娘》; 第三, "不幸也可以仅仅是由于剧中人彼此的地位不同, 由于他们的关系造成的……只需要在道德上平平常常的人们, 把他们安排在经常发生的情况之下, 使他们处于相互对立的地位, 他们为这种地位所迫明明知道, 明明看到却互为对方制造灾祸, 同时还不能说单是哪一方面不对"。② 最后一类灾难被"当做一种轻易而自发的, 从人的行为和性格中产生的东西, 几乎是当做人的本质上要产生的东西"③。前两种悲剧是偶然产生的, 只有最后一种具有必然性, 因而价值也最高。这种悲剧的必然性就蕴含在人的本质之中, "悲剧主

①　[德]黑格尔:《美学》第三卷下册, 朱光潜译, 商务印书馆 1996 年版, 第 285 页。

②　[德]叔本华:《作为意志与表象的世界》, 石冲白译, 杨一之校, 商务印书馆 1982年版, 第 352 页。

③　[德]叔本华:《作为意志与表象的世界》, 石冲白译, 杨一之校, 商务印书馆 1982年版, 第 352～353 页。

角所赎的不是他个人特有的罪,而是原罪,亦即生存本身之罪"①。人的最大罪恶就是他诞生了,人有意志就是人的原罪,这种原罪将人引向悲剧性的冲突。黑格尔把悲剧归结为不同伦理力量之间的冲突,叔本华则归结为不同人的意志之间的冲突。不过即使是在最优秀的悲剧里也难以找到叔本华所说的第三种不幸。叔本华的理由是,最后一种悲剧编写的难度最大,连最优秀的悲剧作品也避免这一困难。

尽管叔本华高度评价由人的原罪导致的必然悲剧,但他并不认为这是悲剧的唯一形式。"写出一种巨大不幸是悲剧里唯一基本的东西"②,几乎把悲剧的本质等同于不幸。黑格尔反对将悲剧与单纯的悲惨故事混为一谈,灾祸必须由人物自己造成并由自己负责任才具备悲剧应有的深刻意义,"只有真实的内容意蕴才能打动高尚心灵的深处"③。

(四) 尼采的"酒神精神"

尼采接过意志哲学的衣钵,追溯至西方文明的源头,在古希腊艺术精神中寻找根据。《悲剧的诞生》指出,艺术产生于酒神精神和日神精神两种本能冲动。酒神精神由麻醉剂或春天来临而唤醒,代表生命本能的激发和释放,不断地创造和破坏,永不满足现状。日神精神来自太阳光辉的譬喻,万物在光明之神的普照下呈现美丽的外观,日神冲动就是制造幻觉的本能冲动。酒神精神和日神精神分别对应"醉"与"梦"两种状态。他将酒神精神视为更深层次的本能,人们凭借日神冲动将永恒变化着的酒神冲动凝固为美妙的幻象。

酒神精神融于音乐之中,日神精神则在造型艺术上映射出来,悲剧诞生于酒神精神和日神精神的融合。古希腊悲剧的原始形态是歌队,"悲剧从悲剧歌队中产生,一开始仅仅是歌队"④,悲剧发端于合唱抒情诗酒神颂,希腊词"Τραγωδία"(tragoidia)由 tragos(山羊)与 oida(歌)组成,意为"山羊之歌"。歌唱者将自己当成酒神的侍者萨提儿——一个半人半羊的精灵,歌唱在一切文明

---

① [德]叔本华:《作为意志与表象的世界》,石冲白译,杨一之校,商务印书馆 1982 年版,第 352 页。

② [德]叔本华:《作为意志与表象的世界》,石冲白译,杨一之校,商务印书馆 1982 年版,第 352 页。

③ [德]黑格尔:《美学》第三卷下册,朱光潜译,商务印书馆 1996 年版,第 288 页。

④ [德]尼采:《悲剧的诞生》,《尼采美学文选》,周国平译,北岳文艺出版社 2004 年版,第 24 页。

背后永远活跃着的自然生灵，歌队是"酒神气质的人的自我反映"。歌队没有观众，或者说他们就是自己的观众。酒神群众将自己魔变成萨提儿，同时作为萨提儿又幻想看见了酒神的在场，神的幻象的产生是一种"日神式的完成"。酒神最初并非真实在场，只是被想象为在场，后来以戴面具的演员的形象出现在真实的舞台上，戏剧便诞生了。在抒情诗的基础上加进舞台、面具、情节、对白，就形成了悲剧。

尼采更看重悲剧中的酒神精神，"悲剧歌队比本来的'情节'更古老、更原始、甚至更重要"，"舞台和情节一开始不过被当做幻相，只有歌队是唯一的'现实'，它从自身制造出幻相"①，歌队是孕育一切悲剧情节和对白的母腹。柏拉图说悲剧模仿人的情感，亚里士多德说悲剧模仿人的行动，他们分别看到了悲剧的某一个侧面，"情感"和"行动"分别点出了悲剧中酒神精神和日神精神的成分。尼采说"悲剧本来只是'合唱'，而不是'戏剧'"。情节的必然性看起来属于日神精神层面的话题，但只要我们同意尼采所说，日神形象乃是酒神冲动的外化，那么悲剧必然性应当包含酒神精神的东西。

二、悲剧的必然性

（一）意志的必然性

悲剧行为可以分为主动的悲剧行为和被动的悲剧行为。主动的悲剧行为表现为，主人公明白知道灾难后果，仍然按照自己的意志采取行动。这种悲剧可能是好人做好事而遭殃，例如普罗米修斯、安提戈涅；也可能是坏人做坏事的悲剧，例如麦克白、美狄亚。被动的悲剧行为表现为，主人公在不清楚灾难后果的情况下采取行动，不自觉地制造悲剧。这种悲剧可能是好人不明情况、按照好的意图而做坏事，例如俄狄浦斯、奥赛罗；还有可能是好人做了好事，却被人加害利用，如希波吕托斯、苔丝狄蒙娜。命运的作弄或是奸人的陷害使他们在不明真相的情况下陷入灾难。

主动的悲剧行为导致灾难结果，这是显而易见的。但是在被动的悲剧行为中，外在因素显得好像很重要。这里尝试从被动的悲剧行为中找出内在必然

①　[德]尼采：《悲剧的诞生》，《尼采美学文选》，周国平译，北岳文艺出版社2004年版，第31页。

性。俄狄浦斯的悲剧看似是由命运决定的。但是命运悲剧和命运制造的悲惨事件是有区别的，真正的悲剧必须有来自主人公自身的推力。俄狄浦斯为了防止罪恶命数的降临采取了一系列举动，而他的灾难结局恰恰是出自他的这些想要完善自己、远离罪恶的自由意志的行动。被动的悲剧主角往往是正直的凶手、善良的恶人，他们都是按照自己所认可的价值理念做着理所应当的事情，却掉进了命运的陷阱、奸人的圈套，最终勇敢地承担起自己意志的罪责。

激情澎湃的尼采告诉我们悲剧的本质在于人的意志，而深沉的黑格尔向我们指出了自由意志与必然性的关系。以往的哲学将必然与自由对立起来。凡是受必然性支配的，就不是自由的。精神是自由的，因而不为必然性所决定。黑格尔将对立的两方面进行辩证的综合，他认为"精神在它的必然性里是自由的，也只有在必然性里才可以寻得它的自由，一如它的必然性只是建筑在它的自由上面"①。一方面，真正的自由少不了必然性。没有必然性的自由是假自由，是任意妄为；另一方面，真正的必然性也不能没有自由。人的意志是自由的，真正的必然是在自由意志的空间中诞生的。那种绝对的、机械的必然终究是一种偶然。真正的必然性是自由的产物，它不是由外界给予我的，而是被我自己的自由建立起来的。邓晓芒指出："自由不但是比必然性更高的概念，而且它自身现实地建立了必然，一切真正的必然，本质上无非是自由。"②自由意志的不可逆性是最高的不可逆性，也就是最高层次的必然性。③真正的必然性不是外来的、盲目的命运，而是自由意志的不可逆性，是自律，人要自由地将自己内在的精神实现出来。人在自由意志的行动中服从自己，并在这种服从中实现自己。悲剧的必然性就在于人物意志的这种必然性。

(二) 悲剧困境

如果承认悲剧人物的自由意志体现出最高层次的必然性，那么接下来的问题是，这种意志选择与悲剧结局之间是否存在因果必然关系。俄狄浦斯完善自身的种种努力就必然导致他的悲剧吗？答案当然是否定的，一般情况下自由意志的行动并不必然导致悲剧，合乎道德与理性原则的选择很可能给人带来幸

① ［德］黑格尔：《哲学史讲演录》第一卷，贺麟、王太庆译，商务印书馆1995年版，第31页。

② 邓晓芒：《思辨的张力——黑格尔辩证法新探》，湖南教育出版社1998年版，第345页。

③ 邓晓芒：《黑格尔辩证法讲演录》，北京大学出版社2005年版，第218~224页。

福。只有在"悲剧困境"中，这种自由意志的必然性才将人推入灾难之中。"悲剧困境"就是这样一种特殊情境：主人公按照自己所认可的价值采取行动，将自己的意志实现出来，并恰恰因为这样的行动导致悲剧性的灾难；倘若他不坚持意志的执行，悲剧灾难反倒不会发生。无论是在被动的悲剧行为中还是在主动的悲剧行为中，这种让人进退两难的"悲剧困境"都是必要的。区别仅仅在于，主动的悲剧人物明确知道自己身处困境之中，而被动的悲剧人物对自身处境并不知情。

尽管"悲剧困境"是悲剧形成的一个必要条件，但绝不是充分必要条件。"悲剧困境"并不承载悲剧的必然性。首先，"悲剧困境"对于悲剧人物而言是外在的、偶然的。奥赛罗可能永远不遇到伊阿古，安提戈涅可能永远不碰上克瑞翁的禁令。"悲剧困境"的生成既不必与人物个性有必然联系，也不必具有其他合乎理性的依据。其次，"悲剧困境"的出现并不必然导致悲剧结局。"悲剧困境"只是为悲剧提供背景，它并不直接产生出悲剧。同样遭遇克瑞翁的禁令，在妹妹伊斯墨涅那里就不会发生悲剧。外来因素只是提供一种契机，绝不是产生一出悲剧的充分条件。如果灾难完全是由外力造成的，那就是一出意外惨剧。悲剧后果是必须由主人公自己负责的，他们如果不坚持意志的实现，悲剧就不至于发生。"悲剧困境"把主人公推到命运的十字路口，道路的选择取决于主人公自己的意志。"悲剧困境"本身并不具有悲剧性，真正承载悲剧价值的是人物的选择行动。

三 、对悲剧必然性的几种误读

(一) 混淆悲剧的原因与"悲剧困境"的原因

1. 对偶然悲剧的误读

否定悲剧必然性的人认为，偶然因素可以对悲剧产生决定性的影响。罗密欧与朱丽叶的悲剧似乎就是由偶然的误会导致的。其实"误会"只是一种"悲剧困境"，它的存在本身是偶然的。但是一旦它形成了，人物出于自身意志所做出的反应就是必然的。罗密欧一旦误会朱丽叶已死，凭他对爱人深切的情谊，殉情的举动就具有必然性。如果他的情感力量不是那么强烈，即便身陷误会之中也不会有如此激烈的反应。《罗密欧与朱丽叶》是必然性遭遇偶然性的典范，它巨大的悲剧张力产生于微不足道的偶然误会与人的沉重情感之间的反差。

亚里士多德指出，诗描述的是"按照可然律或必然律可能发生的事"，但他没有对"可然律"和"必然律"的内涵展开进一步的说明，到底什么事依循可然律，什么事依循必然律。依照"悲剧困境—人物意志"的二元模式，人的行动依据意志的必然律，而"悲剧困境"的产生则只需遵循可然律。任何叙事文学都包含"情境—人物意志"的模式。人物的意志选择是比较确定的，而遭遇的情境却有无限可能。偶然因素在悲剧中只是用来凝聚人物情感逻辑的必然性的道具或枢纽，罗密欧和朱丽叶如果没有偶然的误会，怎么会有机会表达出双方对爱人都可以献出生命的爱的震撼力量呢？情境的营造考验着艺术家的想象力，而意志必然性的刻画则检测着他对人性认知的深度。没有偶然的悲剧，只有偶然的"悲剧困境"。

2. 对命运悲剧的误读

谢林认为悲剧中绝对没有偶然性之地位，"悲剧的实质在于主体中的自由与客观者的必然之实际的斗争"①。主人公行动的出发点是自己的自由意志，结局却取决于客观必然性。悲剧的结果是双方达成和解，一方面主人公的自由被必然性征服，另一方面通过自愿选择接受惩罚，以自由的丧失来证明自己的自由。

普罗米修斯的能力无法匹敌宙斯的暴力，俄狄浦斯的智慧不能识破命运的狡计，但力量的强大并不意味着具有必然性。谢林的悲剧理论没有交代清楚这个客观必然性到底是什么，他甚至不反对将这种必然性称为"天意"或"命运"；也没有说明客观必然性为什么非要与人作对不可，他认为必然性并不总与自由发生冲突，"只有在必然预先决定灾厄时，必然始可确实呈现于同自由的斗争之中"②，可是客观必然性什么时候和为什么要决定灾厄呢，这种解释无异于循环论证。

面对命运悲剧，我们需要区别神话的逻辑和悲剧的逻辑。按照神话的逻辑，无所不能的命运总有办法让人就范，无论俄狄浦斯做出什么决定，灾难总是不能避免。但是按照悲剧的逻辑，"悲剧困境"可以由命运一手制造，但悲剧的直接原因却是人的意志。神话可以设定外来干预不可抗拒，但悲剧却要为

---

① ［德］谢林：《艺术哲学》，魏庆征译，中国社会出版社 1996 年版，第 371 页。
② ［德］谢林：《艺术哲学》，魏庆征译，中国社会出版社 1996 年版，第 371 页。

人的自由意志留下地盘。命运无论多么强大，都只能通过制造"悲剧困境"间接影响俄狄浦斯行为的客观后果，不能直接左右他的主观意志。他的主观意图只受他自己支配，只有他本人才能从主观上限定自己，也只有他本人有权从主观意志上惩罚自己。《俄狄浦斯王》之所以能成为戏剧史上最负盛名的命运悲剧，就在于主人公追求完善的主观意志与罪大恶极的客观行为之间的反差产生出极大的悲剧张力。

由于悲剧的必然性在于人的主观意志，所以即使是在被动的悲剧行为中，主人公也仍然把一切过错归咎于自身，为之承担罪责。所以西方悲剧意识是把被动的悲剧行为也归结到主动的悲剧行为上来，使之成为一件自由意志的行为，否则就不会有悲剧，而只会有惨剧或"苦戏"。

命运可以直接制造惨剧，也可以通过制造"悲剧困境"间接诱发悲剧，但不能直接制造悲剧。仅就"悲剧困境"的成因而言，我们才可以说有一种命运悲剧；就悲剧本身而言，则无所谓命运悲剧，一切命运悲剧最终都可以归结为性格悲剧。

(二) 对悲剧意志的误读

1. 外来的抽象原则不能构成悲剧意味的必然性

主动的悲剧行为常被误解为以道德作为出发点，悲剧被要求具有道德教化的功能。席勒认为悲剧是"使我们获得无上的道德快乐的诗艺"。他把道德和人的自然欲望对立起来。在悲剧中，"某一个自然的目的性，屈从于一个道德的目的性，或者某一个道德的目的性，屈从于另一个更高的道德目的性"①。他甚至设想将目的性从低到高进行排序，并以此为依据先验地为悲剧的分类制定表格，使人一望而知不同悲剧种类的价值，但他没有完成这项工作。

席勒认为牺牲生命本来是违反常理的，但是出于道德的意图而牺牲生命却是顺情合理的，生命"不是作为目的，而是作为达到道德的手段"，如果"牺牲生命成为达到道德的手段，生命就该服从道德才是"。② 席勒认为道德是外在于生命的，服从道德就成了服从异己的、抽象的原则，生命甚至要成为实现这

① [德]席勒:《论悲剧题材产生快感的原因》，见《席勒文集》Ⅵ，张玉书等译，人民文学出版社 2005 年版，第 22 页。

② [德]席勒:《论悲剧题材产生快感的原因》，见《席勒文集》Ⅵ，张玉书等译，人民文学出版社 2005 年版，第 23~24 页。

种外来目的的手段。

可是意志的必然性包含这样一层意思：人所服从的不是外界规定的抽象原则，而是自己给予自己、自己为自己设定的必然性。生命最内在的本质就是他的意志。悲剧人物将意志实现出来，就是达到与他的自我相一致。生命不是他物的手段，而是目的本身；悲剧人物不需要为其他目的牺牲，他只是自己为自己牺牲。

催生悲剧行动的意志未必是合乎道德的。当人遵守纯粹外来的原则做出牺牲时，人物形象的一致性和必然性都将受损。法国古典悲剧高扬国家利益而压抑个人情感，虽然曾经盛极一时，但现在很少有人喜欢看了。擅长写"恶人"的莎士比亚虽然曾被指责违反了"诗的正义"，但他的作品长盛不衰。马克思推崇戏剧的"莎士比亚化"，批评"席勒式"的戏剧"把个人变成时代精神的单纯的传声筒"。①

2. 人物的犹豫无损其坚定性

黑格尔认为理想的悲剧人物从自己所代表的伦理原则和情致出发去行动，"自始至终就完全是他们所愿望和要实现的那种人物"②，没有犹疑和抉择。他从原因和效果两方面展开说明。

首先，黑格尔认为，一个悲剧人物所有的坚定性都来自于：他只能代表一种特定的伦理理想。人物行动的必然性就产生于他所代表的那一种伦理情致，当人始终如一地维护这一伦理原则时，一切的偶然性就被排除了，在坚定的行为中主体性格和实体性目的才能达到统一。然而在优秀的悲剧作品中，我们几乎找不到黑格尔所说的那种如大理石雕塑般坚硬的伟大人物。有且只有一种伦理理想、并毫不犹豫将其坚持到底的单纯性格是难以设想的。"悲剧困境"激起人的意志的分裂，悲剧中最激烈的冲突不是外在事件的冲突，而恰恰是人物内心分裂了的意志之间的冲突。

其次，在悲剧效果方面，黑格尔说"最坏的情况是把性格乃至整个人的这种摇摆和犹疑不决当做全部悲剧的描述原则"。他认为冲突双方的斗争应该放入客观的情节发展和结局之中，不应该以辩证法的形式置入主体自身之中，摇

---

① ［德］马克思：《马克思致斐·拉萨尔》，见《马克思恩格斯选集》第4卷，人民出版社1995年版，第555页。
② ［德］黑格尔：《美学》第三卷下册，朱光潜译，商务印书馆1996年版，第309页。

摆不定的人物只是"空洞的不确定的形式"，以人物内心的犹疑不决来展现冲突和斗争是"一种错误的艺术辩证法"①。黑格尔强调人物的坚定性是深刻的，但他的错误在于把"犹豫"等同于"软弱"，把悲剧人物的伟大和坚定局限于毫不动摇的性格，以为反复犹豫会破坏人物的坚定性，他在非常适合运用辩证法的地方把辩证法驱逐了。悲剧人物意志的坚定和内心的冲突是相反相成：一方面，内在的冲突由于人物意志的坚定而更显激烈；另一方面，人物的意志由于经历了激烈的内心冲突也更显坚定。这才是悲剧的辩证法。

在主动的悲剧行为中，人物的坚定性正是从犹豫中生发出来的。欧里庇得斯没有把美狄亚写成泯灭了一切人性和温情的恶魔，她杀害孩子之前经历了激烈的内心斗争。如果复仇行为是出于一时冲动，主人公事后懊悔不已，这样的行为虽然值得同情，但还不足以形成巨大的悲剧张力。悲剧人物可以痛苦，但绝不会后悔。只有主人公充分意识到后果的可怕，经过冷静思考作出的疯狂举动才具备强烈的悲剧性。悲剧意志经过一番激烈的鏖战，想要否定它的阻力越大，双方较量得越充分，越能显示必然性之强力。黑格尔把描写人物的摇摆和犹疑的悲剧当做最坏的作品，但是事实恰恰相反，这才是最好的悲剧。《美狄亚》让我们看到将母爱压倒的复仇意志是多么强烈而可怕，不愧为表现悲剧内在必然性的最杰出作品。哈姆雷特的忧郁"To be, or not to be: that is the question"激起世世代代读者的共鸣，正是因为它代表着所有身处困境中的人类反复咀嚼做与不做、是与不是的苦涩。

四、受难的意义：悲剧哲学

悲剧情节如何可能的问题起于柏拉图的悲剧使"好人遭殃"的指责，我们绕了一大圈之后仿佛又回到了起点，只不过"好人"已经不再是柏拉图意义上的公正的好人，而是尼采意义上的意志力的超人。亚里士多德的"过失"说企图淡化悲剧中的不幸，一个"不好不坏"的人因小过而遭大难相对于"好人遭殃"更易于为人所接受。黑格尔的伦理冲突理论将悲剧灾难纳入更高层次的"永恒正义"的胜利，苦难的阴霾被未来的信心一扫而尽。如果悲剧表现的是拥有强大意志力的人在应对"悲剧困境"时给自己制造了灾难，那么这种悲剧不幸的合理性又在哪里呢？悲剧作家为何热衷营造这些"悲剧困境"？描写强

---

① ［德］黑格尔：《美学》第三卷下册，朱光潜译，商务印书馆1996年版，第326页。

有力的人物自我毁灭究竟有什么意义？

（一）乐观主义者眼中的悲剧不幸

悲剧精神与乐观的信念是不相容的，悲剧主角充满了对神明的质疑，对死后世界的恐惧与犹疑。尼采称苏格拉底等理性主义哲学家为"理论乐观主义者"，他们都对理性的力量抱有深切的信念，"相信万物的本性皆可穷究，认为知识和认识拥有包治百病的力量，而错误本身即是灾祸"①。雅斯贝尔斯指出，哲学的态度是一种"冷漠"（Apathy），即"对痛苦无动于衷的、刀枪不入的安宁"②。

乐观主义哲学家对于悲剧受难有三种不同的态度。第一种是柏拉图的直接的否定的态度。他既然相信"任何事情都不能伤害一个好人"③，就当然不能接受使"好人遭殃"的悲剧。悲剧诗人滋养人的感伤癖和哀怜癖，无益于理性的培养和道德秩序的建设。

第二种是亚里士多德的曲折的肯定的态度。他将悲剧主人公限定为白璧微瑕的好人，因为有过错而遭难。他使悲剧的积极意义从"怜悯"和"恐惧"这两种消极情感中产生出来，"怜悯是由一个人遭受不应遭受的厄运而引起的，恐惧是由这个这样遭受厄运的人与我们相似而引起的"④，悲剧"借引起怜悯与恐惧来使这种情感得到陶冶（净化）"⑤。尼采批评说"某种东西惯常激起恐惧和怜悯，它就是在瓦解、削弱和使人气馁"，这种理解下的悲剧就是"一种危及生命的艺术"⑥。

第三种是黑格尔的直接的肯定的态度。他将悲剧的冲突引向和解，个别人物因其片面性而失败，他们被"理性的狡计"利用以实现更高层次的"永恒正

---

① ［德］尼采：《悲剧的诞生》，见《尼采美学文选》，周国平译，北岳文艺出版社 2004 年版，第 60 页。

② ［德］雅斯贝尔斯：《悲剧的超越》，亦春译，工人出版社 1988 年版，第 21 页。

③ ［古希腊］柏拉图：《申辩篇》，见《柏拉图全集》第一卷，王晓朝译，人民出版社 2003 年版，第 31 页，41D。

④ ［古希腊］亚里士多德：《诗学》，罗念生译，上海人民出版社 2006 年版，第 48 页，1453a。

⑤ ［古希腊］亚里士多德：《诗学》，罗念生译，上海人民出版社 2006 年版，第 30 页，1449b。"katharsis"作为医学术语意为"宣泄"，作为宗教术语意为"净洗"，有译为"净化"，罗念生先生译为"陶冶"。

⑥ ［德］尼采：《作为艺术的强力意志》，见《尼采美学文选》，周国平译，北岳文艺出版社 2004 年版，第 370 页。

义"的胜利。他对两种消极情绪进行积极改造：悲剧的"恐惧"不是因为遭遇外在有限事物的压迫，而在于"认识到自在自为的绝对真理的威力"，人要违反它就是违反他自己；悲剧的"哀怜"不是对平常灾祸的同情，而是对受难者"必然显现的那种正面的有实体性的因素的同情"①。他还进一步提出，"在单纯的恐惧和悲剧的同情之上还有调解的感觉"②。既然悲剧冲突是由伦理实体自身的发展运动导致的，那么悲剧中的不幸就成了暂时性的和过渡性的了，悲剧的结局"不是灾祸和苦痛而是精神的安慰"③。黑格尔已经悄悄改变了悲剧的本质特征。他能从悲剧中阐发鲜明的积极意义，在相当程度上归结于他对悲剧的这些改造，"受难"不再被视为悲剧中的最重要成分，"和解"才是目的所系，悲剧已经不"悲"了。

（二）悲观主义者眼中的悲剧不幸

1. 叔本华的悲观主义

与乐观主义者对苦难的暧昧态度不同，叔本华以一种哲学家少有的斩钉截铁的态度承认，"写出一种巨大不幸是悲剧里唯一基本的东西"。他批评乐天派和理性派妄图在悲剧中寻求善恶准则和精神安慰，"只有庸碌的、乐观的、新教徒唯理主义的、或本来是犹太教的世界观才会要求什么文艺中的正义而在这要求的满足中求得自己的满足"④。黑格尔认为艺术作品的任务是表现出"精神的理性和真理"，叔本华却认为有这种企图的人既不懂悲剧的本质，也不懂世界的本质。

承认悲剧中的巨大不幸是叔本华的真诚和冷静之处，但他的误区也在于夸大了不幸的分量。他甚至不用源自古希腊语词"Tragödie"，而代之以德语词"Trauerspiel"（字面意思为"悲伤戏剧"），将悲剧与不幸直接画等号。叔本华把人生的痛苦归咎于意志，只有否定生命的意志才能从痛苦中解脱。理想的艺术应该教人否定意志，悲剧是最适合于取得这种效果的，悲剧人物在经历一番斗

---

① ［德］黑格尔：《美学》第三卷下册，朱光潜译，商务印书馆1996年版，第288页。
② ［德］黑格尔：《美学》第三卷下册，朱光潜译，商务印书馆1996年版，第289页。着重记号为原文所有。
③ ［德］黑格尔：《美学》第三卷下册，朱光潜译，商务印书馆1996年版，第310页。
④ ［德］叔本华：《作为意志与表象的世界》，石冲白译，杨一之校，商务印书馆1982年版，第351~352页。

争和痛苦之后，永远放弃了他们热烈追求过的目的。

叔本华的这一结论难以成立。首先，这与实际的悲剧作品不符。我们很难相信《普罗米修斯》提倡放弃对强暴的反抗，而《安提戈涅》竟教人学会怯懦。出色的悲剧作品非但不是对意志的否定，而是对强烈意志的褒扬。其次，这一论断让他的悲剧理论自相矛盾。他认为最好的悲剧冲突是由人的意志推动的，悲剧人物放弃意志也就取消了情节的重要推力，这岂不会导致悲剧的消解吗？被他誉为"文艺的最高峰"的悲剧竟只是暴露意志灾难的反面教材？尼采批评说："如果说叔本华关于悲剧教人听天由命的看法是对的(即温顺地放弃幸福、希望和生存意志)，那就得设想有一种自己否定自己的艺术。"①

2. 尼采的悲剧哲学

以往的哲学家都是从形而上学体系中推演出美学思想，由哲学思辨体系摄悲剧理论。尼采是颠倒过来的，他的第一部著作就是《悲剧的诞生》，他的悲剧思想就是他整个哲学体系的诞生地。尼采的哲学思想是以悲剧精神为核心伸展开的，悲剧是进入尼采哲学的一把钥匙。他构建了一种独特的世界观哲学——"悲剧哲学"。

尼采对乐观主义和叔本华的悲观主义都不满意。他首先批评了乐观主义态度。他将古代悲剧的衰亡归咎于三个乐观主义公式："知识即美德；罪恶仅仅源于无知；有德者即幸福者"②，理性哲学家"借知识和理由而免除死亡恐惧"③。理性的或宗教的乐观主义都在某种程度上相信存在着终极的公正，在乐观的信念中找到了慰藉，人生不再需要意志作为最终最有力的支柱。

尼采改造了叔本华的悲观主义。他提出悲观主义不一定是衰退、堕落、失败的标志，呼唤一种"强者的悲观主义"，并将这种强者的悲观主义提升为一种悲剧哲学。他称自己是"第一个悲剧哲学家"。悲剧哲学的真理就是认识并肯定现实的罪恶与残酷，人是按照勇气和力的尺度而接近这种真理的。

单纯的乐观主义寄希望于终极的公正。单纯的悲观主义将痛苦归咎于意志

---

① [德]尼采：《作为艺术的强力意志》，见《尼采美学文选》，周国平译，北岳文艺出版社2004年版，第370页。

② [德]尼采：《悲剧的诞生》，见《尼采美学文选》，周国平译，北岳文艺出版社2004年版，第56页。

③ [德]尼采：《悲剧的诞生》，见《尼采美学文选》，周国平译，北岳文艺出版社2004年版，第59~60页。

的挣扎，通过麻痹意志来逃避痛苦。尼采看出在乐观主义和叔本华的悲观主义中都隐藏着"蜕化的本能"。积极的悲观主义者意识到，人生本来没有形而上的意义，只有在战胜苦难的过程中获得意义。悲剧哲学辩证地综合了人生悲观和乐观的两面。人类是渺小的，狡猾的命运、愤怒的神灵、他人的恶意甚至偶然的误会，都足以将人的幸福碾碎；人又是伟大的，因为人有自由意志，人的选择展示出生命的力量和尊严。悲剧哲学就是一种"为自身的不可穷竭而欢欣鼓舞"的酒神精神。

尼采将叔本华的生命意志(der Wille zum Leben)改造为"强力意志"(der Wille zur Macht)，使意志本体有了积极的意涵。强力意志要求积极地扩展生命力，强调生命的动态的力量。悲剧意志就是这样一种强力意志，"对可疑的和可怕的事物的偏爱是有力量的征象"，面对不幸"而有勇气和情感的自由"[1]。悲剧绝不是像叔本华所说的那样令人沮丧的东西，"悲剧是一种强壮剂"[2]。

悲剧英雄在失败中赢取胜利，以否定的方式肯定自己。悲剧意志本来仅仅是潜在于人性中的酒神冲动，只有在"悲剧困境"搭建的日神舞台上，必然性在与否定力量的较量中变成现实的东西。悲剧意志的实现既是潜在自我的实现，又是对当下自我的超越。

（作者单位：捷克查理大学人文学院）

---

① ［德］尼采：《偶像的黄昏》，见《尼采美学文选》，周国平译，北岳文艺出版社2004年版，第318页。

② ［德］尼采：《作为艺术的强力意志》，见《尼采美学文选》，周国平译，北岳文艺出版社2004年版，第370~371页。

析亚里士多德《诗学》中"模仿"
概念的三个层面

赵　蝶

模仿是古希腊哲学中的一个重要概念，在亚里士多德之前，许多哲学家曾经从不同角度探讨过这一问题。亚里士多德是古希腊模仿论的集大成者，其对模仿的探讨主要集中于《诗学》之中。《诗学》被后人分为 26 章，其中，第一章作为全书的开篇，实际上已将模仿的几个层次及其所涉及的主要问题粗笔勾勒而出。本文主要基于对《诗学》第一章的读解，对亚里士多德诗学理论的核心概念——模仿进行简要探究。

一、"模仿"概念三个层面的提出

亚里士多德在《诗学》序论的起始，即第一章开头部分就提出了"模仿"（mimesis）这一概念：

> 关于诗艺本身和诗的类型，每种类型的潜力，应如何组织情节才能写出优秀的诗作，诗的组成部分的数量和性质，这些，以及属于同一范畴的其他问题，都是我们要在此探讨的。让我们循着自然的顺序，先从本质的问题谈起。
> 史诗的编制，悲剧、喜剧、狄苏朗勃斯的编写以及绝大部分供阿洛斯和竖琴演奏的音乐，这一切总的说来都是模仿。①

---

① ［古希腊］亚里士多德：《诗学》，陈中梅译，商务印书馆 2006 年版，第 1 页。本文中对于《诗学》文本的引用，如无特殊说明，皆出自陈中梅译本。

在上述引文中，表面看来，"模仿"（mimesis）一词首次出现在第二段，然而，如果我们仔细推敲，"模仿"实际上已经隐藏在首段中"自然的"、"本质的"（Ingram bywater 英译：primary；罗念生译：首要的）这两个词语之后了。

古希腊哲人热衷于探究本体论的哲学，亚里士多德也不例外，按照"自然的"顺序来说，即先谈本质的问题，再谈非本质的问题。①由此则可引出本质的与非本质的（或首要的与次要的）这一对相对的概念。"本质的"（或"首要的"）对应下文中各类艺术总的来说都是模仿的说法，也就是说，模仿是这些艺术之所以是其所是的根本属性或共性。与"本质的"模仿问题相对，亚里士多德在《诗学》中用大篇幅探讨的"关于诗艺本身和诗的类型，每种类型的潜力，应如何组织情节才能写出优秀的诗作，诗的组成部分的数量和性质，以及属于同一范畴的其他问题"就属于"非本质的"（或次要的）问题了。

这是《诗学》开篇所蕴藏的一个结构，这一结构实际上对整个《诗学》的内容作出了划分与规定，《诗学》就是沿着本质的与非本质的划分而展开的。然而，在保存至今的《诗学》文本中，亚里士多德并没有对本质问题进行明显直接的规定，并且，作为本质的模仿在《诗学》开篇被带出场后，就将自身隐匿起来，让位给了诗艺本身与诗的类型及特点等非本质的或次要问题的探讨。

《诗学》第一章中直接提到"模仿"的地方（在场的模仿）共计 10 处，下面按顺序将其列出，另将 Ingram Bywater 对"模仿"一词的英译附后，以资对照。②

1. 史诗的编制，悲剧、戏剧、狄苏朗勃斯的编写以及绝大部分供阿洛斯和竖琴演奏的音乐，这一切总的说来都是模仿。（imitation）

2. 它们的差别有三点，即模仿中采用不同的媒介，取用不同的对象，使用不同的、而不是相同的方式。（imitations）

3. 正如有人（有的凭技艺，有的靠实践）用色彩和形态模仿，展现许多事物的形象，而另一些人则借助声音来达到同样的目的一样……（imitate and portray）

4. 上文提及的艺术都凭借节奏、话语和音调进行模仿——或用其中

① 陈中梅注："kata phusin, 即从分析事物的属性或共性出发。"罗念生注："按照'自然的顺序'，'属'（诗的艺术本身，即诗的艺术整体）在前，'种类'在后。'首要的原理'指有关诗的艺术本身的原理。"

② Bywater I. *Aristotle on the Art of Poetry*. London and New York ： Oxford University Press，1978.

的一种，或用一种以上的混合。（imitate and portray）

5. 阿洛斯乐、竖琴乐以及其他具有类似潜力的器乐(如苏里克斯乐)仅用音调和节奏，而舞蹈的模仿只用节奏，不用音调(舞蹈者通过糅合在舞姿中的节奏表现人的性格、情感和行动)。（imitations）

6. 有一种艺术仅以语言模仿，所用的是无音乐伴奏的话语或格律文(或混用诗格，或单用一种诗格)，此种艺术至今没有名称。（imitates）

7. 即使有人用三音步短长格、对句格或类似的格律进行此类模仿，由此产生的作品也没有一个共同的称谓。（imitation）

8. 称其为诗人，不是因为他们是否用作品进行模仿，而是根据一个笼统的标志，即他们都使用了格律文。（imitative nature of their work）①

9. 同样，如果有人在模仿中用了所有的诗格……我们仍应把他看做是一位诗人。（罗念生认为后一句是衍文）（imitation）

10. 艺术通过媒介进行模仿，以上所述说明了它们在这方面的差异。（imitation）

根据文本的具体语境，我们可将第一章中出现的 10 个"模仿"大致分为两类。一类是作为本质的模仿，引文 1 即属于这类情况；一类是作为行动的模仿，引文 2~10 都可划归此类。如果细加区别，第二类又可分为两种情况，一种情况是强调模仿的动作，可理解为去模仿，或者进行模仿，如引文 3、4、6、7、8、10；另一种情况则强调作为整体的模仿行为本身，如引文 2、5、9。

除了上述两种通过文字直呈的层面之外，模仿在本章中还存在着第三种层面，即作为制品的模仿。让我们回顾引文 1——史诗的编制，悲剧、喜剧、狄苏朗勃斯的编写以及绝大部分供阿洛斯和竖琴演奏的音乐，这一切，总的说来都是模仿。这句话中隐含着一个意思，即既然这些艺术都有一个共同的本质属性——模仿，那么这些艺术的制成品自然就是作为本质之模仿的外在呈现。

由此，我们可以说，亚里士多德在《诗学》第一章中，以或明或暗的方式，

---

① 此处"模仿"的英译与中译词性差别较大。陈中梅的中译显然是动词，意为进行模仿活动。而 Ingram Bywater 译作"imitative nature of their work"，意为他们作品中的模仿特性，imitateve 词性为形容词。亚里士多德此处要说明的是，人们通常把"诗人"一词附在格律名称之后，这与作者的作品是否具有模仿特性(作者是否用作品进行模仿)并不相干，只是根据作者是否使用了格律文这一笼统的标志便可断定。亚里士多德认为模仿是诗作与诗人的本质规定，可以见出，他对这种一般性的随意称谓是持否定态度的。

将"模仿"概念区分为作为本质的模仿、模仿的行为、模仿的制品三个层面。其中，作为本质的模仿是最为根本的，但呈现在文字中，却又最为隐蔽。相对而言，模仿的行为和模仿的制品是《诗学》文本中讨论最多的两个层面，然而，它们的在场指向的是隐匿自身的模仿本质，作者对这两个层面的探讨实际上已被作为本质的模仿所规定。

二、"模仿"概念三个层面的意涵

(一) 作为本质的模仿

在《形而上学》中，亚里士多德阐明了第一哲学的研究对象不是特殊的存在物，而是存在本身或"作为存在的存在"。"作为存在的存在"就是实体。亚里士多德所说的"实体"作为哲学的最基本的范畴是第一性的和独立存在的，其他的一切范畴都必须依附于实体而存在。当我们说一个东西"是怎样的"之前，首先要明白它究竟"是什么"，即为该事物划界，以显明它自身之所是。"是什么"远比"是怎样的"更为根本，相对于其他范畴而言，实体在所有意义上，不论在定义，还是在认识与时间上，都是最初的、第一性的。

> 其他范畴都不能离开它独立存在。唯有实体才独立存在……存在是什么，换言之，实体是什么，不论在古老的过去、现在以至永远的将来，都是个不断追寻总得不到答案的问题。所以，我们首要的问题，或者唯一的问题，就是考察这样的存在是什么。①

这段话包含了几个重要信息：其一，实体是所有其他范畴存在的依据，仅有实体自身能够独立存在。其二，实体的问题在所有时间中都是首要的，甚至是唯一的问题。其三，实体的问题尽管如许重要，却很难得到答案。在《诗学》中，实体问题也就是关于模仿是什么的问题，至于与诗艺直接相关的问题，则属于依赖实体问题而获得存在依据的其他范畴的问题。亚里士多德在《形而上学》中将实体是什么的问题当做"首要的"、"唯一的"问题，而在《诗

① 苗力田主编：《亚里士多德全集》第七卷，中国人民大学出版社 1993 年版，第 153 页。

学》中，引出作为本质的模仿之前，他强调自己所遵循的是"自然的"顺序，先从"本质的"问题谈起。也就是说，模仿的本质是一切诗学问题中的实体性问题，实体的问题总是在先的，所以要先从模仿的本质谈起。要回答"诗是什么"，首要的答案就是模仿。换言之，对亚里士多德而言，模仿即诗之是其所是的实体性因素。①

正如戴维斯所说，"《诗学》是戴着写作作坊面具的、文学的哲学"②。亚里士多德在《诗学》第一章开头就将诗的本质即模仿和盘托出。诗的本质是模仿，而模仿是什么？模仿何以成为诗的本质？这或许才是《诗学》所要真正探讨的问题。这些问题实际上已经超越诗艺而到了哲学追索的层面。由于实体的问题很难说清道明，故而亚里士多德并没有对有关模仿的问题进行进一步的深入阐发。模仿作为其他范畴的实体性因素，它本身是隐在而不可见的，要使其显明自身，只能尝试叩问《诗学》中的诸在场者。故而，作为本质的模仿在第一章中甫一出场，就隐匿于诸次要问题的探讨之后了。

《诗学》第一章阐明，依靠模仿，诗能够是其所是，诗人亦能是其所是。比如荷马和恩培多克勒都用格律文写作，但前者是诗人，后者是自然哲学家。区分二者的根本原因在于，作者是否用作品进行模仿。但仅凭这些已知的因素，还不足以说明模仿何以成为诗之本质的问题。亚里士多德在《诗学》第四章中，将诗艺的产生与人的天性联系起来，而这里所说的人的天性主要指模仿的意愿和行为。亚里士多德认为，人和动物的一大区别在于，人是最善于模仿的，并且通过模仿，人获得了关于世界的最初知识。每个人都能从模仿中获得快感，包括求知的快感与由技术、色彩等因素所引起的惊异之快感。③ 快感或许能解释人为何具有模仿的天性且比动物更善于模仿。正因为模仿能带来求知与惊异的快感，所以人比动物更具有模仿的主动性，因之也比动物更加善于模仿。模仿的天性使人具有一种难以抑制的强烈愿望去由此及彼地了解超越事物表面的东西，或言超越有限到达无限。这种超越性本身就是诗性的体现。人借

---

① 刘小枫的一段话也说明了这一点："依自然从首要的东西"讲起告诉我们，模仿是首要的，诗是从属的，因此，这里的重点是"模仿"。换言之，作诗或诗作不过是模仿的一种类型，还有并非诗作形式的模仿，比如现实生活中的模仿：好人学好人的样儿，坏人学坏人的样儿。说到底，模仿是比作诗更为基本的属人行为。见刘小枫《诗术与模仿——亚里士多德的〈论诗术〉》第一章首段译读，载《求是学刊》2011 年第 1 期。

② ［美］戴维斯：《哲学之诗——亚里士多德〈诗学〉解诂》，陈朋珠译，华夏出版社 2009 年版，第 9 页。

③ ［古希腊］亚里士多德：《诗学》，陈中梅译，商务印书馆 2006 年版，第 47 页。

助诗进行模仿，是因为内容、形式与手段之间具有天然的契合性。由此可见，人通过模仿实现了自身与动物的区分，模仿实际上是人之为人，以及人在世界中存在的重要依凭。而模仿之所以成为诗的本质，也正因为它是人之为人的本质属性。

(二) 模仿的行为

与作为本质的模仿相对应，亚里士多德在《诗学》中用大量篇幅探讨的关于诗艺本身和诗的类型，每种类型的潜力，应如何组织情节才能写出优秀的诗作，诗的组成部分的数量和性质，这些，以及属于同一范畴的其他问题，即模仿者应该如何进行模仿的问题，就显得非本质与较为次要了。由于实体自身的不可见性，亚里士多德在《诗学》中只能通过探讨这些非本质的与次要的诸问题，展开对作为本质的模仿的追问。

诗(poietike)，又可译为制作艺术，派生自动词 poiein(制作)，与之相应，诗人是 poietes(制作者)，一首具体的诗作是 poiema(制成品)。诗人作诗，与鞋匠做鞋一样，都需要凭技艺来制作产品。①第一部分中引文 3 的括号内有一个补充内容：有的凭技艺，有的凭实践。罗念生译之为："有的凭艺术、有的凭经验。"②刘小枫译之为："有的凭技艺、有的凭习性。"③不论是技艺、艺术，还是实践、经验与习性，都关乎实践经验与通过经验积累而获得的技术或能力，可见，诗人作诗这一本质为模仿的行动，就像作为手工艺人的鞋匠制鞋一样，都是凭借于创作者之经验的行为。我们知道，亚里士多德意义上的诗不是柏拉图所谓的迷狂状态下神灵附体的产物，而是需经实际训练以获得技艺的诗人的创造物。也就是说，诗是诗人自身的创作，而非神凭借人来实现的创作。海德格尔认为，技术(Techne)就其本质而言是一种解蔽的方式，它将真理从遮蔽状态带入无蔽状态中，是"指那种把真理带入闪现者之光辉中而产生出来的解蔽"和"把真带入美之中的产出"④。《诗学》从探讨诗之技艺的路径来追溯诗与模仿的本质，既是对诗艺的解蔽，也可看做对真理的解蔽。

---

① [古希腊]亚里士多德：《诗学》，陈中梅译，商务印书馆 2006 年版，第 28 页。

② 罗念生：《罗念生全集》第一卷，上海人民出版社 2004 年版，第 1 页。

③ 刘小枫：《诗术与模仿——亚里士多德的〈论诗术〉》第一章首段译读，载《求是学刊》2011 年第 1 期。

④ [德]海德格尔：《演讲与论文集》，孙周兴译，生活·读书·新知三联书店 2005 年版，第 35 页。

除了与技艺相关，诗艺的模仿还需要通过一定的媒介来实现。亚里士多德列举了几种主要的媒介，分别为节奏、话语、音调、唱段和格律文。诗艺的各种形态或取其一种，或取其两种或两种以上的混合来进行模仿。悲剧与喜剧是将各种媒介用于不同的部分，而音乐性较强的几种抒情诗，如狄苏朗勃斯和诺摩斯则同时使用这些媒介。至于不同媒介有没有主次强弱之别，罗念生在为本文第一部分所列引文 1 作注时认为，亚里士多德并非将史诗、悲剧和喜剧等都当做模仿，而是认为它们的创作过程是模仿。比如柏拉图不认为酒神颂是模仿艺术，随着时间的推移，亚里士多德时代的酒神颂已经半戏剧化，其中的歌唱部分倒像戏剧里的对话，因此亚里士多德认为酒神颂的创作过程也属于模仿。① 罗念生此处说到的模仿是指模仿之所由，属于"技"的层面，是像史诗、悲剧、喜剧那样涉及"如何组织情节"以模仿行动中的人这类叙事性艺术的特征。而抒情诗，比如酒神颂和日神颂，它们的叙事性比较弱，就不全是模仿性的。由此可见，模仿的各种媒介，也可按其表意功能的强弱进行排列。② 此外，对于模仿者而言，在他们运用一定媒介形态进行模仿的同时，其行为本身亦是模仿。模仿的本义是学着样子做（既是行为，也是成品），而非再现什么。因此，模仿与摹写就是不一样的。模仿不是仅仅用工具进行摹写，例如画家用画布、纸张、石头等进行摹写，而是指照着样子做，强调行为层面，而非物质层面。但这种模仿的行为也并不等同于实际的行为，而是带有一定的虚拟性质。③

（三）模仿的制品

亚里士多德所说的模仿（mimesis）既是诗的本质特征，也是我们通过实践来让我们成为人的基本要素。但模仿本身拒绝被直接看到，我们无法从模仿自身直接去把握模仿。正如无法离开思想的对象去把握思想、离开灵魂的言行去把握灵魂一样，对于模仿，人们也只能通过其制成品，一种特殊的模仿，才能

---

① 罗念生：《罗念生全集》第一卷，上海人民出版社 2004 年版，第 22 页。

② 在模仿的各种主要媒介中，以语言（logos）的叙事功能最强，其中包括无音乐伴奏的话语和格律文两种情况。语言并非不具意义的声响，动物也会发声，但动物的声音没有固定的意义与之对应。是否具备语言能力也是区分人与动物的一个本质性的因素。

③ 刘小枫：《诗术与模仿——亚里士多德的〈论诗术〉》第一章首段译读，载《求是学刊》2011 年第 1 期。

实现对模仿的探究。① 从这个意义上来说，探讨模仿的制成品，就是对模仿本身的一种隐喻式的接近。

第一章中谈及的诗艺种类有史诗、悲剧、喜剧、狄苏朗勃斯（酒神颂）；绝大部分供阿洛斯和竖琴演奏的音乐、舞蹈、索弗荣和塞纳尔科斯父子的拟剧、以颂神祈神为主的诺摩斯等。其中既有叙事性艺术，也有抒情性艺术；既有单纯媒介艺术，也有复合媒介艺术；既有口头性艺术，也有肢体性艺术。从现存《诗学》文本的实际情况来看，这里所提及艺术不但包括，并且大大超出了《诗学》所讨论的主要范围。亚里士多德在第一章中也只是规定了这些诗艺在本质上都是模仿，并按不同的模仿媒介对其进行简单的分类，而没有展开具体论述。

既然《诗学》主要是对模仿这一实体问题的探讨，那么亚里士多德在后文中论及具体艺术问题时，所选择的必然是能够较好地体现出（或召唤出）模仿本质的艺术形式。事实上，亚里士多德在《诗学》中讨论最多的艺术形式是悲剧、史诗和喜剧。三者之中，又以悲剧之地位最高，最能体现模仿的本质。

除了著名的悲剧六要素以外，亚里士多德在谈论悲剧时，还用了这样两个关键词：公允（epieikeia）②与过失（hamartia）。前者是一种行动的最高德性，但在亚里士多德看来，具有这种德性的人并不是悲剧最好的模仿对象，因为这种德性仅仅在表面上看起来是完美的。后者则是悲剧主人公的一个重要规定性。悲剧诗人将被其自以为是的完满表象遮蔽的命运之不完满的真相呈现在观众的注视之中，从而引起他们对命运自身的直视，进入沉思。亚里士多德在《诗学》第二章说过，悲剧的主人公应是比一般人更好的人，而这样的人何以被卷入命运的漩涡呢？就在于其犯了某种过失。高贵的好人拥有完善的品性，按照亚里士多德的伦理观，悲剧不应表现好人由顺转逆，因为这非但不能引发恐惧和怜悯，以达到净化的效果，反倒会引起人的反感。而过失如同一个不期然的罅隙，将严肃的命运聚集在此，向观者显明自身。这正是悲剧对模仿的

---

① 郝兰：《悲剧性过错——重启诗学》，陈陌译，见刘小枫主编：《诗学解诂》，华夏出版社 2006 年版，第 283 页。

② 在《尼各马可伦理学》第五卷中，亚里士多德对 epieikeia 的解说，乃是将其看做比正义还要公道的一种德性，因为它弥补了普遍法律不可避免的不精确性。由于 the epieikes 知道世界上公正并不占上风，故 Epieikeia 既是道德，又是对道德理想主义的批评。参见 Burger, Ronna. Ethical Reflection and Indignation: Nemesis in Nicomachean Ethics, in *Essays in Ancient Greek Philosophy IV: Aristotle's Ethics*. SUNY Press, 1991, pp. 130-134.

回归。

统言之，作为制品的模仿通过各种媒介隐喻存在本身，这是模仿或存在显明其自身的最好方法之一。悲剧模仿的是存在本身，存在本身不可见，只能通过命运向人展示。甚至命运也不可见，需要通过道德的罅隙将其聚拢，使人最终达到对存在的静观与沉思。

小　　结

对亚里士多德而言，作为本质的模仿是形式因、目的因与动力因三者的统合，而作为行动的模仿与作为制品的模仿则是质料因。形式在未显明自身以前，是隐在于质料之中的潜能，而当其显明自身，就体现为现实。相应地，质料只有获得了确定的形式，才成为现实的事物。形式与质料处于不断的运动转化之中。在这个运转过程中，人通过模仿实现了不断认识自身存在的解蔽过程。

古希腊的思想文化尚处于人类的童年时期，其时主客体还未出现绝对的分化。正如古希腊艺术的模仿往往体现为对有限的现实事物之模仿一般，亚里士多德的模仿虽具超越性，但仍然没有脱离现实事物，其超越性是有限的。或者说，亚里士多德的模仿概念距离有限近，而距离无限远。不过，他毕竟在前人的基础上跨了一大步，并且为西方美学理论由古代过渡到近代开辟了道路。[①]其后普罗提诺、托马斯·阿奎那等人将模仿的超越性大大提升，亦可视为在亚里士多德模仿概念基础之上的发展。

（作者单位：武汉大学哲学学院）

---

① 　张世英：《超越有限》，载《江海学刊》2000 年第 2 期。

中国传统绘画与立体主义空间意识之比较

魏 华

通常认为，西方绘画在空间处理方式上，使用的是单一视点的线性透视（也称焦点透视），而在中国画中视点则不固定。中国画中的这种多视点的空间处理方式还曾经被很多学者总结为散点透视，与西方的焦点透视相对应。一直以来，焦点透视与散点透视的区别，被认为是中西绘画在空间表现方式上的显著差异。然而，立体主义的出现打破了这种认识，立体主义绘画旗帜鲜明地将多视点引入画面，这与中国画在空间处理方式上体现出了诸多类似之处。本文试图对这两种艺术的空间处理方式进行比较。

一、立体主义的多视点与"山形面面看"

西方的透视理论是文艺复兴初期形成，阿尔贝蒂在《论绘画》中对透视法进行了详细地描述，后经弗朗西斯卡、马萨乔等人的艺术实践，使得透视法逐渐成为西方绘画的主要方法。西方的透视法有这么几个特点：首先，它是以模拟现实为目标的，主要是在二维的平面上建立一种类似三维空间的幻象。其次它是固定视点的，它设想从人的眼睛发出视线，形成一个锥形视域。再次，画面中的焦点也即视觉中心，只能有一个，它是所有纵深方向的线条汇聚之处。最后，画面上的事物体现近大远小的特征，由透视产生的大小差异显示了距离观者的远近。①

然而，焦点透视在西方 19 世纪时却面临严峻挑战，法国后印象派艺术家塞尚在他的作品中就完全抛弃了传统的透视法。在这位法国艺术家的许多幅静

---

① 关于透视法原理可参见［意］阿尔贝蒂：《论绘画》，［美］胡珺、辛尘译注，江苏教育出版社 2012 年版，第 2~23 页。

图 1 ［法］塞尚《有花瓶的静物》

物画作品中，桌子与其上的物品不在一个视点上，因此看起来台面有一种向前倾倒的感觉；桌子上的瓶子、罐子、盘子等圆形物体也没有遵循圆的透视画法，显得视点高低不一；有的作品甚至会刻意表现出由于视点变化所引起的视差，例如在塞尚那件《有花瓶的静物》（见图1）中，一个白色的盘子正好被前面的花瓶所遮挡，从而分为左右两部分。通常古典学院派艺术家在画白盘子时都会暂时省略掉前面的花瓶，按照焦点透视法则将盘子画好后再补上花瓶。而塞尚却不愿意这样处理，他决定忠实于自己的观察，即把被花瓶分割的盘子当成左右两个物体来画，当画左边那半边时，眼睛移到左边的盘子上，当画右边那一半时，眼睛又移到右边。由于视点的移动使得盘子感觉明显地被拉长了。尽管画面看上去不符合古典透视逻辑，但是塞尚却认为更符合人的观察方式。正如梅洛-庞蒂所证明的："视觉与运动联系在一起，这也是真实的。人们看见的只能是自己注视着的东西。眼睛无任何活动的视觉会是什么？"①的确，在实际生活中人们的眼睛总是会随着注意的事物而自由转动，那种眼睛始终盯着一点而用余光观察世界的方式不符合现实。于是，作为古典艺术最重要的理论基础的透视学在塞尚那里被瓦解了，塞尚用不固定的多视点取代了单一视点的透视画法。

在19世纪末期的时候，西方的艺术家已经不再相信焦点透视所带来的幻觉，逐渐开始放弃单一视点的传统透视学。拉塞尔在《现代艺术的意义》中描述了在塞尚前后人们对透视法的不同看法："通过把一个孤立的视点作为它的第一假定，透视法稳定了视觉经历。它给混乱带来秩序，它允许详细而系统的相互参照，不久它就成为连贯性和公正见解的试金石。'失去全部透视感'对今天来说，就是精神崩溃的代名词。然而在塞尚之前，透视法基本上是使世界

---

① ［法］梅洛-庞蒂：《眼与心》，杨大春译，商务印书馆2007年版，第35页。

运转的被神圣化了的骗局之一，换句话说，是一种阴谋。"①尽管拉塞尔说透视法是一种阴谋，听起来似乎有些夸张，但是他说出了一个事实：西方19世纪下半叶的艺术家们在思考问题的方式上正在发生转变，文艺复兴时期被奉为经典绘画科学的透视法，在塞尚之后的艺术家看来却是骗局，这种分歧实质上是由艺术家的不同观念造成的。

正如画家格莱兹和梅青格尔在1912年出版的《立体主义》一书中所说："理解塞尚的人就接近立体主义。"②塞尚对事物本质的探求无疑启发了后来的立体主义运动。1907年，毕加索画出了他的立体主义开山之作——《亚威农的少女》(见图2)。尽管毕加索本人似乎从未把它看成是完成的作品，尽管与他后来成熟的立体主义作品相比处理手法还略显青涩，但是立体主义的基本观点已经在该作品中体现出来了。在《亚威农的少女》中，毕加索用一种几何式的画法在画面上描绘了5个妓女，她们的身体相

图2　[西班牙]毕加索《亚威农的少女》

互紧挨，各部分的姿势若用传统眼光来看则显得异常怪诞：有的背冲着画面，而头却像旋转了180度面向观众；有的脸虽然是正面的，但却长着一个侧面的弯鼻子；还有的脚与腿没有正常的连接。在这幅画中，不存在一个真正的透视点，面部及身体的各个部分都是从多个视点同时表现的。毕加索的描绘使观众的视觉范围一下子被扩大了，时而朝上看，时而又朝下看。可见，毕加索比塞尚多视点的探索走得更远。毕加索说："我注意到，绘画有自身的价值，不在于对事物如实的描写。我问我自己，人们不能只画他所看到的东西，而必须首

---

①　[美]约翰·拉塞尔：《现代艺术的意义》，常宁生等译，中国人民大学出版社2003年版，第18页。

②　转引自[西]毕加索：《现代艺术大师论艺术》，常宁生编译，中国人民大学出版社2003年版，第20页。

先要画出他对事物的认识。一幅画像不仅能够表达现象，同样能表达出事物的观念。"①如果将透视法理解为一种观念的话，立体主义则是另一种理解事物的方式，它似乎更符合现代心理学和视知觉的看法：在观者的头脑里事物的形象不是某个固定位置的一瞥，而是由无数个瞬间的一瞥加以整理后的形象。

贡布里希曾这样推测立体主义的思考过程："如果我们想到一个物体，比方说是一把小提琴，它出现在我们心灵的眼睛里的形象，跟我们的肉眼看见的小提琴不同。我们能够，事实上也确实同时想到它的各个方面。某些方面非常明显突出，以致我们觉得能够摸弄它们；另外一些方面就有些模糊了。然而，这奇怪的混杂形象跟任何一张快照或任何一幅精细的绘画所能包含的东西相比，却更接近于'真实的'小提琴。"②贡布里希的推测与现象学对事物的本质直观不谋而合，胡塞尔说："物体必然只能在一个侧面中被给予。"③按照胡塞尔的观点，尽管事物有不同的视角，有不同方向的面，但每次只能显示一个视角。例如一个立方体有六个面，但是我们每次只能看到其中三个面，另外三个面必须通过其他视角才能看到。看不到的三个面在我们的意识中依然能够把握它，因为意识中的本质直观依赖的是侧显，侧显是将事物的各个侧面以变化的显现方式被直观到，因此对同一对象的无穷侧显就会接近它的本质。立体主义绘画与现象学所说的侧显方式非常类似。它们都不满足于描绘事物从某一个特定视角所呈现的样子，因为这不是事物的本质，而是事物的众多表象之一，事物的真实影像应是从各个角度的综合。于是立体主义绘画便将事物分解为部分，再将从不同视角看到的各个部分组织在一张画面上表现出来，也就是说立体主义将多视点的同时性引入了绘画。

J. 达米留认为："塞尚以自己的方式所发现的东西亦是中国传统的风景画（至少自宋代）的基础。当范宽远在 11 世纪时创作他那著名的《溪山行旅图》时，山对他而言绝非为了人的景观而置入的一个布置台；依其而言，他的目的是要把握'山之真骨'。"④如果说塞尚的观点与中国传统绘画的基础是一致的

---

① ［西］毕加索：《现代艺术大师论艺术》，常宁生编译，中国人民大学出版社 2003 年版，第 41 页。

② ［英］贡布里希：《艺术发展史》，范景中译，天津人民美术出版社 1998 年版，第 319 页。

③ ［德］胡塞尔：《纯粹现象学通论》，李幼蒸译，商务印书馆 1997 年版，第 121 页。

④ ［比］J. 达米留：《中国绘画的现象学一瞥》，佘碧平译，《哲学译丛》1999 年第 1 期。

话，那么从塞尚发展出的立体主义绘画则与中国画必然会有许多相似之处。立体主义为了更好地把握事物的本质，改变了传统绘画的空间观念，中国山水画本身也是为了写"山之真骨"，因此，中国画家与立体主义画家在空间意识上应当会有共同点。

北宋著名画家郭熙在《林泉高致》中说："山近看如此，远数里看又如此，远十数里看又如此，每远每异，所谓'山形步步移'也。山正面如此，侧面又如此，背面又如此，每看每异，所谓'山形面面看'也。如此是一山而兼数十百山之形状，可得不悉乎？山春夏看如此，秋冬看又如此，所谓'四时之景不同'也。山朝看如此，暮看又如此，阴晴看又如此，所谓朝暮之变态不同也。如此是一山而兼数十百山之意态，可得不究乎？"①"山形步步移"指的是从不同距离上看到事物的不同相貌，"山形面面看"则是指从不同方向或角度看事物会有不同的形状，"四时之景不同"、"朝暮之变态不同"则是分别从季节和时间上说明事物的变化。在这里，郭熙注意到了事物从不同距离、角度、季节和时间所呈现出来的景象都会有所不同。也就是说从现象上看事物是千变万化的、捉摸不定的。因此，古代人认为不能拘泥于某一个具体的距离和角度——就像西方的焦点透视那样——来表现，例如：沈括在《梦溪笔谈》中就曾批评北宋大画家李成"仰画飞檐"，嘲讽他是"掀屋角"②。李成是否真说过这样的话，无从考证，但是从中可以看出，沈括是明确反对类似西方焦点透视那样的绘画方法，认为不利于把自然山水的全貌表现出来。正确的做法是"以大观小"，使山水"重重悉见"。

二、立体主义的"拼溶"与中国画的"分合"

如何才能做到"以大观小"呢？郭熙说："欲夺其造化，则莫神于好，莫精于勤，莫大于饱游饫看，历历罗列于胸中，而目不见绢素，手不知笔墨……"③郭熙认为，画家在画山水画之前首先要"饱游饫看"，要对自然山水的

---

① （北宋）郭熙著，周运斌点校：《林泉高致》，山东画报出版社2010年版，第26页。

② （北宋）沈括著，周运斌点校：《沈括全集》（中），浙江大学出版社2011年版，第425页。

③ （北宋）郭熙著，周运斌点校：《林泉高致》，山东画报出版社2010年版，第36页。

各个方面都有比较深入的了解，然后在心中选择其精粹加以表现。画家表现的是"胸中丘壑"，自然不会拘泥于某一视角的形象，而是山水的综合体。同样，在欣赏中国画中，欣赏者的视点会在画中游移，山的不同方向的样子自然会在观者的头脑中呈现出来。因此，山水形象在画家的胸中，乃至笔下都是由一些局部拼接而成。

简言之，中国画在空间组织上遵循的是将事物分解后再重组的方法，这种方法古代称之为分合。董其昌在《画禅室随笔》中说："凡画山水，须明分合。分笔乃大纲宗也。有一幅之分，有一段之分，于此了然，则画道过半矣。"①"大纲宗"说明分合在中国画中的占有重要地位，"有一幅之分，有一段之分"说明分合既有整体的大分合，又有局部的小分合。通常在具体绘画中艺术家都是从局部一笔一笔完成，可见，在中国画中有着基本的造型要素，如一座山峰、几间茅屋、三两棵树、一群人等，通常是用线和皴法加以表现。这些造型语汇会不断以各种形态在画面中重复出现，方闻认为中国山水画中最基本的空间造型语汇是"重叠的三角形—— ⚞⚞以示后退"②。与立体主义不同的是，这些基本的造型语汇没有完全脱离具象，虽然省略了一些细节，但是仍然比较生动地表现了山、石的感性特征。具象的联想依然存在，看来中国的画家并不打算完全抛弃掉事物的实体感和整体形象，从而使画面回归二维几何形式。中国画在一定程度上保留了视觉的真实性，使绘画成为山水的替代物，而立体主义的做法则使画面形式凸显出来，绘画摆脱了自然山水的摹仿而独立为视觉艺术。

除了局部的小分合之外，中国古代画家们在经营位置上还要考虑画面总体的大分合，即气脉。郑绩《梦幻居画学简明》中认为"无气脉当为画学第一病"。王原祁在《雨窗漫笔》中也说："作画但须顾气势轮廓，不必求好景，亦不必拘旧稿。若于开合起伏得法，轮廓气势已合，则脉络顿挫转折处，天然妙境自出，暗合古法矣。"③他认为，天然妙境的产生与画面中大的气势开合有直接的关联。为强调画面大分合的重要性，他甚至把气脉称为"龙脉"。王原祁还深入分析了元四家在分合方式上的差异，他说："山樵用龙脉多蜿蜒之致，仲圭

① （明）董其昌著：《画禅室随笔》，山东画报出版社 2007 年版，第 15 页。
② ［美］方闻：《心印——中国书画风格与结构分析研究》，李维琨译，陕西人民美术出版社 2004 年版，第 25 页。
③ （清）王时敏等著：《清初四王山水画论》，山东画报出版社 2012 年版，第 143～144 页。

以直笔出之，各有分合，须探究其搭配处。子久则不脱不粘，用而不用，不用而用，与两家较有别致。云林纤尘不染，平易中有矜贵，简略中有精彩，又在章法笔法之外，为四家第一逸品。"①王蒙(山樵)在处理整体空间关系时的手法比较隐晦，追求变化，而吴镇(仲圭)则比较直接，黄公望(子久)和倪瓒(云林)与两家都不同，尤其是倪瓒更加脱俗简略。由此可见，中国画在视点转化及空间的衔接方式上处理得很微妙，也更严谨。由于中国画最终要呈现一种整体印象，各部分的衔接必须不露痕迹，非常自然，使观者在不知不觉之中进行着视点的切换。这种切换有点类似于今天电影艺术中的镜头剪辑。

在中国画中，处理空间衔接的最常用的手法是"虚"。"虚"是与"实"相对的一个概念，画面中的实景是有着明确含义的，如山、树、建筑物、人物等，通常用较具象的手法描绘。而虚景则通常用留白的方式表现，中国画中的空白与西方绘画的画底不是

图 3 (北宋)李成《晴峦萧寺图》绢本

一个概念，它不是真的空无一物，而是可以表现许多无形的事物，如：云、水、大气、道路等。人们在看到画面中空白的时候，通常会联想起这些事物，联想使得人们的思维不会中断，保持着内在的连贯性。当一个视点需要转换到下一个视点时，通常会逐渐消隐为空白，再从空白中逐渐出现下一个场景。例如在李成的《晴峦萧寺图》(见图3)中，空白有四种含义：画面上部的空白表示天空，中部表示山中的云气，而下部的空白则表示水，近处山中又留有较细

①　(清)王时敏等著：《清初四王山水画论》，山东画报出版社2012年版，第145页。

长的空白表示道路。这些空白将画面中的实景分割成许多局部的绘画单元，每个独立的绘画单元都是一个视觉中心，可以用不同的视角描绘。画面最上方有两座远山，分别用平视的视角画出，山的下部逐渐变淡并消失在象征云气的空白中。然后是巍峨的主峰出现了，李成用高远（类似于仰视）手法表现以突出其雄伟。主峰占据了画面近三分之一的面积，然后逐渐变淡又消失在云气中。接下来是有着寺庙和寒林的小山头，它位于画面的中央，用平视的视角画出，山的脚下轮廓线戛然而止，被表示水的空白中断。水的对岸是另一个山坡，还有小桥，用俯视的视角加以表现。山中穿插着蜿蜒的小路，将山脚下的茅舍、旅店等建筑和人物分组。同时，通过画面中的空白又将不同的场景串联起来，形成一幅既整体又充满着节奏感的全景山水画。

需要注意的是，中国画中的"虚"主要指精神上的，是从一个高潮到另一个高潮的间歇和过渡。因此，在有些作品中，艺术家不一定非要用绝对的空白来表现，只要能实现这种精神层面的过渡和切换效果，实景描绘也是可以的。例如：王希孟的《千里江山图》，整个画面山脉绵延千里，流畅连贯，但是画家通过山间的碎石和树木将一座座山峰相互联系，产生了此起彼伏的节奏感。这些碎石和树木虽然是实景描绘，但在精神上却是"虚"的。

在空间处理方式上，立体主义通常采用的是"拼溶"（passage）①手法，以此达到多视点的同时性。"拼溶"是塞尚最早采用的一种表现空间模糊性的方式，他使各种平面融为一体，从而把物体和空间有效地溶合在一起。由于立体主义将物体彻底分解为几何形，最大限度地摆脱了具象的束缚，这样就给艺术家提供了足够的自由度。可见，立体主义将图形简化的做法，并不完全是为了简化而简化，而是因为"如果任何事物（无论是一只手、一把小提琴、或一扇窗户）都以相同的形式来处理，那么才可能画出它们之间的交互作用，它们的元素才得以替换"②。通常立体主义艺术家们在处理形体的空间关系时会非常自由，就像画家格莱兹和梅青格尔所说："立体主义以一种无限的自由取代了

---

① Daix, Pierre. *Dictionnaire Picasso*. Paris：Editions Robert Laffont，1995，pp. 671-675.（转引自［英］阿瑟·I. 米勒：《爱因斯坦·毕加索——空间、时间和动人心魄之美》，方在庆、伍梅红译，上海科技教育出版社 2006 年版，第 6 页）

② ［英］约翰·伯格：《毕加索的成败》，连德诚译，广西师范大学出版社 2007 年版，第 74 页。

被库尔贝、马奈、塞尚以及印象主义画家所征服的无限自由。"①不同的立体主义艺术家画面也会很不一样，他们会根据各自的形式原则来调整或组织画面。因此，艺术家通常会使画面呈现出一种原远离内容意味的形式美感。

三、视觉形式与"林泉之心"

立体主义与中国画一样都有一种介入事物的想法，而不是像古典绘画那样纯粹为了描绘事物的表象，立体主义对事物的思考其实已经突破了事物的表象，介入到了事物的内部，体现了艺术家对事物形象的理解。但是，立体主义的思考其实主要是形式方面，这种形式已经脱离了事物本身的空间形态，上升为艺术形式。这种对形式的思考在塞尚那时就已经开始了。塞尚曾认真研究过法国古典艺术大师普桑的作品，并对古典艺术的和谐优雅的审美追求赞赏有加。但是，塞尚发现普桑等古典艺术大师是通过幻觉让欣赏者感受到这种和谐之美的，如果将画面中物体的轮廓线描摹下来的话，会发现由于透视形变使得画面的形式并不美，例如静物画中的罐子、盘子和杯子的圆口在古典绘画中被描绘成大大小小的椭圆形，它们与画面中的圆形和直线很难取得协调。也就是说，从画面形式上看，古典艺术由于受摹仿论的影响并没有彻底贯彻古典审美原则。这正是塞尚感到焦虑的地方，因为他意识到了画布上平面与深度的对立紧张关系。在两者出现矛盾的时候，塞尚最终还是犹犹豫豫地选择了在画面上重建古典秩序。于是，在塞尚的作品中，我们可以看到他在尽量不改变事物真实性的前提下，对事物因透视扭曲而产生的不和谐的线条进行了修正。例如：英国著名美学家弗莱曾经对塞尚的《高脚果盘》（见图4）做过绘画形式分析。他认为塞尚修正了事物的外形，人们会发现画面中的形状是如此的少，圆形重复了一次又一次，为了让高脚盘与玻璃杯的圆口与这些圆形和画面边框协调，塞尚将它们处理成两条平行线加左右两个半圆。② H. H. 阿纳森曾这样评价塞尚："塞尚让酒瓶偏出了垂直线，弄扁并歪曲了盘子的透视，错动了桌布下桌子边缘的方向，这样，在保持真正面貌的幻觉的同时，他就把静物从它原来的

① [法]阿尔伯特·格莱兹、[法]让·梅青格尔：《立体主义》，见常宁生：《现代艺术大师论艺术》，中国人民大学出版社 2003 年版，第 36 页。
② 见[英]罗杰·弗莱：《塞尚及其画风的发展》，沈语冰译，广西师范大学出版社 2009 年版，第 92~93 页。

环境中转移到绘画形式中的新环境里来了。在这个新环境里，不是物体的关系，而是存在于物体之间并相互作用的紧密关系，变成有意义的视觉体验。"①正如阿纳森所言，塞尚与之前的艺术家不同的是，他发现了自然环境与画面环境的区别。

图4　[法]塞尚《高脚果盘》

与后来的现代主义艺术相比，塞尚对事物形体的修正只能算是微调，但是在艺术观念上却迈出了一大步。英国的形式主义美学家弗莱、贝尔等人都对塞尚的这一具有决定意义的突破大加赞赏。贝尔说："可是塞尚使一代艺术家感觉到，与一种景观本身作为目的所具有的意味相比，其他关于它的一切都是微不足道的。从那时起，塞尚开始创作形式，来表达他在那些他已学会观察的东西中所感受到的情感。科学和主题一样，已经变成全然无关的东西了。什么东西都可以看做是纯粹的形式，而在纯粹的形式后面潜藏着可以给人带来快感的神秘意味。在他一生剩下来的时间里，塞尚一直在努力捕捉和表达形式的意味。"②贝尔在塞尚探索的基础上，提出了"有意味的形式"的美学理论。他说：

---

①　[美]H. H. 阿纳森：《西方现代艺术史》，邹德侬译，天津人民美术出版社1994年版，第38页。

②　[英]克莱夫·贝尔：《艺术》，薛华译，江苏教育出版社2005年版，第121页。

"'有意味的形式'是打动我的作品中的唯一的共同属性；在那些最能打动我，并且似乎最能打动多数具有艺术敏感性的人的作品（亦即那些原始作品）中，'有意味的形式'则是它们的唯一属性。"①

在欧洲形式美学思潮的影响下，塞尚之后的现代主义艺术家们已经没有了塞尚当年的犹豫，他们大胆地抛弃了对自然形象的模仿，更加坚决地转向画面形式。立体主义也是这样，格莱兹和梅青格尔在《立体主义》一书中描述了立体主义画家对形式的关注："处于这一空间中的形式，产生于我们声称要进行控制的某种原动力。为了使我们自己能理智地保持这一原动力，我们首先必须训练自己的感觉。感觉只有细微的差别。形式所具有的特征似乎与色彩的特征相同，它通过与另一形式的接触，或减弱或增强，或遭破坏或有所发展，或成倍增长或消失殆尽。"②立体主义对空间分解后的"拼溶"手法，可以理解为画面形式的创造。在进行立体主义创作时，需要艺术家具有敏锐的形式感知力，才能及时对画面形式做出调整。从这种意义上说，立体主义绘画仍然是"看"的艺术。

美国学者 N. 布莱松认为西方艺术遵循的是"凝视"（gaze）的逻辑。③ 这与西方传统的主客两分的观念有很大关系。在西方的传统绘画中，画面把位于视觉中心的观者和对象区分开来，绘画描绘的就是观者站在特定位置观看外界事物的景象，画框将画面与周围环境隔离开来，使得绘画如阿尔伯蒂所比喻的那样，像一扇敞开了风景的窗户，人们站在窗前"凝视"窗外的风景。立体主义虽然用多视点取代单一视点，看起来似乎打破了这种"凝视"的逻辑，但是实际上仍然没有改变这种主客两分的观念，无论是对画面内容的"凝视"还是对画面形式的欣赏，自然界仍然是人之外的世界，绘画仍然是人的视觉对象。因此，立体主义仍然遵循的是视觉上的"看"的逻辑。

而中国画则不是这样。因为它理解了我们人类其实也是自然，仅仅是自然的一个组成部分而已。在中国山水画中，观者的视点并不像立体主义那样在画面之外，而是在画面之内。欣赏者仿佛进入画面，成为景物的一部分。中国画含有人的经验在里面，移动视点体现出艺术家在山水中畅游的个人经验。郭熙

① ［英］克莱夫·贝尔：《艺术》，薛华译，江苏教育出版社 2005 年版，第 23 页。

② ［西］毕加索等：《现代艺术大师论艺术》，常宁生编译，中国人民大学出版社 2003 年版，第 24~25 页。

③ Norman Bryson. *Vision and Painting*：*The Logic of the Gaze*. New Haven：Yale University Press，1983：pp. 87-131.

说："世之笃论，谓山水有可行者，有可望者，有可游者，有可居者。画凡至此，皆入妙品。"①郭熙所说的"可行"、"可望"、"可游"、"可居"是艺术家在真山水中的个人经验，它通过古代山水画独特的空间手法而得以表现出来。

这种个人经验不同于立体主义艺术家对视觉形式的个人的审美追求，它是真实山水审美与个人修养的综合。例如中国古代画家在安排山的位置时，通常将主山比做君主，将其他山比做臣子。郭熙说："大山堂堂为众山之主，所以分布以次冈阜林壑，为远近大小之宗主也。其象若大君赫然当阳，而百辟奔走朝会，无偃蹇背却之势也。"②在这里，郭熙注重到了画中元素的符号含义，组织画面不是以视觉上的好看为原则的，而是依据一些道德伦理原则。这些道德伦理原则显然不是自然山水固有的，而是艺术家个人的价值观的体现。因此，对于山水画而言，无论是画家还是观者，都必须有"林泉之心"③。徐复观说："而所以能在山川的形质上发现其趣灵、媚道，实际是由于观者之灵，由于观者之道，由于观者所得于庄学的熏陶、涵养，将其移出于山川之上。"④无论是儒家的君臣之"道"还是道家的自然之"道"，最终都成为艺术家所关注的重点，而艺术作品本身则是这种"道"的载体。

结　　语

将传统的中国画与西方的立体主义绘画进行比较，听起来有些不可思议，因为两者无论是从时间上还是从地域上说，都相距甚远。然而有趣的是，西方艺术基于自身的创新意识，不断地挑战传统和反叛古典，这使得西方艺术的发展在某些方面竟越来越接近东方艺术。徐书城说："现在看来，西方历史上尽管那么热衷于'透视'关系的忠实描摹，最终却回到了东方人的艺术道路上来。"⑤尽管有艺术史的证据表明，许多立体主义艺术家的确受到了东方艺术的

---

① （北宋）郭熙著，周远斌点校：《林泉高致》，山东画报出版社 2010 年版，第 16 页。

② （北宋）郭熙著，周远斌点校：《林泉高致》，山东画报出版社 2010 年版，第 26 页。

③ （北宋）郭熙著，周远斌点校：《林泉高致》，山东画报出版社 2010 年版，第 14 页。

④ 徐复观：《中国艺术精神》，九州出版社 2014 年版，第 226 页。

⑤ 徐书城：《透视学的历史命运——中西绘画比较研究》，载《美术研究》1991 年第 2 期。

影响和鼓舞(由于东方艺术在空间处理上没有遵循线性透视的逻辑,而当时的许多前卫艺术家又热衷于对传统的反叛,因此他们希望能从这些非西方的艺术体系中找到灵感),但是这种影响并不是立体主义产生的主要原因,立体主义的出现更主要的是遵循了艺术史发展的自身逻辑和受欧洲科学、哲学思潮的影响。如前所述,如果没有印象派对古典艺术的终结,如果没有塞尚对透视法的质疑,也就没有立体主义艺术。此外,当时欧洲科学领域中的新成就,特别是几何学和物理学的新突破也对立体主义产生了重要的影响。西方艺术与科学一直保持着密切的联系。早期艺术家们研究透视的工具实际上是测量自然的工具,透视法也可以理解为对自然测量计算的一个科学总结。此外,透镜、凹面镜、暗箱等都在不同时期介入过艺术家的创作,19世纪摄影技术的高速发展更是让习惯于写实绘画传统的艺术家们感到了压力。在立体主义产生的年代里,非欧几何学的提出以及物理学的辉煌成就无疑影响了毕加索等人的艺术创作。在毕加索的朋友圈里,就有数学家普兰斯,他为毕加索带来了几何学的新进展,毕加索也经常随身携带庞加莱的《科学与假说》。① 此外,1901年,普朗克发表量子理论和1905年爱因斯坦狭义相对论问世,这些物理学界的重大事件引发了人们对牛顿绝对空间理念的质疑。约翰·伯格说:"立体派画家与像维梅尔这样一个17世纪荷兰的伟大画家对真实的想象上的差异,和现代物理学家与牛顿在观点上的差异,不只在程度上,而且在重点上都非常相似。"② 科学上的新进展在某种程度上会影响当时的法国年轻人,立体主义的出现与此不无关系。

然而,中国古代社会对科学是不够重视的,苏立文认为中国画之所以跟西方绘画呈现出了不同的面貌,与此有很大关系。这主要是由于中国古代人"放弃了对观察记录的积累,在最后的分析中不靠研究,而凭直觉力来把握事物的理,结果导致了科学发展的停滞"③。他援引著名汉学家李约瑟的话说:"中国的思想家们'没有奠定牛顿的理论基础,却在探索一幅爱因斯坦的世界图景。'对此,我认为在几个世纪前,他们已有了统一的爱因斯坦的观念,只不

---

① 见[英]阿瑟·I.米勒:《爱因斯坦 毕加索——空间、时间和动人心魄之美》,方在庆、伍梅红译,上海科技教育出版社2006年版,第120~126页。

② [英]约翰·伯格:《毕加索的成败》,连德诚译,广西师范大学出版社2007年版,第88页。

③ [英]迈珂·苏立文:《山川悠远:中国山水画艺术》,洪再新译,上海书画出版社2015年版,第68页。

过他们发现那是不可能发展成为牛顿的世界的。"①由此可见，从空间意识和表现来看，西方立体主义艺术与中国传统绘画尽管存在着诸多类似之处，但是两者的差异则是根本的。

在全球化的当代背景下，不同艺术之间相互交流、取长补短已成大势所趋，对于中国绘画也是一样。学习和借鉴西方艺术能够更好地使中国艺术适应当代社会文化背景；与此同时，从两者的差异性方面则更能看出中国美学和艺术的独特价值，东方艺术的美学价值在中西文化交流日益频繁、艺术逐渐国际化的今天尤其显得珍贵。

（作者单位：武汉大学哲学学院）

---

① ［英］迈珂·苏立文：《山川悠远：中国山水画艺术》，洪再新译，上海书画出版社2015年版，第68页。

莱辛论现实主义戏剧的创作与表演

徐　璐

　　《汉堡剧评》是 18 世纪德国戏剧家、戏剧理论家莱辛的现实主义戏剧美学论著。它的诞生彻底摧毁了古典主义戏剧的地位，开启了德国民族戏剧的大门，也为后世的戏剧创作与表演指明了航道。《汉堡剧评》的德文原是"Hamburgische Dramaturgie"，"Dramaturgie 在德文中所表达的内容，涉及戏剧创作和表演艺术的美学问题，涉及剧本形式和结构的规则，戏剧创作本身的规律性等问题。它的研究对象，既包括剧作家的工作，也包括导演、演员的工作，甚至还包括为舞台创作的美术家、音乐家和舞蹈家的工作"①。《汉堡剧评》的 104 篇戏剧评论的确涉及了广泛的戏剧学内容，可贵的是，莱辛在其中提出了自己的现实主义戏剧美学理论。

一、现实主义戏剧的创作

　　《汉堡剧评》中，莱辛指出：戏剧是生活的镜子，德国人应创立自己的民族戏剧，并从戏剧这面镜子里看到民族的生命。首先，在戏剧的主题思想上，莱辛批判法国古典主义，提出建立市民戏剧；其次，在戏剧创作原则上，莱辛继承并发展了亚里士多德的观点，在提炼自然、真实性方面作了严密的讨论。

(一) 戏剧主题思想的变革

　　在《汉堡剧评》中，莱辛严厉地批判了法国古典主义的戏剧及其作家，他认为"古典主义戏剧的主要缺点在于其抽象化、概念化的内容和雕琢的、矫饰

---

① 张黎：《"汉堡剧评"还是"汉堡戏剧学"》，载《读书》1982 年第 11 期。

的风格"①，"在悲剧里，英雄人物总是帝王将相，语言总是宫廷的雅语和官腔，宣传的是封建思想和贵族的道德观念；在喜剧里，市民成为嘲笑的对象，剧作家以此博得贵妇们的粲然一笑"②。莱辛在批判中提出了建立市民戏剧的理论。他借鉴文艺复兴时期的戏剧风格，认为戏剧应该启蒙人性，唤起人类的同情，尊重人类的灵魂。

首先，戏剧应该着眼平民、反映现实。"一个有才能的作家，不管他选择哪种形式，只要不单单是为了炫耀自己的机智、学识而写作，他总是着眼于他的时代……尤其是剧作家，倘若他着眼于平民，也必须是为了照亮他们和改善他们，而绝不可加深他们的偏见和鄙俗思想。"③在这里，莱辛提出优秀的戏剧应该着眼于时代环境、社会现实与真实人物，而不应有任何偏向。他还指出："王公和英雄人物的名字可以为戏剧带来华丽和威严，却不能令人感动。我们周围人的不幸自然会深深侵入我们的灵魂；倘若我们对国王们产生同情，那是因为我们把他们当做人，并非当做国王之故。……我们的同情心要求有一个具体对象，而国家对于我们的感觉来说是过于抽象的概念。"④莱辛表示戏剧只有描写与百姓生活息息相关的人，才能够打动观众的心，正如莱辛自身所创作的戏剧一样，《青年学者》《犹太人》《萨拉小姐》《明娜》《爱米丽亚》写的都是平民生活中的人物。无论是可笑固执的青年学者，还是善良高贵的萨拉，都是"人民"中有血有肉的人物。他们所遭遇的事情，也都是时代现实造就的。只有着眼平民、反映现实的市民剧，才能引起人们的共鸣，才能起到启迪与教育社会的作用。

其次，戏剧应该提倡和谐与宽容。莱辛赞扬莎士比亚戏剧关于"爱"的表现，"在莎士比亚的作品里，最微妙、最隐晦曲折的技巧，使爱情悄悄地潜入我们的心灵；在莎士比亚的作品里，爱情在不知不觉之中取得了优势地位；在莎士比亚的作品里，一切艺术手法都是为了控制其他的热情，直至爱情成为左右我们的全部好恶的唯一主宰"⑤。莱辛想说明的是，在戏剧中需要有"爱"的渗透，由"爱"来教育人民的心。比如，在戏剧《犹太人》中，莱辛揭示了社会对犹太人歧视和压迫，戏中男爵说："他们的长相也让人反感……奸诈、捉摸

---

① 缪朗山：《西方文艺理论史纲》，中国人民大学出版社1985年版，第604页。
② 缪朗山：《西方文艺理论史纲》，中国人民大学出版社1985年版，第603页。
③ ［德］莱辛：《汉堡剧评》，张黎译，上海译文出版社2002年版，第9页。
④ ［德］莱辛：《汉堡剧评》，张黎译，上海译文出版社2002年版，第73页。
⑤ ［德］莱辛：《汉堡剧评》，张黎译，上海译文出版社2002年版，第79页。

不定、自私自利、欺骗和作伪证，这些东西都能从他们的眼睛里看到。"①而对男爵有救命之恩的犹太旅客则说："您要是非要报答我的话，我只想请求您，在今后的日子里，对我的民族下的判断要温和些，不要一概而论。……而一个人的友谊，不管他是什么人，在任何时候对我来说都是无价之宝。"②可见，莱辛在暴露社会歧视的同时，提倡人们和谐地相处，摒除偏见，宽容他人。又比如，在戏剧《萨拉小姐》中，充满嫉妒与仇恨的三角关系残害了三位年轻人，故事最后剩下一位老人和一个毫无亲戚关系的孩子生活在一起，莱辛赋予作品的精神内核正是人与人之间的和谐宽容。戏剧《明娜》的男主角曾说："同情，同情熟悉最阴暗的痛苦，能驱散乌云，并打开我心灵的所有大门，让心灵感受到温柔。"③莱辛在这里强调了仁爱和同情的重要作用。

另外，莱辛还特别提倡宗教的宽容性。诗剧《智者纳坦》里"纳坦的智慧使他同产生暴力的等级制度决裂，也同理性提出的霸权要求决裂。他通过对一个他从属的受难群体的忠诚，表现了一种新的价值观，这一价值观是通过共同历史定义的，同时也让人回想起对这一共同苦难历史的背叛。纳坦在说服苏丹时快速提出的观点，宣布了各种宗教的平衡并提出要对它们一视同仁……宽容需要对其他宗教的人群的情感和历史性的尊重，只有承认'团结'才能获得这种宽容"④。莱辛认为"基督的宗教，是基督作为人本身所认识和实践的宗教；是每个人可以与基督共有的宗教；谁从作为纯然的人的基督身上得到的性格愈高尚、愈可爱、谁必然愈渴望与基督共有这种宗教"⑤。对莱辛而言，戏剧应该启示人们的信心和仁爱，以使社会达到和谐宽容的道德高度。

(二)戏剧创作原则的讨论

首先，《汉堡剧评》阐释了戏剧中提炼自然的原则。"摹仿自然根本不成其为艺术的规则，假如果真是这样，艺术也就因此而不再成其为艺术，至少不成其为高明的艺术"⑥，"'忠实地'和'美化'这些词汇，涉及摹仿与自然，作为跟摹仿对象有关的词汇，曾经招来许多误解。有些人不承认有什么可以太忠实

---

① [德]莱辛：《莱辛剧作七种》，李健鸣译，华夏出版社 2007 年版，第 92~93 页。
② [德]莱辛：《莱辛剧作七种》，李健鸣译，华夏出版社 2007 年版，第 113 页。
③ [德]莱辛：《莱辛剧作七种》，李健鸣译，华夏出版社 2007 年版，第 299 页。
④ [德]莱辛：《莱辛剧作七种》，李健鸣译．，华夏出版社 2007 年版，第 527 页。
⑤ [德]莱辛：《历史与启示》，朱雁冰译，华夏出版社 2006 年版，第 295 页。
⑥ [德]莱辛：《汉堡剧评》，张黎译，上海译文出版社 2002 年版，第 353 页。

摹仿的自然，在自然中使我们感到厌恶的事物，在忠实的摹仿中却能讨我们喜欢，这是由于摹仿引起的。还有一些人，把美化自然视为异想天开的事情；一个比自然还美的自然，因而也就不是自然。双方都宣称自己是同一个自然的崇拜者，前者认为在自然中没有什么需要回避的东西，后者认为不能给自然添加任何东西。因此，前者必须是喜欢粗犷的杂凑剧，后者则一定要在古代人的杰作里发现乐趣"①。莱辛认为，艺术创作不该单纯地摹仿自然，也不该极力地雕琢自然，而应该"在自然中从一个事物或一系列不同的事物，按照时间或空间，运用自己的思想加以鉴别或者试图鉴别出来的一切，它都如实地鉴别出来，并使我们对这个事物或一系列不同的事物得到真实而确切的理解，如同它所引起的感情历来做到的那样"②。艺术创作是一个对自然进行选择、集中、提炼的过程。戏剧家首先应从复杂的自然中选择能反映事件本质的东西，然后将这些东西组织起来，集中成一个有规律的体系，再然后将体系中的主要现象提炼出来，使主题和线索更明确，而并不是单纯地摹仿自然或刻意地美化自然。

其次，《汉堡剧评》阐释了戏剧中真实性的原则。"亚里士多德早就规定了悲剧作家能够在多大范围内照顾历史的真实性；这种真实性不能超出精心构思的情节，作家就是用情节来表现他的创作意图的。"③莱辛认为："戏剧家毕竟不是历史学家；他不是讲述人们相信从前发生过的事情，而是使之再现在我们的眼前；不拘泥于历史的真实，而是以一种截然相反的、更高的意图把它再现出来；历史真实不是他的目的，只是达到他的目的的手段；他要迷惑我们，并通过迷惑来感动我们。"④也就是说，戏剧不是历史，不要求反映出史实，但戏剧的情节必须有其在特定历史环境中发生的可能性。史册上可能没有爱米丽亚这位姑娘，但在特定的历史环境中绝对有可能出现类似爱米丽亚这样的姑娘，也绝对有可能发生类似爱米丽亚之死的事情。这就是"内在的可能性"。"是什么首先使我们认为一段历史是可信的呢？难道不是它的内在可能性吗？至于说这种可能性还根本没有证据和传说加以证实，或者即使有，而我们的认识能力尚不能发现，岂不是无关紧要吗？"⑤法国作家杜·贝雷的戏剧《采勒米尔》就

---

① ［德］莱辛：《汉堡剧评》，张黎译，上海译文出版社 2002 年版，第 354 页。
② ［德］莱辛：《汉堡剧评》，张黎译，上海译文出版社 2002 年版，第 354~355 页。
③ ［德］莱辛：《汉堡剧评》，张黎译，上海译文出版社 2002 年版，第 99 页。
④ ［德］莱辛：《汉堡剧评》，张黎译，上海译文出版社 2002 年版，第 60 页。
⑤ ［德］莱辛：《汉堡剧评》，张黎译，上海译文出版社 2002 年版，第 100 页。

缺少了内在的可能性，"这部作品里编织了大量不可思议的偶然事件，他们给压缩在短短的二十四小时之内，简直是令人无法想象的。一个吸引人的情节接着另一个吸引人的情节，一个令人吃惊的戏剧场面接着另一个令人吃惊的戏剧场面。这样多接踵而来的事件，令人应接不暇！如此众多的事件蜂拥而至，很难把来龙去脉表现清楚"①。事件的发生可以不取自于史实，但必须符合历史规律，根据特定的历史环境，它有发生的可能性，那么这个事件便可以放入戏剧中，推动情节的发展，使观众相信并产生共鸣。

二、现实主义戏剧的表演

戏剧是一种舞台艺术，在莱辛看来，除了戏剧创作应符合现实主义原则外，戏剧表演也必须符合现实主义原则。一部现实主义戏剧的表演，动作与表情必须符合美与真的原则、必须突出个性化的动作表情；在掌握角色心理情感时，演员或集中心灵，从灵魂入手，表现自己真切的感情，或对情感做冷静的思考和理智的处理，再加以表现；而演员的语言和台词必定要遵从自然的原则。这三方面都做到了，才能更好地将一部现实主义戏剧搬上舞台。

(一)动作表情：真、美与个性化

莱辛在《拉奥孔》中将艺术分为造型艺术与诗歌艺术，"凡是为造型艺术所能追求的其他东西，如果和美不相容，就必须给美让路；如果和美相容，也至少须服从美"②。莱辛在造型艺术中坚持追美避丑的原则，而戏剧表演"是介于造型艺术与诗歌艺术之间的艺术，它兼有二者的特性，又克服了各自的狭狭。它应把美作为自己的最高规律，但又不能要求静穆，而是'一种动作中的绘画'，是'通过我们的眼睛直接为我们所感受的诗'"③。莱辛指出，"演员的艺术，在这里是一种处于造型艺术和诗歌之间的艺术。作为被观赏的绘画，美必须是它的最高法则；但作为迅速变幻的绘画，它不需要总是让自己的姿势保持静穆，静穆是古代艺术作品感动人的特点"④。所以，戏剧表演艺术是具有双重特性的。就舞台布景道具、演员服装来说，戏剧表演是一门造型艺术，这

---

① [德]莱辛：《汉堡剧评》，张黎译，上海译文出版社 2002 年版，第 100 页。
② [德]莱辛：《拉奥孔》，朱光潜译，人民文学出版社 2008 年版，第 11 页。
③ 吴喜梅：《小议莱辛的戏剧表演观》，载《湖北广播电视大学学报》2006 年第 6 期。
④ [德]莱辛：《汉堡剧评》，张黎译，上海译文出版社 2002 年版，第 29~30 页。

些可视性因素应尽量坚持美的规律。但就演员动作、演员举止间散发的气质来讲，戏剧表演是一门诗歌艺术，不需要总是保持静穆，演员应该给予自然的动作反应，表现人物的逼真性。在《汉堡剧评》中，莱辛肯定了艾克霍夫先生的演技，因为构成演员"全部感情的兴奋的忧郁，冷淡的感情，很难表现得更工巧、更真实……通过这些表情使具有普遍意义的思想产生了形体感，他的内心感受变成了眼目可见的对象。这是多么令人信服的风格呀！"①

此外，莱辛还提出演员的动作与表情应具有个性化。"在道德说教的段落，手的每一个动作，都必须是有意义的。……在有意义的手势中有一种手势，是演员一定要遵守的，他能借此使道德说教明白易懂，生动活泼。这种手势用一句话来说，就是个性化的手势。"②个性化的动作和表情不仅使人物形象更真实化，也使人物形象的目的性更强。固执可笑的青年学者 Damis，在与其父亲交谈婚姻大事的一场戏中，充分借用动作展现了他沉迷于研究与荣誉的性格。当父亲跟他讲第一句话时，他"心神不安地坐在那里，似乎在深思"③，当父亲讲第二句话时，他"似乎还在深思"④，当父亲讲第三句话后，他一面说话，"一面恍恍惚惚地抓起一本书"⑤，当父亲讲完第四句话，他还"摆出一副读书的样子"⑥，直到父亲的第五句话，他"还装出读书的样子"⑦，这些动作表情对表现一个"书生"的执迷不悟起到了重要的作用，观众会相信真有一个这样的人出现在眼前。

(二)心理情感：感性或理性

演员在舞台上的举手投足、欢笑哭泣都蕴藏着他们内心丰富复杂的情感。演员要诠释好一个角色，必须准确深刻地把握角色的内心世界和情感体验。在心理与情感的处理方式上，主要有表现派和体验派两大派别。"表现派认为表演重要的是要找到足以深刻反映人物内心世界的外部形式，并在每次演出中准确再现这一形式，从而达到感动观众的目的，这一派反对演员情感的介入，认

① ［德］莱辛:《汉堡剧评》，张黎译，上海译文出版社 2002 年版，第 89 页。
② ［德］莱辛:《汉堡剧评》，张黎译，上海译文出版社 2002 年版，第 22 页。
③ ［德］莱辛:《莱辛剧作七种》，李健鸣译，华夏出版社 2007 年版，第 13 页。
④ ［德］莱辛:《莱辛剧作七种》，李健鸣译，华夏出版社 2007 年版，第 13 页。
⑤ ［德］莱辛:《莱辛剧作七种》，李健鸣译，华夏出版社 2007 年版，第 13 页。
⑥ ［德］莱辛:《莱辛剧作七种》，李健鸣译，华夏出版社 2007 年版，第 13 页。
⑦ ［德］莱辛:《莱辛剧作七种》，李健鸣译，华夏出版社 2007 年版，第 14 页。

为演员要冷静和理智地控制自己，不能听凭感情的驱使……体验派则主张演员应力求生活于角色，投入自己的思想、心灵和感情。"①在这一点上，莱辛有自己独特的看法。

莱辛认为，"感情通常总是一个演员才能的最容易引起争执的因素"②，"因为感情是某种内在的东西，我们只能凭着它的表面特征来判断"③，"演员可能有某种面部造型，某种表情和某种声韵，使我们联想起于他目前所表达和表现的能力、热情和思想完全不同。这样纵然他感受得再深，我们也不会相信他，因为他是自相矛盾的"④。演员要准确地表达感情是件不易的事情，但是莱辛给予了两种情感处理方式。

第一种方法是：感情必须从内心迸发出来，必须是真切的。"通过人物的口表达出来的一切道德说教，都必须是从内心里迸发出来的；演员不能对此作长时间的思考，也不能给人以夸夸其谈的印象。"⑤演员的"肌肉都能够轻易地、迅速地由他随意调动，他能够控制自己的声音进行细腻的、丰富多彩的变化"⑥，演员的表现必须集中心灵，时刻不脱离灵魂，做到自然真切。

第二种方法是：演员经过反复地、长时间地摹仿把握了角色内心与感情。"假如他经过长时间的摹仿，终于积累了一系列细小要领，并按照这些要领进行，表演，通过对它们的观察而获得某种感情，尽管这种感情不是像那些从灵魂入手的演员的感情那样长久和热烈，但在表演的瞬息，却足以能够由身体的被动改变引起某种东西，而且我们相信，几乎只是根据这些东西的存在，就能确切地断定这种内在的感情。"⑦这里，莱辛强调了演员对角色情感的冷静思考和理智处理。

(三) 语言台词：自然的心声

在语言和台词上，莱辛主要是提倡自然这一特点。他对不自然的语言台词特别反感，"希尔时代的英国演员还非常不自然，特别是他们演出的悲剧，尤

---

① 吴喜梅：《小议莱辛的戏剧表演观》，载《湖北广播电视大学学报》2006年第6期。
② [德]莱辛：《汉堡剧评》，张黎译，上海译文出版社2002年版，第17页。
③ [德]莱辛：《汉堡剧评》，张黎译，上海译文出版社2002年版，第17页。
④ [德]莱辛：《汉堡剧评》，张黎译，上海译文出版社2002年版，第17页。
⑤ [德]莱辛：《汉堡剧评》，张黎译，上海译文出版社2002年版，第16页。
⑥ [德]莱辛：《汉堡剧评》，张黎译，上海译文出版社2002年版，第17页。
⑦ [德]莱辛：《汉堡剧评》，张黎译，上海译文出版社2002年版，第17页。

为村野和夸张。凡是表现感情激动的地方，他们的喊叫和表情总是像发疯一样；表演其他戏剧的时候，他们的声调也是生硬的，过分隆重的"①。他还批判马菲的作品："他的作品的语言表现了更多的幻想，而不是感情；人们到处都能发现文学专家和诗韵学家的形象，却很少发现天才和作家的形象。作为诗韵学家，他过于追求描写和打比喻。他的各种各样的非常出色的、真实的描写，倘从他的嘴里说出来，足以令人赞不绝口；但从他的人物嘴里说出来，却令人无法忍受，变成了最可笑的连篇空话。"②

在莱辛看来，语言作为感情的表现工具，"感情绝对不能与一种精心选择的、高贵的、雍容造作的语言同时产生。这种语言既不能表现感情，也不能产生感情。然而感情却是同最朴素、最通俗、最浅显明白的词汇和语言风格相一致的"③。在戏剧《萨拉小姐》中，男主人公爱上 Sara 后，对仆人说："你看看，我的脸上流下了我童年以来的第一滴眼泪……我一贯的坚定性去哪里了？过去我能以这种坚定性看着美丽的眼睛掉眼泪。"④这句话形象地表明男主人公不再像从前那样把恋爱与婚姻当做抬高自己的地位和声誉的手段，他以前可以毫无恻隐之心地欺骗女性，现在却不能面对善良的 Sara，这证明了他对 Sara 深深的爱恋。又如，在戏剧《费罗塔斯》中，费罗塔斯王子自杀后，国王 Aridaus 感叹了一句："你们这些老百姓真以为，我们永远不会厌倦吗？"⑤这句话很通俗、很浅白，却意味深长，Aridaus 反对费罗塔斯为了成为英雄而自我牺牲，他明白一个过分看重英雄主义的领导者，必定给人民带来无数的苦难，他更向往做一个有爱心的父亲，他厌倦了所谓"英雄"的桂冠，他更愿意成为一个普通的、和谐的家庭的一员。

在演员讲话声调上，莱辛也有自己的主张："依照自然的趋势，将那些比较无关紧要的诗行迅速地脱口而出，漫不经心地一带而过，而着意于较为重要的诗行，将它们延长并进行连贯的朗诵，将每一个单词，将每一个单词里的每一个字母都送入我们的耳中。……声音的这种变化无常的运动所具有的效果，是令人难以置信的；而音调的全部改变，不仅在涉及高低、强弱，而且在涉及粗暴和温柔、尖利和圆润，甚至在涉及粗陋和平滑的地方，都是与这种运动紧

---

① ［德］莱辛：《汉堡剧评》，张黎译，上海译文出版社 2002 年版，第 83 页。
② ［德］莱辛：《汉堡剧评》，张黎译，上海译文出版社 2002 年版，第 217~218 页。
③ ［德］莱辛：《汉堡剧评》，张黎译，上海译文出版社 2002 年版，第 304 页。
④ ［德］莱辛：《莱辛剧作七种》，李健鸣译，华夏出版社 2007 年版，第 127~128 页。
⑤ ［德］莱辛：《莱辛剧作七种》，李健鸣译，华夏出版社 2007 年版，第 223 页。

密相连的。这样就产生了必然使我们心灵敞开的那种自然的音乐，因为我们的心灵感受到，这音乐是从心灵里产生出来的，而艺术只有在这种情况下才能受到欢迎，也只有这样才能成为自然的艺术。"①可以看出，莱辛一直强调的都是"自然"一词。感情通过语言和腔调，自然地流露出来，才能使戏剧表演更加完美。

三、戏剧创作与表演中的审美关系

主客体审美关系问题向来是美学基本问题之一，在戏剧艺术中，存在三组审美关系。若是以剧作家为审美主体，那么现实生活则是审美客体；若是以演员为审美主体，那么剧本和现实生活便是审美客体；若是以观众为审美主体，那么戏剧作品则成为审美客体。莱辛正是从这些审美关系中得出了自己关于戏剧创作和戏剧表演的主张。如果没有这个三组审美关系，完整的戏剧艺术将不复存在。

第一，以剧作家为审美主体，现实生活则成为审美客体，这正好揭示了戏剧与现实的关系。在莱辛看来，一部优秀的戏剧应该反映现实生活和真实人性。剧作家的生活经验是其全部创作的基础，作为审美主体的剧作家应从生活中提取素材，不可为了炫耀自己的机智、学识而写作，而应着眼于他的时代，描写令人感动的事物。剧作家的世界观决定了艺术作品的思想倾向和主题思想以及思想的高度。所以，莱辛认为剧作家在创作戏剧文本时，必须带有某种目的，有目的地塑造戏剧人物的素质与修养，通过戏剧情节与人物，有目的地教育观众何为善、何为恶。一部戏剧作品的主题素材一定要源于现实生活并具有教育目的，那么这部戏剧作品才能成为生活的镜子。

《汉堡剧评》还强调，在剧作家对现实生活进行审美的过程中，剧作家首先应从复杂的自然中选择能反映事件本质的东西，并将这些东西组织起来，集中成一个有规律的体系，然后将体系中的主要现象提炼出来。在这一提炼过程中，"审美主体往往结合感性的形象，通过想象和思维的相互作用，把感觉和知觉到的直观和表象，加以去粗取精、去伪存真、由此及彼、由表及里的改造制作功夫，既保留了现象中的具体性、鲜明性、生动性，又达到了深刻地反映

---

① ［德］莱辛：《汉堡剧评》，张黎译，上海译文出版社 2002 年版，第 46 页。

和认识事物的本质，从而构成审美感受中的理性认识"①，进而也做到了从个别到一般的把握，使戏剧形象更富有艺术真实性。同时，剧作家还需运用自己丰富的想象力、准确的判断力和高度的理解能力来使作品选材和人物形象具有内在的可能性。经过这样的审美过程后，创作出来的戏剧必定能成为人生在舞台的缩影。

第二，以演员为审美主体，剧本和现实生活则成为审美客体。戏剧演员用表演技巧展现现实生活，他们一方面需对剧本的人物、情节进行审美；另一方面需从生活中体验情感，以把握表演的分寸。《汉堡剧评》强调戏剧演员在对生活进行审美时，必须用心感受，用理智思考，当他在舞台上表现生活时，须集中心灵，时刻不脱离灵魂，十分自然真切，或通过理性地观察与反复地摹仿，表现出自然的情感流露。演员的表情动作要真切，符合其人物个性与情节变化，演员的语言更要自然，无需刻意修饰，刻意会令人感到浮夸、做作。

第三，以观众为审美主体，戏剧作品则成为审美客体。观众的审美对象不仅仅是戏剧文本或舞台演员，而是一个囊括了剧本情节、剧本语言、人物性格、人物造型、舞台设置、舞台配乐和演员技巧的完整体。观众通过对喜剧的审美，可以看见人类的丑态与劣根性，从而进行反思，或开始预防错误的发生，或开始摒除与改正一切的恶习，使个人的人生和公众的社会保持着健康的状态；观众通过对悲剧的审美，心中被激起怜悯和恐惧的情感，悲剧情节净化了观众的思想道德情感，悲剧主题的延留效果使观众受到长期的警示。在这样的审美过程中，观众的同情心被唤起，人性得到启蒙，社会的公德心得以加强，社会将更加和谐。

莱辛认为，作为审美主体的观众应该有意识地对戏剧进行审美。他对那些随波逐流进入剧场，盲目地看戏、找乐子的观众进行了严厉的批判，认为这些观众既不知道戏剧的本质与教育意义，也不尊重戏剧的演出。他对那些盲目崇拜法国戏剧的观众及学者也进行了尖锐批评。他指出，德国人宁可否定自己的耳目，抛弃自己的性格，而去盲目崇拜法国人，成为法国戏剧的模仿者，此种状况令人悲哀。因此，观众必须有意识地加强自己对戏剧的认识，有意识地走进剧场学习人生哲理，有意识地从戏剧里挖掘其深刻的教育意义，有意识地去体会戏剧中的民族精神与人文关怀。

综上所述，在剧作家与现实生活的审美关系中，莱辛提出了关于现实主义

① 王朝闻：《美学概论》，人民出版社 2007 年版，第 113 页。

戏剧创作的主张。在演员与剧本、与现实生活的审美关系中，莱辛提出了关于现实主义戏剧表演的主张：一个艺术家，在现实生活中发现生命的起落和情感的高低，然后用特殊的艺术技巧将这些自然真实提炼成为具有代表性的艺术真实，创作出一个具有生活警示和艺术魅力的舞台作品。舞台作品被观众接受时，观众的心灵也接受了洗礼，从而达到净化心灵、修养灵魂的效果。从观察到提炼、从提炼到创作、从创作到表演、从表演到接受，如此环环相扣，才能呈现出完整的戏剧艺术作品。这些不仅是莱辛留给德国人的戏剧艺术思想，也是他留给全人类的艺术思想瑰宝。

（作者单位：武汉大学哲学学院）

艺术美学

唐代乐舞的审美意识①

陈望衡

　　唐代在中国音乐舞蹈史上具有重要地位。无论是宫廷乐舞，还是民间歌舞，都获得了空前发展，由于唐帝国持开放的国策，诸多外国乐舞来到中国，它们或是与中国原有的乐舞相融合，成为具有中国特色的外国乐舞；或是以其因素影响着中国原有的乐舞，并参与新乐舞的创造。正是因为如此，唐代的乐舞不仅呈现出百花齐放的繁荣景象，而且向着高水平的乐舞大戏方向发展。在艺术之林中，乐舞具有综合性，兼诗、乐、舞于一体，且它的用途很广，不仅国家礼仪性的活动要用到它，而且普通日常生活也用到它，其政治性与娱乐性均很突出。因此，在它身上所体现出来的审美意识较之其他艺术更为丰富，也更具有震撼力。

一、娱乐旨归

　　唐初，太宗与臣下有一次关于《玉树后庭花》的对话：

　　太宗谓侍臣曰："古者圣人沿情以作乐，国之兴衰，未必由此。"御史大夫杜淹曰："陈将亡也，有玉树后庭花，齐将亡也，有伴侣曲，所谓亡国之音哀以思。以是观之，亦乐之所起。"帝曰："夫声之所感，各因人之哀乐。将亡之政，其民苦，故闻以悲。今《玉树》《伴侣》之曲尚存，为公奏之，知必不悲。"尚书右丞相魏徵进曰："孔子称：'乐云乐云，钟鼓云乎哉。'乐在人和，不在音也。"十一年，张文收复请重正余乐，帝不许，

　　①　此文是中华社科基金重点项目《中华审美意识通史·唐代审美意识》(批准号为11AZD053)成果之一。

曰："朕闻人和则乐和，隋末丧乱，虽改音律而乐不和。若百姓安乐，金石自谐矣。"①

这段对话鲜明地反映出太宗的音乐审美观念。李世民的基本观点是："古者圣人沿情以作乐，国之兴衰，未必由此。"这个观点包含着两个重要思想：

第一，"圣人沿情以作乐"。音乐以情为本。音乐的产生，是情使之。情为乐之本，一方面，人有情，需要抒发，于是寄托于音乐，抒情成为作乐之动力；另一方面，音乐中饱含情感，情感成为音乐的内容。儒家经典《乐记·礼记》说："情动于中，故形于声，声成文，谓之音。"太宗的观点与之相似。

第二，"国之兴衰，未必由此"。这话的意思是音乐与政治是两码事，不能由音乐判定国家的兴衰状况，也不能将国家的兴衰的责任推到音乐头上。在这个问题上，李世民与儒家的观点存在着尖锐的对立。《乐记·礼记》认为："是故治世之音安以乐，其政和；乱世之音怨以怒，其政乖；亡国之音哀以思，其民困。声音之道，与政通矣。"李世民虽然承认音乐是情感的产物，但不认为国家的兴衰与音乐有必然关系，音乐决定不了国家的兴衰，它也不能作为国家兴衰的标志。换句话说，音乐与国家兴衰是两码事，"声音之道"与"政"并不通。

那又应怎样理解"亡国之音哀以思"？李世民说："夫声之所感，各因人之哀乐。将亡之政，其民苦，故闻以悲。今《玉树》《伴侣》之曲尚存，为公奏之，知必不悲声之所感。"

这里，又包含有诸多的思想：

人的哀乐由什么决定的？从根本上来说，是人的生存状况决定的。但是，作为情感，它由外物感发，这外物就有两种情况，一是生活本身，如太宗所说，"将亡之政，其民苦"。另一是非生活本身的他物，如自然。自然景物可以逗发人对某种实际生活的联想，故而让人生悲喜情感。一般来说，春光容易让人喜，而秋景容易让人悲。当然，这情与景的关系又因人而异。

人的情感不外乎喜、怒、哀、恶、欲这些类，而引起同类情感的事物却是很多的，同为悲，可以因感肃杀之景而生，也可以因人生某一不幸遭际而生。能不能因它们生的情均是悲，而将它们等同起来呢？李世民是不赞成的。

---

① （北宋）欧阳修、宋祁等撰：《新唐书卷二十一·志第十一·礼乐第十一》第二册，中华书局 1975 年版，第 461 页。

但是，这不同事物之间有没有影响呢？唐太宗认为，是有的。"将亡之政，其民苦"，因为苦，对于《玉树后庭花》这样凄婉的曲调就容易产生悲伤之情。

但是，能不能受到音乐的影响，一方面，固然与音乐的性质有关系，悲伤曲调的音乐易生悲情，欢乐曲调的音乐易生乐情；但另一方面，它也与欣赏者自身的状况有关系，而欣赏者自身的状况，一则在自身的素质等，二则在所处的时代、社会。李世民斩钉截铁地对臣下说："今《玉树》《伴侣》之曲尚存，为公奏之，知必不悲。"

李世民是深刻的，他既注意到了事物的区别，又注意到了事物的联系，是什么性质的区别，又是什么性质的联系。国之兴衰与乐之喜悲这是完全不同的两件事，其区别是根本的，它们之间也有联系，这联系只是现象的。李世民还注意到影响事物价值判断的两个方面：客观方面、主观方面。音乐的影响也决定于两个方面：乐曲自身的性质、欣赏者自身的状况。李世民为了替《玉树后庭花》解脱，强调欣赏者自身的情况在音乐欣赏中的主体地位，而忽视了音乐自身的性质的作用，存在一定的片面性。李世民的观点得到白居易的赞同。白居易说：

> 和平之代，虽闻桑间濮上之音，人情不淫也，不伤也。乱亡之代，虽闻《咸》《濩》《韶》《武》之音，人情不和也，不乐也……若君正和而平，内心安而乐，则虽援瞽桴，击野壤，闻之者必融融泄泄矣。若君政骄而荒，人心困而怨，则撞大钟，伐鸣鼓，闻之者适足惨惨戚戚矣。①

李世民的音乐无关于国之兴衰的观点与嵇康的"声无哀乐"论有些相似。嵇康的"声无哀乐"论，强调乐音本身没有情感，它只有声之高低轻重快慢节奏等。李世民没有明说音乐的乐声有没有情感，他只是说"悲悦在于人心，非由乐也"②。此话意在说明悲悦之情的由来，并没有否定乐中有情感的因素。

---

① （唐）白居易著，丁如明、聂世美校点：《白居易全集·策林四·六十四复乐古器古乐》，上海古籍出版社 1999 年版，第 897 页。
② 《贞观政要》卷七。这句本也是在与祖孝孙讨论《玉树后庭花》时说的，但《旧唐书·志第八·音乐一》不载。

由音乐的移情作用，李世民谈到了音乐的建设。承上说，音乐之性质不决定于国之兴衰，那么，它决定于什么呢？李世民认为决定于"人和"。他说："乐在人和，不在音也。""朕闻人和则乐和，隋末丧乱，虽改音律而乐不和，若百姓安乐，金石自谐矣。"

"乐在人和"，这种观点是深刻的。乐是为人服务的，是人决定乐，不是乐决定人。社会安定，人心和谐，人们不仅能创作出诸多和美的音乐，而且也能欣赏诸多不同情调的音乐。产生于亡国时代的音乐只有在"将亡之政"的背景下，才能发生摧毁人心的作用；而在健康的社会，它的这一作用被抑制了。所以，什么才是繁荣艺术的根本？李世民认为，建设一个美好的社会，让"百姓安乐"才是根本。

既然音乐之性质不决定于国之兴衰，那么，音乐也不应承担决定国之兴衰的责任。于是，李世民从根本上为《玉树后庭花》《伴侣》解除了"亡国之音"的罪名。李世民的音乐思想是对儒家音乐思想的一个极大的突破。

《玉树后庭花》属于清乐①，系南朝旧乐，这类音乐多为娱乐类的乐舞，由于李世民说国之兴衰与音乐无关，因此，就有大量的清乐保存下来。

唐代宫廷不仅保留大量的前朝旧曲，还自制新曲，以供自己娱乐的需要。这其中，《春莺啭》是最为重要的一部。《春莺啭》的第一作者，据《教坊记》载："高宗晓音律，闻风叶鸟声，皆蹈以应节，闻莺声，命歌工白明达写之为《春莺啭》。后亦为舞曲。"②这首乐曲杨贵妃表演过，其美妙的场景，出现在诸多诗人的笔下。《春莺啭》在唐朝时由日本的遣唐使带回日本，至今仍有舞图、乐谱遗存。

在唐代诸多的以审美为旨归的乐舞中，《春莺啭》有它的代表性。首先，它没有政治的、道德的内容，这样的乐曲在唐代可能只有《春江花月夜》堪与之相媲美。其次，它的音乐舞蹈确实很美。这样美的乐舞得以在唐代出现，说明唐人对于音乐的功能的认识上已经在相当程度上突破了儒家的音乐观。从某种意义上说，如果没有唐太宗李世民对于《玉树后庭花》"亡国之音"罪名的洗刷，就没有《春莺啭》。

---

① 关于"清乐"、"清商乐"，任半塘说："自隋以后，汉魏六朝所存之音乐统称曰'清商乐'，简称'清乐'。"见(唐)崔令钦撰、任半塘笺注：《教坊记笺注》，中华书局2012年版，第54页。

② (唐)崔令钦撰、任半塘笺注：《教坊记笺注》，中华书局2012年版，第179页。

二、广纳胡乐

　　唐帝国在我国历史上开放的程度是最高的，周边的国家几乎都与唐帝国有交往，这其中，陆上与海上两条丝绸之路起了很大的作用，通过这两条通道，唐帝国与世界上诸多有较高文明的国家诸如罗马、印度联系在一起。不仅物质文化得以交易，而且精神文化也得以交流。各种源自世界上他民族的宗教如佛教、祆教、摩尼教、景教进来了，各种他民族创造的艺术也进来了，这其中，乐舞以及相连带的乐器的进入，最为突出。乐舞的进入，对唐帝国君臣的艺术生活产生了巨大影响。

　　唐帝国宫廷音乐分为立部伎和坐部伎两个部分。立部伎是站立着演奏的，坐部伎是坐着演奏的。就《旧唐书·音乐志》的介绍来看，立部伎有八部。这八部乐为《安乐》《太平乐》《破阵乐》《庆善乐》《大定乐》《上元乐》《圣寿乐》《光圣乐》。这八部乐中，《太平乐》来自天竺(印度)、师子国①(斯里兰卡)等国。

> 　　《太平乐》，亦谓之五方师子舞。师子鸷兽，出于西南夷天竺、师子等国。缀毛为之，人居其中，像其俛仰驯狎之容。二人持绳秉拂，为习弄之状。五师子各立其方色，百四十人歌太平乐，舞以足之，持绳者服饰作昆仑象。②

　　杜佑《通典》云："《太平乐》，亦谓之《五方狮子舞》……二人持拂，为习弄之状。五方狮子各依其方色，百四十人歌《太平乐》，舞抃以从之，服饰皆作昆仑象。"③此乐舞段安节的《乐府杂录》将其归入"龟兹部"，描绘狮子彩绘的情况："戏有《五方狮子》，高丈余，各衣五色。每狮子有十二人。戴红抹额，衣画衣，执红拂子，谓之"狮子郎"，舞《太平乐》曲。"④五方狮子分青赤黄白黑五色，由 140 人载歌载舞，气氛热烈，场面宏大，震撼人心。

---

　　①　"师"通"狮"。
　　②　《旧唐书卷二十九·志第九·音乐二》四，中华书局 1975 年版，第 1059 页。
　　③　(后晋)刘昫等撰，(唐)杜佑撰、王文锦整理：《传世藏书·史库·通典》，海南国际新闻出版中心出版，第 935 页。
　　④　(唐)段安节撰、亓娟丽校注：《乐府杂录校注》，上海古籍出版社 2015 年版，第 38 页。

传入唐帝国的五方狮子代表着"五行"，黄色的狮子必居中心，因为在五行中，黄色为尊，代表皇权。黄狮子通常是不能单独舞的，要舞也只能供皇上观赏。据《唐语林》卷三："王维为大乐丞，被人嗾使舞黄狮子，坐是出宫。黄狮子者非天子不舞也。后辈慎之。"

狮子舞在唐朝宫廷乐舞中还有大曲①，名《西凉伎》，相传为开元年间陇右节度使郭知运进献，为西域龟兹乐与河西走廊各族乐舞交融而成。虽然是另一部曲子，但均为舞狮。白居易、元稹均有长诗《西凉伎》对舞蹈的场面作了生动的描绘。

立部伎中虽然只有《太平乐》这一部乐来自国外，但其他乐都来自西域的曲调和乐器。

坐部伎有《讌乐》《长寿乐》《天授乐》《鸟歌万寿乐》《龙池乐》《破阵乐》六部。这六部乐中"自《长寿乐》已下皆用龟兹乐，舞人皆著靴。惟《龙池》备用雅乐，而无钟磬，舞人蹑履"②。

除立部伎、坐部伎外，宫廷常用的管弦杂曲也多用来自国外的音乐，主要为西凉乐；至于鼓舞曲，则多用龟兹乐。

唐代传入中国的音乐《旧唐书·音乐志》将它们概括成《四夷之乐》：

> 作先王乐者，贵能包而用之。纳四夷之乐者，美德之所及也。东夷之乐曰《靺离》，南蛮之乐曰《任》，西戎之乐曰《禁》，北狄之乐曰《昧》。③

这四夷是唐帝国周边的国家，不确指四个国家，所以夷乐实际上是很多国音乐的总称。东夷乐中有《高丽乐》《百济乐》；南蛮乐中有《扶南乐》《天竺乐》《骠国乐》；西戎乐中有《高昌乐》《龟兹乐》《疏勒乐》《康国乐》《安国乐》。北狄乐有鲜卑、吐谷浑、部落稽三国之乐。一般来说，源自南朝旧曲的商乐均较为柔靡，温雅，而来自四夷的乐舞均具有一种原始生命力的野蛮、强劲，具有强烈的感官冲击力。

---

① 据《唐会要》卷十四"协律郎"条："大乐署掌教，雅乐、大曲三十日成；小曲二十日。"大曲是相对于小曲规模较大的融乐、舞、诗于一体乐曲。

② （后晋）刘昫等撰：《旧唐书卷二十九·志第九·音乐二》四，中华书局1975年版，第1062页。

③ （后晋）刘昫等撰：《旧唐书卷二十九·志第九·音乐二》四，中华书局1975年版，第1068～1069页。

　　这些来自异域的音乐不仅带来奇妙的乐舞，而且也带来奇异的装束，让中原的观众大饱眼福。像《高丽乐》，演员的着装是这样的："工人（即演员——引者）紫罗帽，饰以鸟羽，黄大袖，紫罗带，大口袴，赤皮靴，五色绦绳。舞者四人，椎髻于后，以绛抹额。饰以金璫。二人黄金襦，赤黄袴，极其长袖，乌皮靴，双双并立而舞。"①又："南蛮、北狄国俗，皆随发际断其发，今舞者咸用绳围首，反约发杪，内于绳下。"②

　　诸多的来自西域的音乐对于中原音乐的影响是不一样的，从史料上来看，影响最大的是龟兹音乐。龟兹的音乐特别有名，玄奘西行取经，路过龟兹，于龟兹的音乐很有感受，他在《大唐西域记》中说龟兹"管弦伎乐，特善诸国"③。据玄奘介绍，当时的龟兹，东西千余里，南北六百余里，国大都城周十七八里，是一个物产丰富经济繁荣的国家。这个国家文字"取自印度，粗有改变"，人民信仰佛教。由于地处印度、西域与中原交通的中道上，西域诸国的乐伎东传中原时会聚于龟兹，导致龟兹音乐大盛。早在隋前的东魏西魏时代，龟兹音乐就传入中国，《隋书·音乐志》说："至隋有《西国龟兹》《齐朝龟兹》《土龟兹》等，凡三部。开皇中，其器大盛于闾阎。"④到唐代，龟兹音乐对中原的影响更大。唐帝国宫廷内诸多重要大曲均受到龟兹音乐的影响。唐帝国宫廷燕乐立部伎八部乐曲"自《破阵乐》以下，皆擂大鼓，杂以龟兹之乐，声振百里，震动山谷。"⑤坐部伎六部乐曲"自《长寿乐》已下，皆用龟兹乐"⑥，著名的《霓裳羽衣舞》其音乐就吸取了龟兹乐的成分。

　　唐朝宫廷乐舞中有好几部直接来自夷狄地区，《新唐书》载："大历元年，又有《广平太一》乐。《凉州曲》，本西凉所献也。其声本宫调，有大遍、小

---

　　①　（后晋）刘昫等撰：《旧唐书卷二十九·志第九·音乐二》四，中华书局1975年版，第1060页。

　　②　（后晋）刘昫等撰：《旧唐书卷二十九·志第九·音乐二》四，中华书局1975年版，第1071页。

　　③　《大唐西域记卷第一·从阿耆尼国到素叶水城·屈支国》。

　　④　《隋书卷十五·志第十·音乐下》二，中华书局1973年版，第378页。

　　⑤　（后晋）刘昫等撰：《旧唐书卷二十九·志第九·音乐二》四，中华书局1975年版，第1060页。

　　⑥　（后晋）刘昫等撰：《旧唐书卷二十九·志第九·音乐二》四，中华书局1975年版，第1062页。

遍。"①"贞元中，南诏异牟寻遣使诣剑南西川节度使韦皋，言欲献互中歌曲。且令骠国进荣。皋乃作南诏奉圣乐。"②这些直接来自夷狄地区的曲目中，《伊州》比较有名。《新唐书》载："开元二十四年，升胡部于堂上。而天宝乐曲，皆以边地名，若《凉州》《伊州》《甘州》之类。后又道调、法曲与胡部新声合作。明年，安禄山反，凉州、伊州、甘州皆陷吐蕃。"③《乐府诗集》卷七十九引《乐苑》，更是明确说这部乐曲是"西京节度盖嘉所进"。这部源自西域的乐曲在进入唐朝宫廷后，宫廷的乐师对它进行加工改编，杂融入道调、法曲等，从而使它成为一部优秀的宫廷燕乐大曲。王安潮认为："从《乐府诗集》卷七十九录有《伊州》曲辞的句式、音韵特点可以看出，这是一部唐代诗风的曲辞。而其中的很多篇章都已证明为唐代诗人所作。这与唐玄宗喜欢约请当时著名的诗人为其大曲填词的史实相合。"④这一事实说明来自夷狄的乐曲是可以与汉文化进行融合取得成功的。

儒家是非常看重"夷夏之辨"的，孔子就非常看不起夷狄，他说："夷狄之有君，不如诸夏之亡也。"（《论语·八佾》）夷狄的音乐更是从来不入儒家之眼。唐代的知识分子也表示过，杜佑在《通典·乐序》中说："秦汉以还，古乐沦缺，代之所存，《韶》《武》而已。下不闻振铎，上不达讴谣。俱更其名，示不相袭。知音复寡，罕能制作。而况古雅莫尚，胡乐荐臻，其声怨思，其状促遽，方之郑卫，又何远乎？"杜佑将胡乐郑卫之音列在一起，其排斥的立场非常明显。

然而，时代变了，形势变了。开创唐帝国李渊、李世民他们对于儒家文化并没有太多的偏爱。虽然他们自许为道家始祖李耳之后，似对道家文化更为青睐，其实，他们对道家也谈不上信仰。他们最为可贵的是持开放的态度，不拘成见，也没有成见。不仅是儒家、道家等汉文化诸多学派兼收并蓄，而且对异域文化包括印度文化、西域文化、日本文化、南诏文化也兼收并蓄。对于儒家的礼乐传统，他们并不反对，某些方面还能做到遵循，但并不亦步亦趋，处处

---

① （北宋）欧阳修、宋祁等撰：《新唐书卷二十二·志第十二·礼乐十二》二，中华书局 1975 年版，第 479 页。

② （北宋）欧阳修、宋祁等撰：《新唐书卷二十二·志第十二·礼乐十二》二，中华书局 1975 年版，第 480 页。

③ （北宋）欧阳修、宋祁等撰：《新唐书卷二十二·志第十二·礼乐十二》二，中华书局 1975 年版，第 476 页。

④ 王安源：《唐代大曲的历史与形态》，中央音乐学院出版社 2011 年版，第 225 页。

照搬，而能依据实际情况酌情处置。像音乐，他们承认它具有辅助礼治、标志礼制的功能，但并不认为就只有这一功能。对于根于音乐之本的审美功能，他们在实际上更为重视。基于审美的需要，他们妥善地处理雅俗的关系，重雅不轻俗，大胆地吸收民间音乐，以丰富宫廷音乐。同样，也是基于审美的需要，他们妥善地处理夷夏的关系，既坚持中原音乐的传统，又大胆地吸收夷狄音乐。

如果我们稍许深入地研究一下唐帝国的最高统治者为什么那样喜欢夷狄音乐，就可发现这是有原因的。原因之一：来自夷狄地区的乐舞，有一个非常突出的特点，那就是它质朴、刚健，充满着原始生命力。从人的审美心理来说，非常需要这样一种的美，来自南朝旧曲的商乐，在这方面远不如夷狄乐舞。于是，对夷狄乐舞的喜爱就成为一股不可抗拒的文化潮流。原因之二：唐帝国是从血泊中打出来的，它崇尚的精神不是轻柔曼妙的优美而是刚健雄壮的崇高。夷狄音乐的蛮野与刚健在一定程度上符合了唐帝国精神建设的需要。

人们通常只是认为唐帝国是当时亚洲也许世界第一强国，具有大国的气度与胸襟，对于凡是来中国做生意、旅游、求学或者献艺的人士均持欢迎的态度，这诚然是对的；但是，这不是主要的，主要的还是唐帝国自身的需要。需要总是第一位的。新兴的唐帝国需要具有蛮荒气息与原始生命力的夷狄之乐。正是需要的背景下，夷狄乐舞连同它所代表的文化以从来没有过的规模进入汉文化为主体的中原地区，于是，一场轰轰烈烈的华夏文化的新建设开始了。

三、乐舞典范

众所周知，唐代最有名的乐舞为《霓裳羽衣舞》，它是唐帝国精神文化的一面鲜艳旗帜，堪称唐代精神文化的代表之一。

《霓裳羽衣舞》在宫廷燕乐中为大曲。大曲是由数支曲段编组的结构复杂的乐舞，是一种融乐歌舞于一体的联合表演。《霓裳羽衣舞》是唐朝宫廷燕乐大曲之一。此乐集中了唐帝国音乐的精华，显示出唐朝音乐审美所达到的最高成就。

关于此曲的创作过程，有诸多不同的说法：

第一，河西节度使杨敬忠献曲说。

《新唐书》载：

……其后，河西节度使杨敬忠献《霓裳羽衣曲》十二遍，凡曲终必遽，唯《霓裳羽衣曲》将毕，引声益缓。帝方浸喜神仙之事，诏道士司马承桢制《玄真道曲》，茅山道士李会元制《大罗天曲》，工部侍郎贺知章制《紫清上圣道曲》。①

此说的价值有二：一是说明《霓裳羽衣曲》来源于河西节度使杨敬忠所献，但献的此曲究为哪个西域国家的乐曲，没有说。《新唐书》写于北宋，如果《霓裳羽衣曲》来源是清楚的，史官不会不在史书中写明，这说明《霓裳羽衣曲》的来源在北宋就有些模糊了。二是说明唐玄宗热衷于道教音乐，言下之意是《霓裳羽衣曲》融进了诸多道教音乐的精华。基于《新唐书》的正史地位，它的这种说法应是最为可靠的。

第二，玄宗独创说。

《乐府诗集》载：

《唐逸史》云：罗公远多秘术，尝与玄宗至月宫。初以柱杖向空掷之，化为大桥。自桥行十余里，精光夺目，寒气侵人。至一大城，公远曰："此月宫也。"仙女数百，皆素养练霓衣，舞于广庭，曰《霓裳羽衣》。一说曰：开元二十九年中秋夜，帝与术士叶法善游月宫，听诸仙奏曲。后数日，东西两川驰骑奏，其夕有天乐自西南来，过东北去。帝曰："偶游月宫听仙曲，遂以玉笛接之，非天乐也。"曲名《霓裳羽衣》。后传于乐部。②

此说强调《霓裳羽衣舞》是唐玄宗独创的。灵感来自同术士幻游月宫。

第三，玄宗构思乐曲意境，曲调采用《婆罗门乐曲》调说。

《碧鸡漫志》卷三载：

杜佑《理道要诀》云："天宝十三载七月改诸乐名，中使辅璆琳进旨，令于太常寺刊石，《内黄钟商婆罗门曲》改为《霓裳羽衣曲》。"《津阳门诗》注："叶法善引明皇入月宫，闻乐归，笛写半，会西凉都督杨敬述进《婆

---

① （北宋）欧阳修、宋祁等撰：《新唐书·志第十二·礼乐十二》二，中华书局1975年版，第476页。

② （北宋）郭茂倩辑：《乐府诗集》，上海古籍出版社1998年版，第628~629页。

罗门》，声调吻合，遂以月中所闻为散序，敬述所进为腔，制《霓裳羽衣》。"月宫事荒诞，惟西凉进《婆罗门曲》，明皇润色，又为易是名，最明白无疑。①

此记载说《霓裳羽衣曲》首创为唐明皇，他梦游月宫闻乐，获得灵感，正在创作时，西凉都督杨敬述进《婆罗门乐曲》，此曲恰好与唐明皇拟定的声调吻合，于是，以月宫所闻为内容，以《婆罗门曲》为腔调，写成一个乐曲。

唐代崇尚道教，以神仙境界作为人生、社会的理想。从这个意义上看《霓裳羽衣舞》它当得上唐代精神文化的一面旗帜，它在中华美学史上的地位可与李白的诗歌、怀素的书法、王维的画相提并论。

四、审美解放

唐代的乐舞如此繁荣发达，从根本上看是唐代政治稳定、经济发达所致，也与初唐至盛唐的君王大多具有宽阔的胸怀且喜爱文艺有关。但最为重要的是实施开放的国策，这种开放仅是对国外开放，让诸多的外国人进来，从事各种经济文化活动，从而带来各种艺术，也带来各种不同的艺术观念、美学观念；而且在国内允许各种学派自由发展，儒家的正统地位相对于汉武帝之后的汉帝国大为降低，这就为思想的自由、艺术的自由、审美的自由打开了方便之门。唐代乐舞的百花齐放欣欣向荣的局面是这种自由的突出体现。

追溯乐舞上的变化必然达审美观念上的变化，在唐代，乐舞审美观念的变化是相当显明的。主要体现在如下问题上：

(一)关于礼乐关系

中国传统文化奉行礼乐治国，礼主要为政治，乐主要为艺术，礼乐的关系实为政治与艺术的关系。传统的礼乐观，是将乐与政治紧紧地绑在一起的，这一观点在唐代首先遭到唐太宗的反对，在讨论《玉树后庭花》是不是亡国之音时，他明确反对以音审政，这就为唐代音乐的繁荣创造了最好的条件。

唐代诸多文人在礼乐关系问题上纠结着，代表人物为白居易。白居易一方

---

① （唐）南卓撰、（唐）段安节撰、（南宋）王灼撰：《羯鼓录 乐府杂录 碧鸡漫志》，上海古籍出版社 1988 年版，第 71~72 页。

面固守祖宗成法，认为必须坚持礼乐并用；另一方面，他又认为乐与政治没有必然的联系，说："若君政和而平，人心安而乐，则虽援黄桴，击野壤，闻之者必融融泄泄矣。若君政骄而荒，则虽撞大钟，伐鸣鼓，闻之者适足惨惨戚戚矣。"结论是："谐神人和风俗者，在乎善其政，欢人心；不在乎变其音，极其声也。"①

全面地考察艺术与政治的关系，当然不能说艺术就与政治没有关系，但是，也不能将艺术归之于政治。艺术可以为政治服务，政治也可以为艺术服务，艺术有它的独立品格，并不从属于政治；反过来也一样，政治有它独立的品格，也不从属于艺术。将艺术紧紧地与政治绑在一起，在一般情况下，由于政治实际上的强势，必然是艺术的死亡。而在特殊情况下，艺术过于强势，也会造成对政治的重要伤害。

(二)关于雅乐与俗乐的关系

儒家对于音乐是讲究雅俗之别的，但什么是雅，什么是俗，往往没有严格的标准。说到雅乐，举例多是《咸》《韶》，说到俗乐，举例多是郑、卫之声，然而面对实际的音乐现象，雅俗的区分并不容易。隋文帝即位时，着手建立雅乐体系已经非常困难了。然隋文帝非常看重雅乐，认为这是国家大事，不能没有雅乐。于是，他让臣下开展讨论，看这雅乐究竟应是什么样子，同时，又派诸多乐官北上南下搜寻雅乐，最后亲自认定来自南朝的商乐为华夏正声。

唐帝国显然没有这样重视雅乐，唐高祖时代，雅乐体系沿用隋制。直到唐太宗即位，方着手建设属于自己的雅乐体系，这动作之慢，已见出对雅乐不重视了。唐的雅乐该如何建？

太宗放话："礼乐之作，盖圣人缘物设教，以为樽节，治之隆替，岂此之由？"②意思要学习圣人的做法，根据当代的实际情况来做规划、做设计，即"缘物设教"。太宗没有强调雅乐的纯正性，没有提出要区分南北，也没有强调要区分夷夏。为什么这样随便？太宗说："治之隆替，岂此之由？"意思是国家的治乱，根本就不在此。这话的深层含义是：不要将雅乐的事看得太重了，它不过就是乐罢了。它不是政治，无关治乱。

---

① (唐)白居易著，丁如明、聂世美校点：《白居易全集卷第六十五·策林四·六十二议礼乐》，上海古籍出版社 1999 年版，第 895 页。

② (后晋)刘昫等撰：《旧唐书卷二十八·志第八·音乐一》四，中华书局 1975 年版，第 1041 页。

这种指导思想下建立的雅乐当然就不可能纯粹了，如唐太宗时太常少卿祖孝孙所奏："陈、梁旧乐，杂用吴楚之音；周、齐旧乐，多涉胡戎之伎。于是斟酌南北，考以古音，作为大唐雅乐。"①唐太宗建立的这个雅乐体系，后来的唐朝皇帝没有反对，就这样继承下去。中国的雅乐体系虽然一直谈不上纯正，但是，仍然坚持着"思无邪"的传统，嚷着要与郑卫之声、齐梁之曲、南陈之乐划清界限；但是，唐代，所有这一切都似乎仅停留在文字上或口头上，而在实际的音乐生活中，它确没有多大意义了。唐朝人不在理论上而在实践上将雅乐放弃了。雅乐衰退，为音乐的发展开辟了道路。

(三)坚持华夏传统与接纳外国音乐的关系

中国向来以世界中心所居，以文明之国自居，以礼仪之邦自居。这种观点一直受到冲击，但是也一直坚持着，直到隋代，虽然胡乐已经大量地流入中国了，隋文帝还在努力建立所谓"华夏正声"，他的"华夏正声"中没有包括胡乐。唐代则不同了，唐帝国的创始人李渊本出身于鲜卑族，属于实实在在的胡人，虽然鲜卑族汉化了，但不可避免地保留着诸多的胡文化因素，也许这是唐帝国对于胡地音乐持接纳态度的重要原因之一。当然，胡乐之美，也是重要原因。胡乐的突出特点是刚健质朴、热烈奔放、音调绚丽，充满着原始生命力，对于轻约婉转的清商乐，它是一个非常好的调剂物。

唐朝人对音乐观上的诸多解放，集中体现为对音乐本质的认识，他们实际上认为，音乐的本质就是审美，而审美，一是生命的张扬与内心情感世界的和谐，另一是娱乐，这两者是统一的。音乐有没有政治方面、伦理方面的功能，唐帝国的最高统治者要么是否定如唐太宗，要么是置之高阁，存而不论，如玄宗。而对音乐的审美功能则大加肯定，特别是唐玄宗，《旧唐书》载："玄宗在位多年，善音乐……太常立部伎、坐部伎依点鼓舞，间以胡夷之伎。太宗又于听政之暇，教太常乐工子弟三百人为丝竹之戏，音响齐发，有一声误，玄宗必觉而正之，又云梨园弟子，以置院近于禁苑之梨园。太常又有别教院，教供奉新曲。太常每凌晨，鼓笛乱发于太乐署。"②如此皇帝，世所仅见，与其说他是一国之主，还不如说他是剧院总经理、总编剧兼总导演。他爱好乐舞，完全没

---

① (后晋)刘昫等撰：《旧唐书卷二十八·志第八·音乐一》四，中华书局1975年版，第1041页。

② (后晋)刘昫等撰：《旧唐书卷二十八·志第八·音乐一》四，中华书局1975年版，第1052页。

有功利性，纯是爱美——艺术的美。唐代最高统治者对于音乐本质的这种正确认识，定然促进了音乐的繁荣，因此，从某种意义上讲，唐帝国音乐的繁荣，是音乐审美的解放。

（作者单位：武汉大学城市设计学院）

戏剧情境与戏剧相遇

彭万荣

关于戏剧的本质，有摹仿说、动作说、冲突说、游戏说，也有情境说。

本质问题，是所有学科都必须追问的，这是一个学科之所以成为学科的关键所在，其他问题都是次要的或枝节的，唯有这个问题才是总的、根本的。这个问题不解决，其他问题即使貌似解决了，也是可以忽略的，反而会冒出更多问题。任何剧作理论，如果缺乏对戏剧本质的解释，那大体上是靠不住的；如果这样的著作还有点道理，那也只是相当局部的问题；如果侥幸说得特别在理，那就是一个更小的问题。戏剧历史那么悠久，戏剧现象那么复杂，这给戏剧本质的追问提出了比以往更难的挑战。如果一种戏剧理论，只能解释某一种类或某一时期的戏剧，而对另一种类或另一时期的戏剧却哑然失语，那么这种戏剧理论则必然与本质问题无关。真正的戏剧理论是面向整个戏剧史的，它总是试图对此前的所有戏剧现象给出总体性的回答；否则，它就成了某一单纯编剧技巧的解答，或某一戏剧流派的理论宣言。所以我们必须在戏剧的根上去讨论问题，即戏剧是什么？戏剧情境说，就是戏剧理论史上对戏剧本质探讨的最新成果。

说到戏剧情境，首先要说到的是黑格尔，他是论及戏剧情境最早亦最有分量的理论家。他认为戏剧是史诗的原则和抒情诗的原则经过调解（互相转化）的统一，也就是通过个别的人物性格揭示出其所处的情境的冲突，这个冲突是剧中人物以自己的话语来展开的。他说，"戏剧的动作并不限于某一既定目的不经干扰就达到的简单的实现，而是要涉及情境，情欲和人物性格的冲突，因而导致动作和反动作，而这些动作和反动作又必然导致斗争和分裂的调解"。那么这个情境的冲突是什么呢？他说，"就戏剧动作在本质上要涉及一个具体的冲突来说，合适的起点就应该在导致冲突的那一个情境里，这个冲突尽管还没有爆发，但是在进一步发展中却必然要暴露出来。结尾则要等到冲突纠纷都已解决才能达到"①。可见，这个情境是一直隐匿在戏剧中的，成为戏剧情节和人物性格发展的推动力量，但在戏剧结束时会有一个总的爆发。除了情境，黑格尔还使用过"一般世界情况"和"情致"两个概念，一般世界情况就是某特定时代的社会文化背景，包括教育、科学、宗教、财政、司法、家庭生活以及一切其他类似现象的情况的总合；情境是一般世界情况具体化为人物性格和动作，形成冲突和解决。情致则是这种一般世界情况在人物性格上所形成的主观情绪或人生态度，包括恋爱、名誉、光荣、英雄气质、友谊、亲情的成毁所引起的哀乐。朱光潜举例说："莎士比亚的《哈姆莱特》悲剧所表现的'一般世界情况'是文艺复兴时代社会文化背景，'情境'是这位王子的母亲和他的叔父通奸，杀害了他父亲，'情致'是王子在企图报仇中在当时流行的人生观和伦理观所形成的那种错综复杂的心情。"②如果严格按照黑格尔的理解，则朱光潜的解释令人困惑。黑格尔所说的情境是一种冲突，体现为人物性格和行动与环境的矛盾，既然是冲突，则必然有冲突的双方，朱光潜说的"王子的母亲和他的叔父通奸，杀害了他父亲"只是一方面，是王子的"家庭生活"环境，也可以说是"一般世界情况"的一部分，它并非冲突本身。所以《哈姆莱特》的情境应该是，王子的叔父杀害了他的父亲并与他母亲结婚对王子性格和行动产生影响所形成的情势，这个情势里必定包含三个内涵，一是一般世界情况是背景，但这个背景不一定是理性的，它也会以感性的形象的直觉的内容呈现出来，而且它必须落实在人物的性格和行动上来；二是人物的性格和行动受到一般世界情况的刺激而进行反应，由此构成情境冲突的双方对峙，否则它就是客观的外在的环境；三是情境必须体现出一个"情"字，也就是说，一般世界情况作用的是人物的内心、情感和意志，否则情境不存在。

我们再看看萨特，他是哲学家，也是小说家和剧作家，他一生创作和改编的剧本达 11 种，跨越 20 世纪 40 年代、50 年代和 60 年代。萨特是世界上第一个命名自己的戏剧为"情境剧"的人，他说："为了取代性格剧，我们创立情境剧。"那么他的情境指的是什么？在《为了一种情境剧》的文章里，他的情境就是所有人共同的处境。而且，萨特还特别钟爱那种普遍和极端的处境，常常将他的人物抛入其中令其自我选择，在种种艰难的抉择中，人物成就他的性格，

---

① ［德］黑格尔：《美学》第三卷下册，朱光潜译，商务印书馆 1982 年版，第 242、255 页。

② ［德］黑格尔：《美学》第三卷下册，朱光潜《译后记》，商务印书馆 1982 年版，第 347~348 页。可参见朱光潜：《西方美学史》下卷，人民文学出版社 1982 年版，第 704 页。

实现他作为人的自由本质。自由是萨特最重要的哲学概念，是人之为人的本质，但这个自由不是先在的，也不是固定的，不是他人赐予的，而是人自己不断选择的结果。他说，"在任何情况下，在任何时间内，在任何地点，人自由选择自己当叛徒或当英雄，当懦夫或当胜者"。他甚至将自己的剧本称为"自由剧"。"如果人确实在一定的处境下是自由的，并在这种身不由己的处境下自己选择自己，那么在戏剧中就应当表现人类普遍的情境以及在这种情境下自我选择的自由。"这样，萨特就将情境、自由与戏剧联系在一起了，"戏剧最使人感动的东西，是正在形成的性格，是选择的时刻，即自由决定选择道德和终身的时刻。情境是一种召唤，它包围着我们，给我们提供几种出路，但应当由我们自己抉择"。萨特的情境可以这样来理解：第一，他的情境是一种人类普遍的共同的处境，这种处境甚至首先不是戏剧的，而是人类共同面临的生存处境；大部分人一生中至少发生过一次这样的情境，所以它往往是极端的和非比寻常的，这个情境就是生存的困境。第二，戏剧情境比人物性格更为重要，他说："世界造人，人造世界。我不仅想在舞台上塑造性格，而且想指出客观环境在一定的时刻决定着某某人的成长和行为。"①这寓示着给出一定的戏剧"情境"，就给出了一定的人物性格；当然，人物性格是他在一定的情境中选择出来的，他之所以要创立"情境剧"以取代性格剧，正因为他看到了人物在与"情境"的对峙中那种性格正在形成的魅力。第三，自由，不是一个概念，而是一个行动、一种选择、一种生存，这既是萨特的人生观，也是他的戏剧观。"情境剧"的本质就是人物在一定"情境"中不断地去选择，也就是说，人物的性格不是固定的，单一的，而是不断变化着的；只要戏没有停止，人物的性格就可能仍在发展。这种戏剧观与现代主义戏剧的不确定性思想至为吻合，虽然萨特在戏剧形式本身上没有多少创新，但正是这一点赋予萨特的戏剧鲜明的时代特色。

最后我们来看看马丁·艾思林。马丁·艾思林是英国当代著名戏剧理论家和导演，他对戏剧的洞察力每每令人惊叹不已，披露出唯有长久浸淫于戏剧才能得出的幽眇见解。马丁·艾思林并没有系统研究过情境，但他的零星论述不失为当代情境论的卓识。这些思想主要体现如下：(1)"戏剧是艺术能在其中再创造出人的情境、人与人之间的关系的最具体的形式"；"它(戏剧)也是我

---

① [法]萨特：《萨特谈"萨特戏剧"》，见《萨特戏剧集》(下)，沈志明译，人民文学出版社1985年版，第1014、1010、1013、1001页。

们用以想象人的各种境况的最具体的形式"；（2）"剧院是检验人类在特定情境下的行为的实验室"；（3）"戏剧是最具社会性的艺术形式：就它的性质本身来说，是一种集体的创造；因为剧作家、演员、舞美设计师、制作服装以及道具和灯光师全都作出了贡献，就是到剧场看戏的观众也有贡献"。这里最重要的思想有两点，第一，戏剧是人与人之间的关系的形式，从形式的角度来看待人与人之间的关系，这是戏剧情境得以存在的前提，没有关系也就不会有情境。马丁·艾思林突破了戏剧内部的认知，将其扩展到人生这个大舞台；同时它又是戏剧的，因为它自始至终都是一种艺术形式。这就将生活与戏剧的界限给打破了，因此我们特别能理解他说戏剧是实验室，是检验人类在特定情境下的行为的实验室。第二，情境是活的，时刻都在演变着、生发着、变化着。这个"活"体现在编剧、演员、导演、职员和观众的各种随机的构造中，而且"每一次演出都是独具一格的艺术品"。戏剧并不纯粹是一个剧本，甚至主要不是剧本，因为剧本总是固定不变的实体；而根据剧本的每次演出都是绝不相同的，欣赏戏剧的观众也是不同的，这种不同导致戏剧永远在一种新的关系中创生出新的东西，而这正是其他艺术所不具备的。在这个意义上，我们不能不同意马丁·艾思林的说法，戏剧是"人与人之间思想感情交流的一种方法"①，而剧院便是这种科学方法的"实验室"②。

综上梳理，黑格尔、萨特和马丁·艾思林都曾对戏剧情境有过重要的论述，毫无疑问，他们思想的理论基础是不一样的，他们观察戏剧的角度也不一样，得出来的观点自然也会不一样。黑格尔从他的绝对理念出发，将戏剧看做是理念的感性显现，他将戏剧动作放入他的理念框架下来把握，看到运动中的矛盾双方引发的冲突，情境便是冲突在戏剧中的具体体现。萨特的情境论是他的哲学思想在戏剧中的具体化，他的情境是交叉着十字路口的舞台，他将人物放置于这个十字路口，人物的选择路径就是他的性格展开方式，性格就成了自由意志的不同版本，更确切地说，性格是自由意志在情境中突围的爆发。马丁·艾思林的情境论仍没有脱离模仿说和游戏说，他将戏剧看成人生的戏仿，剧院是人生的实验室，戏剧是人与人交流的方法，情境是人与人之间关系的戏剧形式。他们的这些见解对丰富我们对戏剧情境的认识具有相当的启示性，但

① ［英］马丁·艾思林：《戏剧剖析》，罗婉华译，中国戏剧出版社 1981 年版，第 10、13、14、27、84、4 页。

② 参见彭万荣：《论马丁·艾思林的戏剧情境》，载《戏剧》2003 年第 3 期。

他们都没有将戏剧情境上升到戏剧本体的高度，情境论只是他们戏剧观中一个重要节点，我们并不能从情境论观察到戏剧的本体。

将情境论上升为情境说的是中央戏剧学院教授谭霈生。谭霈生是世界戏剧理论史上第一个将情境提升到戏剧本体高度的理论家，他的情境说是从戏剧理论和戏剧历史的双重考察中得出来的有价值的理论，对此，笔者曾有过一段评述：

> 在近三十年的求索中，谭霈生确立了自己作为一代戏剧理论大师的地位。与历史对话，与大师对话，与作品对话，在这三重对话中谭霈生先生完成了自己的理论建构，戏剧创作是他致思的出发点，因而他的理论就罕见地与创作实际形成了同构关系。谭霈生先生的戏剧情境理论，由于它是在考察各个历史时期的戏剧作品中而得到的真知灼见，它是在剔除不同时期、不同戏剧流派的差异性基础上对戏剧本质的看法，而且也将不同历史时期戏剧理论放入其中进行辨正与解析，这就使它能廓清历史的重重迷雾，显示出超越时代的科学性、历史性和真理性。将戏剧情境确立为戏剧的最高形式，从而将戏剧情境上升到整个戏剧的本质层面上来，并且确立了戏剧情境对其他戏剧形式种属或主从关系，即戏剧情境不是内容，是一种形式，这种见解在整个中外戏剧史上还是第一次。它抓住了戏剧最为本质的内核，什么是戏？什么是戏剧性？内容可以变化，是什么东西使戏剧和其他文学形式不一样？就是情境。谭霈生先生的戏剧情境理论是中国戏剧理论家对戏剧本体论与创作论杰出的创造性的贡献。它不仅普遍提升了中国戏剧界对戏剧的认知水平和创作能力，而且也是中国文化汇入世界文化的进程中，中国戏剧理论界对世界戏剧理论一次具有里程碑意义的书写。[1]

对戏剧情境，谭霈生经过了数十年的思考与探索，早在1981年他写作《论戏剧性》时就有了戏剧情境的一些基本思想，他是从戏剧性开始探讨的，古今中外的戏剧是如此不同，有没有贯穿于所有戏剧的被称为戏剧性的东西？既然

---

[1] 中央戏剧学院"谭霈生戏剧理论学术研讨会"组委会编：《谭霈生戏剧理论学术研讨会论文选集·2013》，文化艺术出版社2014年版，第8页。参见本选集拙文《戏剧情境对戏剧本体论和创作论的建构》；另参见拙文《评谭霈生戏剧本体论纲》，载《戏剧》2002年第4期。

都叫戏剧，那就一定有，它是什么？《论戏剧性》进行了初步的探讨，随后他在《论戏剧艺术的特性》中继续思考，直到《戏剧本体论》的发表作出最后的总结。这些论著全面地系统地深刻地阐释了情境作为戏剧艺术的根本特性，将戏剧情境提升到戏剧本质的高度。那么谭霈生的戏剧情境是什么？我们回到他的界定："根据不同时代，不同国别，不同风格的戏剧作品，我们可以从中概括出'情境'的构成要素，它们是：人物活动的具体环境；对人物发生影响的具体事件；特定的人物关系。"①在谭霈生看来，人物动作、矛盾冲突，都与具体的环境有关，这个环境就是具体的舞台时空，戏剧冲突的萌生与爆发及其方式，都离不开具体的时空环境，这样，环境就成了戏剧动作和戏剧冲突的总根源。事件也是情境的一个重要构成要素，这是因为事件往往成为戏剧性的主要来源；同时事件也决定着人物性格的展开，人物的生活道路、生活命运所展示的社会内容也与事件息息相关。而人物关系则是戏剧情节的重心，他赞同高尔基把情节看成是人物关系——人物性格的历史，因为它才是戏剧情境最坚实的基础，当然也是戏剧性的主要源泉。谭霈生的戏剧情境与黑格尔、萨特和马丁·艾思林戏剧情境有何不同呢？

这种不同是显然的，首先，在于谭霈生的情境论述比历史上的任何理论家包括他们三人的都更加全面、系统和深入，在大量戏剧作品基础上所展开的分析几乎涵盖了戏剧所有重要概念，从而令人信服地将戏剧情境提升到戏剧本体论的高度，这是其他理论家没有做到的。黑格尔的戏剧情境是史诗原则和抒情原则的调解器，是戏剧冲突实现与转化的有效手段；萨特的情境是一种所有人共同的生存处境，在戏剧中和在生活中同样存在，由于他的戏剧在相当程度上是他哲学思想的艺术化，他并没能严格区分出生活与戏剧的本质差异，我们看不到戏剧的情境和生活的情境有何不同，因此他的戏剧情境就类同于生活情境，这就取消了戏剧作为独特媒介的特性。马丁·艾思林虽然肯定了戏剧情境是一种形式，但他的戏剧本质论仍然是模仿说和游戏说，因而真实性问题是他回避不了的课题，将所有游戏活动看成戏剧，或者将戏剧看成华美的体育，就是游戏说的现代翻版。其次，谭霈生将戏剧情境视为戏剧的最高形式，是所有戏剧形式中最大的形式，深刻地揭示了戏剧情境对整个戏剧艺术核心要素的影

---

① 谭霈生：《谭霈生文集·戏剧本体论》（六），中国戏剧出版社 2005 年版，第 122 页。可参见《谭霈生文集·论戏剧性》（一），第 137 页。他最初是这样表述戏剧情境的："戏剧情境主要包含着这样一些因素：具体的环境，诸如剧中人物活动的具体的时空环境；特定的情况——事件；特定的人物关系。"

响与作用，诸如动作、冲突、悬念、事件、性格、动机、人格等，它们的价值与功能只有放在戏剧情境中才能被充分地释放出来。而黑格尔和萨特都没有将情境视为戏剧形式，当然也就不能从整体上、根本上去理解情境；马丁·艾思林明确地将情境视为戏剧的形式，但这个形式是人与人的交流形式，实质上是一种交流手段，因此他才认为戏剧具有现实世界的一切特性，这就是我们在生活中遇到的真实情境，区别仅在于，现实中发生的事是不可逆转的，而戏剧里的事却可以从头开始。再次，谭霈生的情境理论是建筑在对 2000 多年戏剧考察的基础之上的，具有广泛的普遍的戏剧史的适用价值，无论是哪个时代，也无论是哪种风格，只要是戏剧，那么它就具有戏剧性，它就有戏剧情境存在，这实在是相当了不起的理论贡献。黑格尔的情境论只适用在此前的部分戏剧作品，对许多现代和后现代的戏剧他的理论则无法解读；萨特的情境论只适合对他自己的作品进行解读，而且还必须配合他的哲学思想去解读，因而很难成为一般戏剧的创作原理；从适用性来讲，马丁·艾思林的情境论则比黑格尔和萨特要强得多，但由于他仍然陷入模仿说与游戏说的窠臼，没能将戏剧情境上升为戏剧本质，面对大量的现代和后现代的戏剧作品，他的理论在解读时就会捉襟见肘，因为戏剧家们在创作时根本没有模仿说和游戏说的观念。

那么，戏剧情境是如何形成的呢？

我还得从彼得·布鲁克说起。早在 1968 年彼得·布鲁克出版《空的空间》，开篇就写下这一句话："我可以选取任何一个空间，称它为空荡的舞台。一个人在别人的注视之下走过这空间，这就足以构成一幕戏剧了。"①此话说得相当漂亮，内涵隽永。我想，任何一个思考戏剧本质的人，看到这句话一定不会无动于衷。2005 年彼得·布鲁克出版了《敞开的门》，内中有这一句话："戏剧开始于两个人的相见，如果一个人站起来，另一个人看着他，这就开始了。如果要发展下去的话，就还需要第三个人，来和第一个人发生遭遇。这样就活起来了，就可以不断地发展下去。"②和 1968 年的那句话相比较，2005 年的话不再强调空间，除了保留一个人，和另一个人，还加了第三个人，这使他的想法更加清晰。当然这不是最重要的，重要的是"注视"、"相见"和"遭遇"所蕴含的戏剧思想，这个思想是彼得·布鲁克一直感觉到，但并没有从理论上说出

---

① ［英］彼得·布鲁克：《空的空间》，邢历、小风译，小永校，中国戏剧出版社 1988 年版，第 3 页。

② ［英］彼得·布鲁克：《敞开的门》，于东田译，新星出版社 2007 年版，第 17 页。

的"相遇"概念，笔者以为这是戏剧乃至电影最为重要的元概念，所有其他的戏剧概念如模仿、冲突、关系、性格、悬念、行动、场面、环境等都由此诞出。所谓相遇，就是人与人、人与物的彼此面对面，是他们带着各自的性质和特点来打交道，由此结成一种在他们见面之前没有过的联系或关系。在这种联系或关系中，他们向着对方把自己打开，实际上是给对方一个刺激（同时也接受对方的刺激），对方因了这个刺激而作出调整、适应或对峙的反应，不断地刺激引发不断地反应，每一次反应又会形成新的刺激。在刺激的过程中，人物将自己的生命意志释放出来，对方的生命意志会进行顺应或抵抗，戏剧就此诞生并不断地演绎下去。戏剧情境是相遇之后发生的故事，人物活动的具体环境，对人物发生影响的具体事件，特定的人物关系，总之是环绕人物的各种或显或隐、或具体或抽象的联系，而相遇正是所有这些联系的基础。所以说，没有相遇，就没有戏剧。

相遇，在舞台上，就是人物与自我、人物与角色、人物与人物、人物与观众、人物与道具，结成一种临时的、现场的、当下的面对面关系。戏剧表演总是在一定的空间里，或者是传统的镜框式舞台，或者是临时搭建的或命名的空间，如理查德·谢克纳的《大胆妈妈和她的孩子们》就是在一个车库里，《酒神在1969年》就是在伍斯特大街上。这两出戏都还有一个固定的空间，而尤金尼奥·巴尔巴的《进军》则是在秘鲁的利马街头，演出是流动的，观众也是流动的，相遇在时刻发生着、调整着、演绎着。但不管戏剧演出空间如何变化，演员与角色、演出与观众的相遇仍然存在；而且，这种相遇带着强烈的随机性质，未可知的、不确定的情境随时在发生和改变着，戏剧向着一种不断去构成的方向演进，演出现场不可预知的情况成为新的变量，而每一次新变量将导致戏剧情境发生微妙的调整和改变，这便是戏剧魅力的真正所在。

确立相遇为戏剧的逻辑起点，意味着确立新的戏剧原则。戏剧从来没有被固定，也不能被固定，戏剧的发展总是从传统中脱胎而出，但又演变为不同于传统的新形态。赓续不变的是相遇的原则，其他的戏剧要素都在变化，唯有相遇是不变的，2000多年来都不曾变化。而所有戏剧要素中，人物是其中最大的变量，他不仅会改变自己，也会改变他所遭遇的一切。比如剧本是固定的，同样的《哈姆莱特》，古人演的和今人演的就不一样，中国人演的和英国人演的就不一样，不是剧本变了，而是演剧本的人变了，他会把时代因素、环境因素和他自身因素加入其中，导致整个演出形式和风格的巨大变化。因为每个人都在以他自己的方式与《哈姆莱特》相遇。相遇不是主体与客体的碰面，笛卡儿发明的两分法，必然会把一方面看成中心，另一方面看成边缘，两个人物在舞台上，你不能说娜拉是主体，海尔茂是客体；反过来也一样，这样区分的理由是什么？两分法的症结在于，必然会以保全一方为主体而牺牲另一方为客体，最终必然导致所有人物沦为客体，因为客体才是稳定的可供研究的对象。破除主客两分法，就是要破除主体中心观念，在现象学上还原到相遇这个元点上，相遇是什么？与其说相遇是一个事实，不如说相遇是一种活动，是人与人、人与物面对面之后的一系列刺激与反应。说它是一种活动而不是事实，是因为它是不稳定的、时刻处于变化之中的，因为刺激和反应都不是定量的。人与世界的相遇产生文明，人与舞台的相遇产生戏剧。在这个意义上，马丁·艾思林的"剧院是检验人类在特定情境下的行为的实验室"才能真正建立起来。

图1

从图1中我们可知，人物与人物相遇，便产生戏剧；一个人物在刺激，另一个人物在反应，便产生戏剧情境。戏剧编剧的创作不是从情境开始，而是从相遇开始，从第一个人遇到第二个人开始。一个人物来到舞台上，他不是一张白纸，灯光一照，他便有反应，他以身体做出反应：看到一座小屋和屋后的山林，他会有知觉，以他的习惯进行知觉；听见小溪的潺潺声和山鸟的鸣叫，他的记忆会被唤醒，他带着满腹的故事、欲望和想法上场。

现在我们可以总结如下：（1）所有的戏剧都有情境，将情境上升到戏剧本体的高度有充足理由；但情境不会自动生成，情境产生于相遇：人与人的相遇，人与物的相遇。（2）单个的要素无法构成情境，所谓情境就是一种关系，一个要素与另一个要素在偶然和必然中获得的联系。（3）刺激与反应是各要素的基本联系方式，刺激有无目的都会导致反应，或顺应，或抵抗，或无动于衷，都是一种反应，反应者的态度和程度揭示了刺激与反应各自的立场和程度。（4）在所有要素中，人是其中最重要最活跃的，物（道具）本身不能产生情境，情境一定是人处身其中，是他的生命意志在对象化的过程中一次外溢。所以，相遇是戏剧的基础，情境是相遇的结果。

（作者单位：武汉大学艺术系）

略谈"先学无情后学戏" ①

马晓霓

有一句民间俗语总能引起人们的兴趣和思考，这就是曾经流传在江、浙一带的"先学无情后学戏"。钱锺书先生对此俗语曾作过如此说明："我所见到这句话的最早书面记载，是嘉庆二十一年（1816）刻本缪艮辑《文章游戏》二编卷一汤春生《集杭州俗语诗》，又卷八汤诰《杭州俗语集对》。这句'俗语'绝不限于杭州，我小时候在无锡、苏州也曾听到。"②在清代学者梁章钜等人编著的《楹联丛话全编·巧对录》卷之八亦有相关记载："汤诰所集《俗语对句》，皆杭州时谚，他方人不能尽知。浙人见之，无不首肯者。今择其熟于人口而稍雅驯者若干条，以资谈助，数百年后，未必不为故实也。如：……先学无情后学戏；只愁发迹不愁贫。……"③

可能很少有人意识到，这句至简的俗语却蕴涵着戏剧表演至深的道理，促使我们对中国戏曲的艺术精髓进行更加全面的考量。钱锺书先生就对此加以肯定和激赏，认为："作为理论上的发现，那句俗语并不下于狄德罗的文章。"④那么，这句俗语究竟揭示了戏剧表演的哪些内在要求？而且，这句俗语对我们探讨和理解中国戏曲的表演理论有哪些深刻的启示？本文打算从综合表演艺术的界限出发，来初步探讨这些问题。

---

① 本文系国家教育部人文社会科学研究青年基金项目《南音与昆曲关系研究》（12YJC760060）、福建省教育厅 A 类社会科学研究新世纪重点项目《南音套曲源流考论》（JA14231S）阶段性成果。

② 钱锺书：《读〈拉奥孔〉》，见《七缀集》，生活·读书·新知三联书店 2002 年版，第 57 页。

③ （清）梁章钜等编著，白化文、李鼎霞点校：《楹联丛话全编·巧对录》（卷之八），北京出版社 1996 年版，第 412～413 页。

④ 钱锺书：《读〈拉奥孔〉》，见《七缀集》，生活·读书·新知三联书店 2002 年版，第 35 页。

一

尽管前辈学者对戏曲有多种不同的定义，但就其最基本的艺术特征而言，王国维先生定义的"以歌舞演故事"仍最简洁准确，中国戏曲正是戏、歌、舞深度综合的表演艺术。中国戏曲与西方戏剧虽然存在种种差异，但就其剧场性"扮演"的代言体特征来看，均归入"戏剧"之列当无疑义。为了进一步凸显中国传统戏曲作为"戏剧"的这些天然基因，笔者打算首先从"大戏剧"的视野对此初步探讨(侧重于从戏剧和电影的艺术界限切入)。①

虽然同为综合表演艺术，戏剧和电影的艺术界限却非常明显，二者首先在艺术传播方式上就存在极大不同。西方著名的艺术理论家鲁道夫·爱因汉姆(Rudolf Arnheim，今译鲁道夫·阿恩海姆，本书遵从原书名)在《电影作为艺术》(1932年出版)中就从观赏方位的不同探讨了戏剧和电影的先天性差异："舞台和生活的仅有差别是缺少第四面墙、交换布景和人物用舞台语言讲话，而电影和生活的差别则要大得多。我们必须设想电影观众是从摄影机的方位进行观察的，因此它们的位置是不断改变的。可是在剧场里看戏的人同舞台之间的距离却是永远固定的。"②

在本书中，爱因汉姆还进一步探讨了戏剧与电影艺术在视知觉方面的巨大反差及其蕴涵的理论意义："电影艺术家(却)拥有一个非舞台所能想望的重要手段：他能选择他同拍摄对象之间的距离。在剧场里，观众同舞台面之间的距离是不变的，因此，事件和物体只有在一定的体积界限之内才能表现出来。例如，除了靠近舞台的观众以外，大多数观众就看不见细致的面部表情。事实上，要不是视力特别强或是借助于观剧镜(缺点是它会使舞台上的形象失真)，即使是坐在第一排的观众也只能看到舞台演出的一小部分而已。""观众同舞台之间的固定的距离使观众不能不永远'根据体积'来衡量舞台上的各种道具和动作，确定何者在美感上是最重要的。所以从可见形象的角度来说，演员的活动、服装和布景等的交换，只能取得很有限的效果。电影在这方面的可能性却

---

① 近些年来，电影、电视剧等后起的艺术门类被周华斌等学者统统归入"大戏剧"的范畴。笔者在该文中对此观点予以认同和采纳。

② [德]鲁道夫·爱因汉姆：《电影作为艺术》，邵牧君译，中国电影出版社2003年版，第22页。

大得多了，而更重要的是，它还能变换注意的焦点。"①

透过爱因汉姆的这些精辟论述我们还不难窥见：从综合艺术表演的角度来看，戏剧演员和戏剧观众的在场性和互动性，使戏剧表演者通过舞台演出来不断锤炼艺术作品完全成为可能，而电影表演者则没有这样的先天优势。科林伍德对此一语道破："在文艺复兴时期的剧院里，一方面是作者与演员之间的合作，另一方面是艺术家与观众之间的合作，这种合作是一种有活力的现实，在电影院里却不可能有这种合作。"②本雅明(Walter Benjamin)在《机械复制时代的艺术作品》(1936 年完成，1963 年出版)这部划时代的艺术学论著中也有类似的论述："肯定地说，舞台演员所作出的艺术成就，对观众来说是由演员用其自身形象得到体现的；与之相反，电影演员所作出的艺术成就，对观众来说则是由某种机械来体现的。""电影演员由于不是本人亲自向观众展现他的表演，因而，他就失去了舞台演员所具有的在表演中使他的成就适应观众的可能。"③从这个角度看，影视艺术天生是一门"遗憾的艺术"，对于一部已经拍摄"完成"并投放市场的影视作品，影视演员永远无法根据观众的现场反应来"修改"自己的表演。戏剧演员则幸运得多，他却可以根据与现场观众的心灵互动对自己的表演加以调整和磨砺，使之不断完善。众所周知，乾嘉年间的折子戏之所以取得辉煌的艺术成就，就正是戏曲艺人在舞台演出中不断锤炼、精心打磨的结果。

关于与"先学无情后学戏"直接相关的话题(实际上涉及戏剧演员和电影演员在实际"表演"中是否能够"进入角色"的问题)，本雅明也曾结合艺术实践进行过精彩论证："登台表演的演员进入到了角色中，而电影演员则往往做不到。他的成就并不是一个统于一体的成就，而是由众多的单个成就组成的。……没有比这一点更清楚地表明艺术已脱离了'徒有其表'的境界，而这一境界一直被视为艺术于其中发展的唯一境界。"④究其原因：与戏剧相比，电

---

① ［德］鲁道夫·爱因汉姆：《电影作为艺术》，邵牧君译，中国电影出版社 2003 年版，第 63 页。

② ［英］罗宾·乔治·科林伍德：《艺术原理》，王至元、陈华中译，中国社会科学出版社 1985 年版，第 330 页。

③ ［德］瓦尔特·本雅明：《机械复制时代的艺术作品》，王才勇译，中国城市出版社 2002 年版，第 101~102 页。

④ ［德］瓦尔特·本雅明：《机械复制时代的艺术作品》，王才勇译，中国城市出版社 2002 年版，第 105~106 页。

影艺术的"关键之处更在于演员是在机械面前自我表演，而不是在观众面前为人表演"①。

透过以上讨论我们不难认为：由于电影演员面对机械的表演是由一系列被分割的部分组成的，并不是一个连贯的过程，所以其表演就无法真正进入角色之中。反之，戏剧演员由于在舞台上直接面对观众，连贯地表演一个相对完整的故事，所以在表演时就很容易"进入"角色之中，并深刻体会角色感情发展的连贯过程。这与"先学无情后学戏"之表演法则有无根本矛盾呢？我们以下不妨结合相关文献对此进一步考察。

二

在真实的戏剧表演中，与上述"登台表演的演员进入角色中"的理论"自相矛盾"却又相反相成的现象却是：演员只有始终保持内心的平静，才能更加传神地表现角色的喜怒哀乐。狄德罗《关于戏剧演员的诡论》一文就曾论证了这一点（"诡论"一词准确透露了在戏剧表演中真实存在的这一"矛盾"），而这与民间俗语"先学无情后学戏"在理论精神上并无不同。试看钱锺书先生就对此发表的精彩议论：

> ……前些时，我们的文艺理论家对狄德罗的《关于戏剧演员的诡论》发生兴趣，大写文章讨论。这个"诡论"的要旨是：演员必须自己内心冷静，才能惟妙惟肖地体现所扮角色的热烈情感，他先得学会不"动于中"，才能把角色的喜怒哀乐生动地"形于外"（c'est le manque absolu de sensibilitié qui prépare les acteurs sublimes）；譬如逼真表演剧中人的狂怒时（jouer bien la fureur），演员自己绝不认真冒火发疯（être furieux）。其实在十八世纪欧洲，这并非狄德罗一家之言，而且堂·吉诃德老早一语道破："喜剧里最聪明（la más discreta）的角色是傻乎乎的小丑（el bobo），因为扮演傻角的决不是个傻子（simple）。"正如扮演狂怒的角色的决不是暴怒发狂的人。中国古代民间的大众智慧也觉察那个道理，简括为七字谚语："先学无情后学戏。"狄德罗的理论使我们回过头来，对这句中国老话刮目相

---

① ［德］瓦尔特·本雅明：《机械复制时代的艺术作品》，王才勇译，中国城市出版社2002年版，第103页。

看，认识到它的深厚的义蕴；同时，这句中国老话也仿佛在十万八千里外给狄德罗以声援，我们因而认识到他那理论不是一个洋人的偏见和诡辩。这种回过头来另眼相看，正是黑格尔一再讲的认识过程的重要转折点：对习惯事物增进了理解，由"识"（bekannt）转而为"知"（erkannt），从旧相识进而成真相知。我敢说，作为理论上的发现，那句俗语并不下于狄德罗的文章。①

如前文论及，钱锺书先生所提到的这七字谚语，曾流行于乾嘉以来的江、浙一带，而这些地方正是昆剧折子戏演出最为集中的江南繁华地，这说明此谚语之理论精髓早已深入民间，成为艺人们约定俗成的表演法则，这展示了乾嘉年间折子戏表演技艺炉火纯青的一个侧面。在当时的戏班中，"先学无情后学戏"说不定还是艺人们的"口头禅"呢，否则嘉庆二十一年（1816）刻本缪艮辑《文章游戏》二编中就不会出现这句话了。也正因为"先学无情后学戏"之类的审美认知和教育传统，中国戏曲演员在感情上不会也不必过分投入，即使在表达最极端感情时也是如此。诚如邹元江先生所言："中国戏曲即便是在情感的表达上也是极其复杂化、程式化的。这种复杂化的目的恰恰不是使情感的表达直接、强烈，而是一种间离，冷静地使情感的表达富有审美形式的意味。"②在英国的戏剧教育传统中，类似的做法也并不鲜见，从约瑟夫·格雷夫斯当年接受的教育来看，"极端强调硬功夫。它总是要求学生费很大的力气，在发音准确度、口齿清晰度、音调高低这些纯技术层面，做到彻底的完美无缺。相反感情的刻意流露，则被绝对禁止"。在他导演的莎士比亚戏剧《李尔王》中，格雷夫斯（扮李尔王）的表演最突出之处，是"始终在技巧层面保持高度的完美，包括肢体动作、面部表情、发音、语调的高低起伏，都是那么恰到好处，既无懈可击，又点到即止。他尤其不刻意表露感情，只让感情从纯技巧的层面自然流出"③。英国人济慈也提出过"消极能力说"（"negative capability"）④，主张演

---

① 钱锺书：《读〈拉奥孔〉》，见《七缀集》，生活·读书·新知三联书店 2002 年版，第 34~35 页。

② 邹元江：《从梅兰芳对〈游园惊梦〉的解读看其对昆曲审美趣味的偏离》，载《戏剧》2010 年第 4 期。

③ 陈广琛：《"先学无情后学戏"——记北京大学外国戏剧与电影研究所艺术总监约瑟夫·格雷夫斯》，http：//www.pku-hall.com/WYPPZZ.aspx? id=250.

④ John Keats. Letter to George and Thomas Keats, dated Sunday, 22 December 1817, from The Complete Poetical Works of John Keats, ed. Horace Elisha Scudder, Boston：Riverside Press，1899，p. 277.

员必须先将自身主体性"掏空"，才能客观地诠释对象的情感。

在明清戏曲传统中，"先学无情后学戏"与演员对生活的深入观察相辅相成。而演员对生活的观察乃至体验，实际上就是为了使自己塑造的人物，不论从外在形象还是内在气质上具备"神似"。在中国古代演剧史上，这样的例子十分多见。试举例分析(明)侯方域《壮悔堂文集》(五)之《马伶传》记载的一条著名史料：

> 金陵为明之留都，(中略)梨园以技鸣者，无论数十辈。而其最者二：曰兴化部，曰华林部。一日，新安贾合两部为大会，遍徵金陵之贵客、文人，与夫妖姬、静女，莫不毕集。列兴化于东肆，华林于西肆，两肆皆奏《鸣凤》，所谓椒山先生者。迫半奏，引商刻羽，抗坠疾徐，并称善也。当两相国论河套，西肆之为严嵩相国者曰李伶，东肆则马伶。坐客乃西顾而叹，或大呼命酒，或移坐更近之，首不复东。未几更进，则东肆不复能终曲。询其故，盖马伶耻出李伶下，已易衣遁矣！(中略)且三年，而马伶归，遍告其故侣。请于新安贾曰："今日幸为开讌，招前日宾客，愿共华林部更奏《鸣凤》，奉一日欢。"既奏，已而论河套，马伶复为严嵩相国以出。李伶忽失声，匍匐前，称"弟子"。兴化部遂凌出华林部远甚。其夜，华林部过马伶曰："子，天下之善技也！然无以易李伶。李伶之为严相国，至矣！子又安从授之，而掩其上哉？"马伶曰："固然，天下无以易李伶，李伶即又不肯授我。我闻今相国昆山顾秉谦者、严相国俦也。我走京师，求为其门卒三年，日侍昆山相国于朝房，察其举止，聆其语言，久乃得之，此吾之所为师也。"华林部相与罗拜而去。①

这是戏曲演员深入生活考察"艺术原型"，从而在演出中取得极大成功的典型例证。正如侯方域所赞赏："异哉！马伶之自得师也。夫其以李伶为绝技，无所于求，乃走事某，见某，犹之见分宜也。以分宜教分宜，安得不工哉！鸣呼！耻其技之不若，而去数千里，为卒三年。倘三年犹不得，即犹不归尔。其志如此，技之工又须问耶？"②任二北先生在考察这条资料时也发出类似的赞誉："马伶为此，乃神奇其师法，穷极钻研，终于完成戏剧中之'活严

---

① 任二北：《优语集》，上海文艺出版社 1981 年版，第 166~167 页。
② 任二北：《优语集》，上海文艺出版社 1981 年版，第 167 页。

嵩'，用以在戏台上大伸诛伐，已可贵矣！"同时对晚明戏曲表演"师法造化"的普遍性加以考察："清胡介祉'侯朝宗公子传'谓侯父恂'蓄家乐，务使穷态极工，致令小童随侍入朝班，审谛诸大老贤奸忠佞之状，一切效之排场，取神似逼真，以为笑噱'。足见明末优伶取师，每每如此，乃一广大法门，不仅马伶为然。"①

不难看到，深度观察生活和体验生活同样是明清一些戏曲演员提高演技、把握角色的重要途径。这在清代乾隆年间出现的舞台本选集《缀白裘》、《审音鉴古录》等重要文献中也得到印证。

通行本《缀白裘》选入的《四节记·嫖院》，完全由当年扮演嫖客贾志诚的丑行演员随口改易而来，与原本曲文几乎没有关系，书中这样提示："是出游戏打浑（诨），原无定准，不拘丑付，听其所长。说白小曲，亦可随口改易。"②后面还特意说明："此出乃苏郡名公口授，纯用吴音土语，借用白字甚多。恐不顺口，故每句另加点断。"均暗示前辈艺人的独特创造。再比如通行本《缀白裘》选入的《红梅记·算命》，前面这样提示："此齣无曲文，只仗科白，净、丑须要一口扬州话为妙。"③俨然被昆曲演员改造为一出以扬州方言为特色的丑行科诨戏了。再来看《绣襦记·教歌》的舞台提示："此齣丑用苏白，净用扬州白"④强调"苏州阿大"（丑扮）和"扬州阿二"（净扮）的天然声口。在"无丑不成戏"的清代昆班中，艺人们如果没有对生活的深入观察和积极体验，又怎能将这些戏码表演得妙趣横生呢？

再比如道光十四年(1834)王继善补辑本《审音鉴古录》在《西厢记·佳期》之后，对小生的表演还提出如下要求："《西厢·佳期》中小生之曲删削甚多，所存两三句曲白必须从容婉转、摹拟入神，方不落市井。气月之起落，亦要检

---

① 任二北此处还特意从"近人失名《梨园丛话》（一九一四年、《游戏杂志》一七期）"中收辑到一条这样的资料：光绪中叶，京师某名丑终日"与下流相徵逐"，并深入"博场、妓馆"等处"观察社会之状态及习尚"，二三月后登场，终于使"四座莫不击掌叹赏"。任二北指出："其事与侯方域所记马伶事略同。"（任二北：《优语集》，上海文艺出版社1981年版，第168页）

② （清）乾隆三十九年(1774)夏镌、宝仁堂增辑《缀白裘补编十二集》之"古集"，木刻本。书中标"补订时尚昆腔缀白裘十二编"。

③ （清）乾隆四十六年(1781)新镌、共赏斋藏板《重订缀白裘七集》卷一，木刻本。

④ （清）乾隆三十七年(1772)新镌、金阊宝仁堂梓行《缀白裘新集十编》之"地集"，木刻本。书中标"新订时调缀白裘十编"。该集所选《绣襦记》中的"乐驿、当巾、教歌"等三出，演述郑元和逐渐沦为乞丐的过程。

点分明，大抵须分别出东西斜正方妥也。"①可见，即使已被删削甚多的"小生之曲"，演员在表演中也应"从容婉转、摹拟入神，方不落市井"，进一步凸显了《佳期》舞台表演之"虚实相合"的审美追求。这样一来，既使观众产生"隔了一层"的审美体验，又遥相呼应《北西厢》的"剧诗"精神。

所以，"先学无情后学戏"更强调的是演员在艺术创作中既可"入乎其内"又可"出乎其外"的从容和主动，这也正是布洛所谓"美是距离"说在艺术创作中的曲折体现。"无情"绝不是"无知"，戏曲艺人先学"无情"正是为了在后学"戏"时酝酿和积聚天才般的创造力，使自己得以在艺术创作中从容把握莱辛在《拉奥孔》中反复论证的那"富于包孕的一刻"。深入生活但不拘泥于生活，"进入"角色但又与角色保持"审美距离"的戏、歌、舞综合化表演，正是古代戏曲艺人留给我们最为深邃的艺术表演智慧。或许约瑟夫·格雷夫斯的看法更能帮助读者理解到这一点："中国演员普遍善于使用肢体语言，而且具有强烈的抒情效果。他们的每个动作都有具体明确的表达目的，绝非空洞的姿态。这在传统戏曲中尤为明显。""中国人似乎是要刻意避免露骨的感情表达；他们通过这些繁复的程式，想要表现经过高度提炼的生活，及其中的感情。"②

（作者单位：泉州师范学院南音学院）

---

① （清）道光十四年王继善补辑本《审音鉴古录》，见王秋桂主编：《善本戏曲丛刊》（第五辑）之《审音鉴古录》影印本，台湾学生书局 1987 年版，第 663 页。

② 陈广琛：《"先学无情后学戏"——记北京大学外国戏剧与电影研究所艺术总监约瑟夫·格雷夫斯》，http：//www. pku-hall. com/WYPPZZ. aspx？id＝250。

跨越与限度：话剧导演"跨界"创作的困惑

库慧君

目前，在中国戏剧界，话剧导演介入传统戏曲的舞台创作似乎已经成为普遍现象。其"介入"的方式基本可分为两种：一种是话剧导演在话剧创作中借鉴戏曲的舞台表达手段，在作品中拼贴入戏曲元素。比如，林兆华在话剧《老舍五则》的《兔》一则中便让一位在京剧"唱"、"念"、"做"上颇有功底的票友来扮演剧中的男旦"小陈"；王晓鹰在其新作《理查三世》里专门邀请了中国国家京剧院的三位演员出演剧中的部分角色。他们在剧中也将最能凸显其自身应工行当特征的一系列程序作了较为充分的展示。① 二是话剧导演直接执导戏曲作品。如田沁鑫曾与江苏省昆剧院合作排演了昆曲《1699 桃花扇》；王延松应韩再芬之邀导演了黄梅戏《徽州往事》。其实，对于话剧导演而言，无论他们以何种方式涉足于戏曲之中，对于戏曲根本审美特性的理解与把握无疑将构成他们展开艺术创作的基本前提。

然而，学界对于话剧导演的戏曲"跨界"创作这一现象的讨论却存在着极大争议。总的来说，关于此种创作行为的评价路向大致有二：有研究者乐观地认为话剧导演"'客串'来执导戏曲，对戏曲大有益处"②。栾冠桦在《戏曲现状之思考》一文中将话剧导演介入戏曲创作对后者发展的有利之处概括为三点：首先，话剧导演"敢于'犯规'、敢于创新"，他们"可以一定程度地冲破长期沉

---

① 这三位京剧演员分别是：张鑫、徐孟珂和蔡景超。有报导称："国话版《理查三世》在表演上融合了中国戏曲的元素，使这出古典的英国话剧充满了中国的古典美。例如，在第一幕第二场，安夫人的独白改成了京剧唱段。简单的独白因柔美的皮黄而改变，使得角色看起来更加符合情境——悲伤、愤懑、无助。再比如剧中第一幕第四场，两个杀手前去伦敦塔杀死克莱伦斯。原剧本中两个杀手登台非常简单，但这里导演借用京剧《三岔口》中的经典片段穿插其中。"参见 Y. 李先生：《中国"理查"的英国之行——记中国国家话剧院〈理查三世〉在英上演》，载《中国戏剧》2012 年第 6 期。

② 茹辛：《谈话剧导演排戏曲》，载《中国戏剧》1988 年第 8 期。

积于戏曲界的心理定势"；其次，话剧导演将"比较科学的导演方法与步骤"引入了戏曲创作中；再次，话剧导演将新的表演技巧、造型手段和艺术手法带入到戏曲作品编排中，这"既丰富了戏曲的表现手段，又缩短了戏曲与现代的距离"。① 另有一部分评论者对话剧导演涉入戏曲的创作行为极为反感。他们批评道，"似乎话剧导演可以凭他们的才华、经验和名气，为传统戏曲赢得更多的观众"，然而，"话剧导演大多不懂戏曲，他们介入戏曲，造成了对戏曲的'粗暴颠覆'"。② 这两种评价路向的价值指向是完全相反的。而这却恰恰表明，学界对于涉入戏曲领域中的话剧导演是否清楚地认识、掌握了传统戏曲的戏剧美学特质表示出了质疑，同时，研究者之间对戏曲之为"戏曲"的审美本性的理解也存在着极大的分野。

那么，戏曲的审美内在规定性究竟何为？话剧导演在跨行涉入戏曲创作过程中，是否尊重了戏曲的艺术特性，遵循了其特殊的创作规律？本文将以对话剧导演王延松的"跨界"创作的追踪与考察为契机，来对上述问题作出回应。

一、"界"的限制

既然学界与戏剧界心照不宣地将话剧导演在其本领域的艺术实践中吸纳传统戏曲的表现手法，或直接涉入戏曲舞台创作的行为通称为"跨界"创作，那么，这表明人们已经意识到在话剧这种"舶"来的戏剧样式与中国传统戏曲之间存在着明晰的"界"。而这里的"界"也即不同戏剧样式的内在审美规定性。关于不同戏剧样式的呈现样态与审美思维方式的"界线"问题，斯坦尼斯拉夫斯基曾在《论戏剧艺术中的各种流派》一文中作了区分与论述。其中，他尤其对"表现艺术"与"体验艺术"在创作目的和呈现形态上的差异性加以了全面而详尽的比较与阐述。

从创作目的上说，"体验艺术"以"在舞台上创造活生生的人的精神生活，并通过富于艺术性的舞台形式反映这种生活"为己任。③ 这里的所谓"活生生的人的精神生活"是如何被"创造"的呢？斯坦尼坚信，"天性"的指引在"创

---

① 栾冠桦：《戏曲现状之思考》，载《四川戏剧》1989 年第 1 期。
② 张立行：《话剧导演大多不懂戏曲———些戏曲专家撰文认为他们的介入是对戏曲的"粗暴颠覆"》，载《文汇报》，2006 年 9 月 8 日。
③ ［苏］斯坦尼斯拉夫斯基：《斯坦尼斯拉夫斯基全集》第六卷，郑雪来、姜丽、孙维善译，中国电影出版社 1986 年版，第 79 页。

造"中起了决定作用。关于"天性",他如是说:

> ……只有当演员了解并且感觉到,他的内部和外部生活是循着人的天性的全部规律,在舞台上,在周围条件之下自然而然地正常进行着的时候,下意识的深邃的隐秘角落才会谨慎地显露出来,从中流露出我们并不是随时都能理解得到的情感。这种情感在短时间内,或者在较长的时间内控制着我们,把我们带到某种内心力量指示它去的地方。我们不晓得这种力量是什么,也不知道怎样去研究它,就用我们演员行话干脆把它叫做"天性"。①

由此可知,斯坦尼意义上的"天性"一词可以被阐释为是特定境遇下人内在心理情状及外部行为发展的一般规律。具体到角色创造中,演员必须先厘清其所饰演角色的心理变化线索与思维方式的逻辑层次,继而以此为依据设计出一系列能恰切地表现出人物内心微妙波动的戏剧行动方案。而从演员对角色心理发展历程及其特殊思维模式的寻摸、熟悉与推敲,到他们确定展示角色复杂内心世界的最佳方案的过程也正是演员"体验"角色、渐渐与角色合而为一的过程。从这个维度上说,"体验"既是创作方法,也是创作本身。依照此思路,斯坦尼所认为的"富于艺术性的舞台形式"的建构无疑要以对规定情境中人的精神意识加以最真实而细致地摹写为基础。因此,他不但要求舞美设计务必精确地复制出作品舞台提示中所涉及的场景与道具,更强调演员应放弃"表演"、放弃"做戏",而真正成为剧作中的"那个人"。

"表现艺术"的创作目的与"体验艺术"大相径庭。斯坦尼斯拉夫斯基将前者也称为"第二种流派"。他说,"按照第二种流派的见解,应该比朴素的天性本身更好、更美,它应该纠正生活,并使它变得雅致。在剧场中需要的不是真正的生活本身及其实际的真实,而是使这种生活理想化的美丽的舞台程序"②。显然,"表现艺术"并非是以在舞台上真实地再现生活中的事件为目的的艺术形态。其美学追求可被表述为是以一系列经过组合与化合的程序为媒介来展示比真实生活更"美"、更"雅致"的生活情态。中国戏曲无疑分属于斯坦尼意义

---

① [苏]玛·阿·弗烈齐阿诺娃:《斯坦尼斯拉夫斯基体系精华》,史敏徒等译,中国电影出版社 2008 年版,第 131 页。

② [苏]斯坦尼斯拉夫斯基:《斯坦尼斯拉夫斯基全集》第六卷,郑雪来、姜丽、孙维善译,中国电影出版社 1986 年版,第 69 页。

上的"表现艺术"。它并不着意于在舞台上通过铺陈一个穿插着"陡转"与"突变"的戏剧事件，或者塑造一系列有着丰富内心世界与复杂性格的人物形象来展示"人的精神生活"的某种普遍性样态，抑或揭示某种具普适性意义的在世经验。它更为偏重的是，让演员在一个被事先给定的、结局早已"真相大白"的情节框架下，用各自所应工行当的程序化的歌舞形式来表现这一毫无悬念的故事。

就呈现形态而言，"体验艺术"无论是在对戏剧事件的展述上，还是在对戏剧事件发生环境与氛围的设定与营造（舞美设计）上都务求逼真。这里的"逼真"不仅是指呈现在"体验艺术"的舞台上的布景、服装、道具等诸多细节都与历史事实或演出当时的现实生活相符，还指事件发生、演进顺序，戏剧人物性格、心理变化的过程符合一般认知逻辑。关于前者，斯坦尼在他所排演的《沙皇费尔多》中似乎已经做到极致，恰如斯泰恩在《现代戏剧理论与实践》所记载的：

> 1889年莫斯科艺术剧院……首演的是A.托尔斯泰那出杂乱无章的历史剧《沙皇费尔多》……为了在舞台上真实地重现旧日沙俄的生活，包括饮食及风俗，衣着及珠宝饰物，当时的武器及家具以及其他所有一切，结果剧团全体人员出动，去博物馆、修道院、宫殿、市场和集市上参观。于是，舞台上展现在观众眼前的是和克里姆林宫中的房间、大教堂、雅乌扎河上的桥和桥下的驳船等等一模一样的东西。①

这段表述从一个侧面反映出，斯坦尼的艺术创作态度十分严谨。他要求每一位戏剧创作者在舞台上对现实最精确地加以复现。而斯坦尼拉夫斯基之所以如此追求对现实世界复刻的精准性的重要原因在于，他试图在舞台上制造"幻觉"，也即是让观众相信他们在剧场中看到的一切是真实发生过的。关于后者，斯坦尼拉夫斯基强调戏剧事件的发生、发展、结束，以及人物性格、心理状态的演进必须在"最高任务"、"最高行动意志"的统摄下展开。要言之，他所极其强调的正是戏剧艺术表现的"整一性"。而"整一性"是西方戏剧最重要的美学原则之一。亚里士多德对此曾论述道："整一性的行动"内部要"严密到

---

① ［英］J. L. 斯泰恩：《现代戏剧理论与实践》（1），刘国彬等译，中国戏剧出版社2002年版，第102~103页。

这样一种程度，以致若是挪动或删减其中的任何一部分就会使整体松裂脱节。"①简言之，"整一性"是指戏剧事件的发生、发展和完结务求严格地按照逻辑顺序推进。除此之外，亚里士多德又补充道："作为一个整体，悲剧必须包括如下六个决定其性质的成分，即情节、性格、言语、思想、戏景和唱段。"②其中，"情节"是"成分中最重要的"，"性格"的重要性虽次之，但是由于"思想和性格乃是行动的两个自然动因"，故而剧中人物"性格"的变化走向也就应当和"情节"的发展方向具有逻辑上的一致性。在此种意义上说，斯坦尼拉夫斯基的"体验艺术"接续了古希腊戏剧的部分传统。他甚至在实践中对"整一性"加以了更进一步地限制——他所希求的不仅是在舞台上铺展一个具有"起承转合"性质的完整故事，或者是展示特定环境、特殊际遇之中的人的精神情感及人格嬗变的全过程，他更要求舞台叙事的过程中，演员的表演，舞台灯光、道具设计，音乐的运用都在规定情境中达到协调一致，实现具有"整一性"的艺术表达。

中国传统戏曲的舞台呈现形态恰恰是非"整一性"的。就舞台设计而言，传统戏曲以"净幔"或者绘(绣)有抽象图案的"幔"为舞台背景，舞台场景布置大多也只用"一桌二椅"，而并非根据所搬演剧码中涉及的年代、规定情境而特制出的写实性质的景片和道具。简言之，戏曲舞台的布景是"中性的"，它与剧情相间离，因此，也就不负责在舞台上搭建起话剧意义上的"规定情境"。③ 是故，在传统戏曲舞台上，时空的迁换处理极为自由。演员通过一系列程序组合的呈现、唱段与念白的展示，以及眼神的传递便能让观众意象性地感受到某种景物的存在。比如，在《牡丹亭·游园》一折中，"杜丽娘"在后花园偶遇"柳梦梅"。后者欲约请前者去"那搭儿讲话"。如何去往柳生所说的"那搭儿"呢？虽然不同的艺人在演至此处时对某些细节的处理方式略有不同，但是他们却大多遵循着同一个基本套路，即：饰演"柳梦梅"的生行演员一边演唱着"转过芍药栏前，紧靠着湖山石边"，一边欲搭或者已经搭上饰演"杜丽

① ［古希腊］亚里士多德：《诗学》，陈中梅译，商务印书馆1996年版，第78页。
② ［古希腊］亚里士多德：《诗学》，陈中梅译，商务印书馆1996年版，第64页。
③ 有意味的是，在程砚秋出访欧洲，与导演兑勒和莱茵赫特谈及中国戏曲舞台上"净幔"的运用时，后者表示出极大的兴趣。他们认为，"中国如果采用欧洲的布景以改良戏剧，无异于饮毒酒自杀，因为布景正是欧洲的缺点"，即使"要用布景，也只可用中立性的"。具体参考程砚秋：《程砚秋赴欧洲考察戏曲音乐报告书》，见《程砚秋戏剧文集》，华艺出版社2010年版，第71页。

娘"的正旦演员的手，一边"圆场"一周，又在舞台中场停住。这个"停住"也即意味着目的地的到达。而戏曲观众也从未因为看不见实在的"芍药栏"、"湖山石"等景致而抱怨。相反，他们似乎十分享受用自己的想象力来填充"净幔"所留出的想象空间，调动自身的感受力来领会与构想演员的身段与唱词所暗示的戏剧场面的过程。质言之，传统戏曲舞台的"景"并非是坐实于外在的对象上的，而是将艺人的身段、唱腔作为媒介，以一种意象化的方式被展现的。同样，戏曲舞台上"桌"、"椅"的日常功用性也被消解了。一方面，"桌围"和"椅披"的使用使它们区别于现实生活中的家具；另一方面，"桌"、"椅"的组合摆置方式亦被赋予了划定演员的表演场域，暗示演员的舞台表现方式的功能。如在《四郎探母·坐宫》一折中，椅子就被摆放成"八字"样式。据齐如山考证，"八字椅"乃是"靠正场桌两角，摆两椅"，"凡平行的两人说话，则如此摆法"①。而此折戏中的"铁镜公主"与其"驸马"不但身份平行，而且二者的唱段分配也相对平均。因此，该戏的基本呈现路数便是：两位演员各坐一椅子，作"交谈"状来完成对唱；又如在《三岔口》一出中，舞台中央仅摆放了一张桌子（"正场桌"）。武丑（饰演"刘利华"）与武生（饰演"任堂惠"）的"钻桌"、"飞腿下桌"的特技表演皆是借助于桌子完成的。从这个意义上说，此"桌"摆设的最主要功能是充当演员展示绝技的平台。

除此之外，中国传统戏曲的非"整一性"还体现在情节的间断性上。所谓"间断性"乃是指戏剧事件的讲述是可以被随时打断、中止的。戏曲演员的表演不受剧情完整性的限制，他们能随时中断对于某个事件的演述而展示一段与戏剧事件发展毫无关联的独绝技艺。即使艺人所亮出的绝活儿在某种程度上确实能将置身于某种情境中的角色情绪加以充分地表达——"甩发"、"投袖"恰能用来表现人物的惊恐、愤怒，但是这些技巧本身与故事情节的推进无甚关联，它们"只具有呈现、外化情绪、情感的符号意义"②。正是基于此，戏曲演员不可能担负起在舞台上塑造话剧意义上具有完整人格、复杂性格的人物形象的表演任务。他们与自己所饰演的角色之间始终处于相间离的关系之中，且不可能完全进入角色并与角色合而为一。

"体验艺术"与"表现艺术"之创作目的与呈现样态的不同直接导致了这二者在演员训练方式、剧目创作方式上亦存在着极大的差异性。对于参与"体验

---

① 见齐如山：《国剧艺术汇考》，辽宁教育出版社 2010 年版，第 469 页。

② 邹元江：《戏剧"怎是"讲演录》，湖北教育出版社 2007 年版，第 70 页。

艺术"创作的演员而言，他们除了研习"内心体验技术"，也即掌握如何激发自身"天性"的技能之外，还需要学习"舞台体现技术"。后者将"声音、吐词、造型、节奏感"的训练作为重要内容。① 有意味的是，斯坦尼拉夫斯基将"体操、轻捷武术、舞蹈及其他"等项目也归入"舞台体现技术"的训练计划。他无疑希望借助于"表现艺术"的部分元素练习来提升演员身体的表现力。然而，他却又怀疑"滥用"表现艺术中的造型或许会造成某种"危险"。② 比如，在提到芭蕾舞课程的学习时，斯坦尼拉夫斯基认为，尽管芭蕾舞中的手势是优美的，但是"我们……不需要这种沿着外在的、表面的线运动的做作的姿势和剧场性的手势"。③ 因为，这些"外在的"、"做作"的姿态与手势无助于演员完成真实地展现出戏剧人物的精神生活的表演任务。同时，斯坦尼极其强调导演与演员、演员与演员之间的密切合作关系。他曾断言，"体验艺术具有最好的和最有力的创作手段，因为它是与创作天性本身，亦即与最高的艺术创造力量和最完善的艺术创造者密切合作的情况下进行创作的"④。具体而言，导演在正式进入剧目的排演之前，必须对剧本加以深入而细致地研读。继而，他需将自己对文本的终极理解在为演员厘清故事情节发展的基本走向以及人物性格、心理变化的基本脉络的过程中清晰地传达之，还需在排练过程中为处于某种规定情境中的角色设计舞台动作和调度方案。而演员在充分理解了导演的创作意图的基础上，仍需配合才可能最终完全实现导演意图。

与"体验艺术"极有限而单一的演员训练方法相较，中国传统戏曲的演员训练内容似乎要丰富得多，同时也要繁难得多。戏曲演员所要掌握的全套技能被统称为"四功五法"⑤。正如程砚秋所言，"凡是作为一个戏曲演员，他就应

---

① ［苏］斯坦尼斯拉夫斯基：《斯坦尼斯拉夫斯基全集》（2），郑雪来等译，中央编译出版社2011年版，第5页。

② ［苏］斯坦尼斯拉夫斯基：《斯坦尼斯拉夫斯基全集》（3），郑雪来等译，中央编译出版社2011年版，第6页。

③ ［苏］斯坦尼斯拉夫斯基：《斯坦尼斯拉夫斯基全集》（3），郑雪来等译，中央编译出版社2011年版，第6~7页。

④ ［苏］斯坦尼斯拉夫斯基：《斯坦尼斯拉夫斯基全集》（6），郑雪来等译，中央编译出版社2011年版，第60页。

⑤ 程砚秋在《戏曲表演艺术的基础——"四功五法"》一文中将传统戏曲的基本舞台表现手法，也即"四功五法"表述为"唱、念、做、打"和"口法、手法、眼法、身法、步法"。见傅谨：《艺术学经典文献导读书系·戏曲卷》，北京师范大学出版社2013年版，第223页。

该掌握这套技术……这是戏曲艺术的特殊手段，没有这种手段，仅凭着内心体验和一个人的生活经验，是上不了戏曲舞台的"①。事实上，对于大多数职业戏曲艺人来说，他们早在幼年时期便已经开始接受极为艰苦而历时漫长"四功五法"的训练了。需要说明的是，虽然不同行当在表现"喜、怒、哀、乐"等各种情绪以及站、坐、卧、行等诸多情态时各有一套程序（"套子"），但是构成各行当特定套路的基本元素，诸如发声吐字法、指法、步法（圆场、台步）、身段形体动作等却大同小异。是故，这些基础性的功法无疑是所有行当应工的演员所必须熟练掌握的。它们也由此被规定为戏曲演员"幼功"，或者说"童子功"训练的重要内容。"幼功"的训练对于每一个戏曲艺人而言都十分必要，且意义重大。它不但最大限度地锻炼了艺人身体的柔韧性、协调性，更让艺人的肌肉逐渐形成某种记忆，以至于使他们在今后的每一次程序技艺的演示中，均能将每个极富审美形式感的姿态、造型加以最精确地展示。从这个意义上说，传统戏曲的演员训练的根本目的正是在于使演员的身体出离于日常的生活状态，而使之高度地技艺化、技能化。

基于此，在以中国传统戏曲为代表的"表现艺术"中，演员之间、演员与"导演"之间的合作关系远不如"体验艺术"中的那么密切。戏曲的剧目创编过程被称为"攒"戏，意即拼凑。可见，戏曲作品编撰者的创作重心并未放在对戏剧情节的精心编织，以及对人物性格的着力捏塑上。他们更为关注的是，如何在一个故事框架下将不同行当的演员相搭配，并以演员对于自身所应工行当程序（唱功、做工等）掌握的熟练程度、完成程度为参考，为他们设计出一系列与其身体表现能力相适合的程序组合与化合的动作，且让他们在一系列程序套路中充分展示其行当的特殊声腔及程序特技。由此也就不难理解，为什么有着丰富舞台经验的戏曲演员在正式演出之前是无需排练的——他们不但对戏曲舞台的基本展演路数已经了然于心，而且他们对自身所怀揣的"绝活儿"的完美展示有着充分地自信。②

通过以上诸多论述，不难看出，"体验艺术"与以中国传统戏曲为代表的"表现艺术"无论是在审美思维方式上，还是在舞台展演形式上都存在着极大

---

① 转引自傅谨：《艺术学经典文献导读书系·戏曲卷》，北京师范大学出版社 2013年版，第 223 页。

② 程砚秋说："我们排一个戏，只在胡乱排一两次，至多三次，大家就说不会砸了，于是乎便上演，也居然就招座"。程砚秋：《程砚秋赴欧洲考察戏曲音乐报告书》，见《程砚秋戏剧文集》，华艺出版社 2010 年版，第 65 页。

的差异性。这种"差异性"又使这两种戏剧样态各具其局限性与独特性。因此，所谓"跨界"创作行为本身实际上正是要弥合不同戏剧样式之间的差异性，突破各自的"局限性"，而这也将不可避免地消解了它们的"独特性"。由此，我们也不得不对"跨界"创作加以再反思——"界"到底能不能"跨"？如果答案是肯定的，那么"界"又该如何"跨"？

二、跨"界"的困境

20世纪80年代初，王延松凭借着优异的成绩被上海戏剧学院导演专业录取。尽管他所专攻的是"导演"技术，但是其舞台表演能力却曾被"深谙斯坦尼斯拉夫斯基体系真髓"的专家所肯定，并"赞扬"他的表演是"正宗体验派"。①在上海戏剧学院求学期间，王延松无疑对斯坦尼拉夫斯基的表演、导演理论表示出极强的认同感，而在其日后的舞台实践中，他也自觉或者不自觉地将之加以了运用。然而，他的导演思维方式却未囿于斯坦尼导演艺术表达定势之中。他拥有极强的剧本解读能力与舞台构型能力，这一点在他对于中外戏剧经典作品所进行的再阐释以及对其可能的舞台样式加以再探索的过程中被充分显现。从2006年到2008年，王延松先后完成了对曹禺的《原野》《雷雨》和《日出》的重新解读与展演。其中，他所排演的《原野》备受学界与戏剧界的关注。

客观地说，曹禺的《原野》是一部极"难"被搬上舞台的作品。曹禺本人也曾坦言，"对于一个普通的专业剧团来说，演《雷雨》会获得成功，演《日出》会轰动，演《原野》会失败，因为太难演了"②。《原野》的搬演之"难"主要体现在两个方面：其一，该剧主题意蕴是非明晰化、非确定性的。这使将"现实主义"创作方法奉为圭臬的导演者难以将它的思想内容附会到"革命的"、"启蒙的"社会主导思潮之上；其二，此剧中的人物是类型化的，情节线索亦非常单一，且舞台时空的跨度较大。这就让导演们无法将他们所惯用的、在舞台上真实"再现"剧中情境的创作思维模式套用在对此剧舞台样式的创造中。是故，《原野》成为曹禺早年作品中被评价最低，同时也被搬演最少的一部也就不足为奇了。而在王延松看来，《原野》的思想内蕴不能被坐实为"农民复仇"。他从此剧中领受到的是生活在"原野"上的人所陷入的人性困境，他将之表述为

---

① 王延松：《戏剧解读与心灵图像》，上海人民出版社2010年版，第11页。
② 田本相、张婧：《曹禺年谱》，南开大学出版社1985年版，第43页。

"是生之仇恨，是死之恐惧，是永恒欲望的试探，是不死灵魂的捆绑"，是"仇恨的不可避免"。① 按照这个思路，原著中被认为是最难呈现的第四幕的"黑森林"无疑是青年曹禺对这种人类心灵绝境的意象化表达。由此，王延松敏锐地意识到，如果"按照现实主义的方法展开想象"，很快便会"发现此路不通"，因此，他用了"新招儿"——九个"黄土烧结的古陶"来帮助他完成"舞台叙事"。② 在舞台上，"古陶"既充当着检场人、歌队游离于剧情内外，也充当了诸如门、座椅和衣架之类的道具。尤其在第四幕中，王延松还让"古陶"举起树根、变幻阵列，并借此将"黑森林"形象化了。

除了对"古陶类形象"的灵活运用之外，王延松仅用两条长凳就"把第二幕戏完整地调度了下来"③。比如，第二幕第一场里，王延松设计了长凳的"三打三扶"："焦母"用铁拐杖不断"打"翻长凳，每一次的"打翻"都意味着对"大星"的进一步逼迫。这种"逼迫"不只是催促他去报复妻子的背叛，更是意在激发出他人性中"狠"，并让他凭借这种强势与决绝来赢得作为男人的尊严。"焦大星"不断地"扶"起长凳。每一次"扶起"时，他的心情更为复杂：当他被母亲告知妻子不忠时，他备感惊怒和羞辱并决意要用极端的方式去惩罚妻子；同时，他对母亲的言辞将信将疑，加之对妻子有着深深依恋，他不愿也不忍去伤害妻子。从这个意义上说，他所"扶起"的不仅是"长凳"，而是唤回自己的"判断力"以及面对现实的勇气、解决问题的魄力。可见，在这场戏中，"打"和"扶"的交替形成了某种特殊的舞台行动节奏，它化外的恰是人物内在心理、情绪渐变的节奏。

王延松在《原野》舞台形式的再创造中完全依循着自己独特的艺术感觉，将自身在《原野》中所观照到的审美意象用一系列极具个性化的舞台语汇加以了最为恰切的表达。尽管在话剧作品呈现样式的创造上，他已经不再局限于在

---

① 王延松：《戏剧解读与心灵图像》，上海人民出版社 2010 年版，第 68 页。

② 王延松说："我认为'黑森林'到第三幕才出现似乎晚了。我要让这种'黑森林'的象征力量一开始就出现。我的方法是：用'古陶类形象'替换'黑森林'。我要用'古陶类形象'开场，要用'古陶类形象'贯穿，并在新的叙事方法中游刃有余……我用'黄土烧结的古陶'解读曹禺创作《原野》的情怀，我要把故事变一个演法，想传达什么呢？在我看来，原野上的人一出现就够'恶'的，以致令人不安到最后。令人震惊的不是仇恨本身，而是仇恨的不可避免！"见王延松：《戏剧的限度与张力——新解读〈曹禺三部曲〉》，中国社会科学出版社 2014 年版，第 12 页。

③ 王延松：《戏剧的限度与张力——新解读〈曹禺三部曲〉》，中国社会科学出版社 2014 年版，第 59 页。

舞台上逼真而精微地复制出戏剧作品中的情景，但是他依然着意于展示"活生生的人的精神生活"。故而，他强调演员须得精准地把握角色内心情感的变化，并以此为前提，使自身在舞台上保持"松弛"的状态，从而让表演尽可能地生活化。曾在王延松版《原野》中饰演"金子"的臧倩曾在回顾自己的排练经历时写道："'松到底才能演到位'是导演在我们排练中反复强调的。就是说，在舞台上你只有'松'下来了你才能将细腻的小感觉表演出来，表现到位，你才能真正在舞台上去感受、去体验你的对手和场上所发生的一切……但'松'不等于'懈'。'松'是为了能让你塑造的人物形象非常透彻，非常鲜亮地从你的心里走出来。"①通过这段表述，不难理解，王延松意义上的"松弛"不仅是一种自然化的表演状态，更是一种表演方法。"松"也即意味着"悬置"演员的日常状态，甚至是已形成惯性的演剧经验。惟其如此，他们才能真正进入角色的精神世界，体验角色的喜怒哀乐，并进而寻摸到最适宜于自身所饰演的角色的语调与姿态，且以自身为媒介来将之加以一一展示。

通过以上案例的解析可知，王延松深谙话剧艺术创作的个中三昧。对于话剧创编规律的深谙一方面让他在话剧创作领域中游刃有余，使自己作品不但拥有新颖而极富审美意味的形式，更是承载着自身对于人之在世体验的思考与悟解；另一方面，这也似乎让他的思维形成了某种定势，以至于在介入到戏曲舞台实践中时，他依然秉持着话剧式的创造观念与方法。与大多数话剧导演的戏曲"跨界"创作活动的展开方式类似，王延松的"跨行"导演实践也是由执导地方戏(小剧种)作品开始的。

2012 年，王延松与韩再芬合作制作出了黄梅戏《徽州往事》②。该剧一经上演便在学界和戏剧界引发了一场的讨论。然而，几乎所有参与讨论的研究者、评论者都形成了一种共识，即：王延松利用话剧表现手法来改善《徽州往事》表演形式的创造性做法，虽然增强了该剧的戏剧性，使该剧中主要人物的

---

① 臧倩：《表演艺术走向成熟从观念解放开始——谈饰演金子的体会》，载《中国戏剧》2006 年第 11 期。

② 有研究者对《徽州往事》公演时的票房状况作了这样的统计："《徽州往事》是继《徽州女人》之后创作的'徽州'系列的第二部作品，自 2012 年底首演以来，曾演出于香港、广州、深圳、南京、苏州、合肥等多个城市，累计演出近百场，票房总收入两千多万。在当前戏曲市场相对低迷的情况下，该剧取得了相当可观的经济收益，其市场运作称得上一个突破。此次进京演出同样取得了令人满意的效果，市场运作之功亦不容小觑。"参见张之薇：《黄梅戏原创剧目〈徽州往事〉学术研讨会综述》，载《戏曲研究》2014 年第三十一辑，第 332 页。

形象更加鲜明，同时还在舞台上营造出了"浓郁的徽州文化"氛围，但是这一切却是以弱化黄梅戏的音乐与唱腔特征为代价的。因此，有学者毫不客气地批评道，"剧中一些话剧导演手法的运用略显突兀"，"从黄梅戏到黄梅音乐剧似乎越来越远离黄梅戏的本质"。① 其言外之意也就是《徽州往事》并不是一部严格意义上的黄梅戏作品，它只是黄梅戏的某种变体。尽管该论者未对"黄梅音乐剧"这一概念作出严格地界定，也未从内在审美规定性的维度上将之与"黄梅戏"作出区分，但是"黄梅音乐剧"这一语词本身却让我们不得不更进一步反思"黄梅戏"作为"戏"的本质特性究竟何为？

事实上，"黄梅戏"作为特殊戏曲样式，与昆曲、京剧等剧种相较，其"戏曲化"程度并不高。"戏曲化"是以演员的行当化表演为核心内容的。与行当化表演相对应的是一整套独特的程序。程序不但包括念唱方式以及节奏的规定、身段姿态的呈现、特殊艺术技巧的展示，甚至还包括了分属于不同行当的人物的行头和妆容的设定。而"黄梅戏"的最初表演形态乃是"独脚（角）戏"、"二小戏"、"三小戏"。20世纪30年代以后，一批艺人参照着徽调、京剧的行当划分方法逐渐将黄梅戏的行当加以细化，并将这些剧种中各行当的部分程序化表达手段移植到黄梅戏中。② 尽管如此，黄梅戏本身不甚苛求演员程序完成的规范性。在20世纪五六十年代，黄梅戏剧目《天仙配》《女驸马》及《牛郎织女》等相继被拍成电影并在全国范围内公映；到了80年代，诸如《双莲记》《郑小姣》《七仙女与董永》等多部黄梅戏作品被摄制成电视连续剧且被投放到电视荧幕上。至此，电影和电视成为黄梅戏传播的重要媒介。虽然，电影和电视等传播手段的介入在客观上使黄梅戏拥有了更多的受众，但是其制作目的与方法却

① 张之薇：《黄梅戏原创剧目〈徽州往事〉学术研讨会综述》，载《戏曲研究》2014年第三十一辑，第333页。

② 有研究者认为："黄梅戏脚色行当的体制是在'二小戏'、'三小戏'的基础上发展起来的，搬演整本大戏以后，脚色行当才逐渐发展"成正旦、正生、小旦、小生、小丑、老旦、奶生、花脸诸行。辛亥革命时期，脚色行当分工被归纳为：上四脚、下四脚……民国十九年（1930年）以后，黄梅戏班社常与徽、京班社合班，根据演出剧目需要，又出现了刀马旦、武二花行当，但未固定下来。当时的黄梅戏班社多系半职业性质，一般只有三打、七唱、箱上（管理服装、道具）、箱下（管烧茶做饭）十二人，行当搭配基本上是：正旦、正生、小旦、小生、小丑、老旦、花脸七行。由于班社演员少，演整本大戏时，要求一个演员扮演几个角色，行当的界限常常被打破，因此在黄梅戏的演出中，戏内角色虽有行当规范，但演员却没有严格分行。"参见王长安：《黄梅戏志》，中国戏剧出版社2006年版，第124~125页。

逐渐转改了黄梅戏的表演方式，也即，它们要求演员更进一步弱化行当化、程序化表演，而将话剧化的、体验式的表演方式杂糅入戏曲呈现之中。这也构成黄梅戏不拒斥非戏曲化创作手段的介入的根本原因。

基于此，当王延松依然按照话剧导演的工作思路与方法来建构黄梅戏《徽州往事》的舞台呈现样式时，他并未感到任何来自于黄梅戏这种戏曲样态本身的拒斥感。而担纲该剧主演的韩再芬早在 2004 年便在由王延松所执导的话剧《白门柳》中出演"柳如是"，她自然对话剧导演的思维模式和话语方式相当熟悉。具体到《徽州往事》的创作里，王延松将对于某种"人文关怀"的凸显设为"最高行动线"。故此，他设计了让女主角在结尾时出走的桥段。在他看来，"舒香出走，不仅是人物形象的终极刻画，也是一种戏剧思想的有意味的铺排。女主人公舒香在极其有限的生存境遇中，非要走出一条充满光明的心路来。舒香出走，因此具有形而上的意味，是《徽州往事》演出艺术完整的最终诉求"。要之，"舒香出走"的行动与导演所预设的"最高目的"无疑是相一致的。而王延松对剧中人物命运走向的设定，以及他对人物在世经验的体悟亦被主演韩再芬认同、领会，并落实在表演之中。

如果说，王延松在执导黄梅戏《徽州往事》的过程中还能保持得心应手的创作状态，那么当他着手搬演"东方扮演"《奥赛罗》时，却渐渐陷入某种困境之中。

三、"东方扮演"的陷阱

按照导演王延松自己的说法，他于 2010 年前就开始构思"东方扮演"《奥赛罗》的创作方案了。所谓"东方扮演"，其实并非一个严格的概念。它的内涵昧而不明，其外延也尚未被限定。它所指示出的似乎只是导演的某种创作意图，也即：他试图根据中国传统戏曲"立主脑、删枝蔓"的编剧原则来精简与重构莎士比亚《奥赛罗》的英文原著，尝试着运用传统戏曲的"念、做、打"等极具间离化意味的表达手段，兼而化用太极拳、太极剑的部分套路来呈现该作品。而在王延松看来，此种意义上的"东方扮演"却恰恰是使其所排演的《奥赛罗》无论是在创作思维向度上，还是在表现形态上，均能与以往的直接以戏曲形式展演莎士比亚剧作，或者在话剧形态的莎剧作品中拼贴入中国戏曲元素的舞台样式相区分的重要特质。而为了在舞台上实现《奥赛罗》的"东方扮演"形态，王延松做了大量的准备工作。

从剧目的选择上说，王延松之所以在莎士比亚诸多作品中选择《奥赛罗》作为搬演对象，是因为相较于莎士比亚其他作品而言，《奥赛罗》似乎先验地具有可被"东方扮演"化重构的形式因：其一，该剧情节发展线索较为清晰，其主要戏剧事件可被约为"一块手帕引发的悲剧"①；其二，该剧人物的性格较为鲜明且单一，因而也就适合于用脸谱化、类型化的方式来处理与表现。比如，"奥赛罗"的外表虽"威武高贵"，但是内心却敏感而善妒，由此，王延松选择用架子花脸的行当程序来展现之；"苔丝狄蒙娜"的姿容"英姿婀娜"，故此，青衣的程序化动作是最宜体现她的性格特征的；"伊阿古"的性情"成熟老辣"，是故，老生的基本程序动作恰能将他虚伪、精于世故又阴险的心理情状加以充分外化。② 就舞台文本的改编而言，王延松对莎士比亚的经典文本秉持着"只删改不篡改"的基本态度。③ 尽管他将原著中的五幕戏压缩成3幕戏，亦把原剧中的数十位出场人物精简到至6位，即"奥赛罗"、"苔丝狄蒙娜"、"伊阿古"、"艾米利娅"、"凯西奥"和"比恩卡"等，然而，经他缩编后的排演本中90％以上的词句依然出自《奥赛罗》英文原文。按照他的思路，此种文本处理方式无疑能最大限度地保留莎士比亚原作诗文语言本身的审美意味。在演员的挑选问题上，王延松将"是否有较强的英语表达能力"，甚至"是否能说较为纯正的英式英语"设为最重要的演员应选条件之一。在他看来，莎士比亚的剧作乃是用介于中古英语与现代英语之间的语言形态写成的，作品的字里行间皆蕴含着古英语音韵的独特美感。加之莎翁本人极擅用散文诗式的语言组织台词，这使得他的词句拥有了节奏感、韵律感。故此，王延松认为，唯有参与"东方扮演"《奥赛罗》创作演员具有较高的英语语言素养，才能将莎剧语言本有的韵味淋漓尽致地展示出来。也因此，当该剧的创编进程过半，所有演员已经将自己所饰演角色的台词烂熟于心时，他专门从英国莎士比亚环球剧院聘请了两名资深语言培训师来为演员讲解莎剧台词的轻重音处理方法以及其诗文节奏变化规律诸问题，并负责矫正演员在念诵英文台词时的口音。关于演员训练方案的制定，王延松一方面将对传统戏曲"四功五法"中"手"、"眼"、"身"、

---

① ［英］莎士比亚：《莎士比亚全集（增订本）》5，朱生豪等译，译林出版社1998年版，第406页。

② 另外，"艾米利娅"的性格被王延松概括为"热情憨厚"，他试图运用花旦、泼辣旦的行当程序来表现此人物；"凯西奥"的气质是"温文尔雅"，王延松设计用武小生的行当来表现之；"比恩卡"的性情玲珑乖巧，最适合用花旦、风骚旦的行当程序体现。

③ 王延松：《戏剧解读与心灵图像》，上海人民出版社2010年版，第68页。

"步"的基本规范动作的学习规定为参与"东方扮演"《奥赛罗》排练的演员之日常形体的训练重要内容；另一方面，他又为演员补充了现代舞基础训练等学习项目。他相信，前者能增强演员对肌肉的控制力，以及身体的协调能力，而后者则有助于锻炼演员身体的爆发力。① 而演员对自己肢体控制能力的提高，无疑对提升自身的舞台表现力大有好处。

从表面上看，王延松"东方扮演"《奥赛罗》的排演目的是明确的，排练内容设计也看似合理，创编进度的安排计划得颇为周密，但是，略加分析便不难窥见，他的创作观念本身就存在着相互龃龉之处。这就使得在具体创作中，他所构想的最有效的创作舞台手段往往难以落实，或者难以达到预期的审美效果。

在"东方扮演"《奥赛罗》展演方式的选择上，王延松一直试图在"体验式"表演方式与程序化表演形态之间寻求到平衡点。在导演工作组的创作讨论会上，王延松曾屡次强调，"东方扮演"《奥赛罗》的性质是"话剧"，传统戏曲的行当程序只是表现手段。其言外之意也即是，他依照话剧导演的工作程序来展开创作是理所当然的。在结束了为期两个月的形体训练课程之后，王延松组织演员"读剧本"。他将这一创作环节称为"坐排"。在话剧导演来看，"读剧本"的过程也正是帮助演员把握角色性格特征，并寻找最佳表演方案的过程。故而，此处的"读"不但意味着导演将极其细致地为每一位演员逐句解析台词所蕴涵的内在意味，提示演员在字句之中寻摸戏剧人物在规定情境中的特殊感受，更意味着帮助他们选择最合适的音调、语气、表情和姿态将彼时彼地人物心中最为微妙、细腻的心理变化加以熨帖地表达。以此为基础，在实际的排练过程中，王延松一再提醒演员切忌"表演台词"，即不要让舞台行动仅化为对台词的浅层注解，从而致使自己对人物的理解与塑造流于皮相。他希望演员在感受与体验角色精神、内心情状的过程中为每一个姿态与动作找到相应的心理依据，借此而使自身的表演显得层次分明，连贯而完整。

然而，令人困惑的是，作为一名有着丰富舞台创作实践经验的话剧导演，虽然王延松在"坐排"阶段已经精心设计好表演方案，且向演员详细告知了他的创作意图，可是，在实际排练中，演员却往往难以将之加以实现。比如，在排演该剧第一幕第三场时，这一问题便显得尤为突出。这场戏的大致内容是

---

① 根据 2014 年 3 月 21 日，王延松在"东方扮演"《奥赛罗》剧组建组会上的讲话录音整理。

"奥赛罗"向"元老院"的诸位高官陈述他与"苔丝狄蒙娜"相识、相爱、相结合的过程。饰演"奥赛罗"的演员是京剧演员出身，架子花脸应工。根据其应工行当的特点，王延松要求他以"起霸"的程序登场亮相。① 有意味的是，当演员演示了一整套"起霸"的"套子"之后，王延松却表示出了不满：一是演员在"起霸"中并未充分利用"坐排"工作的成果——"起霸"的路数虽能充分展示"奥赛罗"的"威武高贵"，但是"奥赛罗"复杂而细腻的心理活动却被忽略了；二是纯粹的行当程序化手段的介入使得演员的舞台表演不够"生活化"②，因此也就难以真正展现戏剧人物真实地精神状况。那么，如何解决这些问题呢？王延松认为，必须"化程序化"。关于"化程序化"的具体所指，王延松曾在某一次导演组工作会上说道：

> 这次排演的策略是在寻找程序化表现手段，是从程序化出发，最后完成化程序化的创作过程。从程序化出发，完成化程序化，即根据导演构思和文学的来龙去脉以及剧场性的表达方式进行化程序化的处理，最后变成角色的生命——调动人物情感，张扬人物性格。③

不难判断，王延松所说的"化程序化"的前提是找到能准确表现"导演构思"中规定情景里不同人物心理情状的行当程序动作，进而再根据话剧"剧场性的表达方式"的特殊性，也即人物情感表达的直接性、真实性的美学诉求来拆分这些程序，最后将经拆分而得到的程序元素融入话剧式的生活化的表演方法中。暂且不论王延松意义上的"化程序化"的手段是具有合理性和可操作性的。在将之作为一种创作手段而加以运用之前，似乎更应该追究的是高度戏曲

---

① "起霸"是一套京剧表演程序。它常被用作表现"武将出场的舞蹈之中"。起霸可分为"男霸"、"女霸"、"整霸"、"半霸"、"正霸"、"反霸"、"倒霸"、"单人起霸"、"双人起霸"、"多人起霸"、"蝴蝶霸"、"矮子霸"、"通用霸"、"专用霸"。在"东方扮演"《奥赛罗》中，饰演"奥赛罗"的演员展示的是一套"男霸"，即："男性人物（武老生、武生、武小生、武净）扎靠表演的起霸程序……包括准备动作，出场亮相，抬腿亮靴底，云手，踢腿，跨腿，整袖，正冠，紧甲，扎带，骑马蹲裆式，亮相转身，双提甲亮式，归位按拳亮式，念诗（单人起霸时，舞台上仅主将一人，可以念四句）或不念诗句，仅用唢呐吹奏《点绛唇》或《粉蝶儿》曲调中之一句。"见吴同宾、周亚勋：《京剧知识词典》（增订版），天津人民出版社 2007 年版，第 110~111 页。
② 根据 2015 年 4 月 8 日，本文作者与"东方扮演"《奥赛罗》演员访谈录音整理。
③ 根据 2014 年 5 月 8 日，王延松在"东方扮演"《奥赛罗》导演组会议的录音整理。

化剧种中的"程序"能不能"化"？是在何种意义上的"化"？正如有研究者曾指出的，戏曲艺术的存在方式是"充分形式化、程序化的，而这成熟的形式因的生成奠基于童子功的艰辛"。戏曲演员"最重要的表现能力"，"是如何站立在舞台上、旋转在舞台上的能力，也即戏曲演员首要的是充分形式化、程序化的表现力的问题"。① 而当戏曲演员已经获得了"形式化、程序化"的表现力，乃至在多年的舞台实践中将业已掌握的技艺练就得十分精湛，他们是能以自身的实际条件，也即对于技巧的完成程度为依据来重新选择程序元素并将之加以再组合，或者裁割某些既有的程序，将新的技艺糅入其中，从而熔炼出新的程序的。比如，盖叫天在《干元山》中出演"哪吒"。以往"哪吒"的表演以长枪套路的展示为主，"虽然手中有圈却无多大作用"。而盖叫天却创造了巧舞乾坤圈的技巧，从而使"哪吒"的表演更有可观赏性。② 可见，从审美形式因的创造意义向度上说，程序是可以被"化"的。

然而，按照王延松所理解的"化程序化"的思路，他在排练中则要求饰演"奥赛罗"的演员"起霸"出场时，内心要"体验"角色在即将面对"苔丝狄蒙娜"父亲的责难与"众元老"的质疑时坚定却又略带无奈的心理情状，外部表情上要相应地带出凝重的神色，甚至还要略略摇一摇头，再"起范儿"展示"起霸"。可是，当演员践行导演的构想时却发现，这组先"摇一摇头"再"起范儿"的舞台调度很难完成。用他自己的话说："我很难从'体验'的状态马上过渡到京剧里'起霸'时应有的状态。当我还沉浸在'奥赛罗'无奈的情绪中，我再试图完成'起霸'时，总是难以保持身体重心的平衡。"③"摇一摇头"的行动直接对应的是演员所体验到的"奥赛罗"复杂的心理活动，而"起霸"中的每一个程序元素却恰恰是非现实的对应性。京剧演员在完成这一"套子"时，往往需要保持相对冷静的头脑以确保每一个姿态、眼神的优美精准。无疑，对演员而言，"摇一摇头"这一写实性极强的动作与其后要展示的戏曲程序无论是在心理节

---

① 邹元江：《中西戏剧审美陌生化思维研究》，人民出版社 2009 年版，第 327~328页。

② 龚义江：《江南活武松盖叫天》，见中国人民政治协商会议上海市委员会文史资料委员会：《戏曲菁英》(上)，上海人民出版社 1989 年版，第 98 页。

③ 在"东方扮演"《奥赛罗》中饰演"奥赛罗"的演员曾在与笔者的对谈中提出："传统的'起霸'套路要求演员在'九龙口'亮(相)一下，再走第一步。导演让我在抬腿走第一步的同时环顾一下'元老院'的'元老'，然后再摇一摇头，接着再走，再摇头并开始说话——边摇头边说话。"原文根据 2015 年 5 月 28 日笔者与演员对谈录音整理。

奏上还是在身体行动的节奏上均无法同一。这也就难怪，演员在面对导演布置的这一舞台任务时感到十分为难。由此也就不难判断，导演王延松不是在程序的组合与化合意义上来谈论"化程序化"之"化"的，他所理解的"化"可被视为是对戏曲审美形式因的解构，他只是将戏曲的审美形式因作为表现某个特定故事的一种辅助手段。诚然，从话剧舞台形式探索的维度说，王延松的"化程序化"的尝试无可厚非，但是从舞台实际效果看，这种"化"却使作品在整体上既难显出话剧所应有的"整一性"的形式美感，于细处又难见出基于戏曲审美形式因的丰富的塑形意味。

此外，如何让莎士比亚散文诗体台词的节奏与传统戏曲程序化表现形式中演员身体律动的节奏相熨帖的问题，亦极难解决。众所周知，关于莎士比亚诗文的韵律规律问题是极为复杂的。有西方研究者曾简要地总结道："莎士比亚的英语中，最自然的韵律就是他最常用的抑扬格五步韵律（iambic pentameter）。"①如何理解"抑扬格五步韵律"呢？在英语的语音系统中，语音的韵律成分（prosodic features）包括重音、音长、停顿等。② 其中，重音"在英语诗歌的节奏表现方面起着根本性的作用"；英语诗歌"常常按重音和轻音交替出现的模式来安排节奏"。③ 而音步又是"由一定数目的重读音节（arsis 或 ictus）和非重读音节（thesis）按照一定的规则排列而成的"。其中重读音节被规定为英语音律中的"扬"，非重读音节则是音律中的"抑"。"扬"和"抑"的不同排练方式，也就构成了英语诗歌的格律。④ 据此可知，"抑扬格"也即是指一个音步由一个非重读音节与一个重读音节构成。⑤ 而"五步韵律"也就意味着，每一句诗行由五个音步组成。莎士比亚剧作的每一行诗文多由十个音节构成。这十个音节可以被划分为五组抑扬格音步。以"东方扮演"《奥赛罗》中的"元老院"一场为例，"奥赛罗"、"起霸"出场站定后，开始念诵台词。部分内容如下：

---

① Leslie Dunton-Downer, Alan Riding：《图说莎士比亚戏剧》，刘昊译，外语教学与研究出版社 2009 年版，第 73 页。

② 罗良功：《英诗概论》，武汉大学出版社 2002 年版，第 1 页。

③ 罗良功：《英诗概论》，武汉大学出版社 2002 年版，第 2 页。

④ 罗良功指出："依照每一音步中重读音节（扬）和非重读音节（抑）的排列方式，可以把音步分成不同种类，即格律。"罗良功：《英诗概论》，武汉大学出版社 2002 年版，第 15 页。

⑤ 罗良功：《英诗概论》，武汉大学出版社 2002 年版，第 16 页。

Most potent, grave, and reverend signiors,

My very noble and approved good masters;

That I have ta'en away this old man's daughter,

It is most true: true I have married her;①

……

根据"抑扬格"的念诵规律，第一行诗文的第一个音节"mo-st"是非重读音节，故而演员需将单词中的双元音"əu"作轻读处理，而第二个音节"po-tent"中的"ə"就应当被重读，以此类推。这组诗文的韵律正是在演员对于诗句中音节轻、重读的处理中被表现的。② 值得注意的是，有西方研究者曾提示道，"以自然的语调放声朗读"，便可"确认"莎士比亚台词的韵律形式。③ 据此可推知，这里将台词语调的自然化、生活化处理，很可能对应的是一种较为生活化的表演形态。或者说，在舞台演出中，演员没有刻意地在莎士比亚台词的节奏韵律与身体的律动节奏之间建立起一种必然关系。

中国传统戏曲的节奏规律问题要复杂得多。对于传统戏曲之"节奏"的考察至少需从三个方面展开，即：曲词节奏、音乐节奏（板式、锣鼓经）与程序动作节奏。曲词中的每一个"词"皆由声头、字腹、韵尾组成。在具体的唱念中，演员将这三部分处理成并出或者不并出，乃至于其中某一部分之节拍的长短究竟该如何把握，是以相应段落音乐板式为参考的；而锣鼓节奏又总是与演

---

① 摘自"东方扮演"《奥赛罗》舞台演出本，第 5 页。朱生豪将此四行诗文译为："威严无比，德高望重的各位大人，我的尊贵贤良的主人们，我把这位老人家的女儿带走了，这是完全真实的；我已经和她结了婚，这也是真的。"见［英］莎士比亚：《莎士比亚全集（增订本）》(5)，朱生豪等译，译林出版社 1998 年版，第 418 页。

② 需要说明的是，英文诗歌的格律和音律是个十分复杂的问题。正如学者罗良功所指出的："英诗的音乐性还表现在音韵上。音韵是通过重复使用相同或相近的音素而产生的。"常见的英文诗歌的音韵形式可被分为"行中韵"、"尾韵两大类。"行中韵"是指"诗行内通过重复使用相同或相近的音素而产生的"；"尾韵又称脚韵，是指诗行与诗行之间在行末的押韵。尾韵常常分为'完全韵'(perfect rhyme)和'不完全韵'(imperfect rhyme)两种"。而莎士比亚诗剧中的不少段落是套用的"素体诗"的格律，也即是说，它"以抑扬格五音步建行"，却可能无韵。由此而知，对于莎士比亚诗文作音韵分析的工作极为繁琐而复杂，本文限于篇幅便不再对引文作此音韵上的进一步探究。参见罗良功：《英诗概论》，武汉大学出版社 2002 年版，第 31~51 页。

③ Leslie Dunton-Downer, Alan Riding：《图说莎士比亚戏剧》，刘昊译，外语教学与研究出版社 2009 年版，第 73 页。

员所展示的程序的节奏相统一的。比如"急急风"演奏的节奏速度"比一般锣鼓点子快，多用于急促、紧张、激烈的情境，用以配合人物的上、下场及行路、战斗、厮打等动作"①；而"四击头"常用来配合"起霸"套路中的亮相。在"东方扮演"《奥赛罗》的排演中，王延松提出了"将莎士比亚诗文镶嵌入戏曲程序套路中"的构想。在"元老院"一场里，他便要求演员在"起霸"的过程中念诵台词，并让司鼓在演员念、做的过程中适时加入锣鼓点。这样的设计让演员与鼓师都十分困惑。对于前者而言，若按照传统的"起霸"路数，演员在程序展示过程中原本是无词可念的。所以，莎士比亚的诗文究竟该如何"镶嵌"在程序动作上——是边念边做，还是在套路中每一个亮相造型的节点上念诵部分诗文，他难作判断；对于后者来说，在通常情况下，鼓师是根据演员展示的特定的程序套子来选择与之相匹配的锣鼓牌子的。同时他在演奏时对节奏速度的把控是以演员肢体行动的速度为参照的。一旦在程序组合中嵌入台词，演员肢体的节奏相应地发生了变化，司鼓便难以把握插入锣鼓点的准确时机。尤其是当在语音的强弱交错之中见节奏的莎士比亚台词韵律与戏曲演员的程序节奏无法统一时，司鼓发现，锣鼓节奏与前二者更是难以契合。事实上，若要让这三者完全统一在一种艺术形式下，显然不是仅通过提升演员的语言能力就能实现的。

结　　论

事实上，王延松"东方扮演"《奥赛罗》的排练过程是极其艰难的。造成"艰难"的重要原因之一是参与创作的演职人员中的绝大多数是非职业演员，其中部分演员兼有教职。演员的非专业性一方面直接致使了他们在与职业话剧导演进行合作时，需要花费较长的时间才能进入导演的艺术创作语境；另一方面，他们难以保证充裕的排练时间，无法在单位时间之内有效地提升自身的表现力，由此也就极难在舞台上精准地实现导演的创作意图。这一点让王延松感到无奈而遗憾。然而，综观该剧的创作过程，不难发现，导致此次创作过程异常曲折的主要原因在于，导演自身对于西方话剧与中国戏曲在创作方式、呈现样态和审美思维向度上的差异性的理解尚存在可商榷的之处。尽管王延松的"跨

---

① 吴同宾、周亚勋：《京剧知识词典》(增订版)，天津人民出版社 2007 年版，第 21 页。

界"创作行为本身也可被视作是中国话剧工作者试图探寻西方话剧与中国戏曲戏剧思维方式的融合途径的一种大胆尝试，其探索性本身是较为难能可贵的，其敢于探索的精神令人钦佩。但是事实却证明，存在于不同戏剧形态之间的"界"是极难被打破的。所谓"界"也即是使不同戏剧形态能够成其为自身、显现自身的各自的内在审美规定性，"界"的存在让不同的戏剧样态各具有其独特性及局限性。将"界"加以模糊、突破的创作行为本身，实际上是以解构不同戏剧形式的审美特质为代价的。

因此，真正意义上的"跨界"创造或许既不是简单地将固有的创作思维模式套用在其他戏剧样式的创作实践中，也不是将取自于不同戏剧样态的元素加以组合与拼接，而是在承认各自戏剧审美特质差异性的前提下，寻摸到将它们加以有机融合的方式。这个寻摸的过程注定是艰辛而漫长的。

（作者单位：华中科技大学哲学学院）

论肉傀儡即布袋戏

黄李娜

　　"肉傀儡"在我国古代是与悬丝傀儡、杖头傀儡、水傀儡、药发傀儡①并行的一种傀儡戏(亦称木偶戏)种类,宋代记风土之书《都城纪胜》中"以小儿后生辈为之"短短八字大约是对肉傀儡的全部注解,宋代以降典籍中亦不复有该名称出现。对于谜一般的肉傀儡之表演形态,前辈时贤们曾作过充分大胆的猜测。

一、前辈时贤之观点

　　先辈时贤们对肉傀儡表演形态之揣度,其观点多达 14 种,笔者将之归纳分类后得出如下 6 种。

(一)"乘肩小儿说"

　　(1)孙楷第在《傀儡戏考原》一书中认为"以小儿后生辈为之"这八字甚为可贵,但过于简略无法见出其表演形态。所幸《梦粱录》和《武林旧事》中记载有"大人擎女童舞旋"及"有乘肩小女"等表演。于是得出:"故今日述肉傀儡扮演之状,无妨以擎女童之队舞为例。此等队舞利用小儿,既以大人擎之,则肉傀儡剧之以小儿后生为傀儡,揣情度理,自当以大人擎之也。"②
　　(2)常任侠在《中国傀儡戏皮影戏发展史话》中认同孙楷第提出的"乘肩小女"便是宋代肉傀儡的表演形式。并认为这种形式延续至现代社会就是赛会中的"肘哥"。肘哥是用两三个小儿扮成戏剧故事,撑以铁杆,大人用肩肘顶起,

---

　　① 药发傀儡是用火药点燃花树产生的类似于带有戏偶的烟花的效果,不属于戏剧形态。现在浙江温州泰顺、平阳等地依然可见。
　　② 孙楷第:《傀儡戏考原》,上杂出版社 1952 年版,第 52~54 页。

与杖头傀儡的"肘偶"相似，不过一是用真人，一是用木偶而已。到现代陕西和北川流行的一种"大木脑壳"，它的头部和身体，与真人相差不远，由幼童站在大人肩上与木脑壳角色同台，演出时多以真人充主角，木脑壳搭配，在清朝曾流行一时，当时称为"阴阳班"，这也还是宋代肉傀儡的遗存。①

（3）廖奔在《傀儡戏略史》中亦认同孙楷第的看法，认为肉傀儡是用真人来扮演的木偶，其表演方法是儿童骑在成人肩膀上演出。② 此后，廖奔与刘彦君合著的《中国戏曲发展史》中又重申了此观点。③

（4）胡颖在《非遗保护视阈中的永靖傩舞戏形态研究》中同意孙楷第的看法，认为小儿立大人肩就是一种肉傀儡，并认为肉傀儡的本质特征首先应该是真人扮演，其次是动作的傀儡化。并认为随着技艺的不断发展，宋代除小儿乘大人肩表演之外，还有不依托杖头、绳索的纯真人模仿木偶表演的肉傀儡形式。④

持这种观点的学者最多，他们的主要依据是《都城纪胜》"瓦舍众伎"条目中"肉傀儡"后之夹注"以小儿后生辈为之"八字。首先提出此观点的学者是孙楷第，其余学者从之。

(二)"双簧说"

（1）周贻白在《中国戏剧史长编》中对肉傀儡的判断并不确定，一方面他认为肉傀儡"以小儿后生辈为之"，则当为用"人"来扮作傀儡。于幕后另用人来念唱，则当与今之所谓"双簧"相似。另一方面他又说今日最小的傀儡"肩担戏"，北京称"耍苟利子"，泉州称"布袋戏"，若以手指舞弄而言，也许即所谓"肉傀儡"。不过，又与"小儿后生辈为之"一说不尽相符。⑤

（2）康保成在《佛教与中国傀儡戏的发展》一文中引用南宋僧人宗杲拈提沩山灵佑禅师的话："沩山晚年好，则极教得一棚肉傀儡，直是可爱，且作么生是可爱处？面面相看手脚动，争知话语在他人。"认为"争知话语在他人"者，

① 常任侠：《中国傀儡戏皮影戏发展史话》，见郭淑芬、常法韫、沈宁编：《常任侠文集》卷二，安徽教育出版社 2002 年版，第 522~523 页。

② 廖奔：《傀儡戏略史》，载《民族艺术》1996 年第 4 期。

③ 廖奔、刘彦君：《中国戏曲发展史》卷一，山西教育出版社 2000 年版，第 412~413 页。

④ 胡颖：《非遗保护视阈中的的永靖傩舞戏形态研究》，载《甘肃社会科学》2014 年第 1 期。

⑤ 周贻白：《中国戏剧史长编》，人民文学出版社 1960 年版，第 97~98 页。

正表明代替傀儡说话的人是不给观众看到的。故可推测,现在尚在流行的双簧,可能更接近"肉傀儡"的表演形式。①

持此种观点的学者依然是依据"小儿后生辈为之"这八个字,首先认为肉傀儡是用真人来扮演傀儡。其次推测幕后另有人来念唱,如此便与"双簧"相似。

(三)"虚无说"

任二北对肉傀儡的理解来自于对孙楷第观点的批判。孙楷第认为偶戏为人戏之祖,并推论由偶戏到人戏的转变,肉傀儡是个突破口。任二北在《驳我国戏剧出于傀儡戏、影戏说》一文中反对此观点,认为宋代的肉傀儡只发生在南宋,肉傀儡本身由小儿充任,张逢喜、张逢贵兄弟是小儿,并非指主持这一伎艺的技师。肉傀儡虽曾有过,但若指古肉傀儡曾经演戏,怕已是虚无,再发展其说为古成人曾以肉傀儡的身份来认真演戏,怕是第二重虚无了。②

(四)"假面戏曲说"

(1)王兆乾在《池州傩戏与成华本〈说唱词话〉——兼论肉傀儡》一文中根据傀儡戏所演内容("其话本或如杂剧,或如崖词")与傩戏演出内容相像,认为肉傀儡是一种以崖词、杂戏为脚本的假面戏曲,在宋代这种假面戏曲已经是宋杂剧的一部分,是综合了秦汉以来的驱傩歌舞和唐五代自西域传入的西凉伎、文康乐、苏幕遮、踏摇娘等假面杂戏和瓦舍伎艺发展而来。这种假面舞蹈至今仍保存在池州傩戏里,像"抱锣"、"舞判"等,为正戏前后的必演节目。③

(2)孙作云在《中国傀儡戏考》中根据肉傀儡的字面含义推敲其当系人妆傀儡。认为傀儡除去木人的傀儡以外,还有人妆的傀儡,这就是歌舞戏的引歌"郭郎"。又根据《乐府杂录》所载"凡戏场必在俳儿之首也"一句,认为后代剧场中每在唱正戏之前所演的跳假官,也是从"肉傀儡"孳生而出。④ 这与王兆

---

① 康保成:《佛教与中国傀儡戏的发展》,载《民族艺术》2003 年第 3 期。

② 任二北:《驳我国戏剧出于傀儡戏、影戏说》,载《戏剧论丛》1958 年第 1 期。

③ 王兆乾:《池州傩戏与成华本〈说唱词话〉——兼论肉傀儡》,见中国戏曲学会、山西师大戏曲文物研究所编:《中华戏曲第 6 辑》,山西人民出版社 1988 年版,第 156~161 页。

④ 孙作云:《中国傀儡戏考》,载《美术考古与民俗研究》,河南大学出版社 2003 年版,第 491~492 页。

乾的观点相似。

(五)"模拟傀儡说"

(1)叶明生在《古代肉傀儡形态的再探讨》一文中根据民间的手抄本郑得来撰的《连江里志》中提到的"有客以丝系僮子四肢,为肉头傀儡,观者以为不祥",认为所谓肉傀儡即肉头傀儡,其形态就是模仿提线傀儡戏的形态将小儿或后生的四肢系上绳子,提着做戏。然后以此为论点,引用其他材料论证肉傀儡系真人对提线傀儡的现实模仿。① 实际上,依然是以"小儿后生辈为之"为设想依据。

(2)刘琳琳在《肉傀儡辨》一文中同样依据郑得来的《连江里志》,得出将用绳子缚住小儿四肢模仿提线傀儡的表演乃肉傀儡的初期表演形态,发展到后来便脱离了丝的牵绊。于是最终得出肉傀儡由幼童装扮,模仿杖头、悬丝而来。其形态有两种,一种是大人将孩童托举于肩头以上,出于杖头傀儡;一种是小儿直接于台上作傀儡戏表演,出于悬丝傀儡。②

(3)曾永义在《中国历代偶戏考述》中写道:"细绎这五种傀儡戏,应该是以操作方法的异同命名。"接着细论悬丝傀儡、杖头傀儡、水傀儡及药发傀儡是如何用操作方法命名的。可是,说到肉傀儡时他认为:"至于'肉傀儡'为北宋汴京所未见,《都城纪胜》特别注明'以小儿后生辈为之'。"接着援引清雍正间仙游县人郑得来所纂《连江里志》中"蔡太师做寿日,优人献技,有客以丝系僮子四肢,为肉头傀儡戏,观者以为不祥"。认为,蔡京为北宋末福建兴化府仙游县人,若所记可信,北宋应已有肉傀儡存在。而其演出情况以丝系僮子四肢操作,则将僮子视作偶人,正说明了所以称作"肉傀儡"的缘故。为此,他在其论著《梨园戏之渊源形成及所蕴含之古乐古剧成分》中,引刘浩然之说,谓肉傀儡当如泉州小梨园之"提苏",意即以孩童模拟傀儡的动作演出。③ 此说亦深受"以小儿后生辈为之"之束缚。

(六)"布袋戏说"

(1)董每戡在《说"傀儡"》一文中首先指出肉傀儡是艺人用手指套着木偶

---

① 叶明生:《古代肉傀儡形态的再探讨》,载《中华戏曲》2009年第1期。

② 刘琳琳:《肉傀儡辨》,载《戏剧》2006年第2期。

③ 曾永义:《中国历代偶戏考述》,载《戏曲与偶戏》,台北"国家出版社"2013年版,第602~603页;曾永义:《戏曲源流新论》,文化艺术出版社2001年版,第173~176页。

头耍弄的一种傀儡戏，今福建省称为"布袋戏"的就是这一种，不仅我国有，苏联专家奥布拉兹卓夫也曾来我国表演过。但他又认为肉傀儡还有一种用小儿、后生辈装扮的形式，一种是小儿装扮传说故事或戏剧中的人物，被吊着或坐在"旱台阁"或"水台阁"的铁擎之上。另一种便是永嘉人管他叫"扮串客"，是后生（永嘉至今呼青、少年的口语仍然是"后生"）扮串各种戏剧中人物。①

（2）丁言支昭在《试论宋朝的肉傀儡》一文中从木偶戏的自身规定性和历史发展规律出发，认为肉傀儡当为布袋木偶较为合理。②

综观以上六种观点，实可归结为两类，一类是将肉傀儡认定为真人扮演的傀儡，如前述的"乘肩小儿说"、"双簧说"、"虚无说"、"假面戏曲说"、"模拟傀儡说"；一类是将肉傀儡认定为没有生命的木偶，如"布袋戏说"。认为肉傀儡是真人扮演傀儡的说法大抵是根据《都城纪胜》"肉傀儡"后的八字夹注"以小儿后生辈为之"展开关于肉傀儡表演形态的联想而得出的结论。"布袋戏说"则是从木偶戏的自身规定性和历史发展规律出发。由于丁文没有充分解释"以小儿后生辈为之"之意涵，因此她提出的肉傀儡即布袋戏的观点并没有得到学界更多的认同。本文的任务是在丁文的基础上加以更加明确、细致、详尽的论证，并试图解开"以小儿后生辈为之"之谜。

我们知道，当下布袋戏即是掌中戏，但细推之，二者之内涵与外延还是略有不同的。"掌中戏"强调的是表演形态，即用演师指掌操弄木偶的表演形式，如此，福建漳泉的"布袋戏"、福建福安的"幔帐戏"、福建福州的"串头戏"、浙江温州的"单档布袋戏"、江苏高邮御甲的"扁担戏"、河南蔡新的"扁担戏"（又称"五指木偶戏"）、四川成都的"被单戏"（又称"演木脑壳儿"）、北京的"耍苟利子"、广东高州的"鬼仔戏"③等都属于掌中戏范畴。布袋戏原初只是掌中戏众多俗名之一，它不包括幔帐戏、串头戏、单档布袋戏、扁担戏、被单戏、耍苟利子、鬼仔戏等，掌中戏的外延要比布袋戏宽泛得多。但是，福建漳泉地区的布袋戏自明清以来声名远播，清代中晚期传播至台湾后，经过几代著名演师的精湛传承和不断创意，布袋戏发展枝繁叶茂，无远弗届。至此，原为一隅之称的布袋戏与掌中戏同意。

---

① 董每戡：《说"傀儡"》，载《说剧》，人民文学出版社1983年版，第39~40页。

② 丁言昭：《试论宋朝的肉傀儡》，载《上海师范大学学报》1993年第1期。

③ 高州木偶戏又称"鬼仔戏"，现在高州鬼仔戏大部分是杖头木偶，但是布袋戏才是传统。现在很多艺人不会"打武"了，"打武"用的就是布袋戏。见倪彩霞：《访高州单人木偶戏艺术梁东兴》，载《中国木偶皮影》2013年第2期。

二、"偶性"之规定性

"规定性"是哲学术语,它是指对事物自身的限定,是决定此事物之所以为此事物的原因,以及同其他事物相区别的特性。木偶戏的基本规定性就是从宏观视角对木偶戏的特性做出限定,也就是木偶戏区别于其他戏剧艺术的最根本的特性。以此为据,木偶戏之基本特性应该理解为"偶性",即"非人性"。也就是说,但凡称为"木偶"或"傀儡"的,其首要条件是无生命的偶,而非有生命的人。福建高甲戏中有一角色称谓"傀儡丑"或者"布袋丑",即演员演出的身段动作是模仿傀儡戏或者布袋戏表演而来的。但是无论他们演得多么像傀儡,那也只不过是戏曲中的一个丑角而已。也就是说,哪怕真人把傀儡动作模仿得再逼真,那也还是真人而不能称其为傀儡。丁言昭在《试论宋朝的肉傀儡》一文中是这样强调"偶性"的,木偶在进入演出之前必须经历一个制作木偶的过程,对于观众而言,这个过程是遮蔽的,观众欣赏的只是舞台上木偶的拟人化表演。木偶戏表演必须由演师和木偶两种表演元素组成。"当众表演"的演员为木偶,其动作必须通过演师操纵才能完成。木偶戏表演之所以能上天入地、遁地潜水,除了"非人"的特性之外,还在于演师高超的操纵技艺。①

因此,所谓"木偶表演"就必须具备两个条件:首先,需要经历前期木偶制作的过程;其次,需要通过演师的操纵来实现舞台的效果,当众的演员是"非人性"的木偶。《都城纪胜》中记载着五类傀儡,悬丝傀儡、杖头傀儡、水傀儡、肉傀儡和药发傀儡。既然认定其余四种傀儡是无生命的木偶,那么,肉傀儡就应该和其他四种傀儡一样首先是"非人性"的,与真人无涉,即展现在舞台上的演员就是木偶本身。但凡木偶戏,舞台表演的演员永远都应该是没有生命的木偶,所不同的是木偶演师操纵木偶的方式会因木偶戏种类的不同而各有不同。与当下可见的木偶戏种类进行比对,悬丝傀儡是通过提线的方式来操纵木偶的;杖头傀儡是通过操弄扦子的方式来表演木偶的;水傀儡(现存在于越南)是通过水中的长杆操纵木偶的;药发傀儡是通过点燃火药的方式展现场景的。也就是说,演师与木偶之间是通过一种物质媒介实现对木偶的操纵的,悬丝傀儡为金线、杖头傀儡为扦子、水傀儡依靠水、药发傀儡依靠火药。那么"肉傀儡"可否理解成通过演师指掌操纵的方式来表演木偶呢?其物质媒介就

---

① 丁言昭:《试论宋朝的肉傀儡》,载《上海师范大学学报》1993 年第 1 期。

是演师的一双肉手。这样一来，肉傀儡自然也就是当今大名鼎鼎的"布袋戏"，或称"掌中戏"。假如以上推断可以成立的话，首先可以排除肉傀儡是小儿演员的可能性，以及成人演员的可能性。那么前述学者的"乘肩小儿说"、"双簧说"、"虚无说"、"假面戏曲说"、"模拟傀儡说"都是不成立的。但问题在于如何解释《都城纪胜》中肉傀儡后的"以小儿后生辈为之"八字夹注呢？

三、八字夹注之谜

从宋代典籍中可以看出，肉傀儡与其他种类的傀儡戏一样在宋代极其出色，并且同样有见诸笔墨的知名艺人，张逢喜和张逢贵。见《武林旧事》记载：

> [诸色伎艺人]：……傀儡（悬丝、杖头、药发、肉傀儡、水傀儡）：陈中喜、陈中贵、卢金线、郑荣喜、张金线、张小仆射（杖头）、刘小仆射（水傀儡）、张逢喜（肉傀儡）、刘贵、张逢贵（肉傀儡）。①

我们不禁疑问，如此成熟的肉傀儡艺术，为什么会在宋之后的年代里忽然消失呢？抑或在它之前的年代里毫无来由地腾空出世呢？显然这两种情况都不符合事物发展规律的。肉傀儡一定与悬丝傀儡、杖头傀儡、水傀儡、药发傀儡一样在宋之前已有所发展，在宋之后还存在于后世的年代里。上文通过木偶戏基本规定性的判定及比对当下傀儡戏的操纵方式，初步得出肉傀儡为布袋戏的结论。接着，让我们仔细阅读《都城纪胜》中关于傀儡戏的记载。

> [瓦舍众伎]：杂手艺皆有巧名……弄悬丝傀儡（起于陈平六奇解围）、杖头傀儡、水傀儡、肉傀儡（以小儿后生辈为之）。凡傀儡敷演烟粉灵怪故事、铁骑公案之类，其话本或如杂剧，或如崖词，大抵多虚少实，如巨

---

① （南宋）周密撰：《武林旧事》，卷六[诸色伎艺人]条目，载于（南宋）孟元老等著：《东京梦华录》（外四种），中国商业出版社 1982 年版，第 138 页。注：该书在第 130 页，"棋待诏"后夹注：此后从陈氏宝颜堂秘笈本参校。意味着"傀儡"之伎艺人也是参校陈氏宝颜堂秘笈本而来的。该书的夹注都以脚注的形式在该页下面出注，为阅读方面，笔者在引用时直接在文中用括号注出。另外，《武林旧事》（《钦定四库全书》影印本）[诸色伎艺人]条目中只列出"御前应制"、"御前画院"两类伎艺人，其余则不见记载。见《武林旧事》（《钦定四库全书》影印本），载于（宋）不著撰人：《都城纪胜》（外八种），上海古籍出版社 1993 年版，第 253~254 页。

灵神、朱姬大仙之类是也。①

孙楷第及学者们一致认为造成肉傀儡表演形态之谜的原因在于文献中对肉傀儡的记载过于简单，仅为短短八个字。但是，仅从记载的角度看，《都城纪胜》中对每一类傀儡的记载均很简略，只录名称不录表演形态，这也是古代辑录之人对"末道小技"一贯的态度。悬丝傀儡与肉傀儡相较于杖头傀儡和水傀儡已经详细些了，"悬丝傀儡"后夹注"起于陈平六奇解围"加以说明，"肉傀儡"后夹注"以小儿后生辈为之"加以诠释。我们对肉傀儡以外的四种傀儡的表演形态没有产生异议，主要原因在于这四种傀儡自宋代以来在名称上与如今我们所见的傀儡是一致的，我们看到它们今天的表演，就知道《都城纪胜》年代里它们的表演形态。而肉傀儡则不同，我们无法在宋代以后的文献中找到与其相同名称的记载，更无法在当今看到有与其相同名称的傀儡戏的表演，仅从名称而言，自然无法辨知肉傀儡在宋时的表演形态。让我们做个假设：假如悬丝傀儡名称与肉傀儡一样在宋代之后忽然消失了，那么我们是否能够根据《都城纪胜》中悬丝傀儡后面的夹注"起于陈平六奇解围"来揣度出悬丝傀儡的表演形态呢？显然是不能的，因为这个夹注只是附加说明了悬丝傀儡的历史起源，而不是附加说明表演形态的。同理，肉傀儡之后的夹注也未必是用来附加说明表演形态的，那么学者们为什么非要从肉傀儡后面的夹注"以小儿后生辈为之"中推导出肉傀儡的表演形态呢？以上"乘肩小儿说"、"双簧说"、"虚无说"、"假面戏曲说"、"模拟傀儡说"等，或多或少试图从"以小儿后生辈为之"这八字夹注中得出有关肉傀儡表演形态的信息，这种先入为主的观点必然将肉傀儡的研究带入迷途，极易将肉傀儡理所当然地理解为真人扮演之傀儡，主要是小儿扮演之傀儡。由此观点出发，也导致学者易于误读史料，造成更大的错误，本文最后将撷取两例加以澄清。

笔者通过对布袋戏历史发展脉络的梳理，认为肉傀儡是布袋戏在宋代时期的称谓。② 掌中傀儡自周成王时代（最晚不超过晋代）由西域传入之时就是以商业演出（如幻术一般的演出模式）的姿态呈现在中原观众眼前的。晋代王嘉

---

① （北宋）不著撰人：《都城纪胜》（《钦定四库全书》影印本）［瓦舍众伎］条目，《都城纪胜》（外八种），上海古籍出版社 1993 年版，第 590～599 页。原文无标点，为方便阅读，笔者根据其他版本另加标点。

② 关于布袋戏的历史发展脉络，笔者已另文专论，题为《布袋戏历史探源》，此处简略提及。

撰《拾遗记》中载："七年(引者按：周成王即政七年)。南陲之南，有扶娄之国。其人善能机巧变化……(于掌中)备百戏之乐①，宛转屈曲于指掌间。"②既为商演的艺术，就与有着浓郁宗教情怀的悬丝傀儡有所不同。为了吸引更多的观众前来观赏，演出地点通常会设在人口流动性较大的闹市区，傀儡造型一定更加可爱讨喜，在表演技艺上也会更加精进。如此一来，"乐府皆传此伎"，追随者众多，这其中一定会有为数不少的儿童追随者，当然这是猜测的。唐、宋年代只在敦煌壁画和南方铜镜中发现布袋戏的身影。唐敦煌壁画《弄雏》中是大人手拿掌中戏偶哄小儿玩耍状。③ 有说是杖头傀儡，这也无妨，最初的杖头傀儡与布袋傀儡一般大小，而且最初也是从布袋戏偶中发展过来的，即布袋戏偶中间直接插入竹棒即可。宋代铜镜背后铸有一群小孩儿在演杖头傀儡和布袋傀儡自娱自乐。④ 唐宋壁画和铜镜中所展现的场景都应该是老百姓生活中最寻常见的画面，这说明唐宋时期的布袋戏表演是很常见的一种演出活动，而且深受孩子们的喜欢。正因为孩子喜欢，才会有大人用布袋戏偶哄小儿嬉闹，也才会有一群孩子聚在一起模仿布袋戏的演出。现在幼儿园、小学的课堂教学活动也会使用布袋戏偶来作为辅助教具，这正说明布袋戏偶较之其他戏偶更易于制作和模仿操作。因此，笔者以为，唐宋时期布袋戏演出与其他种类木偶戏演出的最大不同点在于其演出后的社会效果，即使得"小儿后生辈模仿操弄之"。

写到这里，让我们再回头看看《都城纪胜》中肉傀儡后的"以小儿后生辈为之"这八字夹注，我们是否应该将其理解为"小儿后生辈模仿操弄之"？这是从演出后的社会效果层面来附加说明肉傀儡之特性的，而这大约也是肉傀儡与其他种类傀儡相比最突出的不同点了。纵观上述，笔者认为"肉傀儡即布袋戏"的论断是成立的。

---

① 此处齐治平注释曰：……《稗海》本作"或口吐人，于掌中备百戏之乐。"见(东晋)王嘉撰：(南朝梁)萧绮录，齐治平校注：《拾遗记》，中华书局1981年版，第53页注释三。笔者特意摘引《稗海》原句，更能分辨出是掌中戏之表演形式。

② (东晋)王嘉撰，(南朝梁)萧绮录，齐治平校注：《拾遗记》，中华书局1981年版，第53页。

③ 廖奔：《中国戏剧图史》，大象出版社2000年版，第529页；该壁画载于同书第147页。

④ 廖奔：《宋元戏曲文物与民俗》，文化艺术出版社1989年版，第72~73页。

四、对误读文献的澄清

前文说过，由于学者习惯性将探寻肉傀儡的表演形态限定在"以小儿后生辈为之"这八字夹注上，造成先入为主的偏见，从而造成了对文献的误读。由于叶明生在《中国肉傀儡形态的再探讨》一文中引用了几则以往较少见过的文献资料，但笔者发现其中存在史料误读情况，故撷取二则加以澄清。不当之处，望叶先生宽容。

(1)叶文引用明人王衡所撰杂剧《真傀儡》："(社长上)……自家桃家村两个里长。我是孙三老，他是张三老。本村年年春秋二社，醵钱置酒，做个大会。今次轮该我二人做会首。闻得近日新到一班偶戏儿，且是有趣。往常间都是傀儡妆人，如今却是人妆的傀儡。不免唤他来耍一回。……(净丑)耍傀儡的，此时也该来了。(耍傀儡上场打锣介)(西江月)分得梨园半面，尽教鲍老当筵。丝头线尾暗中牵，影翻跹。眼前今古，镜里媸妍。来了，来了！(内吹笛，外扮少年官，扶醉丞相上，官跪谏，相作恼介。下)(众)这是什么故事？(耍)这是汉丞相痛饮中书堂故事。"①他认为，这里可以看出肉傀儡衍进的身影，此处清楚点明了此班之"偶戏"形态，不是"傀儡妆人"，而是"人妆的傀儡"。讲的即是肉傀儡，无疑说明有明一代肉傀儡的存在。② 笔者以为这样的结论显然过于草率。

王衡的《真傀儡》是一部很接地气且讽喻意味很浓的单折剧本，它采用戏中戏的结构，围绕剧中傀儡戏演出前后致仕(退职)宰相杜衍(正末扮)与侯门教读(净扮)及小商贩(丑扮)之间的各种对话交集，衍生出一幕幕戏谑而耐人寻味的舞台画面，这不是一部让人一笑而过的喜剧，而是能引人思索、寓教于乐的经典。

侯门教读倚占父亲曾是两任省祭，自诩随任攻书，彻古通今，自称赵大爷；小商贩出身卑微，攒得小家当开个铺面，自称商员外。二人去桃花村赴会看傀儡戏极尽显摆，前者号令左右准备四人轿、绢檐伞，官范儿十足；后者吩咐童儿抬出大皮箱以备赏钱，大摆阔气。二人进得傀儡棚后为凸显身份，吩咐

---

① (明)王衡撰：《真傀儡》，见周贻白选注：《明人杂剧选》，人民文学出版社 1958 年版，第 415、417~418 页。叶文引文有些出入，以周贻白 1958 版选注本为准。

② 叶明生：《中国肉傀儡形态的再探讨》，载《中国戏曲》2009 年第 1 期。

闲杂人等不得入内。宰相杜衍退职后为避世逃名，平日里混迹市里，齎盐裹腹，今日正骑着毛驴进村巧遇傀儡场。赵大爷和商员外百般欺负眼前的"糟老头儿"祁国公杜衍，最终允许他在角落里捱捱。傀儡戏要上演了，第一场演出的是汉丞相痛饮中书堂的故事。戏里的观众们向博古通今的赵大爷相询这位丞相是谁？赵大爷津津乐道，说这是沛公左司马曹无伤。一旁祁国公纠正道，这是曹相国参。赵大爷不乐意地让他闭上驴嘴。第二场演出的是曹丞相铜雀台的故事。戏里的观众又问这位出场的丞相是谁？赵大爷不假思索道，这是前面老曹儿子小曹。祁国公又忍不住纠正，这是曹孟德。这时，戏里的观众和偶对话开了。"（众）好个标志老丞相，生出这样花嘴花脸的出来。只是他衣冠动作，像得爷好。（偶）不瞒你说！一时扮不及，把面子（面具）装上的。（去面子介）（众笑介）原来就是一出戏。什么父子？什么父子？耍我们哩。"①原来，这所谓"人妆的傀儡"只不过是剧作者精心安排的戏中戏情节而已，借用"傀儡"的讽刺意味给人造成一种出其不意的戏谑的舞台效果，让偶摘下面具来道出事实真相，揭开侯门教读李代桃僵的笑话，嘲讽他"使尽见识，瞒得谁来"。前两番演的是前朝故事，第三场则是本朝赵太祖雪夜访赵普，褒扬的是君臣相契的美好故事。傀儡戏继续演着，此时正好钦差到访傀儡棚，受天子之遣相问祁国公治国之道。祁国公只好借傀儡场宰相戏服，行朝礼，谦逊答条，与傀儡戏里的赵太祖和赵普的故事相比，这不正是现场版的君臣相契的故事吗？亮明身份后的杜衍也仅以他幽默的方式告诫道："（对净丑）休夸你舞袖郎当！则我杜平章也，才充个社长。（白）小哥！明年此日，再来此处看傀儡！"戏中众人们以为祁国公训话，连声说不敢。他马上纠正，"（末）哪里话！（唱）惟祝愿岁岁春王，常听这古栎丛中笑声响"②，一派喜气洋洋的场面。

读到这里，我们应该明白了，这里所谓的傀儡棚和傀儡都是假定的，是人戏（戏曲）演员通过虚拟的表演——戴着面具上场，将戏曲舞台自然转换成了傀儡场，而戴面具的人戏演员也就成了假定的傀儡，即"人妆的傀儡"。正如戏曲演员通过手执马鞭的虚拟表演，使舞台自然转换成了室外空间一样，而演员手执马鞭的动作也就成了假定的骑马动作。所以，剧本中出现的傀儡棚和傀儡都是戏曲演员采用虚拟的舞台表演而呈现出的假定的舞台效果。假傀儡才是

---

① （明）王衡撰：《真傀儡》，见周贻白选注：《明人杂剧选》，人民出版社 1958 年版，第 419 页。

② （明）王衡撰：《真傀儡》，见周贻白选注：《明人杂剧选》，人民出版社 1958 年版，第 423 页。

真的，真傀儡不就是假的吗？这里所谓的"真傀儡"仅是王衡的用心之举，他采用戏曲的表演方式演出假定的傀儡，意欲借傀儡擅长讽刺的精神特质告诉人们与其炫贵、炫富、炫才华，还不如脚踏实地做个最真实的自己。这"人妆的傀儡"仅仅是一种富有新意的戏曲表演手段，它实实在在是一出人戏的表演，而非傀儡戏表演，更无涉肉傀儡了。假如非要和傀儡戏攀上关系，那只能说有明一代的傀儡戏演出是极为常见的。

当然，传统戏曲模仿傀儡的表演还是挺多的，尤其是在傀儡戏发达的福建地区，这些模仿都是从肢体动作上模仿傀儡的。比如说，福建高甲戏中就有戏曲演员模仿提线傀儡的表演，这种模仿不是偶尔为之，而是形成了成套的表演程式及特定的表演行当，俗称"傀儡丑"。除了模仿提线木偶之外，高甲戏还创造性地模仿布袋戏木偶的表演，称"布袋丑"。除了高甲戏中的傀儡丑、布袋丑的表演，傀儡化表演的形式还见诸福建省其他地方戏曲中。如梨园戏的"提苏"来自对傀儡戏相公爷出煞仪式"大出苏"的模仿；打城戏中曾出现著名的嘉礼旦傅忠、嘉礼生李正升、嘉礼丑蔡凤灯；莆仙戏的表演受到当地傀儡戏的影响很深，如《苏武牧羊》、《吕蒙正》("数十八罗汉"一折)、《公背婆》等戏都是模仿傀儡动作的；又如莆仙戏中生角的拖鞋拉、旦角的蹀步、靓妆的挑步、丑角的七步颠、末角的三节弯、老旦的三角杖、贴角的魁斗吊等，还有表达欢乐的雀鸟步、愤怒的双摇步、悲哀的双掩面、愉快的双车肩等，这些都叫傀儡介。① 虽然，这些戏曲演出手法与傀儡戏息息相关，但是它们依然只是传统戏曲中的表现手法，而不是傀儡戏。

(2)叶文引用清代《溆浦县志》之记载："城东二三里许枣子地，有舒煐贞者。……尝造一人班，为傀儡戏。乐具悉凭意匠新造，手足臂膊皆系焉。演戏时，以布幄围住，一人在其中，八音竞作，节奏不爽，而傀儡复行动蹁跹，宛如生人。舒乃唱曲以和之。"②叶先生认为，"从志文中不仅看到肉傀儡的存在，而且还注意到其中三个问题：其一是肉傀儡已发展为以专业表演的'一人班'。所谓'尝造一人班'，拙意以为可解读为创建了只有一个人演肉傀儡的傀儡班。而该班前后台仅有两人，班主舒煐贞除了作操纵表现外，而最重要的是为肉傀儡代唱及说白；其二，傀儡之妆扮为'手足臂膊皆系焉'，也就是说演

---

① 吴慧颖：《论戏剧表演中对傀儡的模仿》，载《戏剧》2007年第3期。

② 参见同治十二年(1873)《溆浦县志》卷二十三，转引自龙华：《湖南戏曲史稿》，湖南大学出版社1988年版，第5页。

傀儡者之手足臂膊皆系之以线索，如提线傀儡之状。此与前述之宋代肉头傀儡之'以丝系僮子四肢'完全相同；其三是演傀儡者只演不唱，演唱仍由台后操纵者'唱曲以和之'。从宋代肉傀儡到清代肉傀儡中，我们发现这种艺术形式仍呈垂直传承状态。所不同的是，宋代肉傀儡只是一种戏耍形式，至明清间由于观众爱好以及市场的需要，而使之发展为'人班'、'一人班'的具有演故事功能的肉傀儡戏了。"①

笔者以为，《溆浦县志》中此段材料之大意应该理解为：有一个叫舒煌贞的人曾创建一个一个人的傀儡班，每件乐器都别出心裁，（表演者）手、足、胳膊都需要用来演奏、打击这些乐器。演戏时，（舒煌贞）一人在布幄之中，不仅八音竞作，节奏不爽，而且傀儡演来犹如真人一般。舒氏复以唱曲和之。可是叶文却将"手足臂膊皆系焉"理解为"演傀儡者之手足臂膊皆系之以线索，如提线傀儡之状"，并认为与宋代肉头傀儡之"以丝系僮子四肢"完全相同，其实是存在严重误读的。材料中所说的"手足胳膊皆系之"并不是指将真人的手足胳膊用线索缚之，而是指手足胳膊皆系之于乐器，也就是艺人的手、足、胳膊都要用来演奏（打击）乐器的。这种一个人既充任前台演师进行木偶表演又充任后台乐队，手脚并用地演奏各种乐器，嘴上还要以"唱曲和之"的表演形式在民间是常有的。浙江温州地区的单档布袋戏、四川绵阳地区的独角木偶戏、被单戏等都是这样的表演形式。因此这段材料所记载的并不是叶文所认为的是真人用丝线将僮子手脚缚之模仿提线傀儡之"肉傀儡"遗存，而是清代时期湖南溆浦县掌中戏（或称单档布袋戏）的演出形式。再说材料中明确说明是"一人班"，叶文分析为"该班前后台仅有两人"，这与材料明显不符。

综上所述，肉傀儡是布袋戏发展到唐宋时的称谓。宋时的肉傀儡与其他傀儡一样，都是高度发达的艺术形式，其有本行的名角张逢喜、张逢春。参考布袋戏历史的发展脉络，《都城纪胜》中"肉傀儡"后的八字夹注"以小儿后生辈为之"，应该理解为"小儿后生辈模仿操弄之"，它是对肉傀儡演出后的社会效果的附加说明，而不是指向表演形态的。

（作者单位：福建师范大学）

---

① 叶明生：《中国肉傀儡形态的再探讨》，载《中国戏曲》2009 年第 1 期。

《哈姆雷特》在东西方舞台上的当代呈现

——以林赛·透纳与蜷川幸雄两版为例

谢诗思

莎士比亚戏剧在国际舞台上的搬演可谓蔚然大观，在全球化的语境下，东西方的莎剧实践更是层出不穷、百花齐放。《哈姆雷特》作为莎士比亚经典悲剧，内涵深邃丰厚、故事情节曲折、人物性格多义，其出色的戏剧张力为后人进行舞台的二度创作提供了无限的可能性。那么，如何面对经典？如何进行二度创作？最重要的是，从什么视点和角度切入原作？这些问题集中体现在古典如何复活、推陈如何出新等方面，也就是说，它既是莎士比亚的《哈姆雷特》，也是我们当代人的《哈姆雷特》。2015年，英国伦敦巴比肯艺术中心林赛·透纳导演了《哈姆雷特》，同年，日本蜷川幸雄也导演了《哈姆雷特》，一个沿袭西方本土经典的传统，一个作出对西方经典的东方式改编，两部作品都获得了相当的赞誉，共同体现出东西方对莎剧的当代性解读。可以说，这两部莎剧巨制，孕育于本民族的文化传统之中，又融会于日益密切的跨文化环境之下，个性鲜明而又充满对戏剧文化的现代性反思，预示着莎士比亚戏剧演出的最前沿发展趋势。

总体来看，林赛·透纳版《哈姆雷特》与蜷川幸雄版《哈姆雷特》，在导演构思上，分别呈现出主创者在西方古典审美和东方民族传统上的现代性探索，在表演呈现上，展现出对现实风格与表现意义的整体把握，在舞台技术层面上，则抒写着写实与写意的两种美学趣味。

一、古典与民族：导演构思的现代意义

英国伦敦巴比肯艺术中心版本的《哈姆雷特》在排演上基本遵照莎士比亚的原著进行，并未在情节内容上做出大改动，其恢弘的舞美布景与精良的服装

似乎都寓示着对莎士比亚笔下丹麦皇室的辉煌再现。当然，繁华的伦敦西区作为世界戏剧艺术的中心之一，绝不止于对莎剧的古典沿袭，而是充分面向当代观众，对《哈姆雷特》做出了现代性的阐释。开场时，英国明星演员本尼迪克特·康伯巴奇扮演的哈姆雷特独自坐在房间，用黑胶唱机播放着20世纪的爵士乐，翻看着旧相册；友人霍拉旭戴着眼镜、背着大背包，像一个徒步的旅人；而奥菲利亚则拿着胶片相机上场；这一切似乎宣告着这是一部带有20世纪流行文化的现代版《哈姆雷特》。然而，纵观整场演出所呈现出来的整体风貌，便会发现这不过是导演对莎士比亚式的古典艺术的现代性解读，通过流行文化的包装，当代人的生活场景植入，表达出对莎翁经典的敬意以及对英国古典文化的热忱。

在伦敦西区海马科特街和沙福兹勃利街将近1平方公里的范围内，汇聚了49家剧院，每年进行上万场演出，仅2007年的票房收入就约4.7亿英镑，观众人数约千万。① 在这个戏剧产业的聚集地中，巴比肯艺术中心（Barbican Centre）作为著名的表演中心，在商业的催动下自然也形成一种雅致而亲民的艺术氛围，其上演的剧目成熟且具有兼容性和一定的商业性，与其说这版《哈姆雷特》是导演林赛的个人作品，不如说这是一版伦敦戏剧中心的精英联合式呈现。在对人物形象的重塑上，主演康伯巴奇在剧中的表演名副其实，超越了一般意义上对哈姆雷特"忧郁王子"的定义，而将其还原成一个真实的人。此版本对于哈姆雷特做出的解读，跳出了哈姆雷特的标签化泥淖，以现代人的视角去重读，将其作为一个失去父亲、身负仇恨的儿子的形象塑造得生动真实。其次，对于人物关系的再创造也具有现代意味。如将奥菲利亚的人物设定为一个神经质的少女，酷爱摄影，与其兄弟雷欧提斯四手联弹时气氛朦胧。又如哈姆雷特在初见两个朋友时表露出的亲切与喜悦，这些都为人物的真实性提供了有力的支撑。导演正是以这种现代性的创作构思，拉近了四百多年前伊丽莎白时代的莎剧与当代观众之间的距离，以对文艺复兴时期恢弘气质的准确把握来呼应欧洲历史、尊重经典，并着力于剧目的"可观性"，使得此版《哈姆雷特》在现代的外衣下氤氲着古典与传统的气韵。

而作为第八次挑战《哈姆雷特》的八十岁高龄的日本导演蜷川幸雄，则在剧作的呈现上更具导演的个人风格化特征。用蜷川幸雄自己的话来说，"像他

---

① 陈庚：《伦敦西区：49家剧院的生命张力》，载《中国文化报》，2010年4月14日第7版。

这样的日本导演在排演非日本戏剧时，必须借助于文化移位或文化本土化"①。所以我们清晰地看到，在这一版《哈姆雷特》中，蜷川幸雄对莎士比亚戏剧做了充分的本土化移植，彰显了强烈的日本民族文化色彩。如戏剧的舞台背景设定为 19 世纪贫穷百姓的杂院、木质结构的矮房，直接将人带入旧时的日本。深受歌舞伎影响的蜷川幸雄也在剧中戏中戏的部分展现了日本传统戏剧样式，以及其对能乐哑剧的引入……这些日本民族传统的文化因子被导演信手拈来，可见莎剧的跨文化传播具有广泛的生命力。

蜷川幸雄在场刊中"导演的话"里写道："我想创造的并不是旅游伴手礼般的'日式《哈姆雷特》'。我要穷尽根干，而非枝叶。"正如他所说，"日式哈姆雷特"并非其追求，他试图在这个版本中探索莎剧中蕴含的更深远而普遍的真理。姆努什金也认为："莎士比亚并不是当代的，而且也一定不能被当做当代的。他已离我们很远，已属于我们的最深处。"②蜷川幸雄的 2015 年《哈姆雷特》较之于 2013 年版又做了进一步的突破，在以民族性质为基准的前提上对哈姆雷特进行了现代性反思。值得注意的是，该版充斥着对剧作中人物的原罪的拷问。如哈姆雷特在狂怒下奸污了他的母亲，脖子上的十字架异常鲜明；国王克劳迪斯在忏悔时脱下衣服，以冷水浇身，并对自己进行鞭打；以及哈姆雷特死后被抬下场时的耶稣造型。在莎士比亚生活的时期，宗教改革的发生和社会形态的变化交错而行，莎剧也不可避免地侵染了浓厚的基督教观念。所以，蜷川幸雄在莎剧的本土化移位中正是从日本的民族性出发，以浓郁的宗教化关怀对《哈姆雷特》进行现代式重读，极具小剧场实验的性质。

二、现实与表现：表演呈现的传统承袭

戏剧艺术的实现需要靠舞台表演来完成。表演作为舞台美学的最终呈现者，并非戏剧演出的附属，而应当具有其独立的审美价值。20 世纪以来，西方戏剧表演理论不断革新，对亚里士多德式幻觉剧场的反驳，对斯坦尼斯拉夫斯基为代表的"体验派"的重新审视，从布莱希特的"史诗戏剧"到格洛托夫斯

---

① ［日］野田学、朱凝：《蜷川幸雄莎士比亚作品中的镜像和文化错位》，载《戏剧》2009 年第 4 期。

② ［美］大卫·布莱德拜、大卫·威廉姆斯：《导演的剧场》，载《圣马丁报》（纽约）1988 年。

基"质朴戏剧"……当代表演体系日益呈现跨文化色彩。而英国版和日本版的《哈姆雷特》在舞台呈现正体现出东西方表演理论在审美意趣上的不同追求。

英国版《哈姆雷特》在剧作呈现上追求真实化的表演，建构出一套成熟而完整的戏剧审美体系。以康伯巴奇的表演为例，在近三个小时的演出中，演员完全沉浸在角色与人物关系中，以包含情感的泪水和对戏剧动作张弛有度的收放，为观众奉献了一场极尽真实的表演。为了复仇，哈姆雷特以装疯的方式隐藏自己，当他穿着红色士兵服站在餐桌上，在老臣波格涅斯面前故意发表一段"疯语"后，做出用皮带勒脖子的动作，在其生命接近死亡的"偶然"下，哈姆雷特仿佛被命运的闪电所击中，情绪过度自然，以轻声而近乎自语的方式开始独白，延宕到"生存还是毁灭"这一著名论断中去。这一段表演细腻而具有穿透力，这是在一种统一的真实性要求下得到的效果，而非对于"名言"标签式的强调或者惯性重读。

而日本版的《哈姆雷特》则具有东方艺术的表现性特征。同样以哈姆雷特的主演藤原龙也的表演为例，他塑造的王子是一个阴郁、狂躁，时刻被痛苦所折磨、徘徊在崩溃边缘的形象。在表演上，藤原龙也更注重的是自我情感的克制与爆发。一方面，在东方民族含蓄内敛的情绪解读下，他克制着角色内心压抑的情绪；另一方面，在东方的表现性特质下力图夸张地展现角色内心动作，于是，在这一收一放的两股强力下，哈姆雷特便呈现出一种癫狂感，饱含着罪恶的拷问与内心的痛苦。尤其在与奥菲利亚对手戏中，哈姆雷特在每说一句斥责奥菲利亚的话语后就会拉开一扇舞台后方的门，这种抽离于真实生活的象征性表演，体现的正是东方戏剧在审美上的传统，即对表现主义的彰显。

在导演的场面调度上，林赛·透纳手法娴熟，力求展现人物关系和戏剧动作的真实性，在现实主义的戏剧传统的整体要求下运用了少量的现代手法来增强戏剧的可看性。这与西方的戏剧表演体系是一脉相承的。如在克劳迪斯宴请群臣的长桌上，当众人专注于新王的振振有词之时，只有哈姆雷特一人别有心思，抽离于人群，沉浸在自己的悲恸在中，导演通过让哈姆雷特一人冲出宴会场，而其余人均以慢动作表演，将哈姆雷特与周围环境的隔绝直接通过肢体动作物质化，展现给观众，使得这一场戏消解了大段独白带来的冗长感，又在戏剧行动上丰富了行为动机的意义。这种承接西方现代主义的表现方法在当代更是通过多种元素、全方位展现情节，将莎士比亚这样的经典剧作中的大段独白处理为更具观赏性和戏剧张力的场面调度。这种对人物关系的真实性把握给全剧规定了统一而清晰的创作方向。

在蜷川幸雄版本中，导演在调度上则充满表现主义的象征意味，体现了强烈的个人风格化。如哈姆雷特的老同学罗森克兰兹和吉尔登斯特恩的每次出场，都是背对观众，双膝下跪朝向国王克劳迪斯，对这两个"间谍式"人物的平面化处理，即以象征含义为主。最能体现蜷川幸雄对于东方美学表现意趣的则是剧中"戏中戏"的表演。当帷幕从顶部落下，展现在观众眼前的是一台日本传统戏剧，在 7 层台阶的高台上，端坐着 12 名身着日本歌舞伎服饰的演员，他们脸部涂白，面无表情，以传统的日本戏剧形式表演。在主线情节中，加入如此鲜明的民族特色的元素，极尽表现传统。在演出到弑兄的一段时，克劳迪斯的惊恐导致演出的混乱，导演通过全场慢动作的方式处理，将暴力与混乱在红色灯光的映衬下显得更加阴鸷恐怖。

三、写实与写意：舞台技术的美学追求

亚里士多德树立以悲剧"净化"人的诗学旨趣确立了幻觉舞台，"镜框"式的剧场使得戏剧为再现社会生活提供了空间支撑。观众与舞台严格分离，舞台上所搬演的故事在一定的观赏距离中显得抽离，在某种程度上更好地反观了自身。而这一舞台空间的模式，使得观众与演员的关系单一而严格，到斯坦尼斯拉夫斯基提出"第四堵墙"的理念将幻觉剧场发展到高峰。然而，斯坦尼在这一极端化舞台实践中事实上也孕育出了反幻觉的倾向。"总之，不管布景和所有的舞台陈设是假定性的，还是风格化的，或者是实际的，这都无关紧要，因为如果所有的舞台陈设的外在形式都运用得巧妙而恰到好处，那是应该受到欢迎的"。① 由此看来，假定情境如果达到了艺术的真实，也未尝不可。两个版本的《哈姆雷特》在演出实践中做出的技术性探索也各有千秋。

伦敦版《哈姆雷特》对舞台空间的构建极具立体性，体现出对戏剧真实主旨的追求。当序幕中哈姆雷特从哀悼中起身，帷幕向上收起，场面自然地过渡到新王宴请，一个巨大的长形餐桌，真实而奢华的布置，仆人们忙碌的身影，国王与王后从阶梯上走下……舞台的空间被运用到极致，画面饱满且洋溢着平衡和谐的美感，在一瞬间就将观众与表演区间严格隔离开来，产生出"第四堵墙"似的幻觉，从而奠定了其维多利亚式情景剧的华丽风格。在奥菲利亚遗弃

---

① ［苏］T. 苏珊娜：《斯坦尼斯拉夫斯基与布莱希特》，中平译，北京大学出版社1986年版，第 7 页。

装有自己摄影作品的箱子后，她赤足踩踏着残败的灰烬，一步一步走向舞台后方，在尽头亮起一束灯光，仿佛预示着其年轻生命被引向尽头。整个舞台表演区以奥菲利亚所站之处为制高点，纵深非常深入，在视觉上形成了强有力的冲击，把舞台从上下的二维平面拉向了三维的立体空间。对空间的立体把握使得英版《哈姆雷特》视觉效果得到最大化呈现。

而蜷川幸雄版《哈姆雷特》则体现出东方文化对于艺术的平面化表达。舞台置景分为上下两层，以一条垂直与地面的木梯链接，表演区域在严格在或上或下的两个平面中进行。开场不久，老王幽灵的出场便是在二层的若干门后呈"点"状分布，这些"现身点"就是一种平面的布局方式。结尾处，挪威王子福丁布拉斯接管丹麦王国时与之呼应，在二层象征性地伸出六面蓝色旗帜，形成一种平面化的对称性图景。

在东西方迥异的审美导向下，伦敦版在大剧场大制作的硬件要求下显出一种西方追求真实精致、恢弘华美的美学意趣；而蜷川版则在小剧场实验性质上显出东方美学的极简旨趣。巴比肯艺术中心《哈姆雷特》的整场演出从服装、化妆、道具到灯光、音乐、舞美都力求生活化。演员们摒弃了歌剧式的繁复的服饰，而以牛仔、夹克等流行元素作为生活的观照。演出的配乐简洁而具有现代感，无论是老王鬼魂现身时的诡异，还是换场音乐的交响曲的史诗感都极好地渲染了进行中的戏剧事件。灯光设计精准而富有美感，冷蓝的背景与暖黄的前台颜色和谐，于冷峻中显出庄严、哀伤中衬出诗意，环境灯光配合演员的表演，渲染恰到好处。

而蜷川幸雄版《哈姆雷特》则在极简的东方美学传统下显出强烈的仪式感。在服装方面，以日本民族服饰为基准，加入黑白红的现代主义服装色彩元素，抽离于生活实际而具有设计感，带有浓郁的宗教仪式感。在道具方面，除了背景造型几乎没有实景家具，在舞台上呈现极简风格。而在音乐方面，此版更将本土化做到极致，即以传统的日本民间乐器作为音乐伴奏，如老王鬼魂显现时，以敲击乐做节拍，节奏紧凑，带有强烈的程式化效果。在灯光方面，这种仪式感就更为凸显，当展现哈姆雷特内心的挣扎时，几道定点光集中于舞台中央，在台面示以方块状，似乎暗示哈姆雷特的灵魂被囚禁在这样一方狭小的牢笼里；红色为基准的环境光烘托出整部戏的沉重感。在蜷川版中，灯光似乎不仅仅作为对演员表演的照明或渲染，更成为一种舞台美术的语言，以光影的形式制造出充满仪式感的现场效果。值得注意的是，蜷川幸雄版《哈姆雷特》虽然在整体上呈现鲜明的民族特色，但却仍隐现出驳杂而"西化"的艺术倾向。

"也许这就是蜷川幸雄试图展现的当下日本：日本，无论看起来多么具有同质性，还得将自己定义为文化大杂烩。"①比如挪威王子的形象苍白孱弱，带有柔弱的女性化特质，台词轻柔忧郁，却在装扮上又带有漫画特点；出场时以舒缓的钢琴曲做伴奏，可见西方艺术对日本的侵染以及其自身文化的多元性。

结　　语

林赛·透纳版与蜷川幸雄版《哈姆雷特》在对东西方文化传统继承的同时，融入导演个人的审美意趣，使得对同一个戏剧文本的演绎形成了迥异的舞台风格。导演构思上分别强调舞台表演的古典性与民族性，而共同指向对经典的现代性的解读；在表演实践上则承接着东西方戏剧传统，显示出现实主义与表现主义的两种表达方式的作用力；舞台技术层面则更多地体现出主创者的美学追求，体现出极具时代特征的真实感与富有宗教色彩的仪式感之间的强烈碰撞。在艺术与哲学相互滋养的今天，这些美学上的特征也最终指向了当代东西方戏剧人对莎剧经典改编的两种舞台实践趋势。

（作者单位：武汉大学艺术学系）

---

① ［日］野田学、朱凝：《蜷川幸雄莎士比亚作品中的镜像和文化错位》，载《戏剧》2009 年第 4 期。

林兆华戏剧的身体审美元素探析

宗紫微

当代中国，诸多话剧艺术的舞台呈现已超越再现与对话的单纯表演模式，发展成为着重于演员身体表达的演出形式，这一过程凸显着表演者身体的主体性。笔者认为，通过《赵氏孤儿》《建筑大师》《老舍五则》的戏剧实践与现场交互，林兆华之所以认定当前中国戏曲的艺术形式能够给他最大的艺术表现自由的理由，是以上剧作对于身体的运用与追问使得观者能够交互感受其中的情感力量，体会到非逻辑表达方式下的模糊意图。其特点表现在其戏剧排演的方式和对各种关系的处理之中。

一、身体与戏剧场域的关系

身体作为一个哲学问题，在历史发展过程中经历了诸多被思考、被调置的波折。由柏拉图到意识哲学，身体一直遭受压抑与漠视。直到尼采那里，它才借由权力意志被提升到一个前所未有的位置。尤其是从梅洛-庞蒂的《知觉现象学》开始，身体被视作一主体，而在其哲学思想的后期，身体的肉身化倾向突出，身体上升为主体-客体的存在。随后，杜威跨越身体与心理的界限，试图以前反思阶段的经验连接二者，并与审美经验结合以形成整体性的"完满"。这意味着要恢复艺术与身体之间的关联，其途径是以一个个经验活动积累成丰盈而流动的生命体。理查德·舒斯特曼则要规避前人或是偏向形而下的肉体思考、或是纯粹形而上的身体本体观念之不足，他从哲学和美学的角度对身体予以关注，主张通过实际的身体训练①来提高身体意识并促进社会和谐，要求将

---

① ［美］理查德·舒斯特曼：《实用主义美学》，彭锋译，商务印书馆 2002 年版，第10页。

美学从抽象的知识论中解放出来，从而实现理论与实践、身体与心灵的真正结合。

简而言之，从戏剧美学的角度来看，身体是一种"往世中去的存在"①（Etre-au-monde），即它既不可归因于生活经历，也不能夸大理性精神的力量。换言之，艺术家唯有借出自己的身体给世界，才能将对自身生存境遇的观察演绎为艺术作品。以身体作为度向点，存在并非不安的漂浮，而是身体一方面保持自己的完整性并发散出空间；另一方面则敞向自己所投身于的世界。身体聚合了所有流动的和非流动的空间，不断生成"意义"，持守着表达的仪式。戏剧文本的式微正要求身体表演和自我认知的独当一面。它们可以形成表演空间，戏剧空间也不再是凝滞充盈的，演员、观众、角色在相互的身体张力中承担一定的叙事效能与视看景观，并延展出多层次的空间可能性并与之交织、向其表达。

关于身体与戏剧的关系，尤金诺·芭芭提出过这样一个问题："演员如何让自己的戏剧能量在台上活起来？如何成为立即抓住观众注意的存在？"②他回答这个问题时提出了一个全新的假设并将其作为共通的基本组织层次——"前置表达（pre-expressivity）"③。该假设认为，戏剧不追求具体的意义或结果，而归位于实作性的执行，它的目标是要在过程中不断强化身体存在感与舞台生命力。这即是说，外层的表演表达是图像性的视觉可见、音效型的听觉可感，它们构成戏剧的整体表现；而包含于其基层的前置表达则是各类表演技巧的根本，它在逻辑上先于表达动机，指向不可见的身体的力与能以及隐喻的空间。正因为如此，我们可以说，前置表达是最原始而本质的表现力，它是演员用来建立他们表演的身体语言的本真状态④。那么，源于这一思想的经验，演员身体如何由日常身体转换为"活生生的"超日常身体的问题就成为关键。这关乎两个基本问题：第一，表演是一种身体技术；第二，表演身体需要接受原则性的训练。

在芭芭的实践当中，他发现，演员创作的客观情绪并非模糊的感觉，而是

---

① ［法］梅洛-庞蒂：《知觉现象学》，姜志辉译，商务印书馆 2012 年版，第 11 页。

② ［法］梅洛-庞蒂：《知觉现象学》，姜志辉译，商务印书馆 2012 年版，第 218 页。

③ ［丹麦］尤金诺·芭芭、尼可拉·沙瓦里斯：《剧场人类学辞典：表演者的秘密》，丁凡译，台湾"国立台北艺术大学"出版社 2012 年版，第 218 页。

④ 参见梁燕丽：《尤金尼奥·巴尔巴的跨文化戏剧理想》，载《外国文学》2009 年第 5 期。

具有复杂的层次结构。这主要表现为：（1）主观情绪的改变；（2）一连串的心智评估；（3）显露不自主的反应；（4）针对反应产生行动；（5）决定如何行动。① 艺术家站在观演互动的角度训练演员同时将对立或和谐的简单元素交织，例如表现遇见恶狗的情况，用腿显得有勇气，以头表示想要逃跑的节奏，眨动眼睑透露不自主的反应。虽然不是直观可见，但是每一连贯的单元最终会具化到表演者的肢体上，情绪或者说情感的空间就得以延伸，身体表达的层次也就得以加叠。而观众并未被情绪淹没，只是对张力感的刺激作出了反应。情感通过身体姿势被理解，这属于个人身体空间。

倘若我们承认戏剧表演中存在身体表达、戏剧场域中的身体包含前置表达的特质；而且身体又能通过表演与互动碰撞出新的图像与美的流波，那么，不仅身体在戏剧场域中诗意绽显，而且戏剧在表达过程中溢现，二者彼此侵犯又热烈拥抱——戏剧才能提供至臻完美的审美表现与无限宽广的生命景象。

二、林氏戏剧的身体—场域性

一直以来，林兆华所踽踽摸索的，是"如何制造一种具有舞台流动感的整体演出形式"②。他选择各种戏剧手法以实现他自由徜徉的内心世界。濑户宏教授认为，林兆华的内心世界就是"所有事物唯有在流动中才能见出最真实、最生动的姿态"③。这句话的意思是说，林兆华一直在自己的戏剧中使用身体—场域性的表达以实现自己内心的想法。

流动的身体—场域性在林兆华的戏剧探索中的特点，具体体现为以下两点：

首先，不断寻求新的表演状态。《赵氏孤儿》《建筑大师》中演员完美的表演，显然不是炫技，更像是在以直觉生活其中，怀有对人的理解。在濮存昕看来，"没有表演的表演实际上是你直觉的表演能力"，"你的审美能力其实就是将自己摆进去"。④ 这似乎与能剧相似，演员让身体保持在一种想象状态，一

---

① ［丹麦］尤金诺·芭芭、尼可拉·沙瓦里斯：《剧场人类学辞典：表演者的秘密》，丁凡译，台湾"台北艺术大学"出版社 2012 年版，第 114 页。
② 安莹：《林兆华访谈录》，载《戏剧》2004 年第 1 期。
③ ［日］濑户宏：《试论林兆华的导演艺术》，载《戏剧艺术》2001 年第 6 期。
④ 林兆华、濮存昕、易立明：《戏剧审美三十年》，郭越采访，载《明日风尚》2011年第 1 期。

方面表现为在场的不在场感，另一方面又表现为不在场的在场感。但更为超越的是，他将人的智慧与艺术感觉平衡，融生命体验与自身反省于角色之中。

其次，始终对表现时空的自由转换极富兴趣（场域性的体现）。例如《野人》，它不仅展示出音响的多声部，而且进行着空间的交叉、时间的穿越。"空的空间"的概念更像是事后的审美总结。《理查三世》一反原作的阴冷幽暗，愉悦的色调与明亮的光影在爵士乐中拉开序幕，宫廷中一切的暗杀与争斗都以游戏的方式展现。面对这样的戏剧表现，伪理论被摧毁，真正的理论源自于现场最直观、最具有冲击力的体验。它应该是有思想的感受，必须能够领悟到艺术作品的灵光乍现。林兆华坦言："没感受、没内容的戏我不会去排，没找到形式感我不会排。"①观众、理论家真诚领受作品的魅力以咂摸出灵性的味道；艺术家真挚地与原作和世界对话，他不需要被理论指导，只以戏曲叙述的自由精神，为人们编排出包容吸纳了所有差异与偶然、不断流动生成的整体（通过身体的方法表现）。

如此一来，我们可以将林氏戏剧风格理解为：其身体—场域性就是戏剧以顽强的生命力在挣扎、在超越，在于艺术家不断地创造，从不重复已有的作品和顽固的自我。艺术家对一部作品的构思往往不是纯粹智性活动，他必须经历反复的思索与考量、大量的尝试与推翻，戏剧是他对自身处境和人类处境"感性思考"后的表达，戏剧身体的表达是对自我的反思、对存在的表达。鉴于此，我们认为林戏剧中实现身体—场域性的方法如下：

（一）提线者与木偶

林兆华经常引导自己的演员置身于"既是提线者，又是木偶"的表演状态。这被台湾学者林伟瑜称为"表演的双重状态"②。譬如《老舍五则》里武者既可以耍弄武器、自言自语，又能够跟现场观众讨要赏钱，多重身份转换自如。林兆华将这种扮演的双重状态表述得十分清楚："演员与角色时而交替、时而并存、时而自己都讲不清此时此刻我到底是角色还是我自己；经常还时不时地同观众一起审视、欣赏、评价、调节、控制自己的表演……这才是表演的自由王国，是表演艺术成熟的标志。"③表演在自己的国度只是把所有精力投放于角色

---

① 林兆华：《戏剧的生命力》，载《文艺研究》2001 年第 3 期。
② 林伟瑜：《"怎么说"·"说什么"·"说是什么"——中国当代剧场导演林兆华的导表演美学》，载《戏剧学刊》2009 年第 11 期。
③ 林兆华：《戏剧的生命力》，载《文艺研究》2001 年第 3 期。

性格的逼真细节上，演员就会遮蔽戏剧的内蕴、身体与空间的关联，就只是单面体验艺术的一只木偶，而提线者给予演员俯视者和审查员的身份，可以挖掘木偶表演背后的意蕴，与其合体形成主客观意识间的交替，这就是表演在自由王国里。

此处须清晰指出的是：没有表演者出色的扮演并不能够带动令人或新奇或感动的身心反馈。有趣的是，观演的观众有时也具备提线者的能力，他们的反应会促动表演者作为木偶的那一面相，进行不断地自我修正与探索；而演员的表演也可似提线人，牵动观众的情绪与能量。

(二)"触碰"叙述方式

依据林伟瑜的梳理，林兆华的导演叙述方式大致有三种：第一，追忆的叙述，如《绝对信号》和《三姐妹·等待戈多》；第二，说书人的叙述，如《理查三世》；第三，人物对观众的叙述，如《赵氏孤儿》与《建筑大师》。由于本文重点关注演员的综合表演与身体表达，我们在此以《建筑大师》和《赵氏孤儿》为主要分析对象。

演员与观众的共在仅存于一个固定的场所，二者通过演出所规定的有限时间一起去完成某个共谋的目标。而最大的阴谋阳谋则是，尽管演员跳进跳出，他演的人物或是他自己至少是在与观众发生着目光的触碰，整个舞台的画面是流动的，因此剧场氛围也就是流转的。语言的叙述、目光的交流对表演所起到的是"限定"、"庇护"的作用，它们将能量更集中于舞台艺术感的营造，而简化过剩的身体官能体验。

林兆华试图通过重构《建筑大师》(2013)以超越时空的有无，将其化为人的思绪意识的流动。如果戏剧要达到抽离时空的超现实感，将舞台布置得光怪陆离最有利于令观众一目了然。但是我们看到的仍是巨大的"空的空间"：极简的几何状深陷背景，中央孤零零一张沙发与一双不被使用的鞋。在旷野般氛围的笼罩下，主人公身体舒适却精神焦躁地被沙发吞噬，逐渐把真实的思绪交托给潜在的内心想象。这是一次静态的演出。但人物的状态却是非常态的。其他人物在舞台上的走动、对话重叠错落，与现实相隔甚远，似乎是索尔尼斯脑海中周而复始的影像闪回；而索尔尼斯的言语所表现的更像是自我反身性的自问自答，那些脑海中的幻影并不能与他切近沟通。真正听到他在说什么、看到他在做什么的只有在场的观众。意识的绵延所建构的情感互动并不强烈，形式性的东西被收编于状态性的表演当中，男主人公真正的当下则是登上天梯对自己最后的超越。显然，双重的表演状态将"可触的"转化为"可见的"，并且极端化地让演员与观众共同漂浮在思绪的自由无碍当中。

如果说《建筑大师》的场景是安静无物的，表演是意识漂流的，那么对比而言，《赵氏孤儿》的场景则更有叙述感，表演也独具艺术强度，人物与自我、与人物短兵相接的同时，也在与观众的自我叙述中兵戎相见。在人物的出现上，一组一组干净利索，行动的展开也流畅自然。例如在舞台左前方，屠岸贾吩咐程婴安葬西域藏獒，程婴刚转身拖着棺木在舞台中央的道路上往景深处走去，部属就与屠岸贾并行出现，二者之间形成的横轴恰与程婴行走路径的纵轴相垂直交叉。而当程婴到达舞台左后方树下时，屠岸贾二人的位置又与他形成对角线。此刻屠岸贾吩咐部属将程勃叫来，部属随即迈向舞台深处的同时，程勃已以他青春活力的身姿出现于屠岸贾的面前。可以看见，每一组舞台行动环环相扣又各自走位精准，故事的节奏并非依从剧本的幕幕安排，而是由演员的身体行动逻辑分明地展开。这是宏观的整体叙述。

同样，极简的话语对接与叙述化的自我呈现可以开拓出人物丰富的内心世界。林兆华反对将话剧简化为单纯的语言艺术，人物心理内蕴要在舞台上呈现，冗长的语言往往显得空洞无力。因此，言语进行的形式就必须有新奇的变化。① 在《赵氏孤儿》中，观众随处可见的就是简朴急促的短语。

在林兆华的作品中，我们看到的是一种令人窒息的对人性特征的悬置，观众被逼迫着跟随导演去观看，去了解人和世界。"触碰"不是物质的勾连，而是把人们拉出惯常的生活经验回到事物面前的一股力量。"触碰"的叙述表演既涵盖布景的简凝又包括造型、动作、言语的细微生动，它是一种综合的演出动作，但又更强调演员的自我训练与自我表达。

(三) 戏曲身段的运用

林兆华在很多作品中直接请来戏曲演员，例如《鸟人》《老舍五则》《故事新编》等。无论是人艺现实主义还是先锋尝试，他发现戏曲演员在表演中本身可以演绎一出戏。精湛的程式绝活使得他们的表演超出一般话剧演员，多变的身姿引发的是意义的多元。日常的肢体特技只能带来惊奇，却不能引发反思与审美内涵；而戏曲身体则提示人们关注受到约束的身体语言的可能性，并自主创

---

① 这个新奇的变化就是导演"在作品中追求语言的力度与穿透力，要求语言浓缩心理过程"。参见安莹：《林兆华访谈录》，载《戏剧》2004 年第 1 期。

造动作性的冲力。作为导演，林兆华拿捏得好的是，没有将戏曲话剧化，戏曲演员在话剧舞台上的发挥始终保持自我一贯的特质，不曾流于造作的表演。

林氏指导下克制的身体动作、僵冷的表情并非是无表演的，他们遵循最经济的原则，将纷乱的时空移动集中在专注的艺术表现内。我们在《上任》里可以观赏到，高矮胖瘦的人物亦正亦邪，亮相式的状态实际上聚合了所要表现的正邪能量的抗衡，也囊括了演员-角色间互相观审的太极斗转。进一步看，吃饭时众人一排而坐面对观众，这在现实当中是不可能的，但能够引发观众对于日常落座的联想。因此，话剧舞台的形体训练并非一定是"全程式化"的技艺获得，它更注重状态的、内心的专注，进而激发表演者与观众的想象力。

(四)幻—真的断裂性间离效果

林兆华深谙，"拉开这个距离他能感觉得到自己是如何扮演角色的……叙述的、人物的、审视的、体验的无所不能"[1]。演员与角色的关系是亦敌亦友的，二者保持适当的距离，演员才能够自如跳出当前的情境，以他者的、陌生的目光来真实地理解角色、游离地注视自己的身体。感知经验的建构并非一贯到底的连续，它隐含有断裂的可能。演员之所以能够演绎出令人产生无穷想象力的角色，正是由于其身体表演时自觉制造的某种不连续性。对于身体感知而言，身体这种自身的陌生化与对象化是真实样态，而与角色不分你我的贴合连续则是虚幻的内在心理。

所以说，连续着的是节奏的推进、表演的完成，但表演的完成又非仅仅是流水账似的摆放人物于舞台之上。戏剧，更是剧场的艺术。从这个角度说，虚幻不是来自遥远的不可把握，恰恰源自演员与角色间理应保持的理性距离的塌缩。演员是需要被训练的，即自我对于演员—角色距离的良好掌控。他必须学会在演出中适时断开与角色之间的脐带，钻入一个可思想的缝隙片刻，又在某一刻恰逢其时地回来。这就是将身体沉潜下去，包容可从无限创造力中喷发出的动作、情感自我表达的能力。林兆华对演员的身体训练是放松、克制、自由思想，身体被理解为产生能量作用的潜力。虽然身体能够带出异样的时空，但它常常能够自成艺术品，从时空连续统一体中被"分割出来"，造成陌生化效果。借用李希特的思索：形体训练更多的是把身体一定的"活动可能"当做焦

---

① 林兆华:《戏剧的生命力》，载《文艺研究》2001 年第 3 期。

点，把注意力吸引到"反应的敏感性"上来，以之"传染给观众"。① 身体与外部的交织，根本在于身体自有的包容性、变异性与自由思想的能力，它始终向着自身的不同维度敞开。

三、身体审美元素与空间的关系

尽管林兆华戏剧中主要的身体审美性元素为其作品带来独一无二的舞台呈现，但作为林兆华观念当中形式就是内容的剧场空间也应被纳入我们的考虑范围。身体不仅表达身体，更需要进一步表达世界，这涉及存在的问题。不仅身体具有沉潜的包容性，而且身体所探入的世界更具备存在本身的包容性。我们对于世界、他人的理解，不仅要能够把握平面的距离，还需体验空间的深度。

在亟待重新发现世界原初体验的时刻，深度是最具"存在的"特征之维度。② 艺术史需要获得深刻反思，梅洛-庞蒂在对空间的思索中将深度置于核心地位："深度不标在物体本身上，它显然属于视觉角度，而不属于物体；因此，深度不可能来自物体，也不可能被意识规定在物体中；深度显示物体和我之间和我得以处在物体前面的某种不可分离的关系，而宽度乍看起来就能被当做感知能力的主体不包含在其中的物体之间的一种关系。"③可见，深度并不等同于"从侧面看到的宽度"，亦不是物体中的关系，它并非理智主义所能消解于几何空间中的扁平无物或无差异性的同质空间。由此可见，深度并非简单的物理空间性，在身体这一元素处，它指向作为形体的身体和身体间不可见的某种内在关系。

在《行为表演美学》中，李希特在"空间性"④部分开篇即区别自身于几何空间，值得深思。她梳理出行为表演空间性的加强有三种方法：第一种方法是对空间进行可变化的安排，促成演员与观众的随意活动，例如戏剧在汽车工厂

---

① ［德］艾利卡·费舍尔·李希特：《行为表演美学——关于演出的理论》，余匡复译，华东师范大学出版社 2012 年版，第 116 页。

② 关于"深度最具有'存在的'特征"具体参见［法］梅洛-庞蒂：《知觉现象学》，姜志辉译，商务印书馆 2012 年版，第 137 页。

③ ［法］梅洛-庞蒂：《知觉现象学》，姜志辉译，商务印书馆 2012 年版，第 137～138 页。

④ ［德］艾利卡·费舍尔·李希特：《行为表演美学——关于演出的理论》，余匡复译，华东师范大学出版社 2012 年版，第 161～167 页。

进行，中间的黑色橡胶垫可由观众自主选择并落座，演员走入观众群中表演；第二种方法是让能量进行循环，例如格洛托夫斯基着意制造演员和观众之间近距离的情景——观众感受演员的呼吸、吸嗅汗水的气味；第三种方法是让现实与幻想交叠，用一个已形成的有效空间制造空间性，例如将酒店重新装修，观众步入其中任何一个大厅都是一个场景的观众，同时又是这一场景内的演员。从表面上看，这三种方法都很难保持作品的特性，一方面演员与演员的表演空间、演员与观众的视看空间紧密相连；另一方面，过于灵活的行动所导致的是并非稳定的作品空间和结构，倒是引向极不确定的事件空间，艺术的美感或许会荡然无存。演员的身体与空间关系如此灵活自如，不断向观众提供新的艺术体验。

不论是空间布景还是表演空间，如何拿捏好边界之"度"明显占据着核心地位。也正是在这一问题上，林兆华那些游离于主题之外的语汇，一直被视为是异类的表达。具有影响力的新锐导演王延松自比可超越前辈，并不模仿林兆华。他的《原野》(2006)强调审美意识中的生命意味，整部戏剧的深度表现力极强。在舞台画面感上，导演必须通过不断增加内部空间演员的形象复杂度(具有创举性的陶俑把戏)，以此来营造人物那种浮凸于背景空间之上的立体存在感。而林兆华则回避这样的做法，他作品中的人物的轮廓常常是突出而粗拙的，往往由不连续的表演和素朴的外形勾勒。

综上所述，对身体元素的运用使得林兆华的戏剧更加充满对世人与世界的探讨。在中国现当代戏剧发展进程中，这一新的视角为观众带来了扑面而来的艺术效果。

（作者单位：武汉大学哲学学院）

由"五色比象"到"五色杂而炫耀"

——汉墓壁画用色研究的一个切面

刘乐乐

许多学者在论及两汉绘画艺术的用色问题时，皆一致认为其所遵循的是五色审美模式。① 所谓五色，是与五行相关的五方色，即青/东/木，赤/南/火，白/西/金，黑/北/水，黄/中/土。② 这一论断似乎触及中国绘画艺术的核心问题，但细忖之，其本身确有值得商榷之处。首先，被纳入五行系统的五色理论是否可以被称为一种审美模式？其次，两汉绘画艺术是否真的遵循先秦两汉诸子所言的五行—五色理论？这些无疑都是棘手而饶富兴味的问题。以下本文结合商周甲骨文刻辞中的颜色词、先秦两汉传世文献中的五色理论，以及目前所能见的颜色遗存，对以上两个问题提出一些刍荛之见。同时，本文拟以洛阳地区的汉墓壁画为中心，以五色为切入点，探讨这样一个吊诡现象，即从先秦到两汉，五色理论不断被"道学化"，而实际的用色却愈益追求强烈的感性生命之美。

---

① 具体参见周跃西：《略论五色审美观在汉代的发展》，载《中原文物》2003 年第 5 期。王文娟：《五行与五色》，载《美术观察》2005 年第 3 期。余雯蔚、周武忠：《五色观与中国传统用色现象》，载《艺术百家》2007 年第 5 期。

② 有学者提出五色包括广义五色和狭义五色。狭义五色即五方色，广义五色即指青、赤、黄、白、黑五类色相（肖世孟：《先秦色彩研究》，武汉大学 2011 年博士学位论文）。对此种划分方式，笔者持怀疑态度。理由如下：首先，究其根本，所谓的广义五色是人以五色为出发点所能容纳的整个色相世界，如三国时魏人张揖在《广雅·释器》中以"……，青也。……，赤也。……，黄也，……，白也，……，黑也"的方式对当时语言所能表达的色彩——罗列。见王先谦撰：《广雅疏证》，中华书局 1983 年版，第 272～274 页。其次，典籍中在提到五色时皆是指五正色而言，而非指五类色，故而典籍中的五色并不见狭义、广义之分。

一、五色比象：作为象征符号的颜色

色彩直接诉诸人的视觉，是最原始的感官生命欲求。中国人对于色彩的最初使用是以颜色装饰器物，或将红色的赤铁矿粉末撒在人骨上。① 这或许是一种原始的巫术礼仪，对于他们而言，红色似乎具有某种特殊的象征意义。除此之外，商代许多中大型墓葬的墓地和墓道中亦有朱砂的痕迹，有些椁壁与木棺涂有朱、黑等彩漆，甚至裹尸布也绘有彩色图案；不唯如是，商代占卜使用的甲骨亦有着色。② 这些颜色固然是一种装饰，但也很难让人信服这些颜料的使用仅仅是为了装饰。特纳对恩登布人祭祀仪式中颜色的象征意涵研究对我们极具启发，他认为颜料的珍贵并非由于稀少，而是由于巫术—宗教思想赋予特定颜色以特定的象征意义。正是这种宗教性，才促使人们克服万难去获得颜料或生产颜料。③ 商周时期的遗址和墓葬中出土许多造型奇特的器物，其中发现有黄、绿、白、红、黑等颜料遗存。④ 这种器物作为一种重要的随葬品，有学者提出它是用来调和各种染料的，是当时贵族祭祀占卜时所用的器皿，可列入广义定义下的礼器。⑤ 这一猜测虽显得证据不足，但可以作为文本解读的甲骨文卜辞和传世文献中的颜色词似乎为特纳的假设提供了更为直接的证据。

商代甲骨文中的颜色词，如赤（红色）、骍（橘红色）、白（白色）、黑（或堇，黑色）、黄（黄色）、幽（或玄，黑红色）、戠（褐色）以及勿（杂色），它们

---

① 北京西南周口店山顶洞人遗址中尸体周围撒有红色颜料。这种现象在商代仍有遗续，安阳后岗圆形祭祀坑中出土的73具人骨中有54具覆有朱砂，其中有一架人骨全身覆有朱砂，说明这些颜料并非来自衣物或尸体染色，而是直接在人骨上涂洒。这极有可能是一种宗教习俗。具体参见中国大百科全书编辑部编：《中国大百科全书：考古学》，中国大百科全书出版社1986年版，第433页。中国社会科学院考古研究所：《殷墟发掘报告1958—1961》，文物出版社1987年版，第267~269页。［英］汪涛：《颜色与祭祀：中国古代文化中颜色涵义探幽》，郅晓娜译，上海古籍出版社2013年版，第18页。

② ［英］汪涛：《颜色与祭祀：中国古代文化中颜色涵义探幽》，郅晓娜译，上海古籍出版社2013年版，第19~28页。

③ ［英］维克多·特纳：《象征之林——恩登布人仪式散论》，赵玉燕等译，商务印书馆2012年版，第116页。

④ 胡洪琼、申明清：《商周时期盛色器功用考辩》，载《中原文物》2013年第6期。

⑤ 邓淑萍：《玄鸟的启示》，载《"故宫"文物月刊》（台北），2002年第11期。

多用来修饰祭牲的毛色。① 可见至少在殷商时期，祭祀的目的、内容与祭牲的颜色确实存在某种微妙的联系。换言之，在某种程度上，祭牲的颜色可能就是殷人、祭品和受祭者之间象征性交流的外在表现。② 尽管如此，商代确实没有完整的五色概念。五色概念真正泛滥的时期是春秋战国。关于五色，典籍中有两种记载方式：其一，确定的某些颜色，如《逸周书·作雒》所载的五种颜色；其二，与五味、五声等一起出现的作为抽象概念的五色，如《尚书》、《左传》中的五色。③ 很明显，《尚书》、《左传》等传世文献中关于五色的记载多附会于阴阳五行说，故其反映更多的是其成书时代的思想，未必符合真实的历史档案。与此相较，第一种记载方式的真实性更强，且更能体现颜色作为神秘的象征是如何一步步理论化、符号化的。

二、间色的吊诡：传统的变革之变革

《公孙龙子·通变》中有一段关于"青以白非黄，白以青非碧"的有趣辩论。此处我们不对公孙龙子的形名学作过多探讨，只关注其对颜色的理解，他言"黄，其正矣，是正举也"，"木贼金者碧，碧则非正举矣"④。从中我们可以看出公孙龙以正言黄，以不正谓碧，并且以五行思想作为色彩正与不正的依据。同时代的荀子亦有言："衣被则服五采，杂间色，重纹绣，加饰之以珠玉。"⑤《礼记·玉藻》载："衣正色，裳间色"，郑玄注："谓冕服玄上纁下"，孔颖达正义言："玄是天色，故为正。纁是地色，赤黄之杂，故为间色。"⑥由此可见，至少在战国时代，五色被称为（五方）正色，由五色相杂而成的色彩则被称之为（五方）间色。不唯如是，与正色相较，间色似乎受到不同程度的贬低。但无论是对颜色的正与非正之分以及对非正之色的歧视，在殷商与西周

---

① 绿色在古代称为青或苍，青作为颜色始见于春秋时期金文，如"青吕（铝）"、"青金"。甲骨文中没有青色很可能当时青色是被包含在幽、玄二色中的。

② ［英］汪涛：《颜色与祭祀：中国古代文化中颜色涵义探幽》，郅晓娜译，上海古籍出版社2013年版，第194~196页。

③ 如《尚书·益稷》载："予欲观古人之象，日、月、星辰、山、龙、华、虫，作会宗彝。藻、火、粉、米、黼、黻絺绣，以五彩彰施于五色，作服，汝明。"

④ 王琯撰：《公孙龙子悬解》，中华书局1992年版，第67~70页。

⑤ （清）王先谦撰：《荀子集解》，中华书局1988年版，第333页。

⑥ （东汉）郑玄注、（唐）孔颖达正义：《礼记正义》，上海古籍出版社1990年版，第550~551页。

时期都是不存在的。

就考古发掘所见的颜色遗存来看，殷商时期大中型墓葬中椁版漆绘、漆木器、皮革器与调色器上的颜色遗迹都不出五色范围。① 西周时期的用色范围虽然明显更广，但色彩的选择却极其节制。② 与之形成对比，楚地并不排斥、回避目观之美，如《楚辞》中对色彩的描写极其繁复、艳丽、鲜明和强烈："建雄虹之采旄兮，五色杂而炫耀"、"青云衣兮白霓裳，举长矢兮射天狼"、"红壁沙板玄玉梁些"。③ 如果说这些都是文字带给我们的关于色彩的想象，那么战国楚墓中出土的漆画、帛画、锦绣等则为我们带来关于色彩的更为直观的感受。河南信阳长台关一号楚墓出土的漆绘锦瑟虽已残缺，但通过复原后的瑟首及左右瑟墙上的艳丽色彩依旧扑面而来。瑟首、尾和两侧均涂黑漆，中部为素面，岳山上绘菱纹，两侧的黑地上涂以对称的连续的金银彩的变形卷云纹，在首、尾及立墙上以朱、赭、黄、灰绿、金银等艳丽的颜色于黑色漆底上绘出精致的作乐、狩猎和宴享图案。④ 色彩对比十分强烈，灵动而不失庄重（见图1）。江陵马山一号墓出土的串花凤纹绣绢锦衣以淡黄色绢为底，绣线有深蓝、翠蓝、绛红、朱红、土黄、月黄、米色等色。单位纹样为高60厘米、宽25厘米的竖长方形，纹面下部有一正面鸟像，张两翼作舞步状，头上华盖如伞并垂有流苏，其翅膀上曲线部分复作鸟头形状，画面五彩缤纷，遒媚温润之中发散着奇异诡谲的气氛；其领缘更织有精美的车马田猎纹样，其动静、节律与速度感分外强烈，色彩应用似繁而简，如此方寸之地竟能作出一派楚梦田猎景象，令人赞叹。⑤ 这种以绣为衣、以锦为缘的楚服大有黼黻纹绣之美（见图2）。

---

① 关于商代颜色的使用情况参见[英]汪涛：《颜色与祭祀：中国古代文化中颜色涵义探幽》，郅晓娜译，上海古籍出版社2013年版，第17~30页。

② 天马—曲村遗址发现的西周中早期晋侯及其夫人墓（M114和M113），其中M114内棺整体髹黑漆，局部有红漆图；M113的棺盖板髹成黑褐色（北京大学考古文博院、山西省考古研究所：《天马—曲村遗址北赵晋侯墓地第六次发掘》，载《文物》2001年第8期）。山西运城绛县横水佣国墓地"佣伯"夫人墓M1出土了一件颜色鲜艳的荒帷。荒帷整体呈红色，有精美的凤鸟刺绣图案（山西省考古研究所等：《山西绛县横水西周墓发掘简报》，载《文物》2006年第8期）。西周中期的平顶山应国墓地墓葬M86在椁盖板上发现了红、白、棕、色丝织品或麻织品的痕迹，上绘有红彩云雷纹（河南省文物考古研究所：《平顶山应国墓地1》（上），大象出版社2012年版，第442页）。

③ （北宋）洪兴祖撰：《楚辞补注》，中华书局2002年版，第169、75、206页。

④ 河南省文物研究所：《信阳楚墓》，文物出版社1986年版，第29~31页。

⑤ 湖北省荆州博物馆：《江陵马山一号楚墓》，文物出版社1985年版，第47页。

图1　河南信阳长台关一号楚墓出土锦瑟残片(瑟首和瑟身一侧)

采自河南省文化局文物工作队编：《河南信阳楚墓出土文物图录》，河南人民出版社
1959年版，图四一、图四四。

串花凤纹绣绢锦衣纹样　　　　　　　　田猎纹绦纹样

图2　江陵马山一号楚墓

采自湖北省荆州博物馆：《江陵马山一号楚墓》，文物出版社1985年版，第68、48页。

汉代集先秦理性与楚地浪漫于一身，十分看重感官生命的欲求。"素以为绚"的庄重素雅一变为"五色杂而炫耀"的惊采绝艳，黑色、红色与白色、青色的错乱交杂，可以说任何时代都没有如此强烈逼人的色彩。根据《说文解字》、《释名》等记载，汉代除五色外已有数十种颜色。与黑色相近的颜色有缁和皂，与青色相近的颜色有缥、绪、缘，与赤色相近的颜色有朱、缙、绯、绛等，与白色相近的颜色有练、素等，与黄色相近的颜色有郁金、蒸栗、绢、缃，又有蓝、紫、橙、绿等间色，这些色被广泛用于建筑、生活用具，乃至墓葬之中。

相较于战国时期的楚墓，西汉初年楚墓虽仍延续战国楚墓的葬俗，但其对于色彩的选择与使用更加恣意。以马王堆汉墓四重髹漆套棺为例，其中第一重为素漆外棺，内涂朱漆，外髹黑漆，表面无任何装饰；第二重棺内涂朱漆，外髹黑漆，黑漆上以灰色和绿色绘云气及穿插其间的神怪异兽；第三重内外均髹朱漆，棺表朱漆地上分布以绿色、淡褐藕褐、深褐、黄、白等暖色调绘有神兽、仙人、仙山等；第四重棺为锦饰贴羽内棺，内涂朱漆，外髹黑漆，棺表贴有一层勾连菱纹和菱花纹锦，锦上贴饰鸟羽。① 巫鸿认为黑色象征阴与死亡，红色则象征阳、生命和不死。② 据此分析，设计者意图通过漆棺上所绘物像及其颜色的象征意义，暗示出墓主的生命转化以及终极归所。就服饰而言，东汉时期贵族妇女服饰仍以以深衣和袍为礼服，但承袭楚服以绣为衣，以锦为缘的特点。不唯如是，其服色以青紫色为贵，素白为贱。③ 对于汉代服制的色彩纹样可以用《急就章》中的一段诗文概括："锦绣缦旄离云爵，乘风悬钟华洞乐，豹首落莽兔双鹤，春草鸡翅凫翁濯，郁金半见霜白蔨"，可见，汉代服饰上图纹内容已经涉猎到自然、仙境、游猎宴飨等方面，表现了汉代追求自然和谐，成仙修道，多姿多彩生活的精神世界。④ 马王堆一号墓出土的帛画中，位于中间部分的墓主人所穿服的就是深衣制的礼服(助祭之服)，图中服色上下相似，为黑褐色，又近于绀色，上有织绣的云纹。整体观之，其色彩艳丽却不失稳重，纹饰华美却不繁芜，表现出一种蓬勃的生命力与宏大的气势(见图3)。

图3　长沙马王堆一号汉墓黑地彩绘棺、朱地彩绘棺及内棺

采自湖南省博物馆、中国科学院考古研究所：《长沙马王堆一号汉墓》下集，文物出版社1973年版，图二六。

上述论述表明，战国以降，颜色，尤其是间色在传世文献中与社会实践中

① 湖南省博物馆、中国科学院考古研究所：《长沙马王堆一号汉墓》上集，文物出版社1973年版，第14~27页。

② [美]巫鸿：《礼仪中的美术：马王堆再想》，收入郑岩等编：《礼仪中的美术：巫鸿中国古代美术史文编》，生活·读书·新知三联书店2005年版，第111~115页。

③ 《后汉书·舆服制》记载，太皇太后、皇太后、皇后入庙时服深衣制，服色为上绀(红青或微带红的黑色)下皂(近玄黑色)；助蚕时则为上青下缥(青白色)。二千石职的命妇入庙祭祀时，礼服一律穿黑绢；助蚕服为青白色。见(宋)范晔撰：《后汉书》，中华书局1973年版，第3676~3677页。

④ 沈从文：《中国古代服饰研究》，上海书店出版社2001年版，第201页。

出现强烈的对比与反差。传世文献中出现反色彩理论，而实际中似乎出现对色彩的一种狂热，这种狂热在墓葬的建造与设计表现尤为明显，人们试图想用色彩来冲淡黄泉中的幽暗与恐惧之色，使自己死后的理想家园依旧充满生气。

三、五色杂而炫耀：汉墓壁画的生命气象

依据汉代墓葬壁画出土实迹，其设色主要有黑、红、白、赭、黄、绿、青、紫诸色及相互调后的复色。它们大多为天然矿物质颜料，质重且覆盖力强，且具极好的稳定性，故称石色或重色。① 蔡质在《汉官典职》中言："尚书奏事于明光殿，省中皆以胡粉涂壁，紫青界之，画古烈士。"②胡粉色白，可见汉代宫室壁画多以白色为基底色，再在其上施以各种颜色。洛阳汉代壁画墓的墓壁上通常涂有石灰粉或在此基础上在涂一层黄色底彩，因此汉墓壁画底色多为白色、黄色等暖色基调，这种底色有助于其他色彩的呈现，且色与色之间不易干扰。

巫鸿在《武梁祠——中国古代画像艺术的思想性》中提道"这座小小祠堂(武梁祠)能够使我们形象化地理解东汉美术展现出的宇宙观。其画像的三个部分——屋顶、山墙和墙壁恰恰是东汉人心目中宇宙的三个有机组成部分——天界、仙界和人间。"③信立祥亦认为汉画像石严格按照当时占统治地位的儒家礼制和宇宙观念刻在石结构墓室、石棺、祠堂和墓阙上。汉代人的宇宙世界由从高到低的四个部分构成：天上世界、仙人世界、人间世界和鬼魂世界。④ 二人对汉代宇宙的组成部分稍有分歧，但各有理据。本文依据二人的研究成果，将汉代人所期望的死后世界分为三个部分，即阴宅、仙界和天界。从已发掘出的汉墓来看，墓葬壁画和室墓内特定的空间具有一定的对应关系，这使得汉代壁画墓带有明显的程式化。墓葬壁画的题材大致可以分为四大类，这五种类型有特定的存在场域，它们分别是：(1)天象图和祥瑞图：描绘日、月、星辰，并用云气烘托，或以四神象四方。多绘于墓顶。(2)仙境：各种瑞兽或仙界草

---

① 孙大伦：《汉墓壁画色彩及设色法概说》，载《文博》2005年第6期。

② (南宋)王应麟撰：《玉海》卷57，江苏古籍出版社、上海书店1987年版，第1078页。

③ [美]巫鸿：《武梁祠——中国古代画像艺术的思想性》，柳扬、岑河译，生活·读书·新知三联书店2006年版，第92页。

④ 信立祥：《汉代画像石综合研究》，文物出版社2000年版，第59~60页。

木，玉璧，西王母等仙人。主要绘于玄室顶部下侧边缘、门扉、侧壁、隔梁。
（3）家园场景：庭院宅邸，庖厨、宴饮等。主要绘于前室侧壁。（4）历史人物：
忠臣孝子、贞洁烈女或圣贤。通常画于前室侧壁或隔梁之上。① 值得注意的
是，新莽时期前后，汉代墓葬壁画在风格上发生了戏剧性变化。西汉时期墓葬
壁画多为单独的、抽象的象征结构，几乎没有叙事性因素；相反，东汉时期墓
葬壁画展现了大量叙事性的历史故事或以墓主为中心的活动，包括车马出行、
乐舞宴饮等。即便如此，相同图像在不同墓葬中频繁出现，恰好为色彩的使用
规律找到参照。故本文选取河南地区不同墓葬中象征阴宅、仙界和天界的具有
代表性的题材进行比较，分析其在色彩组配上的异同。具体类容的分类详见后
文所附的折页。

汉墓壁画的母题虽然呈现为一定的程式化，但色彩使图像富于变化，呈现
出多样的视觉效果。《周礼·考工记》对五色及色与色的配合论述十分详尽：
"画缋之事：杂五色。东方谓之青，西方谓之白，南方谓之赤，北方谓之黑，
天谓之玄，地谓之黄。青与白相次也，赤与黑相次也，玄与黄相次也。青与赤
谓之文，赤与白谓之章，白与黑谓之黼，黑与青谓之黻。五彩备，谓之绣。土
以黄，象其方，天时变，火以圜，山以章，鸟兽蛇，杂四时五色之位以章之，
谓之巧。凡画缋之事，后素功。"②这里五色已经确指五种特定的颜色并与空间
方位观念相联系，共同被纳入五行系统，即为青/东/水，白/西/金，赤/南/
火，黑/北/水，玄/天/，黄/地/土。五行具有比相生，间相胜的特点，而五色

---

① 黄晓芬在《汉墓的考古学研究》中汉墓出土的绘画、雕刻等装饰题材分为五大类：
（1）天象图：玄室的顶部描绘日、月、星辰及朱雀、玉兔、银河等，主要是摹拟和表现天
体穹窿之场面。（2）祥瑞图：玄室顶部下侧边缘部、门扉、侧壁、角柱上的装饰图案主要
有龟、鱼、鹤、鹿、羊等，还包括玉璧、云气、莲花纹、忍冬纹等在内，象征吉祥、辟邪
类的动植物图案花纹。（3）升天成仙图：在玄室顶部或侧壁的上方描绘双龙穿璧，灵禽异
兽，西王母人，物乘龙御虎，过天门等，表现祈愿升天成仙之构图。（4）生前图：在玄室
侧壁描绘官吏晋级，庭院宅地，厨房料理，宴享娱乐，夫妇和睦，以及农耕畜牧、手工作
坊等，再现社会生活中所见各种场面。（5）故事图：玄室侧壁描绘历史上的圣贤、忠臣、
孝子、烈女形象等，表现以儒教思想为特点的人物故事图。黄佩贤则将汉墓壁画题材分为
四类，其中天象图、升仙图与祥瑞图并为一类，御凶、驱邪、逐疫图另设一类，其他两类
与黄说一致。本文认为天象图与升仙图在本质上并不一致，前者代表宇宙空间，后者代表
仙境，故将二者分开。见黄佩贤：《汉代墓室壁画研究》，文物出版社2008年版，第191
页；黄晓芬：《汉墓的考古学研究》，岳麓书社2003年版，第237页。

② （东汉）郑玄注，（唐）贾公彦疏：《周礼注疏》，上海古籍出版社1990年版，第
621~622页。

依五行相生相胜的原理即产生间色：青白相次，则金胜木，其色赤白(缥)；赤黑相次，则水胜火，其色赤黑(深红)；玄黄相次，则土胜水，其色黄黑(骊)；青与赤则木生水，其色青赤(紫)；赤与白则火胜金，其色赤白(红)；白与黑则金生水，其色白黑(灰)；黑与青则水生木，其色黑青(綦)。值得注意的是，青与白，赤与黑可以说是两汉承袭楚地色彩配置的两大系列。当然由上表所示，两汉色彩配置并不仅仅限于以上四色，紫色与赤色、青色与赤色、白色与赤色等亦是常见的色彩配合。从整体来看，汉代墓葬壁画用色的美学特征其具体表现在以下两个方面：

(一) 绘事后素

"绘事后素"出自《论语·八佾》：

> 子夏问曰："'巧笑倩兮，美目盼兮，素以为绚兮。'何谓也?"子曰："绘事后素。"曰："礼后乎?"子曰："起予者商也! 始可与言诗已矣。"

很明显，孔子是以绘喻诗，并且是以象征礼仪秩序之绘事比喻承载德行观念之诗歌。① 这里我们所关心的不是"绘事后素"的寓意，而只关注其作为一种设色方式是如何表现的，而历代注疏对此句的释义莫衷一是的缘由恰在于此。何晏《论语集解》引郑玄注曰："绘画，文也。凡绘画，先布众色，然后以素分布其间，以成其文，喻美女虽有倩盼美质，亦须礼以成之。"这是说绘画应先以众色敷彩，然后再施以素色使之分明。皇侃持此说。② 朱熹的注解刚好相反，认为"后素"乃"后于素也"，绘事后素即"谓先以粉地为质，而后施五采，犹人有美质，然后可加文饰。礼必以忠信为质，犹绘事必以粉素为先。"③ 刘宝楠则似乎综合了郑玄与朱熹的解释，区别出"太素"与"后素"，谓："太素者，质之始也，则素为质。后素者，绘之功也，则素为文。故曰'素'以为

---

① 颜勇：《魏晋以前中国色彩观析论》，收入范景中、曹意强、刘赦主编：《美术史与观念史》XII，南京师范大学出版社 2011 年版，第 98 页。
② 皇侃疏曰："如画者先虽布众采荫映，然后必用白色以分间之，则画文分明，故曰绘事后素。"见(魏)何晏注、(唐)皇侃疏：《论语集解义疏》，商务印书馆 1937 年版，第32 页。
③ (南宋)朱熹撰：《四书章句集注》，中华书局 1983 年版，第 63 页。

绚”。素也者，万物之所成终而所成始也。……是故画缋以素成，忠信以礼成。”①

很明显，以上诸家争论的焦点在于“绘事”与“素”孰先孰后。从汉墓壁画的色彩遗存来看，其设色大致有以下工序。② 首先，以淡墨线或朱砂线勾勒出物象的轮廓与骨干。其次，在其中施填色彩。值得注意的是，汉墓壁画中的勾填法与现代意义上的勾填法有所不同。墨线勾勒后，有的填满色彩，有的只填部分色彩(留白)，有的填色则压过墨线(没线或没骨)，这显示出汉代勾填的自由与随性。不唯如是，此时已出现对颜色的晕染或渲染技术。所谓晕染，其方法有二：其一，用含清水的笔将颜色由浓到淡染开，此法所用与面部的细致刻画，如洛阳卜千秋西汉壁画墓中的女娲、伏羲面部于额、鼻等部位作适当留白的同时以淡红色晕染，以呈现面色的红润与容光。其二，对接涂渐变的两种颜色，两色之间不留明显的界限，此法多用于人物服饰和鸟兽，以凸显衣物的质感与鸟兽的立体感。最后，再以墨线或白线勾勒或在特殊部位点彩。如河南永城芒山柿园汉墓壁画中的云气纹，淡墨勾描、局部施绿后，在云头点朱。洛阳浅井头墓壁画神人、朱雀、双龙等均在局部施彩后点墨作斑。河南偃师辛村新莽壁画墓的西王母即是以墨勾施采后，再用红线、墨线、紫线复勾。就此而言，如果将“素”作为一种颜色(白色)，其所起到的最大作用的分隔色彩，即划界，这与“画，介也”③之义相符。

关于“素”，《说文》言：素，白致缯也。段玉裁注曰：“缯之白而细者也……以其色白也，故为凡白之称，以白受采也，故凡物之质曰素。”④《释名·释采帛》载：“又物不加饰，皆目谓之素，此色然也。”⑤可见，素最初指白色的生帛，后引申为白色、纯色以及素朴、不加修饰之意。故而，素作为色彩之一，既可以成就庄重雅正之美，亦可作为超越色彩，体现道的自然无为的素朴之美。但从另一方面来看，素却是对色彩的轻视与反动，在此背景下，色指向的永远是形而上的“非色”。就此而言，汉代墓葬壁画的绚烂之色似与

① (清)刘宝楠撰：《论语正义》，上海古籍出版社1990年版，第90页

② 参见刘家骥、刘炳森：《金雀山西汉帛画临摹后感》，载《文物》1977年第11期；王矜：《马王堆汉墓的丝织印花》，载《考古》1979年第5期；孙大伦：《汉墓壁画色彩及设色法概说》，载《文博》2005年第6期。

③ 《说文》言：“画，界也，象田四界，聿所以画之。”(东汉)许慎撰，(清)段玉裁注：《说文解字注》，上海古籍出版社1981年版，第117页。

④ (东汉)许慎撰，(清)段玉裁注：《说文解字注》，上海古籍出版社1981年版，第662页。

⑤ (清)王先谦撰：《释名疏证补》，上海古籍出版社1984年版，第224页。

"素"相去甚远，但却是跳脱礼乐制度，与人的原始感性相契合的"强烈逼人的、感性的自然生命之美"①，即便绚烂夺目，却无火、热、躁、烈之感，其中包含着对自然生命的赞美，对感官生命欲求满足的狂喜，以及神仙世界的狂热想象。这何尝不是原始生命感性之"素"。

(二) 随色象类

"随色象类"与后来谢赫"六法"之"随类赋彩"的意义大致相似。刘纲纪认为"类"是个别不同的具体对象，"随类赋彩"即是按照不同的具体对象的要求而给以色彩的表现。② 介于此，有学者认为"随色象类"立足于模仿性原则，模仿必然通向于写实，故而"随色象类"四字也是对汉画写实性的很好概括。③但是，就汉墓壁画的常见母题而言，除人物、车马、建筑等可以借鉴现实之物外，天象、神仙世界的呈现则多出于画工的想象，这又何来写实性呢？故而，"随色象类"在"色"、"象"、"类"三字的微妙组合上可能体现着汉代人对类似绘画功能，乃至颜色功能的一些更为始源性的期许。

《说文解字》言："類，种类相似，唯犬为甚，从犬頪声。"④"頪，难晓也"，段玉裁谓"相似难分别也。頪、类古今字。類本专谓犬。后乃类行而頪废矣。"⑤《周易》载："同声相应，同气相求；水流湿，火就燥；云从龙，风从虎；圣人作而万物睹；本乎天者亲上，本乎地者亲下，则各从其类也。"⑥"各从其类"的类似表述亦可见于《吕氏春秋》、《淮南子》、《春秋繁露》、《论衡》等秦汉文献，如"类故相召"⑦、"物类相动，本標相应"⑧、"物各以类相召"⑨、"阴阳从类"⑩。

---

① 刘纲纪：《楚艺术五题》，载《文艺研究》1990 年第 4 期。

② 刘纲纪：《"六法"初步研究》，见《中国书画、美术与美学》，武汉大学出版社 2006 年版，第 56 页。

③ 邓乔彬：《论汉画的艺术表现原则》，载《文艺理论研究》1997 年第 6 期。

④ (东汉)许慎撰，(清)段玉裁注：《说文解字注》，上海古籍出版社 1981 年版，第 476 页。

⑤ (东汉)许慎撰，(清)段玉裁注：《说文解字注》，上海古籍出版社 1981 年版，第 421 页。

⑥ (魏)王弼注、(唐)孔颖达正义，李学勤主编：《周易正义》，北京大学出版社 1999 年版，第 17 页。

⑦ 《吕氏春秋·应同》，见许维遹撰：《吕氏春秋集释》，中华书局 2011 年版，第 285 页。

⑧ 《淮南子·天文训》，见何宁撰：《淮南子集释》，中华书局 1998 年版，第 172 页。

⑨ 《春秋繁露·同类相动》，见苏舆撰：《春秋繁露义正》，中华书局 1992 年版，第 359 页。

⑩ 《论衡·乱龙》，见黄晖撰：《论衡校释》，中华书局 1990 年版，第 694 页。

万物因"类"相聚，因"类"相动相感的原因，这些文献只是一带而过，或言"同气相求"、"气同则和"。王充的解释似更为具体，以气性之同异作为物类相感的依据，如"风从虎，亦同气类"、"气类异殊，不能相感动也"，并举金日磾于甘泉宫拜谒母像泣涕沾襟之事，提出"夫图画，非母之实身也。因见其形，泣涕辄下，思亲气感"。①《周易正义》中，孔颖达较王充更前进一步，言："'各从其类者'言天地之间，共相感应，各从其气类。此类因圣人感万物以同类，故以同类言之。"②这已然明确将"物类相动"视为"气类相动"，并将圣人之感作为评判物(气)类同异的标准。

色字的甲骨文"象一刀形而人踞其侧，殆刀之动词，断绝之意也。"③其意可能与巫术献祭相关，故《甲骨文字典》将其释义为神祇名。④《说文解字》载："色，颜气也。从人卩。凡色之属皆从色。"段玉裁注曰："颜者，两眉之间也。心达于气，气达于眉间是之谓色。颜气与心若合符卩。故其字从人卩。"⑤色字如何从断绝之意转变为颜气之意实不可考，但此两种含义均将色与人的生命联系在一起，故而作为人的生命之气的外在体现很自然成为色字的应有之义。《礼记·祭义》言："孝子之深爱者，必有和气。有和气者，必有愉色。有愉色者，必有婉容。"⑥气行于体内，见于外则表现为色容。因而通过人的色容可以窥观他的生命。《左传·昭公元年》晋侯问病于医和，医和言："天有六气，降生五味，发为五色，征为五声，淫生六疾。六气曰阴、阳、风、雨、晦、明也。"⑦这里的"五色"很可能并非指五种颜色(或多种颜色)，而是指面容之色。如《周礼·天官·疾医》载："以五气、五声、五色眡其死生。"⑧郑玄解释说：

---

① 《论衡·乱龙》，见黄晖撰：《论衡校释》，中华书局 1990 年版，第 694、695、701 页。

② (魏)王弼注，(唐)孔颖达正义，李学勤主编：《周易正义》，北京大学出版社 1999 年版，第 18 页。

③ 唐兰：《殷墟文字记》，中华书局 1981 年版，第 103 页。

④ 徐中舒：《甲骨文字典》，四川辞书出版社 1988 年版，第 1013 页。

⑤ (东汉)许慎撰，(清)段玉裁注：《说文解字注》，上海古籍出版社 1981 年版，第 431 页。

⑥ (东汉)郑玄注，(唐)孔颖达正义：《礼记正义》，上海古籍出版社 1990 年版，第 809 页。

⑦ (西晋)杜预注，(唐)孔颖达正义：《春秋左传正义》，上海古籍出版社 1990 年版，第 708~709 页。

⑧ (东汉)郑玄注，(唐)贾公彦疏：《周礼注疏》，上海古籍出版社 1990 年版，第 73 页。

"五色，面貌，青、赤、黄、白、黑也。"《黄帝内经太素》卷十五"色脉诊"亦谓"五色微诊，可以目察。"①下述赤脉、白脉、黄脉、青脉、黑脉，并论据面、目之五色相配断死生。以上所引文献的成书年代多有争议，且文中五色多依附于阴阳五行说。然而，我们亦不能排除这样一个假设，即这些文献虽然试图将过去的历史整合到一个统一的系统中，但它的内容可能源于更古老的传统。② 就此而言，色之颜色意很可能早于五行说中的五色意。正如《甲骨文字典》所示，色之本义为断绝，颜气之意为借义。③ 那么，色的色彩之意极有可能是由人的颜气扩充为万物的颜气所产生的衍生义。

象的本义是"南越大兽"④，后有词义上的引申（卦象、天地万物之形象）与词性上的转换（创造）。《韩非子·解老》言："人希见生象也，而得死象之骨，案其图以想其生也，故诸人之所意想者皆谓之象也。"⑤其中，"按其图以想其生"是说观死象之骨，心中营构出象的形象并图画之，继而通过观图画之象而想象生象。这句话虽是就生象与死象而言，但其中透露出取象与成象的过程，即《周易》所言的"观物取象"和"立象以尽意"。《周易·系辞上》云："圣人有以见天下之赜，而拟诸其形容，象其物宜，是故谓之象。"⑥此处，象虽指卦象，但此句可以被看作是对取象和成象的总体论述。其中，象与拟对举，皆是似而非似之意，因此取象并非是对物的复制与描摹，而是物我生命之气的交流共鸣；成象之象也就并非是自然之象，而是偏离自然之象的心象。⑦ 孔颖达《周易正义》疏云："先儒所云此等象辞，或有实象，或有假象。实象者，若地上有水，比也；地中生木，升也，皆非虚，故言实也。假象者，若天在山中，风自火出，如此之类，实无此像，假而为义，故谓之假也。虽有实象假象，皆以义示人，总谓之象也。"⑧孔颖达认为象有实象、假象之分，实象为天地自然

---

① （隋）杨上善撰注：《黄帝内经太素》，人民卫生出版社 1965 年版，第 278 页。

② ［英］汪涛：《颜色与祭祀：中国古代文化中颜色涵义探幽》，郅晓娜译，上海古籍出版社 2013 年版，第 144 页。

③ 徐中舒：《甲骨文字典》，四川辞书出版社 1988 年版，第 1013 页。

④ （清）段玉裁注：《说文解字段注》，成都古籍书店 1981 年版，第 487 页。

⑤ （清）王先慎撰：《韩非子集解》，中华书局 1998 年版，第 148 页。

⑥ （魏）王弼注，（唐）孔颖达疏，李学勤主编：《周易正义》，北京大学出版社 1999 年版，第 274 页。

⑦ 邹元江：《必极工而后能写意——对"中国艺术精神"的反思之一》，载《文艺理论研究》2006 年第 6 期。

⑧ （魏）王弼注，（唐）孔颖达疏：《周易正义》，北京大学出版社 1998 年版，第 11 页。

之象，假象为人心营构之象，二者皆以义示人。但究其根本，实象与假象皆为人心营构之象，因为取象、立象之象皆是人观物所得，这也意味着物与象的不同在于人心的参与，换言之，象不仅指物之形状，也包含与形相对的生与神，故而以死象之骨拼成象之图，其图虽为死象却可以被当成生象。可以说，象是空间性的形状，更是时间性的流动变化，所以象之中包含生命存在的时与位的样态，即存在展开意义上的时间与存在彰显意义上的空间统一体。① 如此，象的另一层意义——"感神灵通"自然而然地进入我们的视野。

所谓"感通神灵"是一种超乎因逼真而使观者将画中物误为真物的写实功力之上的、具有类似巫术的神秘能力。中国古代的艺术家认为艺术作品一旦具有这样的生命力量，便会因为"同类相感"原理，与外在的天地自然产生互动，而有灵异的现象发生。②《史记·封禅书》载："文成言曰：'上欲与神通，宫室被服非象神。神物不至。'乃作画云气车，及各以胜日驾车辟恶鬼。又作甘泉宫，中为台室，画天、地、太一诸鬼神，而置祭具以致天神。"这里"象"是对神秘之物的视觉性表达，亦是想象中的理想性表达，它最神奇的地方在于其可以感通神灵，成为真正的生命或感召与之相类的生命，从而对观者施加影响。对于墓葬中的画像而言，它们是死后世界的视觉性表达。在灵魂世界中，这样的图像被认为可以将其原型的效果带给它们的所有者或制造者；而且对于墓主而言，图像应该是实现其意愿（如升仙）的最好的途径。这说明壁画并不仅仅是图于壁上的画像，更不单是对原形的模仿与复制，它对于所有者或观者而言就是原形本身，是真实的存在。如上述，象通过色的呈现，不是为了使其更具写实性，而是在气的意义上与此类生命相感，从而具有感神通灵的能力。

结　　论

不难看出，学界将五色作为中国传统的审美观，主要依据的是先秦两汉传世文献对五色的强调。值得注意的是，这些关于五色的论述涉及与祭祀相关的礼器、舆服以及日常舆服等，其所指皆是礼教与政治；即便《周礼·考工记》

---

① 贡华南：《味与味道》，上海人民出版社 2008 年版，第 191 页。
② 石守谦：《"干惟画肉不画骨"别解——兼论"感神通灵"观在中国画史上的没落》，收入《风格与世变——中国绘画十论》，北京大学出版社 2008 年版，第 66 页。Munakata Kiyohiko, *Concepts of Lei and Kan-lei in early Chinese Art Theory*, in Susan Bush and Christian Murck eds., *Theories of Arts in China*, Princeton：Princeton University Press, 1983, pp.105-131.

中"画缋"一节中记载了关于画缋的用色原则，但作者似乎从未将设色技术考虑在内，而是在以五色配五行的理论背景下，强调五色"比象"、"昭物"的象征意涵，而非感染于五色本身所具有的魅力。可见，被宗教、礼制、政治、哲学所包裹的五色不是让人的视觉感受到美，它恰恰是反色彩的，因为色彩愈鲜艳，其本身愈一无是处。就此而言，先秦两汉时期的五色理论很难说是一种审美模式。相反，呈现为光怪陆离之美的间色，由于其与儒、道、墨各家所要求恢复或重建的社会秩序相反，在道德价值上备受贬低。阴阳五行说盛行的汉代，五色作为符号被机械的纳入政治、礼仪之中，但是汉代绘画却呈现出一种对强烈自然感性生命的狂热追求。值得注意的是，汉代墓葬壁画之所以重视色彩，或可体现其对绘画功能和颜色功能的某些期许，即色彩在汉代人心中直接与生命之气相连，赋色之象更显象之生气而产生"感神通灵"的神迹。

目前学者对汉代墓葬壁画设色过程有所猜测，但对整个墓葬的营造过程仍不十分清晰。邢义田与曾蓝莹提出流传在丧葬专业中的既定格套在墓葬营建过程中起着非常重要的作用。① 格套可能是装订成册的粉本或底稿，亦可能是一种口诀。墓葬壁画中的女娲、伏羲、日、月、四神、灵兽、乃至墓主的姿态等都明显呈现出规律性与程式化，但却又无一不呈现出细微的差异。可见，高明的画工在不失画像旨趣的前提下，总是能于规律中曲尽变化之妙。可以说，名工在传统格套的基础上创造变化，形成新的典范和格套，带动流行，进而也塑造了职业上的新传统。如此格套与破"格"循环往复，使一传统得以成为长期维系不坠，而成为真正传统，因此，相较于传统的创始，其间的变化（破"格"）则更富意味。正如卡西尔所言："美感就是对各种形式的动态生命力的敏感性，而这种生命力只有靠我们自身中的一种相应的动态过程才能把握。"②艺术家所呈现的艺术形式总是依凭着他们个人独特的气质、直觉来感悟，并投射出独一无二的生命形式。换言之，艺术形式是源于生命形式的发现和再造，因个体生命形式的多样而呈现出异彩纷呈的生命形式。

（作者单位：武汉大学哲学学院）

---

① 具体参见邢义田：《汉碑、汉画与石工的关系》，见邢义田《画为心声：画像石、画像砖与壁画》，中华书局 2011 年版，第 59~67 页；曾蓝莹：《作坊、格套与地域子传统：从山东安丘董家庄汉墓的制作痕迹谈起》，载《台湾大学美术史研究集刊》2000 年第 8 期，第 44~48 页。

② ［德］恩斯特·卡西尔：《人论》，甘阳译，上海译文出版社 1985 年版，第 192 页。

论音乐的存在方式

单金龙

巴洛克时期，音乐家会把音乐作为智慧的消遣；古典主义，音乐为了更具规范而不断强调乐音运动的理性结构；浪漫主义的音乐则在表现上显示出比以往任何流派更触及心灵的深度，即便是认为音乐除了它自身别无其他的自律音乐美学者汉斯立克，也曾说"音乐是乐音运动的形式"。粗略地回看音乐的风格发展史，人们或多或少联系于接受主体心理的某种层面，从而发挥出音乐在社会中的价值，这个层面，在音乐心理学中，就是本文要借此谈论的观点："乐音的运动心理"。

一、历史上对音乐存在方式的探讨

音乐美学在音乐形式与内容的问题上由于过多地从哲学高度俯瞰，而忽视了这一音乐内容，实际上是形式所存在的心理内容这一观点。一直以来，被两大音乐存在方式观念所统占，即作为音乐的形式存在和作为音乐内容的存在两种存在方式。内容存在很好理解，即音乐的全部内容都在于形成音乐之外的内容，由此也造成了音乐解释的诸多麻烦。而形式的存在则从客观美学的基础出发，将"音乐本体"结合现象学的"意向性"（非被动的主动体验）被辩证地指出，如历史上尼格马图林那对内容表述的"现实的内容"和"潜在的内容"的二重观；还有如法国符号美学家罗兰·巴特在语言内容中描述的二重性"表达的内容"和"内容的内容"；以及美国哲学家奥尔德里奇"音乐性内容"和"非音乐性"内容的二重存在。这里，罗兰·巴特的"表达的内容"与奥尔德里奇"音乐性内容"指的正是音乐形式的内容存在。

尤其是进入 20 世纪形式美学更是产生了一大批艺术实践及思想家，比如以斯特拉文斯基为代表的"新古典主义"，以萨蒂为首的法国"六人团"，有整个 20 世纪早期，音乐理论家哈尔姆对"音乐结构"观念的强调，以及接下来整个先锋实验音乐的大举推进，占领的整个专业音乐创作领域；除此之外，从 20 世纪初，在绘画领域方面，沃林格与康定斯基对抽象艺术说进行的抽象形式的辩护；到文学上未来主义诗歌的什克诺夫斯基、艾钦鲍姆与发生在英美新批评流派的兰瑟姆、韦勒克；再到后现代主义时期的结构主义（德里达）维特根斯坦、索绪尔、列维·施特劳斯以及现象学、释义学、存在主义等，都能见到对艺术形式内容存在的思考，从而使得整个艺术领域倒向对艺术自身价值探索，远离传统的内容美学，并且越走越远。

由以上的历史思潮简单的勾画可以看出，音乐涉及两种存在方式的探讨，即自律的与他律的，这也是两种主流的音乐存在方式。这两种方式对音乐的表演与欣赏的指导也一直统占着人们的思想，即从哲学层面的探讨到形成历来遵照乐谱演绎的惯例与具有表现性的做法，也就是真实性与创造性的具体表演美学的指导。然而这种美学标准，在兼顾了音乐的纯粹形式原则与音乐内容后，实际上还并未解决实践中为何音乐会在共同美层面上具有一定可以制定的标准？纯粹形式原则是音乐自身，而演奏家的存在也并不是为了将其显现，而是为了实现其依附于它的表达性内容。那么对于批评家而言，这种动机就使得他们无从进行演奏优与劣的评价，从而代替的是以演奏家个性的版本比较，这实际上掩埋了另一种可能被我们挖掘的音乐存在，而恰恰这种音乐内容的存在，正好可补缺批评家对音乐版本所进行优劣评价的空白。

那么这就需要一种强有力的存在于音乐文本中客观内容的证明。这种证明在以往的音乐本体问题的回答中也未曾使用，这就是音乐心理学中有关乐音运动对心理改变的观察。而恰恰这一部分内容，正是本文要讨论的第三种存在方式，即乐音在运动中存在的一种内容。

二、音乐存在的第三种方式

音乐作品的内容与形式问题即主体与客体或者说是作为创作者、演奏者与欣赏者的主体，与创作的作品、演奏的乐谱以及听众面对的音响对象。其中"内容决定形式"，"形式反过来承载内容"。而音乐的内容似乎一直以来被欣赏者看做是其存在的全部，因此聆听音乐的过程实际上就成为了感知声音之外意义的过程与全部能力问题。如果把目光放到形式上，形式是怎么来的？我们说是内容决定的，而形式是否只有作为内容而存在唯一意义？答案不只这么简单，形式作为内容的产生物，它实际上并不老实的只忠实于创造它的内容，它被创造出来后，同时作为客体有自身的内容，这个内容不是形式之外的，它就是它，只属于它的内容。那么形式内容究竟是什么？这个内容何来？它是什么？

据自律论美学说，这个内容就是形式它自身。而本文要强调的是，这个内容也来自形式，但是却是乐音的运动所提供听众的心理变化，所以心理变化在这里就成为了形式的内容。换句话说，形式的运动带来心理的运动，进而形成"心理变化逻辑"，心理逻辑即作为形式运动的结果，因此就是形式的内容。这个内容无关乎音乐意义，无关乎乐音运动的形式"内容"，它只存在于同形式运动关联的心理运动之中。

心理逻辑作为形式的内容之具体表现，心理运动来自于形式运动，接下来的问题是这种运动是不是仅仅只依赖于形式，它有没有可能反过来制约形式，答案是肯定的，这个道理就像投石击水，形式被作为一个契机，而不是心理的所有内容，石头是激起的水波，水波的运动有自身的决定因素，那就是前面作为后面水流，流速的前提，心理一旦被琴弦的一声拨弄，就会产生如投石击水一样的水波运动，我暂且把它规定为由于收到形式影响的"心理逻辑"。说到这里，似乎我们说到了问题的根部，心理逻辑即运动形式的内容。既然心理逻辑来自音乐形式运动，是音乐形式运动的内容，音乐形式运动来自音乐内容，那么作为"形式运动的心理内容"（形式存在的第一层内容）与"独立于任何内容的形式内容"（自律论的形式，即形式存在的第二层内容）以及"内容的内容"（他律论内容，音乐二重形式内容之外的附加内容）。

经过一番讨论，笔者阐明了这样一个观点，即音乐的存在至少有这样的三种方式，或者说需要被表现或者感知的内容，即音乐形式的心理内容、音乐形式的内容（不关乎心理），以及音响结构的情感内容（音乐二重形式内容之外的附加内容）。下面，笔者将通过一首具体的作品来说明音乐形式的心理内容存在方式。

三、音乐作品存在的心理内容分析

以肖邦大波兰舞曲 Chopin：*Grande Polonaise brillante*，*op* 22 为例，做音乐心理内容分析：

片段 1： 速度 Allegro molto. ♩ = 126

第 1~3 小节：音型从小字 1 组的 D 琶升到小字 3 组的 F，之后降到小字 1 组 G 和 A，前三小节音型一样，按照音型所对应的主观心理，其潜在文本内容应为渐强与减弱的交替，节奏型三次的重复是一个一而再再而三的心理状态。

第 4 小节：小字 3 组的 F 降入小字 1 组的 B，从强拍到弱拍的下降音型，带来的主观心理力量越来越强，但考虑引入主题，速度需越来越慢。

第 5~8 小节：第 5 小节由附点 4 分音符的小字 1 组的 G 开始，后升高至 A（一个大二度），大二度给人以内心反向扩展的力量，而此时成了整条旋律情感的聚集，故此时需要客观冷静，紧接着迅速的滑降到低八度的，期间以三连音形式均分速度，呼应了大二度给内心的扩展之感，同时一种保持而冷静心理内容始终不断聚集；紧接着由该小节的大二度音程 D 到 A 进行了收束，回到降 E 大调的主和弦降 EG 降 B。第二小节继续从主和弦开始，延续蓄积酝酿的心理内容，还是第 5 小节的材料，从主和弦开始，而之前的大二度音程，在这里有了一个戏剧的转变，由 G-A，变为 16 分音符的小字 1 组的 EFGE 到小字 2 组 EDC 的大跳进行，将之前大二度的扩展在这一小节中给予了满足。

第 7 小节：以小字 2 组的 G 为主音环绕的音型大跳进小字 3 组的 D，主音环绕给予一种焦灼亟待解开的欲求，而接下来大跳进 D 为的就是拉开张力，由 D 迅速进入一连串极进下降的音型，将焦灼的心理给予快意的宣泄。这里特别需要注意的是这一小节后半拍起的四分音符降 B，该音如果能演奏出 1.5/4 的感觉，对接下来的迅速下行会有更佳的效果，因为这样一个短暂的保持，会给人带来坚持的体验感，我们都体会过当实在坚持不下去时力量松懈的状态，一泻千里，恰如接下来极进下滑的 32 分音符。

第 8 小节：第七小节极进下行之后接的一串音高较为密集的音型，可以给予能量释放之后的软着陆之感，因此这里需要特别运用好这几个音型，具有承前启后作用。

第 9 小节：是第五小节主题句的重复，主音 A 进行了两次，用以强调主题的出现，有更新之前的全部情绪或感觉的作用，然后，继续三连音的下行进行，开始蓄积心理的扩展之力。

第 10 小节：重复第六小节的旋律性格，但是还是做出了音型的改变，并做出心理调整，但此时并不是为了能量蓄积，而是有些愚弄的阴谋，即第 11 小节的华彩乐句。该乐句刻意地将听众内心达到一种窒息的顶点，因此第十小节中高音区的徘徊虽然不感觉气息不浓，但却给听众造成了一种间歇感，间歇之后是推向高塔顶尖的片刻停顿的失重之感，因此这一华彩乐句的表达内容应该是——越来越弱的状态，其音型音区的越来越高正是迎合这种心理状态的设计。

片段 2：

第 1~2 小节：两小节音高半音与二度关系的 32 分音符的下降音型，具有强大的推动之力，这种力量如需承接新乐句，尤其是两小节后的抒情性乐句，那必须有一个缓冲，第三小节的设计便是如此，它起到了吸能与缓冲的作用。

第 5~11 小节：从第 5 小节开始一直到第 11 小节，每个小节都是第 5 小节的下行模进，情绪越来越悲伤越来越绝望。比如第 6 小节，16 分音符的二度关系主音围绕，一种徘徊、缠绕、不解、压抑的状态，紧接着 G 降 E 犹如一个哀叹，并且在新的小节重新模进这个徘徊、缠绕、不解、压抑的状态；然后继续哀叹，并且重复第三次，每一次都有着极为细腻的情绪状态，直到第 12 小节小二度两个音的持续交替两拍，给人一种恍惚、绝望、意志消沉的感受。接下来音型回到第五小节，貌似是一场轮回，此时音型虽然不变，但可以根据演奏者的主管内心重新诠释这一相同的 5 小节音型设计；可以是失望之后的绝望，也可以是失望之后的继续祈求与割舍，这样的表达内容完全由演奏者个性与情感经历或者当下的情绪决定。

通过对以上两个片段的分析，我们可以发现，音乐的形式为听众内心提供了大量的运动欲求，符合这种内心运动欲求，就满足了听众；同时音乐的形式也提供了演奏者表现的依据，演奏者需认真仔细的揣摩音型的运动、前后的逻辑关系、由音型运动带来的力量的变化等，由此来进行忠实乐谱的传递。这正是本文所谈到的音乐存在的另一种方式，存在于心理欲求之中，形式应该是心理欲求的一种显现。

四、三种存在方式如何三位一体？

这种存在被裹挟在其他两种存在方式中，因此要说清乐音在运动中所存在的内容，我们就必须首先冷静地梳理以及辨别统一文本之内的这三种存在方式。

三个内容如何和睦相处、共处一室？形式的二重内容如何存在于音乐之外的审美意义判断中？同时，形式的二重性如何又能在不影响自身规律的同时和睦相处？三者的矛盾结合体在音乐演绎的判断中是否会偏向其中一方？音乐演绎如何在这三者对立中取得绝佳平衡？

对这个问题的回答，笔者认为，需要首先从音乐风格着手来判断音乐历史上这三者内容在其历史阶段中都有着怎样的侧重，图 1 为"中世纪"、"文艺复兴"、"巴洛克时期"、"古典主义"、"浪漫主义"、"20 世纪 50 年代之前"与

"20 世纪 50 年代以后"等几个风格演变的历史发展阶段。按照黑格尔在传统艺术中的划分，内容(音乐之外的内容)与形式(音乐自身的形式，自律的)可以大体规定为"内容大于形式"、"内容等于形式"与"内容小于形式"三种音乐内容与形式关系。早期的音乐如中世纪与文艺复兴，内容占得更多；巴洛克时期，音乐作为宗教的目的内容依旧被时代所主流，但由于巴洛克器乐逐渐独立化，作曲家在作品自身形式要素的挖掘上也丰富了起来；到了古典主义，无标题交响音乐作为纯粹音乐最重要技术保障与发展动力开始和对个人与时代的表达有了抗衡的表现；浪漫主义时期是一个感性体验至上的艺术创作时期，其自律性的形式内容便开始被压抑，被妥协，直到 20 世纪艺术家开始逐渐将自律性与他律性内容进行兼顾，尤其是自 20 世纪 50 年代以来，音乐家在力求表现内容的同时进行着音响自律的探索，使二者达到近乎完美的统一与调和。

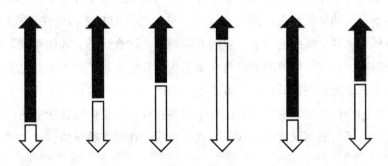

中世纪文艺复兴　巴洛克　古典主义　浪漫主义　20th50 现代　20th50 当代

图 1　各个时期音乐风格的演变

　　音乐艺术有着形式(自律)大于内容(他律)，客观等于主观这样的基本存在，而浪漫主义被催化的音乐形式无不归功于对内容的要求，站在形式内容存在可能狭窄空间中，音乐艺术我们小心翼翼的诉说着。演奏者们聚精会神，专注地拿捏着音乐所表现的内容以及形式所具有的心理逻辑这二者的表达诉求。

　　通过以上步步为营的论述，我们已经确定了音乐的内容存在"情感内容"和"形式内容"，在实际的音乐作品中我们发现，虽然这二者都有着自身的发展逻辑，但也并不完全是尖锐对立的，实际上，它们会时而相辅相成、天才般地联合；时而一方向另一方和平妥协。这里，当"形式内容"向"情感内容"妥协时，我们可以评价的不多；然而当情况相反时，我们就有了评价版本的可能了，版本评价由此开始。

　　直到这里，似乎我们只看到了两种内容存在的比较与历史的调和的表述，那么上文所说的音乐运动心理（形式）带来的内容，在这几个历史发展的过程中又是存在于哪呢？笔者认为，只要音乐存在就会存在这种内容，只不过这种内容被本能地写在了其他二者内容之中了，实际上心理运动所决定的形式的内容，是音乐创作第一性的，在音乐的发展历史中，人类首先接受的是优美动听的乐音，之后是思想内容。但为什么没有被显现在这张图中，是因为在音乐的表演与欣赏的环节，它并未被人所熟知，它只是本能地被创作，本能地被表达与体验。音乐的黑箱成为我们知其所以，而不知其所以然一个被麻木的遗忘。

五、结　　语

　　音乐的心理存在方式其实一直都在音乐的实践长河中存在着，它是一个直觉的、不自觉的体验状态；而笔者认为，只有当我们知道音乐在形式层面上，在没有任何功利主义的前提下，去问音响为什么这么设计，才能见到音乐存在的这一内容。而这一内容的显现将会重新指导我们音乐艺术的实践之路，重新发现音乐艺术更多地被其他存在方式遮蔽的内容，演奏者可以更有意识地表演他所依赖的乐谱，而欣赏者也知道音乐即将在什么时候可以让他更悲伤、喜悦或是快意。从表演与欣赏中重新带给我们音乐存在的审美价值。

（作者单位：武汉音乐学院音乐学系）

于无声处觅琴音：古琴琴谱问题探析

倪倩凝

古琴是中国传统文化版图中的重要一环，对其解读，绝不可止步于器物层面——古琴是凝结着琴人、琴艺、琴道等多重意蕴的文化聚集体。对古琴琴谱①的考察，也不可停留于考古层面，将其仅仅视为符码，进行某种粗糙而僭越的拼凑解读。有学者说，古琴琴谱从来就不是什么符码，正如汉学家高罗佩所言，"古琴谱并不记录任何真正的音符"②。所以面对着长久以来的对于古琴琴谱缺失音高和节奏问题的究诘，我们首先要重赋古琴琴谱的定位，它是一种"奏法谱"，主要承担"记指"的功用，而"记声"部分由口传、喝声等其他方式进行补充；其次，理解古琴谱的意蕴，要冲破固有形式规则的限制，立足于中国的时空思维，从古琴的技艺层面而非理论层面进行把握；最后，古琴谱的演进历史启示我们，对琴谱的改革既要创新又要反思，并在古琴教学和古琴文化的保护中不断凸显"打谱"的重要意义。

一、"记指"与"记声"：对古琴琴谱功用的重新定位

严格意义上的"记谱法"概念来自于西方。无论是用字母 A、B、C、D、E、F、G 标识音阶，还是始源于格里高利圣咏的纽姆谱，"记谱法"记的都是声音，流动而抽象的声音永远是乐谱捕捉的首要对象。所以无论是人声还是器乐声，人与物、器乐与器乐之间的差异性都能够被抹平，在乐谱对于声不断追捕的一致性当中。比照西方，中国传统记谱法展现出一种无与伦比的丰富性：

---

① 古琴谱大致经过了文字谱、减字谱再到近代以来增加五线谱或简谱改造后的减字谱。本文的"古琴琴谱"主要是传统减字谱。

② ［荷］高罗佩：《琴道》，宋慧文、孔维锋、王建欣译，中西书局 2013 年版，第 132 页。

除了琴谱，还有工尺谱、燕月半字谱、弦索谱、管色谱、俗字谱、律吕字谱、方格谱、雅乐谱、曲线谱、央移谱、查巴谱和锣鼓谱共 13 种乐谱被记载。

不同于旨在"记声"的西方乐谱，中国传统乐谱更关注制造响动的人、他们的身体，以及支配身体动作的技法和要领。金、石、土、革、丝、木、竹、匏，不同材质、不同器乐、不同声音，中国式记谱在区分音之前先对器乐和操持器乐之人进行区分。有一个问题始终先于"宫、商、角、徵、羽"被提及：是弹琴还是鼓瑟，是击鼓还是击鼙？我国现存最早的鼓谱(见图1)布满了圆和方，但它记录的并非是某种节奏型，圆和方分别代表两种乐器——鲁国的鼙鼓(用于军旅的一种小鼓)与薛国的大鼓。"此鲁、薛击鼓之节也。圜者击鼙，方者击鼓。古者举事，鼓各有节，闻其节则知其事矣。"①而参照《礼记·投壶篇》的记述，在方与圆、鼓与鼙的背后还与某"事"相连，它记载了一次投壶游戏输赢的状况。中国的传统记谱法并不记声，或者说不仅仅记声，而是一个"声——器——人——事"构成的丰富系统，记录的方式和内容也因声、器、人、事的不同而异。所以对于一个不谙于此的异文化者来说，中国"天书"式的古琴谱只能呈现为某种"奇观"，认为它只会把人"搞得稀里糊涂"，并因为无法在不同器之间得到通用而被认为不完善。②

对传统的古琴琴谱(尤减字谱)的合理定位应是一种"奏法谱"(Tablature)，或像某些琴家所说的那样，是一种"指法谱"。"奏法谱"的要义是记录演奏方法，时刻为声音背后的"声——器——人——事"做准备，而不记录任何实际的声音，所以它被认为"无声"也很正常，只是这种"无声"指向行动，别具动感。"奏法谱"的定位标示出古琴琴谱与生俱来的缺陷，它永远无法像勋伯格的乐谱那样被"读奏"，它必须付诸实践——但这种"缺陷"同时也标清了古琴谱的职责范围："记指"，首要且仅仅要"记指"，这减轻了琴谱的负担，也使得那些就是因厚望而起的诟病被轻松地抖落了。

古琴琴谱所要"记"之"指"庞大而繁杂，仅仅就右手而言，就涉及"勾、剔、抹、挑、托、劈、打、摘"基本指法 8 种，"历、轮、半轮、撮、反撮、打圆、圆勾、双弹、锁、扶、转指、转却、拨、刺、伏、滚、拂、捻"等复杂指法十余

---

① 郑玄注，孔颖达等疏：《十三经注疏·礼记正义》卷 58，中华书局 1980 年版，第 1667 页。

② [哥]尼古拉斯·唐可·阿尔海洛：《穿过鸦片的硝烟》，郑柯军译，北京图书馆出版社 2006 年版，第 237 页。

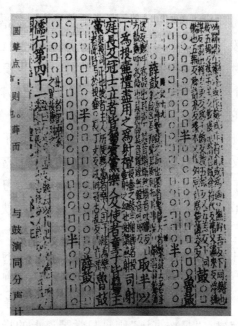

图 1　我国现存最早的鼓谱①

种，这还不包含左手的"吟、猱、绰、注"以及"散、按、泛、泛起、泛止、少息、大息"等修饰性内容在内。对具体指法的注释方式这里不再详述，单从所举指法名称的繁复性来看，古琴谱的"记指"功用与"奏法谱"定位就已经显现出必要性。琴谱只有专注于演奏中最繁难的指法的记录，才能为旋律和节奏等声音问题的解决腾挪出精力和空间。"记指"与"记声"实为一个分工问题。

"记声"问题并未在古琴琴谱中得以体现和解决，琴谱有赖于"喝声"和记诵作为补充完善，这是由"口传心授"的古琴传承传统所致。秦序认为，琴乐的传承方式由两个部分构成：一是"记指"，依靠的是琴谱；二是"记声"，依靠老师"口传心授"，学生"喝声"记诵而得。② 所谓的"记指"是"备忘录"式的③，只在

① 引自中国艺术研究院音乐研究所：《中国音乐史图鉴》。

② 参见秦序：《琴乐"活法"及谱式优劣之我见》，载《中国音乐学》1995 年第 4 期。

③ 关于琴谱所扮演的"备忘录"角色，秦序在《琴乐"活法"及谱式优劣之我见》一文中有所提及，比如："有了备忘录式的'记指'，再加上口传心授记诵曲调旋律，可以满足在小范围内师徒之间直接传承琴乐的需要。""在这种口传心授的传承方式中，按谱与'喝声'并重，备忘录式的'记指'为主要功能的琴谱，在个人使用或小范围传播时，不至于使人感到有严重不足。"章华英在《古琴》一书中也有提及："琴家只是用来备忘、交流或示范，可能还没有意识到要用谱传琴。"详见章华英：《古琴》，浙江人民出版社 2005 年版，第 74 页。

私人或小范围师生间有效，且并非所有的琴生都有机会识谱——琴谱的这点点"备忘"功能也难全发挥。"淮阳琴派"琴者叶名珮在口述自己 14 岁向琴师杨子镛习琴的一段经历时说："……他从来没给我看谱子，也没有教我学着看减字谱，我跟他学了十个月，都是这么学下来的。他全凭记忆教，我全凭脑子记。这也没什么，让我犯愁的是，他一口淮阴话，听起来太费劲了……"①由于生病，叶名珮仅一个月没练琴曲子就忘了很多，"因为没谱子，忘记了就没法恢复。我有时也翻看父亲给的那本《琴学入门》，想试试能不能自学到一点儿，但始终不能看着谱子就弹出曲子"。由此可见，琴艺的传习主要依靠的还是老师，不仅对于时龄 14 岁的叶名珮而言，即使是名家裴铁侠，他也坦言，不敢"妄想弹一支未经老师亲授的曲子，或者任意演绎"。②"记声"的关键在"喝声"，蒋克谦在《琴书大全》中记载了宋代赵希旷有关弹琴的论述："近世学者，专务'喝声'，或只按书谱，'喝声'则忘古人本意，按谱则泥辙而不通，二者胥失之矣。'喝声'、按谱，要之皆不可度。"秦序对其解释为：专务"喝声"就是只注意学唱曲调旋律，"只按书谱"则是只学琴谱上的指法，前者由于口耳之误而容易"忘古人本意"，后者由于丧失旋律的整体观而容易拘泥不通。③与叶名珮一样，同向杨子镛习琴的近代琴人凌其阵也是"只凭手传"，没有谱子，但与"随便玩玩"的女童叶名珮不同，凌其阵曾向老师学习"唱弦"。④ 可以推想，"唱弦"与"喝声"发挥的作用相同，那就是"记声"，记旋律节奏，记轻重缓急。但与其说是"记录"还不如说是"记忆"，所记之声并未实现从声响到文字的转换，旋律还是飘忽易逝，因人因师承而异的。如同"口传心授"所暗示的那样，对古琴艺术而言，旋律和节奏的把握仰仗的依然首要是口和脑。

"记指"与"记声"分属琴谱与业师不同职能，这种分工上的划界就是重新定位古琴琴谱，把音高和节奏的记录（实为记诵）排除在琴谱主要功用之外。而对于古琴琴谱在音高和节奏方面则"缺席"，但"缺陷"的同时也是意蕴之展开，下面对此进行哲学层面的分析。

---

① 严晓星：《七弦古意：古琴历史与文献丛考》，故宫出版社 2013 年版，第 173 页。

② ［荷］高文厚（Frank Kouwenhoven）《妙手回春 中国古乐》（*Bringing to Life Tunes of Ancient China. Interview with Laurence Picken*），载荷兰莱顿中国音乐研究欧洲基金会编：《磬》（CHIME），第七期，1991 年秋季，第 49 页。李恨冰女士译。

③ 参见秦序：《琴乐"活法"及谱式优劣之我见》，载《中国音乐学》1995 年第 4 期。

④ 严晓星：《七弦古意：古琴历史与文献丛考》，故宫出版社 2013 年版，第 175 页。

二、认知与实践：对古琴琴谱意蕴的哲学分析

仅从视觉样貌来看，古琴减字谱呈现出一种复杂性。以图 2 为例，古琴减字谱由一个个的奇怪的"方块字"构成，每个"方块字"又可拆解为左上角、右上角、中部和旁部四个部分，分别指明左手指别、徽位分数、弦数和右手指法。图 2 表示的就是"左手名指按四弦九徽，右手中指向里弹四弦"。以上是减字谱的最基本的样式，如果需要"走音"①，"方块字"的右下方还会加上一个"续部"，用以标示出左手的运动路径。以图 3 为例，这个"方块字"应被解释为"大指按七弦九徽，待挑七弦得声后，上七徽六分再上七徽"。

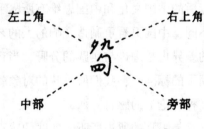 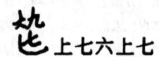

图 2　古琴减字谱示例 1②　　　图 3　古琴减字谱示例 2③

虽然名为"减字谱"，但减字谱本身一点也不简单，对于未能深入古琴习练的外行来说，把古琴谱视为"天书"一点也不奇怪。但"天书"并不一定就难，样貌复杂也不必然就为认知制造出难以逾越的障碍。那些对减字谱采取"知难而退"态度的人其实是陷入了"难"的误区，减字谱的真正难度系数并未设置在认知层面；对谱子的识记没什么难的，如高罗佩所说"减字谱看似复杂，但实际很方便"④；古琴谱难在实践层面，即如何把曲弹好。这好比打牌，游戏规则纵使复杂，最终考验的也不是规则的识记，而是决策出哪张牌、何时出，这

---

① "走音"是古琴演奏中的一种特殊技法，左指按弦待右指弹弦出声后，再向左或右走动，改变旋律的音高。

② 引自龚一：《古琴演奏法》，上海教育出版社 2002 年版，第 27 页。

③ 引自龚一：《古琴演奏法》，上海教育出版社 2002 年版，第 27 页。

④ [荷]高罗佩：《琴道》，宋慧文、孔维锋、王建欣译，中西书局 2013 年版，第 132 页。

才是牌技。因此对于高罗佩这样一个异文化者来说，能认识到这一点难能可贵。不仅如此，他还深刻地见识出"音色"这一古琴实践的关键之处，"制造音色的指法技巧在古琴的演奏方法中是尤为重要的"①。有意思的是，同为古琴爱好者的汉学家林西莉女士也颇为重视"音色"一词，她认为："正是这些音色的差异，这奇妙而复杂的音色层次，泛音、余音，赋予音调和曲子以个性。好比小提琴手可以通过使用琴弓的不同部分(弓尖声音细柔，弓根右侧则富于力度)，古琴弹奏者通过右手不同指法，左手的颤音和滑音改变音调，使之震动，延长，飘荡。"②两位汉学家都对古琴的音色而非音高产生兴趣很值得我们反思，对古琴艺术来说，音色优先于音高，而音色的制造势必与古琴的习练密不可分，这是一个手指和身体操练的实践问题。实践问题如果仅仅纠结于理论层面，纠结于符号认知，纠结于谱面是否标清音高和节奏，就永远无法真正领会古琴谱的意蕴，心理上也就与古琴背后的中国文化和中国思维有所隔了。

　　中西对于音乐赏析的侧重点有所不同，中国更看重制造音响的人的艺术实践，而西方偏重于声音本身。音与人的差异也是理论与实践的分野，当音高和节奏被现代人信手拈来，成为某种凝固了的标准时，我们所玩味的对象就只是某些形式要素，我们的感官就停留为一种理论上的感官。西方古典将感官区分为理论的和实践的两种感官。理论的感官是眼耳的所视所听，实践的感官则指鼻、舌、身所对应的嗅觉、味觉和触觉。理论的感官比实践感官更具优越性，艺术也只能发生在视听的范围之内。这源于西方古典的静观式的美学，它不允许人的感官对对象产生任何扰动，而鼻、舌、身制造出的嗅、咀嚼和触碰的行为都会对对象产生消解。可以说西方的美学是对象的美学，是欣赏音乐和绘画作品中形式要素的美学，而不是手指和身体的美学，不是人的美学。这样的立场一方面为赏析提供了方法论上的便利，比如刻画音阶走向的旋律和配置音符时值的节奏，二者像延伸交互的 x 轴和 y 轴，给出一个坐标，让每个声响都能精准而充分地降临；但另一方面，对形式要素的过分关注势必导致对技艺的忽视——这关乎手指在琴面起落滑动，皮肤对琴弦的触觉，以及每一次触碰所激荡的情感和意图。

　　诚如前文对古琴谱重新定位时所做出的"记声"与"记指"区分，分析古琴

---

① [荷]高罗佩：《琴道》，宋慧文、孔维锋、王建欣译，中西书局 2013 年版，第 4 页。

② 林西莉：《古琴》，生活·读书·新知 三联书店 2009 年版，第 298 页。

谱的意蕴，同样要理清以下二者的关系："琴音"与"妙指"。与前文不同的是，古琴谱的意蕴很难像其功用那样作出是此而非彼的划分，比如古琴谱的主要职能是"记指"而非"记声"，减字谱兼有"琴音"与"妙指"双重意蕴，且"琴音"以"妙指"为依托展开，二者不分离。《楞严经》有言："譬如琴瑟琵琶，虽有妙音而无妙指，终不能发。"这本是为说明佛理而阐发，但从中足以见出技艺在艺术创作中起到的关键作用。古琴谱记录的不仅仅是音，更为时刻准备行动着的人，从"琴音"到"妙指"正是实现从曲谱向演奏的转换，而演奏更成为触发感情和人生体验的一种途径。易存国在《中国古琴艺术》一书中将"琴音"与"妙指"的关系分析为十个层面①，其中两点值得玩味：首先弹琴并非目的，乃是"起"，而所"起"带来的心意流转在胸中往复回旋，意义才由此展开。其次"缘起"虽不执著于触，又须有所"起"的触媒引发"缘"起，此"起"自无所待而旁求。这两点一方面指出了弹琴作为动作来说具有某种局限，但另一方面作为触发心灵开关的媒介而言弹琴是不可替代的。于是"触"这个动作就在古琴弹奏的特定语境中展现出意义的丰富性：一面是手指触弦，一面是触发思绪，坚实与柔软、现实和空灵同时在肌肉与关节的运动中展现了。Bell Yung 曾运用"物理—音乐"模式对古琴音乐进行研究，也意识到触觉（sense of touch）这一身体性感受在音乐实践中扮演的重要作用。"触觉同肌肉运动知觉一样，也是除了表演者，其他人谁也无法感受到的。"②这种其他人谁也无法感受到的"触觉"实质就是将"拨、刺、滚、拂"，"吟、猱、绰、注"等技法应用于身体构筑出的时空幻境中的一种隐秘感觉，只可意会不可言传，难以书写进琴谱，但却是琴谱意蕴的关键。

与减字谱的隐秘性相比，五线谱就显得太直白了，甚至音符在线上的起伏本身就是一种旋律的可视化，因此五线谱可以被"视奏"，音符在进入乐器之前首先可以被嘴巴哼唱出来。而对于减字谱，面对一个个复杂的"方块字"，很难想象，在手指落到特定的琴弦与徽位之前，我们能轻松地唱出一个 sol 或者 la。而且音乐这种"时间的艺术"也在减字谱中被割裂了，难以"视奏"更难以将完全陌生的一段音符链接起来，减字谱上的音符不是成串的珍珠，而是棋子散布于棋盘之上。流动的音乐被"方块字"锁定，飘逝的时间因空间得以停

---

① 参见易存国：《中国古琴艺术》，人民音乐出版社 2003 年版，第 150~153 页。

② Bell Yung. *horeographic and kinesthetic elements in performance on the Chinese seven—string zither*. Ethnomusicology. Vol, 28, No3, 1984, pp. 515-516.

靠，对此可以从中国传统的时空观中找到注解。人们用太阳的起落标注"天"，用月亮的挪移记录"月"，用地球环绕太阳的公转不息注释"年"，时间被空间统御。龚一在梳理古琴记谱法演变时指出：古琴记谱法经历了一个从"方位概念"到"音高概念"的过程①，这就肯定了这种"方块字"记谱法所具有的空间特性。这貌似与音乐的时间性产生了冲突，但其实音乐并不天然地就是"时间的艺术"，就像绘画也并不一定是"空间的艺术"。用音高和节奏的局限性来诟病古琴谱，这种观点本身就是一种唯西方形式准则马首是瞻的立场。中国的时间是空间化的时间，空间也是时间化的空间，正如郭熙在《林泉高致》中所言，中国的山水是一种"四季山水"，"山形步步移"，"山形面面看"，空间也因时间化而灵动起来。正是时空的交融互释使艺术的精微性得以开掘，"我们的空间感觉随我们的时间感觉而节奏化了，音乐化了！画家在画面所欲表现的不只是一个建筑意味的空间'宇'而须同时具有音乐意味的时间节奏'宙'。一个充满音乐情趣的宇宙(时空合一体)是中国画家、诗人的艺术境界"②。

因此，对古琴谱意蕴的理解首先要打破一些固化的观念，破除时空的二元对立，取消仅仅用音高和节奏等形式要素对古琴谱进行理论分析的教条。停留于认知层面理解古琴谱势必对古琴艺术和古琴文化的接受产生畏难和隔阂，从而无缘闻听天籁——琴艺是一种身体性的技艺，手触于弦而音色出，这才是古琴真正的趣味和精髓所在。"若言琴上有琴声，放在匣中何不鸣？若言声在指头上，何不于君指上听？"认知走向实践，琴音与妙指相逢，无声的"天书"成就为"天籁"。

三、沿革与创新：对古琴教育和古琴文化保护的反思

古琴谱的演进主要经历了从文字谱到减字谱再到近现代以来不断对琴谱进行现代化改革的三个阶段。③

由南北朝丘明传谱的琴曲《碣石调·幽兰》是迄今发现最早的琴谱，标志着古琴记谱法的真正诞生。在这之前虽然也有先关文献，比如宋田芝翁编《太

---

① 龚一：《古琴记谱法的发展趋向浅议》，载《音乐探索》2014年第4期。

② 宗白华：《艺境》，北京大学出版社1987年版，第209页。

③ 本章中关于古琴谱从文字谱到减字谱演进的部分主要参考章华英《古琴》一书第71~73页的内容。关于近代以来琴谱改革部分主要参考林晨《触摸琴史》一书第219~227页的内容。

古遗音》中说："制谱始于雍门周。张敷因而别谱，不行于后代。"①东汉蔡邕《琴赋》写道："左手抑扬，右手徘徊，抵掌反覆、抑按藏摧。"②但前者记录的是最早的制谱人，且缺少佐证，后者是对古琴弹奏手法进行描述，二者都不是专门记录琴曲的乐谱，而只能算作古琴谱的雏形。《碣石调·幽兰》通过文字对左右手演奏技法的叙述，间接反映出乐曲的音高与时值的谱式，是真正的琴谱，且因由文字写就而被称为"文字谱"。由于缺乏抽象的符号化过程，文字谱《碣石调·幽兰》十分繁琐，唐人称之为"动越两行，未成一句"③。以第一句为例，82 个汉字只记录出 14 个音(见图 4)。

> 耶卧中指十上半寸许案商，食指中指双牵宫商，中指急下与勾俱下十三下一寸许住，未商起，食指散缓半扶宫商，食指挑商，又半扶宫商，纵容下无名于十三外一寸许案商角，于商角即作两半扶，扶挑声一句。

译成五线谱旋律为：

谱例1：

图 4　《碣石调·幽兰》第一句文字与译成的五线谱④

古琴记谱法的第二阶段始于唐朝曹柔创制的"减字谱"。通过将代表左右手指别、指法及弦序、徽位的汉字进行简化和组合，使原本复杂的文字叙述得以大大简化，《太音大全集》曰："曹柔作减字谱，尤为晓易。"萧鸾在《杏庄太音补遗》中称颂其"字简而义尽，文约而意赅，曹氏之功于是大矣"。减字谱在南宋末期得到定型，以南宋姜夔的《古怨》及宋末元初的陈元靓《事林广记·开指黄莺吟》(见图 5)为代表。随着刊印琴谱之风的盛行，减字谱在明清之际达到顶峰，代表性琴谱包括朱权的《神奇秘谱》《新刊太音大全集》，萧鸾的《杏庄太音补遗》，胡文焕的《文会堂琴谱》，严澂的《松弦馆琴谱》，徐上瀛的《大还

---

①　(明)朱权：《新刊太音大全集》，见《琴曲集成》第 1 册，中华书局 1981 年版，第 81 页。

②　(汉)蔡邕：《琴赋》，见费振刚等辑校：《全汉赋》，北京大学出版社 1993 年版，第 581 页。

③　(明)朱权：《新刊太音大全集》，见《琴曲集成》第 1 册，中华书局 1981 年版，第 81 页。

④　转引自龚一：《古琴记谱法的发展趋向浅议》，载《音乐探索》2014 年第 4 期。

阁琴谱》，徐常遇的《澄鉴堂琴谱》，徐祺的《五知斋琴谱》，吴灴的《自远堂琴谱》，秦维瀚的《蕉庵琴谱》，唐彝铭的《天闻阁琴谱》等。

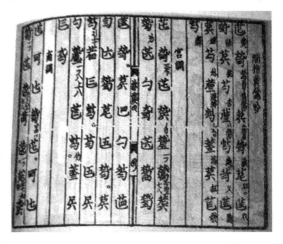

图5 《事林广记·开指黄莺吟》书影①

近代以来，古琴谱的符号化和固定化已经基本完成，对琴谱的发展主要表现为对节奏和旋律两个方面进行改革。一方面借鉴民歌、昆曲传统，通过加入公尺谱、方格和点拍等方式，使减字谱的节奏明晰化；另一方面与西方的五线谱和简谱相结合，弥补减字谱在旋律上的缺陷，使其更易教学和创作。清末琴家张鞠田感慨于"今人鼓琴。皆信手入弄，以意为是。且传授后学，以讹传讹"②的现状，首先在琴谱旁注明公尺（见图6）。其后的琴家祝凤喈、张鹤也陆续采用琴谱辅以公尺谱的方式记写琴谱（见图7）。清末琴家杨宗稷创立的"四行谱"（见图8）在琴谱右旁加三行小字注明弦数、指法、板眼、公尺，在旋律和节奏的准确性上都有长足进步。首先对琴谱进行西方式改革的是王光祈，他主要利用五线谱来记旋律和节奏，而将左右手的指别和指法用数字和几何图形来代替，其形态以图9为例。后来20世纪40年代杨荫浏也对指法符号进行了进一步的改进和删减，使近300种的指法缩减至不超过30种。

---

① 引自章华英：《古琴》，浙江人民出版社2005年版，第74页。

② （清）张椿：《张鞠田琴谱·琴序》，见《琴曲集成》第23册，中华书局2010年版，第210页。

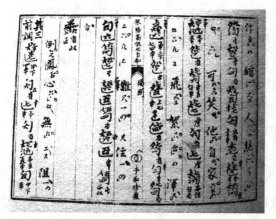

图 6　《张鞠田琴谱》书影①

图 7　《琴学入门》书影②

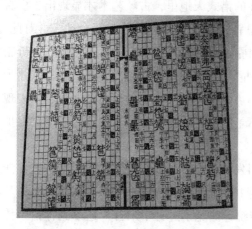

图 8　杨宗稷"四行谱"书影③

图 9　王光祈翻译的《平沙落雁》谱部分④

通过以上对古琴谱沿革三阶段的梳理能够发现，古琴记谱法的发展是在不断尝试和变革中逐渐走向成熟的，尤其是近代以来的琴谱改革，深刻反映了新旧交织、中西冲撞之下，数代琴人的挣扎和创新。但在变革和创新过程之中，

---

① 引自林晨：《触摸琴史》，文化艺术出版社 2011 年版，第 220 页。
② 引自林晨：《触摸琴史》，文化艺术出版社 2011 年版，第 220 页。
③ 引自林晨：《触摸琴史》，文化艺术出版社 2011 年版，第 220 页。
④ 引自林晨：《触摸琴史》，文化艺术出版社 2011 年版，第 220 页。

一些触及古琴艺术本质的问题也暴露出来：比如传承中国传统文化的古琴艺术是否要臣服于不断涌进的西方知识体系之下，原本用于文人自我陶养的琴乐是否可以追求一致性和大众化，原本口传心授的传授体系如何在现代音乐学院及古琴教学市场中展开……这些都值得反思。关于古琴谱的优劣和改革不仅是操作层面的一个具体问题，更是对国际化和市场化之下的中国人文化自信的一大考验。可喜的是，随着各种琴谱创新实践的开展，对古琴艺术本质的认识也得到了加深，无论是盲目现代化的冲动，还是固守传统的自负，都随着历史的流转不断被沉淀和冷却下来。比如曾对古琴谱进行"三线谱"改革的陈树三曾在给查阜西的信中表达过一种追求"天下一律"的雄心，而查阜西等一众琴人认为这种想法仍大有讨论的必要，这种冷静是弥足珍贵的。① 在关于古琴谱优劣性的讨论中，洛秦曾在《谱式：一种文化的象征》一文中认为："古琴谱不标明精确、严格的节奏，是'不为'而并不是'不能'；这种特点并非缺陷，而其本身就是完整。只有在这种具有相对性的谱式天地里，古琴艺术才显现出千姿百态的风格，才能为自由而丰富的乐思翱翔留下更为广阔的空间余地。"②对此，秦序在肯定了古琴谱的独特性的同时指出："琴谱缺乏节奏标记的缺陷亦毋庸讳言。它是我们'打谱'以复原再现古琴曲是难以逾越的严重障碍。若以此为奇为优，曲为之说，也是片面的。不可忽视原谱的规定性而过分夸大自由表现的空间。"③对古琴谱自身的局限性不予回避，才是推动古琴记谱法发展和保护古琴文化的正确态度。

另外，由古琴谱的不管革新而引发的一系列问题也着实令人担忧，这关涉到古琴的现代教育以及古琴文化的保护。面对着一座拥有 3000 多首琴曲和琴歌的丰富矿山④，我们已经掌握的传统琴曲竟不过百十来首，还不到存谱中传曲的十分之一，对此必须对古曲进行"打谱"⑤。然而在当代的音乐院校中，古琴的教学是"先教指法谱，跟着是五线谱"，学生不学也不会"打谱"。当被

---

① 参见查阜西：《怎样克服古琴谱的缺点》，见黄旭东、尹鸿书等编：《查阜西琴学文萃》，中国美术学院出版社 1995 年版，第 310 页。

② 洛秦：《谱式，一种文化的象征》，载《中国音乐学》1991 年第 1 期。

③ 秦序：《琴乐"活法"及谱式优劣之我见》，载《中国音乐学》1995 年第 4 期。

④ 参见许健：《琴史新编》，中华书局 2012 年版，第 383 页。对存取数目的论述，查阜西在《存见古琴谱辑览》中认为是"六百五十多个不同曲目的三千三百六十多个传谱"。

⑤ 李祥霆对"打谱"的定义是：对于古琴即是按照琴谱所记，确定琴位及时值，形成旋律，将琴曲弹出。参见李祥霆：《古琴综议》，中国人民大学出版社 2013 年版，第 347 页。

问及这样的教学体系是否会危及古琴艺术的传承时，李祥霆给出的回答是"尽人事而听天命"，这样的无奈和不甘，着实令人痛心。① 在关于古琴文化保护的问题上，许健认为复活古曲是关键，而复活的关键就是"打谱"②，可见"打谱"问题至关重要。无论是琴谱的改革还是琴艺的传承以及古琴文化的保护，"打谱"都是一个无法回避的问题，而所谓的"创新"，其力道和方式更需拿捏适度。

四、余　论

自 2003 年古琴被联合国教科文组织选定为世界第二批公布的"人类口头与非物质文化遗产"以来，古琴的关注度持续升温，各式样貌的古琴表演和古琴教育机构也层出不穷，原本"清丽而静，和润而远"的古音一下子变得喧嚣起来，这也使得本来就不记录任何音符的传统古琴谱更加无从谛听。琴谱不是符码，而是凝结着人、技艺和文化的聚集体。从斫琴焚香到唱弦打谱，从《碣石调·幽兰》的模糊繁杂，到现代琴谱的明晰简洁，古琴谱不该沉睡历史，它应该被重视、发掘和保护。对古琴谱的功用重新定位，对古琴谱的意蕴进行分析，对琴谱的革新进行反思，本文做的正是对那无声之处的微妙琴音的探寻。

（作者单位：武汉大学哲学学院）

---

① 参见李祥霆：《古琴综议》，中国人民大学出版社 2013 年版，第 375~399 页（附录二：古琴座谈：广陵不散）（原载于《口传心授与文化传承——非物质文化遗产：文献、现状与讨论》，广西师范大学出版社 2006 年版）。

② 许健：《琴史新编》，中华书局 2012 年版，第 366 页。

博士论坛

中国马克思主义美学实践转向的萌芽

张　敏

20 世纪 20 年代，随着马克思主义在中国传播的深入以及革命斗争形势的日益严峻，一批倾向于马克思主义的文艺工作者和从事宣传工作的共产党人，如沈雁冰、萧楚女、沈泽民、恽代英等开始自觉地运用马克思主义唯物史观和阶级分析方法讨论文艺和审美问题。正是在这个阶段，中国马克思主义美学开始萌芽。而进入 20 世纪 30 年代之后，随着与中国主观唯心主义美学的论争以及自身理论建设的深入，中国马克思主义美学开始出现了从社会生活转向社会实践来阐释美、美感和艺术的萌芽，开启了中国马克思主义美学实践转向的历史进程。

一、周扬开启中国马克思主义美学的实践转向

中国马克思主义的实践转向的萌芽最早可以追溯到周扬 1937 年发表的《我们需要新的美学——对于梁实秋和朱光潜两先生关于"文学的美"的论辩的一个看法和感想》一文。在这篇文章中，周扬对梁实秋和朱光潜的美学观点进行了批判，并在此基础上提出了自己关于"新的美学"的一些想法。正是在这些关于"新的美学"的想法中，马克思主义哲学的实践观第一次进入了中国马克思主义美学研究者的理论视野，预示着中国马克思主义美学实践转向的历史进程。

1937 年梁实秋在《东方杂志》上发表了题为《文学的美》的文章，旗帜鲜明地拒斥美学对文学的介入。梁实秋指出："一般人总以为文学是艺术的一种，而美学正是探讨一般艺术原理的学问。所以美学的原理应该可以应用在文学上面。这是一个绝对的误解。"①梁实秋之所以认为这种观点是对文学的误解，首

---

① 转引自徐静波主编：《梁实秋批评文集》，珠海出版社 1998 年版，第 197 页。

先是因为在他看来，文学与艺术并非一体，而是两个不同的范畴。"文学与图画雕刻建筑等等不能说没有关系，亦不能说没有类似之点，但是我们也应该注意到各个类型间的异点。"①这个所谓的异点即是，艺术最为关键的在于它自身体现出来的"美"，而这正是美学的一般原理所要讨论的地方；而文学最为关键的却并非艺术所追求的美，尽管文学中也有美的存在，但是，美"只是文学上最不重要的一部分"②。在梁实秋看来，"文学里面两项重要的成分，是思想和情感"③。而文学中的思想和情感并非仅仅在于给人一点美感，而更为重要的是其中蕴含的"道德"。梁实秋指出："文学是美的，但不仅仅是美，文学是道德的。"④美学理论是关于美的学问，而美在文学中只不过是最不重要的一部分。因此，梁实秋得出结论："美学的原则往往可以应用到图画音乐，偏偏不能应用到文学上去；即使能应用到文学上去，所讨论的也只是文学中最不重要的一部分——美。"⑤

梁实秋除了以文学中最重要的是道德性而非审美性这一点来拒斥美学之外，另一个重要的原因是，在他看来当时的美学充满了褊狭和谬误。梁实秋指出："这种学说(指主观唯心主义美学)是极度的浪漫，在逻辑上当然能自圆其说，然而和其他唯心论哲学的部门一般不免是搬弄一条名词，架空立说，不切实际。"⑥梁实秋的这一段论述主要是批评了自康德、席勒以来及至克罗齐的主观唯心主义美学脱离现实人生来谈艺术的做法。同时，梁实秋还批评了朱光潜当时的美学观点，认为朱光潜美学所秉持的直觉理论"把艺术看做一刹那的稍纵即逝的一种心理活动，这只是一种浪漫的玄谈而已"⑦。主观唯心主义美学从充满先验色彩的人类个体的主体性出发，将艺术形式化，脱离现实人生，而仅仅注重一种形式的美。而坚持现实主义文学观的梁实秋则认为，文学和人生有着密切的关系，其所表现的思想、情感并不仅仅在于审美性，而更在于对道德性的追求。因此，"批评文学的人就不能专门躲在美学的象牙之塔里，就需要自己先尽量认识人生，然后才有资格批评文学。批评文学不仅是说音节如何

---

① 转引自徐静波主编：《梁实秋批评文集》，珠海出版社 1998 年版，第 197 页。
② 转引自徐静波主编：《梁实秋批评文集》，珠海出版社 1998 年版，第 197 页。
③ 转引自徐静波主编：《梁实秋批评文集》，珠海出版社 1998 年版，第 208 页。
④ 转引自徐静波主编：《梁实秋批评文集》，珠海出版社 1998 年版，第 209 页。
⑤ 转引自徐静波主编：《梁实秋批评文集》，珠海出版社 1998 年版，第 197 页。
⑥ 转引自徐静波主编：《梁实秋批评文集》，珠海出版社 1998 年版，第 198 页。
⑦ 转引自徐静波主编：《梁实秋批评文集》，珠海出版社 1998 年版，第 199 页。

美，意境如何妙，是还要判断作者的意识是否正确，态度是否健全，描写是否真切”①。因此，可以说，梁实秋反对美学对文学的介入，一方面是由于他所坚持的现实主义文学理念，认为文学来源于现实人生，表达的应该是思想情感中的道德性；另一方面则是他认为其时流行的主观唯心主义美学是脱离现实人生的，关注的仅仅是形式的美。因此，在梁实秋看来，美学与文学之间存在着明显的不一致性。

对于梁实秋在《文学的美》一文中对美学的诘难，朱光潜在《北平晨报》上发表了《与梁实秋先生论“文学的美”》一文予以回应。针对梁实秋所持的美学的原则不能应用于文学的观点，朱光潜指出这一观点的问题在于，梁实秋“只承认声音和图画可以美，而情感经验，人生社会现象，道德意识等则‘与美无关’”②。也就是说，在梁实秋看来，文学除了文字本身可以从美着眼之外，它所体现的情感经验、人生社会现象、道德意识等这一最为主要的部分都是与美无关的。之所以有如此之结论，朱光潜认为梁实秋是将美学视为“自然科学”，而将文艺批评视为“规范科学”，并以此来区分二者。而在朱光潜看来，这二者之间并不存在不一致性，文艺批评可以是“规范科学”，同时也可以是“自然科学”。“因为美学的功用除你所说的‘分析快乐的内容，区分快乐的种类’之外还要分析创造欣赏活动，研究情感意象和传达媒介的关系，以及讨论一种作品在何种条件之下才可以用‘美’字形容；而这些工作也是文艺批评所常关心的。”③也就是说，美学不仅仅涉及理论原则的分析，还涉及具体的创造欣赏活动，这与文学活动以及文艺批评活动都具有一致性。因此，美学是可以应用到文学以及文艺批评中去的。既然美学可以应用到文学中去，文学所表达的情感经验、人生社会现象、道德意识等都应该可以成为审美观照的对象，都可以成为一种“美”。因而，在朱光潜看来，美学不仅可以应用于文学，而且文学的美也不仅仅在于梁实秋所谓的只能从文字着眼，其强调的文学的道德性也可以成为美的对象。

周扬对梁实秋和朱光潜二人的观点都进行了批评。周扬认为，“梁先生拒绝美学的原则之在文学上的应用，我以为那并不完全是在于他把美看得太狭隘

---

① 转引自徐静波主编：《梁实秋批评文集》，珠海出版社1998年版，第209页。
② 朱光潜：《朱光潜全集》第8卷，安徽教育出版社1993年版，第509页。
③ 朱光潜：《朱光潜全集》第8卷，安徽教育出版社1993年版，第507页。

了，而主要地还是在于美学本身的缺陷"①。这里所谓美学本身的缺陷指的是主观唯心主义美学超脱现实人生，从主体的直觉、情感、心理等要素来研究艺术创作和欣赏。因此，这种美学理论自然是与梁实秋所持的现实主义的文学观念相抵触的。周扬肯定了梁实秋这种基于现实主义的文学观念，指出梁实秋拒斥美学对文学的介入主要是因为当时占据中国主导地位的主观唯心主义美学本身的缺陷。同时，周扬也指出，"可惜的是，梁先生虽然不满于美学之唯心主义的色彩，却并没有对那唯心主义进行根本的批判。他的批判可以说是非常不彻底的。他说美学当做哲学的一部门起来得很晚，现在还没有达到十分成熟的阶段，这近乎在替旧美学辩解了"②。尽管梁实秋指出了其主观唯心主义美学的问题所在，但是，他并没有对此进行彻底的批判，反过来却以主观唯心主义美学的这种视角，将美学自身的原则与文艺作品的分离视为一种理所当然的事情。这在周扬看来，梁实秋的这种做法，实际上是"把文学的内容与形式分割开来，把美完全局限于形式的一面，而且为了强调文学的道德性，甚至不承认文学纯粹是艺术"③。

周扬的批评可谓一针见血地指出了梁实秋观点的问题所在。梁实秋尽管强调了文学的现实性，但是却走向了单纯强调文学道德性的一面，甚至以此来否认文学是一种纯粹的艺术，进而以此来拒斥美学对文学的干预。而在他看来，即便文学有所谓美的存在，那也只能是从文字着眼。而这种从形式上分析美的做法，又正是他所厌弃的主观唯心主义美学的观念。正是基于这两个因素，梁实秋将文学完全视为道德性的载体，而忽视了其自身也应具有的审美性。而事实上，文学应该是道德性和审美性的统一。对于这一点，周扬进行了深刻的分析。"美不能形式主义地去理解，道德也不能看成抽象的概念，艺术作品的思想内容是借形象而具体化了的内容。文字是文学的基本材料，文学没有文字就没有形象，正如音乐没有音调，图画没有线条一样。艺术和科学不同，就在它认识和反映现实不是用冰冷的论理的概念，而是通过感情的情绪的形象。"④也就是说，文学所表达的道德性并不是抽象的，必须借助于感性可感的具体的形象来表现；同时，文学的审美性也不能够仅仅在于其形式本身，也要有具体的

---

① 周扬：《周扬文集》第 1 卷，人民文学出版社 1984 年版，第 211 页。
② 周扬：《周扬文集》第 1 卷，人民文学出版社 1984 年版，第 212 页。
③ 周扬：《周扬文集》第 1 卷，人民文学出版社 1984 年版，第 213 页。
④ 周扬：《周扬文集》第 1 卷，人民文学出版社 1984 年版，第 213 页。

反映现实人生的内容，使道德性和审美性二者相互统一，达到交融的境界。梁实秋的观念肯定了文学的道德性，却忽视了文学的审美性；主观唯心主义美学则强调了文艺的审美性，过于注重文艺的形式因素，而忽视了文艺的社会历史根源，成为一种脱离现实生活的空洞的美学理论。

朱光潜早期的美学理论属于主观唯心主义美学的范畴，他所强调的美感经验仅仅是形象的直觉，认为在审美欣赏的一瞬间涉及的仅仅是主体的直觉活动，而与意志、思考无关。对于这一点，周扬认为："自然，直觉在创作活动中的作用是不能抹杀的。但是如果对这作用作一面的夸张，那就会消解创作中的思想的决定的作用。在实际上，直觉决不能和思维、概念分割开来。纯粹的直觉是不存在的。"①周扬指出，直觉在创作中的积极作用，但是也指出纯粹的直觉并不存在，而是与思维、概念紧密联系在一起的。不过需要指出的是，不同于克罗齐的直觉说，朱光潜的美学理论并不认为整个艺术活动是与科学、道德、政治无关的，而仅仅认为审美欣赏的刹那间与这些功利的目的无关。因此，朱光潜在批评梁实秋的观念时也指出文学所表达的情感经验、人生社会现象、道德意识等也可以成为审美观照的对象。当然，对克罗齐直觉说的这种修补并不能够掩盖朱光潜主观唯心主义美学自身的缺陷。因为在朱光潜看来，美感经验是美学研究的首要问题，而美感经验在他看来即是形象的直觉，是主体直觉的产物，忽视了文艺的社会历史根源，这与周扬的理论主张完全是相对立的。这种对立性不仅表现在如何看待艺术创作上，更表现在如何对待艺术与现实人生的关系上。朱光潜主张美感经验是形象的直觉，与意志、思考无关，与科学、道德、政治无关，必然导致的一个结果就是否认艺术与现实人生的关系，主张一种"为艺术而艺术"的超功利的文艺观。对于这种文艺观，周扬以戏谑的口吻做了描述："一片云，一朵花，只要你无所为而为地去观赏，便自成一个世界。所谓'万物静观皆自得'，你不必到鼻端以外去寻求人生，人生是无往而不在。"②这种文艺观超脱于现实人生，在直觉的形象中自我构建一个供自己玩味的小天地，也即是朱光潜所谓的"要拿人的力量来弥补自然的缺陷，要替人生造出一个避风息凉的处所"③。在这个处所中，文艺的功利性、政治性、阶级性这些现实的功利目的都被消解掉了，甚至现实生活中的种种矛

---

① 周扬：《周扬文集》第 1 卷，人民文学出版社 1984 年版，第 219 页。
② 周扬：《周扬文集》第 1 卷，人民文学出版社 1984 年版，第 220 页。
③ 朱光潜：《文艺心理学》，生活·读书·新知三联书店 2005 年版，第 21 页。

盾都在这个小天地中被艺术化了。在朱光潜看来，这就是艺术的追求，让人的心灵从现实的矛盾中超脱出来，获得宁静与安慰。

通过对梁实秋和朱光潜二人关于"文学的美"的批判，周扬敏锐地意识到了当时中国现代美学存在的弱点。一方面，主张现实主义文学观的文学工作者意识到"旧的美学"的缺陷，主动拒斥这种脱离现实人生的"旧的美学"，这表现了积极的方面。同时，也暴露出了消极的方面，即正如周扬指出的，他们并没有对这种美学进行彻底的批判，因而从对"旧的美学"的拒斥转变成为对整个美学理论本身的拒斥，这就显得太过于消极了。另一方面，这种情况的出现也反映了中国早期马克思主义美学在理论建设上的滞后性，未能对主观唯心主义美学进行有力的批判。而之所以如此，很大一部分原因就在于，中国早期的马克思主义美学与梁实秋的观念类同，肯定了文艺的社会历史根源，却极大地忽视了文艺独特的审美价值。中国早期马克思主义美学认为文艺是对社会历史、现实生活的认识和反映。这抓住了文艺的社会历史根源；但是，由于当时中国的社会现实，文艺所认识和反映的社会历史、现实生活被严重政治化、革命化了。这使得中国早期马克思主义美学过于注重文艺的功利价值，而忽视了文艺独特的审美价值。这促使周扬意识到："要彻底克服旧的美学，我们必须努力于新的美学理论的建立，使我们已有了基础的科学的艺术理论更深入，更扩大和更发展。"①因此，正是基于对梁实秋和朱光潜美学观点的批判，周扬意识到需要在已有的美学理论的基础上不断深化，建立起新的美学理论。而正是在这"新的美学"之中蕴含着中国马克思主义美学实践转向的萌芽。

在对梁实秋和朱光潜的美学观进行批判之后，周扬明确指出，"美的情感是历史的产物，它的发生和发展被决定于具体的历史条件，这是颠扑不破的法则"②。"我们承认美的感情、美的欲望的事实（没有它们，艺术活动便不存在），却不承认它们是先于社会的发展，生物学地内在的。无论是客观的艺术品，或是主观的审美力，都不是本来有的，而是从人类的实践过程中所产生的。这就是我们和一切观念论美学者分别的基点。"③在这里，周扬指出了马克思主义美学与主观唯心主义美学的根本区别所在。在主观唯心主义美学那里，康德先验哲学建立起来的先验法则为人的主体性确立了一种主观的普遍有效

---

① 周扬：《周扬文集》第 1 卷，人民文学出版社 1984 年版，第 223~224 页。
② 周扬：《周扬文集》第 1 卷，人民文学出版社 1984 年版，第 217 页。
③ 周扬：《周扬文集》第 1 卷，人民文学出版社 1984 年版，第 217 页。

性，以此为依据，主观唯心主义美学将美、美感和艺术的根源都建筑在人类个体的主体性上。而在周扬看来，无论是客观的艺术品，还是主观的审美能力，都是在人类实践的过程中产生的。在文章中，他还引用了他误认为是马克思、恩格斯《神圣家族》而实际上是马克思《1844年经济学哲学手稿》中的一段论述来证明这个观点。"马克思在《神圣家族》的手稿中说：'只有音乐才唤起人的音乐的感情，在非音乐的耳朵的人，最优美的音乐也没有意义，因为在他，这不成其为对象。社会人的感情和非社会人的感情不同。只有借着人的本质被对象地展开了的丰富，主观的人的感性的丰富才会发生，音乐的耳朵，辨察形式之美的眼睛才会发生，一句话，人的要求享乐的感情才会一部分新生，一部分发达起来。'"①这也就是说，唯心主义美学所强调的主体的直觉、审美的情感并非是外在于人类社会实践的先验存在，而是在人类的社会实践活动中所实现的人的本质的对象化的产物，而艺术作品则是人的本质对象化的一种物态化产品。

周扬的这些论述：首先，第一次在中国马克思主义美学理论研究中引入"实践"概念，并将客观的艺术作品和主观的审美能力、美的情感（美感）都视为人类实践的产物；其次，第一次引用马克思在《1844年经济学哲学手稿》中关于美的论述来确证艺术品和审美能力、美的情感（美感）作为实践的产物这一观点。从这两点论述来看，周扬主张的"新的美学"已经内含着中国马克思主义美学实践转向的萌芽。具体而言，周扬提倡的"新的美学"在构建整个美学理论的逻辑起点上已经从中国早期马克思主义美学所主张的被严重政治化、革命化的社会历史、现实生活这一维度转向了更加具有现实性、普遍性的社会实践。这首先就体现在，他开始从社会实践这一维度来阐明美的根源，不仅指出客观的艺术产品是实践的产物，而且作为主体的审美力、美的情感也是实践的产物；同时，他所引用的《1844年经济学哲学手稿》一书也正是马克思哲学自身实现实践转向的发起点。因此，我们有充分的理由将周扬的美学新主张视为中国马克思主义美学实践转向的起点。

不过，有论者据此认为，周扬的美学理论"从内容上讲，它是艺术论美学，而从哲学理论形态上讲，它是马克思主义实践论美学"②。这种观点显然是不够严谨的。因为，周扬的确是主张从社会实践来阐释美、美感和艺术，但

---

① 周扬：《周扬文集》第1卷，人民文学出版社1984年版，第217页。
② 石长平：《中国马克思主义实践美学的滥觞与历史分期》，载《湖北大学学报（哲学社会科学版）》2015年第2期。

并未对实践概念本身做出说明，也未以此为理论基础构建自己的美学理论体系。同时，在整个逻辑架构上，占据周扬美学思想主导地位的依然是马克思主义的认识论逻辑而非马克思主义的实践辩证法、历史辩证法逻辑。因此，周扬的美学新主张还没有真正实现中国马克思主义美学逻辑起点、理论逻辑架构、审美价值取向的整体性实践转向，自然不可能在理论形态上具有中国马克思主义实践观美学的理论特征。因此，周扬并未以马克思主义实践观为理论基础建构起一种"新的美学"，而只是呼吁以社会实践为理论根基来构建一种区别于"旧的美学"——主观唯心主义美学的"新的美学"。中国马克思主义实践观美学最终建立，是在半个世纪的理论探索中经历了多重维度的实践转向才最终得以完成的。直接将周扬主张的"新的美学"的性质界定为中国马克思主义实践观美学是不科学的；但是，不可否认的是，周扬主张的"新的美学"开启了中国马克思主义美学实践转向的历史进程，是中国马克思主义实践观美学的萌芽。

二、毛泽东对中国马克思主义美学实践转向的推进

周扬在《我们需要新的美学》一文中第一次提出了审美能力、美感和艺术作品都是人类实践的产物的观点，从而开始将整个美学理论的逻辑起点从被严重政治化、革命化的社会历史、现实生活转向了更加具有现实性和普遍性的社会实践。不过，周扬的这一美学新主张仅仅是中国马克思主义美学实践转向中逻辑起点的转向实践的萌芽，而对实践概念本身并没有做出具体的阐明，更没有在整体的理论逻辑上从认识论逻辑转向实践辩证法逻辑，因而中国早期马克思主义美学还未能构建起基于马克思主义实践观的美学理论。毛泽东的美学思想在周扬的美学新主张的基础上向前推进了一步，这主要体现在两个方面：第一，对作为逻辑起点的实践做出了较为清晰的阐明；第二，在对实践概念的阐明的基础上分析了文艺的基本特征。

在《实践论》中，毛泽东对实践这一基本概念进行了界定，确证了物质生产实践活动在整个人类社会发展中所具有的普遍性和决定性的力量。首先，物质生产实践活动的这种普遍性和决定性力量表现在与其他社会实践活动的关系之中。毛泽东指出："首先，马克思主义者认为人类的生产活动是最基本的实践活动，是决定其他一切活动的东西。"①毛泽东指出实践最基本的形式是物质

---

① 《毛泽东选集》第 1 卷，人民出版社 1991 年版，第 282 页。

生产实践活动，而作为最基本的实践形式，物质生产实践活动决定了其他实践活动的展开。除了物质生产实践活动之外，"人的社会实践，不限于生产活动一种形式，还有多种其他的形式，阶级斗争、政治生活，科学和艺术的活动，总之社会实际生活的一切领域都是社会的人所参加的"①。这些不同类型的实践活动都受制于物质生产实践活动。物质生产实践活动的形式自然决定着作为精神生产活动的艺术创造的形式及特征。从这一点来看，毛泽东已经开始意识到物质生产实践在艺术创造中的基础性地位。

其次，物质生产实践活动的这种普遍性和决定性力量还表现在与人的认识活动之间的关系中。毛泽东指出："人的认识，主要地依赖于物质的生产活动，逐渐地了解自然的现象、自然的性质、自然的规律性、人和自然的关系；而且经过生产活动，也在各种不同程度上逐渐地认识了人和人的一定的相互关系。"②也就是说，人对自然界存在的现象、性质、规律的认识以及人与自然、人与人之间的关系都是建立在物质生产实践活动的基础上的。人与自然之间通过物质生产实践活动进行能量交换，不断地促使人们去认识自然的现象、性质和规律；也正是在这个过程中，人与自然建立起了紧密的关系，而为了进行这些生产，人与人之间又建立起了相应的生产关系。因此，对自然界本身的认识以及对人与自然、人与人、人与社会之间关系的认识都依赖于物质生产实践活动。同时，对于这些认识的评价也是至关重要的，它直接关系到整个人类的生产和生活。而这些认识是否具有真理性，在毛泽东看来同样是由社会实践活动本身决定的。毛泽东指出："马克思主义者认为，只有人们的社会实践，才是人们对于外界认识的真理性的标准。实际的情形是这样的，只有在社会实践过程中(物质生产过程中，阶级斗争过程中，科学实验过程中)，人们达到了思想中所预想的结果时，人们的认识才被证实了。"③也就是说，实践是检验真理的唯一标准。毛泽东对实践的界定无疑抓住了马克思关于实践论述的关键之处。在《关于费尔巴哈的提纲》中，马克思就指出，"人的思维是否具有客观的[gengest ndiche]真理性，这不是一个理论的问题，而是一个实践的问题。人应该在实践中证明自己思维的真理性，即自己思维的现实性和力量，自己思维的此岸性"④。

---

① 《毛泽东选集》第 1 卷，人民出版社 1991 年版，第 283 页。
② 《毛泽东选集》第 1 卷，人民出版社 1991 年版，第 282~283 页。
③ 《毛泽东选集》第 1 卷，人民出版社 1991 年版，第 284 页。
④ 《马克思恩格斯选集》第 1 卷，人民出版社 1995 年版，第 58 页。

从毛泽东对实践的这些理论分析可以见出，物质生产实践无疑在整个人类的生产和生活中占据着主导地位。正是基于这种认识，毛泽东指出："马克思主义的哲学辩证唯物论有两个最显著的特点：一个是它的阶级性，公然申明辩证唯物论是为无产阶级服务的；再一个是它的实践性，强调理论对于实践的依赖关系，理论的基础是实践，又转过来为实践服务。判定认识或理论之是否真理，不是依主观上觉得如何而定，而是依客观上社会实践的结果如何而定。真理的标准只能是社会的实践。实践的观点是辩证唯物论的认识论之第一的和基本的观点。"①通过这些分析，毛泽东确认了实践观是辩证唯物论最基本的观点。而这一判断则构成了中国马克思主义美学思想的哲学基础，也是中国马克思主义美学实现实践转向萌芽的第二个节点。因为马克思主义美学作为马克思主义哲学的一部分，只有在哲学理论上确证了实践观的基础性地位，才能够在美学理论中以此为基础构建起马克思主义实践观的美学理论体系。毛泽东的《在延安文艺座谈会上的讲话》可以视为是对这一哲学理论认知在文艺思想和美学思想中的初步阐发。

《在延安文艺座谈会上的讲话》主要包括"引言"和"结论"两个部分。在"引言"部分，毛泽东主要围绕文艺工作者的立场问题、态度问题、工作对象问题、工作问题和学习问题谈了自己的看法。毛泽东指出，文艺工作者的立场应该是站在无产阶级和人民大众的立场上；文艺工作者的态度根据无产阶级的立场以及根据不同的对象，既要有歌颂也要有暴露；文艺工作者的对象主要是根据地的接受者，即工农兵及其干部；文艺工作者的学习则是向马列主义和社会群众学习。② 在这个部分，毛泽东所谈到的五个关于文艺工作者的问题，既是出于根据地文艺工作的现实情况，又是根据马克思主义文艺思想的无产阶级性质提出来的，指出了文艺工作的无产阶级性质。而在"结论"部分，毛泽东则主要阐明了文艺工作者要以无产阶级文艺去服务无产阶级的广大群众。在如何服务的问题中又提出了如何理解无产阶级文艺的问题。

关于如何理解无产阶级文艺的问题，首要的问题即是文学艺术的根源问题。对此，毛泽东指出："一切种类的文学艺术的源泉究竟是从何而来的呢？作为观念形态的文艺作品，都是一定的社会生活在人类头脑中的反映的产物。革命的文艺，则是人民生活在革命作家头脑中的反映的产物。人民生活中本来

---

① 《毛泽东选集》第 1 卷，人民出版社 1991 年版，第 284 页。
② 《毛泽东选集》第 3 卷，人民出版社 1991 年版，第 848~852 页。

存在着文学艺术原料的矿藏，这是自然形态的东西，是粗糙的东西，但也是最生动、最丰富、最基本的东西；在这点上说，它们是一切文学艺术相形见绌，它们是一切文学艺术的取之不尽、用之不竭的唯一源泉。"①首先，在这段论述中，毛泽东将社会生活视为文艺的来源，而文艺则是对社会生活的认识之后的一种观念形态的反映和表现。因此，可以首先确定的是，《在延安文艺座谈会上的讲话》中的美学思想在理论逻辑架构上依然属于认识论逻辑，还是一种反映论的美学。但是，这种认识论、反映论的美学思想与前苏联的反映论和认识论美学并不相同。正如刘纲纪所言，毛泽东的美学思想的哲学根基在《实践论》，因而，"毛泽东所说的'社会生活'、'人民生活'在根本上都是和人类改造世界的实践斗争不能分离的。文艺是对这种实践斗争的反映，而不是对卢卡奇所说的社会生活的抽象的'本质'的反映"②。在《实践论》中，毛泽东确认了社会生活最基本的形式就是物质生产实践活动，以及由物质生产实践活动决定的阶级斗争、政治斗争以及科学和艺术活动。因此，毛泽东将社会生活视为文艺的源泉，无疑是包括了物质生产实践、政治斗争、阶级斗争以及科学和艺术活动在内的社会实践活动视为文艺的源泉。换句话说，文艺是对社会实践活动的认识和反映，因而是社会实践活动的产物，而非对社会生活的抽象的本质的认识和反映。而在《实践论》中，毛泽东又指出了物质生产实践活动不仅是社会实践活动的基本形式，而且决定着其他社会实践活动。因此，从这一界定来看，文艺是对生活的认识和反映，更是对物质生产实践活动的认识和反映。换句话说，文艺是物质生产实践活动的产物。因此，从这一理论推断来看，毛泽东的美学思想已经不再是单纯的认识论、反映论美学，因为在他的认识论、反映论中，文艺所认识、反映的社会生活的内涵已经发生了改变，从一个笼统的概念转变为具有现实内涵的物质生产实践活动。这一转变也意味着中国早期的马克思主义认识论、反映论美学在逻辑起点上开始发生变化。过去那种将文艺视为对社会历史、现实生活的反映的美学观是将社会历史、现实生活视为文艺的根源，文艺创作也就是对社会历史、现实生活的认识、反映。而一旦社会历史、现实生活的本质被理解为物质生产实践之后，这种认识论、反映论逻辑就开始走向了一种实践生成论逻辑。当然，毛泽东的美学思想并没有真正实现这一转变，只是这一转变的萌芽形式，开始从认识论、反映论逻辑转向实践生成

---

① 《毛泽东选集》第 3 卷，人民出版社 1991 年版，第 860 页。

② 刘纲纪：《美学与哲学》，武汉大学出版社 2006 年版，第 466 页。

论的逻辑来理解文艺创作以及文艺的特性。

　　毛泽东不仅从社会生活这一维度揭示了文艺的社会实践的根源，而且还从实践的创造性强调了文艺的创造性特征。毛泽东指出："有人说，书本上的文艺作品，古代的和外国的文艺作品，不也是源泉吗？实际上，过去的文艺作品不是源而是流，是古人和外国人根据他们彼时彼地所得到的人民生活中的文学艺术原料创造出来的东西。我们必须继承一切优秀的文学艺术遗产，批判地吸收其中一切有益的东西，作为我们从此时此地的人民生活中的文学艺术原料创造作品时候的借鉴。……但是继承和借鉴绝不可以变成替代自己的创造，这是绝不能替代的。文学艺术中对于古人和外国人的毫无批判的生搬和模仿，乃是最没有出息的最害人的文学教条主义和艺术教条主义。"①在这段论述中，毛泽东首先指出既有的文艺作品仅仅是文艺创作可资借鉴的对象而非创作的根源，如果以此作为文艺创作的根源，只不过是一种文学和艺术的教条主义，是一种毫无批判的生搬和模仿。而文艺作为对表征社会实践的现实生活的认识和反映，其根本的特征就在于从社会生活中汲取养料进行独具特色的创造。文艺所具有的创造性根源就在于它所认识和反映的社会生活在本质上是实践的，而实践的一个根本特性就在于创造性。因此，文艺的创造性直接导源于现实生活，而更为根本的来源则是物质生产实践活动的创造性。因此，要创作出具有创造性的文艺作品，在毛泽东看来，"中国的革命的文学家艺术家，有出息的文学家艺术家，必须到群众中去，必须长期地无条件地全心全意地到工农兵群众中去，到火热的斗争中去，到唯一的最广大最丰富的源泉中去，观察、体验、研究、分析一切人，一切阶级，一切群众，一切生动的生活形式和斗争形式，一切文学和艺术的原始材料，然后才有可能进入创作过程"②。这是因为，首先，当时的中国需要的是革命的文艺，这是中国的现实所决定的；而革命的文艺的源泉来自于现实的革命斗争。革命斗争是当时中国最基本的社会实践形式，也是中国当时社会生活的主要方面。因此，要创作出独具特色的革命文艺，就必须深入革命群众、深入革命的生活，为革命群众创作大众文艺。毛泽东指出："一切革命的文学家艺术家只有联系群众，表现群众，把自己当作群众的忠实的代言人，他们的工作才有意义。只有代表群众才能教育群众，只有做群众的

---

　　① 《毛泽东选集》第 3 卷，人民出版社 1991 年版，第 860 页。
　　② 《毛泽东选集》第 3 卷，人民出版社 1991 年版，第 860~861 页。

学生才能做群众的先生。"①抽离革命斗争这一特定的历史话语，要创作出具有创造性的文艺作品也就是要深入到社会实践中去。毛泽东对文艺创造性特征虽然依然是从认识论、反映论逻辑推论出来的，但是文艺的创造性的根源已然被界定为社会实践活动本身所具有的创造性。

毛泽东不仅谈到了文艺的创造性以及如何进行创造性的文艺创作，而且还谈到了文艺的典型性问题。毛泽东指出："人类的社会生活虽是文学艺术的唯一源泉，虽是较之后者有不可比拟的生动丰富的内容，但是人民还是不满足于前者而要求后者。这是为什么呢？因为虽然两者都是美，但是文艺作品中反映出来的生活却可以而且应该比普通的实际生活更高，更强烈，更有集中性，更典型，更理想，因此就更带有普遍性。革命的文艺，应当根据实际生活创造出各种各样的人物来，帮助群众推动历史的前进。"②也就是说，文艺虽然来自于现实生活，但是，文艺所表现出来的艺术形象比现实生活更具有典型性、普遍性，更能够帮助人民群众抓住纷繁复杂的现实生活的本质。现实生活在本质上是实践的，在革命年代，作为社会生活本质的实践，其最为核心的部分就是革命斗争、阶级斗争。文艺通过其具有的典型性特征的艺术形象能够抓住社会生活的革命本质，进而帮助群众参与到革命斗争中去，推动社会历史的前进。

由文艺的典型性所揭示的文艺的社会功用，又涉及文艺的另一个特征，那就是文艺的功利性特征。毛泽东追问道："我们的这种态度是不是功利主义的？唯物主义者并不一般地反对功利主义，但是反对封建阶级的、资产阶级的、小资产阶级的功利主义，反对那种口头上反对功利主义、实际上抱着最自私最短视的功利主义的伪善者。世界上没有什么超功利主义，在阶级社会里，不是这一阶级的功利主义，就是那一阶级的功利主义。我们是无产阶级的革命的功利主义者，我们是以占全人口百分之九十以上的最广大群众的目前利益和将来利益的统一为出发点的，所以我们是以最广和最远为目标的革命的功利主义者，而不是只看到局部和目前的狭隘的功利主义者。"③马克思主义美学强调的是功利主义的文艺观，而这种功利主义并非封建阶级、资产阶级和小资产阶级那种个体的功利主义，而是代表着最为广大群众的眼前和将来利益的功利主

---

① 《毛泽东选集》第 3 卷，人民出版社 1991 年版，第 864 页。
② 《毛泽东选集》第 3 卷，人民出版社 1991 年版，第 861 页。
③ 《毛泽东选集》第 3 卷，人民出版社 1991 年版，第 864 页。

义，是具有普遍性的。因为革命的文艺为革命群众服务、为革命斗争服务，是为了反对阶级压迫和民族压迫，追求的是民族的解放。因此，文艺的这种功利性特征又具体地表现为阶级性、政治性和大众性。正是基于此，毛泽东指出，"总起来说，人民生活中的文学艺术的原料，经过革命作家的创造性的劳动而形成观念形态上的为人民大众的文学艺术"①。这与主观唯心主义美学强调的超功利的文艺观大不相同，他们主张文艺是超政治的、超阶级的，同时也是为个体的，实际上主张的是一种超现实或者说是一种逃避现实的文艺观，而将文艺视为个体的小天地，以便于其中使内心获得暂时的安宁。而马克思主义美学所主张的文艺的功利性，由于其代表阶层的普遍性反而是一种超功利主义的文艺观，是一种超越了个人主义的文艺观。

因此，总的来说，毛泽东的《在延安文艺座谈会上的讲话》以文艺创作的实践性为基点，突出了文艺创作的创造性、典型性和功利性特征，强调了文艺为人民群众服务的价值理念，因而较为全面地阐发了中国早期马克思主义美学思想，可以视为对新中国成立前中国马克思主义文艺思想和美学思想发展的一次总结。正是基于此种认识，刘纲纪认为，"毛泽东《在延安文艺座谈会上的讲话》的发表，标志着中国马克思主义美学的诞生和建立"②，同时指出了中国马克思主义美学的性质是"以人民大众为本位的马克思主义实践论的美学"③。这些论断无疑抓住了毛泽东美学思想中的基本性质。但是，需要指出的是，毛泽东的美学思想尽管在逻辑起点上开始从社会生活转向社会实践；在逻辑架构上也开始从认识论、反映论逻辑转向实践生成论逻辑。但是，在毛泽东的美学思想占据主导地位的理论逻辑还是认识论、反映论逻辑，还并没有真正转向实践辩证法逻辑；从理论形态和理论实质上来看，它还并不具备中国马克思主义实践观美学的形式特征和理论内涵，因而本质上还属于认识论美学的范畴。首先，毛泽东并没有直接从物质生产实践活动来诠释文艺，而是通过社会生活这一概念；只不过社会生活这一概念在其《实践论》中已经被界定为包括物质生产实践活动、阶级斗争、政治斗争以及科学和艺术活动在内的社会实践活动。因此，我们必须经过一番理论的推导才能够将毛泽东美学思想的实践性揭示出来。其次，毛泽东的美学思想还是从认识论出发，将文艺视为对社会

---

① 《毛泽东选集》第3卷，人民出版社1991年版，第863页。
② 刘纲纪：《美学与哲学》，武汉大学出版社2006年版，第465页。
③ 刘纲纪：《美学与哲学》，武汉大学出版社2006年版，第466页。

实践活动的认识和反映，还没有真正从实践辩证法的逻辑来阐释文艺的根源、特性。只不过，毛泽东的美学思想具备了中国马克思主义实践观美学的理论性质，在其认识论逻辑之中，作为逻辑起点的社会生活已然被具体化为物质生产实践。因而尽管毛泽东的美学思想依然是一种认识论、反映论美学，依然是从文艺反映社会生活的角度来谈文艺的根源、创作和特性，但是文艺的根源、创作和特性就不再是单纯的认识与反映的问题了，而悄然转换成生成与被生成的问题了。这也就是从认识论逻辑转向实践辩证法逻辑的萌芽，是最终促使了中国马克思主义美学在理论逻辑架构上从认识论转向实践辩证法的最早的表达。

因此，总的来看，周扬倡导的"新的美学"将主观的审美能力和客观的艺术作品都视为人类实践的产物，是中国马克思主义美学在逻辑起点上实现实践转向的萌芽；而毛泽东的《实践论》和《在延安文艺座谈会上的讲话》则进一步对这一新的趋势做出了一定的理论阐发，同时，也内含了中国马克思主义美学在理论逻辑架构的从认识论、反映论转向实践辩证法的发展趋势。因此，尽管在周扬和毛泽东的美学思想中，对马克思主义的实践观并未做出深入的阐明，也未以此为基础做出美学意义上的阐发，甚至在其美学思想中，认识论、反映论逻辑依然占据着主导地位。但是，在这些主导逻辑之外所萌生出来的新思想已然成为中国马克思主义美学实践转向的萌芽，也是中国马克思主义实践观美学的萌芽。

（作者单位：河北师范大学文学院、武汉大学哲学学院）

元代文人画中"平淡天真"之意

江　澜

一、"平淡天真"的思想内涵

在中国思想中，"平淡天真"首先不是一个美学概念，而是一个思想范畴，其中的核心词是"天真"。"天真"一词来自于庄子的"法天贵真"思想，这是庄子"道"论中的重要内涵。可以说，庄子道论中几乎所有内容，都是通过"天"和"天人关系"的范畴来表述的。① 在庄子思想中，天代表着与人相分的自然万物，尽管天作为自然的存在者不是道本身，但它因为没有人欲的干扰，本然地运行在道中，是自然之道最直接的体现，在这样的意义上，道的本性成为天的本性，这即是"真"。另外，在庄子道论中，道作为人的最高真理，是无时间性和无空间性的虚无存在，自身没有任何感性的特点，道的特性就是平淡。由此，天的真也具有了"平淡"的特质，"平淡"即是对"天真"根本特质的描述。

如果说庄子的天真代表着自然之道，那么，后期禅宗在任运自然方面与庄学几乎没有差别，所谓"运水搬柴，无非妙道"。对庄禅而言，天真、自然都强调了人要在本性之中，过一种"如其本然"的生活。不过，这种本然的生活方式，对人而言却不是自然呈现的，因为人无穷的欲望导致了对自身本性的偏移，人唯有不断地去欲才能回复到自身的本性之中，与道相沟通。在庄子而言，这种回复过程是心斋与坐忘；而对禅学来说，则是以"无"的否定，将分别心转化为平常心。在此，两者都共同以"无我"的立场去除心灵的遮蔽。应该说，在后期禅宗的发展中，融会最多的就是庄子思想。庄子道论中的"道无

① 徐小跃：《禅和老庄》，江苏人民出版社 2012 年版，第 126 页。

504

处不在"、"无心"、"自然任运"等思想被禅师们发挥至极致,这种极致表现在以下几个方面:

首先,"道无处不在"。相对于老子强调道作为宇宙万物存在的根源性,庄子在"道通为一"的思想中,更侧重于道存在于事物中的广泛性。他通过"气"这一物质性的存在,将形上之道与形下之器相贯通。这突出表现在庄子与东郭子的对话中,如庄子说道在蝼蚁、在稊稗、在屎溺。对于此,禅宗也有相似的师徒对话,如有人问云门文偃禅师:"如何是西来意?"答曰:"久雨不晴。"又曰:"粥饭气。"①这里,文偃禅师对问题的回答显示出禅宗强烈的入世特征,他没有对何为"西来意"进行学理上的回答,而是以日常生活琐事来指明道的无所不在性,所谓"久雨不晴"和"粥饭气"实质上就是他们所处的真实生活。此处,禅宗道不离世间的思想与庄子可谓如出一辙。不过,不同于庄子回答问题的宽泛性,禅师们的回答都是对"当下"现实之事做出反映的应机之言,它侧重于打破学人对概念名相的执著,将人拉回到眼前的事情上,告诉人眼前事即是道。可见,在庄子道无所不在的"泛存性"基础上,禅更强调了道的"当下性"。

其次,"无心"作为意识的消解。在庄子思想中,道由于没有自身之外的目的性,所以它"居无思、行无虑,不藏是非美恶"②,是最质朴、最高的真理性存在。庄子的《应帝王》篇中,"日凿一窍,七日而浑沌死",表明了人之心机思虑对自然之道的破坏。在此,庄子强调了道的玄同和无可损益的整体性。人要追求道,唯有去除心机思虑,才能达到与道浑然一体、物我两忘的境地,这种"忘我"的状态在庄子对技艺之人的描述中常可见到。与此类似,临济宗的"无心道人",希运的灭除动念、断绝思议等,都是庄子"坐忘"之意的发挥。不过,相对于对意识的消解,禅宗更着重于人对分别执著的破除。

最后,"自然任运"作为道之运作。自然任运是道的运行方式,也是得道之人的行为方式。对于得道之人,庄子将之称作"圣人"、"神人"、"德人"、"真人"。得道之人就是在道的真理中生活的人,他与道一样,无所束缚、也无所目的,无所为而无所不为。在这样的意义上,"自然任运"成为人最高的自由,并具体体现在三个方面:其一,心的自在,如"不知说生,不知恶死。

---

① 参见(北宋)释普济编:《五灯会元》,万卷出版公司2008年版,第273页。
② (晋)郭象注,(唐)成玄英疏,曹础基、黄兰发点校:《庄子注疏》,中华书局2011年版,第239页。

其出不䜣，其入不距"①。对人来说，生命最大的悲喜就是生与死，如果生死都不动于心，这就是人心最大的解脱。其二，身体的安宁，如"其寝不梦，其觉无忧，其食不甘，其息深深"②。这里，不梦、无忧、不甘、深深都是心中无思无虑的结果，身体上的安宁就是心之安宁的外化。其三，行为的自由，如"登高不栗，入水不濡，入火不热"③。此处，得道之人由于身心的安宁，故能在行动上将生死安危视为一体，且因其行为处于道中，所以并不会受到外物的伤害。应该说，庄子的这些描述都以人世间的种种束缚为对照。不过，除了世间束缚之外，人还向往着如天地般永恒。于是，庄子也赋予了得道之人以游于世外的能力，如"乘云气，骑日月，而游乎四海之外"④。这使得庄子的自然任运思想，在强调道之自由性的同时，也因为反日常经验而具有了某种神秘特质。总体说来，庄子对于真人、神人的描述，既有存在的经验，也掺杂了浪漫的理想。这种"自然任运"的存在经验，被后期禅宗思想中吸收，如马祖的"平常心即道"、"触类是道而任心"，临济的"无事贵人"等都强调了心体的自在之用，这成为后期禅宗的显著特色。

所不同的是，在吸收庄子任运自然的思想时，禅师们也最大限度地剔除了庄子之道的神秘性。他们将道的作用落实到日常生活中，强调随时、随处的修行观。不过，这种入世出世不二的思想，在禅学中其实自有其传统，源头可追溯至僧肇和《维摩诘经》。如僧肇："非离真而立处，立处即真也。然则道远乎哉？触事而真；圣远乎哉？体之即神。"⑤僧肇"触事而真"的思想被后期禅宗，尤其是马祖、临济玄义发挥出来，如玄义禅师言："但一切时中，更莫间断，触目即是。"⑥如果说人心就是智慧、本觉，那么，心所及之地就是真。或者说，当人生活于真理之中时，日常生活就是真理的生活，就是佛国净土。同

---

① （晋）郭象注，（唐）成玄英疏，曹础基、黄兰发点校：《庄子注疏》，中华书局2011年版，第127页。

② （晋）郭象注，（唐）成玄英疏，曹础基、黄兰发点校：《庄子注疏》，中华书局2011年版，第127页。

③ （晋）郭象注，（唐）成玄英疏，曹础基、黄兰发点校：《庄子注疏》，中华书局2011年版，第126页。

④ （晋）郭象注，（唐）成玄英疏，曹础基、黄兰发点校：《庄子注疏》，中华书局2011年版，第52页。

⑤ （东晋）僧肇：《肇论》，大正新修大藏经本，第5页。

⑥ （南唐）静筠二禅师编撰：《祖堂集》，中华书局2007年版，第857页。

样,《维摩诘经》的"不离烦恼而得涅槃"①,也是不离现实生活的超越。当然,《维摩诘经》中为了扩散佛教教义的传播广度,描写了不少庄严佛土的殊胜场景。但这种对神通力和神奇美妙场景的渲染,在禅宗的心性觉悟思想中被清除殆尽,这使得禅学从根本上落实为人的生活智慧。

正是在禅学的激发下,庄子思想的精义被发挥出来。而禅学之所以能够拓展庄学,是因为它们在源头上的差异性:庄子的自然之道始终视天道为高于人的存在,以天道规定人道。而禅宗站在心本位的角度,将庄子外在于人的天地之道,转换为人内在的心灵。庄子天道的真在慧能这里直接成为人心性的真。当道的真理智慧就在人心中时,人求道的距离无疑被大大缩短,这导致了得道方式的根本转变:对庄子而言,天道的获得需要人对欲望的层层否定,以达到外天下、外物、外生、朝彻、见独、无古今,入不生不死,从而通向虚无之道。这种守虚静的求道方式更类似于北宗禅的坐禅观净。与此不同,慧能在即心即佛的理念下,主张"明心见性"的顿悟,即道(真理)不是通过"坐忘"、"心斋"等步骤来获得,它就在"当下"之心由迷转觉的一念之中。每个人的自心成为他自身的皈依之所,这意味着在人自身之外没有任何其他的规定,人心的样态规定人的存在样态。这样看来,尽管慧能的禅宗思想和庄子思想有着很大部分的重合,但在不二法门以及悟解的彻底性方面,禅学与庄子思想拉开了明显的距离。在此,"平淡天真"在庄子思想中所带有的天道色彩,在禅学中已经彻底改造为对人心本然状态的描述,并由"心"扩展至"人"的存在,如马祖的"既悟解之理,一切天真自然。……任运自在,名为解脱人"②。

二、"平淡天真"图式的演变

综上可见,"平淡天真"作为道家美学的核心要义,在禅宗的极致发挥下逐渐成为文人们内心的审美原则。它首先出现在诗歌美学理念中,如司徒空在《二十四诗品》中描述的冲淡、高古、自然、超诣、飘逸、旷达等属于此类美学意趣。此后,欧阳修又将平淡之意引入绘画,说:"萧条淡泊,此难画之意,画家得之,览者未必识也。故飞动迟速,意浅之物易见,而闲和严静,趣

---

① 赖永海主编:《维摩诘经》,中华书局 2010 年版,第 34 页。
② 邢东风辑校:《马祖语录》,中州古籍出版社 2008 年版,第 146 页。

远之心难形。"①欧阳修对于绘画的美学思想，显然是他"平易自然"的古文审美理念在绘画中的移植。所谓"萧条淡泊"之意和"趣远之心"正是人对欲望烦恼的远离，它表现为一种平和而趋向内省的审美心境，这成为北宋文人们所普遍追求的一种审美境界。如果说，欧阳修的这种美学理念，对宋文人画家来说还只是一种朦胧观念的话，那么，米芾最终为这一美学理念找到了视觉上的依据，这即是对董源作品的"发现"。

"平淡天真"一词作为评价用语，最先出自于米芾的《画史》："董源平淡天真多，唐无此品，在毕宏上，近世神品，格高无与比也。"②对于何为"平淡天真"，米芾的描述是："峰峦出没，云雾显晦，不装巧趣，皆得天真。"③在此，米芾欣赏董源之画的"天真"之处主要集中于两点：一是画中所描绘的烟岚之气，这显然与米芾对山水云雾变化的个人偏好有关。二是"不装巧趣"的绘画方式。这里所谓的"巧趣"所针对的正是当时北宋流行的李成、郭熙的山水风格。一方面就构图来说，是指在高远、深远视角下，宋画中常见的曲径通幽、飞瀑流泉、高山深壑等复杂的造景造境；另一方面就笔墨而言，是指宋画中出现的复杂多变的笔墨技巧，如鬼面皴、豆瓣皴，卷云皴等。而在董源的绘画中，这两种画面特征全然不见。取而代之的是在平远视角下，平缓而自然的江南丘峦造型，以及少波折的披麻皴所显示出的单纯笔墨形态。对此，沈括形容董源画作："尤工秋岚远景，多写江南真山，不为奇峭之笔。"④这里的"不为奇峭之笔"即是指董源绘画中单纯、质朴和自然的笔法形式。这使得勾皴点染擦等笔墨技法，在米芾、沈括这里，有被简化为一种非刻画性的、类似于行草的书写性运笔方式的趋势。

米芾的"平淡天真"这一审美观念，给元代文人画以深刻的影响。然而，"平淡天真"审美观念在宋代文人画那里，更多的是理念性的存在，其实际内涵并没有得到充分的展开。这是因为，尽管宋代文人们在理性上以平易、自然、冲和控制着自己，但个人气质以及非专业的作画态度，决定了他们在艺术

---

① （清）方熏：《山静居画论》，陈永怡校注，西泠印社出版社 2009 年版，第 30～31 页。

② 潘运告主编：《宋人画论》，熊志庭、刘城淮、金五德译注，湖南美术出版社 2000 年版，第 118 页。

③ 潘运告主编：《宋人画论》，熊志庭、刘城淮、金五德译注，湖南美术出版社 2000 年版，第 118 页。

④ 俞剑华：《中国古代画论类编》，人民美术出版社 2014 年版，第 625 页。

的表达方式上仍有着奇崛狂怪的成分。如苏轼的《枯木怪石图》虽有意趣，然而这种消遣式的兴发方式，使其绘画终不能在技法力度和情感深度上与元代文人画相颉颃。相对而言，米友仁的墨戏云山以其墨法的开拓性，对后世来说更具效法的价值。在他的演绎下，"平淡天真"也被赋予了一种超越于董源郁茂朴厚风格的雅逸格调。不过，米友仁对于董源山水笔墨形式的纯化和简化，在创造出米家山水画图式语言的同时，也潜伏着流于形式化和简单化的危险。从某种程度上说，这其实是继承米芾绘画思想的必然结果。因为在董源的绘画中，米芾所强调的多是其重复的披麻皴和趋于类同的大小攒点所构成的单纯统一的笔墨形式。

与苏米消遣式的绘画活动不同，元代文人由于隐逸心态的泛化，将大量的时间从事于绘画。虽然倪瓒曾表示绘画只是"聊抒胸中逸气耳"，但实际上，从他们大量存世的作品可以看出，绘画不只是他们怡情养性的游戏之物，更是他们生命中不可缺少的精神陪伴。他们将对身世的感怀和对自我心灵的观照，化为一股和静延绵之气，以精研的态度将之注入作品之中。绘画成为元代文人画家自我存在意义的确证方式。正因为如此，"平淡天真"在元文人画中，透露出远比宋文人画更为深刻的人生感和存在感，它让我们感受到的不仅是一种轻松平易的绘画风格，更是文人们丰富而细腻的内心世界。第一次，绘画如此真实地和文人个体的现实存在经验相合一，这是绘画由物向心的彻底翻转。在这种翻转下，文人画的最高价值和最完整的意义得到了凸显，即绘画不是教化，也不是娱乐，而是最真实的个人心灵日记。在"平淡"欲望的非表达方式中，文人们诉说着对自身现实存在境遇的感怀，表达着探寻人生意义的深层渴求。可以说，禅学的精神构成了文人画中最核心和最宝贵的部分，儒家的雅正和道家的自然，都融化在禅学的如实观中。这种无欲望和非表达所导致的"平淡天真"，成为文人画最美的心灵境界和最高的艺术境界。

那么，"平淡天真"的非表达作为自然的表达，在画面中如何呈现自身？就技的层面而言，绘画的实现离不开造型、笔墨、构图三个方面，其中造型是对可画之物的选择和取舍，即画什么；笔墨是对所画之物的具体实现，构图是对所画之物的安排，这后面两者都属于怎么画的问题。而在"平淡天真"的心境指引下，元代文人沿着平常的造型、平实的笔墨、平淡的构图三个维度，不仅与宋文人画拉开了距离，而且也对宋代主流绘画作出了重要的革新。

首先，"画什么"涉及画家选取什么样的景入画。就宋代山水画来看，无论是北宋的全景山水或是南宋的边角山水，都流露出一种十分明显的"造景"

意图，即画家偏向于选取有特征代表性的造型，组成某种典型场景，以营造出某种特定的诗意氛围。如范宽表现行旅的《溪山行旅图》、刘松年表现四季之景的《四景山水图》等，这使得画家在具体造型中，总会有意识地去改变景物的日常状态，以符合氛围营造的需要。不过，在平常心即道的禅学思想作用下，文人们不再在画面中，去突出某种刻意的主题性，而仅以平常的造型去表达一种近乎于"无"的情感。

这里，以山水画中"树"的造型为例，进行宋元两种造型观的对比。图1是宋人马麟《芳春雨霁图》中的树，图2是元人曹知白《寒林图轴》中的树，在这两幅同类题材作品的对照中，我们可以很明显地感受到这两种造型观的差异之处：马麟笔下的树造型瘦硬坚挺，尤其是前景的树木似乎在扭曲中显示出一种挣扎的抗争之意。在这种曲折动荡的造型中，木本的枝干表现得也如坚石一样，给人以怪异嶙峋之感。反观曹知白笔下的树，取一般山中村野所见的平常之姿，造型高高低低，自然舒缓，丝毫没有马麟树木那种极尽扭曲挤压之态，正如董其昌所说："会心处不在远，翳然林水，便有濠濮涧想也。"①应该说，这种"如平常生活所见"的造型观在元代文人画中成为最具代表性的造型方式。

 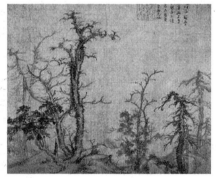

图1 （北宋）马麟《芳春雨霁图》　　　　图2 （元）曹知白《寒林图轴》

然后，"怎么画"关涉于笔墨和构图。在笔墨的表达方面，元代文人画家在赵孟頫的带动作用下，多以董源巨然为师法的范本，以平实的披麻皴，替代顿挫跳跃较大的斧劈皴、卷云皴等。同时，减少过多的染法以突出书写性笔墨的清晰性和单纯性。这种平实、简逸的披麻皴笔墨技法，经明董其昌的提倡和

---

① （明）董其昌：《画旨》，毛建波校注，西泠印社出版社2008年版，第124页。

发扬后，几乎成为文人画最典型的笔墨方式。另外，在构图上，由于无意于某种主题性的表达，元代文人画相较于宋代绘画更为平易。如宋人马远的代表作《踏歌图》（见图3），无论是山峰或是树木形态都显示出画家强烈的构图意识。树木、山水、云气、人物等画面元素，在画家的造景意图下，以十分精确的形态，围合成一个稳定、有序且封闭的空间。画家对形态和构图高度的控制力，给人以少一笔即缺，多一笔即繁的精准设计感。

图3　（南宋）马远《踏歌图》

相比之下，赵孟頫的《双松平远图》（见图4）的构图并不给人以"设计"之感。除近景的两棵松树，稍注意造型的动态对比外，树、石、坡、船等中景在造型上都取自然之态，并通过空白所暗示的水面与远山连为一片。另外，画家在靠近远山处绘有一独钓的渔父，不过此画中的渔父，显然不构成马远山水画中那样的画眼作用，人物的出现只是暗示出水面的辽阔感。在远处，平缓的山峦用空松而断续线条写出，山顶上局部以竖笔簇点以示远树，山下的水脚用浓淡不一的湿笔拖出。在此，赵孟頫不用墨染，仅以书写性线条的虚实浓淡变化推远空间，这种不重物象细节刻画，不重诗意情节营造的自然构图表达方式，给予画面一种"正在进行中"的未完成感和开放性。而明朗、简淡甚至抽象的书写用笔，也透露出赵孟頫特有的文人清孤、幽静之气。

图4　（元）赵孟頫《双松平远图》

不可否认，在当时李、郭精细画风盛行的元初画坛背景之下，这种平淡的构图和平实的书写性笔墨方式不啻为一种相当前卫的举动。显然，赵孟頫对自己的这种独创性也相当自得，他在题跋中写道："仆自幼小学书之余，时时戏弄小笔，然于山水独不能工。盖自唐以来，如王右丞、大小李将军、郑广文诸公奇绝之迹不能一、二见。至五代荆、关、董、范辈出，皆与近世笔意辽绝。仆所作者虽未敢与古人比，然视近世画手，则自谓少异耳。"①在赵孟頫的示范作用下，行草式的书写用笔和自然平易的构图成为元代，尤其是元代中后期山水画最主要的图式面貌，并成为明清文人画家心目中的正宗画风。

不过，需要注意的是，所谓自然和无意的绘画表达，不能理解为对驳杂现实毫无取舍的照搬和复制，绘画作为人的精神创造终归是对生活的提炼和再创造。因此，元代文人画的无表达之表达要理解为：在平淡心境的过滤下，画家将内心丰富的情感和想象，以平淡无意的方式表达出来。这种无表达之表达，并非绘画艺术性的丧失，恰恰相反，这种旨趣将绘画的境界大大地向前推进了。这是因为，当人不在绘画中去刻意表达自身、去进行所谓的"创造"时，绘画的表达本性才真正发挥出作用，而真正的表达本身就是独一无二的创造。正如清人笪重光所评述的那样："丹青竞胜，反失山水之真容；笔墨贪奇，多造林丘之恶境。怪僻之形易作，作之一览无余；寻常之景难工，工者频观不厌。"②如此，元代文人们借助于"寻常之景"的无表达之表达，使文人画无论在笔墨还是精神维度，都攀上了其历史性的顶峰。

---

① 上海书画出版社编：《鹊华秋色》，上海书画出版社2005年版，第32页。

② 周积寅：《中国画论辑要》，江苏美术出版社2005年版，第492页。

三、逸品作为评价标准的确立

由上可知,元代文人画中"平淡天真"之境的展开,不是指文人画家们在情感类型上趋同,而是指情感的呈现方式都趋于平淡。如赵孟頫的愁绪、黄公望的生机和洒脱、倪瓒的孤寂荒寒等,都在"平淡"的呈现方式中,显示出他们对自身存在境遇的观照与期望,以及对欲望和技法的超越。而当元代文人画的这种独特表达方式,在明清文人那里凝聚成为一种绘画范式时,元代文人画中个人气质性的"逸气",也就转换为一种最高的评价体系,这即是"逸品"的确立。

"逸"意为"隐也,遁也"。有逃离之意,它作为品评概念出现于三国时期,最初是品评人的风度。而以"逸"评画最早始于谢赫,他在《古画品录》第三品中称姚昙度云:"画有逸方,巧变锋出。魑魅神鬼,皆能神妙。同流真伪,雅郑兼善。莫不俊拔,出人意表。天挺生知,非学所及。"①在此,"逸"有出人意表、打破常规法度的意涵。后唐代朱景玄在"神、妙、能"三种尺度之外另开"逸品"一说,不过所举的画家如张志和、王墨、李灵省均是在不拘法度的意涵上而被单归为"逸品"。

直到黄修复,"逸格"的表述才有了实质性的理论飞跃。他在《益州名画录》中将"逸"放置于"神、妙、能"三格之前,而成为一种最高的绘画品格:"画之逸格,最难其俦,拙规矩于方圆,鄙精研于彩绘,笔简形具,得于自然,莫可楷模,出于意表。"②就他所说的"鄙精研于彩绘"、"笔简形具"以及"自然"而言,赋予了"逸"一种超越形似和人为法度的内涵。这大致符合元代文人画中逸的品格特点,但并未触及元代文人画的实质特征。如果说"鄙于彩绘"是指水墨画、"笔简形具"是指画面笔墨形式的简约、"自然"是指绘画技法和情感表达的适合度的话,那么宋代很多绘画能贴上"逸"的标签,典型如禅僧画或南宋山水等。而所谓"莫可楷模,出于意表"作为超越"形似"和"法度"而言,几乎是一切杰出的、天才性的绘画作品的共性特征。另外,就他所标举的唯一的逸品画家孙位来看,也与元明清文人所理解的"逸"有着天壤之别。黄修复描述这位唐代画家的画作:"鹰犬之类,皆三五笔而成;弓弦斧柄之

---

① 俞剑华编著:《中国画论类编》,人民美术出版社1986年版,第360页。
② 潘运告主编:《宋人画评》,云告译注,湖南美术出版社1999年版,第122页。

属，并掇笔而描，如从绳而正矣。其有龙拿水汹，千状万态，势愈飞动，松石墨竹，笔精墨妙，雄壮气象，莫可记述。非天纵其能，情高格逸，其孰能于此耶？"①仅从描述上看，孙位的绘画具有简与飞动雄壮的气质而类同于吴道子，然而从现存的孙位画作《高逸图》来看，其行笔遒劲细密又极似顾恺之，而且同为西蜀画家的黄筌正是师法于孙位。由此，我们可以推断孙位可能有两种画风，一种细密遒劲，一种简逸雄壮。但无论是前者或是后者，都显然是晋唐风格的延续，而异于元人萧散蕴藉的绘画风格。不过，黄修复将"逸格"放到超越于神格的位置仍具有积极的画论史意义。这在于对逸格的推崇本就是对"神、妙、能"这种"形神"法度体系的一种突破，它是对画家自身独特精神气质的彰显。以此为基点，文人们在"逸格"逸品这一新的评价体系下，开始以"适意"的绘画观念抵抗主流形神绘画体系。

由于较短的历史时间，元代文人们实质上并未对绘画中所显示出的"逸"之绘画精神做出总结。直至明清，文人们对于元代文人画中所体现出来的"逸"，始才做出了深刻的总结，如晚明唐志契所说："山水之妙，苍古奇峭，圆浑韵动则易知，唯逸之一字最难分解。盖逸有清逸，有雅逸，有俊逸，有隐逸，有沉逸。逸纵不同，从未有逸而浊，逸而俗，逸而模棱卑鄙者。以此想之，则逸之变态尽矣。逸虽近于奇，而实非有意为奇；虽不离乎韵，而更有迈于韵。其笔墨之正行忽止，其丘壑之如常少异，今观者冷然别有意会，悠然自动欣赏，此固从来作者都想慕之而不可得入手，信难言哉。吾于元稹先生不能不叹服云。"②

在此，唐志契没有对逸的多种形态做出说明，但他特别区分了非逸与逸。显然，画家的"有意"和"无意"成为两者的分界线。可见，"逸"就是画家以无意欲的表达，借助于平常之景中表达出平淡萧散之意。应该说，这一表述从画面形态上抓住了元画之逸的内涵，而这也正是禅学如实观的智慧，所赋予元代文人画最为宝贵的特质。在元画中，山水在表达天人宇宙之情和诗意情感外，更成为画家无欲心灵的外化。画面所流露的平淡天真之意，并非文人们的臆想和杜撰，它扎根于元代文人们现实的存在境遇，这即是元代文人特有的时代精神——"隐"。虽然"隐"作为一种个人行为自六朝古已有之，但只是在元代，

①　潘运告主编：《宋人画评》，云告译注，湖南美术出版社1999年版，第122页。
②　(明)唐志契：《绘事微言》，人民美术出版社1964年版，第8页。

"隐"才成为文人普遍的心态和存在状态。正是"隐"使得"逸"①的内涵，由唐画论中的"不拘法度"、宋画论中的"出于意表"，逐渐转化为元画中的"平淡天真"。

在禅学内观智慧与元代隐逸泛化历史境遇的碰撞之下，元代文人画攀上了自身历史的巅峰，作品中所显示的"平淡天真"之意，充满着对现实生存的感怀和对生命无常的况味，它是文人们真实内心世界的写照；同时作品也不囿于个人欲望，其无欲望的表达方式也使欲望具有了道的超越意味。可以说，禅学对元代文人画的深层渗透，让"逸品"具备了明确的审美内涵，文人画也由此完成了自身由理论到实践的全部构建历程。

（作者单位：武汉科技大学艺术与设计学院）

---

① 关于"逸品"的内涵变化已有不少学者论述过，学者张郁乎在《中国画的"逸品"问题》一文中对"逸品"这个概念做了较为完整的梳理，在此不拟再做重复性的概念梳理，只重点阐述逸品在元代的具体内涵和现实。另阮璞也指出：倪瓒以其作品淡而自然萧疏的韵味，在董其昌的高标下，成为明清画家心目中"逸"的代表。"逸品"这个概念也由此成为明清最高的品评标准。不过除了倪瓒之外，对于谁更有资格为逸品说法不一：张丑将唐吴道子、五代贯休、宋孙知微的画作推为逸品；唐寅推王洽为"王洽能以醉笔作泼墨画，遂为古今逸品之祖"；张泰阶亦提出"黄子久为逸品之祖"的说法；董其昌推张志和、卢鸿、米芾、赵大年。但不论怎样，在把倪瓒的画作评为逸品方面，大家是一致的。参见阮璞《倪瓒人品与画品辩惑》，见卢辅圣主编：朵云第六十二集《倪瓒研究》，上海书画出版社 2005年版，第 66~67 页。

明清时期的纵横画风及其相关问题

裴瑞欣

明清是文人画占据画坛主流的重要时期，特别是董其昌—四王的正统文人画体系的确立，塑造了文人画以幽淡、静净、清真雅正为尚的典型画风与审美旨趣，影响深远，构成了今人对于中国传统绘画的一般印象。实际上，明清画坛在董其昌—四王的正统文人画风之外，存在着一支与之异趣、相抗的纵横画风。纵横画风以动感、力感、出奇为尚，有其独特的艺术价值。今天大家还喜欢引用杜甫"凌云健笔意纵横"的诗句来褒誉画家，"纵横恣肆"、"纵横排奡"也往往被用来称赞绘画娴熟高超的技巧、强烈的气势和感染力。但明清时期，董其昌—四王的正统文人画学对于纵横画风则訾议颇多，以"纵横习气"为画家大忌，"无纵横习气"一度成为正宗文人画家的标杆所在。如何看待"凌云健笔意纵横"的美誉和"纵横习气"的訾议？我们就必须回溯到明清画史、画论的具体情境中，审视纵横画风的基本品格及其相关问题了。

一、纵横画风

"纵横"一词的内涵十分广泛，作为美学概念的"纵横"，最初指的是《战国策》中纵横家(特别是苏秦、张仪)的游说辞说所具有的特殊文风，是对其审美风格的概括，在后世逐渐被用来指称、评论诗词、书法、绘画中类似审美风格的作品。

战国纵横家的纵横文风，章学诚将其概括为："其辞敷张扬厉，变本而加恢奇焉。"①基本把握到了纵横文风给人的审美感受。具体来说纵横文风有两个

---

① (清)章学诚著，仓修良编：《文史通义新编》，上海古籍出版社1993年版，第22页。

主要特征：一方面，喜欢使用响亮而铿锵的词语，并大量运用征引、排比、夸张等技巧去象其事、比其辞，以铺陈渲染气势，给人一种气势雄健、敷张而扬厉的审美感受；另一方面，纵横之文的章法往往摇曳鼓荡、恢诡奇纵。横说竖说无有定则，反复诡辞而变幻莫测，具有很强的动势，给人反复出奇的感觉。

中国画中的纵横画风与文学中的纵横文风相类，二者有很强的异质同构关系。纵横画风也主要表现为气势的雄健飞扬，以及尚力、尚动、尚奇的审美旨趣。

不过绘画中的纵横画风，与文学上的纵横文风相比，出现较晚。早期绘画以状物象形为主，推崇对物象精细的刻画，画风以精密、工致、巧瞻为尚。纵横画风缺乏技法和风尚的土壤，难以发展。到了唐代，随着绘画技法，特别是人物画技法的成熟以及对气势的崇尚，纵横画风开始出现。据文献记载，吴道子的作品"气韵雄壮，几不容于缣素；笔迹磊落，遂恣意于壁墙"①；"落笔风生为天下壮观"②；"变态纵横，与造物相上下"③。已具典型的纵横面貌，只是这时的绘画批评还不够细致完善，对绘画风格的认识和把握也不成熟，纵横画风没有进入绘画美学的视域。一直到明清时期，纵横画风才真正成为画坛的重要一支存在着，并进入绘画美学的视域，在画品、画论、画评中得到了较为广泛的注意和讨论，绘画批评中也越来越多地明确使用"纵横"概念，来指称这种画风。

明清时期，以吴伟及其追随者、石涛和扬州八怪为代表，其对气势的雄健飞扬、笔墨的磅礴恣肆、章法的动荡出奇的自觉追求和推崇，确立了纵横画风的典型面目。在时人的评价中，他们的绘画往往被目为有战国纵横家遗风，画论中还出现了"纵横习气"的概念，来批评他们画风的审美旨趣问题。纵横画风的画史、画论意义，开始得到充分的展开。吴伟的画风多样，但影响最大的还是纵横恣肆、粗劲迅疾的一路。《中麓画品》说他"如楚人之战巨鹿，猛器横发，加乎一时"④。点出的正是其崇尚气势的本色当家面目，而攻击吴伟的人

---

① （唐）张彦远撰：《历代名画记》，浙江人民美术出版社 2011 年版，第 17 页。

② 《宣和画谱》，见卢辅圣主编：《中国书画全书·二》，上海书画出版社 2009 年版，第 339 页。

③ 《宣和画谱》，见卢辅圣主编：《中国书画全书·二》，上海书画出版社 2009 年版，第 339 页。

④ （明）李开先撰：《中麓画品》，见卢辅圣主编：《中国书画全书·五》，上海书画出版社 2009 年版，第 40 页。

认为其画中有叫嚣之气、一味霸悍，也从侧面指出了其以气势胜、以力感胜的纵横之风。而吴伟的追随者，如张路、汪肇、蒋嵩、钟钦礼等，更是将其豪纵、粗劲的纵横画风推向极致，强推使气、笔力霸悍，被后世正统文人画论攻击为徒呈狂态的"邪学"、"习气恶派"；吴伟及其追随者在吴门、松江崛起之后，在画坛逐渐失去了影响，文人画一跃成为画坛主流。但文人画内部，同样存在着纵横画风。其代表就是石涛及扬州八怪中的李鱓、黄慎等人。他们虽然被归为文人画，但其迥异于"董其昌—四王"正统文人画旨趣的风貌，在当时颇受以正统自居的文人画家贬斥。石涛画作"笔意纵恣，脱尽画家窠臼……排奡纵横，以奔放胜"①。具有很高的感染力和艺术价值，但在当时石涛却无法融于画坛主流，在"四王"画风笼罩的京城铩羽而归后，愤愤不平地说："道眼未明，纵横习气安可辨焉。自云曰：'此某家笔墨，此某家法派'，犹有人之示盲丑妇之评丑妇尔，赏鉴云乎哉！"②之所以不被正统文人画论所认可，正是因为其纵横画风。而多受石涛影响的扬州八怪，也多以纵横画风名世，特别是李鱓的"纵横驰骋，不拘绳墨"③，黄慎的"笔意纵横排奡，气象雄伟"④，确实都是典型的纵横画风，以致时人有"怪以八名，画非一体。似苏、张之捭阖，倜徐、黄之遗规"⑤的说法，直接点出了扬州八怪有苏秦、张仪的纵横捭阖遗风。

不过有两点需要说明：第一，这些被目为有纵横画风的画家，画路其实都很宽，据文献记载和传世画作印证，吴伟、石涛绘画都有细密工致的一路，粗细皆能，但纵横画风就是这些画家的本色面目；第二，画风都有典型和不够典型的问题。上面这些画家的本色面目都是典型的纵横画风。而浙派的戴进、谢时臣以及他们祖述的南宋的李唐、马、夏等的院体画，有时也被视为有纵横之

---

① （清）秦祖永撰，余平点校：《桐荫论画·桐阴画诀》，浙江人民美术出版社 2014年版，第 34 页。

② （明）石涛撰：《石涛画跋》，见王伯敏、任道斌主编：《画学集成》（明—清），河北美术出版社 2002 年版，第 314 页。

③ 张庚、刘瑗撰，祁晨越点校：《国朝画征录》，浙江人民美术出版社 2014 年版，第 104 页。

④ （清）秦祖永撰，余平点校：《桐荫论画·桐阴画诀》，浙江人民美术出版社 2014年版，第 212 页。

⑤ （清）汪鋆撰：《扬州画苑录》卷二，清光绪十一年刻本。

风。如黄宾虹《与朱砚英书》谈到用笔时说"院体纵横习气，就是太刚"①。但总的来说，他们的画只是简率了些、笔力刚强了些，有点纵横的意味，并无纵横画风的飞扬、动荡、出奇等特征，并不构成典型的纵横画风。为了相对准确地把握理解典型的纵横画风，下面有必要对纵横画风的基本品格进行归纳概括。

二、纵横画风的基本品格

结合这些画家画作的特征风貌，以及清人黄钺的《二十四画品》中对"纵横"画品的如下概括："积法成弊，舍法大好，匪夷所思，势不可了。曰一笔耕，况一笔埽，天地古今，出之怀抱。游戏拾得，终不可保。是自真宰，而敢草草。"②我们可以进一步提炼、总结出纵横画风以下几个基本的品格。

(一)气盛

纵横画风突出地表现为气势的充盈和雄健。

这首先是画家本人的气盛。所谓"匪夷所思，势不可了"，"天地古今，出入怀抱"。有纵横画风的画家，往往盛气自高，自信而有英伟之气，有孟子笔下善养浩然之气的大丈夫人格。《画史会要》记载："小仙(吴伟)常领其徒至功臣内相家作画，徒或为势所动，小仙叱之曰：'尔方寸如此岂复有画耶。'"③石涛更不待言，观其画其言，磅礴睥睨自有不可一世之气，所谓"作书作画，无论老手后学，先以气胜得之者，精神灿烂出之纸上"④。正是因为画家的气盛，纵横挥洒、机无滞碍，画面才能因生气灌注而精神灿烂，才有画面的气盛。传世的吴伟《江山渔乐图》、石涛《搜尽奇峰打草稿》等画作，笔墨如疾风骤雨，无不气势飞扬。个中缘由，正在"盘礴睥睨，乃是翰墨家生平所养之气"⑤。人以吴伟画中有"叫

---

① 黄宾虹：《与朱砚英书》，见南羽编著：《黄宾虹谈艺录》，河南美术出版社1998年版，第49页。

② (清)黄钺撰：《二十四画品》，见黄宾虹、邓实编：《美术丛书》初集第四辑，浙江人民美术出版社2013年版，第26页。

③ (明)朱谋垔撰：《画史会要》，见卢辅圣主编：《中国书画全书·六》，上海书画出版社2009年版，第181页。

④ (清)原济撰：《大涤子题画诗跋》，见卢辅圣主编：《中国书画全书·十二》，上海书画出版社2009年版，第171页。

⑤ (清)原济撰：《大涤子题画诗跋》，见卢辅圣主编：《中国书画全书·十二》，上海书画出版社2009年版，第170页。

器之气"，正是其气盛无可自抑，发而为画所致。所以有纵横画风的画家往往十分重视气之兴发、鼓动，注意激发意气和激情。最显见的方法就是纵酒。吴伟不仅以豪饮闻名，被招入宫后仍然"有时大醉被召，蓬头垢面，曳破皂履踉跄行，中官扶掖以见"，最后甚至"中酒死，时年五十"。① 而后学汪肇更是"尝自负作画不用朾，饮酒不用口，盖善能鼻饮云"②。纵横画风的画家，豪饮是非常突出的。不能不说跟纵横画风对气势的强烈需要有很大的关系。

（二）草草

因为气盛，典型纵横画风的作品往往似一气涌出，不是谨细的勾皴、烘染，十日一山、五日一水的能事不受相逼迫，而往往表现为草草的披离点画、粗简迅捷。

首先是"快"。气盛必然快，气催笔走，是无法谨小慎微、按部就班地思量安排的，而是如万斛泉源不择地而出。气盛也需要快，唯有快，才能抓住画兴、飞扬气势。如黄慎作画"一瓯则醉，醉则兴发，濡发舐笔，顷刻飒飒可了数十幅"③。即是如此。其次是"简"。因为快，所以不可不简。一方面，简才能提高作画速度。另一方面，简才能尽可能缩小心和手的距离，即心即手，便于使气，把气直接灌注到笔上。比如石涛画通常费工费时的青绿山水，就不是按部就班地勾皴、敷色、烘染，而是"先用染上草绿色的笔，再蘸上石绿、石青，直接在纸上横涂竖抹地描绘他所构思好的山川形象，然后，就用这种染上色的笔，再蘸上墨来桩染作骨"④。这种简化，提升了速度，拉近了意气与笔的距离，方能有不可一世的豪迈气概。最后是"粗"。一方面，粗是与简、快相关的粗简、粗略。因为简、快，容易给人粗的感觉。《扬州画苑录》"率汰三笔五笔，覆酱嫌稀"⑤，讲的就是扬州八怪太粗略、粗简。另一方面，粗是与力感相关的粗豪、粗壮。纵横画风不是涓流细细，而是如江河腾涌、泥沙俱

---

① （明）朱谋垔撰：《画史会要》，见卢辅圣主编：《中国书画全书·六》，上海书画出版社 2009 年版，第 181 页。

② （清）徐沁撰：《明画录》，见卢辅圣主编：《中国书画全书·十四》，上海书画出版社 2009 年版，第 326 页。

③ （清）黄慎撰，丘幼宣校注：《蛟湖诗钞校注》，海峡文艺出版社 1989 年版，第 91 页。

④ 顾强先：《石涛绘画技法简析》，载《美术研究》1981 年第 3 期。

⑤ （清）王鋆撰：《扬州画苑录》卷二，清光绪十一年刻本。

下，表现为与谨细相对应的粗豪。如钟钦礼"往往纵笔粗豪"，蒋嵩"行笔粗莽，多越矩度"①。没有力的粗，容易单薄、空疏。典型纵横画风的"粗"，则是内在生气灌注而至，粗而有力感、有豪气。

（三）无法

典型的纵横画风往往纵横驰骋、挥洒自如，具有冲破法障的高度创造力，表现出难用绳墨规矩把握的纵横恣肆、无往不利的自由感。

有纵横画风的画家因为盛气自高，往往以一切出于胸臆而蔑视外在法度。所谓"古人未立法之前，不知古人法何法"？"我自用我法。"②"无法而法，乃为至法。"③所以有纵横画风的画家往往不喜欢循法、按部就班的束缚，而喜欢绘画的当下性。如石涛"此道见地透脱，直须放笔直扫"④。作画之道被认为放笔直扫，而非思虑安排计较；在作画中，也喜欢追求即兴的、偶然性的效果，如吴伟"诡翻墨汁，信手涂抹，而风云惨惨生屏幛间……戏将莲房濡墨印纸上数处，运思少顷，纵笔挥洒作捕蟹图，最神妙"⑤。

这种作画的当下性、即兴性、偶然性的追求，使得其画作难以用绳墨规矩去规约，具有很强的无法性。也正因如此，纵横画风往往表现为变化多端、出人意表的神奇之感。比如石涛的画作，章法上往往没有程式化的、有例可循的开合铺排，而是矫健而跃动，给人神奇莫测、莫可端倪之感。笔法亦是变化多端，配合着水、墨、色的随机运用，新奇而刺激。光就点法，如其所言："点有雨雪风晴，四时得宜点；有反正阴阳衬贴点；有夹水夹墨、一气混杂点；有含苞藻丝、璎珞连牵点；有空空阔阔、干燥没味点；有有墨无墨、飞白如烟点；有焦似漆、邋遢透明点；更有两点，未肯向学人道破：有没天没地、当头

---

① （清）徐沁撰：《明画录》，见卢辅圣主编：《中国书画全书·十四》，上海书画出版社 2009 年版，第 326 页。

② （清）原济撰：《大涤子题画诗跋》，见卢辅圣主编：《中国书画全书·十二》，上海书画出版社 2009 年版，第 171 页。

③ （清）原济撰：《苦瓜和尚画语录》，见卢辅圣主编：《中国书画全书·十二》，上海书画出版社 2009 年版，第 162 页。

④ （清）原济撰：《大涤子题画诗跋》，见卢辅圣主编：《中国书画全书·十二》，上海书画出版社 2009 年版，第 170 页。

⑤ （清）朱谋垔撰：《画史会要》，见卢辅圣主编：《中国书画全书·六》，上海书画出版社 2009 年版，第 181 页。

劈面点；有千岩万壑、明净无一点。噫！法无定相，气概成章耳。"①全是一气
腾涌，无有定相，所以往往无法、出奇。

（四）是自真宰

纵横画风的"气盛"、"无法"、"草草"都容易出问题。气盛使气，如果不
是出于画家天性才气的自然表露，而是强推使气，则容易成狂怪；而草草、无
法，因为对绳墨规矩的脱略超脱，如果没有扎实的功力，容易成糊涂乱抹的藏
拙托词。所以，纵横画风非常关键的一个品格就是"是自真宰"，以收束其他
品格。

"真宰"一词源出道家，如《老子》"有真宰以制万物"，《庄子》云："若有
真宰，而特不得其眹。""真宰"主要有两个意思：一个是自然，即郭象所释的
自然之性。② 一个是造物主，即林希逸所释的造物。③ 一方面，纵横画风的
"是自真宰"要求纵横画风出乎画家的自然之性。气盛、草草、无法不是外在
简单的酒气鼓动所能至的，根本在于画家内在的自然本性的一气涌出。草草、
无法，也不是故意求奇，而是性情所发的不得不然。纵横画风的超越法障的不
可预知性、高度自由感，正是因为从性情中来，才在自由、奇之中而仍有其合
理性，而不成为格外好奇、徒呈狂态的粗恶狂怪。另一方面，纵横画风的"是
自真宰"，是讲纵横画风要合乎自然造化之功。纵横画风因为气盛，而不得不
草草，但是其草草挥洒的画面效果，却又是自然天成、倏若造化的。一般来
说，草草、无法容易成为一些缺乏扎实功力的画家的藏拙之词，其实要在简单
的笔墨中，笔简而形具、意足，合乎自然造化之功，是非常困难的。如李鱓
"率汰三笔五笔"的大写意花卉，用笔粗简迅疾、纵横淋漓，而形象却鲜活而
生动，这才是真正的纵横画风。因为纵横画风一方面出于画家天性，一方面画
面效果又合乎造化之功，所以纵横画风的画作总给人一种"不知其然而然"的
感觉。如黄慎"酒酣兴至，奋袖迅扫，至不自知其所以然"④。

总而言之，"气盛"、"草草"、"无法"、"是自真宰"构成了纵横画风的基

---

① （清）原济撰：《大涤子题画诗跋》，见卢辅圣主编：《中国书画全书·十二》，上
海书画出版社 2009 年版，第 170 页。

② 方勇：《庄子纂要（壹）》，学苑出版社 2012 年版，第 197 页。

③ 方勇：《庄子纂要（壹）》，学苑出版社 2012 年版，第 200 页。

④ （清）黄慎撰，丘幼宣校注：《蛟湖诗钞校注》，海峡文艺出版社 1989 年版，第 105
页。

本品格。被视为"纵横"的典型画家画作基本符合这四个品格。一般来说，明、清"纵横"一路的这些画家画作，用笔上不是谨细拘挛，而是粗豪奔放；用墨上，不是淡墨、枯墨、嫩墨，而多浓墨、破墨、粗墨甚至恶墨；章法上，不是简易孤高，而是动荡出奇、莫可端倪；造型上，不是精微具体，而是披离点画、大笔草草；作画过程中，画要有兴，首先要快速，不是五日一山、十日一水的能事不受相逼迫，而是迅疾如风、一气涌出的感染力、有表演性的气概成章；最后的画面效果则多具偶然性、不可预见性，虽然跳脱窠臼、法障，却又妙合造化、如有神助。

三、"纵横习气"

从吴伟及其追随者到石涛、扬州八怪，纵横画风构成了明、清画坛的一支响亮别调，其迥异于"董其昌—四王"画风的审美旨趣，一直为正统文人画学所不喜。陈继儒在《容台集序》中谈到诗文时说："凡诗文家，客气、市气、纵横气、草野气、锦衣玉食气，皆鉏治抖擞，不令微细流注于胸次而发现于毫端。"①诗文如此，绘画亦然，纵横气是在必须抖擞脱卸之列的。董其昌、陈继儒等提出了"纵横习气"的概念，攻击绘画中的纵横之风，其后王鉴、王翚、恽南田、唐岱、方薰、秦祖永、戴熙乃至乾隆皇帝等接其余绪，皆有沿用这一概念。

在论述中，"纵横习气"多与画史、时史、画家连用，被目为画史、时史、画家之习。如董其昌所言："云林作画，简淡中自有一种风致，非若画史纵横习气也。"②恽南田评王翚《仿李营丘寒林落月图》："脱尽纵横习气，非时史所能拟议也。"③陈继儒评论黄公望《骑马看山图》："大痴画，独此最称淡荡，洗尽画家纵横习气。"④"画史"一般用被来指代画家。如《庄子》中宋元君将画图故事中所记的"众史皆至"，即以"史"称画家。但"董其昌—四

---

① （明）郑元勋辑：《媚幽阁文娱》卷一，明崇祯刻本。

② 董其昌《仿倪山水图》扇页，故宫博物院藏。上有董其昌题："云林作画，简淡中自有一种风致，非若画史纵横习气也。因拟其意为宏伍丈，玄宰。"

③ （清）陆时化撰：《吴越所见书画录》，见卢辅圣主编：《中国书画全书·十二》，上海书画出版社 2009 年版，第 728 页。

④ （明）汪砢玉撰：《珊瑚网》，见卢辅圣主编：《中国书画全书·八》，上海书画出版社 2009 年版，第 354 页。

王"所处的明、清时期，"画史"则往往不是泛指画家了，而多指代与文人画家相对的职业画家、院画家等。这种将文人画家与画史对举的情况，在宋时已很普遍。如《宣和画谱》记载李成的言论："吾本儒生，虽游心艺事，然适意而已，奈何使人羁致入戚里宾馆，研吮丹粉而与画史冗人同列乎?"①《墨竹叙论》谈到墨竹画时说："故有以淡墨挥扫，整整斜斜，不专于形似而独得于象外者，往往不出于画史而多出于词人墨卿之所作。"②在元代，这一对立被具体为作家、行家与利家、戾家阵营的分化。明、清时期，这一对立更为突出，特别是"董其昌—四王"的正统文人画体系，正统意识强烈，将文人画家与院画家、职业画家截然相分，势同水火。这个时期，与"董其昌—四王"正统文人画体系对立的画史、时史阵营主要就是浙派、石涛、扬州八怪等有纵横画风的职业画家。画史纵横习气，訾议所向就是这些画家纵横画风的旨趣问题。

习气，一般指人习染的不良习惯，绘画中主要指的是笔墨精熟后形成惯性，内涵空疏而流于表面技巧，信笔、任笔等问题。每一种画风发展到末流，都容易出现习气问题。纵横画风也不例外。一方面，纵横画风气盛、草草、无法等特点，对画家天赋才情的要求非常高，非天资高迈、学力精到不能办。如果学力才情一般，而又一味追求跳脱法度、任笔使气，很容易走向糊涂乱抹和失度。这在吴伟、石涛一些画中已见端倪，其过度飞扬气势、跳脱法度，出现了潦草、疏放的问题。但吴伟、石涛天赋才情较高，所以其飞扬、跳脱，总体上仍收束得住，刚猛、飞动之中，有含蓄、有变化、有弹性，艺术水准没有丢掉。但其后学末流才力疏薄而一味强推使气，艺术水准就很难保证了，往往走向狂怪、失度。另一方面，吴伟、石涛等纵横画风的确立建立在广泛的师法取资之上，具有很强的开拓性和活力，而其后学则建立在吴伟、石涛等开出的既有风格之上，容易程式化和僵化。特别纵横末流往往才力有限，很难把握纵横画风的内在气势，而转向对外在的技巧表现的模仿和借赖，信笔、任笔，其画风就出现了内涵空疏而徒有技巧的问题。比如吴伟的后学，夸张了吴伟用笔的迅疾、强劲的特点，将其极端化，一味追求浓墨大笔的刚猛迅疾，发泄过尽，而忽视了笔墨内涵的丰富性，使之成为空有其表、炫耀强劲的符号。所以吴伟

---

① 《宣和画谱》，见卢辅圣主编:《中国书画全书·二》，上海书画出版社2009年版，第365页。

② 《宣和画谱》，见卢辅圣主编:《中国书画全书·二》，上海书画出版社2009年版，第400页。

的伟岸豪放在钟钦礼、蒋嵩、汪肇那里变成了"粗豪"、"粗莽"、"颓放"、"狂态"①，而非豪放了。另外，纵横画风推崇气势的飞扬、技巧的高超纯熟和画面的动荡出奇，带有一定的表演性，易入俗人眼，本身在正统文人画学看来，画格即不高。但因"是自真宰"，画格不至于俗。在其后学末流为惊眩俗目，而一味搜奇立异、夸饰非真，不再是"不知其所以然而然"之奇，而是为奇而奇，叫嚣造作，往往沦为媚俗、恶俗之格。

所以，纵横习气说提点我们注意到了纵横画风的末流习气问题，有其合理性所在。纵横画风因为对气势、感染力的追求，不免跳脱法度、纵逸疏放。而末流才力有限而强推使气，信笔、纵笔，容易疏狂失度，走向强横霸悍、躁动狂怪，宣泄过甚而没有余味，这些都损害了纵横画风的艺术水准和价值，值得我们注意。

但"董其昌—四王"的正统文人画论中，"纵横习气"指的不仅是纵横画风的末流问题，更被用作对整个纵横画风的攻击，并进一步泛用，用来攻击一切与幽淡、静净、清真雅正相对的有力、动、奇倾向的画风，成为狭隘的趣味之争的工具，则是狭隘而危险的。以此趣味标准衡量，连正统文人画内部都不免纵横习气。如董其昌尊为南宗大师的元四家中，"吴仲圭大有神气，黄子久特妙风格，王叔明奄有前规，而三家皆有纵横习气。独云林古淡天然，米痴后一人而已"②。黄公望、吴镇、王蒙三家未脱纵横习气，其实就是因为三家画中仍有力感、动感、出奇处，未洽淡薄。因为在董其昌看来，只有以淡为宗方脱纵横习气，"云林山水无纵横习气。《内景经》云'淡然无味天人粮'，殆于此发窍"③。其后学进一步将无纵横习气丰富为静、净、冷寂。"山谷论文云：'盖世聪明，惊彩绝艳，离却静净二语，便堕短长纵横习气。'涪翁评文，吾以评画。"④"画中静气最难，骨法显露则不静，笔意躁动则不静，全要脱尽纵横习

① （清）徐沁撰：《明画录》，见卢辅圣主编：《中国书画全书·十四》，上海书画出版社 2009 年版，第 326 页。

② （明）董其昌撰：《画禅室随笔》，见卢辅圣主编：《中国书画全书·五》，上海书画出版社 2009 年版，第 144 页。

③ （明）汪砢玉撰：《珊瑚网》，见卢辅圣主编：《中国书画全书·八》，上海书画出版社 2009 年版，第 365 页。

④ （清）恽南田撰：《南田画跋》，见卢辅圣主编：《中国书画全书·十一》，上海书画出版社 2009 年版，第 239 页。

气，无半点喧热态。"①这其实是一步步将趣味窄化为逸品第一的倪瓒一人而已，淡而寂。在此窄化下，无纵横习气的正统文人画风与纵横画风成为审美旨趣的两极。

结 语

明、清时期的纵横画风，虽然饱受"董其昌—四王"的正统文人画学的攻击、贬斥，但仍以其独特的风貌，成为中国晚期绘画的重要组成部分，自有其生命力所在。

一方面，纵横画风属于阳刚美的范畴，不是偏向阴柔美的正统文人画风所能取代的。阴柔美、阳刚美不可偏废。只是需要注意阳刚美是气中阳刚偏胜，但仍有阴柔，否则一味阳刚即躁硬悍霸。阴柔美是气中阴柔偏胜，仍有阳刚，否则一味阴柔则甜软颓靡。"天资所禀，不无偏枯。刚者虑其燥而裂，柔者患其罢而粘。"②所以纵横画风对气势、力感、动感的追求，在强调草草、无法、气盛的阳刚之时，也要注意气力灌注、沉着痛快，需要特别注意戒除矜才使气、跋扈飞扬之躁动、率易、轻浮，收敛笔力、增加余味，否则容易流入躁硬霸悍。今天往往喜欢用老笔纵横、健笔纵横来美誉画家，老笔、健笔之说，就是为了强调笔力的沉着和气力灌注，以纠放笔纵横容易走向的躁动、轻浮、率易之感。

另一方面，正统文人画学虽然反对纵横画风，但其崇尚的基本品格与纵横画风的"草草"、"无法"、"真宰"是有相通之处的。首先，纵横画风的草草简率，强调缩短心手距离，使画家之气一发而为画面之气。正统文人画学也尚简，以便即笔即心，抒发胸中之气。只是文人所抒发的气，是逸气，不是纵横画家雄健飞扬的盛气了。逸气融于笔端之简，是抹尽云雾、独存孤迥的孤、静、淡、简，从而与纵横画风浓墨大笔、迅疾如风的粗简走向了分途。其次，正统文人画对天真烂漫的推崇，也走向了脱略规矩、绳墨拘挛的方向，推崇绘画的偶然性、即兴性。这与纵横画风跳脱绳墨，无法而法的倾向相近。只是文

---

① （清）秦祖永撰，余平点校：《桐荫论画·桐阴画诀》，浙江人民美术出版社 2014 年版，第 294 页。

② （清）沈宗骞撰：《芥舟学画编》，见卢辅圣主编：《中国书画全书·十五》，上海书画出版社 2009 年版，第 128 页。

人画的"无法"走向的是天真烂漫、平淡自在的心性状态。而纵横画风对无法的追求，走向的则是出奇无穷的画面效果。最后，正统文人画也强调画风"是自真宰"。但正统文人画理解的真宰，不同于纵横画家盛气之性，而是寂寞恬淡之性。纵横画风盛赞的天才豪纵、酒气鼓动，被正统文人画学替换成了冲融、虚和胸次的涵养。

纵横画风正是因为其不可替代的艺术价值，而在"董其昌—四王"的正统文人画学的攻击、压制下，始终保持活力。特别是近代以来，尚力感、尚动感、尚新奇的旨趣抬头，"董其昌—四王"的正统文人画体系走向没落，石涛和扬州八怪地位开始不断上升，纵横恣肆、纵横磅礴、纵横排奡不再是画家避之不及的邪学外道，而成为美词佳话。而回顾纵横画风的历史，对其价值和问题保持清醒的认识，利于我们发扬其艺术品质，为中国传统绘画的多样发展注入活力。

（作者单位：武汉理工大学艺术与设计学院、武汉大学哲学学院）

刘国松现代水墨画的观念突破

屈行甫

　　刘国松对现代水墨画的探索是开拓性的，有着极强的冒险精神。事实上，他在理论上的推进也是非常有启发的。可以说，奠定刘国松在现代水墨画史上的地位不仅仅是他的抽象水墨画，还有他敢于打破文人画传统的有建设性的系统观点，而后者正是他建构现代水墨画体系的思想基础。

一、反临摹与"画若布弈"

　　临摹可谓古代山水画创作的"童子功"。古人为此还编纂了《芥子园画谱》这类教人怎么画画的教科书，并谓之曰："惟先矩度森严，而后超神尽变，有法之极归于无法。"①最初的学习是老老实实地摹写，不能有丝毫放松和偏差，等到有一定功夫时，再来临，一遍一遍地临，直到烂熟于心。临摹不仅要学习笔墨之法，还要熟悉构图、染色，这是一个漫长、艰辛的操练过程，当临摹得形神兼具时，才有资格从事真正的创作。应该说，临摹的观念及在教学中的流布深刻地影响了山水画的进程。唐宋以来，"读万卷书，行万里路"成为古代文人的口头禅。张璪的"外师造化，中得心源"被中国画家奉为不二法门。师法自然既是创作的前提，又是创作的最终境界。水墨画的鼻祖王维就曾讲："夫画道之中，水墨最为上。肇自然之性，成造化之功。"②

　　然而，自元代赵孟頫提倡"古意"说以来，文人画家对前人风格的学习和借鉴，就显得尤为突出，这种情况到了明代中后期以来就更为严重，纵有王履"吾师心，心师目，目师华山"③，这样高扬自我心灵、尊崇创造的观点也无

---

①　俞剑华：《中国古代画论类编》（上），人民美术出版社 2007 年版，第 174 页。
②　俞剑华：《中国古代画论类编》（上），人民美术出版社 2007 年版，第 592 页。
③　俞剑华：《中国古代画论类编》（上），人民美术出版社 2007 年版，第 708 页。

济于事。举目一瞥，明清画坛模仿古人的画家比比皆是，吴门画派的沈周、文徵明等无不学元四家，董其昌学董巨、黄公望，甚至还提出"岂有舍古法而独创者乎"①。如此情形，以致明末清初的很多山水以"仿某某"命名，以追寻古意为其志趣。究其实质，应该说，师古人代替了师法造化是很重要的原因之一，当然不能说元以后的文人画家不面对自然，但是，他们更看重向一脉传承的伟大传统中的佼佼者学习，更愿意浸淫在古画中，董其昌的说法很有代表性："画家以古人为师，已自上乘，进此当以天地为师。"②不过，从画中学画的局限性是很明显的，容易使画家走上歧途、末流，而且可以吸取的资源是有限的。画史证明，只有董其昌、"四王"等少数画家能够从临摹的窠臼中走出来，以之前的优秀画家为典范和灵感的来源，创作新的作品。正如高居翰所讲，他们这种"创意性'仿'则具有解放的作用，因为此一做法使他们免去了翔实摹写的负担，同时，他们也不一定非得描绘真实可信或动人的景致不可——画家不必担心一切，只需专注形式的问题即可"③。至于那些悟性不高的画家，一方面学前辈大家，学得不够好，就算模仿得惟妙惟肖，也只能博得"像某某"的虚名，就如石涛批评的那样："纵逼似某家，亦食某家残羹耳。"④不可否认，临摹在中国山水画发展的早中期不失为一种行之有效的方式，但受绘画观念的影响，以古人之法为法则时，临摹的地位就大大提升了，自然写生逐渐被临习古画取代了，文人画的视域越来越窄，趋于封闭、保守。

如此看来，临摹的学习方式以及所形成的心理积淀，的确在文人画的衰落中扮演了重要角色，这一习画模式延续至 20 世纪，在新旧交替之际，必然避免不了被批驳，比如刘海粟对仿古的不满："终日伏案摹仿前人画派。或互相借稿仿摹……故画家之功夫愈深，其法愈呆。画家之愈负时誉者，画风愈靡，愈失真美。"⑤不过，对临摹的评价是复杂的事情，尤其是在充满着变数的这个时间段，事实上，20 世纪最有创造力的画家齐白石、潘天寿都是从临摹学起的，前者更是从临《芥子园画谱》开始的。时至今日，对于某些画家来讲，临

---

① 董其昌撰：《画旨》，西泠印社出版社 2008 年版，第 56 页。

② 董其昌撰：《画旨》，西泠印社出版社 2008 年版，第 28 页。

③ ［美］高居翰：《山外山》，王嘉骥译，生活·读书·新知三联书店 2009 年版，第 155 页。

④ 俞剑华：《中国古代画论类编》（上），人民美术出版社 2007 年版，第 149 页。

⑤ 郎绍君、水天中：《二十世纪中国美术文选》（上），上海书画出版社 1999 年版，第 32 页。

摹仍然是一门必修的功课，它的魅力还是很大的。但对于刘国松来说，与其说临摹是学画的路径，不如说是一剂毒药。虽然，他大学时期跟随"渡海三家"中的黄君璧、溥心畬以临习的方式学过画，不过深受现代派艺术观念的影响，在抽象派的海洋中狂飙的他是十分反感临摹的。"在西方现代艺术思想里，普遍流行着这样一种观念：艺术家可以摹仿，也可以创造，但绝不可能有作品既是摹仿之作，却同时具有原创性。"①刘国松也持类似的观点，尊崇独创，认为"西洋一个世纪以来的'创造精神'，是近几个世纪的中国画家所最缺乏的"②，而这个时期，正是临摹的天下，因此他没有理由不反对。"宋画临摹得再好，只能画宋画，传统笔墨练得再精，也只能画文人画，这些都不是现代水墨画的基础。"③这是刘国松的态度，临摹是已成过去式的文人画的基础，对现代水墨是不适用的，那么他对待创造的态度是怎么样的？答案是"画若布弈"，以此打破传统画论中"胸有成竹"创作观的窒闷。

所谓"画若布弈"，就是讲作画如下围棋，构图、布局是在过程中完成的，在最后完成之前，其最终形态都是不确定的。创作既是想象力的喷发，也是造型能力等"硬功"的展示，当然也是对画家作画功力的考验。刘国松的这种提法，受到了立体派的影响，他们的做法是"首先在画面上以一点或一块造型去诱发想象力，升华出与之相适合的造型语言，去一步一步发展，逐渐丰富"④。因此说，"画若布弈"具有很强的实验性，不过这正符合刘国松的口味，他就要想在文人画之外探索新的"现代水墨画"。从 1960 年的"抽筋扒皮皴"到后来的水拓法、渍墨法都是对"画若布弈"一步步的实践。注重随机生发画面效果的他，在作画之前，心中从不存有具体的画面，不是要有意去画什么，但完成的作品往往很成功，比如他那大笔触的粗线条就有书法的意味。但与传统画的书法性用笔完全不同，新材料、新观念的启发使得其极富现代感，在他那里，

---

① [美]高居翰：《山外山》，王嘉骥译，生活·读书·新知三联书店 2009 年版，第 142 页。

② 刘国松：《永世的痴迷》，山东画报出版社 1998 年版，第 63 页。

③ 刘国松：《谈水墨画的创作与教学》，《美育学刊》第 76 集，第 24 页。

④ 李洋：《谈"画若布弈"》，载《国画家》1996 年第 6 期。李洋认为是勃拉克第一次明确地提出了"画若布弈"的观念，而刘国松在 1960 年的《论抽象绘画的欣赏》中也提及了勃拉克。应该说，刘国松"画若布弈"理论的形成应该受到了勃拉克的影响，但从他后来在现代水墨画上的突破来看，他吸收了立体派自动性技法的精华，既得其形又得其神，领悟了"画若布弈"的精神，将之用于中国画的创作上，取得了非凡的成就，造就了他彪炳的绘画生涯。

笔墨已经是现代的笔墨了。还有，他在 20 世纪 70 年代末期试验成功的水拓画，虽然他不是在创作山水画，但画面中却有似曾相识的山水的感觉，这就是他与传统绘画精神的相通之处，但又有明显的不同，他看中的是"抽象意境"，这也是他的现代中国画的特征。

可以说，"画若布弈"的提倡使刘国松自然地反对"胸有成竹"，他认为："中国画没落与走入公式化是分不开的，走入公式化又与'胸有成竹'的理论有着密切的关系……古画临多了，已经可以背着画了，'胸有成竹'又提供了他画稿的理论依据。"①其实，胸有成竹的本意是好的，语出自苏轼，他在论文与可画竹时讲："今画者乃节节而为之，叶叶而累之，岂复有竹乎！故画竹必先得成竹于胸中，执笔熟视，乃见其所欲画者。急起从之，振笔直遂，以追其所见，如兔起鹘落，少纵则逝矣。与可之教予如此，予不能够也，而心识其所以然。"②苏轼的侧重点在于讲创作主体对物象的领悟，成竹在胸是妙悟的过程，是瞬间的活动，所以是"心识"，在此基础上，"倏作变相"才能转化为"手中之竹"，这也是"意在笔先"所要表达的意思。当然，讲究"心识"的胸有成竹也不完全排除技术上的因素，比如构图等具有实际操作意义的内涵，这也是它对文人画有重大影响的重要原因。但是，本来画家应该在自然中领悟，这样心中才有鲜活、当下即成的"竹"的意象，才能顺利地实现从"眼中之竹"到"胸中之竹"的转化。然而，不识真相的后辈画家却在古画中追寻意象的元素，这样就将师造化、妙悟自然的过程固化、匠化、钝化了，本是纯粹心灵的活动，最后沦落为"依葫芦画瓢"这样毫无创造力的活动。如此，原是要画"胸中的丘壑"，到后来演变为复制"古画中的丘壑"。"胸有成竹"被误解，画坛复古的气息浓厚，以致后来的郑板桥提出"胸无成竹"，就是想纠正画坛不正之风，复归到张彦远所讲的"运思挥毫，意不在画，故得于画矣。不滞于手，不凝于心，不知然而然"③的创作境界。应该说，刘国松的出发点与郑板桥是相同的，但解决方案却有一定的差距，郑氏认为"文与可画竹，胸有成竹；郑板桥画竹，胸无成竹。浓淡疏密，短长肥瘦，随手写去，自尔成局，其神理具足也。藐兹后学，何敢妄拟前贤。然有成竹无成竹，其实只是一个道理"④。在脱出前人窠

---

① 转引自林木：《刘国松的现代中国画之路》，四川美术出版社 2007 年版，第 149 页。

② 孔凡礼点校：《苏轼文集》，中华书局 1986 年版，第 365 页。

③ 俞剑华：《中国古代画论类编》（上），人民美术出版社 2007 年版，第 37 页。

④ 卞孝萱编：《郑板桥全集》，齐鲁书社 1985 年版，第 200 页。

曰，秉持自性，任运自发，进而发挥艺术的创造力这点上，他们的看法是相同的，然而，在郑氏看来，胸无成竹与胸有成竹不是必然相对相反的，只是侧重点有所不同，而刘氏则将二者做了简单化、扁平化的解释，从而忽略了其心性涵养的内涵，这是要注意的。

二、工具、材料传统的革新

首先，是对绘画所用工具"笔"的更新。一般来说，绘制中国画的工具主要是笔，为我们所熟知的称呼是"毛笔"，与墨、纸、砚一道被誉为"文房四宝"，是文人作画的必备之物。应该说，在山水画演变的历史进程中，毛笔不只扮演着工具的角色，它已深入绘画创作的内部，具有文化的内涵了。毫不夸张地说，毛笔是中国画的专利，提及中国画，必然离不了毛笔，早在汉代，扬雄就提出了"孰有书不由笔"①。及至后来，对毛笔提出了具体的要求，即尖、齐、圆、健。这里的尖不是一意地追求锐利，而是对笔尖敏锐度的要求，尤其是在中锋、侧锋用笔时，能够收放自如；齐主要是对锋颖的要求，当按下笔锋后，锋颖要整齐，在书写的时候，落在纸上的力量才能控制好，当然也不能太齐，否则笔尖的锐度就丧失了，所以要把握齐的度，使齐、尖兼备；圆是指笔尖外形的饱满、圆转，如此收笔时，才能圆融无碍；健则是对毛笔内在张力的要求——刚柔合宜，弹性适中，这样笔尖才有力量，但不至于有刚强的感觉，健者，生成的线条柔润含蓄但又不失韧性。明代的丰坊将尖、齐、圆、健总结为毛笔的"四德"，这四个标准成为明清书画家挑选毛笔的标准，逐渐强化为不可逾越的规范，至今依然如此。饶有兴趣的是，比丰坊稍晚一些的董其昌确立了文人画的正统地位，可以说，毛笔四德论与南北宗理论是相协调的，有着共同的价值取向，四德蕴含的温文尔雅、含蓄蕴藉正是文人笔墨的审美追求。

然而，当对毛笔的要求单一化，并达到极致时，其发展空间也几乎丧尽了。事实上，本来毛笔的表现力是有限的，它的特长就是线条的书写，但块面结构的呈现是其弱项，换句话说，毛笔也是有边界的，尤其是限定了毛笔的标准之后。纵观画史，不论是在文人画确立之前还是之后，都有打破毛笔作画的例子，这点前面已经提及，但总体来讲，是不成气候的，没有产生持续性的影响。历史推进到 20 世纪 50 年代左右，情况似乎有些变化，潘天寿的指画取得

---

① 汪荣宝撰：《法言义疏》，中华书局 1987 年版，第 122 页。

了举世瞩目的成就，张大千的泼彩画也有所斩获，刘国松对此的认识是清醒的："指画与泼墨画的产生，是在画家用传统的笔法表现不出他特有的情感与思想时才被创造出来的。"①对于他来讲，一方面，"经过上千年数以万计的画家不停地运用与发展，其所表现的领域与可能性，已经达到饱和的地步，所能发展的新的点线面的机会极有限"②。毛笔是与文人画同在的，达到登峰造极的境地，在其内部发掘已经无济于事。另一方面，深层次地分析，不论是从20世纪中国画变革的实情，还是从刘国松个人艺术的经历来看，突破明清以来毛笔的局限都是值得称赞的。当然，潘天寿、张大千的成功是难以复制的，刘国松只有另寻他途，即以鬃毛做的排刷作画，并辅以大狂草的笔法。这一尝试是极其有效的，一方面，打破了毛笔的边界，扩大了表现的视阈，以新的工具与方法开拓了新的可能性；另一方面，突破了毛笔的四德论，工具的改变必然导致其所能展现的审美特征异于传统。此外，刘国松的做法也启发了大陆山水画的各派画家对作画工具的探索与求变，周韶华、吴冠中等人或多或少受到了他的影响。

其次，是中国画的载体、媒介的突破。从中国绘画发展的角度看，中国绘画媒材一直处于变化中，从先秦的帛，到汉唐的石壁，再到后来的绢、绫、宣纸，而宣纸又有生宣、半熟宣、熟宣之分。如今中国画最常用、最为推崇的宣纸是元代以后才普遍流行的，准确地说，是赵孟𫖯对从绢到纸的转换起了重要的作用。当然，他不是第一个用纸的人，甚至他用的还不是明清文人画一统江湖时期的生宣，但他在纸上表现出笔墨挥洒的意趣，以及他在画史中的重要地位，对后世产生了巨大影响。而恰巧的是，元代正是文人画地位的确立和事实上的顶峰，正如有的学者所讲："赵孟𫖯之后，由这位大师开拓的后来发展至生纸为画材的文人水墨画风才大规模地占领了元代，也占领了此后古代绘画的历史舞台。"③可以说，生宣的普遍使用与文人画的勃兴是有紧密的内在关系，对文人画的极力奉承与对在纸上作画的偏好是分不开的，时至今日依然有很大的市场，可谓陈旧之风固矣。刘国松必是认识到纸的使用对中国画创作的局限；否则，他对中国画的变法不会最开始就在纸上下工夫。

"国松纸"的发现及完善是刘国松变革材料工具，实现中国画的现代转型

---

① 刘国松：《永世的痴迷》，山东画报出版社 1998 年版，第 66 页。
② 刘国松：《东方美学与现代美术》，载《艺术贵族》，1992 年 7 月，第 24~25 页。
③ 林木：《笔墨论》，上海书画出版社 2002 年版，第 177 页。

的重要步骤，其意义在于：第一，拉开与传统的距离。拿纸来讲，"渗水性好，受墨极度敏感的纸(引者注：生宣)，才可以担当承载笔墨表现的极度复杂而微妙的变化"①。这里针对传统的笔墨程式来讲的，当用纸不同时，书写在其上的笔墨形式必然发生变化，刘国松的"抽筋扒皮皴"在形成的方式与表现特征上都极不同于旧有的一切皴法，当然这一切都是基于纸的更替换代。"国松纸"的运用激发了刘国松新的探索兴趣，而新的兴趣又促使他去改善纸的性能，新的追求和新的材料相互引导、相互刺激，最终形成了他那独特的风格。第二，观念上的突破。在"国松纸"发明之前，张大千就用"大风堂纸"作画，而在之前的清代，用高丽纸作画就很流行。但是，都没有脱离材料的层面，而刘国松对"国松纸"的青睐和坚持使用则是观念上的变化，伴随着"现代水墨画"这一新的名词的扩散而逐渐被接受。

三、传统笔墨观的解构

在传统笔墨观念尊崇化的过程中，出现了两种趋势：一是，书法性用笔用墨向绘画的渗透。在书、画起源之初，二者都是线条的书写，是同一源头的不同支流。不过在早期山水画的发展史中，图画形式的构造与书法用笔之间是互不干涉的，虽然有南朝的王微提及"夫言绘画者，竟求容势而已"②，与书法讲究"势"是相通的，但理论的自觉则要到唐代，张彦远讲"书画用笔同法"、"书画异名而同体"③。而这一观念的落实直到元代才有了零的突破，赵孟頫《鹊华秋色图》等作品中的用笔展现了书法的韵味，其《秀石疏林图》的题诗"石如飞白木如籀，写竹还于八法通，若也有人能会此，方知书画本来同"④，则透露对书画一体更深的见解，那就是以书法中的技法来完成绘画中物象的刻画。由于赵孟頫在文人画界的至高地位，其风格的示范性作用尤为明显，自此，"醒目而优雅的书法，构成了作品整体不可缺少的部分，并从这时起成为文人画普遍的特征，而这种文人画与其说是在'画'，不如说是在'写'"⑤。元四家的黄公望以草籀笔法入画，倪瓒的画中流露出隶书的影响，明清的画家加

---

① 林木：《笔墨论》，上海书画出版社2002年版，第180页。
② 俞剑华：《中国古代画论类编》(上)，人民美术出版社2007年版，第585页。
③ 于安澜：《画史丛书》，上海人民美术出版社1963年版，第22页。
④ 任道斌编校：《赵孟頫文集》，上海书画出版社2010年版，第236页。
⑤ 方闻：《董其昌与正统画论》，载《民族艺术》2007年第3期。

强了书法化笔墨的运用，尤其是吴门画派、松江画派的文人画家将这一趋势定格了下来，书法用笔成为山水画的不刊之论。二是中锋用笔的压倒性地位。中国画用笔的笔锋有中锋、侧锋、偏锋等，在书法入画之前，各种笔锋被大量地使用，画家对此也没有特别的讲究，更没有区分笔锋地位高低、尊卑。在公认的取得实质性突破的元四家那里，比如倪瓒对山石塑造所用的折带皴主要用的就是侧锋，王蒙、黄公望用的也不尽然是中锋，到了明代也是这样的情形。转变是从董其昌开始的，他曾引用南宋赵希鹄来阐明书画一体："画无笔迹，非谓其墨淡模糊而无分晓也，正如善书者藏笔锋，如锥画沙、印印泥耳。书之藏锋在乎执笔沉着痛快。人能道善书执笔之法，则能知名画无笔迹之说。"①其观点，句句不离中锋用笔。纵观山水画史，他是第一个将中锋提升到如此高位的理论家，并因此造成了对其他用笔方式的实质上的排斥甚至贬低。事实上，他本人还是十分清醒的，纵然如此推崇中锋，但在他的作品中依然能看到侧锋等笔法。不过，之后服膺董其昌的清代画家却是一叶障目，受他的影响，奉中锋为圭臬，并逐渐引导画坛的风向。比如龚贤云："笔要中锋为第一，惟中锋乃可以学大家，若偏锋且不能见重于当代，况传后乎？"②可谓极致的说法。众人添柴火焰高，重复性的叙说，不断地加强着中锋用笔的被认可程度，以致后辈的画家形成一种错觉，皆以为其乃画史中源远流长的不易法则。

然而，在刘国松看来这一切都被"神话"了，他就是要破除类似封建迷信的旧观念。对于笔墨，他认为："所谓的'笔'，就是笔在画面上走动时所留下的痕迹；所谓的'墨'，即是墨与色在画面上所达至的渲染效果。换句话说，'笔'即是'点和线'，'墨'即是'色和面'。"③这是对笔墨内涵的转换，首先是弱化了山水画传统中流传下来的诸多笔墨之法的地位，比如，对于文人画家深入钻研的皴法，他却以北方人冬天手上被冻伤起的皴类比，并进而认为"'皴'即是'肌理'，'皴法'即是'制作肌理的方法'。"④可谓拓展了皴法的外延。同时，他所进行的突破性的尝试也能包含在有现代意味的笔墨概念之内，如此通过排刷、喷枪以及撕扯纸筋形成的复杂效果就可以光明正大地称为笔墨，而通过拓墨法、水拓法、渍墨法等种种"制作"方式形成的自动性表现的肌理就是他独创的新皴法。其次，消解了笔墨的人文内涵，原先与知识分子（即文人士

① 俞剑华：《中国古代画论类编》（上），人民美术出版社 2007 年版，第 86 页。
② 俞剑华：《中国古代画论类编》（下），人民美术出版社 2007 年版，第 790 页。
③ 刘国松：《永世的痴迷》，山东画报出版社 1998 年版，第 33 页。
④ 刘国松：《永世的痴迷》，山东画报出版社 1998 年版，第 33 页。

大夫)的人格涵养、培植等精神层面密切相关的笔墨意涵消失殆尽。再者,书法性用笔的程式也被刘国松解构了,虽然有些作品他是以狂草入画,但笔法的运用则与古典书法没有可比性,基本上是来自个人灵感的迸发,体现的是"画若布弈"观念的影响。

笔墨问题中,刘国松尤为注重对"中锋"用笔的批判,在他看来,"'中锋'只不过是用'笔'技法中的一种,而'笔'又是许多工具中的一种,由此,我们也就可以了解,'中锋'只是许许多多技法中的一种,其在表现上的分量也就可想而知了"①。由此,他提出"革中锋的命"、"革笔的命"。其实,他反对中锋的用意并不是简单地"就事论事",而是借此口号来对抗传统笔墨程式的繁琐、细碎以及古人画法的窠臼,解放画家的思想。中锋用笔不是必不可少的技法,更不是唯一可行的;笔法有很多,而且大可不必在前人的框框中打转,五代的荆浩早就讲过"使笔不可反为笔使,用墨不可反为墨用。②而且为了个人表现的需要,可以用任何适合自己的技法,进而笔也不是唯一的,重要的是,画家要有属己的形式符号,以与现代水墨画家的身份相匹配。

作为现代画家,刘国松发现已有的表达形式无法传达他所期许的想法时,那就表明了流传上千年的传统技法与现代特有的意境和情趣是相悖离的。对此,他有着清醒的认识:"古人的皴法不是所有水墨画的基础,只是毛笔画法的基础;国画家所强调的笔墨只是文人画的狭义要求,并非现代水墨画家所需要的。现代水墨画家所需的是广义的笔墨观念,创新的个人皴法以及奠定建立其个人画风的基础。"③他的解决之道是革新观念,创新画法。

小　结

刘国松对20世纪以来中国画演变的轨迹有着自己的理解,他认为五四运动以来的美术史是一片空白。从表面上看,这是一种"误解"。他所处的是与大陆中国画进展中断的时期,因此,这种环境阻碍了其对20世纪前半期中国画演变的认知。不过,刘说有着更深的用意,在他看来,中国画向现代的转化才刚刚开始,并没有走多远。其中,徐悲鸿引入的写实主义属于西方绘画的古典时期,而且,写实模式一直被政治左右,虽然与社会形势密切结合,取得了

① 刘国松:《谈绘画的技巧(下)》,载《星岛日报》,1976年11月19日。
② 俞剑华:《中国古代画论类编》(上),人民美术出版社2007年版,第614页。
③ 刘国松:《永世的痴迷》,山东画报出版社1998年版,第31~32页。

一些成就，但对中国画的拓新帮助不大。更为重要的是，写实与中国画的写意传统相冲突，因此，刘国松认为"中国是不要写实才走向写意，徐悲鸿没有看清艺术的发展，他对中国画可以说没有做什么工作，故根本没有开拓性"①。刘氏的言辞过于激烈，但也有几分道理。而另一位民国时期的风云人物林风眠，虽然吸收了野兽派等现代派的风格，努力向现代过渡。但是，由于主流意识形态的主导，其转型一直被压制着，没能彻底完成，而且林氏在相应的理论上也没有真正的推进。

而刘国松把中国画传统的精神与现代抽象艺术（主要是抽象表现主义）融合在一起，并以此实现了中国画从古典到现代形态的转变。对此，许多研究者认为刘国松完成的山水画古今转换、衔接是在中西融合的前提下完成的。② 但是，笔者认为，这种讲法是值得商榷的。从根本上说，现代艺术对刘国松来说是阶梯，是一个引子。相对来讲，他前期的创作更依赖西画的技巧，但是，到了20世纪70年代后期，尤其是80年代以后，他更为主动地创新技法，反思中国画的笔墨观念。"得鱼忘筌"，为我所用，而我却不被其局限、约束，这正是刘国松的态度和做法。他所创造的独特的现代水墨画及其理论体系，强有力地证明了他做的不只是中西融合。事实上，远没有那么简单。假如说，徐悲鸿、林风眠、刘海粟等第一批向西方借鉴的画家是"西体中用"，傅抱石、李可染等人的思路是"中体西用"；刘国松则超出了中西并举的范畴，他的确在"引西润中"，但并不是"中体西用"式的做法。他并不坚持传统中国画不变的"体"，而是力求革新与更新，当然，这种方式更不是"西体中用"，西画对他只是外力，是依凭。应该说，中西融合的方式被刘国松所用，不过，他跳出了中西二元化的视阈。刘国松创立的现代水墨画既是中国的，又是现代的，既非传统的，也非西方的。他坚持文化本位，兼容、超越了中国古典绘画与西方现代艺术的智慧，开创了一条新的道路。

与坚持中西融合及在传统内部求新变的画家相比，刘国松开创的现代水墨的突破尤为突出的。他对中国画（水墨画或者说山水画）的变革是"全面"的，不仅关注工具、材料的试验、研究等一些实践中最为基本的问题，还发明了新的笔墨技法，以"制作"代替文人画的"写"，最为重要的是，他提出了一整套

---

① 郎绍君：《一个现代艺术家的足迹和思考——与刘国松的对话》，见李君毅编选：《刘国松研究文选》，台湾"国立历史博物馆"1996年版，第317页。

② 持这种看法的有陈履生、严善錞、王秀雄等，这种观点占据着主流，其中，有人认为刘国松是沿着林风眠的道路走下去的。相关论述详见李君毅编选：《刘国松研究文选》，台湾"历史博物馆"1996年版。

的反叛文人画的观念。其意义在于：第一，刘国松以卓有成效的创作和始终如一的理论坚持完成了对文人画传统的消解。他彻底地打破了中国画在材料、工具、技法、程式语言等上的局限，冲破了传统笔墨观的桎梏，消弭了笔墨的文化内涵。第二，刘国松对文人画的反叛并不是要反掉传统的一切，而是借以反叛的方式来追求新突破。因此，他对文人画传统的疏离不是简单的抛弃，而是受现代抽象艺术的启发，并以此为契机，创造新的现代水墨体系。在这个体系中，有与临摹并举的创作观念"画若布弈"，有新的笔墨观，有新的审美趣味的追求——抽象意境。可以说，刘国松建构了与文人画的历史和体系并立的新传统，涵盖了从图式系统到其背后的思想观念。

不过，现代水墨依然与传统有着若隐若现的联系，而且，由于传统的时间先在性和文化心理积淀的效应，刘国松的作品或多或少地保持与文人画类似的品质。其一，在传达抽象意境的形式语言中，承继了文人画的写意精神。不过，这种"承继"不是照本宣科式的，而是以转化的形式出现的，是经现代水墨的技法和观念"过滤"的意境的呈现。其二，与吴冠中的"笔墨等于零"意图绕过传统的笔墨不同，刘国松"革中锋的命"、"革笔的命"直接反对的是中锋用笔，针对的是传统的笔墨程式。这种"反向的继承"也与传统有着莫大的干系，应该说，比吴冠中的观点深刻得多。其三，刘国松的现代水墨画发端于轰轰烈烈的台湾现代美术运动，但只学到了现代派艺术的"形"，远远没有领悟到它们的"神"。可以说，刘国松的作品几乎从来没有像现代派艺术那样扮演过批判者的角色。他孜孜不倦地追求的是仅限于艺术自身的创造，与现实无关。这种"出世"的精神品质倒是与文人画的气质非常契合。

另外，刘国松对中国画历史的解读有着不少值得商榷的地方。首先，他对文人画及其传统的理解缺少必要的区分，并由此造成了不少曲解，比如，对中锋用笔的看法，其实，清代就已经有很多画家、画论家批评了，只是刘国松不知道而已。其次，他对笔、墨、皴的解释有简单化倾向的嫌疑。对它们做"降格"化的解读有很大的风险。

概括地讲，现代水墨画试图在超越文人画。与李可染等钟情于文人画相比，刘国松痛陈文人画的局限及对现代中国画家创造力的戕害。而且与周韶华等新时期的画家又有不同，他不是绕过文人画传统，而是直接面对，承继了文人画的精华，扬弃了文人画传统中已经演变到极致、不再有突破可能的创作法则，以及千年不变，已属顽固不化的观念。

（作者单位：华中科技大学城市与规划学院、武汉大学哲学学院）

老庄的自然之道与中国古代设计美学

姚　丹

老庄的自然之道蕴含着道法自然、无为而无不为、天人合一以及道进乎技的重要命题，构成了其自然之道的哲学思想。在这种自然之道的哲学思想影响下，中国古代设计美学注重自然天饰的材质美、大巧若拙的形式美、天人合一的生态美以及道进乎技的技艺美，构成了中国古代设计美学的内在特质和独特魅力。

一、自然之道与自然天饰的材质美

"道"是老子哲学的核心概念，老子认为道是天地万物的本源，"有物混成，先天地生。寂兮寥兮，独立而不改，周行而不殆，可以为天地母。吾不知其名，强字之曰道。强为之名曰大。大曰逝，逝曰远，远曰反"①(《老子·第二十五章》)。"自然"则是"道"存在、运动、变化的一种性质或者状态，"道法自然"(《老子·第二十五章》)，"自然"即自然而然，顺应自然规律，"道法自然"即道纯任自然，自己如此，如王弼所言："道不违自然，乃得其性，法自然也。法自然者，在方而法方，在圆而法圆，于自然夫所违也。自然者，无称之言，穷极之辞也。"②老子进一步把自然之道与器联系起来。《老子·第二十八章》："朴散则为器。"朴的原意为木素，就是未经锯凿、雕饰的原木，从字面意思来看，这句话是指原木经过雕琢而成为可用之器，但是"朴"在《老子》中还有一层意义，即道的"无名"状态，"道常无名，朴"(《老子·第三十二章》)。因此，从更深层来看，朴就是道自身，"朴散则为器"说明器是自然

---

①　本文所引《老子》论断皆出自陈鼓应译注：《老子注释及评价》，中华书局1984年版，以下只注明篇名。

②　(魏)王弼注，楼宇烈校释：《老子道德经注》，中华书局2011年版，第66页。

之道显现的结果。

庄子继承了老子"道法自然"、"朴散则为器"的思想，认为天地事物都有它的本然真性，事物的曲、直、圆、方、附离、约束都不是什么外力勉强做成的，而是天然如此："天下有常然。常然者，曲者不以钩，直者不以绳，圆者不以规，方者不以矩，附离不以胶漆，约束不以绳索。"①（《庄子·骈拇》）因此，庄子反对一切有违自然本性的人为措施，"纯朴不残，孰为牺尊！白玉不毁，孰为圭璋！……夫残朴以为器，工匠之罪也"（《庄子·马蹄》）。他认为木匠治木，陶者治陶，虽然经过人工加工的树木、陶器中规中矩，但是中规中矩并非泥土和树木的自然本性，此皆为失其性而侵其德的行为："且夫待钩绳规矩而正者，是削其性者也；侍绳索胶漆而固者，是侵其德者也……"（《庄子·骈拇》）在庄子看来，造物也应该顺应自然，发挥物的天然本性。

这种思想对中国古代设计产生了深远影响，中国古代设计美学十分注重自然天饰的材质美。首先，就选材而言，中国古代设计十分注重自然材料自身的美感，如《韩非子·解老》："和氏之璧，不饰以五彩；隋侯之珠，不饰以银黄。其质至美，物不足以饰之。"②《淮南子·泰族训》："瑶碧玉珠，翡翠玳瑁，文彩明朗，润泽若濡，摩而不玩，久而不渝，奚仲不能旅，鲁般不能造，此之谓大巧。"③明代项元汴在《蕉窗九录·百纳琴》中写道："偶得美材，短不堪用。因而裁成片段，胶漆最长，非好奇也。今仿制者，以龟纹锦片，错以玳瑁象牙，香料杂木，嵌骨为纹，铺满琴体，名曰宝琴。与广中滇南，细嵌琵琶何异？更可笑也，近有铜琴石琴，紫檀乌木者，皆失琴音，虽美何取。"④以上言论都强调在进行设计时应充分考虑物质材料自身的美感，切不可以牺牲材质的自然美为代价，"以文害质"。就具体的设计而言，如中国古代园林艺术磊石成山，讲究透、漏、瘦，"此通于彼，彼通于此，若有道路可行，所谓透也；石上有眼，四面玲珑，所谓漏也；壁立当空，孤峙无倚，所谓瘦也"⑤。并且不是处处讲究透、漏、瘦，"然透、瘦二字在宜然，漏则不应太甚。若处

---

① 本文所引《庄子》论断皆出自陈鼓应译注：《庄子今注今译》，商务印书馆 2007 年版，以下只注明篇名。

② 陈奇猷校注：《韩非子集释》，上海人民出版社 1974 年版，第 335 页。

③ 刘文典撰：《淮南鸿烈集解》（下），中华书局 2013 年版，第 816 页。

④ 郭廉夫、毛延亨：《中国设计理论辑要》，江苏美术出版社 2008 年版，第 245 页。

⑤ （清）李渔著，江巨荣、卢寿荣校注：《闲情偶寄》，上海古籍出版社 2000 年版，第 225 页。

处有眼，则似窑内烧成之瓦器，有尺寸限在其中，一隙不容偶闭者矣。塞极而通，偶然一见，始与石性相符"①。也就是强调透、漏、瘦这三个标准时，有一个共性"与石性相符"，即与石材的自然特征相符，给人一种自然而然的感觉。明代文震亨在《长物志·室庐》中要求庭院、街径"花间岸侧，以石子砌成，或以碎瓦片斜砌者，雨久生苔，自然古色。宁必金钱作垿，乃称胜地哉!"②石子、碎瓦片以及苔藓都是取自自然，更显自然古色。又如明式家具的选材多用紫檀、红木、花梨、铁梨之类硬木，硬木多质地致密坚实，纹理清晰自然，色泽沉穆雅静，表面一般施蜡而不涂漆，以充分彰显木材的天然色泽和自然纹理。如《长物志·几榻》中提到制榻的木材，如花楠、紫檀、乌木、花梨，"有古断纹者……其制自然古雅"③。其他如"大理石镶者，有退光朱黑漆中刻竹树以粉填者，有新螺钿者，大非雅器"④。又如《髹饰录》中谈到选取制作螺钿漆器的各种原料时，如"钿螺、老蚌、车螯、玉珧之类。有片有沙"⑤。称赞其天然色泽"天真光彩，如霞如锦，以之饰器则华妍，而康老子所卖，亦不及也"⑥。

就用材而言，这种"自然天饰"的审美观表现在中国古代设计注重根据材料的自然物理属性来决定设计制作的表现手法，即"因材施艺"。《考工记》开篇即强调："审曲面势，以饬五材，以辨民器，谓之百工。"⑦郑玄引郑司农注曰："审曲面势，审察五材曲直、方面、形势之宜以治之，及阴阳向背是也。"⑧也就是说，百工之制器首先要审察所用材料的外部特征(如曲直等)和内在特性，从而合理地用材。《淮南子·泰族训》中也提出："夫物有自然，而后人事有治也。故良匠不能斫金，巧冶不能铄木，金之势不可斫，而木之性不

① (清)李渔著，江巨荣、卢寿荣校注：《闲情偶寄》，上海古籍出版社 2000 年版，第 225 页。

② (明)文震亨著，李瑞豪编著：《长物志》，中华书局 2012 年版，第 25 页。

③ (明)文震亨著，李瑞豪编著：《长物志》，中华书局 2012 年版，第 144 页。

④ (明)文震亨著，李瑞豪编著：《长物志》，中华书局 2012 年版，第 144 页。

⑤ (明)黄成著，杨明注，王世襄整理：《髹饰录解说》，生活·读书·新知三联书店 2013 年版，第 11 页。

⑥ (明)黄成著，杨明注，王世襄整理：《髹饰录解说》，生活·读书·新知三联书店 2013 年版，第 11 页。

⑦ 闻人军译注：《考工记译注》，上海古籍出版社 2007 年版，第 1 页。

⑧ 闻人军译注：《考工记译注》，上海古籍出版社 2007 年版，第 1 页。

可铄也。埏埴而为器，斫木而为舟，铄铁而为刃，铸金而为钟，因其可也。"①
这段话说明万物各有自己的自然规律，人必须遵循自然规律。金属、木材、黏
土等材料都有其各自自然属性，进行设计时必须遵循其物理特性。王符在《潜
夫论·相列》中更是指出："万物之有种类，材木之有常宜，巧匠因象，各有
所授。曲者宜为轮，直者宜为舆，檀者作辐，榆宜作毂，此其正法通率也。"②
"象"即形状、相貌，这里引申为材料的性能，"因象"以"授"，即根据材料的
性能将材料用在某个部位或某种部件，以遵循材料的客观性能，即遵循"常
宜"。

二、自然之道与大巧若拙的形式美

"无为"是自然之道的运行法则，"道常无为而无不为"（《老子·第三十七
章》），无为不是不为，而是不妄为，即顺应自然本性和自然规律，而不人为
干扰和破坏，与自然是一致的。"无为而无不为"即道顺其自然，不妄为，却
没有什么事情做不成。庄子进一步解释："吾师乎！吾师乎！齑万物而不为
义，泽及万世而不为仁，长于上古而不为老，覆载天地刻雕众形而不为巧。"
（《庄子·大宗师》）庄子认为作为万物本原的"道"虽然能够调和万物，泽及万
世，长于万古，覆载天地刻雕众形，但是这一切都不是有意识、有目的的，而
是自然而然产生的，完全无为，但却符合客观规律。

自然之道的"无为而无不为"蕴含着合规律性与合目的性的统一，"无为"
即顺应自然规律，不违背自然规律，这样却能自然而然实现一切目的。目的内
在于规律，并且与规律密切地相互渗透和统一。自然之道的"无为而无不为"
虽然并不是直接针对古代设计而言，但是也契合了古代设计的基本规律。一切
高度成功的精美器物虽然是手工匠人人为创作出来的，但是却又处处显得浑然
天成，毫无人工雕琢痕迹，是合目的性与合规律性的高度统一，这种巧夺天
工、浑然天成的美才是最高的境界，也就是老子所说的"大巧若拙"。这种观
念渗透在中国古代设计中，成为一种审美理想。具体而言，它包括以下内涵：

首先，自然天成之美。王弼注解《老子》的"大巧若拙"时说："大巧因自然

---

① 刘文典撰：《淮南鸿烈集解》（下），中华书局2013年版，第815页。
② 郭廉夫、毛延亨：《中国设计理论辑要》，江苏美术出版社2008年版，第226页。

以成器，不造为异端，故若拙也。"①也就是说，"大巧"并不是一般的人工技巧，而是合乎自然之道的本性和规律的"巧"，是不露痕迹的"天巧"，而"拙"恰恰是不事修饰的，因此"大巧若拙"之美彰显的是一种巧夺天工的自然天成之美。如明代计成在《园冶》中提出造园的最高追求即"虽由人作，宛自天开"②。即虽然是人工建造的，却给人一种浑然天成的感觉。具体而言："园林惟山林最胜，有高有凹，有曲有深，有峻有悬，有平有坦，自成天然之趣，不烦人事之工。入奥疏源，就低凿水，搜土开其穴麓，培山接以房廊。杂树参天，楼阁碍云霞而出没；繁华覆地，亭台突池沼而参差。绝涧安其梁，飞岩假其栈；……千峦环翠，万壑流青。"③李渔在《闲情偶记》中认为窗栏的装饰"宜简不宜繁，宜自然不宜雕斫"④，他反对不得体的繁缛雕饰，追求自然天成之美，"事事以雕镂为戒，则人工渐去，而天巧自呈矣"⑤。又如中国古代陶瓷艺术设计中，哥窑、官窑和汝窑均是利用自然的开片釉进行装饰，"开片"是一种釉表面的龟裂现象，是因为烧制中釉与胎的收缩率不同而在冷却过程中形成的，本来是烧制中出现的缺陷，工匠们却利用这种纹理的特殊审美效果，形成一种自然天成的装饰，如"鱼子纹"、"蟹爪纹"等。再如钧瓷，施釉入窑烧成以后，在烧制过程中会出现奇妙的"窑变"效果，产生极其丰富的各种釉色，被誉为"钧不成对，窑变无双"，这也是古代设计所追求的自然天成之境。

其次，素朴古拙之美。"大巧若拙"之美也蕴含着对素朴古拙之美的追求。前文已经提及，"朴"的原义为木素，在《老子》中也用来形容道的原始的自然无为的状态，"道常无名，朴"（《老子·第三十二章》)，在此基础上，"朴"往往引申为本性、自然之意，与人为相对。"朴"既然是自然本色的，未经人为的，必然不如人工修饰精致纤巧，看似古拙。庄子十分推崇这种素朴之美，"朴素而天下莫能与之争美"（《庄子·天道》)、"既雕既琢，复归于朴"（《庄子·山木》)，这一审美理想渗透在中国古代设计中，如宋代瓷器大多造型简

---

① （魏）王弼注，楼宇烈校释：《老子道德经注》，中华书局 2011 年版，第 127 页。

② （明）计成著，陈植注释：《园冶注释》，中国建筑工业出版社 1988 年版，第 51 页。

③ （明）计成著，陈植注释：《园冶注释》，中国建筑工业出版社 1988 年版，第 68 页。

④ （清）李渔著，江巨荣、卢寿荣校注：《闲情偶寄》，上海古籍出版社 2000 年版，第 190 页。

⑤ （清）李渔著，江巨荣、卢寿荣校注：《闲情偶寄》，上海古籍出版社 2000 年版，第 191 页。

洁洗练，装饰朴素无华，仅仅施以印花、刻印花，很少加以彩绘、雕琢。中国古代文人居室设计也崇尚素朴古拙。文震亨总结其居室设计理念时说："随方制象，各有所宜，宁古无时，宁朴无巧，宁俭无俗。"①具体而言，"石用方厚浑朴，庶不涉俗。门环得古青绿蝴蝶兽面，或天鸡、饕餮之属，钉于上为佳，不则用紫铜或精铁，如旧式铸成亦可，黄白铜俱不可用也。漆惟朱、紫、黑三色，余不可用"②。这段话中，厚重条石、青绿古铜、天鸡、兽面饕餮，朱、紫、黑三色无一不给人素朴古拙之感，又如"方桌旧漆者最佳，须取极方大古朴，列坐可十数人者，以供展玩书画，若近制八仙等式，仅可供宴集，非雅器也"③。

三、自然之道与天人合一的生态美

老庄主张顺应自然之道，最终是为了达到天人合一的理想境界。《老子·第二十五章》："人法地，地法天，天法道，道法自然。"法即效法、取法，这句话的意思是说人取法于地，地取法于天，天取法于道，道则取法于自然，也就是意味着人的根本法则即自然之道。庄子在《大宗师》篇中进一步论述了人与自然和谐统一的思想："故其好之也一，其弗好之也一。其一也一，其不一也一。其一与天为徒，其不一与人为徒。天与人不相胜也，是之谓真人。"在庄子看来，人与自然的合一是不以人的意志为改变的客观规律，人必须遵循这个客观规律才能成为真人。在遵循自然之道的基础上，庄子提倡人与自然的和谐统一："天地与我并生，万物与我为一。"(《庄子·齐物论》)

受这种"天人合一"观念的影响，中国古代设计十分注重遵循自然规律，追求"天人合一"的生态美——即人工与天工，人与自然的和谐统一。

如《考工记》中提出器物制作的总原则："天有时，地有气，材有美，工有巧。合此四者，然后可以为良。"④"天有时"是指季节气候，"天时以生，有时以杀；石有时以泐；草木有时以生，有时以死；水有时以凝，有时以泽；此天时也。"⑤这就要求设计者顺应天时选取材料来进行造物设计。"地有气"是

① （明）文震亨著，李瑞豪编著：《长物志》，中华书局 2012 年版，第 30 页。
② （明）文震亨著，李瑞豪编著：《长物志》，中华书局 2012 年版，第 7 页。
③ （明）文震亨著，李瑞豪编著：《长物志》，中华书局 2012 年版，第 150 页。
④ 闻人军译注：《考工记译注》，上海古籍出版社 2007 年版，第 4 页。
⑤ 闻人军译注：《考工记译注》，上海古籍出版社 2007 年版，第 4 页。

指地理环境的制约，地理环境不同，各种自然气候、条件会有很大差异，也会影响动植物等自然资源的生长；而自然资源作为材料，又直接关系到器具的坚固、耐用等实用功能，"橘逾淮而北为枳，鸲鹆不逾济，貉逾汶则死，此地气然也。郑之刀，宋之斤，鲁之削，吴粤之剑，迁乎其地而弗能为良，地气然也"①。因此，设计必须"因地制宜"。"材有美"是指材料的性能特点，《考工记》中举例说："燕之角，荆之干，妢胡之筍，吴粤之金锡，此材之美者也。"②从原则上看，"美材"必须符合器物的功能和技术要求，这就要求工匠根据器物的设计制作，合理选材和用材。"工有巧"指制作的技术手段，前三者都是指自然因素，而"工巧"则属人的因素，其关键在于"合"，意在强调工艺创造不是纯主观的活动，而必须遵循不以人的意志为转移的客观自然规律为前提，即合乎"天时"、"地气"、"材美"。总而言之，"天有时，地有气，材有美，工有巧，合此四者，然后可以为良"这句话表明设计必须顺应天时、地气，并根据材料的特点，在此基础上发挥人的主观能动性，最终实现天工与人工的水乳交融，从而体现出天人合一的理想审美境界以及人与自然亲近友好、和谐相处的生态意识。

又如《髹饰录》卷首即提出："凡工人之作为器物，犹天地之造化。所以有圣有神者，皆以功以法，故良工利其器。然而利器如四时，美材如五行。四时行，五行全而物生焉。四善合、五采备而工巧成焉。今命名附赞而示于此，以为《乾》集。乾所以始生万物，而髹具工则，乃工巧之元气也。乾德大哉！"③《髹饰录》认为工匠造物是对天地自然的模仿，四时、五行化生天地万物，工具、材料好比四时、五行，工匠造物也强调天时、地气、材美、工巧的相互配合。

这种人工与天工合一的思想在《天工开物》一书中得到了进一步的体现。《天工开物》的书名中，"天工"一词出自《尚书·皋陶谟》："无旷庶官，天工人其代之。"意思是自然的职能。"开物"出自《系辞传·上》："夫易开物成务，冒天下之道，如斯而已者也。""开物"是指人工开发万物，宋应星把"开物"视为"人工"，把"天工"视为自然力，合成"天工开物"这一书名，意在强调人工与天工相互配合，从而开发出有用之物，如《天工开物·卷序》开篇即指出：

① 闻人军译注：《考工记译注》，上海古籍出版社 2007 年版，第 4 页。
② 闻人军译注：《考工记译注》，上海古籍出版社 2007 年版，第 4 页。
③ （明）黄成著，杨明注，王世襄整理：《髹饰录解说》，生活·读书·新知三联书店 2013 年版，第 3 页。

"天覆地载，物数号万，而事亦因之，曲成而不遗。岂人力也哉！"①这就是说，天地之间物以万计，关系错综复杂，整个自然界依靠事物间的联系和自身运动变化而形成，即"天工"，不以人的意志为转移，人应效法天，按天道（自然运行的法则）办事，即"开物"，最终取得天人协调。

《考工记》中列举了很多人工与天工相融合的例子，如："轮人为轮，斩之材，必以其时，三材既具，巧者和之。"②"凡斩毂之道，必矩其阴阳。阳也者，积理而坚。阴也者，疏理而柔。"③也就是说，为了使车轮坚固结实，应依不同部位选用不同材料，依木料的不同用处，在不同季节砍伐。弓的制作也是如此，如《考工记·弓人》篇记载："弓人为弓。取六材必以其时，六材既聚，巧者和之。"④"凡为弓，冬析干而春液角，夏治筋，秋合三材，寒奠体，冰析灂。"⑤弓人制弓，采用六种原材料都须适时，冬天剖析弓干，春天浸治角，夏天治筋，秋天用丝、胶、漆合干，寒冬时（把弓体置于弓匣内定体形，严冬极寒时（张弛弓体），分析弓漆。这是因为"冬析干则易，春液角则合，夏治筋则不烦，秋合三材则合，寒奠体则张不流，冰析漓则审环，春被弦则一年之事。"⑥这些都体现出人们遵循自然规律，追求人与自然和谐统一的生态美。

四、自然之道与道进乎技的技艺美

庄子认为最高的技艺是通于自然之道的："通于天地者德也，行于万物者道也，上治人事者事也，能有所艺者技也。技兼于事，事兼于义，义兼于德，德兼于道，道兼于天。"（《庄子·天地》）"兼于"即统属于，技术统属于事，事统属于义理，义理统属于德，德统属于道，道统属于天，"道"虽为本，"技"为末，但是经过"技—艺—事—义—德—道"的层层递进，最高的技艺与天道是一致的，是自然之道的一种表现。

庄子列举了很多技艺高超的手工匠人来说明道技合一的境界，如"庖丁解

---

① （明）宋应星著，潘吉星译注：《天工开物译注》，上海古籍出版社 2008 年版，第 1 页。
② 闻人军译注：《考工记译注》，上海古籍出版社 2007 年版，第 17 页。
③ 闻人军译注：《考工记译注》，上海古籍出版社 2007 年版，第 20 页。
④ 闻人军译注：《考工记译注》，上海古籍出版社 2007 年版，第 154 页。
⑤ 闻人军译注：《考工记译注》，上海古籍出版社 2007 年版，第 159 页。
⑥ 闻人军译注：《考工记译注》，上海古籍出版社 2007 年版，第 159 页。

牛"(《庄子·养生主》)中，庖丁为文惠君解牛，动作十分娴熟利落，如同一场充满节奏和音律的艺术表演，"莫不中音，合于桑林之舞，乃中经首之会"。文惠君赞叹："技盖至此乎?"庖丁回答："臣之所好者，道也，进乎技矣。""进"即超越，也就是说庖丁解牛已经超越了单纯的技术操作，而进入自然之道的境界。接着，庖丁继续阐述他由技近乎道的过程："始臣之解牛之时，所见无非全牛者。三年之后，未尝见全牛也。方今之时，臣以神遇而不以目视，官知止而神欲行。依乎天理……彼节者有闲，而刀刃者无厚，以无厚入有闲，恢恢乎其于游刃必有余地矣。"庖丁解牛的过程实际就是技术合乎自然之道的过程，从开始学习解牛，"所见无非全牛者"，到"恢恢乎其于游刃必有余地矣"的状态，关键在于掌握和熟悉了牛的骨骼生长特点和规律，"依乎天理，批大却，导大窾，因其固然"。

在这个过程中，庖丁已经消解了心与物之间的对立，达到了一种心物相融、物我合一、身心一体的状态，"以神遇而不以目视，官知止而神欲行"，即"乘物以游心"的高度自由境界。由此，"技"已经由一种单纯的技术操作转化成高度自由的审美性艺术创造过程。如马克思在《1884 年经济学哲学手稿》中所言："人懂得按照任何一个种的尺度来进行生产，并且懂得处处都把内在的尺度运用于对象；因此，人也按照美的规律来构造。"[1]"我的劳动是自由的生命表现，因此是生命的乐趣。"[2]庄子的"道进乎技"与马克思的劳动观有着相通之处，即强调技术或劳动不仅仅是生存手段，而应该合乎人的自由本质，成为人的审美享受，是合规律性与合目的性的统一，技术与艺术合二为一，这也是中国古代关于技术活动的理想境界。

（作者单位：山东工艺美术学院）

---

① 马克思:《1844 年经济学哲学手稿》，人民出版社 2000 年版，第 184 页。
② 马克思:《1844 年经济学哲学手稿》，人民出版社 2000 年版，第 184 页。

情感与形式

——论先秦楚漆器符号的审美意味①

余静贵

楚漆器艺术是中国传统艺术的重要组成，也是中国漆艺史上的一座高峰。研究楚漆器艺术不仅可以丰富中国传统艺术与文化的内容，也可以为当代艺术与设计提供重要的理论指导与借鉴意义。自20世纪20年代起，随着全国范围内楚墓的不断挖掘，在湖北、湖南、河南等地陆续出土了大量精美绝伦的楚漆器文物，随之而兴起了楚艺术的研究热潮。其中，楚漆器艺术就是楚艺术的杰出代表。然而，学界研究更多地关注于历史考古或艺术现象的层面，而缺乏对艺术现象背后审美意味的深入剖析，也难以综合把握艺术形式与审美意味间的逻辑关系。对楚漆器艺术的研究，须以马克思主义的唯物史观为指导，以楚漆器艺术现象对研究对象，结合文化人类学的研究视角，积极引入西方成熟的艺术理念与方法，如苏珊·朗格的艺术符号论②，深入探究楚漆器艺术的审美意味，以及与之对应的符号形式构成。

一、楚漆器艺术："有意味"的符号形式

楚漆器，从狭义的角度来理解，它是先秦楚人创造的一种区域艺术形式；广义上来看，它是一个文化范畴，凡具有典型楚文化特征的漆器样式都可称为楚漆器。如湖北随州曾侯乙墓是战国时期曾国墓，但地处于楚国边缘，深受楚

① 本文系湖北省教育厅人文社科项目(15Q053)的主要成果；湖北荆楚文化研究中心项目(CWH201403)、长江大学社科基金项目 (2014csq004)的阶段性成果。
② 苏珊·朗格是美国著名的符号论美学家，提出了"艺术是人类情感的符号形式的创造"的著名论点。见 Susanne K. Langer. *Feeling and form*：*a theory of art developed from Philosophy in a new key*. New York：Charles Scribner's Sons, 1953, p. 40.

文化的影响，故而其出土的漆器艺术风格也都呈现出楚艺术的风格特征，自然也被列为楚漆器的范畴。① 从地域上来看，楚漆器的出土范围非常广，东到安徽、江浙一带，西到四川，北到河南中部，南至湖南地域，都陆续有楚漆器的出土。出土楚漆器地理分布情况如图 1 所示，其中，湖北省境内出土楚漆器最多，其次是湖南和河南。从时间维度上来看，楚漆器的时间跨度基本上包括西周、春秋和战国时期，其中，现存的楚漆器文物主要出土于战国时期。② 所以，一般学界的研究对象主要集中在战国时期的楚漆器文物艺术上。

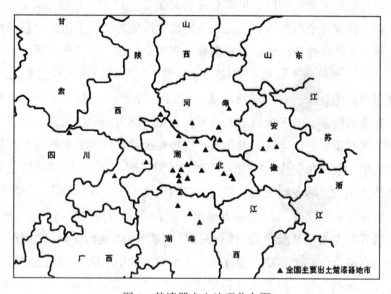

图 1　楚漆器出土地理分布图

楚漆器艺术深受原始巫文化的影响，在艺术形式上呈现出奇幻而浪漫的风格特征。在漆器造型上，楚人广泛采用夸张、变形和互渗等手法营造出神秘和

---

① 学界基本将曾侯乙墓的发掘纳入楚文化的研究范畴，如皮道坚在《楚艺术史》中就说："曾侯乙墓所出器物当属楚文化系统，它们在造型艺术的各个方面的一些表现，也理应是楚艺术史的组成部分。"见皮道坚著：《楚艺术史》，湖北教育出版社 1995 年版，第 133页。陈振裕说："随州曾侯乙墓并非楚墓，但战国早起曾国已成为楚国的附庸国，它与楚文化有许多共同点，属于楚文化范畴。"见陈振裕：《楚秦汉漆器艺术·湖北》，湖北美术出版社 1996 年版，第 253 页。

② 现存各博物馆的楚漆器文物基本以战国时期为主，西周及春秋时期的楚漆器也有出土，但无论是数量还是质量都与战国时期相差甚远，这与战国时期漆器作为日常生活用器皿的普及和当时铁制工具为代表的生产力的提高有密切关系。

诡怪的艺术效果。最典型的就要数镇墓兽了，图2所示为一件双头镇墓兽，它由底座、兽身和鹿角三部分联结而成。现在已经很难考证兽身的原型为何种动物，或许是由于对兽的变形太多而难以辨认。① 在兽面上，眼睛巨大突出，舌头垂下直至颈脖，头上直插巨型鹿角。整体造型极其夸张，兽面变形已面目全非，营造出一种怪诞、恐惧的效果。这种漆器造型还有一个重要的形式特征，那就是多重审美意象的互渗，如这件镇墓兽就是鹿与兽的结合。像这种构成的漆器样式非常普遍，如虎座飞鸟、辟邪凭几、鸟人、鹿角立鹤等，这种意象的构形手法与楚地土著人的原始思维有密切的关系。列维·布留尔说："在原始社会，存在物和现象的出现，也是在一定神秘性质的条件下由一个存在物或客体传给另一个神秘作用的结果。它们取决于被原始人以最多种多样的形式来想象的'互渗'：如接触、转移、感应、远距离作用等等。"②不同意象之间虽存在时间与空间的分隔，它们却可以通过"互渗"原理，实现不同意象间的神秘联系。在漆器图案上，飞扬流动的线条勾勒出了图案的运动之美，若说中国传统书画艺术有重线条、重气势的传统，这种传统最早可能要追溯到楚漆器的运动图案之中。宗白华曾说："中国绘画的渊源基础却系在商周钟鼎镜盘上所雕绘大自然深山大泽的龙蛇虎豹、星云鸟兽的飞动形态。"③这种飞云流转的线条不追求对现实自然的模仿，而是表现出了自然意象的神韵，这种重"神"的手法也对魏晋时期人物品藻中的"传神写照"和后来的"气韵生动"之美产生了重要影响。在漆器色彩上，楚人用红黑二色的对比和华彩陆离的颜色铺陈勾勒出一个光彩绚丽的世界。楚人的这种设色规律既不符合道家重"朴"贵"素"的美学风格，也超越了儒家的"五色"伦理体系，它是兼容并蓄的楚文化综合影响下的结果。

楚漆器艺术的浪漫主义风格是独树一帜的，也是显性的，而其背后的审美意味却是隐性的，它需要艺术鉴赏者结合艺术符号的语境，才能领会其中的神秘意味。根据美学家克莱夫·贝尔的观点，楚漆器艺术是一种"有意味的形式"。他说："假如我们能找到唤起我们审美情感的一切审美对象中普遍的而又是它们特有的性质，那么我们就解决了我所认为的审美的关键问题。"④审美

---

① 湖北省荆州地区博物馆：《江陵雨台山楚墓》，文物出版社1984年版，第107页。

② [法]列维布·布留尔：《原始思维》，丁由译，商务印书馆1981年版，第71页。

③ 宗白华：《美学与艺术》，华东师范大学出版社2013年版，第97页。

④ [英]克莱夫·贝尔：《艺术》，周金怀等译，中国文艺联合出版公司1984年版，第3页。

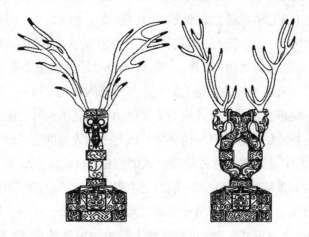

图 2　湖北江陵雨台山楚墓出土双头镇墓兽

对象中普遍的而特有的性质是什么？不是审美形式，而是形式背后的审美意味。所以，贝尔回答说："可做解释的回答只有一个，那就是'有意味的形式'。"①楚漆器艺术那夸张的造型、互渗的意象特征和醒目的红黑二色对比显然不是对自然世界的模仿，而是诠释着楚人超越生死的生命意识与宗教情感，情感本质上也是生命的集中化表现。楚漆器艺术背后的生命意味是理解楚漆器艺术的关键。刘纲纪说："楚漆器艺术非常注重情感的表达，这种情感带有原始的风味，它是同楚人对自然生命的热爱直接结合在一起的。"②楚人情感的表达就是漆器艺术背后的审美意味，它是楚人生命观的反映。皮道坚也在《楚艺术史》中说："楚漆器艺术品的造型和纹饰非常活跃生动，它与楚人对生命运动形式的喜好，对生命活力的崇尚有关。"③生命情感的意味是蕴含在楚漆器艺术现象中的内核，而楚漆器形式是这种生命意味的外在表现。用苏珊·朗格的符号学观点来讲，情感与形式就表现为艺术符号的能指与所指层面。

瑞士语言学家索绪尔从语言学得角度提出了"符号学"的概念，认为符号学是应用于不同人文学科的一门基础学科。④ 他将符号分为能指与所指，能指

---

① 　[英]克莱夫·贝尔：《艺术》，周金怀等译，中国文艺联合出版公司1984年版，第4页。

② 　刘纲纪：《楚艺术美学五题》，载《文艺研究》1990年第4期。

③ 　皮道坚：《楚艺术史》，湖北教育出版社1995年版，第179页。

④ 　[瑞]费尔迪南·德·索绪尔：《普通语言学教程》，高名凯译，北京商务馆1980年版，第38页。

是符号的形式层面，它是可感的物质形式，而所指就表现为形式的意义层面。① 意义离不开形式的传达，而形式的存在最终指向意义，能指与所指是符号不可分割的两面。德国哲学家恩斯特·卡西尔继承了索绪尔的符号学观点，提出了"人是符号化的动物"的观点。② 认为符号活动的中心是人，所有的符号形式都是表现人的本性的，是人的生命与情感的表现。这一点深深影响了他的学生苏珊·朗格，情感与形式成为了理解朗格的艺术符号论的重要一环。由此，苏珊·朗格开创了她的符号论美学，将艺术作为她的符号论的主要研究对象，提出了"艺术是人类情感的符号形式的创造"的观点，凸显了艺术符号中情感与形式的双重特质。形式即一般的艺术形式，它不仅指示为特定的物质材料，更表现为线条、色彩、明暗等要素之间的组合关系，而且，这种艺术形式被朗格称之为"生命形式"，即它是表现人类生命情感的形式。③ 情感不是艺术家个人的情感，而是人类的情感概念，情感构成了艺术符号的内核。

从苏珊·朗格的艺术符号论来审视先秦楚漆器艺术，可以充分把握住楚漆器艺术中形式与情感这两个关键点：一方面，从文化人类学的角度诠释艺术符号中的情感内容；另一方面，可以借鉴朗格的"生命形式"论来认识楚漆器艺术形式表达生命情感的方式，从而领悟到楚人生命情感与艺术形式的内在逻辑。

二、楚漆器符号中的情感意味

苏珊·朗格认为，艺术作品包含着情感，它也就是一种生命的形式，情感就是一种集中、强化了的生命。④ 楚漆器符号中的生命精神主要体现在情感的表达上。由于楚文化的开放性、辩证性特征，楚人的生命情感表现是复杂而混沌的。楚漆器艺术表现出来的情感特质主要包括宗教情感与自然情感。

---

① [瑞]费尔迪南·德·索绪尔：《普通语言学教程》，高名凯译，北京商务馆 1980 年版，第 102 页。

② Ernst Cassirer. *An essay on man：an introduction to a philosophy of human culture*. Yale University Press，1944，p. 44.

③ Susanne K. Langer. *Problems of art：ten philosophical lectures*. Routledge&Kegan Paul Ltd Brodway House，1957，p. 8.

④ Susanne K. Langer. *Problems of art：ten philosophical lectures*. Routledge&Kegan Paul Ltd Brodway House，1957，pp. 45-46.

（一）宗教情感

尽管一般的艺术符号在一定程度上可以表现出人类的情感，但具有原始风格的楚漆器艺术，却集中宣泄了楚人浓厚的生命情感，这种情感的丰富与炙热是西方雄霸上千年的模仿艺术传统所不能比拟的。① 难怪乎 19 世纪末 20 世纪初萌发的印象派、野兽派和立体派等抽象艺术流派积极倡导向亚洲、非洲等地的原始部落艺术汲取营养，因为原始艺术中承载着人类丰富的情感内容。楚漆器艺术就是这样一种艺术形式，受到江汉平原土著文化的影响，巫术、宗教和神话的交织融合对楚漆器艺术的形式风格产生了重要的影响，形成这种影响的内核就是泛宗教情感的表达。

所谓的泛宗教，意指它不同于基督教、佛教和伊斯兰教等成熟的宗教形式，楚宗教没有固定的神灵信仰，是典型的自然宗教特征，巫术活动、神灵信仰和神话传说共同构成了楚人的宗教信仰体系。② 其中，原始巫术构成了楚宗教的重要特征。《汉书·地理志》云："楚人信巫鬼"，《国语·楚语下》中讲述了"绝天地通"的故事："古者民神不杂。民之精爽不携贰者，而又能齐肃衷正，其智能上下比义，其圣能光远宣朗，其明能光照之，其聪能月彻之，如是则明神降之，在男曰觋，在女曰巫。……夫人作享，家为巫史。"楚人尚巫的习俗在楚文献中有大量记载，《楚辞》中的"灵氛"、"灵保"都是巫师的代名词，《九歌》篇就是记录巫师祭巫鬼、降神灵的乐曲。在这些巫术活动中，巫师凭借超自然的力量来实现与自然的斗争，从而获取人类的祈福与发展。这种超自然的力量就是人类的情感活动。在人类没有形成对世界的理性认识时，情感成为人类的本质力量，巫师就是凭借浓厚情感的想象，实现升天入地的生命活动。也正是凭借情感的作用，巫师能够绕开科学思维中的因果律和矛盾律，而实现不同事物之间超越时空的联结。马林诺夫斯基认为，巫术就是用主观意象、语言、行动而宣泄了强烈的情感经验。③ 情感宣泄是宗教活动的本质特征。所以，我们看到的楚人巫祭活动中乐舞的摇摆、五色的铺陈和各类抽象意

---

① 英国艺术史家贡布里希认为，西方欧洲的艺术传统一直强调模仿现实，因而忽略了艺术符号中情感的表现性。见[英]贡布里希：《艺术的故事》，范景中译，天津人民美术出版社 2004 年版，第 47 页。

② 徐文武：《楚宗教概论》，武汉出版社 2002 年版，第 18、19 页。

③ [英]马林诺夫斯基：《巫术科学宗教与神话》，李安宅译，上海文艺出版社 1987 年版，第 109 页。

味道具的陈设都是基于宗教情感的渲染，只有在这种"迷狂"的情感状态下，巫师才能够获得神秘力量的帮助，实现特定的巫术目的与效果。

楚墓出土的辟邪凭几、虎座飞鸟(见图3、图4)等漆器所呈现出来的抽象造型特征，绝不是自然界中现实的物象，它们是楚人神巫情感作用下的产物，在今天的人们看来似乎是不合逻辑的，但在楚人的情感作用之下，它们之间的联结却是合情合理的。情感为主导的心理活动也就决定了先秦楚人的思维特征带有明显的"原逻辑思维"特质。① 它不同于今天盛行的逻辑思维，而是情感驱动之下的原始思维，或者是形象思维。楚人在符号化活动中，情感的主导作用决定着艺术符号是趋向于写实的特征还是呈现出抽象的风格倾向。在楚人混沌的情感状态下，即处于炽热的宗教情感氛围中，人类的心理活动将处于一种复杂、不安的情形，为了寻求一种永恒的、稳定的心理效果，艺术形式必然呈现出不同于自然现实的艺术样式，因为自然的样式往往呈现出偶然的、个性化的

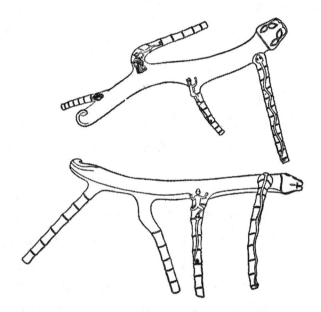

图 3　湖北江陵马山 1 号墓出土辟邪凭几

---

① "原逻辑思维"是法国人类学家列维·布留尔在《原始思维》中提出的概念，意指一种原始思维特征，他说："可以把原始人的思维叫做原逻辑的思维……我说它是原逻辑的，只是想说它不像我们的思维那样必须避免矛盾。这一情况使我们很难以探索这种思维的过程。"见［法］列维·布留尔：《原始思维》，丁由译，商务印书馆 1981 年版，第 71 页。

特征，只有对自然现实进行抽象而获得一种永恒的艺术形式，才能够表达楚人内心趋向于稳定的情感心理。所以我们才会看到楚漆器造型往往呈现出脱离于现实的抽象特征，因为这样一种形式风格是楚人审美心理的具体表现。黑格尔称这样一种艺术样式为象征艺术，他认为，原始艺术经常处于一种混沌的状态，由于幻想的不明确性和不稳定性，它对所发现的事物并不按照它们的本质来处理，而是把一切弄得颠倒错乱，常常扩大和夸张形象，使想象漫无边际。人们读懂它会遇到极大的障碍。① 这样一种混沌、恍惚癫狂的心理状态就是巫术活动中巫师的主要心理表现，这样一种心理表现是以情感为主要驱动的生命活动。

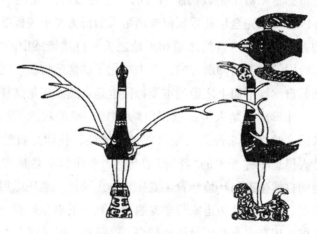

图 4　湖北江陵雨台山楚墓出土虎座飞鸟

　　在这种情感作用下，漆器图案必然呈现出"传神"的特征，即用线条的勾勒塑造出稳定的心理图式，以表达他们超越生死而获得生命永恒的生命意识；在这种情感的作用下，漆器表面的红黑二色也必然成为色彩装饰的主色调，黑底上闪耀的红色纹饰象征着人类生命对死亡的征服。黑色也被称为玄色，《老子·第六章》说："谷神不死，是谓玄牝。"黑色或玄色都是生命孕育的象征。这种艺术形式与属性的连接都是通过象征的方式实现的，何为象征？用列维·布留尔的话说，就是在情感的作用下，实现不同事物或事物与属性间的自然联结。显然，在大量的丧葬漆器艺术中，大部分的艺术样式都不纯粹是用于审美

---

① ［德］黑格尔：《美学》第二卷，朱光潜译，商务印书馆 1979 年版，第 56 页。

的目的，反而是宗教功能居于主导的地位。这些艺术的造型就是要渲染一种神秘的情感氛围，让巫师掌握一种神秘的力量以达到预期的巫术效果。

(二) 自然情感

原始情感或宗教情感构成了先秦楚人审美心理的重要特质，但是，这种宗教情感在战国末期，伴随着北方儒家理性思潮的南渐而逐渐淡化，因为这种情感特质是建立在原始的、感性的思维形态之上的。再加上楚地渐渐兴盛起来的老庄思想，这种萌生于原始巫文化的宗教情感必然被某种理性化情感逐渐侵蚀而代替，那就是楚人移情于自然之中的"理性"情感，也称为自然情感。

这种自然情感是相对于宗教情感而言的，它的"理性"化还不等同于北方的儒家理性，因为儒家完全用礼乐规范来衡量人的行为与审美标准，而老庄还是采用直觉的方式，来领悟自然之道和天地之美。自然情感中的"理性"仅是相对于原始宗教中的神灵信仰而言的，是去神化了的情感特质。老子和庄子都主张人应该回归自然，形而上之道的本质特征也是自然。正是这样一种自然主义的哲学思潮，才形成了楚人生命意识中"万物为一"的观念。① 在这种生命体悟中，原来的宗教神逐渐丧失它原来的神秘属性，我即是自然，神亦是自然，这就是楚人思想中弥漫出的"泛神"思想。② 老庄哲学是楚文化精神的重要内容，楚地的自然生态与环境孕育了老庄哲学。同样，老庄思想也反哺了楚人的生命意识观。张正明认为道家哲学是脱胎于楚地的巫学思想，这点非常恰当地阐述了楚国意识形态在东周时期的转变。③ 随着战国时期人本主义思想的崛起，老子以"道"取代了天上至上神而将其哲学化，肯定了道的存在的客观性，虽然这个"道"依然具有某种神秘性，但它却普遍存在于自然万物之中。若说老子停留在对道的形而上的阐述，庄子则将至上的道降落在了人的身上。认为人只有因循道的原则和方向才能保身全生。这样，庄子哲学实质就是一种

---

① 所谓的"万物为一"的生命观主要体现在《庄子·齐物论》篇中："天地与我并生，万物与我为一"。

② 泛神论思想主要流行于 17 世纪的西欧，代表着西方宗教思想向自然理性的转变。它认为自然就是神的化身，泛神也即是无神。代表人物有布鲁诺与斯宾诺莎。斯宾诺莎提出了神即实体、神即自然的重要命题。他的泛神思想即是披着宗教主义的外衣，倡导无神的思想，这是一种唯物主义的思想，为德国古典主义和理性主义奠定了基础。在我国，郭沫若先生于 20 世纪初期最早提出"泛神论"一词。

③ 张正明：《巫、道、骚与艺术》，载《文艺研究》1992 年第 2 期。

生命哲学。①

正是在这种"天人合一"的生命境界中，人才能通过对自然生命的审美静观而把握到人的生命的意义，这种生命的大化流行也即是美。这种趋近于自然的渴望与心理被沃林格称之为"移情"心理，它是在泛神思想影响下的一种不自觉的心理活动。在这样一种心理驱使之下，无机物、植物和整个大自然都具有了像人的生命一样的活力与精神，自然界的一花、一草、一木、一石都与人的心灵合而为一。

在楚漆器艺术中，无论是图案装饰还是华丽的色彩铺陈都体现了楚人生命意识中的自然观。战国末期楚漆器图案题材中大量植物、花草图案的出现，就是人对自然生命移情的重要体现。色彩装饰中由传统的红黑对比到色彩的繁复交错，同样是泛神影响下自然生命之美的表现。漆器表面涂饰的五颜六色，实质就是人们脑海中对于自然生命的形象象征。根据沃林格的艺术意志论，商代及以前的漆器色彩是基于一种抽象的冲动，那么春秋战国以来的楚漆器的色彩装饰就是满足人的一种移情需要，而这种移情的产生就是在泛神思潮的影响下发生的。这种艳丽的色彩没有了红黑二色的原始神秘性与抽象性，而更多的是表现了一种自然生命的生气。对漆器那黄黄绿绿的条纹涂饰，感觉就像是一个个自然中的精灵一样跳跃在漆器的表面。这种生命的精灵形象，这种生气的体现，不仅仅是自然界的本有，更是人的情感灌注于其中的表现。

神灵的崇拜渐渐隐去，基于宗教信仰的情感宣泄逐渐减弱，取而代之的是人的自我意识的觉醒。原本体现在宗教仪式中的神巫情感也逐渐转化为理性意识下的自然情感。在宗教情感的影响下，楚漆器呈现出奇幻而诡怪的审美特征，给人以无限的神秘想象。在自然情感取代了宗教情感之后，楚人内心基于想象和直觉的思维形式在本质并没有发生变化，只不过是由对神灵的崇拜转向了对自然的移情。对自然的关照与移情，也是人的本质力量对象化的过程，荣格就认为，移情态度可以让自己的主观情绪赋予自然世界以生命和灵魂，让艺术形式充满生气与律动。② 这就是为什么在楚漆器的符号形式中，我们可以看到楚人天真、浪漫的生命情感的表达，这种生命不是个人的生命，而是融会于

---

① 曹础基认为，《庄子》内七篇基本上都是论述人生哲学的。"见曹础基：《庄子》，河南大学出版社 2008 年版，第 32 页；李振纲也认为《庄子》的主旨是生命哲学。"见李振纲：《生命的哲学——〈庄子〉文本的另一种解读》，中华书局 2009 年版，第 8 页。

② ［瑞］卡尔·荣格：《心理学与文学》，冯穿等译，译林出版社 2011 年版，第 224 页。

神和自然的一体化的生命。在这种生命情感中，人与神灵、自然相互交感，互为给养，共同创生了宇宙普遍生命的绵延不绝和一体俱化。

三、楚漆器符号中的生命形式

楚漆器艺术是一种"有意味"的符号形式，在这种符号形式中，传递着楚人浓厚而炽烈的生命情感。而这种表现生命情感的形式也被苏珊·朗格称为"生命的形式"。朗格说："说一件作品'包含着情感'，恰恰就是说这件作品是一件'活生生'的事物，也就是说它具有艺术的活力或展现出一种'生命的形式'。"①这种形式不是线条、色彩等要素的杂乱堆积，它之所以可以表现情感，必然呈现出有机性、运动性、节奏性和生长性特征。② 这四种特征既是有机生命的本质特征，也是表现性艺术形式的基本特征。由此，朗格沟通了生命情感与艺术形式之间的内在联系，即艺术形式要表现人的生命情感，就必然同人的生命是同构的关系。显然，朗格的"生命形式"理论吸收了格式塔心理学派的观点，凸显了人的情感特质对物质对象的构形作用。朗格将生命形式的特征归纳为有机性、运动性、节奏性和生长性特征，即从有机生命的生理特征出发，总结出艺术活动中的心理表现，这势必会忽略艺术活动中对其产生影响的宗教、社会和文化等因素，而将艺术活动统摄为简单的生理运动，这是朗格生命形式论的不足之处，但这种艺术理论却大大丰富了格式塔心理学的同构理论，为理解艺术符号的表现机制指明了方向。

楚漆器艺术本质就是一种生命的形式，它与楚人具体的生命表现势必有着某种内在的关联性。其中，苏珊·朗格提出的生命形式运动性特征就在楚漆器艺术上获得了淋漓尽致的表现。如湖南长沙出土的漆盒（见图5）和漆奁（见图6），在漆盒中，楚人同样以抽象的方式描绘了三只蜷曲回首的凤鸟，凤鸟形象早已没有具象的写实特征，但是，恰恰就是简洁的三条弧线构造出了凤鸟的身体骨干，而整个身体的动势就通过这三条弧线表达了出来。这种流动的弧线蜿蜒而流畅，活泼异常，完全融合于整幅图案的运动风格之中，浑然天成。而在漆奁中，圆周一圈连续排列着若干疾驰如飞的凤鸟形象，凤鸟通过简化的方

---

① Susanne K. Langer. *Problems of art*：*ten philosophical lectures*. Routledge&Kegan Paul Ltd Broadway House，1957，p. 45.

② Susanne K. Langer. *Problems of art*：*ten philosophical lectures*. Routledge&Kegan Paul Ltd Broadway House，1957，p. 53.

式仅仅呈现出了其结构特征，为了营造出动感效果，其中一只凤足斜线排列，另一只凤足却在疾驰中隐匿而去，同样，凤尾也夸张地远远被甩离了躯干。这种艺术效果彰显了楚人极丰富的艺术想象力和成熟的艺术表现技法。漆器图案呈现出来的动势感和韵律感就是朗格提出来的运动性生命特征。正是这种线条的不断变化体现出图案艺术的生命活力。刘纲纪将漆器艺术的运动性特征归结为楚人"流观"①意识影响下的结果，何谓"流观"？它本质上同《楚辞》中的"游目"是一致的概念。汪瑗注曰："游目，谓纵目以流观也。《哀郢》曰：'曼余目以流观'。是也。游、流古字亦通用。"②《楚辞》中"流"远没有"游"用的普遍，但它们基本是一致的意思。所以，楚漆器艺术的运动性特征与楚人生命体验中的"游"这一具体形式存在着异质同构的现象。

图 5 长沙楚墓出土漆盒

通过对楚文献《楚辞》的解读，"游"是文本内容的重要概念，也是楚人生命情感的具体表现。"游"可以是灵魂的天际游览，也表现为天上神仙的太空浮游。无论是《离骚》中的"浮游"、"游目"和"翱游"，还是《远游》全篇，都是描述楚人的一种理想生命体验。可以说，"游"是贯彻《楚辞》全篇的主题。此外，蕴含丰富楚文化特色的《庄子》开篇就是"逍遥游"，"游"依然是庄子寄托于理想生命境界的形式。本质上，"游"就表现为楚人具体的生命形式，它也

① 刘纲纪在《楚艺术美学五题》中提出了"流观"概念，它是楚人特有的一种审美关照方式。见刘纲纪：《楚艺术美学五题》，载《文艺研究》1990 年第 4 期，第 86 页。
② （明）汪瑗撰，董洪利点校：《楚辞集解》，北京古籍出版社 1994 年版，第 56 页。

图6 长沙楚墓出土漆奁

是理想的生命体验。①

　　将楚人的具体生命表现"游"与楚漆器艺术的运动性、节奏性特征相比，它们之间的确存在着异质同构的关系。这也是朗格生命形式论的关键所在。朗格将绘画、雕塑、建筑等造型艺术视为基于空间表象的艺术形式，也就是说，这些艺术形式虽然是抽的，但它们却能够创造出一种空间的表象。② 在楚漆器图案中，流动而旋转的线条无疑能够创造出这种虚幻的空间。而且，这种空间是存在于楚人脑海中基于"天圆地方"的宇宙空间。《楚辞》中常出现的"周流"、"周游"就意味着游的对象是一个广袤的、圆形的宇宙空间。在这里，"周流"是楚人生命形式的表现，而运动、回旋形的图案是符号的形式层面，刚好这种回旋形的图案与楚人的"周流"宇宙很好地联结了起来，艺术形式与生命的形式就实现了同构。这里，形式与生命的同构既有苏珊·朗格艺术同构理论中的普遍性，更体现了楚文化背景下漆器艺术与生命情感同构的特殊性。

　　漆器图案不仅能够表现一种虚幻的宇宙空间，而且还表达了一种基于时间的幻象。这种幻象不是客观地存在于漆器图案中，而是图案形式在人的心灵上的投影。一根水平线或垂直线难以形成时间的幻象，甚至一个正圆形也难以表达一种时间的流逝感。但是，楚漆器图案中蜿蜒、流畅的线条却能够创造出一种时间的幻象。漆器图案中的曲线就像一条无线伸展开来的线条，它时而向左

　　① 刘笑敢认为，庄子之游是心灵之游，是一种自由的精神体验。见刘笑敢：《庄子哲学及其演变》，中国人民大学出版社2010年版，第152页。精神本就是哲学意义上生命的主要表现，一种自由的精神体验本质上就是向往自由的生命体验。

　　② Susanne K. Langer. *Feeling and form*：*a theory of art developed from Philosophy in a new key*. Charles Scribner's Sons，1953，p. 87.

延展，忽而蜿蜒向右，也或者是急剧上冲而又缓慢回旋向下，这条自由伸展的曲线就好比人的生命的展开，在黑暗的探索中不断调整自己的方向而去寻找生命的真谛。正是这种线条方向的不断变化才产生了时间的幻象。康德就认为，变化是时间的表象，而且人天生就具有这种基于时间的内感。① 空间的这种不断变化而形成了时间的强烈存在感，这就是楚漆器图案中基于时间与空间的幻象表现。由漆器图案形式呈现出的时空幻象与楚人的生命情感有着密切的联系，因为楚人的生命意识中，基于时间与空间的"游"是生命形式的重要表现。"游"是"上天入地"式的、没有止息的遨游，正是基于这种对时间与空间的超越，图案中的形式与内容联结了起来，艺术形式与生命形式也就实现同构。

楚漆器的抽象造型同样如此，抽象的艺术形式也塑造了一种基于时间与空间的幻象。虎座飞鸟那昂首向上的颈脖、张开的双翅、卧伏蜷曲的虎座，正是这种瞬时性动作的刻画，从中我们能够感知到这个动作时间节点的运动倾向。而这些不同时间节点的姿态的连接都是在我们脑海中产生的幻象，这种瞬时性动作表现时间概念的艺术形式在西方的雕塑中经常出现。如古希腊的拉奥孔群雕，也是通过静态的雕像描绘出了拉奥孔剧烈的时间性动作。莱辛就静态艺术说道："造型艺术只要能表现出最富有孕育性的形式，就能够比诗歌更能创造出虚幻而逼真的艺术幻觉。"②这种逼真的幻觉就是基于时间的幻象。十七、十八世纪时期的巴洛克雕塑同样如此，它们同样通过描绘瞬时性的动作而表现出一种强烈的时空感。如贝尼尼的圣特瑞莎群雕，雕刻中的每一根线条都似乎要将自身引入无线的空间中去，每一个姿态都似乎处于紧张之中，好像艺术家就是要通过有限的形式来塑造出无限的内容。在楚漆木雕刻中同样如此，瞬时性的动作极富时间的孕育性，而且在时间的幻象中孕育出了空间的无限。在西方的天体运动科学中，空间位移的变化是时间的表象，而在楚漆器的造型中，动作的时间延展性却成为空间的表象。也就是说，漆器造型营造的空间感是通过时间的持续而表现出来的，时间感越强，空间的广大越趋向于无限。楚漆器造型中这种虚幻时空的表现，是建立在漆器艺术的形式之中的。若将生命移入这种时间与空间的无线伸展之中，恰好就是楚人生命意识中"周游天地"的形象表达，正是通过这种持续的、无限空间的遨游，可以表现生命的永恒与自由。这样，艺术形式就与人的生命情感联结了起来，正是通过这种时空观念，实现

① ［德］康德：《纯粹理性批判》，蓝公武译，商务印书馆 1960 年版，第 58~59 页。
② ［德］莱辛：《拉奥孔》，朱光潜译，商务印书馆 2013 年版，第 116 页。

了艺术形式与生命形式的同构。

就楚漆器色彩而言，华彩的颜色铺陈也是通过同构的方式，表达了楚人的特有的自然生命观。那华彩陆离的颜色同楚人生命中寓杂多而统一的生命本体是一致的，楚人的生命是融会于形形色色的自然之中的。既然生命的本体是丰富的，通过颜色表达出来不就是艳丽而丰富的彩色涂饰吗？可见，从这个角度来讲，楚漆器的色彩在一定程度上也是与楚人的生命形式是同构的，只不过颜色的表现力不如楚漆器的造型与图案表现的那样强烈与生动。

时空，作为艺术形式与生命形式之间的联结因素，对于漆器形式的表现性起着重要的作用。这种先天的时空感是人的一种先验形式，它的外化就表现为苏珊·朗格所说的运动性，这种运动性既是生命的形式，也可表现为艺术的具体形式。① 楚漆器的造型、图案与色彩正是凭借着丰富的表现形式，展示出楚人生命意识中追求永恒与无限的生命理想，而这种理想的具体表现就是生命之"游"。生命之"游"表现在楚漆器的符号形式中，就是漆器造型中各意象的蓄势飞升、图案线条的缭绕旋转和陆离色彩的炫目之感。

结 语

楚漆器艺术是一种有意味的符号形式，作为一种艺术符号，它是形式与意义的统一体。解读楚漆器艺术的审美，不仅要研究其形式规律，更应该探究其背后的审美意味。生命情感的表现就是楚漆器符号的意味所在。站在苏珊·朗格的艺术符号论视角，可以很好地理解艺术符号中的情感概念，艺术不仅是要表现一种认知、社会功用等要素，本质上它要呈现人类的情感，这种情感是生命的集中化体现。这种生命意味的体现与特定的符号形式与结构有密切的关系，没有同构的符号形式，符号的表现性难以展现。研究楚漆器艺术的审美意味，不仅可以丰富中国传统艺术美学的内容，同时具有重要的理论意义和实际价值。从楚漆器艺术中选取最具有表现力的符号形式，可以为当代的艺术设计提供丰富的营养与素材。

（作者单位：长江大学工业设计系、楚文化研究院）

---

① Susanne K. Langer. *Problems of art*：*ten philosophical lectures*. Routledge & Kegan Paul Ltd Broadway House，1957，p. 48.

隋唐文化与唐朝侠客美学

李跃峰

魏晋文艺复兴之后的侠客文化在曹氏父子为首的建安文士群体以及新生门阀、士族集团和部曲军卒(家兵与佃客的混合)的推崇下,由江湖、边缘逐步回归主流文化,并延及南北朝,在不同程度上被新生新庙堂意识形态和话语体系所,给予受经学拖累的华夏中原以些许的阳刚之气,伴随着南北朝时期华夏文明板块的重新整合,以及隋唐文明高峰的到来,逐步脱离汉朝那种儒家化的游侠面具和边缘民间形态,被"新战国时代"的文明精神塑造、升华到一个新阶段,并逐步成为一种捍卫底线文明准则的坚韧、普遍的民族审美心理的内在结构。隋唐的关系类似于秦汉,都是早期开疆拓土的朝代(秦朝立国 14 年,隋代 37 年)迅速让位于一个跟进的新王朝。因而,隋唐如秦汉一样也可以视为一个大分裂之后一个自我辩证的、完整的连续的文明整体,这对隋唐侠客文化与美学影响深远。

一、魏晋南北朝文化铺垫与侠客美学

魏晋乃至南北朝时期,中国虽然在政治主要是分裂的,但南北文化却一直悄然在相互砥砺、融合、激荡中开启建构新文化的历史进程,三国之后不仅有来自北方边陲的夷狄武士的进攻、"越名教而任自然"的魏晋名士风度的弘扬,也有达摩祖师"一苇渡江"在中岳嵩山面壁十年的文化故事,这些都把南北文化的共性基础形象地展现出来,这是与周秦文明的养成截然不同的历史进程。尽管略嫌迟钝,但至少从北魏孝文帝(拓跋宏)时期就尝试主动接受了中原儒家的礼乐教化,衣冠服饰、风俗语言;不同于春秋战国时代中原争霸诸侯基本同属华夏的文化背景,来自塞外的新贵是地道的蛮夷,在巨大文化劣势下只能慢慢通过参仿中原和南朝典章制度及语言,艺术与文化,以规训来自塞外的蛮族武士，并鼓励鲜卑和汉族通婚，加强胡汉精英的融合，使之成为合乎时代要求的侠士与儒士的人格复合体。一切上升的农业文明都天然具有一种普遍的侠者气质，作为新"战国"时代的南北朝，也一度进入类似"春秋无义战"那样的更为黑暗的时代，即"五胡乱华"。

西晋解体，"衣冠南渡"也将中原文化带到了更为广大的南方地区，这也是历史上移民文化的重要表现。侠士祖狄就是在这个过程中应运而出的，"衣冠南渡"之际，祖狄逃难路上的侠义和谋略担当使他一举成为家族首领，到江南以后又不惜带领豪侠之士劫掠当地富户，无论谁被抓，都会倾力相救，为自己赢得家族内的侠义之名。后来也正是靠着家族子弟和投赴过来的侠客群体为基本队伍，取得北伐辉煌战果，让南朝一度危机的局面得到控制。当时已经过度文明化的晋朝再次汲取了边缘文明的强悍基因，一度重建了北方秩序，几乎恢复了大半江山。但最终来自北方的游牧部族与留下的汉人建立了北魏、北周等，相对稳定的北朝局面为隋唐雄风的再现奠定了基础，以汉民族为主体的中原人民及南渡士人却不断被尚武精神所激发，而下一个文明高峰，即隋唐的降临，对大历史而言，不过是个临产问题了。

此外，相对萎靡的南朝也承接了来自中原的侠风、孔子门徒隐没，深度礼教化的汉末儒风逐步远去，建安风骨与魏晋玄风一道吹散了聚集在东汉的腐儒之气，更显江湖侠者的华美身形，而傲立在新时代北中国桥头的，是已经高度汉化的夷狄武士，他们较之先秦的"虎狼之师"和"三国英雄"似乎更胜一筹，如与南朝呼应的西魏与北周等都是带有西北关陇地区强悍地理人文特色的勇武有加的王朝，朝堂之上缺少了懦弱的彬彬君子，更多的是武风烈烈的王者与武夫俊士，无论是来自蒙古高原的匈奴子孙、东北丛林的鲜卑拓拔或慕容家族，或是来自西域的羌人战士，都快马加鞭、如旋风一样建立自己的政权，狂吸中原文明的精髓，同时对汉人主导的南朝的繁华虎视眈眈，不知不觉成为新华夏中原的主人，直到沉淀出新的王朝、新的侠风义胆与儒道人文精神的复合体，即所谓大唐雄风。唐代再度恢复了大汉气度，打通了被五胡乱华中断的华夏历史精神，也激发了侠客文化意识的觉醒。

这个时代也奇迹般地诞生了六朝武侠群像，南北朝时期诞生了"代表了一批在与战国时代相仿佛的历史环境中涌现的打算恢复和继承古游侠'侠义传统的'六朝武侠"①。新的文化交融与升级包括先秦时期中原区域以外的广大地

---

① 陈山：《中国武侠史》，上海三联书店 1992 年版，第 105 页。

方，尤其是北方游牧民族对西域佛教艺术的再吸收；柔性的文化力量最终与北方蛮族的血发生奇妙的融合，到南北朝晚期时，民族的大融合竟然也催生了如"花木兰"那样民间尚武女英雄的传说。这是入主中原的已经汉化的胡人带给中原文化的一道清新独特的文化景观。

《木兰辞》充满民间文化写实精神，却无意中写出大中国历史的丰满人文意蕴，意境高远。词中写道代父从军的花木兰旦辞黄河，暮至黑山，"不闻爷娘唤女声，但闻燕山胡骑鸣啾啾"的离乡情思，也写了"万里赴戎机，关山度若飞"的大漠征战之旅，寒光照铁衣的侠义女英雄；以及女壮士十年而归，对镜贴花黄的小女儿娇媚形态，将南国女儿的娇媚与北地的旷达豪放有机地融为一体。

跨民族的民间优秀分子的交流与创造解放了儒家名教思想对人的桎梏，民间文化中的仙侠剑客们乘风而行，飘逸绝尘的剑侠想象也开始流行于这个时代。这不仅是剑文化的升华，也是侠客重回主流导致的侠文化的变迁，虽然不可避免地沾染了些许柔弱之风，但从《世说新语》的侠客李阳来看，他不过只是因交游广、名声大而得以有侠的称呼，与先秦大侠不可比拟，他身上的雅文化特质过于明显。相反在以边塞与游侠为主题的乐府诗中，军旅中偶尔能够闪现侠义精神原色，如《从军行》（王褒）、《侠客行》（庾信）、《从军行》（隋、卢思道）等。但这些只是基于对侠客的想象，诗人们并没有从军边塞的体验，缺乏真情，侠风影响所及主要还止于文本形式。南北朝游侠诗也从侧面反映了这一大时代的变化。

张华《游侠篇》通过对历史上游侠形象的描写，这使得游侠文化现实性与艺术性开始了有机结合，言志抒情也构成另外一个特色，他重新反思了先秦贵族与底层侠客共同开创一代时风的历史，以砥砺激发危机中的华夏人民："翩翩四公子，浊世称贤名。龙虎相交争，七国并抗衡。食客三千余，门下多豪英……美哉游侠士，何以尚四卿！"

诗中的"四卿"即战国养士的四公子。战国四公子作为浊世称贤的权贵，却能不拘一格与匹夫食客、游侠、辩士们一起开创一个时代。《晋书·张华传》中赞其"勇于赴义，笃于周急"，有侠士之风。其《博陵王宫侠曲二首》亦有"宁为殇鬼雄，义不入圜墙。生从命子游，死闻侠骨香"的名句，可谓豪气干云！"礼法岂为我辈设"，不拘礼法、超越名教之累，"越名教而任自然"，那种对于两汉以来边缘体系《庄子》的反思带来的新的美学思潮。美与艺术被视为与个体性情、气质、心理不能分离的东西，同时也是对过于萎靡的六朝文风的反正。这为个体精神的重建提供了历史契机。这正是魏晋之后南北朝美学思想的显著特征，也是高于先秦两汉的美学的地方。即使绘画也要"以形写神"（顾恺之），书法应"气韵生动"（谢赫《古画品录》）。所有这些都反映了受当时玄学时代人物品藻的美学影响，并延及游侠诗的诗风意趣。

此外，六朝鉴于干戈纷扰，上流社会也开始以习武为乐。大动乱将世家子弟抛入侠风，但同时，上流人物的习武任侠之举则改变了当时侠者的社会分布结构。武风流弊也影响到政权的稳定，这种上层社会的侠义帮派，较于两汉来自底层社会之豪侠帮派明显不同，不是以义相交，而是如韩非所言"以私养剑"，以利益同盟为基础。如东晋皇族司马文思在建业召集轻侠门客，以图政治，结果被刘宋当局剪除。但另一个东晋将领祖狄虽然为世家大族，却轻财好侠，结交豪侠壮士立志北伐，收复中原，成语"闻鸡起舞"的励志故事就与他相关。

草原民族入主中原带来清新的尚武文化，花木兰的形象无疑也是这种文化交融的果实之一，这也是胡汉文明碰撞不断刺激中原文化带来侠客文化发展新机缘的结果。但另一方面，中国历史上这种野蛮与文明的剧烈碰撞也使得中原大地不断倒退到几乎原始丛林的状态，由此造成社会动乱与战争在规模与烈度上都是独一无二的，其酷烈尤甚于西方黑暗的中世纪。这在客观上也不断激起了华夏民族在先秦时代就培养的侠义战斗精神。侠义文化是庙堂萎缩或坍塌之后民间力量重要的精神依托，遍布南北朝中国民间坞堡、山头的民间自卫文化也是民间社会自保与武风延续的重要表现。国家的崩溃带来民间武风的崛起，侠客的风范再度受到关注。《北史·李灵传》记载民间豪侠许褚在东汉末年的战乱中就曾经把清侠少年及宗族成员集合于坞堡之中，打退万余土匪进攻，"闻皆畏惮之"，远近闻名。六朝侠客崛起于国家民族危难之际，各有分途，贯穿于社会上下层，不同的民族，如北魏"家世好宾客，尚气侠"①的张保洛，曾经服务于各军阀，最终功至北齐朝敷城郡王。这也代表了侠客流向的一种可能性，而一旦进入体制化的庙堂空间，其侠客式行为及文化模式便又会被儒家文化逐步消解，当然，在民间文化体系里还有刘、关、张的侠义故事原型在这一大动乱的历史间隙中呈现。六朝浮华以致没落，却呈现了侠客的又一次辉煌。但这种历史的间歇却并非中国历史的主流，大一统的历史始终是居于主导，侠客之美与侠客的美学在显隐之间透露着历史的隐秘动机，江湖纷争的结

---

① （唐）李百药：《北齐书·张保洛传》。

局会带来一个新王朝的诞生，庙堂与江湖一体两面。

隋朝的建立终结了五胡乱华导致的分裂与动乱，但杨家王朝迅速的腐败犹如秦朝再版，奢侈糜烂也远超南朝。魏晋六朝上层的"游侠"浮华之气浸润了一个个流星般的王朝，随着隋朝的瓦解，瓦岗英雄蜂起，再现了秦汉之际中原江湖化的历史。北方李渊父子趁机起兵，夺取天下，犹如刘邦取代强秦。无论如何，隋朝的统一虽然如秦一样昙花一现，但依旧带来了巨大的红利。科举制的实行，大运河的贯通，带来经济、交通的便利，促进了南方的开发。这些都是留给唐王朝巨大的遗产，同时也带来了南北文化空前的交流以及开明的政治，繁荣的经济环境，从而形成兼容并包的时代文化心理，这使得唐人以前所未有的信心面对世界，开拓西域，征服了北方突厥，并再度打开西域丝绸之路，也有了向西方开放的人文地理空间，中国彻底吸收印度佛教并将其改造成中国禅宗，也由此大大开拓了向内在性灵世界的开拓，具有了强大的内生性心灵结构，开启了两汉以来又一个文明高峰，为大唐文化的成型铺垫了坚实的基础。

二、文士剑客与侠客美学

隋唐两朝都是从残酷的战争中历练出来的，几百年战乱、其酷烈不输战国纷争，异族的血浇灌了中原的厚土，中原陆沉、流民云起、衣冠南渡、侠风激荡……新文化的生成也经历了更为漫长的时间，最终完全更新了一个新王朝与北方文明，新时代侠客的人格内涵及文化发展也为隋唐侠文化与侠客美学的升华作了必要铺垫。

唐朝统治集团在一统中原的过程中吸收了大量来自类似瓦岗寨的民间江湖豪侠，如杜伏威、秦琼、徐茂公(李绩)、程咬金、公孙武达等，也吸收了胡人如哥舒翰等，其中秦琼、徐茂公、程咬金还是民间《隋唐演义》中的主人公，并成为中国门神。唐代上层精英集团武风炽烈，其侠客意识的丰富，一方面源于六朝时期上层对侠文化的关注；但更重要的是，唐朝承接了南北朝数百年胡汉融合的文明成果。整个唐王朝，侠的文化意识不再是边缘性的，而是上升为一种普遍风貌，影响到社会各阶层，也激励了文人的侠气和民族精神。

唐诗中的侠义元素充斥即反映了这一点。王维的《少年行》、孟郊的《游侠行》、岑参的《赵将军歌》、令狐楚的《少年行》等都是其中的佳品。与司马迁性情颇为类似的李白诗歌《少年行》，无疑勾起了对新时代对古代侠士荆轲和高渐离的怀念。"击筑饮美酒，剑歌易水湄。"他以荆轲壮志自况，那远古的放达凝结成一种激扬奋发的浪漫豪情，将侠客的人格美升华为一种浪漫主义豪情壮志。"少年负壮气，奋烈自有时"，充满了对青春的寄望。

李白除了呼应曹植有一篇《白马篇》外，最著名的还是那篇《侠客行》，他唱出了侠客们的盛唐之歌："赵客缦胡缨，吴钩霜雪明。银鞍照白马，飒沓如流星。十步杀一人，千里不留行。事了拂衣去，深藏身与名。"与司马迁不一样，李白本是个道家之侠，又是著名文士，青年时长居西北，而关陇一带一向胡汉一体，文武不分。少年们多喜剑术、尚任侠，在那种环境下长大的李白在勤读之外，尤好剑术，自言"十五好剑术"①，常抚剑夜吟啸，剑不离手，任侠出游。李白这首《侠客行》正是有唐一代时代精神的表达，"赵客"、"吴钩"，侠客与名刀，都是高度符号化的侠文化表征。至于写游侠们"十步杀一人，千里不留行。事了拂衣去，深藏身与名"，则再现了两汉以来游侠世界不图回报、尚义轻利、重然诺讲信誉、兼济社会、不求闻达于天下的人格风范。从南北朝动乱江湖中走出的侠客，普遍带着一种瓦岗英雄气质，"纵死侠骨香"则体现了自古以来侠客强烈的生命意志与侠义精神的共生关系，把一般的任侠社会意识上升为精英文化。诗人以战国豪侠们不分门第，上下同心，赴汤蹈火的信陵君"窃符救赵"故事拿来激励自己，其精神也与魏晋时期的张华《壮士篇》"慷慨成素霓，啸咤起清风"一脉相承。同时，也借机表达了对皓首穷经如扬雄之辈的藐视。在美学上李白遵从道家审美理想，主张"天然去雕饰"，这与侠客本真赤忱的情怀与性情的旷远、炽烈高度一致，也绽放了大唐儒侠的完美人格，是盛唐侠客文艺的经典代表。它上接续屈原式的楚骚美学和建安风骨，既强调了儒家的文质一致观，也批判了历史上腐儒的堕落，是对侠客美学的重要贡献。

西晋时期，张华有《游侠篇》："美哉游侠士，何以尚四卿。"直接以美来赞扬古代游侠，但并不深刻。秦汉游侠本是民间武士，他们武艺高强，有一定行动自由度，不受体制化约束，能凭借自身的自由意志行侠仗义，排难解纷。行侠与儒家的准则很不同，侠者气质在这个时代已经与儒士的文雅截然相反。王纲废弛之际的体制内已经僵尸化，儒士繁琐空洞的高谈阔论与侠者一诺千金、不计利害、行侠仗义的干练构成鲜明对比。南北朝以来动乱中现身的侠客所代表的下层务实精神继承了先秦侠客文化对朴素兄弟之情、朋友之爱的珍惜，对

---

① （唐)李白：《与韩荆州书》。

平等、互助关系的维护，远比一般体制内的儒者更有人格魅力。而大唐之侠潇洒自由的道家风范则明显是魏晋玄风哺育的结果，显现了大变局时代了儒门循规蹈矩的拘谨、小气、酸腐与无聊，反映了"外儒内法"大一统皇权体制下礼教对体制内儒士的精神阉割。

此外，南北朝中后期还有鲍照等人之《白马篇》，但皆写边塞征战，表现的侠客为保卫国家而与北方游牧部族勇敢抗争的情景。南北朝收尾的是唐朝的这篇李白《白马篇》(《全唐诗》164 卷，第 5 首)，倒是反映了两个时代侠客文艺与美学的递进。它上承曹植《白马篇》神韵，承接侠客文化的刚烈与血性，但又突出了历经数百年大乱而生的升华的侠客形象。与曹植的皇族身份不同，李白身在江湖，毫无丝毫文饰与曲意献媚，表达了一种彻底的不肯摧眉折腰事权贵的傲骨，也体现了诗人道家审美式的自由个性和秦汉侠客精神共生样式。如此则写长安之"五陵豪"，恢复了侠客在秦汉时代的本义，文中与剧孟同游遨。全文"舒其愤"表达的是一腔爱国豪情，"发愤去函谷，从军向临洮"则暗示了在北方突厥崛起的大背景下中年李白的壮志未酬，这似乎与司马迁笔下的汉朝侠客精神紧密相连：

> 龙马花雪毛，金鞍五陵豪。秋霜切玉剑，落日明珠袍。
> 斗鸡事万乘，轩盖一何高。弓摧南山虎，手接太行猱。
> 酒后竞风采，三杯弄宝刀。杀人如剪草，剧孟同游遨。
> 发愤去函谷，从军向临洮。叱咤万战场，匈奴尽奔逃。
> 归来使酒气，未肯拜萧曹。羞入原宪室，荒淫隐蓬蒿。

李白生于西域，一生游走四方，身兼诗人与游侠身份，也是盛唐文化精神的象征，经过南北朝淬炼数百年的华夏民族，再次融入了北方游牧民族血液，唐代民风焕发出刚健、豪放、华丽、高贵、宏大相互交织的美，儒、道、道教与佛学美学思想相互融合也成为必然。这不仅限于诗，也表现在唐代各个艺术部门。与此诗相近的唐诗《侠客行》则是李白仗剑走天下的真情表达。李白二十多岁就"仗剑去国，辞亲远游"，游遍半个大唐。游历数年，慨然而归，可知其武功不平庸。所以敢自言"托身白刃里，杀人红尘中"①。大概也只有李白这等狂侠之士，才能说出这等豪气干云之句。李白身上所显现的以道侠之

---

① （唐)李白：《赠从兄襄阳少府皓》。

身，建儒家之业，这种完美融儒道为一体的焕然一新的唐代大侠对后世侠客文艺影响巨大，彰显了唐代侠客美学的独特性。

大唐气象里的侠客，已经不同于战国时代君主所派遣的刺客；也不再是争夺权力的豪门贵胄所养的门客，而是天然的主流文化精神的一部分。唐代开国之君李世民亲眼目睹隋代由盛而衰、到亡的历史教训，坚决主张以民为本。天听自我民听，在《贞观政要》中极为明确第指出："天子者，有道则人推为主，无道则人弃而不用。"在中国历史上，有李世民这样主张儒家民本思想兼有江湖气和雄才大略的皇帝十分罕见，他本人身边也聚集了大量的崛起于民间如瓦岗英雄群体以及魏征那样的体制内刚健之士，故中国从唐朝建国到安史之乱的这一百余年间中国有机会成为一个前所未有的和平发展的强大国家，并产生了世界性影响。直到现在海外华人的居住地依旧被称为唐人街。在大唐气象下，庙堂与江湖文化的对立基本消解，侠客文化更多地表现为一种普遍审美文化与人格气质，侠客文化所代表的边缘力量不再是国家的对抗性力量，至少在中唐以前，侠客之剑也是大唐勇武文化精神的表征，成为维护国家富强之剑，也远远超过了早期侠客扶危济困、打抱不平或甘愿"为知己者死"的秦汉古侠。这些古老的侠客精神在数百年历史激荡中罕见地高度升华，汇聚成大唐文明精神之歌。从初唐、中唐到盛唐，侠客的文化与精神也不再与身份相关，而成为勇敢者不拘泥于形式的自由意志与古代忠义精神的代称，这些古老的侠客文化精神广泛地渗入唐代诗人的作品中，唐代名臣魏征有诗赞美侠客，在《述怀》一诗中写道：

> 岂不惮艰险？深怀国士恩。季布无二诺，侯嬴重一言。人生感意气，功名谁复论。

季布与侯嬴都是周秦两汉之际的大侠，魏征以先秦国士自勉，表达了效忠国家的决心。这些诗句集中地说出了唐代诗人盛赞侠客精神的根本原因，前面所讲的李白，由于本身就是狂放的道侠，放言盛赞侠的诗更多，但根本上还是因为侠能叱咤战场，使一切曾经困扰中原的夷狄侵者奔逃。唐朝大败突厥，重建丝绸之路，开启了大陆国家主导的全球化进程，大国气象影响深远，可惜藩镇之乱终结了这一历史进程，大唐盛世未能逃脱古老的历史周期律。侠客仗剑出关捍卫的不仅是自己的人格尊严，还有国家民族的尊严与荣誉。与李白不同，忠于儒家的诗圣杜甫，也写有《前出塞》盛赞守边将士的侠义精神，在《后出塞》中又写了"渔阳豪侠"凯旋，人们击鼓奏乐欢迎侠者归来的情景，尽管同时也批评了这些胜利者的骄横之气。但这是因为杜甫理想中的侠是真正的儒侠，因此在《前出塞》中他也写下了这样的诗句，"苟能制侵陵，岂在多杀伤？"在《北征》一诗中，杜甫歌颂了在安史之乱中杀死奸臣杨国忠的龙武将军陈玄礼："桓桓陈将军，仗钺奋忠烈。微尔人尽非，于今国犹活。"此人既是将军又是忠烈，并不等同于战国时的底层社会的侠客人物，如侯嬴协助信陵君击杀魏国大将晋鄙挽救赵国的义举，直接以体制内身份行侠报国，击杀奸臣杨国忠等。诗人王维也很崇敬侠义人物，他在《少年行》中生动地描写了他以"新丰美酒"盛情款待长安游侠少年的情景，又赞颂了守边战士，"孰知不向边庭苦，纵死尤闻侠骨香"，比王维早得多的诗人王翰也曾经写下了那篇著名的后人传颂的《凉州词》：

> 葡萄美酒夜光杯，欲饮琵琶马上催。醉卧沙场君莫笑，古来征战几人回？

诗中写了一位出征战士还来不及用夜光杯喝下一口美酒，马上就有人弹响了琵琶曲，催他赶快上马出征。这时他向请他喝酒的人说了一句话："醉卧沙场君莫笑，古来征战几人回。"这是多么纯真而又无所畏惧的精神，在出征前就准备好战死沙场的大唐勇士们，伴随着令人沉醉的西域琵琶曲，早已将生死置之度外，将大义豪情幻化为一种沉醉于其中的艺术。推测一下这个被人用葡萄酒为之送行的人，不大可能是一般士兵，而是领兵打仗的军官。

即使到了晚唐"安史之乱"和藩镇割据的时代，大唐精神的余韵依旧溢彩流光，书法家颜真卿乃世家大族，世称"颜鲁公"。为维护中央集权，抗击叛军长达 28 年，颜氏家族更是 30 多人被杀，堂兄颜杲卿被俘后拒不投降，痛斥安禄山，临死前大骂不止，被叛贼钩断了舌头；德宗时，藩镇李希烈叛乱，颜真卿本人则以大无畏精神独闯敌营谈判，晓以大义，凛然拒贼，可谓书生意气、挥斥方遒，侠风烈烈，忠心义胆，终被叛贼缢杀。颜氏书法是继南北朝王羲之后成就最高的书法家，是文人书法的楷模和重要里程碑。他朴拙雄浑、大气磅礴的楷书和行草不仅传递出魏碑的沉稳，也带着盛唐豪迈、洒脱的文化气质。传世作品主要有《祭侄文稿》《麻姑碑》等众多碑刻。当其时，诗歌有李白、陈子昂、岑参、杜甫、白居易，书法则有欧阳询、颜真卿、柳公权，绘画有阎立本、吴道子等大师。他们举世无双的才华、高贵的灵魂共同凝结为大唐风韵，可惜这一切却被藩镇之乱终结，文明面对野蛮总是出奇的柔弱。苏轼曾说："诗至于杜子美，文至于韩退之，画至于吴道子，书至于颜鲁公，而古今之变，天下之能事尽矣。"（《东坡题跋》），其楷书也一反初唐书风，行以篆籀之笔，化瘦硬为丰腴、雄浑，结体宽博、气势恢弘，古拙遒劲，骨力深厚而气概凛然，端庄雄伟如大唐帝国之风，是书法美与人格美的完美结合。"颜体"宛如"忠臣烈士，道德君子"（欧阳修语）与柳公权并称"颜柳"，时有"颜筋柳骨"之誉。

三、民间侠客与禅宗对侠客美学的影响

当然，从游侠诗和唐传奇开始的侠客文化已经使得平民意识也得到很大提高，"安史之乱"后的唐朝社会藩镇崛起，危机不断，侠客们替天行道，锄强扶弱与仗义出手，体现了中唐以后一般小民对社会安定的期许，民间文化体系甚至出现了像虬髯客和红线女那样为了放弃江湖纷争远去他国发展势力的大盗侠。可见江湖世界的侠客们已经开始仰视天命中强大的新王朝，少了些先秦时期杀伐的血腥和对君权的无视，为追求自由而变得更理性化，但人物性格相较于后来明清侠客文艺人物还不够丰满。唐代的侠客文化十分开放，不仅有聂隐娘复仇后的归隐江湖，甚至有了虬髯客那样为维护江湖平衡向海外发展的想法；可惜唐朝的开放未能延续成为海上全球化运动，大陆型农业文明的内在江湖悖论阻止了帝国的扩张，五代十国的内乱导致唐文明的衰败与终结，中国的海上侠客并未随着中国东南沿海的海商足迹踏遍世界。相反，中国历史上任何一个朝廷都未将商业的力量视为国家支柱，唐宋之后的所有王朝普遍趋于保守，都将江湖游民与游侠之视为"化外之民"。

唐以后的中原王朝逐步丧失抵御游牧蛮族铁骑的能力，草原民族开始轮番逐鹿中原，中国人的文化性格在宋元以后发生激变当与此相关。唐代的江湖社会虽然离水浒的世界的精致显然还差许多，但大唐豪放旷达的侠客文化的确独一无二，水浒世界里每一个落魄江湖的游子都潜在地在悲剧命运中又充满自信与自由天放的性格特质。同时唐代艺术在重剑术的剑客形象之外还出现了所谓重法宝的"仙侠"，这种仙剑合一的角色，后来在《蜀山剑侠传》（还珠楼主作品）中成为主角，从唐传奇到民国武侠热中的仙剑传承持续1200年，也是佛道民间文化不断融入侠客文化传统中的历史。唐朝皇室早期推崇道教，后期也力行佛法（留下法门寺地宫那样绚烂的文化瑰宝），为民间文化进入主流开辟了

道路。

此外，南北朝以至于中晚唐时期由南北朝鸠摩罗什、玄奘西游求法而来的唯识学、华严等印度佛学，在唐朝也逐步完成印度禅向中国禅转化，诞生了《坛经》(惠能)那样的佛教经典，在大唐中土酝酿成熟的禅宗也对这一时期的侠客美学悄悄产生影响，著名灵云志勤禅师有这样一首开悟偈：

> 三十年来寻剑客，几回落叶又抽枝。自从一见桃花后，直到如今更不疑。

剑客的虚幻身形、桃花的飘落，求道者的沉潜，生命中无常的剑客，与桃花的纷纷落雨一起见证了顿悟的法门。也见证了大唐文化那颗感悟心灵的终极性审美情志，侠客的美感也同样来自对心法的感悟，侠客的剑要斩断离乱的情丝，成为通向金刚之法的道路。

那种别样的侠骨柔情与真意也表现在王维《少年行·四首》诗里：

> 出身仕汉羽林郎，初随骠骑战渔阳。孰知不向边庭苦，纵死犹闻侠骨香。

"纵死犹闻侠骨香"，诗反映的是弥漫于盛世汉朝的侠气横生的"羽林郎"所代表的汉唐侠客人格形态与汉朝盛世雄风的统一。由此可见，后世中国文人更把侠作为一种文化气质诸如人生实践，而与人的社会属性如出身地域，家庭背景等无关，侠作为文化符号"不属于任何特殊阶层，而只是一种富有魅力的精神风度及行为方式"①。有学者甚至认为："如果从哲学与心理学高度而言，人类又始终有被拯救的欲望和得到更多自由的欲望。在这一点上，侠，在某种程度上甚至与神仙，菩萨、上帝、真主等有着近似的性质。"②侠客身上凝结的这种本体性的美的经验，无疑代表了盛唐美学精神极其深刻动人的一面，对后世中国人影响深远。

此外，唐代思想有着相当大的包容性，出现了所谓儒、释、道三教合流的局面，但儒家始终居于中心地位，儒、释、道三家都克服了自身早期的历史局限性，佛教禅宗化发生在中晚唐。唐代儒释道的美学对唐代的侠客艺术与美学

---

① 陈平原：《千古文人侠客梦·代序》，新世界出版社 2002 年版，第 7 页。
② 韩云波：《侠文化：积淀与传承·序》，重庆出版社 2004 年版，第 173 页。

的发展了产生了积极影响，并把唐代的侠客美学推向历史性高潮阶段。

结　　论

千古侠客中国梦，随着时代的发展，到了唐代，侠的观念流变获得多元的内涵，逐步脱离具体的历史情境和身份限制，它最终演变成华夏民族的一种古风气韵和人文历史气质的结合，它同时也是华夏民族百折不挠的文明精神的体现。它将一种远古侠客个体化意气风发的青春意绪转化为一种更具社会性的英勇为国献身的精神，唐代美学是豪放、忠义、慈悲、仁爱与爱国、勇敢精神的结合，这样一种无怨无悔的盛唐侠客精神从初唐到盛唐的特定历史空间里获得辉煌的发展。这使得西汉司马迁以来的侠客文化与美学不再仅仅是居于民间的可有可无的民间文化，而一举成为大唐文化不可忽视的组成部分，由秦汉原侠而来的个体性侠客精神终于汇成民族精神的滔滔巨浪，成为中华民族的主流文化精神和坚忍不拔之文明意志。难以想象，如果初唐到盛唐的诗歌艺术里少了侠客精神的激荡，它还会有那种光彩四射的魅力？只有伟大深厚的文明才能将武士的文化高度抽象化、形式化、美学化、将其融入人的深层心理与精神结构，并成为士文化不可剥夺的部分。侠客文化作为轴心文明余韵，从此深深扎根于中国人普遍的文化心灵，成为华夏精神不死的重要文化符号，并在更为剧烈的未来历史变局中不断衍生出浪漫主义与现实主义结合的艺术与美学风格，这是东方历史与土地对华夏文明的无言馈赠。

总而言之，唐代的武功与侠客文化与美学建立在南北朝的武风砥砺与隋朝的开拓统一之上，正如汉朝的无为而治也是消化秦制经验的必要过渡。大动乱导致的文明损耗很难在短时间内弥补，需要休养生息。当然，对于中华民族而言，这样的文明考验绝不是周秦以来第一次、也非最后一次触目惊心的危局。正如我们所熟悉的，之后的唐宋之间也经历了类似南北朝那样的动乱（五代十国），以及元明之际塞外游牧部族对唐宋文明浇灌的中原文化大地的野蛮进攻，但那种来自唐朝的空前豪放洒脱与士大夫文化精神却幸运地在民族内心世界生根发芽，从此使得华夏文化精神却充满更为豪放、悠远而深沉的血性意志，不仅在唐诗宋词和仙剑传奇的世界里，也反映在唐三彩、文人画、书法、茶道、剑道与武功之中，在大唐一代成为民族心理结构的隐性而坚实的有机结构的侠客美学伴随着唐风侠韵，成为中国精神最基本的符号之一。

（作者单位：武汉大学哲学学院）

从感知真实看"美是理念的感性显现"

李梁军

一、"美是理念的感性显现"及其含义

黑格尔在《美学》中，把艺术与自然、宗教、哲学进行了比较，提出了艺术的本质是"理念的感性显现"这一命题。黑格尔认为：艺术这个概念里有两重因素：首先是一种内容，目的，意蕴；其次是表现，即这种内容的现象与实在。而言这两方面是互相融贯的，外在的特殊的因素只现为内在因素的表现。① 也就是说：一件艺术作品的客观因素是，一方面是理念性的内容，另一方面是感性形式的显现。

这里的理念就是一种绝对的、自由的精神，即绝对精神。艺术表现绝对精神的形式是直接的，它用的是感性事物的具体形象；哲学表现绝对精神的形式是间接的，即从感性事物上升到普遍概念，它用的是抽象思维；而宗教则介于二者之间。美的定义中所说的"显现"（schein），在德语里有光、外表和证明的意思。在艺术作品中，审美主体（人）从个别事物的感性认知直接上升到一般性的普遍真理的认识。

黑格尔的观点肯定了艺术形式既要有感性认识，又要有理性思维，二者终将结成独立自主的概念与实在的统一体，即理性与感性的统一。这无限普遍的理性概念，体现于有限作品中实在的感性形象，经过各种特殊因素调和而成的观念性的统一，是每一件艺术作品成功的关键，同时也是一个主观与客观辩证统一的结果。以黑格尔的理念显现美的美学观点，艺术中最重要的始终是它的

---

① ［德］黑格尔：《美学》（第一卷），朱光潜译，商务印书馆 1982 年版，第 122 页。

可直接了解性。① 无论是写实的或者是抽象的艺术作品，都应该具有一种真正的客观性内涵，因为艺术家是将自己对于美的真实理念形象地显现给人民大众。

二、真正的客观性与感知的显现

(一)真正的真实

黑格尔给理念的定义是：理念就是绝对精神，也就是最高的真实，他又把它叫做"神"、"普遍的力量"、"意蕴"等，这就是艺术的内容。就其内涵而言，艺术、宗教和哲学都是表现绝对精神或"真实"的，三者的不同只在于表现的形式。当真在它的这种外在的存在中是直接呈现于意识，而且它的概念是直接和它的外在现象处于统一体时，理念就不仅是真的，而且是美的了。②

从"美是理念的感性显现"这个定义中，我们可以看到，黑格尔认为：第一，美必须真，必须是真理，必须符合客观事物的本质和规律，这是前提。如果不真，就不可能美。第二，美又不等于真，有真未必美。如真理是真，但不都是美，是因为它自在、但没有自为表达现象的感性存在。第三，只有当真理取得了外在感性存在的形式，即当真体现于个别具体事物中时，才具备了自在自为的可能性，但还不一定就是美。第四，只有当这种包孕着真的个别事物的外在现象(外观或形象)同它所体现的本质(理念或概念)完全统一时，它才是美的。第五，只有这种美的事物(理念)以感性形式"直接"地呈现于意识，呈现于人的感官，成为人的感觉对象时，它才具有审美的意义，才构成现实的美。③ 这一切都离不开审美主体(人)对于审美对象的感知审美活动；否则，美的客观真实性就无从可言。

虽然都是谈到的美与真的一致性问题，但庄子的"真"与黑格尔的"真"是有所不同的。前者的"真"与"天"(自然)是相呼应的，这是庄子有关生命哲学和美学的两个基本范畴，是遵循自然真实的生存之道，不仅是一般意义上的事

---

① ［德］黑格尔：《美学》(第一卷)，朱光潜译，商务印书馆1982年版，第348页。
② ［德］黑格尔：《美学》(第一卷)，朱光潜译，商务印书馆1982年版，第142页。
③ 张媛：《浅析黑格尔的美学思想》，载《现代语文》2007年第5期。

实存在，也是指事物内在的自然赋予的本真、本性的具象呈现①；后者的"真"指的是意识与现象、客观与主观高度统一的真实存在，是一种建立在对客观世界感知基础上的绝对理念的客观事实。但黑格尔不同于庄子的地方在于，这种具体的形象之美不是通过人的率真本性合乎自然的呈现，而是需要通过人对于客观现象感知后、形成理念的感性形象的表现。

夏夫兹博里认为，人天生就有审辨美丑的感知能力，他把这种天生的能力称为："内在的感官"和"内在的节拍感"。当人通过这种内在感觉能力去感受客观对象有意味的形式或者行为时，有时会油然而生愉悦感或好恶感（理念）。这种以人作为审美主体对客观世界的判断能力，就是一种感知力。因为它是建立在人的听、嗅、视、味、触五种对真实世界感知基础之上的、具有判断力的感知能力，我们也可称之为"第六感（官）"。人的审美活动，美是理念的感性显现过程概括、形象地理解，就是一个具有对象化的感觉至感知的感性体验过程。

(二) 真实的感知

美的理念的形成需要有真实的感知，即使有时感知的对象未必是真实存在的，但它给予我们的感知结果事实上是真实的。"感知力"在艺术创造思维中体现出独特的内涵，具有哲学范畴意义，为传统造型艺术表现注入了多元化的探索方式，具有知识融合、活跃思维的开放性特征。人（审美主体）的感知活动不是被动接受的过程，而是掌握事物势态的创造性活动。它的形式是抽象的，需要通过感觉、知觉、直觉和感性去体会（见图1），从而完成信息的接收、选择、分析和判断。

例如：我们先在黑板上以速写的形式详细勾勒出现场一位同学侧脸的五官和面部线条，之后再在旁边以多个速写重复，每次逐渐简化，最后简化为一个圆圈。观察者可以通过观察该速写顺向或逆向的演化过程，直观地理解到感知形式的不同层级。远古人类在刚开始接触绘画时往往会像这样将人头简单地画成一个圆圈，但这并不是人们真的生动再现人的头部轮廓，而是人头圆形的共性特点通过我们的知觉传递给我们的大脑，形成了一个概念化的具体符号语言。所以当表现出来时，就会以圆形这一最普遍的形式加以表达，这便是一种

---

① 黄丹纳、任姿楠：《庄子"法天贵真"的美学解读》，载《中国文化研究》2011年第1期。

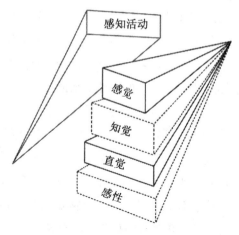

图 1　感知活动的要素

较为低级的抽象思维能力。

从这个事例中，我们可以看到，艺术审美既是艺术创作者们观察和感知世界的工具与方法，也是其观察和感知世界的产物（器物），它能创造出人们身边的（器）物和空间，为人们时刻变化的感知提供新的对象和新的选择。所以，作为一名艺术家，不仅要观察世界，更要感知世界；不光感知世界的真实，还要感知世界的另类和伪真实，如：海市蜃楼，虚幻的景象正是视觉与真实世界的感知错乱，反馈的内容虽然不真实，但却为视觉感知带来了真实的影响。

不同的感知之间甚至可以进行交替传递，在一种感知逐渐变弱渐渐消失时，另一种感知可能正在逐渐变强，这是因为第一感知信息传递到了第二种感知结果上来。当我们闻到一种熟悉的味道时，可能会想起曾经某一段往事的回忆，从而影响当时的心理变化；当我们在心情郁闷时吃到某种丝滑微甜的食物，可能会使心情变得好起来等，这些现象都是审美主体对于客观对象从感觉到知觉的感知体验。感知的交替传递还表现在感知间的互相转换，当我们在打针的时候，如果转移注意力去想美好的事物，就会感觉疼痛感仿佛没那么强烈了。

真实世界与感知的联系还表现在感知是有整体性作用的，即事物的整体特征可以直接被感知到。感知的整体性会让我们可能同时具有程度不同的感知力，也可能还会随情况而发生程度的变化，并且当几种感知力之间有关联时，我们的感知能力会自动选择其中一种最强烈、最主要的感知力，从而削弱其他的感知因素。然而,在这种自主选择主要感知力的过程中容易被其他的感知因素所误导。因此,感知经过选择和交替后反应的真实世界不一定都是清晰的,也可能会是紊乱的、朦胧的,但是是真实存在的事实。

(三)感知的显现

每一位艺术创作者都会有遇到"瓶颈期"的时候。当我们把所有力量集中并锁定在一个主题上时,往往会没有任何进展,为此可能会停滞创作过程和影响原有的创作兴致。这时候,灵感激发和创新策略显得更难能可贵。感知与真实,是事物以自由开放的方式进行的。我们可以通过艺术思维创造性的感知活动过程,体会艺术思想源泉可捕捉性的真实存在性。因此,依靠感知力进行艺术创作实践,无疑都是一种客观的、产生创造性思维的技巧性方法。诚然,真实世界作用于感官的刺激必须达到一定的强度,才能被我们清晰地感知。

为了进一步展现如何通过感知表现真实的自然,笔者曾经做过一个实验:让实验者通过动手实验的方式来制成实物模型,理性地凝聚抽象思维,形象地表现主观感知下的真实世界。这个创作过程不仅需要人们体验各种对客观对象感知的渐弱渐强及其间的转移,而且要思考,如何通过立体形象化的语言来表达出动态的感知过程。这是一个将思维层面和工具运用相结合的工作方式,可以得到一种使"直觉"、"理性"、"手"、"材料"这四个部分相互协调衔接的创作模式,从而形成一套完整的"创新机制"(见图2),并将这种运行机制转化成二维和三维的视觉语言加以表现。①

实验的基本程序是,先要求实验者选择一种感知对象进行感觉、整理、分析,并将感知结果表现在图纸上,再利用简单材料将其从二维形式制作成三维草模形式,模型表现的内容必须易于观者的理解,并能让人们从它身上联想到,其所形容的是运用哪一种感官感知的那一类事物的结果。这对于他们的感知总结能力、抽象思维能力、想象力和表达能力都是一种考验,也是一种很好的审美训练方法。他们反复体味着自己不同的感官知觉感知,并将体味到的朦胧意识转化为形式化的图示语言记录下来,再制作成模型。

该实验给我们带来的思考是,黑格尔的美学(哲学)思想对我们当代艺术与设计学思想和实践理念产生了深刻的影响。通过对"感知显现"实践,我们

---

① 李梁军:《试探感知力在视觉艺术表现中的作用——"感知与真实"创新思维训练课程研究》,载《装饰》2014年第10期。

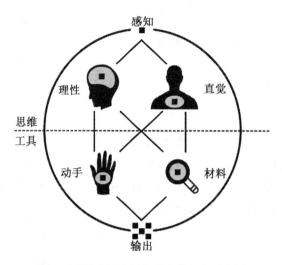

图 2　运用感知力创作模式的组合示意图

可以看到，感知力强的人，对于外界的敏感程度就高。这实际上才是一件艺术作品的真正意义地完成，只有在艺术作品、艺术家、观众的共同参与下，审美对象（自然）和审美主体才能形成一个自在、自为、自由的整体，以致达到"理念与现象"、"感性与理性"高度统一的艺术境界。至此，艺术作品的真正的客观性才能得以真正地体现。

三、理念、感知真实与审美感知力

在中国的传统美学思想中，还未见系统地论述，通过人的五官感知事物的势态来进行形象艺术创作的方法论研究。但是，南宋哲学家、教育家朱熹说："余尝谓读书有三到，谓：心到、口到、眼到。……三到之中，心到最紧，心即到矣，眼口岂不到乎？"（《训学斋规》）其意思是说：读书有三到，就是心到、眼到、口到。但是，如果此时心思不集中到读书这件事上，那么，看到过的文字和读到过的句子也会很快就忘掉了，更谈不上理解书中的含义了。

其实，这里所说的"口到"、"眼到"，就是指人的官能感觉；"心到"就是指人的感知；"口到"、"眼到"、"心到"合用，就是人的感知力。"书"就如同黑格尔所说的自然（物），它本身是无法自己迸发出思想的。只有在人们读到它时，它所蕴含的人类智慧才会被人们所感知到、理解到。也就是说，只有当人此时认真读到这本书时，它才能是一个"理念与现象的整体"，才能是一本真正具备美感的书。此理与本文所要阐述的道理如出一辙。

在这里，黑格尔"美是理念的感性显现"概括了他对美学理论的见解。他将美定义为"美的理念"。从一般意义上理解，概念与实在的统一体就是理念。理念作为一个主体概念和客体概念高度协调的统一体，是完全真实的存在。当理念的真实性直接呈现于意识，而且它的概念是直接和它的外在现象处于统一体时，黑格尔认为此时的理念就不仅是真实的，而且还是美的。所以他认为美就是理念的感性显现。因此，这里也可以说"美是真实的感性显现"。

这里的"理念"从静态上理解是艺术家创造精神的"理想"；从动态上理解是视觉艺术领域创造性思维的"联想"。艺术创作活动中从联想思维到精神理想的质的飞跃升华过程，离不开人们在社会实践中对事物有所感悟的分析与总结，即是对客观真实世界的一种感知力、创造力和表现力。受到黑格尔哲学思想的影响，马克思主义美学观认为审美对象决定了作为审美主体人的感觉程度，人又能对感觉对象（客观世界）进行主动创造性地加以感知。

综上所述，黑格尔的"美是理念的感性显现"理论不仅论证了艺术作品所具有的真正的客观性的真理，更从全新的角度开启了人们艺术感知力的心灵之窗，而且还增强了审美活动的实践性，从而使当下实验艺术成为当代艺术风格的主流表现形式。同时，也体现出黑格尔的《美学》为我们呈现了一种全新的艺术创作理念与实践方法，从感知真实的美学角度，我们体验到了具有创造性的艺术创作形式。与此同时，引发我们深思的是：如何提高人们在艺术创作中的审美判断能力、如何从美学的角度看待艺术审美活动、如何将审美感知力融入到造型艺术创作的实践中去。

（作者单位：湖北省现代公共视觉艺术设计研究中心）

人物访谈

周韶华先生访谈录

时间： 2013 年 12 月 28 日下午

地点： 湖北省文联周韶华寓所

学生①： 很荣幸能采访到周先生，打扰您了！

周韶华： 非常高兴与你们交流，你们是学美学、哲学的，这都是我非常需要的，这个方面也是我薄弱的地方。我从事这个工作时间很久了，观察到全国的状况，联系到自己来思考中国美术界的现状，感觉到传统是多么的深厚，不过很多人都没有进到传统中，历史根源在近代中国受到外强势力的侵略，一两百年来中华民族饱受磨难，处在弱势的位置。我们想改变中国的状况，甚至也埋怨传统文化落后的东西拖了我们的后腿，好的方面就是想革命，坏的方面就是出现了文化上的虚无主义，不仅是中国，西方最大的问题也是文化虚无主义，否定传统、否定文化，各种各样的主义，最后都是淡化、反叛文化传统，这是非常严重的问题。这些年，我考虑到要进行中国绘画创作，不能说中国文化什么什么，那个问题太大了。确实我自己有一个目标，就是用东方文化的价值观重塑东方美，特别是强化中华文化的大美精神。这个问题从哪解决，我自己觉着有几个要点：

第一，要有文化史观。中国有五千年的文明史，其实从原始、仰韶文化开始算起不止五千年，有七千年的历史。先说远的先秦文化，夏商周春秋战国，出现了中国文化的原典，不论是《道德经》《易经》还是《诗经》《老子》《孔子》《庄子》、"屈赋"、《墨子》等，这是先秦文化不落的太阳，他们为先秦文化奠定了雄厚的基础，可以说，中国在两千多年前，就有了自己的原典精神。那么到了汉代，经历了文景之治使国家富强，到了汉武帝建立了第一个强大的中央集权的国家，大败匈奴，所以说我们的第一个文化巅峰应该是产生在汉代。从汉代到魏晋南北朝，这个时期中国的艺术理论、艺术创造在历史上的贡献非常

---

① 参与采访的学生有武汉大学美学专业屈行甫博士、赵婧博士、刘乐乐博士、裴瑞欣博士等。

之大，有些东西到现在我们都是无法企及的，比如王羲之的书法，谢赫的"六法"，顾恺之的"传神"论、刘勰的《文心雕龙》、宗炳的《画山水序》，这个时期也为唐朝的伟大复兴准备了文化条件。而唐代李世民雄才大略开创"贞观之治"，进而形成了开元盛世，加上丝绸之路的对外交流，吸收西域的外来文化，包括佛教文化，对中华文化起到了重要的推进作用。从创作的角度看，佛教起到了重要的作用，特别是禅宗的美学思想。到了唐朝，简直不得了，可以说方方面面的，诗人层出不穷，王勃、李白、杜甫、王维、白居易、李商隐等，可以说是一个很强大的方阵；文章方面有韩愈、柳宗元，美术方面有吴道子、阎立本、韩干、韩幌、大小"李将军"，书法方面有褚遂良、颜真卿、张旭、怀素。可以说，唐代是中国的第二个文化巅峰。我们今天有好多东西，跟他们比一比，还是个矮子，我们并没有超越古代，比如汉代霍去病墓的那些石雕、石刻、画像石，唐代敦煌的彩绘、壁画，十八陵的石雕，我们现在的雕塑跟古代的比是小巫见大巫。我们是愧对古人的，对传统的认识非常不够。所以要有文化史观，要晓得五千年的文化何等的辉煌灿烂，是何等的深刻。包括先秦的那些著作，那些经典，比如《道德经》，在西方尤其是德国的哲学家对它非常尊敬，但属于精英层的我们对它的认识是非常欠缺的。

所以要以东方文化的价值观也就是我们辉煌的文化来重塑东方大美。我们现在强调文化强国、文化崛起，与伟大的复兴匹配。所以为什么我在 20 世纪 80 年代要寻源呢？我就是要寻找文化经典的源，把丢失的东西找回来。从大河寻源开始，我寻找的不仅是黄河之源，而是黄河文化之源、长江文化之源，这是中国文化的两大源流。我的汉唐雄风、梦溯仰韶、荆楚狂歌这些系列都是文化寻源的作品。我们要真正建立当代强盛的文化，要从历史走向未来，最辉煌的文化要作为我们的本钱、资本，作为我们创作的元素，建构新的东方文化，我们不是两手空空，而是拥有非常充实的东西。这方面我做得还不够，还很粗糙，比如汉唐雄风，汉代的文化不只是自己，而是由先秦文化作为基础，唐代是由于魏晋南北朝的文化积淀。所以我说艺术家想要有所成就，心里要装一个整体文化史观，对中国文化史、西方文化史应该有所了解，我们的很好，但不是唯一的，世界上有那么多国家，有很多优秀的东西。

"他山之石，可以攻玉"，借助他们，我们可以向前一步。

第二，要有天地大观。中国艺术从开天辟地就有一个设想，"在天成象，在地成形"，"仰观宇宙，俯察万类"，整个是讲天人合一，天地人是一个统一体。《易经》也讲"圣人立象以尽意"，象是讲天，形是讲地，这些元素构成了艺术，所以要有天地大观。

这几十年，我虽然担负了很多工作，参加各种各样的会，回过头看，有很多会真是冤枉得很，耽误时间；但是我没办法，我的工作要做完。我要参加那些会议，有些是我不愿意参加也要参加的，因为你是一个社会的人，不能单独想自己的事，就是这样忙。这几十年，在全国的画家里，没有一个像我走这么多的路，看了这么多的地方。我趁身体能走得动的时候，先到最难去的地方，先远后近，先难后易。很近的地方，像张家界是最近几年才去的，现在交通方便了。我到黄河源、长江源、澜沧江源，那个时候都是冰川，多么困难，车到不了，就租藏民的马。去好多地方非常困难，但不去看一看，不去感受，心中就没有天地大观。因为艺术是视觉空间艺术，为什么很多人画画很肤浅呢，那是他没有宇宙观。空间是没有尽头的，时间也没有开始与终结。你有天地大观，你画出的画就有视觉空间，就有容量，这是天地大观给予的空间感觉，就有一个大境界。

第三，主体建构。主体建构到底要解决什么问题，好多人只注意到自己从事的事业的法（方法），方法是要解决的，不过只是表层，方法深入进去就是艺术，再深入进去就是形而上的道，道的境界。我非常欣赏魏晋南北朝的理论"以身法道"、"神与物游"、"澄怀观道"、"元气"。而大象无形其实就是元气的本体，是无边无际的，大方无隅，因此你的思维空间就很大。所以要注意主体建构，它像看不见的海洋，一个人要想把事情做好，知识结构是表层的，要进一步深入深层的结构。

这些年，我的主要精力在写一本书。古人的理论，我们很多是从字面上去理解，非常不够，虽然是一句简单的话，但包含的内容是非常深的。自己如果不自觉，不注意主体建构，做的事情将是非常浅表，不可能深入进去。要研究艺术本体结构，脑子里经常盘算着主体建构，这就是为什么这段搞汉唐雄风，那段又搞荆楚狂歌。每一种艺术样式都经过几百年，把前人的资源纳进来，所以主体建构，不仅要吸收传统的，整理充分利用，还要借鉴西方的东西。虽然中国画历史悠久，但后人越做越浅薄，致使中国画变成僵死的教条，不断地重复，千人一面。要改变它，就要学习西方，找到结合点。中国画有几个重要的语言符号，西方也有自己的，哪些符号能够融合变成新的东西。我在20世纪80年代写的文章中提出"横向移植"、"隔代遗传"，横向移植就是东西方文化的融合，隔代遗传是说不是每个时代都是文化的巅峰期，有的时代是不行的，所以要跨越。从元以后，中国画一直在重复，抄袭甚至是合法化的，包括大家如清朝的"四王"，他们的画往往是"仿某某"，认为这是天经地义的。艺术是可以学习的，但要创造自己的辉煌，过去把艺术同一化了。艺术是最讲个性的，同一的、定式的、同质化的，往往是最不好的。在借鉴西方时，我就进行了分析，西方绘画的语言符号最基本的，一是色彩，从印象派以来进步主要在这个方面。二是构成。三是造型方式，基本上是团块、块面；中国画是笔墨、线条、章法，这几个东西，水墨与色彩，点、线与块面，章法与构成是可以融合的，不然中国画就没办法画下去了。如果三个方面融合在一起，就能成为和谐的统一体。

所以对自己做的事要充分研究，这些年我心里装的是文化史观和天地大观，大山大河我都去了，除了边远的个别地方，比如阿里，当时实在没办法，去不了，还有靠近中印边界的灵芝，搞不好就要闯进"麦克马洪线"，比较近的，像广西的北海都去了。因为（绘画）是视觉空间，没有这个阅历，自己没看见，心里就没数，就不知道怎么搞。

写起文章也需要阅历，往往写起来感觉书到用时方恨少，还有过去读的东西都是囫囵吞枣，好像是懂了，实际是没有完全懂，慢慢地就发现了新大陆，这次写书，就发现自己对古人理解的非常地表面，比如谢赫讲的"骨法用笔"，过去从字面上理解，骨法就是讲线条、中锋用笔要有力度，有的像金刚杵，有的像屋漏痕、折钗股，要画出这种感觉。这次看《易经》，它讲的骨法与看相有关，一般的看相就是看表面，骨法没有进去。有一次，我到西安去，有个瞎子，眼睛看不见，他看相就用手摸，摸到脸上的骨头，就能说出个子午丑卯来。

所以说"骨法用笔"是把过去相骨的方法纳入到用笔中来，笔下去有生命，有神韵。过去讲一笔神韵，不只是骨头的感觉而是要体现出生命。过去我不知道，现在知道了，原来是把《易经》占卜的东西运用到艺术实践中去，所以魏晋南北朝非常了不起，古人留下的文字都非常简练，但仔细研究起来就不得了。

人的生命是很短的，精力和时间非常有限，要做出成绩，就要付出艰苦的代价。回过头看，自己做得还是不到位，还是有很多粗糙、肤浅的地方，原因就是自己的学问不到，如果学问到了就会做得更好。过去因为印刷技术不发达，古人留下的典籍非常简练，一辈子就是一本书，我们现在知道的老子的《道德经》就是五千多字；但这些就是读不完，读起来感觉自己的知识又深厚一点，好像又得到了一些东西，永远学不完。因为自己时间有限，现代西方哲学接触得非常少，对它了解很不够，不知道它谈了什么东西，这是自己的盲区，对认识当代的文化形态还是很欠缺。我觉着一个画家不仅要了解过去，因为你是一个当代人，而且对当代的文化精神要很理解，不然很难走到时代的前列，很难站在时代的制高点来俯瞰万物。

我先说这些，下面请同学们谈谈你们的看法。

一、关于艺术创作理论

学生：周先生，您在20世纪80年代提出"横向移植"、"隔代遗传"的理论等许多有创见的看法，可以看出您对理论的阐发非常重视，现在您在写《意象问道》，您写作这本书的初衷是什么？

周韶华：是"感悟中国画学体系"，中国人讲道，西方人要说清楚很难，因为文化资源不同，这次对道的问题及"道法自然"进行了一些思考。我到德国去，德国人对老子是非常崇拜的。以前我写的文章速度太快了，没有时间思考，现在看来道理说得不充分，有的表达不一定很准确。而古人对绘画理论的论述在某一方面非常精辟，不过没有全面的看法，但是我们仍然没有很好地传承。针对当前的文化缺失，对传统的淡忘，我认为应该对中国画的理论进行比较系统的整理、锤炼。2016年下半年差点发表了，后来越想越不能发表，文章要改动很多。其实理论的东西说得越啰唆，精辟的东西越被掩盖了，所以还需要锤炼，有些能用几句话说清楚的，不要用很多的话来说，这要花很多工夫。现在把它冷却下来，过段时间再改改。这本书不拿出来就罢了，如果拿出来，一定在自己力所能及的地方尽量写好，让别人感觉到这不是赶时髦、应景的东西。理论的东西要经得起历史的检验。

学生：周先生您这本书的写作是否可以理解成您想建构中国艺术的本体？

周韶华：对，实际上这本书有两大部类。一大部类是主体建构，从绘画界来看，我们的主体建构跟中华文化挂钩的东西是非常有限的，要很好地重视主体建构。再就是艺术本体结构，它包括文化底蕴，中国写意文化与西方写实文化不同，写实是瞄准客观对象，中国是超越，把物象抽离出，是心象，更多的带有象征、表意，而不是模拟自然、拟物，不是强调物理性结构，而是强调精神性，为什么讲"以身法道"、"神与物游"呢？就是把"神"、"道"提到很高的位置。物形是可以超越的，它只是载体、中介，虽然不可缺少，但着重强调精神性。

其实艺术的感觉很重要，许多认真搞的东西也不错，但没有遵循艺术规律，可以品味的东西不够。而有的作品是情感的表达，情真意切，是真情的流露，一点没有作秀，一点没有矫揉造作，比如王羲之的《丧乱帖》；是因为家里出了丧事，非常伤心，给亲戚朋友写一个手札，不超过一百字，但它就是一个经典。颜真卿的《祭侄文稿》，是因为他一个侄子死了，而这个侄子是他家族后代中最有希望、最有前途的一个人。他伤心极了，他要写一个祭文就是《祭侄文稿》，这比他很多认真写的要好，那些非常认真去搞的都比不上他一个草稿。他动情了，不是写了让别人收藏的。经过多少朝代，我们评价中国的三大名帖，第一是王羲之的《丧乱帖》；第二是颜真卿的《祭侄文稿》；第三是苏东坡被贬到黄州后写的《黄州寒食帖》，帖中气候阴郁、冷清的感觉都有，他写的很多辉煌的帖都没法跟这个相比。所以中国艺术表现跟西方不同，西方有时画一张油画要画好几年，非常认真，好不好呢？那是画得很认真，但跟传神论、情真意切、潜移默化、随机应变的创作方法不一样。中国公认的经典是一个便条、一个手稿，艺术值得赞美、品味的是情真意切，是真正流露出来，艺术味道真正出来了，不是故意为之的，是瞬间写出的，所以非常宝贵。

现在许多创作，特别是历史画，都是找的一些照片，可能自己都没有很好地了解，虽然画得特别认真，但都没有思想情感、没有生命，这就远离了中国文化精神。所以非常有必要写这本书，要解决什么是中国艺术，什么是中国艺术的本体结构？有的篇章题目就是"以身法道"、"神与物游"，这些思想简直不得了。如果大家把中国文化找到了，就可以文化复兴，东方价值观就出来了，用东方价值观重塑东方的大美精神，这是非常了不起的东西。但这个东西非常难驾驭，你要把它写得很准确。我经常感觉到不如古人，实在惭愧，写的过程中对古人非常尊敬、崇拜，非常谦虚地向他们学习，想把这个事情做好。所以我非常拥护你们学美学、学哲学的，中国搞哲学、搞美学的人太少太少了，这是一个非常大的问题。以前搞的一些美学翻译，包括当时搞美学的那些人，受到历史的局限，有时他们的东西读起来非常困难，非常不好懂，原因呢就是恐怕他自己没有完全进去。有段时间对李泽厚的东西非常感兴趣，他好像是把这个东西盘活了。不过还是太少了，太可惜了，这么大一个国家，搞美学的人太少了。这个空间留给你们了，你们要做的文章太多太多了。

学生：搞美学理论的少，搞部门美学的比较多，搞本体建构的比较少。

周韶华：本体建构是一个非常困难的事情。不能在那里讲故事，一个字当一个字用，不能错位。一个人的精力和时间太有限了，这本书的写作起码少了一个展览会的作品，想画画，心里急得不得了，经常上火。写作和创作从理论上是互补的，现在注意力不在那个地方，好多东西都陌生了，它要经常磨合，怪得很。有时这个笔拿起来，好像跟你有感情，非常听你的话，画出来的感觉特别好。有时候写一句话，过后自己也感觉很欣赏，不过得来很不容易。所以经常钻进去，就必有所得。

学生：周先生，一直感觉你的创作很有活力，是什么促动您，是否与您早年的革命经历有关系？

周韶华：这都是互相作用的，不一定是很有意识的，有时是下意识的。现在让我不干事，非得病不可。到医院，医生留着你，说这还没好，那还没好，越留病越多，越搞心里越烦，回来画两天画就好了。

学生：您在完成汉唐文化、两河文化、宇宙星空、大海系列等的探索后，您下一步的艺术之路是如何规划的？

周韶华：有些想法，不过被其他事给冲断了，冲断之后再找也找不回来，所以很难说。其实这些作品再重新搞一次，那会非常好，起码认知能力比当时好，当时画的时间都太短，回过头来看有点可惜。当时有点感情冲动，有些作品就像荆楚狂歌，几个月就完成了，太短了。现在楚国的历史又向前推了，老是想去看。一个人要走的路很长，你们现在年轻，精力充沛，抓紧时间阅读，读好书，不要读那些乱七八糟的书，陶渊明、韩愈他们读书都有经验，好的东西要读进去，受用无穷，随时都可以用得上。

二、关于中国画变革的问题

学生：周先生，您怎么看待 20 世纪中国画的改革，比如徐悲鸿？

周韶华：我们对前人不要太苛刻，他们处在一个历史过程中。徐悲鸿那个时候，我们还不会画画，就他当时振臂高呼。他是先行者，是前驱，很不容易，要尊敬他们。应该说他们那一代人都是非常了不起的，他们出于一种求知欲望，就像徐悲鸿他也看到中国画本身存在的弱点，拿西方的东西充实它，他选择新古典主义，新古典主义是非常讲究造型的，所以他注重造型、素描，他用中国的笔墨把这种造型画出来，是非常了不起的。我们不能说他学西方现代的东西太少，他把新古典主义与中国笔墨结合起来，起码画的马，比古人就要好得多。

学生：他们的探索好像更多的是在技法、画面形态上的改革。

周韶华：对，他们也处在一个认识的过程，这个认识过程非常难。没有方法，做不成事，只有方法，就是个能工巧匠。有艺术精神，就是文化，文化不到位，没有那个感觉，没有那个体验，就搞不出来。我对石鲁就写了很重要的话去评价，在当时，他能够把延安的革命热情带到黄土地上，画那么多画，是走在我们前头的；至少那个时候，他能画出来，我们画不出来。他非常了不起，我们要尊敬他。

学生：在整个历史发展中，周先生您的这本书非常重要，之前人们的改革更多的是在技法层面，没有一个理论形态出现。

周韶华：是的，所以我现在越想越不能急着发，还要琢磨琢磨，起码把我的一些观点锤炼得更准确，更到位，读起来看出的毛病少一些。

学生：周先生，看您的画，最深的印象就是灿烂深厚的历史感，还有非常雄厚的气势。您刚才提到了文化史观、天地大观，从这就可以理解您的画为什么有这样的特色。我的理解是，文化史观、天地大观是您讲的四点中前两个部分，是您创作中一以贯之的东西。那么您的艺术创作有没有阶段性？如果说有阶段性，那么这个阶段性怎么来划分，是什么因素促成了一个阶段到另一个阶段的转化？

周韶华：最近这些年我完全脱离了工作岗位，我才能专心致志，不受别人的干扰，想干什么就干什么。以前呢，包括去那么多地方，我是文联的党组书记，又是文联的主席，文联的十几个协会，好多刊物，出点差错我都要负责任，走之前要开好多天会，把工作安排好。回来后有好多文件要批，等把这些搞完了，我的感觉完全没了，那个时候就很难受，找到机会就画，主要是靠晚上，白天忙得很，夏天晚上很热，把窗子关起来，拉上窗帘，外边不知道你在家，连开门的钥匙孔都堵上，一晚上干的活等于一天的，这一天就没有白过，又要学习，又要写，又要画，都是匆匆忙忙的，没有一件事是充分的，达到完善的地步，完全凭一种热情、感情。所以非常感谢邓小平，感谢改革开放，我去参加第四次"文代会"，听他的讲话，我听的跟别人不一样。他讲话很短，也没有多少理论色彩，但是非常重要。

学生：其实可不可以说您的艺术创作分为两个阶段，一个是不自由的阶段，一个是自由的阶段？现在没有这些职务反倒是自由了。

周韶华：对。现在自由了，最苦恼的是时间不够，精力赶不上过去。有些大计划，一掂量自己的体力，感觉不行。现在拿笔在地上画，腰和腿受不了，蹲着起不来，再怎么雄伟和豪迈的计划也搞不起来。我本来想搞大写意，中国的大写意到徐渭、八大山人，因为他们受封建社会的约束，他们的命运也是很悲哀的，都没法发挥到极致。我们现在可以甩开了搞，但是年龄不允许了。实际上中国的大写意在世界上是顶天立地的，别的国家没法跟中国比；现在有大的空间来展示，不像以前席地把玩，那是小的空间。我想搞减笔大写意，有好多准备，估计非常难以完成，看有没有机会了。包括齐白石画的大写意画，也是很少，有某些比例可以说是大写意，但还没有达到大写意的地步，这是很遗憾的事情，大家都没来得及做。潘天寿接触到一些，但后来也是来不及了，如果不搞文化大革命，他还会有很好的发展，他有那个气魄。

学生：李苦禅也画过一些大写意的画。

周韶华：李苦禅是我的老师，非常好的一个人，也非常天真。他很直率，20世纪50年代，是虚无主义最横行的时候；那时都没资格教学了，因为人们说（绘画）不科学。他那时在中央美院工会给大家发电影票，扫扫院子，心里很窝火，给毛主席写了一封信说，中央美院的这些人都是我的学生，现在不让他教书，他不能理解。毛主席就写了封信给徐悲鸿，说应该让李苦禅教学，他说是毛主席解放了他。很佩服他，他其实可以画得很好。

学生：感觉没有李可染认真。

周韶华：中国画过去完全脱离了生活，那么他走进生活，用生活、现实改造中国画，他画的黄山松就是黄山松，泰山松就是泰山松，通过写生改变了中国画的命运，使中国画走出了新的天地。

学生：在当代山水画变革中，您与刘国松先生惺惺相惜、相互切磋，共同推动了山水画的现代转型，他在哪些方面吸引了您？

周韶华：这是当时的需要。"85新潮"时，美术界要来一次思想解放，要从过去的框框条条中解放出来，这需要新的东西来冲击。但要都这么搞，就完蛋了，中国画还是要回到本体上来，还要讲中国文化的母语，母语是我们文化的根。

学生：当代中国水墨也存在这个问题。

周韶华：这个问题大得很。好多人跟我关系很好，我以前都不好意思说他们，这次写文章对文化虚无主义、文化拔根就要说了。这些人在一定程度上不自觉地当了西方文化中心主义的推手，否定传统文化。后现代主义最大的问题就是否定文化，否定文化怎么能成为艺术呢。

学生：当代中国的很多尝试都偏离了传统，尤其是材料的尝试，有的连毛笔都丢了，直接用喷枪之类的。

周韶华：这都是急功近利，忽悠。你想想发明了毛笔是一场革命，不光是技术革命，也是艺术革命，中国画的成功就是因为有了这个毛笔。把毛笔丢了以后，当然也可以搞出新的东西，那还要费很大的劲。这样哗众取宠，几天就站不住脚了。

学生：这里，我们想到一个比较大的问题。关于笔墨，刘国松也用侧锋和大拍刷作画，但是感觉比较特别，以后的这些画家，在表现笔墨趣味上，如何有所改变，又不脱离传统呢？在您看来，如何与传统拉开距离，而又保持笔墨的趣味？

周韶华：不是与传统拉开距离，传统内在的东西永远是有生命的，不重复别人的样式就可以，传统的精髓是千古不朽的。

学生：在全国的范围看，湖北美术界在"85 思潮"中对当代水墨的推动起到了什么作用？

周韶华：这些成员都有创新的要求，加上很长时间中国画的保守，在打破这种沉闷局面有他积极的一面。一旦打开了局面，它的负面效应就出来了，它的传统的东西很少，更多的是向西方倾斜，那这个问题就大了。

学生：周先生的意思是，在我们这个时代，用新的形式延续传统文化精神？

周韶华：对。传统是经过几千年锤炼的，别的国家都没有这个东西。欧洲的文艺复兴也是借助古希腊、罗马的雕塑和其他的，但它是新的，不过没有远离传统，是很扎实的，是经久不衰的。

学生：中西方美术上都有这种现象出现，就是说以复古为革新。

周韶华：不要提这个复古，就是我们要从历史的辉煌中再创新的辉煌，而不是原封不动。我们现在去临摹唐画，恐怕不行。

学生：周先生，您认为传统文人画笔墨的精神在哪？

周韶华：它是讲神韵，讲意象，当然技巧中值得玩味的东西很多，那些东西还是有生命的。我们今天来搞，应该比它更优秀，应该超越，要把色彩融进去，本来色彩是很有表现力的。但是唐代安史之乱后，加上佛教的影响，反色彩使水墨的地位提高了，但色彩丢了，这不是个好事。

学生：说到这，古人讲"色不碍墨，墨不碍色"，您在创作过程中是如何处理二者的？

周韶华：有的色彩有覆盖力，可以盖住墨色，有的色彩与水墨混合在一起是透明的，它增加空间感、空灵感，根据需要选择。比如画属于楚文化的东西，有的色彩很凝重，太单薄就站不住，就废了。这个色彩也是失之毫厘，差之千里，不是一次两次就调得准，湿的时候很合适，干了以后就完全不行。

学生：非常高兴能与周先生交谈，我们获益匪浅，感谢周先生！

图书在版编目(CIP)数据

美学与艺术研究. 第 7 辑/邹元江,张贤根主编. —武汉:武汉大学出版社,2016.11
ISBN 978-7-307-18828-0

Ⅰ.美…　Ⅱ.①邹…　②张…　Ⅲ.①美学—文集　②艺术美学—文集　Ⅳ.①B83-53　②J01-53

中国版本图书馆 CIP 数据核字(2016)第 274983 号

责任编辑:王智梅　　　责任校对:李孟潇　　　版式设计:韩闻锦

出版发行: **武汉大学出版社**　　(430072　武昌　珞珈山)
　　　　　(电子邮件:cbs22@whu.edu.cn　网址:www.wdp.com.cn)
印刷:湖北恒泰印务有限公司
开本:720×1000　1/16　　印张:37.5　字数:658 千字　插页:2　插表:3
版次:2016 年 11 月第 1 版　　2016 年 11 月第 1 次印刷
ISBN 978-7-307-18828-0　　　定价:82.00 元